Eike Harlos

Chirale Oxazolidin-2-on-Auxiliare auf Kohlenhydratbasis für die stereoselektive Synthese von β-Lactam- und Aminosäure-Derivaten

AF618244

VIEWEG+TEUBNER RESEARCH

Eike Harlos

Chirale Oxazolidin-2-on-Auxiliare auf Kohlenhydratbasis für die stereoselektive Synthese von β-Lactam- und Aminosäure-Derivaten

Mit einem Geleitwort von Prof. Dr. Arne Lützen

VIEWEG+TEUBNER RESEARCH

Bibliografische Information der Deutschen Nationalbibliothek
Die Deutsche Nationalbibliothek verzeichnet diese Publikation in der Deutschen Nationalbibliografie; detaillierte bibliografische Daten sind im Internet über <http://dnb.d-nb.de> abrufbar.

Dissertation Carl von Ossietzky Universität Oldenburg, 2009

1. Auflage 2010

Alle Rechte vorbehalten
© Vieweg+Teubner | GWV Fachverlage GmbH, Wiesbaden 2010

Lektorat: Dorothee Koch | Britta Göhrisch-Radmacher

Vieweg+Teubner ist Teil der Fachverlagsgruppe Springer Science+Business Media.
www.viewegteubner.de

Das Werk einschließlich aller seiner Teile ist urheberrechtlich geschützt. Jede Verwertung außerhalb der engen Grenzen des Urheberrechtsgesetzes ist ohne Zustimmung des Verlags unzulässig und strafbar. Das gilt insbesondere für Vervielfältigungen, Übersetzungen, Mikroverfilmungen und die Einspeicherung und Verarbeitung in elektronischen Systemen.

Die Wiedergabe von Gebrauchsnamen, Handelsnamen, Warenbezeichnungen usw. in diesem Werk berechtigt auch ohne besondere Kennzeichnung nicht zu der Annahme, dass solche Namen im Sinne der Warenzeichen- und Markenschutz-Gesetzgebung als frei zu betrachten wären und daher von jedermann benutzt werden dürften.

Umschlaggestaltung: KünkelLopka Medienentwicklung, Heidelberg
Druck und buchbinderische Verarbeitung: STRAUSS GMBH, Mörlenbach
Gedruckt auf säurefreiem und chlorfrei gebleichtem Papier.
Printed in Germany

ISBN 978-3-8348-0941-4

Geleitwort

Im Arbeitskreis des kürzlich leider verstorbenen Mentors von Herrn Harlos konnte ein Verfahren zur Darstellung von cyclischen Carbamaten oder Oxazolidin-2-onen von Sacchariden entwickelt werden. In Anlehnung an die grundlegenden Arbeiten von D. A. Evans, der solche Heterocyclen auf der Basis von α-Aminoalkoholen als chirale Auxiliare in die organische Synthesechemie einführte, hat sich der Arbeitskreis von Herrn Prof. Dr. P. Köll in den letzten Jahren intensiv mit der Anwendung cyclischer Carbamate von D-Xylose und D-Glucose in der stereoselektiven Synthese befasst. Die vorliegende Dissertation bildet dazu den krönenden Abschluss und widmet sich der Anwendung dieser Auxiliare zur Darstellung von β-Lactamen und Derivaten von Aminosäuren.

Um dem Leser den Einstieg in die Thematik zu erleichtern, macht Herr Harlos ihn im einleitenden Teil zunächst mit der enormen Bedeutung vertraut, die β-Lactame wegen ihrer Anwendung als Antibiotika haben. Daneben zeigt er dem Leser aber auch das große synthetische Potential dieser kleinen Ringe für die Darstellung anderer Verbindungsklassen auf.

Es folgt die detaillierte Beschreibung der Staudinger-Reaktion, die einer der meistbenutzten Wege ist, Azetidin-2-one herzustellen und die auch Herr Harlos zur Darstellung einer unglaublichen Vielfalt von β-Lactamen genutzt hat. Bei dieser Reaktion werden Ketene (bzw. deren Vorläufer) mit Iminen zur Reaktion gebracht. Obwohl diese Reaktion früher oft als [2+2]-Cycloaddition beschrieben worden ist, so deuten neuere mechanistische Studien doch eher auf einen mehrstufigen Mechanismus (nucleophiler Angriff auf das Keten und anschließender conrotatorischer Ringschluss) unter Ausbildung eines zwitterionischen Intermediats hin. Dies hat merkliche Konsequenzen für den stereochemischen Verlauf der Reaktion, auf die der Autor immer wieder sehr geschickt im Laufe seiner Arbeit zurückkommt, um die von ihm beobachteten Resultate zu erklären.

Zur Darstellung der Keten-Komponenten wurden zunächst verschiedene Glycooxazolidin-2-one hergestellt und mit Bromessigsäureethylester *N*-alkyliert. Nach Verseifen der Esterfunktion wurden so drei Carbonsäuren erhalten, die mit dem Mukaiyama-Reagenz *in situ* in Ketene überführt wurden und mit über 60 verschiedenen offenkettigen und cyclischen, achiralen und chiralen Iminen zur Reaktion gebracht wurden, die Herr Harlos ebenfalls zuvor hergestellt hatte.

In der überwiegenden Mehrzahl der Fälle gelang die Darstellung der gewünschten β-Lactame mit befriedigenden bis sehr guten Ausbeuten und meist sehr guter Diastereoselektivität. Lediglich die Reaktion mit zur Imin-Enamin-Tautomerie neigenden Substraten und die Umsetzung mit Oxazolinen blieben (meist) ohne Erfolg. Durch eine große Anzahl an Kristallstrukturanalysen konnte Herr Harlos zweifelsfrei die Stereochemie der verschiedenen mono-, bi- und tricyclischen β-Lactam-Derivate aufklären und so die Induktionswirkung der Glycooxazolidinon-Auxiliare mit Hilfe der oben bereits skizzierten mechanistischen Modelle plausibel erklären. Besonders schön ist in diesem Zusammenhang, dass die Auxiliare auch zu einer doppelten Stereodifferenzierung befähigt sind und so sogar mit chiralen Substraten verlässlich funktionieren.

Für ein gutes Auxiliar ist jedoch nicht nur eine gute Induktion einer vorhersagbaren Stereochemie von Bedeutung, sondern auch, dass es von dem gewünschten Produkt wieder abgespalten werden kann – eine Aufgabe, der sich Herr Harlos im sechsten Kapitel seines Werks widmet. Nach der Vorstellung der in der Literatur für einfache Oxazolidinon-Auxiliaren zu findenden Methoden, entschließt er sich, zwei Verfahren an den eigenen Verbindungen zu erproben. Die erste zielt darauf ab, unter Zerstörung des Oxazolidinonrings (und damit des Auxiliars) die überaus wichtigen 3-Amino-β-lactame herzustellen, die über zwei stereogene Zentren verfügen. Leider bleiben diese Anstrengungen ohne Erfolg. Wesentlich positiver gestalteten sich die Versuche, über eine Halogenierungs-Dehalogenierungs/ Hydrolysesequenz 3-Oxo-β-lactame oder Azetidin-2,3-dione unter Rückgewinnung des Auxiliars zu erhalten. Damit konnte ein verlässlicher Weg zur Synthese dieser β-Lactam-Derivate ausgearbeitet werden, bei dem zwar ein stereogenes Zentrum verloren geht, dieser vermeintliche Nachteil jedoch durch die große Vielfalt an möglichen Folgereaktionen an der neu gebildeten Carbonylfunktion mehr als wettgemacht wird.

In einem abschließenden siebten Kapitel beschäftigt sich Herr Harlos dann noch ausführlich mit der Anwendung von β-Lactamen als Synthesebausteine. Prinzipiell kann jede der vier Bindungen eines Azetidin-2-ons selektiv gespalten werden, was zu interessanten α- und β-Aminosäure-Derivaten führt. Sehr schön führt Herr Harlos dazu dem Leser wieder die bislang in der Literatur beschriebenen Verfahren vor, bevor er seine umfangreichen eigenen Arbeiten zur oxidativen Öffnung von Azetidin-2,3-dionen, sowie der baseninduzierten, der hydrogenolytischen und der nucleophilen Spaltung verschiedener β-Lactame (mit Glycooxazolidinongerüst) beschreibt, in denen er (größtenteils) erfolgreich α-Aminosäure-amide, Dipeptide, und α,β-Diaminosäure-Derivate herstellen konnte.

Insgesamt liegt dem geneigten Leser damit eine Dissertation von außergewöhnlich beeindruckendem Inhalt vor – eine Reihe sehr schwieriger Probleme konnte erfolgreich gelöst werden. Ich bin daher froh, dass diese hervorragenden Ergebnisse nun auch ein breiteres Publikum erreichen, damit sie auch über Oldenburg hinaus die verdiente Anerkennung finden und weitergehende Studien an möglicherweise anderer Stelle initiieren. Die Form der Darstellung ist vorbildlich und die beeindruckende Fülle der untersuchten Beispiele zeugt von der besonderen Hingabe, mit der Herr Harlos seine Arbeiten durchgeführt hat.

Prof. Dr. Arne Lützen

Vorwort

„We are not at the end of the penicillin story. Perhaps we are only just at the beginning. We are in a chemical age, and penicillin may be changed by the chemists so that all its disadvantages may be removed, and a newer and a better derivative may be produced."

(Alexander Fleming)

Über 80 Jahre nach der Entdeckung des Penicillins durch FLEMING repräsentieren die β-Lactame noch heute vor den Chinolonen und Makroliden die umsatzstärkste Gruppe auf dem Antibiotika-Weltmarkt. Hinzu kommt eine Vielzahl neuartiger klinischer Einsatzgebiete sowie ihr hohes synthetisches Potential im Hinblick auf die Darstellung von Aminosäuren und Peptiden. Vor diesem Hintergrund stellen die β-Lactame, insbesondere in optisch reiner Form, sehr begehrte Produkte dar.

Ich habe mich dieser bedeutsamen Verbindungsklasse, die eine zentrale Rolle in der vorliegenden Arbeit einnimmt, mit großem Interesse gewidmet. Nach den zahlreichen, nicht immer erfolgreichen Auseinandersetzungen mit unterschiedlichen β-Lactam-Derivaten auf synthetischer Ebene kann ich eine gewisse Sympathie den kleinen Heterocyclen gegenüber nicht leugnen. Ohne jeden Zweifel habe ich beim Umgang mit den mitunter empfindlichen Verbindungen in chemischer Hinsicht eine Menge lernen können. Das Thema der vorliegenden Arbeit, welches der stereoselektiven Organischen Synthese zuzuordnen ist, bot mir Gelegenheit, mein großes Interesse an der Naturstoffchemie einerseits und der Synthese (potentiell) pharmakologisch aktiver Substanzen andererseits auf ebenso direkte wie elegante Weise miteinander zu verbinden.

Mein ganz besonderer Dank gilt in diesem Zusammenhang meinem verstorbenen akademischen Lehrer, Herrn Prof. Dr. Peter Köll, für die Überlassung des attraktiven Themas und den gewährten Freiraum bei der Gestaltung meiner Untersuchungen. Ferner danke ich ihm für seine verlässliche Diskussionsbereitschaft und den stets vertrauensvollen Umgang.

Herrn Prof. Dr. Jürgen Martens danke ich für seine vielfältige Unterstützung und die Bereitschaft zur Erstellung des Erstgutachtens. Bei Herrn Prof. Dr. Arne Lützen (Rheinische Friedrich-Wilhelms-Universität Bonn) bedanke ich mich für die Übernahme des Korreferats sowie für hilfreiche Anregungen und sein fortwährendes Interesse an diesem Forschungsprojekt. Herrn Prof. Dr. Jens Christoffers, der als Drittprüfer innerhalb der Prüfungskommission fungierte, sei an dieser Stelle ebenfalls freundlichst gedankt.

Den Mitarbeitern der Zentralen Analytik am Institut für Reine und Angewandte Chemie der Carl von Ossietzky Universität Oldenburg, Herrn Dipl.-Chem. Wolfgang Saak und Herrn Dipl.-Ing. Detlev Haase (Röntgendiffraktometrie), Frau Marlies Rundshagen und Herrn Dieter Neemeyer (NMR-Spektroskopie), Herrn Dipl.-Ing. Francesco Fabbretti (Massenspektrometrie) sowie Herrn Burghard Stigge (Elementaranalytik) danke ich für die Messung zahlreicher Proben.

Ein großes Dankeschön gebührt allen Kolleginnen und Kollegen, die meinen Weg begleitet und stets für ein kooperatives und freundschaftliches Klima gesorgt haben.

Für die Gewährung von Reisestipendien bin ich der Gesellschaft Deutscher Chemiker und der GlaxoSmithKline Stiftung zu Dank verpflichtet.

Mein ganz besonders herzlicher Dank gilt meinen Eltern, die durch ihre einzigartige Unterstützung und Geduld einen wesentlichen Beitrag zur Vollendung dieser Arbeit geleistet haben.

Eike Harlos

Abkürzungsverzeichnis

Å	Ångström
Ac	Acetyl
ACAT	Acyl-CoA-Cholesterin-Acyl-Transferase
Ala	Alanin
ALS	Amyotrophe Lateralsklerose
Äq.	Äquivalent(e)
Atm.	Atmosphäre(n)
Aux	Auxiliar
Bn	Benzyl
Boc	*tert*-Butoxycarbonyl
Bz	Benzoyl
CAN	Ammoniumcer(IV)-nitrat
c-Hex	Cyclohexyl
CI	Chemische Ionisierung
d	Tag(e)
DABCO	1,4-Diazabicyclo[2.2.2]octan
DC	Dünnschichtchromatographie
dest.	destilliert
DHP I	Dehydropeptidase I
DMAP	4-Dimethylamino-pyridin
DMB	2,4-Dimethoxybenzyl
DMF	*N,N*-Dimethylformamid
DMPU	1,3-Dimethyl-3,4,5,6-tetrahydro-2-(1*H*)-pyrimidinon
DMSO	Dimethylsulfoxid
DNA	Desoxyribonucleinsäure
dr	diastereomeric ratio, Diastereomerenverhältnis
ee	enantiomeric excess, Enantiomerenüberschuss
ESI	Elektrospray-Ionisierung
Et	Ethyl
Fp.	Schmelzpunkt
g	Gramm
GlcNAc	*N*-Acetyl-β-D-glucosamin
Glu	Glutaminsäure
h	Stunde(n)
HCMV	human cytomegalovirus
HLE	human leukocyte elastase
HMDS	Hexamethyldisilazan
HMPT	Hexamethylphosphorsäuretriamid

Hz	Hertz
i-Pr	Isopropyl
kat.	katalytisch
Kp.	Siedepunkt
LDA	Lithiumdiisopropylamid
LDL	low-density lipoproteins
LiHMDS	Lithiumhexamethyldisilazid
Lit.	Literatur(wert)
LS	Lewis-Säure
LUMO	lowest unoccupied molecular orbital
m-Dpm	*meso*-Diaminopimelinsäure
M	molar
MCPBA	*m*-Chlor-perbenzoesäure
Me	Methyl
mg	Milligramm
min	Minute(n)
mL	Milliliter
mmol	Millimol
mol	Mol
MoOPH	Hexamethylphosphoramido-oxo-diperoxo-pyridino-molybdän(VI)
MRSA	Methicillin-resistenter *Staphylococcus aureus*
MS	Massenspektrometrie
MurNAc	*N*-Acetylmuraminsäure
n-Bu	*n*-Butyl
NCA	α-Aminosäure-*N*-carboxy-anhydrid
NCS	*N*-Chlorsuccinimid
NOE	nuclear overhauser effect
NOESY	nuclear overhauser enhancement spectroscopy
Nu	Nucleophil
PBP	Penicillin-Bindungs-Proteine
Pd/C	Palladium auf Aktivkohle
PE	$\text{Petrolether}_{40/60}$
Ph	Phenyl
PMP	*p*-Methoxyphenyl
Pro	Prolin
PSA	prostate specific antigen
Py	Pyridin(yl)
rac	racemisch
R_f	Retentionsfaktor
RT	Raumtemperatur
Ser	Serin
S_N1	Nucleophile Substitution 1. Ordnung
S_N2	Nucleophile Substitution 2. Ordnung

t-Bu	*tert*-Butyl
TEMPO	2,2,6,6-Tetramethyl-piperidin-1-oxyl
Tf	Trifluormethansulfonyl
THF	Tetrahydrofuran
TMSCl	Trimethylsilylchlorid
TMSI	Trimethylsilyliodid
Ts	*p*-Toluolsulfonyl
Val	Valin

Inhaltsverzeichnis

1. Einleitung

In seinem 1907 publizierten Aufsatz „Zur Kenntnis der Ketene“ beschrieb STAUDINGER erstmals die gezielte Synthese viergliedriger Lactame durch Umsetzung von Diphenylketen mit SCHIFF`schen Basen.[1] Vertreter dieser heterocyclischen Verbindungsklasse waren bis zu jenem Zeitpunkt kaum bekannt und sollten ihren Status als wenig bedeutsame Labor-Exoten über einen Zeitraum von fast vier Dekaden behalten. Erst nach erfolgreicher Strukturaufklärung der ersten Penicilline und Cephalosporine rückte der systematisch als Azetidin-2-on bezeichnete β-Lactam-Ring ins Zentrum des pharmazeutischen Interesses und entwickelte sich zur Leitstruktur der bedeutendsten Klasse von antibiotischen Wirkstoffen (Abb. 1).

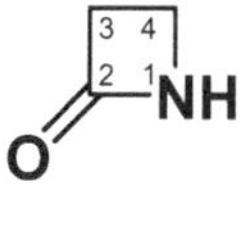

Azetidin-2-on
(β-Lactam)

Abb. 1 | Das zentrale Strukturelement der β-Lactam-Antibiotika

Noch in der heutigen Zeit beanspruchen die β-Lactam-Antibiotika einen Anteil von ca. 50 % am gesamten Antibiotika-Weltmarkt (Stand 2004).[2] Durch die intensive pharmakologische Auseinandersetzung mit dieser Stoffklasse konnten ihr Wirkungsmechanismus und die wesentlichen Ursachen bakterieller Resistenz aufgeklärt werden. Im Wettlauf gegen eine stetig wachsende Zahl (multi-)resistenter Krankheitserreger gerät die medizinische Wirkstoffentwicklung jedoch zunehmend ins Hintertreffen und ist permanent aufgefordert, durch gezielte Strukturmodifikationen das Wirkungsspektrum etablierter Präparate zu erweitern und potentielle Zielstrukturen (*Targets*) für neuartige Antibiotika zu evaluieren.

Neben ihrer pharmakologischen Bedeutung besitzen insbesondere die enantiomerenreinen β-Lactame einen hohen Nutzwert als Ausgangsverbindungen und Zwischenprodukte in der stereoselektiven organischen Synthese. Das vielfältige Interesse hat eine hohe Forschungsaktivität bei der Suche nach ökonomischen Darstellungsverfahren hervorgerufen, die einen stereokontrollierten Zugang zu dieser Verbindungsklasse ermöglichen. Im folgenden Kapitel werden die wichtigsten Einsatzgebiete der β-Lactame zusammen mit einigen für das Thema dieser Arbeit hilfreichen Hintergrundinformationen vorgestellt.

2. Allgemeiner Teil

2.1 β-Lactam-Antibiotika

2.1.1 Historische Entwicklung

Der Identifizierung von bakteriellen Infektionen als Ursache für Krankheiten wie Cholera und Tuberkulose durch KOCH gegen Ende des 19. Jahrhunderts folgte eine intensive Suche nach Substanzen, die eine selektiv gegen den Erreger gerichtete Toxizität besitzen (EHRLICH`sches Prinzip). FLEMING entdeckte 1928 zufällig einen gegenüber *Staphylococcus aureus* bakterizid wirkenden Sekundärmetaboliten des Schimmelpilzes *Penicillium notatum*.[3] In fortführenden Arbeiten durch CHAIN und FLOREY konnte schließlich der als Penicillin bezeichnete Wirkstoff isoliert und 1941 erstmalig therapeutisch eingesetzt werden. Bereits 1932 hatte DOMAGK mit den Sulfonamiden eine synthetische Verbindungsklasse mit antibakteriellem Potential erschlossen.[4] Sowohl der Naturstoff Penicillin als auch die Sulfonamide waren in der Lage, bereits in geringen Konzentrationen das bakterielle Wachstum zu hemmen und zeichneten sich durch eine vergleichsweise geringe Toxizität für den Menschen aus. Durch die Therapie mit diesen als „Antibiotika" bezeichneten neuen Wirkstoffen[5] konnte die Mortalitätsrate zahlreicher bakterieller Infektionskrankheiten drastisch gesenkt werden. Eine 1945 in Oxford durchgeführte Röntgenstrukturanalyse an Rubidiumsalz-Einkristallen des Penicillins führte zur Aufklärung der bicyclischen β-Lactamstruktur. Trotz aller therapeutischer Erfolge wurde schnell erkannt, dass **Penicillin G** neben einem schmalen antibakteriellen Wirkungsspektrum ungünstige physikochemische Eigenschaften aufwies. Die schlechte Wasserlöslichkeit und geringe Stabilität gegenüber pH-Schwankungen in Verbindung mit einer raschen Ausscheidung aus dem Körper verhinderten den Aufbau eines effektvollen Plasmaspiegels. Versuchte man anfänglich recht erfolgreich die hohen Exkretionsraten durch Gabe eines „Penicillin-Einsparers" (**Probenecid**)[6] zu unterdrücken, so ging man Anfang der 1950er Jahre dazu über, nach effizienteren natürlichen Derivaten zu suchen. So kam 1953 das **Penicillin V** (Phenoxymethylpenicillin) in den Handel, das erste säurestabile, oral wirksame β-Lactam-Antibiotikum.[7] Einige Zeit später gelang die Strukturaufklärung eines antibiotischen Wirkstoffes, der aus dem Pilz *Cephalosporium acremonium* isoliert wurde. Es handelte sich ebenfalls um ein β-Lactam-Derivat, jedoch war in diesem Fall nicht ein fünfgliedriges Thiazolidin sondern ein sechsgliedriges Dihydro-1,3-thiazin in das bicyclische

System eingebunden. In Analogie zu den Penicillinen wurden die Vertreter dieses Strukturtyps gemäß ihrer biosynthetischen Herkunft als Cephalosporine bezeichnet. Der β-Lactam-Ring wurde als essentiell für die antibakterielle Wirkung betrachtet und fand als Leitstruktur zunehmend das Interesse der synthetischen Chemiker. Die ersten erfolgreichen Totalsynthesen (**Penicillin V**, SHEEHAN 1957)[8] konnten sich langfristig jedoch nicht gegen die zunehmend ertragreicheren Fermentationsverfahren (optimierte Nährmedien, Züchtung von Hochproduzentenstämmen) durchsetzen. Erst als durch Entdeckung und Nutzung selektiv abbauender Enzyme (Acylasen)[9] die Grundkörper 6-Aminopenicillansäure[10] und 7-Amino-cephalosporansäure[11] biotechnologisch in großen Mengen zur Verfügung gestellt werden konnten, erfolgte eine enorme Resonanz in der pharmazeutischen Chemie (Abb. 2).

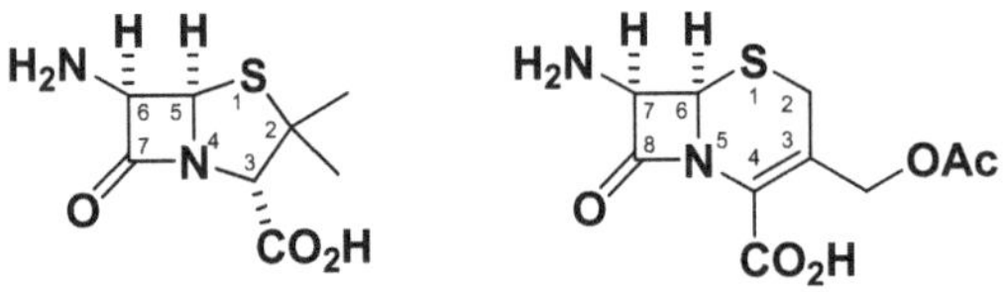

6-Aminopenicillansäure 7-Aminocephalosporansäure

Abb. 2 | Stammverbindungen der Penicilline (links) und Cephalosporine (rechts)

Als Resultat durchliefen unzählige semisynthetische Derivate mit verbessertem pharmakokinetischen Profil und/oder erweitertem Wirkungsspektrum die klinischen Tests. Im Rahmen umfangreicher *Screening*-Untersuchungen konnten zudem Erkenntnisse auf dem komplexen Gebiet der Struktur-Wirkungs-Beziehungen gewonnen werden.[12-14] Dabei stellte sich heraus, dass nicht nur der aktivierte β-Lactam-Ring mit einer aciden Gruppe, sondern auch Art und räumliche Anordnung der Substituenten maßgeblich die Wirksamkeit und Verträglichkeit eines Präparates beeinflussen. Neben den klassischen durch Partialsynthese zugänglichen Penicillinen und Cephalosporinen hat sich seit Mitte der 1970er Jahre eine bedeutende Anzahl neuer β-Lactam-Antibiotika (z. B. Carbapeneme, Monobactame) etabliert, die zunehmend totalsynthetisch hergestellt werden.[15] Die wichtigsten Strukturtypen werden an anderer Stelle vorgestellt.

2.1.2 Zielstrukturen und Wirkungsmechanismus

Ursache für die selektive Toxizität der β-Lactam-Antibiotika und der damit verbundenen guten Verträglichkeit für den Patienten ist ihr Angriff an bakterienspezifischen Strukturen. Bis auf wenige Ausnahmen besitzen Bakterien eine stabile Zellwand, die dem üblicherweise hohen intrazellulären osmotischen Druck entgegenwirkt und einen optimalen Spannungszustand (Turgor) der Zelle gewährleistet. Für die mechanische Stabilität ist hauptsächlich ein dreidimensionales Peptidoglycan-Netzwerk verantwortlich, das auch als Murein-Sacculus bezeichnet wird. Nach einem Färbeverfahren von GRAM (1884) lassen sich Bakterien bezüglich ihres Zellwandaufbaus in zwei Gruppen unterteilen (Abb. 3).[16] Gram-positive Bakterien (z. B. *Staphylococcus aureus*) besitzen eine Zellwand, die im Wesentlichen aus einem dicken (bis zu 40 Schichten) Murein-Netz besteht. Bei Gram-negativen Vertretern (z. B. *Escherichia coli*) hingegen befindet sich nur ein dünnes (2-3 Schichten) Peptidoglycan-Netz zwischen der eigentlichen Zellmembran und einer andersartig aufgebauten äußeren Membran. Die äußere Membran ist von Proteinen durchsetzt, die einen Durchtritt von kleineren hydrophilen Molekülen ermöglichen. Sie werden als Porine bezeichnet.

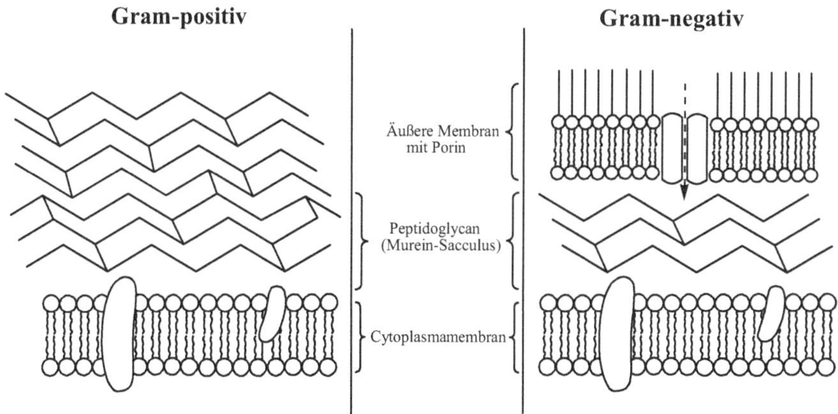

Abb. 3 Schematischer Zellwandaufbau Gram-positiver und Gram-negativer Bakterien

Grundsätzlich handelt es sich bei den Peptidoglycanen um Polysaccharidketten, die über Oligopeptidbrücken miteinander quervernetzt sind. Die Struktur (insbesondere die der Peptidanteile) kann bei unterschiedlichen Bakterien leicht variieren, der prinzipielle Aufbau und der Biosyntheseweg sind jedoch vergleichbar.[17-19] Im Cytoplasma beginnend verlagern sich die Aufbauvorgänge zunehmend nach außen in Richtung der Zellmembran. Die letzten Synthesestufen werden von Enzymen katalysiert, die auf der Außenseite der Zellmembran lokalisiert sind. Als Einzelbaustein des Mureins von *Escherichia coli* dient ein Disaccharid-Pentapeptid. Der Kohlenhydrat-Anteil besteht aus *N*-Acetyl-β-D-glucosamin (GlcNAc) und *N*-Acetylmuraminsäure (MurNAc), die 1,4-glycosidisch verknüpft sind. Über die Carboxylfunktion der MurNAc ist der *N*-Terminus eines Pentapeptids amidisch gebunden. Von zentraler Bedeutung ist das Vorkommen einer Diaminocarbonsäure (hier *meso*-Diaminopimelinsäure, *m*-Dpm) und einer D-Alanin-D-Alanin-Sequenz am *C*-Terminus der Kette (Abb. 4).

D-Ala
D-Ala
m-Dpm
D-Glu
L-Ala
OH O OH
HO O O
HO O O
AcHN AcHN OH

GlcNAc MurNAc

Abb. 4 | Disaccharid-Pentapeptid-Wiederholungseinheit des Mureins von *E. coli*

Die Bausteine werden vor der Polymerisierung zunächst durch die Bildung eines Undecaprenyldiphosphats aktiviert und an die Außenseite der Cytoplasmamembran transportiert. Hier erfolgt die β(1→4)-glycosidische Kettenverlängerung, die durch eine Transglycosylase katalysiert wird (Abb. 5).

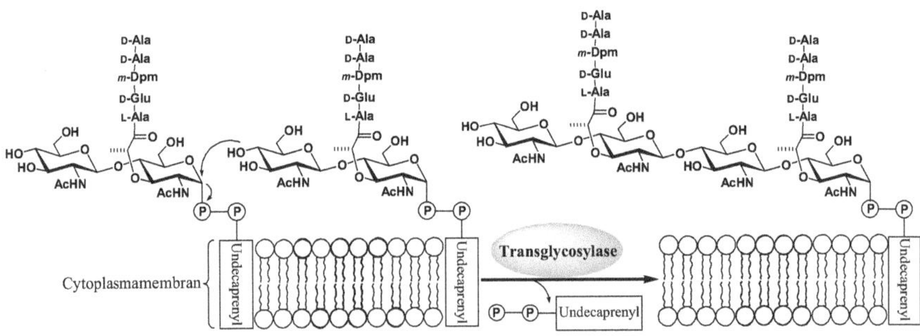

Abb. 5 | Kettenverlängerung des Mureins von *E. coli* durch 1,4-β-glycosidische Verknüpfung

Anschließend erfolgt eine Quervernetzung über die Peptidseitenketten der so synthetisierten Stränge und damit die Ausbildung des stabilen Murein-Sacculus. Dabei erfolgt formal eine Aminolyse der D-Ala-D-Ala-Peptidbindung des einen Stranges (Donor-Strang) durch die Diaminosäure (hier *m*-Dpm) eines anderen (Azeptor-) Stranges unter Abspaltung von D-Alanin. Das diese Reaktion katalysierende Enzym wird gemäß seiner Funktion als Transpeptidase bezeichnet (Abb. 6).

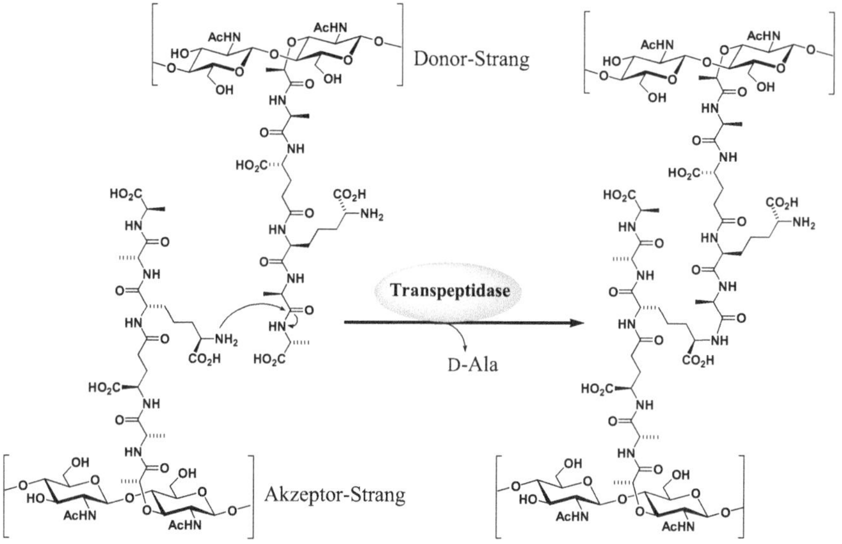

Donor-Strang

Transpeptidase

D-Ala

Akzeptor-Strang

Abb. 6 | Quervernetzung der Peptidoglycan-Stränge durch Transpeptidierung (Bsp. *E. coli*)

Die erwähnten Transglycosilasen und Transpeptidasen sind die wesentlichen, am Aufbau des Peptidoglycans beteiligten Enzyme. In vielen Fällen befinden sich diese beiden funktionellen Einheiten in einem hochmolekularen Protein mit Multidomänenstruktur.[20]

Die β-Lactam-Antibiotika sind in der Lage, diese Proteine mit hoher Selektivität kovalent zu binden. Man bezeichnet die Zielstrukturen daher auch als Penicillin-Bindungs-Proteine (PBP) von denen fast alle einen Serinrest (Ser) im katalytisch aktiven Zentrum besitzen. Es wird angenommen, dass das Penicillin aufgrund seiner strukturellen Ähnlichkeit mit der *C*-terminalen D-Ala-D-Ala-Sequenz eines Mureinbausteins von der Transpeptidase als (Pseudo-)Substrat toleriert wird (Abb. 7).[21]

Penicillin D-Ala-D-Ala

Abb. 7 | Strukturelle Ähnlichkeit von Penicillin und D-Ala-D-Ala-Rest des Peptidoglycans

Es folgt ein Acylierungsschritt unter Öffnung des β-Lactam-Rings.[22] Der so gebildete Ester hydrolysiert nur sehr langsam unter Freisetzung des aktiven Zentrums, so dass eine effektive Inhibition der Transpeptidase resultiert (Abb. 8).

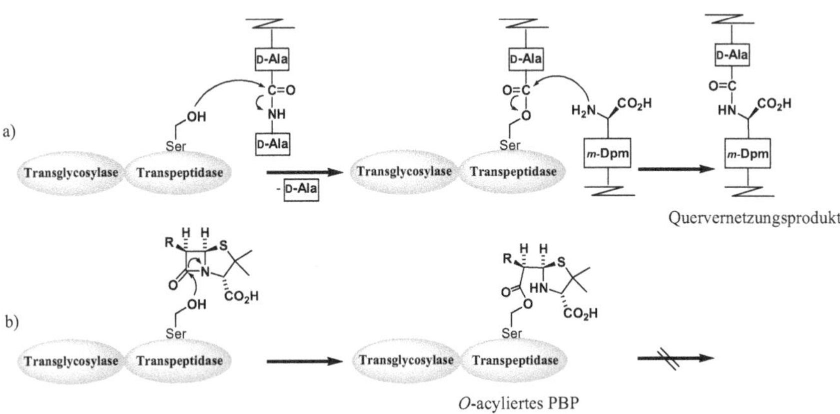

Abb. 8 | Katalyse der Transpeptidierung (a) und ihre Inhibition durch Penicillin (b)

Es kommt aufgrund mangelnder Quervernetzung zu einer fehlerhaften Mureinstruktur, die dem hohen osmotischen Druck nicht standhalten kann und zur Cytolyse führt. Dieser Wirkungsmechanismus erklärt die Beobachtung, dass die β-Lactam-Antibiotika ihre bakterizide Wirkung nur auf Zellen ausüben, die sich in der Wachstumsphase befinden (hohe Aktivität der am Zellwandaufbau beteiligten Enzyme).

2.1.3 Bakterielle Resistenz

Aufgrund ihrer hohen Individuenzahl und Teilungsrate führen Mutationen innerhalb einer Bakterienpopulation zu einer enormen genetischen Variabilität, die eine Anpassung an veränderte Umweltbedingungen gewährleistet. Die Gegenwart eines Antibiotikums übt einen starken Selektionsdruck auf die Population aus und führt zur Auslese resistenter Mutanten, die einen neuen Stamm bilden. Das für die Resistenz verantwortliche Gen liegt häufig auf einem ringförmigen, extrachromosomalen DNA-Element, dem Plasmid. Von dort kann es in das Bakterienchromosom integriert oder durch einen als Konjugation bezeichneten Vorgang auf das Genom anderer Bakterien übertragen werden. Dieser Gentransfer kann sogar zwischen unterschiedlichen Arten ablaufen, d. h. ein nichtpathogener Keim kann seine Antibiotika-Resistenz an einen pathogenen Keim weitergeben.[23]

Ein verschwenderischer und verantwortungsloser Einsatz von Antibiotika z. B. als gering dosierter Futterzusatz in der industriellen Tierzucht hat die Resistenz-Problematik in den vergangenen Jahrzehnten verschärft. Zwar kann die Entwicklung bakterieller Abwehrmechanismen durch einen sachgemäßen Umgang mit antibiotischen Wirkstoffen nicht verhindert aber doch deutlich verzögert werden. Insbesondere in Krankenhäusern und medizinischen Einrichtungen, in denen besonders effiziente Selektionsbedingungen herrschen, steigt die Anzahl von multiresistenten Problemkeimen. Als wichtigster Vertreter sei der Methicillin-resistente *Staphylococcus aureus* (MRSA)[24,25] erwähnt, der resistent gegen alle etablierten β-Lactam-Antibiotika ist und in Deutschland 2004 bereits einen Anteil von 22.4 % aller Krankenhausisolate von *S. aureus* erreichte.[26] Im internationalen Vergleich liegt in Deutschland allerdings noch eine (für den Patienten) günstige Resistenzsituation vor. In den USA wurden bereits Stämme von *S. aureus* isoliert, die zusätzlich eine Resistenz gegen das häufig in letzter Instanz wirksame Glycopeptid-Antibiotikum Vancomycin besitzen.[27] Es sind sogar Staphylokokken bekannt, die Unempfindlichkeit gegenüber Antibiotika der jüngsten Generation (z. B. das Oxazolidinon Linezolid) zeigen.[28]
Grundsätzlich lassen sich drei bakterielle Resistenzmechanismen unterscheiden, die auch kombiniert auftreten können und damit zu besonderer klinischer Bedeutung führen:[29]

- Verringerung der Antibiotikumkonzentration an der Zielstruktur
- Bildung modifizierter Zielstrukturen
- Produktion inaktivierender Enzyme

Eine Reduktion der Wirkstoffkonzentration kann bei Gram-negativen Bakterien z. B. durch eine veränderte äußere Membran erreicht werden, die für das Antibiotikum eine erhöhte Penetrationsbarriere darstellt. Eine verminderte Anzahl von Porinen kann einen solchen Effekt herbeiführen.[30] Weiterhin haben insbesondere Gram-negative Bakterien die Fähigkeit zur Bildung sogenannter Efflux-Pumpen, mit denen cytotoxische Substanzen aktiv aus dem periplasmatischen Raum (Raum zwischen innerer und äußerer Membran) herausgeschleust werden können.[31]

Die Bildung modifizierter Zielstrukturen spielt besonders bei Gram-positiven Bakterien (z. B. Strepto- oder Staphylokokken) eine Rolle.[32] Hier kommt es zur Produktion von veränderten Penicillin-Bindungs-Proteinen (PBP), die eine geringere Affinität zum Antibiotikum aufweisen aber ihre katalytische Funktion behalten. Der wohl wichtigste Resistenzmechanismus gegen β-Lactam-Antibiotika ist die Bildung von bakteriellen Enzymen, die den Azetidin-2-on-Ring hydrolytisch spalten können und als β-Lactamasen bezeichnet werden. Besonders relevant sind sie bei Gram-negativen Bakterien. Bis heute wurden über 400 bakterielle β-Lactamasen beschrieben und in vier Klassen A bis D eingeteilt.[34] Die Klassen A, C und D umfassen Serin-Proteasen, die in der bereits beschriebenen Weise (vgl. Abb. 8) mit dem β-Lactam zu einem *O*-Acyl-Enzym reagieren, welches jedoch wesentlich schneller unter Freisetzung des Enzyms hydrolysiert. Zur Klasse B werden die noch recht seltenen Metallo-β-Lactamasen gerechnet, die ein Zn^{2+}-Ion im aktiven Zentrum enthalten.[35]

Um diesen Resistenzmechanismus direkt zu überwinden bedarf es β-Lactam-Derivate, die bei gleichbleibend guter antibakterieller Wirkung von den β-Lactamasen nicht oder nur in geringem Umfang inaktiviert werden. Die Carbapeneme zeichnen sich beispielsweise durch eine hohe β-Lactamase-Stabilität aus. Eine andere klinisch relevante Möglichkeit ist die Verabreichung des eigentlichen (sensitiven) β-Lactam-Antibiotikums in Kombination mit einem β-Lactamase-Inhibitor (Abb. 9).[36]

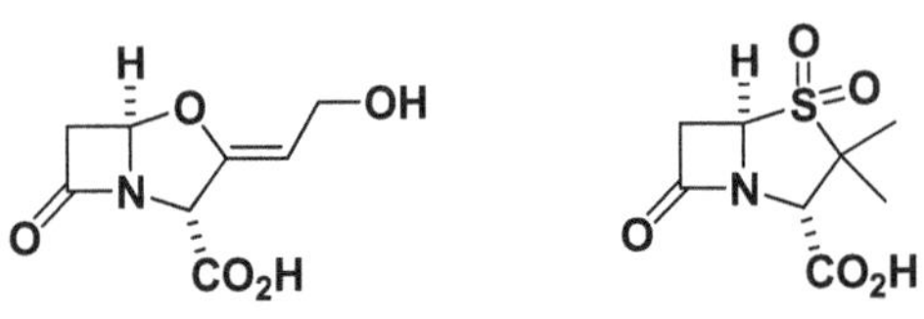

Abb. 9 | Beispiele für β-Lactamase-Inhibitoren

Dabei handelt es sich um 3-unsubstituierte β-Lactam-Derivate, die eine hohe Reaktivität besitzen und mit den β-Lactamasen stabile Acylierungsprodukte bilden. Da ihre eigene antibakterielle Wirkung nur sehr gering ist, fungieren sie als reine Suizid-Inhibitoren und ebnen den Weg für den eigentlichen Wirkstoff. Insbesondere für den natürlichen β-Lactamase-Inhibitor **Clavulansäure** (gewonnen aus *Streptomyces clavuligerus*) bestehen aufgrund seiner Hepatotoxizität strenge Dosierungsgrenzen.[37] Gegen β-Lactamasen der Gruppe B und C sind die Verbindungen unwirksam.

Eine passende Antwort auf die komplexe, sich ständig weiterentwickelnde Situation der bakteriellen Resistenz zu finden, bleibt eine der großen Herausforderung in der medizinischen Chemie.

2.1.4 Strukturelle Einteilung der β-Lactam-Antibiotika

Die β-Lactam-Antibiotika lassen sich bezüglich ihrer Grundstruktur in drei Gruppen einteilen. Neben den monocyclischen Vertetern gibt es zwei bicyclische Varianten, bei denen der Azetidin-2-on-Ring an einen fünfgliedrigen bzw. sechsgliedrigen Ring anelliert ist (Abb. 10).

Abb. 10 | Grundstrukturen der bicyclischen β-Lactam-Antibiotika mit IUPAC-Nomenklatur

Die abgebildeten Körper können jeweils in Position 2 eine Doppelbindung enthalten. Zur systematischen Benennung der Grundgerüste von β-Lactamen mit (potentiell) antibiotischer und/oder β-Lactamase-inhibitorischer Aktivität verwendet man anstelle der in Abb. 10 gezeigten Bicyclen-Nomenklatur üblicherweise eine Trivialnomenklatur, die sich direkt von den Penicillinen und Cephalosporinen ableitet. Die räumliche Anordnung von Substituenten wird ausgehend von der abgebildeten Projektion durch den Zusatz α („nach hinten") bzw. β („nach vorne") symbolisiert.[38] Abb. 11 zeigt eine Aufstellung der wichtigsten Grundkörper mit den gängigen Trivialnamen.

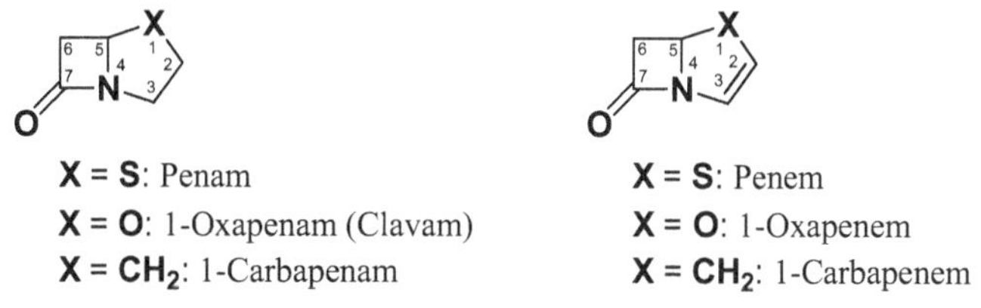

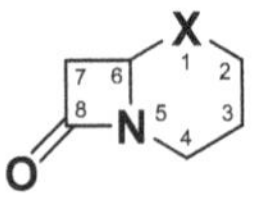

X = S: Cepham
X = O: 1-Oxacepham
X = CH_2: 1-Carbacepham

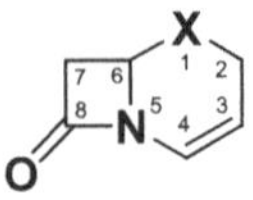

X = S: 3-Cephem
X = O: 1-Oxa-3-cephem
X = CH_2: 1-Carba-3-cephem

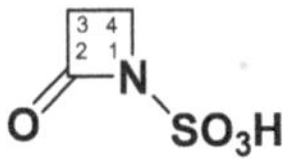

Monobactam

Abb. 11 | Grundkörper der β-Lactam-Antibiotika und ihre gebräuchlichen Trivialnamen

Im Folgenden sollen die wichtigsten etablierten Klassen von β-Lactam-Antibiotika und einige klinisch relevante Vertreter kurz vorgestellt werden.

Paname (Penicilline)

Die Pename repräsentieren die älteste Klasse der β-Lactam-Antibiotika. Alle bekannten Pename mit starker antibakterieller Wirkung sind *N*-Acyl-Derivate der 6-Aminopenicillansäure (vgl. Abb. 2) und werden daher auch als Penicilline bezeichnet (Abb. 12).

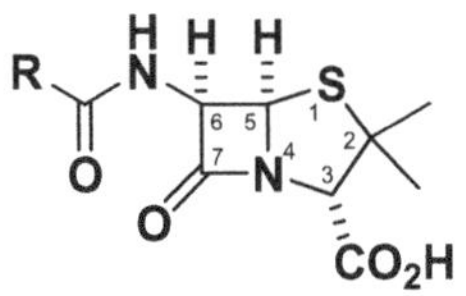

Abb. 12 | Allgemeine Struktur der Penicilline

Neben dem von FLEMING entdeckten und auch heute noch (parenteral) eingesetzten **Penicillin G** hat sich eine Reihe halbsynthetischer Abkömmlinge mit verbesserten Eigenschaften etabliert. Mit dem bereits erwähnten **Penicillin V** stand das erste oral applizierbare Penam zur Verfügung. Die Amino- und Acylaminopenicilline wirken auch gegen eine Reihe Gram-negativer Bakterien und gelten als Penicilline mit mittlerem bis breitem Wirkungsspektrum.[39] **Amoxicillin** (ein Aminopenicillin) ist das weltweit umsatzstärkste Antibiotikum (Abb. 13).[6]

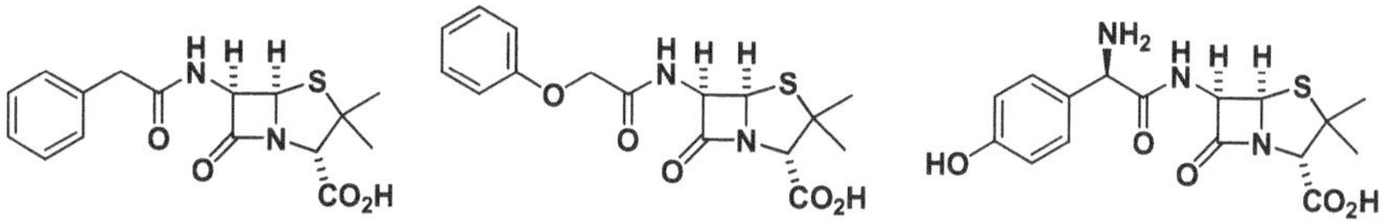

Penicillin G

Penicillin V

Amoxicillin

Abb. 13 | Einige wichtige Vertreter der Penicilline

Die Penicilline werden sehr leicht durch bakterielle β-Lactamasen inaktiviert. Derivate mit erhöhter β-Lactamase-Stabilität sind zwar bekannt (Isoxazolylpenicilline, 6-α-Methoxy-penicilline) haben jedoch aufgrund ihrer eingeschränkten Wirkungsintensität keine große Bedeutung erlangt.[40] Erfolgreicher war hingegen die Kombination bewährter Breitband-Penicilline mit β-Lactamase-Hemmern (vgl. Abb. 9). **Augmentan**®, ein etabliertes Kombinationspräparat von **Amoxicillin** und **Clavulansäure**, kann in diesem Zusammenhang als kommerziell erfolgreiches Beispiel angeführt werden.[41]

3-Cepheme (Cephalosporine), 1-Oxa-3-cepheme, 1-Carba-3-cepheme

Bei den antibiotisch wirksamen Cephemen handelt es sich um *N*-Acyl-Derivate der 7-Aminocephalosporansäure (vgl. Abb. 2) Sie werden deshalb auch als Cephalosporine bezeichnet. Zusätzlich zu den Variationsmöglichkeiten innerhalb der Acylamino-Seitenkette besteht hier die Möglichkeit, die Acetoxymethylgruppe an C-3 der Stammverbindung chemisch zu modifizieren. Eine große Anzahl semisynthetischer Cepheme mit verbessertem pharmakologischen Profil ließ nach der Entdeckung des **Cephalosporins C** nicht lange auf sich warten, konnte man doch auf die großen Erfahrungen der Penicillinchemie zurückgreifen.

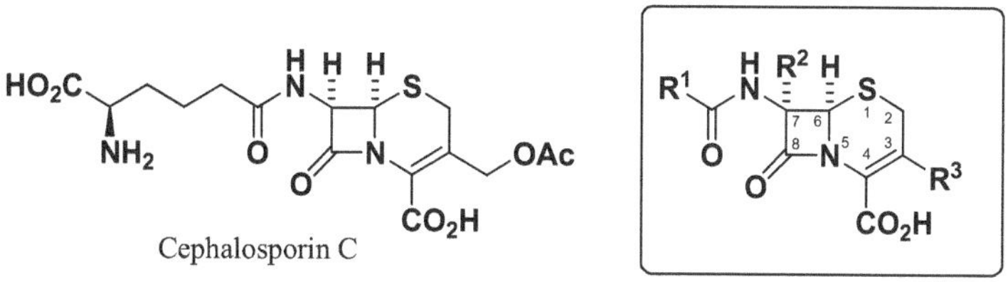

Cephalosporin C

Abb. 14 | Natürliches Cephalosporin C und die Grundstruktur semisynthetischer Derivate

Die Cephalosporine können in vier Generationen eingeteilt werden, die sich weniger durch charakteristische Strukturmerkmale als durch Unterschiede in der Aktivität und Wirkungsbreite voneinander unterscheiden.[42] Die wertvollste Eigenschaft von Cephalosporinen der ersten Generation war die gute Wirksamkeit gegen penicillinresistente Staphylokokken. In den folgenden Generationen konnte die Stabilität gegenüber bakteriellen β-Lactamasen kontinuierlich erhöht und das Wirkungsspektrum auf eine zunehmende Zahl Gram-negativer Bakterien erweitert werden.[43] Dabei zeichneten sich in der zweiten Generation vor allem die 7-α-Methoxy-cephalosporine (Cephamycine) aus. Die Cepheme der dritten Generation gelten als Breitspektrum-Cephalosporine und sind von großer klinischer Bedeutung, insbesondere die Derivate mit einem 2-Aminothiazol-Rest und einer *syn*-Methoxyimino-Funktion in der Acyl-Seitenkette. Zur vierten und jüngsten Generation schließlich zählt eine Reihe zwitterionischer Cepheme, die sich durch hohe Wirksamkeit gegen einige z. T. resistente Gram-negative Erreger auszeichnen. Abb. 15 zeigt einige ausgewählte Beispiele.

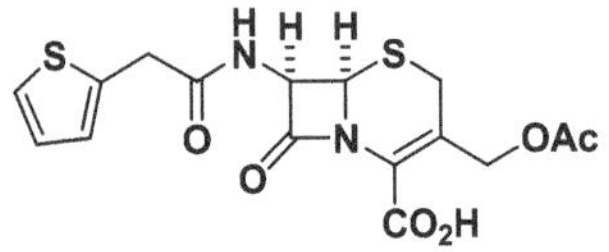

Cefalotin
[1. Generation]

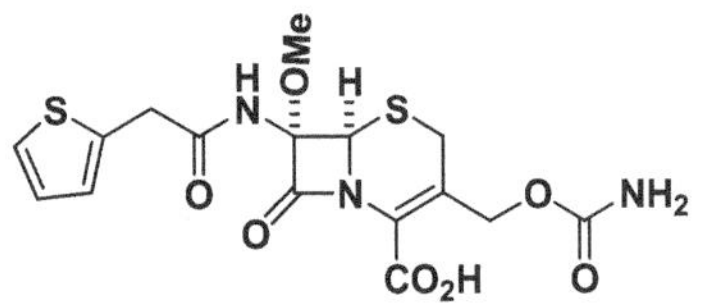

Cefoxitin (ein Cephamycin)
[2. Generation]

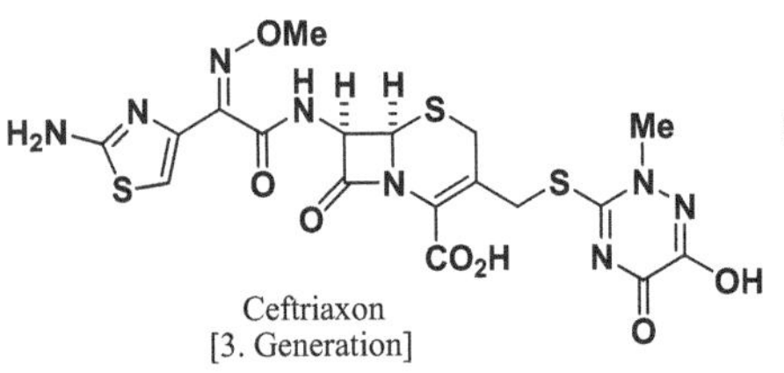

Ceftriaxon
[3. Generation]

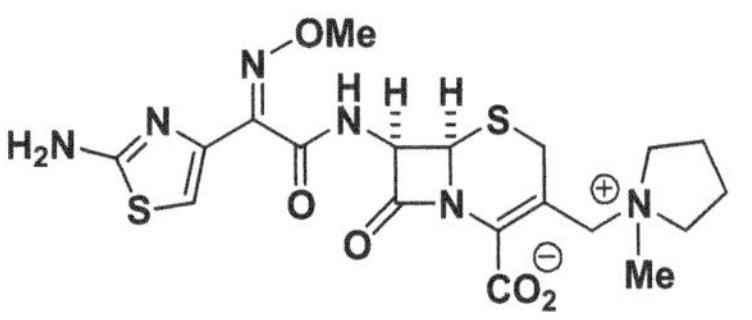

Cefepim
[4. Generation]

Abb. 15 | Beispiele für semisynthetische Cephalosporine der ersten bis vierten Generation

Die meisten Cephalosporine werden aus dem Gastrointestinaltrakt nur schlecht resorbiert und müssen parenteral verabreicht werden. Durch geeignete Substitution und die Überführung in kurzlebige 4-Carbonsäureester (*Prodrug*-Konzept) konnte die Resorption einiger Vertreter verbessert werden, so dass auch breit wirksame Oralcephalosporine bekannt sind.[44] Die chemische Evolution der Cepheme ist damit keinesfalls abgeschlossen. Einige vielversprechende Derivate, die speziell für den Einsatz gegen multiresistente Keime entwickelt wurden, durchlaufen gerade die klinischen Tests.[42,45] Ihr breites Wirkungsspektrum und die hervorragende Verträglichkeit (geringes allergisches Potential) haben die Cephalosporine zur umsatzstärksten Gruppe innerhalb der β-Lactam-Antibiotika gemacht.[2]

Die 1-Oxa-Analoga einiger Cepheme zeichnen sich durch eine wesentlich stärkere antibakterielle Wirkung (z. T. vier- bis achtfach gegenüber der *S*-haltigen Struktur) aus.[46] Es handelt sich bei den Oxacephemen jedoch um vergleichsweise reaktive Verbindungen, die leicht durch β-Lactamasen hydrolysiert werden. Durch die Einführung einer 7-α-Methoxy-Gruppe entstanden hochwirksame Derivate (Oxacephamycine) mit einer erhöhten β-Lactamase-Stabilität. Das erste breit wirksame Oxacephalosporin **Latamoxef** (Abb. 16) wurde in Japan ausgehend von einem Penicillin synthetisiert und ist ebenso wie sein Nachfolgepräparat **Flomoxef** in Deutschland nicht mehr im Handel.[47]

Unter den 1-Carba-Analoga der Cepheme gibt es nur einen Vertreter, der klinische Bedeutung erlangt hat. Das totalsynthetisch hergestellte Carbacephem **Loracarbef** (Abb. 16) ist ein oral wirksames, chloriertes Präparat mit einem den Oralcephalosporinen der ersten Generation ähnelnden Wirkungsspektrum.[48]

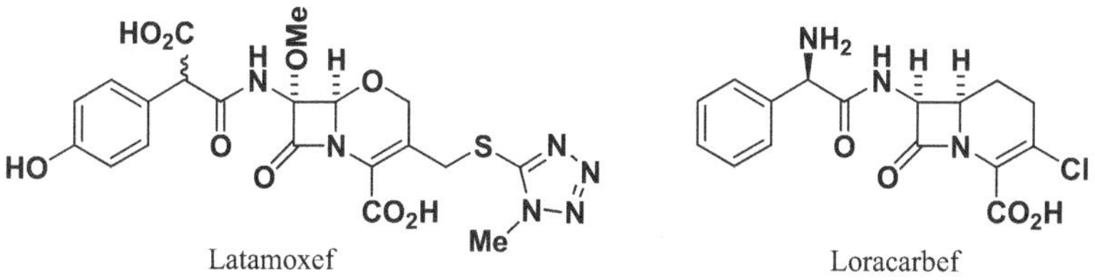

Latamoxef

Loracarbef

Abb. 16 | Antibiotika aus der Gruppe der Oxacepheme (links) und Carbacepheme (rechts)

1-Carbapeneme, Peneme

Es sind verschiedene natürliche Carbapeneme bekannt, deren Mehrzahl eine antibiotische und/oder β-Lactamase-inhibierende Wirkung aufweist.[38] Ein herausragendes antibakterielles Potential in Kombination mit einem für klinische Zwecke notwendigen Mindestmaß an Stabilität zeichnet die Thienamycine aus.[49] Das 1979 entdeckte natürliche **Thienamycin** ist ein Fermentationsprodukt von *Streptomyces cattleya* und besitzt eine *trans*-Konfiguration am β-Lactam-Ring (Abb. 17). Aufgrund ihres stark gespannten Ringsystems sind die Carbapeneme äußerst reaktive β-Lactam-Verbindungen. Thienamycin neigt in höher konzentrierten Lösungen zur Selbstzersetzung (intermolekulare Spaltung des β-Lactam-Rings durch die Aminofunktion) und musste vor dem Eintritt in den klinischen Gebrauch derivatisiert werden.[38,50]

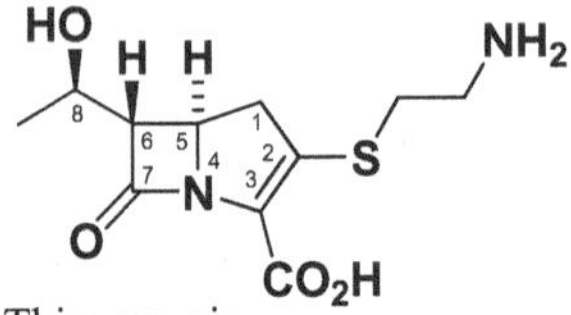

Thienamycin

Abb. 17 Thienamycin, ein natürliches Carbapenem mit antibakterieller Wirkung

Es resultierte das **Imipenem**, ein *N*-Formimidoyl-Derivat des Thienamycins, das zwar ein extrem breites Wirkungsspektrum aber auch eine pharmakokinetische Schwäche besitzt.[51] Es wird *in vivo* rasch durch die Dehydropeptidase I (DHP I) der menschlichen Niere unter Bildung nephrotoxischer Produkte abgebaut und muss deshalb im Verhältnis 1:1 mit einem kompetetiven DHP I-Inhibitor (**Cilastatin**) kombiniert werden.[52] Durch Einführung einer β-Methylgruppe an C-1 konnte die Stabilität gegenüber der DHP I drastisch erhöht werden, ohne dass signifikante Aktivitätsverluste auftraten. Die modernen 1-β-Methyl-carbapeneme wie z. B. das **Meropenem** können ohne zusätzlichen Inhibitor appliziert werden und sind gut verträglich.[53] Abb. 18 zeigt die erwähnten Verbindungen.

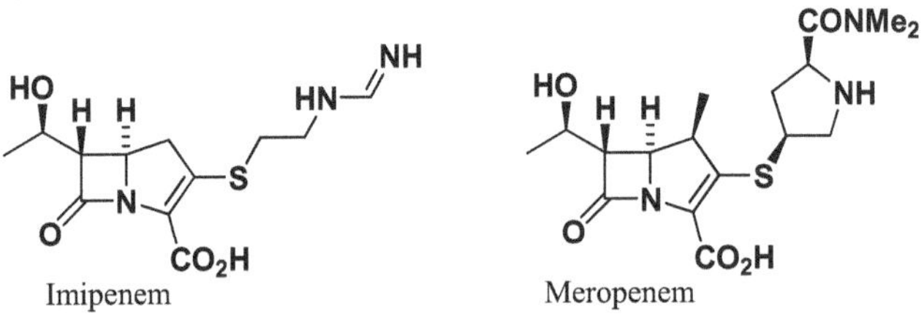

Imipenem

Meropenem

Abb. 18 Carbapenem-Antibiotika mit klinischer Bedeutung

Der Erfolg der 1-β-Methyl-carbapeneme hat in jüngster Zeit zur Entwicklung eines neuen, tricyclischen Strukturtyps geführt, der als Trinem bezeichnet wird. Verschiedene Derivate befinden sich derzeit in klinischen Untersuchungen.[54] Ein vielversprechendes Beispiel ist in Abb. 19 gezeigt.

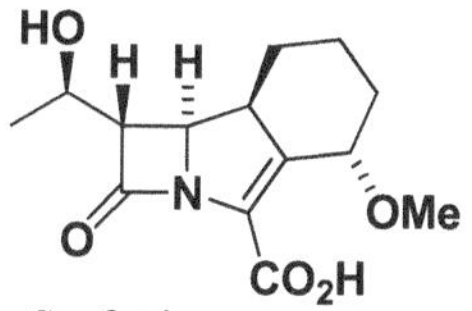

Sanfetrinem

Abb. 19 Beispiel für ein tricyclisches Carbapenem (Trinem)

Carbapeneme besitzen eine außerordentlich hohe β-Lactamase-Stabilität und werden nur durch wenige Enzyme (hauptsächlich die der Klasse B) inaktiviert.[55] Diese Eigenschaft in Verbindung mit der hervorragenden antibakteriellen Wirkung führt zu einem fast lückenlosen Aktivitätsspektrum. Sie zählen zu den wichtigsten Antibiotika für die Initialtherapie lebensbedrohender bakterieller Infektionen (besonders Krankenhausinfektionen) und werden parenteral verabreicht. Im Gegensatz zu den Penamen und Cephemen erfolgt die technische Produktion der Carbapenem-Antibiotika durch *de novo*-Synthese, da kein wirtschaftliches Fermentationsverfahren für die Gewinnung der sensiblen Thienamycine existiert.

β-Lactame vom Penem-Typ wurden in der Natur bisher nicht gefunden. Es sind einige Derivate bekannt, die als β-Lactamase-Inhibitoren wirken, aber klinisch ohne Bedeutung geblieben sind. Erst die Synthese von *trans*-Penemen mit einem den Thienamycinen (s. o.) analogen Substitutionsmuster führte zu antibakteriell wirksamen Präparaten mit guter β-Lactamase-Stabilität. **Faropenem** ist ein noch junges Beispiel für ein oral wirksames Penem-Antibiotikum (Abb. 20).[56] Es besitzt ein mit den Oralcephalosporinen vergleichbares Wirkungsspektrum, seine Herstellung ist jedoch deutlich aufwendiger.

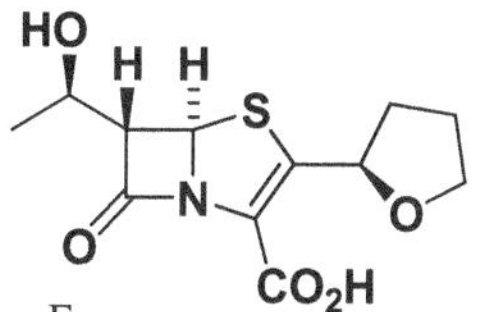

Faropenem

Abb. 20 Ein Antibiotikum aus der Gruppe der Peneme

Monobactame

Es sind zwei natürliche Gruppen von monocyclischen β-Lactam-Verbindungen bekannt. Nach den Nocardicinen, die therapeutisch bedeutungslos blieben wurden Anfang der 1980er Jahre die Monobactame entdeckt.[57] Dabei handelt es sich um bakterielle Stoffwechselprodukte, die eine Sulfonsäure-Funktion am Ringstickstoff des β-Lactams tragen (Abb. 21).

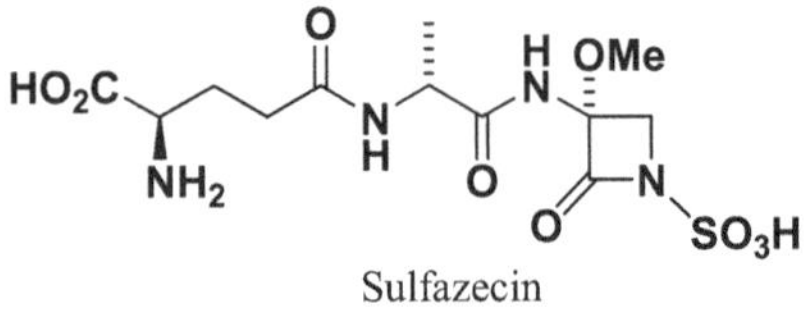

Sulfazecin

Abb. 21 | Beispiel für ein natürlich vorkommendes Monobactam

Formal handelt es sich bei den natürlichen Vertretern um *N*-Acyl-Derivate der 3-Aminomonobactamsäure, die jedoch nicht durch Spaltung der Fermentationsprodukte (wie bei den Penicillinen und Cephalosporinen) zugänglich ist.

Zur Darstellung von Monobactam-Derivaten mit gesteigerter antibakterieller Wirkung und verbesserten pharmakokinetischen Eigenschaften war man auf totalsynthetische Ansätze angewiesen. Daraus ging das *trans*-konfigurierte **Aztreonam** hervor, das eine gute Wirksamkeit gegen Gram-negative Bakterien und eine relativ hohe β-Lactamase-Stabilität aufweist.[58] Es wird parenteral verabreicht und ist das einzige therapeutisch etablierte Monobactam-Antibiotikum (Abb. 22).

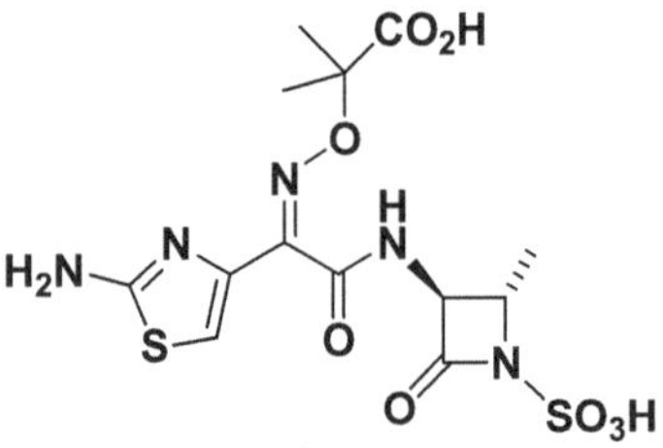

Aztreonam

Abb. 22 | Aztreonam, ein totalsynthetisches Monobactam-Antibiotikum

2.2 Weitere klinische Einsatzgebiete von β-Lactamen

Im Schatten der dominierenden Bedeutung als Antibiotika wurden in den letzten Jahren einige andere pharmakologisch wertvolle Eigenschaften von β-Lactam-Verbindungen erkannt und in klinischen Studien evaluiert.

Für großes Interesse sorgte die Entdeckung, dass adäquat substituierte, monocyclische β-Lactam-Derivate nach einem neuartigen Mechanismus in den menschlichen Cholesterinstoffwechsel eingreifen können. Durch die Fähigkeit dieser Verbindungen zur Hemmung eines relevanten Enzyms, der Acyl-CoA-Cholesterin-Acyl-Transferase (ACAT), konnte in verschiedenen *in vitro*- und *in vivo*-Tests eine deutliche Reduzierung der intestinalen Cholesterinabsorption beobachtet werden.[59] Die ACAT katalysiert die Umsetzung des Cholesterins zu seinen Fettsäureestern, die als Depotverbindungen dienen und im Blut in Form von Plasma-Lipoproteinen (insbesondere *low-density lipoproteins*, LDL) nachweisbar sind. Hohe LDL-Konzentrationen erhöhen die Gefahr kardiovaskulärer Erkrankungen und damit das Herzinfarktrisiko.[60] Die β-Lactame mit Hemmwirkung auf die Cholesterinabsorption wurden im SCHERING-PLOUGH RESEARCH INSTITUTE synthetisiert. Eine Weiterentwicklung des ersten potentiellen Wirkstoffs **(-)-SCH 48461** auf der Basis von Struktur-Wirkungs-Beziehungen und Metabolismus-Studien hat zu **Ezetimibe** geführt, dem ersten ACAT-Inhibitor, der in den USA zur Behandlung von Hypercholesterinämie zugelassen wurde (Abb. 23).[61]

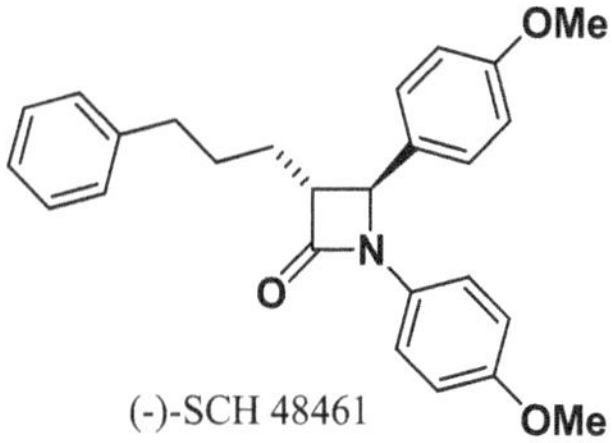

(-)-SCH 48461 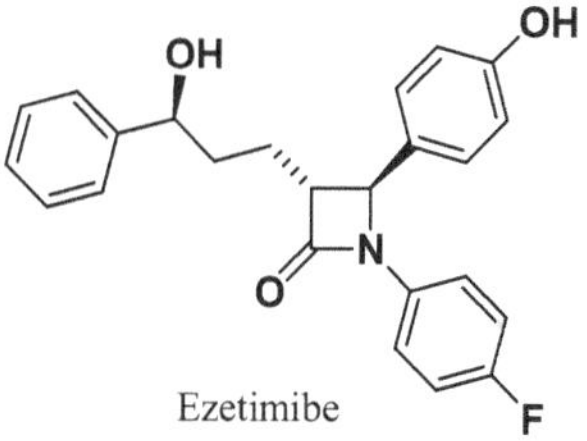 Ezetimibe

Abb. 23 | β-Lactame mit Hemmwirkung auf die Cholesterinabsorption (ACAT-Inhibitoren)

Bemerkenswert ist die Tatsache, dass es sich bei den ACAT-Inhibitoren um vergleichsweise unreaktive 1-Aryl-β-lactame handelt und angenommen wird, dass diese Präparate im Gegensatz zu den anderen pharmakologisch aktiven β-Lactamen ihre Hemmwirkung nicht durch eine Acylierung der Zielstruktur erreichen.[61] Aufgrund des neuartigen *Targets* sind diese Verbindungen eine interessante Alternative zu den Inhibitoren der endogenen

Cholesterinbiosynthese (Statine) und stellen in Kombination mit diesen erweiterte Therapiemöglichkeiten in Aussicht.[61]

Ihre Fähigkeit zur Hemmung von Serin- und Cystein-Proteasen durch Acylierung des katalytisch aktiven Zentrums (vgl. Abb. 8) hat die Azetidin-2-one für einige neue Forschungsfelder prädestiniert.[62] So wurden beispielsweise Inhibitoren für das an der Entstehung arterieller und venöser Thrombosen beteiligte Thrombin[63] und das *prostate specific antigen* (PSA) beschrieben, dessen Aktivität im Zusammenhang mit der Entstehung von Prostata-Karzinomen diskutiert wird.[64] Auch die *human leukocyte elastase* (HLE) ist Gegenstand jüngerer Untersuchungen. Eine mangelnde Regulation dieser Protease wird u. a. mit der Pathogenese von Mukoviszidose und rheumatoider Arthritis in Verbindung gebracht.[65] Eine essentielle virale Serin-Protease, die durch β-Lactame gehemmt werden kann, ist die *human cytomegalovirus protease* (HCMV-Protease).[66] Das HCMV gehört zur Familie der Herpesviren und kann insbesondere bei Neugeborenen und immungeschwächten Menschen (z. B. AIDS-Patienten) schwere Infektionserscheinungen hervorrufen. Abb. 24 zeigt einige ausgewählte Beispiele für Serin-Protease-Inhibitoren.

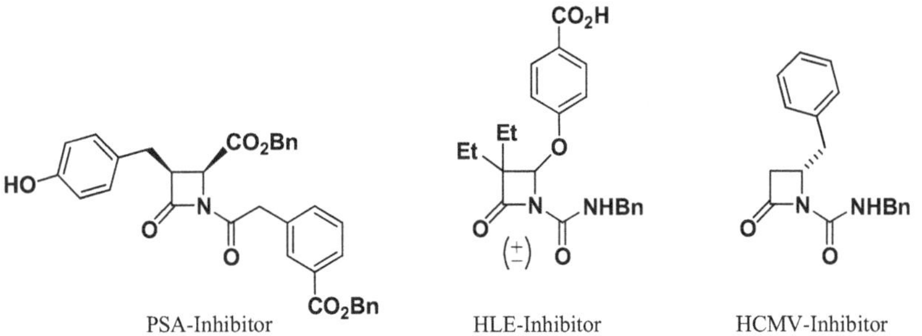

PSA-Inhibitor HLE-Inhibitor HCMV-Inhibitor

Abb. 24 | β-Lactame mit Hemmwirkung auf Serin-Proteasen

Bei den Serin-Protease-Inhibitoren handelt es sich in den meisten Fällen um monocyclische 1-Acyl-β-lactame, die sich durch eine besonders hohe Reaktivität im Sinne eines Acylierungsmittels auszeichnen. Kurze physiologische Halbwertszeiten und toxische Nebenwirkungen stehen jedoch einer hohen Reaktivität gegenüber und limitieren die Anzahl klinisch vielversprechender Derivate.

Ganz aktuell ist die Beobachtung, dass β-Lactame die Expression eines neurophysiologisch relevanten Glutamat-Transportproteins (GLT 1) stimulieren und damit wahrscheinlich eine Schädigung von Gehirnnervenzellen verhindern können. Krankheiten wie amyotrophe

Lateralsklerose (ALS) aber auch Epilepsien werden mit GLT 1-Funktionsstörungen in Zusammenhang gebracht. Insbesondere das **Ceftriaxon** (s. Abb. 15), ein Cephalosporin-Antibiotikum der dritten Generation, hat sich *in vitro* und *in vivo* als wirkungsvoller Neuroprotektor gezeigt und unterliegt weiterführenden klinischen Studien.[67]

2.3 β-Lactame als wertvolle synthetische Intermediate

Bei geeigneter Substitution lassen sich alle vier Bindungen des β-Lactam-Heterocyclus unter relativ milden Bedingungen durch Ausnutzung der Ringspannung selektiv spalten.[68] Neben einer Reihe weiterer Produkte sind auf diese Weise vielfältige α- und β-Aminosäure-Derivate und Peptide zugänglich.[69] Insbesondere die enantiomerenreinen Azetidin-2-one stellen dabei attraktive Ausgangsverbindungen und Zwischenprodukte für stereoselektive Synthesen dar und wurden in verschiedenen Naturstoffsynthesen erfolgreich eingesetzt. Die Nutzung des synthetischen Potentials von β-Lactamen ist zunehmend gebräuchlicher geworden und hat sich unter der Bezeichnung *β-lactam synthon method* bereits als Methode etabliert.[70] In Abb. 25 sind ausgewählte Spaltungsmöglichkeiten mit den jeweiligen Produkten aufgeführt.

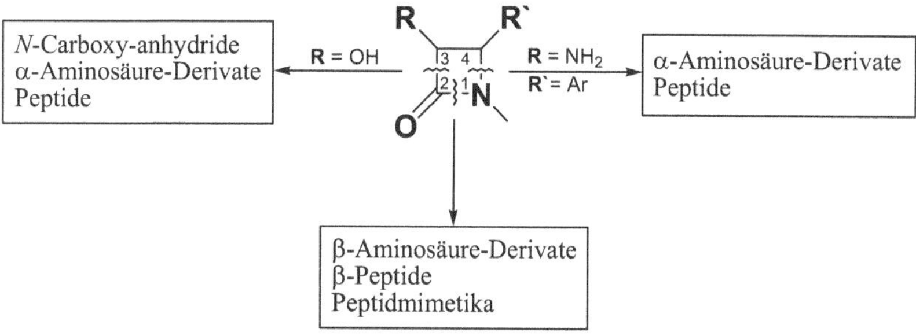

Abb. 25 Spaltungsmöglichkeiten und -produkte von β-Lactamen

Aufgrund der Analogie zu dem biologischen Wirkungsprinzip der β-Lactam-Antibiotika werden die nucleophilen Ringöffnungen unter Spaltung der N-1/C-2-Bindung auch als biomimetische Reaktionen bezeichnet. Die bereits erwähnte hohe Carbonylreaktivität der *N*-Acyl-β-lactame prädestiniert sie für derartige Ringöffnungsreaktionen durch diverse Nucleophile. Ein repräsentatives Beispiel findet sich in der Synthese von **Paclitaxel (Taxol®)** (**3**), einem in der Rinde der Pazifischen Eibe vorkommenden Diterpenoid mit zytostatischer Wirkung (Abb. 26).[71]

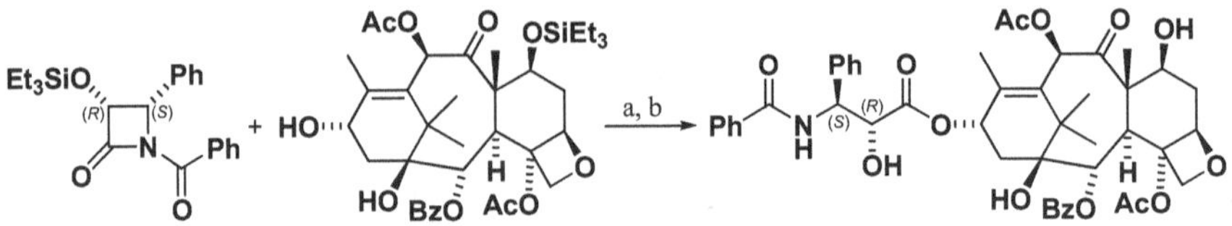

Abb. 26 | Synthese von Paclitaxel (**3**) unter Einsatz eines enantiomerenreinen β-Lactams
a) *n*-BuLi, THF, -45 °C → 0 °C, 2 h;
b) HF•Py, MeCN.

Die Kupplung des enantiomerenreinen *N*-Benzoyl-β-lactams (**1**) mit dem Alkoholat des partiell geschützten **Baccatin III** (**2**) führt in diesem Fall unter Ringöffnung zur gewünschten Seitenkette.

2.4 Darstellungsmöglichkeiten von β-Lactamen

Die intensive Forschungstätigkeit auf dem Gebiet der β-Lactam-Antibiotika hat eine Fülle von Methoden zur Synthese des Azetidin-2-on-Strukturelements hervorgebracht. Eine Auswahl wichtiger Darstellungsverfahren ist in Abb. 27 schematisch zusammengefasst.[72]

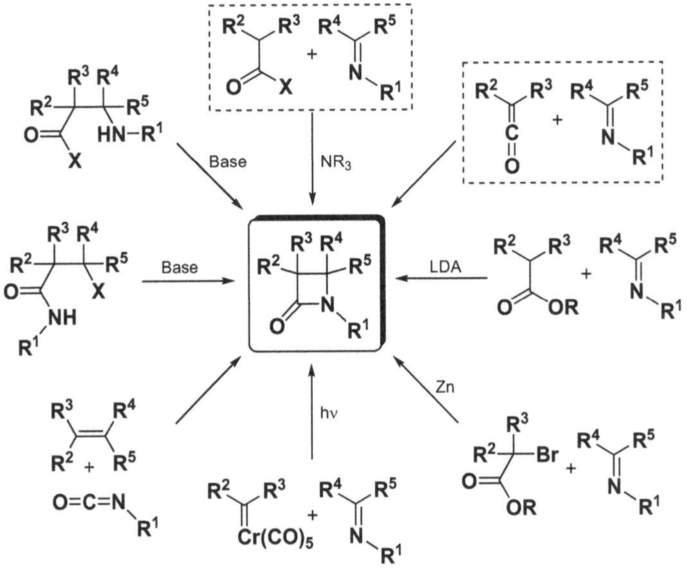

Abb. 27 | Ausgewählte Möglichkeiten zur Synthese von β-Lactamen

Viele dieser Methoden nutzen ein Imin als Kupplungskomponente, das sowohl mit nucleophilen (Esterenolat-Imin-Kondensation)[73] als auch mit elektrophilen (Keten-Imin-Cycloaddition)[1,74] Reaktionspartnern unter Ausbildung zweier Bindungen (N-1/C-2 und C-3/C-4) zum Heterocyclus umgesetzt werden kann. Durch eine festgelegte (*E*)- bzw. (*Z*)-Geometrie des eingesetzten Imins kann in vielen Fällen eine Stereoselektivität der Synthese hinsichtlich einer *cis*- bzw. *trans*-Konfiguration an C-3 und C-4 des β-Lactam-Produktes beobachtet werden. Die Keten-Imin-Cycloaddition (in Abb. 27 gekennzeichnet) nimmt in der vorliegenden Arbeit eine zentrale Stellung ein und soll deshalb im folgenden Abschnitt einer eingehenderen Betrachtung unterzogen werden. Sie wird nach ihrem Entdecker auch als STAUDINGER-Reaktion bezeichnet.[1]

2.5 Die Keten-Imin-Cycloaddition

Die Keten-Imin-Cycloaddition (STAUDINGER-Reaktion) zählt aufgrund ihrer Vielseitigkeit bezüglich der einsetzbaren Edukte zu den wichtigsten Methoden, die einen direkten Zugang zum β-Lactam-Strukturelement ermöglichen. Bis auf wenige Ausnahmen, wie z. B. das von STAUDINGER untersuchte Diphenylketen, sind Ketene nur schwer isolierbar und werden überwiegend *in situ* aus einer geeigneten Vorstufe (*Precursor*) gebildet, was in den meisten Fällen durch Dehydrohalogenierung von Carbonsäurehalogeniden,[75] Wolff-Umlagerung von α-Diazocarbonylverbindungen,[76] Photolyse von Metall-Carben-Komplexen[77] oder Dehalogenierung von α-Bromcarbonsäurebromiden[78] erfolgt. Das so gebildete hochreaktive Intermediat kann anschließend mit einem Imin zum β-Lactam abreagieren. Es wird angenommen, dass der Heterocyclus nicht das Resultat einer konzertierten [2+2]-Cycloaddition ist, sondern durch einen nucleophilen Angriff des Imins an das Keten unter Ausbildung einer zwitterionischen Zwischenstufe und anschließenden Ringschluss entsteht.[79] Abb. 28 zeigt ein allgemeines Reaktionsschema für die Umsetzung eines aus dem Säurechlorid *in situ* generierten Ketens mit einem Imin.

Abb. 28 Schematischer Verlauf der STAUDINGER-Reaktion ausgehend von Säurechloriden

Das gebildete β-Lactam kann bis zu zwei stereogene Zentren aufweisen (C-3, C-4) und somit aus maximal vier Stereoisomeren bestehen. Interessanterweise wird jedoch bei den meisten unter üblichen Bedingungen (geringe Temperatur, schwach polares Lösungsmittel, nucleophile Imine) durchgeführten Keten-Imin-Cycloadditionen eine Diastereoselektivität beobachtet, die direkt mit der Stereochemie der eingesetzten Imine korreliert. So erhält man bei der Umsetzung von acyclischen Iminen mit (*E*)-Geometrie hauptsächlich die thermodynamisch instabileren 3,4-*cis*-konfigurierte Produkte, während cyclische Imine mit (*Z*)-Geometrie die 3,4-*trans*-konfigurierten β-Lactame liefern.[72, 74, 80] Aus einer Vielzahl von Untersuchungen zur Stereochemie und zum Mechanismus der STAUDINGER-Reaktion ist ein mittlerweile weitgehend akzeptiertes Modell hervorgegangen, dass diesen experimentellen Befund erklären kann.[81] Danach wird das in der Substituentenebene liegende LUMO des Ketens orthogonal vom freien Elektronenpaar des Imin-Stickstoffs angegriffen. Das Imin nähert sich dem Keten dabei von der sterisch weniger gehinderten Seite (Wasserstoff bzw. kleiner Substituent), d. h. der größere Keten-Substituent ist nach außen gerichtet. Man spricht in diesem Zusammenhang auch von einem *exo*-Angriff. Durch diese Seitenpräferenz limitieren sich die Möglichkeiten des Imins auf eine Addition von oben (a) bzw. unten (b) (Abb. 29).

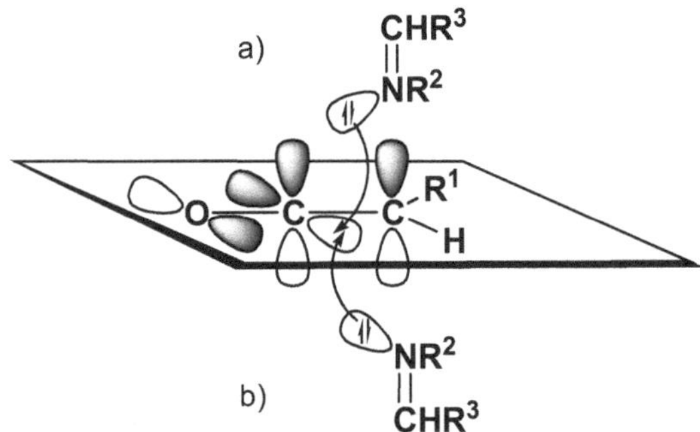

Abb. 29 Bevorzugte Angriffsmöglichkeiten eines Imins auf das Keten-LUMO

In beiden Fällen führt die Addition zur Bildung eines zwitterionischen Intermediats, welches dann conrotatorisch zum β-Lactam cyclisiert. Unter der Voraussetzung, dass keine asymmetrische Induktion vorliegt und die Stereochemie des Imins konsistent ist, entstehen über die Angriffsvarianten (a) und (b) zu gleichen Teilen zwei Enantiomere (Racemat). Ob eine 3,4-*trans*- oder 3,4-*cis*-Konfiguration im Produkt entsteht, wird in diesem Fall direkt von der Geometrie des Imins bestimmt. Insbesondere cyclische Imine, die eine fest fixierte (*Z*)-Geometrie aufweisen, ermöglichen STAUDINGER-Reaktionen von besonders hoher Diastereoselektivität. In Abb. 30 ist das stereochemische Modell für ein (*Z*)-Imin veranschaulicht.

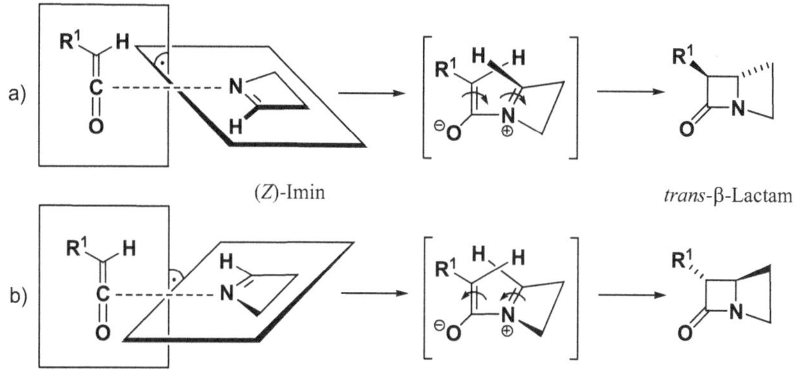

a)

(*Z*)-Imin

trans-β-Lactam

b)

Abb. 30 | Stereochemischer Verlauf der STAUDINGER-Reaktion am Beispiel eines (*Z*)-Imins

Der Ringschluss des auf dem Weg (a) generierten Zwischenprodukts erfolgt dabei unter Minimierung der sterischen Wechselwirkungen im Uhrzeigersinn, während das nach (b) entstandene Intermediat entgegen dem Uhrzeigersinn cyclisiert. Es resultieren zwei 3,4-*trans*-konfigurierte β-Lactam-Enantiomere. Eine STAUDINGER-Reaktion mit einem cyclischen Imin ohne jegliche asymmetrische Induktion sollte gemäß diesem stereochemischen Modell also ein diastereomerenreines, racemisches *trans*-β-Lactam liefern, was auch tatsächlich experimentell beobachtet wird.[81g, 82]

Etwas weniger hoch kann die Diastereoselektivität der Keten-Imin-Cycloadditionen sein, wenn Imine mit (*E*)-Geometrie eingesetzt werden. Obwohl im Einklang mit dem conrotatorischen Modell häufig eine Bevorzugung der *cis*-β-Lactame sichtbar ist, kommt es hier mitunter zur Bildung von *cis/trans*-Gemischen. Diese Beobachtung wird darauf zurückgeführt, dass die stereochemische Information des (*E*)-Imins unter bestimmten Umständen innerhalb der Reaktion zugunsten eines thermodynamisch bevorzugten Produkts verloren gehen kann. Im Gegensatz zu den cyclischen Iminen verfügt das zwitterionische Intermediat, das durch Addition eines acyclischen Imins an ein Keten entsteht, nämlich über eine Möglichkeit zur Isomerisierung (Abb. 31).

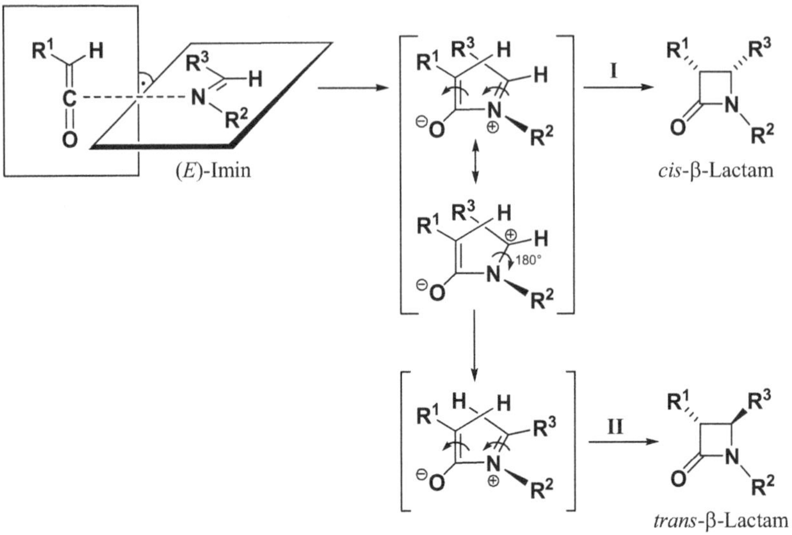

Abb. 31 Stereochemischer Verlauf der STAUDINGER-Reaktion am Beispiel eines (*E*)-Imins (nur ein Enantiomer ist gezeigt)

Der direkte conrotatorische Ringschluss (**I**) des primären Addukts liefert das thermodynamisch instabilere 3,4-*cis*-β-Lactam. Durch Rotation um die C,N-Bindung des Imins kann aus dem primären Addukt ein sterisch günstigeres Zwischenprodukt hervorgehen, welches über conrotatorische Cyclisierung (**II**) zum thermodynamisch bevorzugten 3,4-*trans*-β-Lactam führt. Das *cis/trans*-Verhältnis im Produkt von STAUDINGER-Reaktionen mit acyclischen Iminen wird von verschiedenen Faktoren beeinflusst. Insbesondere die Substituenten des Imins und des Ketens, aber auch das Lösungsmittel und die Reaktionsbedingungen können von Bedeutung sein.[81g, 83]

An dieser Stelle sei angemerkt, dass das vorgestellte mechanistische Modell lediglich mit dem Großteil der publizierten STAUDINGER-Reaktion im Einklang steht und eine nennenswerte Zahl von Ausnahmefällen unerklärt lässt. Die teilweise uneinheitliche und widersprüchliche Stereochemie einiger Produkte deutet auf verschiedene, miteinander konkurrierende Mechanismen hin. So werden bei der Bildung von β-Lactamen aus Säurechloriden und Iminen im Basischen zwei weitere Reaktionsverläufe ohne Keten-Intermediat diskutiert, die durch eine *N*-Acylierung des Imins eingeleitet werden.[81d,83a] Die resultierende *N*-Acyliminium-Spezies hat nun zwei Möglichkeiten, zum β-Lactam abzureagieren. Eine direkte Deprotonierung nach Weg **A** führt zu einem zwitterionischen Intermediat, welches auf die bekannte Weise (vgl. Abb. 28) zum Produkt cyclisiert. Weg **B** beschreibt die intermediäre

Bildung eines Chloramids durch nucleophile Addition des Halogenids an das Iminium-Ion. In Anwesenheit einer Base erfolgt anschließend eine intramolekulare C,C-Bindungsknüpfung im Sinne einer nucleophilen Substitution unter Ausbildung des β-Lactam-Heterocyclus. Beide Reaktionswege sind in Abb. 32 veranschaulicht.

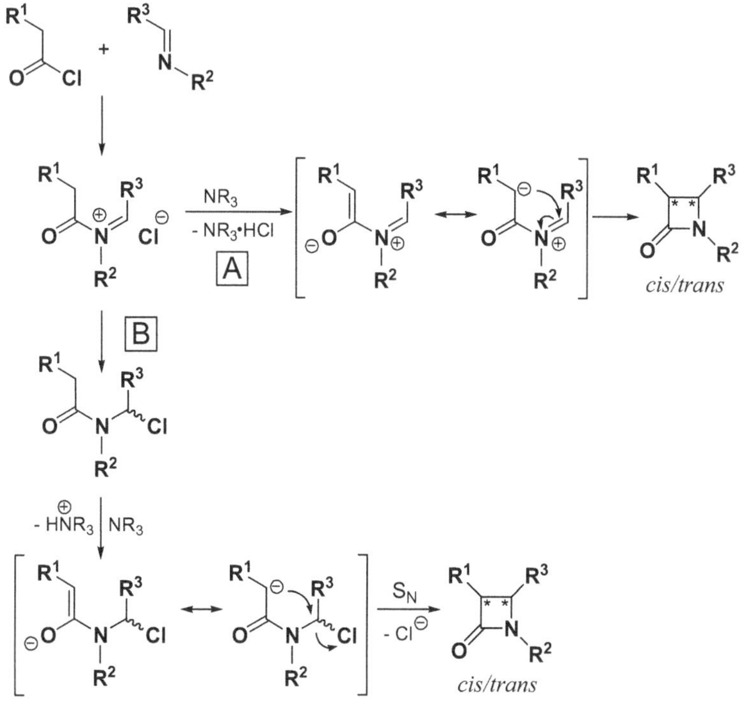

Abb. 32 | Alternative Wege zur Bildung von β-Lactamen aus Säurechloriden und Iminen

Die Reaktionsverläufe **A** und **B** gewinnen im Vergleich zu der über das Keten verlaufenden Variante dann an Bedeutung, wenn bei der Durchführung zuerst das Säurechlorid mit dem Imin versetzt und die Base zeitlich verzögert hinzugefügt wird. In diesen Fällen wird häufig eine vergleichsweise geringe *cis/trans*-Diastereoselektivität der Synthesen beobachtet wenn acyclische Imine zum Einsatz kommen.[83a]

Es sind weitere mechanistische Alternativen in der Literatur beschrieben, auf die bei der Diskussion der eigenen experimentellen Ergebnisse näher eingegangen wird (Kap. 5.1).

3. Zielsetzung

Mit wachsendem Verständnis biochemischer Prozesse insbesondere auf dem Gebiet der molekularen Erkennung (z. B. Enzym-Substrat-Wechselwirkungen, Rezeptorselektivitäten und -affinitäten) und dem Streben nach nebenwirkungsarmen Präparaten ist auch das Interesse der Pharmaindustrie an optisch reinen Verbindungen gestiegen.

Für die Darstellung enantiomerenreiner β-Lactame stehen verschiedene Methoden zur Verfügung. Neben Verfahren, die Ausgangsverbindungen aus dem *chiral pool* der Naturstoffe nutzen,[84] und einer geringen Zahl katalytisch asymmetrischer Synthesen[86] sind hauptsächlich Wege unter Einsatz chiraler Auxiliare[85] beschrieben. Die STAUDINGER-Reaktion zählt nicht zuletzt wegen ihrer häufig vorhersehbaren *cis/trans*-Diastereoselektivität (vgl. Kap. 2.5) zu einer der wertvollsten und effizientesten Methoden zur stereokontrollierten Darstellung von β-Lactamen. In den letzten Jahren wurden durch LECTKA[87] und FU[88] die ersten katalytisch enantioselektiven Keten-Imin-Cycloadditionen publiziert. Diese hochaktuellen Methoden zeichnen sich durch gute Ausbeuten und Enantioselektivitäten aus, sind jedoch auf den Einsatz nicht-nucleophiler Imine beschränkt. Die STAUDINGER-Reaktion unter stöchiometrischem Einsatz chiraler Auxiliare besitzt deshalb nach wie vor eine große Bedeutung. Dabei kann sowohl das Keten (bzw. dessen Vorstufe) als auch das Imin in optisch reiner Form zur asymmetrischen Induktion herangezogen werden. Eine elegante Methode zur Darstellung enantiomerenreiner 3-Amino-β-lactame entwickelten EVANS und SJOGREN,[89] indem sie ein auf (*S*)-Phenylglycin basierendes Oxazolidin-2-on als chirales Auxiliar verwendeten (Abb. 33).

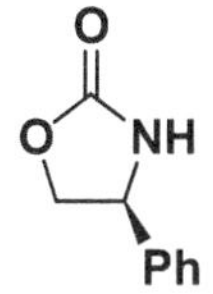

O
O NH
Ph

Abb. 33 (*S*)-4-Phenyl-oxazolidin-2-on als chirales Auxiliar nach EVANS

Nach Überführung des Auxiliars in den chiralen Keten-Vorläufer **5** erfolgte die Umsetzung mit acyclischen *N*-Benzyliminen unter den üblichen Bedingungen der STAUDINGER-Reaktion. Die Synthesen lieferten in hoher Ausbeute und mit sehr guter Selektivität ($dr \geq 92 : 8$)[90] eines der beiden *cis*-β-Lactam-Diastereomere als leicht abtrennbares Hauptprodukt (**6**), aus dem direkt das enantiomerenreine 3-Amino-β-lactam (**7**) freigesetzt werden konnte. Die Bildung von *trans*-Produkten wurde in keinem Fall beobachtet (Abb. 34).

($dr \geq 92:8$)

Abb. 34 Synthese enantiomerenreiner 3-Amino-β-lactame nach EVANS und SJOGREN[89]

a) NaH, THF, $BrCH_2CO_2Et$, 0 °C, 2 h;
b) NaOH, H_2O/THF, 25 °C, 1 h, HCl;
c) $(COCl)_2$, Toluol, 60 °C, 3 h;
d) NEt_3, CH_2Cl_2, RHC=NBn, -78 °C → 0 °C, 2 h;
e) Li, NH_3, THF/*t*-BuOH, -78 °C.

Die bereits mit großem Erfolg in anderen diastereoselektiven Synthesen eingesetzten EVANS-Oxazolidinone[91] haben sich seither auch in der β-Lactam-Chemie als viel genutztes Instrumentarium etabliert.[92] Eine größere Anzahl enantiomerenreiner 4-substituierter Oxazolidin-2-one ist mittlerweile kommerziell erhältlich, sie liegen jedoch auf einem hohen Preisniveau. In Zusammenarbeit mit ungarischen Kollegen entwickelte KÖLL eine einfache und ökonomische Methode zur Darstellung optisch reiner Oxazolidin-2-one auf der Basis von Kohlenhydraten.[93] Auf diese Weise konnten im eigenen Arbeitskreis cyclische Carbamate kostengünstiger Monosacchariden wie z. B. D-Glucose und D-Xylose synthetisiert und nach Einführung geeigneter Hydroxyl-Schutzgruppen erfolgreich als chirale Auxiliare in verschiedenen stereoselektiven Reaktionen eingesetzt werden.[94] Im Rahmen dieser Arbeiten wurde von SAUL ein methylethergeschütztes Oxazolidin-2-on der D-Xylose dargestellt und in Anlehnung an die Arbeiten von EVANS/SJOGREN zu einem chiralen Keten-Vorläufer umgesetzt, der anschließend in einigen diastereoselektiven STAUDINGER-Reaktionen zum

Einsatz kam. Die gewünschten β-Lactame fielen dabei in befriedigenden bis guten Ausbeuten bei durchweg exzellenter Diastereoselektivität (*dr* > 99 : 1) an.[95] Durch eine exemplarische Röntgenstrukturanalyse konnte die *cis*-(3*S*,4*R*)-Konfiguration der diastereomerenreinen monocyclischen Produkte aufgeklärt werden. Dies entspricht der Konfiguration, die EVANS/SJOGREN mit dem (*S*)-4-Phenyl-oxazolidin-2-on induzierten (vgl. Abb. 34) und auch in Penicillinen und Cephalosporinen gefunden wird (vgl. Abb. 2). In Abb. 35 ist das auf D-Xylose basierende chirale Auxiliar zusammen mit einem diastereoselektiv synthetisierten β-Lactam-Derivat (letzteres in zwei unterschiedlichen Projektionen[96]) gezeigt.

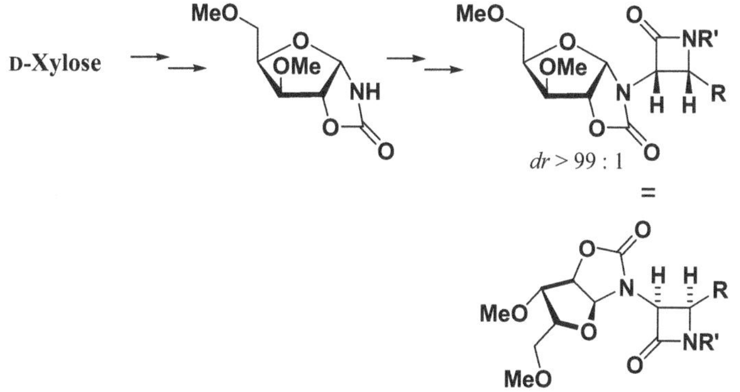

Abb. 35 | Xylooxazolidinon und damit diastereoselektiv erhaltenes β-Lactam nach SAUL[95]

Neben den einander sehr ähnlichen acyclischen Iminen wurden auch zwei 3-Thiazoline umgesetzt. Die mit diesen (*Z*)-Iminen durchgeführten STAUDINGER-Reaktionen führten gleichermaßen hochselektiv jeweils zur Bildung eines einzigen *trans*-Diastereomers, allerdings mit etwas geringerer Ausbeute. Die absolute Konfiguration dieser bicyclischen β-Lactame konnte jedoch bisher nicht zweifelsfrei geklärt werden.[95a]

Ziel der vorliegenden Arbeit war es, diese vielversprechende Methode einer umfassenderen Untersuchung zu unterziehen und sie in verschiedene Richtungen weiterzuentwickeln. Um ein präziseres Bild von dieser diastereoselektiven Keten-Imin-Cycloaddition zu bekommen und ihre Anwendungsbreite auszuloten, sollte eine möglichst große Vielfalt von Iminen eingesetzt werden. Neben grundsätzlichen Reaktivitätstendenzen war dabei stets die Stereoselektivität der Reaktion von Interesse. Bei der Verwendung von Iminen mit (*E*)-Geometrie galt es, die Frage zu untersuchen, ob eine Variation der Substituenten die Stereoselektivität der

STAUDINGER-Reaktion beeinflussen kann, insbesondere hinsichtlich einer Bildung von *trans*-Produkten, die bislang nicht nachgewiesen werden konnten. Zudem sollten verschiedene cyclische Imine ((*Z*)-Geometrie) eingesetzt und nach Möglichkeit die offene Frage der absoluten Konfiguration bicyclischer β-Lactam-Produkte geklärt werden. Einen weiteren wichtigen Aspekt stellte die Verwendung enantiomerenreiner Imine dar. Hier war zu klären, ob die asymmetrische Induktion des Glycooxazolidinon-Auxiliars bei der Bildung des β-Lactams mit derjenigen des Imins in Konkurrenz tritt, also eine doppelte Stereodifferenzierung erkennbar wird. Die wichtigsten Aspekte der geplanten Reaktionen sind in Abb. 36 schematisch zusammengefasst.

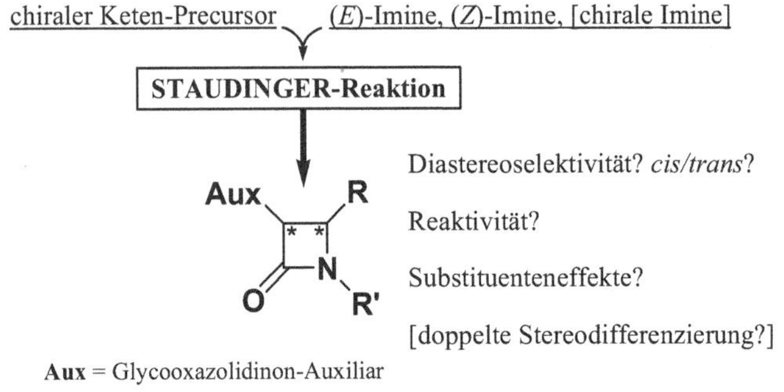

Abb. 36 | Zu untersuchende Aspekte der diastereoselektiven STAUDINGER-Reaktionen

Es war beabsichtigt, zwei weitere Glycooxazolidinon-Auxiliare in vergleichbaren Reaktionen zu testen. So sollte ein leichter entschützbares *O*-benzyliertes Oxazolidinon der D-Xylose dargestellt werden und zusammen mit einem bekannten, methylethergeschützten Carbamat auf Basis von D-Glucose[94e,f] erstmalig in stereoselektiven STAUDINGER-Reaktionen Verwendung finden (Abb. 37).

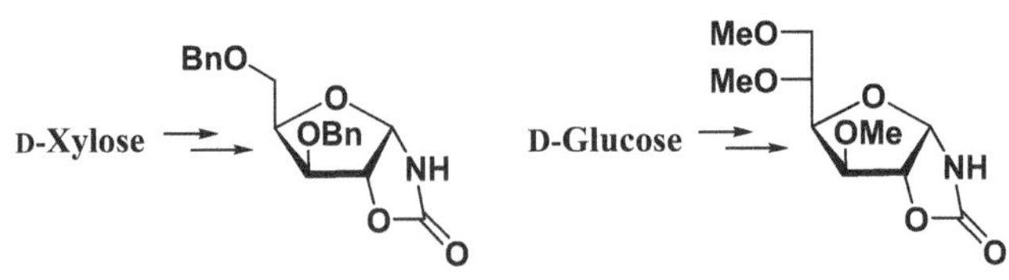

Abb. 37 | Weitere chirale Oxazolidin-2-on-Auxiliare auf Kohlenhydratbasis

Vordringliches Ziel nach Erhalt der sowohl diastereomeren- als auch enantiomerenreinen β-Lactam-Derivate war die Abspaltung des Glycooxazolidinon-Auxiliars. In einleitenden, orientierenden Arbeiten konnten bereits einige wichtige Erkenntnisse auf diesem Gebiet gesammelt werden, die jedoch einer weiteren Vertiefung bedurften.[97]

Weitere Aufmerksamkeit galt der Nutzung des synthetischen Potentials der optisch reinen Azetidin-2-one hinsichtlich einer Ringöffnung zur stereokontrollierten Darstellung von α- bzw. β-Aminosäure-Derivaten. Dies erforderte die Bereitstellung von Edukten, welche ein für die jeweilige selektive Spaltungsmethode geeignetes Substitutionsmuster besitzen. Die synthetischen Ansatzpunkte für die weiterführenden Modifikationen der aus den STAUDINGER-Reaktion hervorgehenden β-Lactame sind in Abb. 38 skizziert.

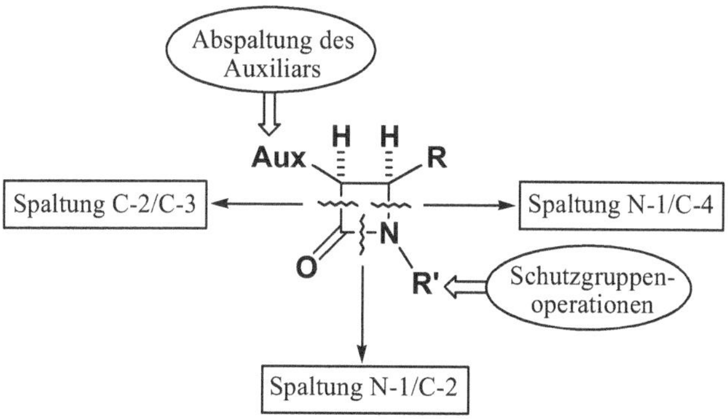

Abb. 38 Geplante Schwerpunkte bei der Modifikation optisch reiner β-Lactam-Derivate

4. Synthese der Ausgangsverbindungen

4.1 Synthese der Auxiliare und Keten-Vorstufen

Die Darstellung der chiralen Oxazolidin-2-on-Auxiliare auf Basis der D-Xylose (**8**) erfolgte entsprechend der Syntheseroute von SAUL[95] in fünf bzw. vier einfachen Reaktionsschritten ausgehend von der freien Aldose (Abb. 39).

a 91 %; b 97 %; c 80 %; d; e; f

8 **9** **10**

13a R = **Me** (78 %)
13b R = **Bn** (13 %)

12a R = **Me** (>95 %)
12b R = **Bn** (>95 %)

11a R = **Me** (94 %)
11b R = **Bn** (90 %)

Abb. 39 Synthese der chiralen Oxazolidin-2-one **13a** und **13b** ausgehend von D-Xylose (**8**)

a) Aceton, H_2SO_4, $CuSO_4$, RT, 20 h;
b) verd. HCl, RT, 4 h;
c) Aceton, H_2SO_4, Na_2CO_3, RT, 3 h;
d) NaH, MeI bzw. BnBr, THF, 0 °C → RT, 16 h;
e) 50 % AcOH, 100 °C, 5-6 h;
f) KOCN, NH_4Cl, H_2O, 60 °C, 6 h.

Im Rahmen der eigenen Arbeiten konnten innerhalb dieser Sequenz einige Optimierungen vorgenommen werden. So wurde die 1,2:3,5-Di-*O*-isopropyliden-α-D-xylofuranose (**9**) durch Zusatz von wasserfreiem Kupfer(II)sulfat[98] in wesentlich höherer Ausbeute erhalten als bei der rein schwefelsauer katalysierten Umsetzung in Aceton (91 % statt 52 %). Dabei war das Rohprodukt bereits von befriedigender Reinheit und konnte ohne (verlustreiche) Reinigungsverfahren[99a] weiter zur 1,2-*O*-Isopropyliden-α-D-xylofuranose (**10**) umgesetzt werden.[99b]

Alternativ zu diesem zweitstufigen Weg ist das Monoacetonid **10** auch direkt aus dem freien Zucker zugänglich, ohne dass dramatische Einbußen in der Ausbeute hingenommen werden müssen.[100] Die Verkürzung der Sequenz ist in diesem Falle mit der Notwendigkeit einer einfachen säulenchromatographischen Reinigung verbunden. Bei den sich anschließenden *O*-Alkylierungen konnte vollständig auf das hochsiedende, umständlich zu reinigende *N,N*-Dimethylformamid (DMF) als Lösungsmittel verzichtet werden. Die in trockenem Tetrahydrofuran (THF) durchgeführten Reaktionen unter Verwendung von Natriumhydrid als Base führten zu mindestens gleichwertigen Ergebnissen. Zudem konnte die zur effektiven Darstellung von 1,2-*O*-Isopropyliden-3,5-di-*O*-methyl-α-D-xylofuranose (**11a**) notwendige Menge Iodmethan deutlich von 5 auf 1.4 Äquivalente pro OH-Gruppe reduziert werden. Gemäß den beschriebenen Verfahren[95] erfolgte nach Entschützung in 1,2-Position durch Erwärmung in halbkonzentrierter Essigsäure die abschließende Umsetzung des rohen Anomerengemischs **12a** mit Kaliumcyanat in schwach saurer, wässriger Lösung zum gewünschten 1-*N*,2-*O*-Carbonyl-3,5-di-*O*-methyl-α-D-xylofuranosylamin **13a**. Die optimierte Sequenz erlaubt die Darstellung des chiralen Auxiliars **13a** in einer Gesamtausbeute von 62 % (statt bisher 38 %) über fünf Stufen bzw. 58 % über vier Stufen ausgehend von D-Xylose.

Zur Synthese des neuen Auxiliars **13b** wurde analog vorgegangen. Die *O*-Benzylierung von **10** zur 3,5-Di-*O*-benzyl-1,2-*O*-isopropyliden-α-D-xylofuranose (**11b**) gelang nach der bewährten Methode mit Natriumhydrid und Benzylbromid in trockenem THF in sehr guter Ausbeute. Als problematisch stellte sich die Umsetzung der nach saurer Hydrolyse erhaltenen 3,5-Di-*O*-benzyl-D-xylofuranose (**12b**) zum gewünschten Oxazolidin-2-on **13b** heraus. Die kristalline Verbindung konnte lediglich in einer Ausbeute von 13 % isoliert werden, was vermutlich auf die schlechte Wasserlöslichkeit des Eduktes **12b** zurückzuführen ist. Insbesondere in diesem Fall erscheint es auf den ersten Blick sinnvoll, die Bildung des cyclischen Carbamats an den Anfang der Synthese zu stellen und die *O*-Alkylierungen danach durchzuführen. Letzteres ist jedoch nicht möglich, ohne gleichzeitig den Stickstoff des Oxazolidinons zu alkylieren.[95] Das macht wiederum die Einführung einer *N*-Schutzgruppe für diesen Weg notwendig und erhöht damit den Syntheseaufwand erheblich. Da bereits kleine Mengen des Auxiliars **13b** für die anvisierten Untersuchungen ausreichten und kein wesentlich umständlicherer Darstellungsweg beschritten werden sollte, wurden vorerst keine Anstrengungen zur Optimierung der Synthese unternommen. Das neue *O*-benzylierte Glycooxazolidin-2-on **13b** ist danach in einer Gesamtausbeute von 10 % über fünf Stufen bzw. 9 % über vier Stufen ausgehend von D-Xylose zugänglich.

Die Synthese der für die STAUDINGER-Reaktion geeigneten chiralen Keten-Vorläufer **15a** und **15b** erfolgte in Analogie zu EVANS[89] aus den Oxazolidin-2-onen **13a** bzw. **13b** in zwei Stufen (Abb. 40).[95]

13a R = **Me**
13b R = **Bn**

14a R = **Me** (91 %)
14b R = **Bn** (95 %)

15a R = **Me** (91 %)
15b R = **Bn** (90 %)

Abb. 40 | Synthese der chiralen Keten-Vorläufer **15a** und **15b**

a) NaH, $BrCH_2CO_2Et$, THF, 0 °C → RT, 16 h;
b) $LiOH{\bullet}H_2O$, $MeOH/H_2O$ 4:1, RT, 2-3 h, 2 M HCl pH 1.

Die Darstellung der bekannten Carbonsäure **15a** konnte im Zuge der eigenen Arbeiten optimiert werden. Bei der *N*-Alkylierung des mittels Natriumhydrid deprotonierten Oxazolidinons **13a** zum Ester **14a** konnte einmal mehr auf DMF verzichtet werden. Die Reaktion verlief in THF in besserer Ausbeute (91 % statt 75 %) und ermöglichte eine vereinfachte Reinigung (weniger Nebenprodukte). Auch die Ausbeute der sich anschließenden Esterhydrolyse zur Carbonsäure **15a** konnte durch Intensivierung der Produktextraktion von 83 % auf 91 % gesteigert werden. Der chirale Keten-Precursor **15a** ist somit in einer Gesamtausbeute von 83 % (statt bisher 62 %) über zwei Stufen aus dem Auxiliar **13a** zugänglich.

Auch das neue *O*-benzylierte Oxazolidin-2-on **13b** konnte analog in sehr guter Ausbeute (95 %) mit Natriumhydrid und Bromessigsäureethylester zu **14b** umgesetzt werden. Die chirale Carbonsäure **15b** wurde nach Verseifung des Esters **14b** und Ansäuern in 90 %iger Ausbeute isoliert. Das entspricht einer Gesamtausbeute von 86 % über beide Stufen ausgehend vom Auxiliar **13b**.

Üblicherweise kommen Säurechloride als Keten-Vorstufen in STAUDINGER-Reaktionen zum Einsatz. Das korrespondierende Säurechlorid von **15a** stellte sich in den Arbeiten von SAUL jedoch als instabil und schlecht handhabbar heraus.[95] Als wesentlich komfortabler erwies sich die direkte Verwendung des stabilen Essigsäurederivats **15a** in Kombination mit einem säureaktivierenden Reagenz (vgl. Kap. 4). Aus diesem Grund wurden keine weiteren Versuche zur Synthese und Isolierung der Säurechloride gemacht sondern die *in situ*-Aktivierung der kristallinen, gut lagerungsfähigen Carbonsäuren **15a** und **15b** weiterverfolgt.

Die Darstellung des chiralen Oxazolidin-2-ons **21** auf der Basis von D-Glucose (**16**) erfolgte gemäß dem von STÖVER beschriebenen Syntheseweg.[94e,f] Das Auxiliar wird dabei in fünf Stufen ausgehend von der freien Aldose erhalten (Abb. 41).

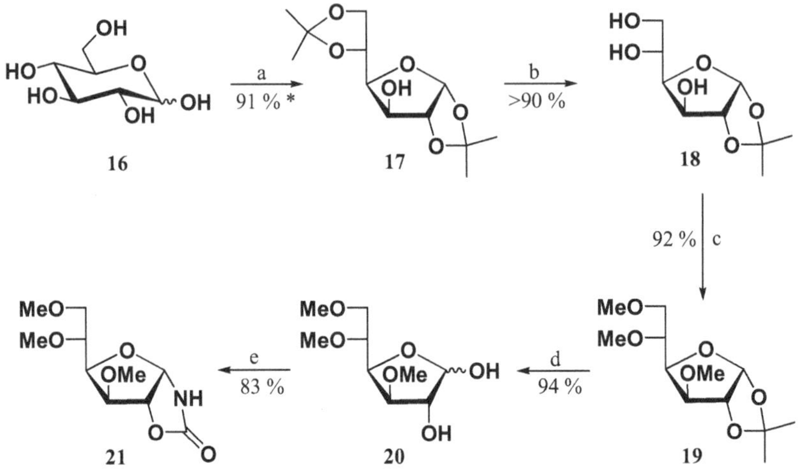

Abb. 41 Synthese des chiralen Oxazolidin-2-ons **21** ausgehend von D-Glucose (**16**)

a) Aceton, H_3PO_4, $ZnCl_2$, RT, 30 h; (* bezogen auf verbrauchte D-Glucose)
b) 77 % AcOH, RT;
c) NaH, MeI, THF, RT, 16 h;
d) 50 % AcOH, 100 °C, 5 h;
e) KOCN, NaH_2PO_4, H_2O, 60 °C, 2 h.

Die 1,2-*O*-Isopropyliden-α-D-glucofuranose (**18**) ist kommerziell erhältlich, kann aber auch leicht und in guter Ausbeute über das Diacetonid **17** dargestellt werden. Eine von mehreren gebräuchlichen Varianten[101] zur Synthese der 1,2:5,6-Di-*O*-isopropyliden-α-D-glucofuranose (**17**) ist die Umsetzung der freien D-Glucose (**16**) mit Zinkchlorid und Phosphorsäure in trockenem Aceton.[102] Die Reaktion liefert das Produkt in einer Ausbeute von 91 % bezogen auf die umgesetzte D-Glucose (41 % werden unverbraucht durch Filtration zurückgewonnen). Für die anschließende selektive Entschützung in 5,6-Position stehen verschiedenen Methoden zur Verfügung.[103] Besonders einfach und kostengünstig ist das Triol **18** durch Behandlung des Diacetonids **17** mit 77 %iger Essigsäure zugänglich.[104] Die Ausbeute der Permethylierung zur 1,2-*O*-Isopropyliden-3,5,6-tri-*O*-methyl-α-D-glucofuranose (**19**) konnte im Rahmen der eigenen Arbeiten durch den Einsatz von Natriumhydrid in THF anstelle von Natriumhydroxid in DMF optimiert werden (92 % statt bisher 85 %). Dabei ließ sich die einzusetzende Menge Iodmethan deutlich von 4 auf 1.4 Äquivalente pro Hydroxylgruppe verringern. Verbindung **19** wurde literaturgemäß[94e,f] in 50 %iger Essigsäure zur Abspaltung der 1,2-*O*-Isopropyliden-Schutzgruppe erhitzt und das so erhaltene rohe Anomerengemisch der 3,5,6-Tri-*O*-methyl-D-glucofuranose (**20**) abschließend im schwach sauren, wässrigen Milieu mit Kaliumcyanat zum Oxazolidin-2-on **21** umgesetzt. Das chirale Auxiliar **21** ist ausgehend von der 1,2-*O*-Isopropyliden-α-D-glucofuranose (**18**) über drei Stufen in einer Gesamtausbeute von 72 % (statt bisher 66 %) darstellbar.

Zur Synthese des Keten-Vorläufers **23** wurde auf das zweistufige Verfahren zurückgegriffen, das sich bei der Derivatisierung des Xylooxazolidinons bewährt hatte (Abb. 42).

Abb. 42 Synthese der chiralen Carbonsäure **23**

a) NaH, ICH_2CO_2Et, THF, 0 °C → RT, 16 h;
b) $LiOH{\bullet}H_2O$, $MeOH/H_2O$ 4:1, RT, 2-3 h, 2 M HCl pH 1.

Die *N*-Alkylierung des cyclischen Carbamats **21** zum Derivat **22** wurde in hoher Ausbeute durch Umsetzung mit Natriumhydrid und Iodessigsäureethylester in trockenem THF erreicht. Der so erhaltene Ester **22** lieferte nach Verseifung mit Lithiumhydroxid in Methanol/Wasser und anschließendem Ansäuern die sirupöse Carbonsäure **23** in einer Ausbeute von 90 %. Der chirale Keten-Precursor **23** ist nach diesem Verfahren in einer Gesamtausbeute von 80 % über zwei Stufen aus dem Oxazolidin-2-on **21** zugänglich.

Es handelt sich bei den dargestellten Carbonsäuren **15a**, **15b** und **23** ausnahmslos um stabile Verbindungen, die ohne Zersetzungserscheinungen über längere Zeiträume gelagert werden können. Die Derivate der D-Xylose (**15a**, **15b**) wurden als kristalline Feststoffe erhalten während das Derivat der D-Glucose (**23**) als Sirup anfiel und bislang nicht zur Kristallisation tendierte. Mit diesen Verbindungen standen somit drei chirale Keten-Vorläufer auf Kohlenhydratbasis für den späteren Einsatz in STAUDINGER-Reaktionen zur diastereoselektiven Synthese von β-Lactamen zur Verfügung. Sie sind in Abb. 43 nochmals zusammenfassend dargestellt.

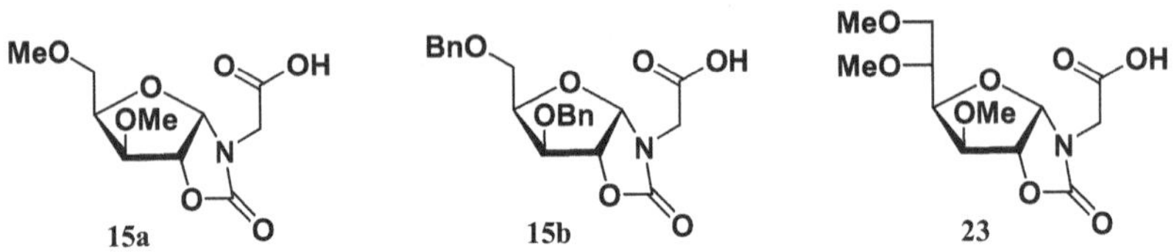

Abb. 43 | Chirale Keten-Vorläufer auf Basis der D-Xylose (**15a**, **15b**) und D-Glucose (**23**)

4.2 Synthese der Imine

4.2.1 Acyclische Imine, Hydrazone und Imidsäure-Derivate

Die Synthesen der acyclischen Aldimine **24-29** erfolgten literaturgemäß nach dem individuell angegebenen Verfahren (Tab. 1).

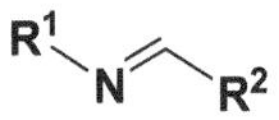

24-29

Tab. 1 | Nach Literaturmethoden dargestellte acyclische Aldimine **24-29**

Imin	R^1	R^2	Literatur
24	SO_2Ph	Ph	[105]
25	Boc	Ph	[106]
26	*t*-Bu	*p*-$CO_2MeC_6H_4$	[107]
27	*c*-Hex	*i*-Pr	[108]
28	PMP	CO_2Et	[109]
29	Me	Ph	[110]

a) PMP = *p*-Methoxyphenyl

Mit dem *N*-Sulfonyl-Derivat **24**, dem *N*-Boc-Derivat **25** und dem *C*-Ethoxycarbonyl-Derivat **28** wurden Imine mit elektronenziehenden Substituenten an der C,N-Doppelbindung für den späteren Einsatz in STAUDINGER-Reaktionen synthetisiert.

Die Darstellung der weiteren acyclischen, achiralen Aldimine und Hydrazone **30-44** erfolgte durch Kondensation der primären Amine bzw. Hydrazine mit den jeweiligen Aldehyden nach einem allgemeinen Verfahren. Dabei wurden die Komponenten in trockenem Dichlormethan in Gegenwart eines wasserentziehenden Mittels (Molekularsieb 3 Å bzw. Magnesiumsulfat, wasserfrei) miteinander umgesetzt (Abb. 44).[111]

$$R^1{-}NH_2 \; + \; O{=}\!\!\diagdown R^2 \xrightarrow[55\text{-}84\ \%]{a} R^1{-}N{=}\!\!\diagdown R^2$$

30-44

Abb. 44 | Allgemeine Methode zur Synthese der acyclischen Aldimine und Hydrazone **30-44**
a) Molsieb 3 Å bzw. $MgSO_4$, CH_2Cl_2, RT bzw. 0 °C, 3-5 h.

Die Imine **30-42** fielen nach einfacher Reinigung durch Kristallisation bzw. Destillation in guten Ausbeuten an. Es wurden sowohl aromatische als auch aliphatische Aldehyde mit aromatischen und aliphatischen Aminen zur Reaktion gebracht, um eine möglichst vielfältige Reihe von Verbindungen bereitzustellen. Die Synthese der Hydrazone **43** und **44** erfolgte analog durch Umsetzung von *N*-Aminopyrrolidin[112] bzw. *N*-Aminophthalimid[113] mit Acetaldehyd bei 0 °C in Gegenwart von wasserfreiem Magnesiumsulfat. Auch diese Produkte konnten nach säulenchromatographischer Reinigung bzw. Umkristallisation in vernünftigen Ausbeuten erhalten werden. Alle Schmelz- und Siedepunkte sowie die spektroskopischen Daten der so synthetisierten Imine und Hydrazone entsprachen den Literaturangaben. In Tabelle 2 sind die Derivate zusammengefasst.

Tab. 2 | Nach der allgemeinen Methode dargestellte Aldimine **30-42** und Hydrazone **43-44**

Verbindung	R[1 a)]	R[2]	Ausbeute [b)]
30[114]	PMP	Ph	84 %
31[115]	PMP	*p*-$NMe_2C_6H_4$	81 %
32[116]	PMP	*p*-$NO_2C_6H_4$	81 %
33[117]	PMP	4-Py	72 %
34[118]	Bn	PMP	75 %
35[119]	*t*-Bu	PMP	67 %
36[120]	*t*-Bu	Ph	77 %
37[121]	Allyl	Ph	73 %

Tab. 2 (Fortsetzung)

Verbindung	R¹ a)	R²	Ausbeute b)
38[122]	CH_2CH_2Ph	Ph	69 %
39[123]	*t*-Bu	Me d)	65 %
40[124]	*t*-Bu	*c*-Hex	71 %
41[125]	PMP	*c*-Hex	66 %
42[126]	PMP	*t*-Bu	57 %
43[127]	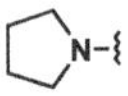 N- (Pyrrolidin-1-yl)	Me d)	55 % c)
44[128]	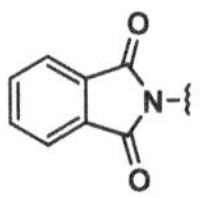 N- (Phthalimido)	Me d)	62 %

a) PMP = *p*-Methoxyphenyl
b) Ausbeute nach Destillation bzw. Umkristallisation
c) Ausbeute nach säulenchromatographischer Reinigung
d) Reaktionstemperatur 0 °C

Die Imine zeigen eine deutliche Stabilitätszunahme mit steigender Anzahl aromatischer Substituenten. Rein aliphatisch substituierte Derivate sind nicht über längere Zeit lagerungsfähig und neigen zur Zersetzung und/oder Polymerisation während es sich bei den durchkonjugierten Bisarylverbindungen um stabile Feststoffe handelt, die in den meisten Fällen schuppenartige Kristalle bilden.

Das zur Darstellung einiger Verbindungen (**R¹** = PMP = *p*-Methoxyphenyl) erforderliche *p*-Anisidin (4-Methoxyanilin) enthält in käuflicher Qualität einen Anteil dunkler Verunreinigungen, die eine Kristallisation der Reaktionsprodukte verhindern können. Nach verschiedenen im Rahmen der eigenen Arbeiten durchgeführten Versuchen stellte sich eine Sublimation als effektivste Reinigungsmethode für das *p*-Anisidin heraus (vgl. Kap. 9.1).

Die NMR-Spektren der in Tabelle 1 aufgelisteten Imine und Hydrazone gaben keinen Hinweis für das Auftreten unterschiedlicher Stereoisomere, so dass ausschließlich die Bildung des jeweiligen (*E*)-Isomers angenommen wurde. Das war für die Beurteilung der bei den STAUDINGER-Reaktionen beobachteten Stereoselektivitäten von grundlegender Bedeutung. In Abb. 45 sind alle hergestellten acyclischen Aldimine und Hydrazone zusammenfassend gezeigt.

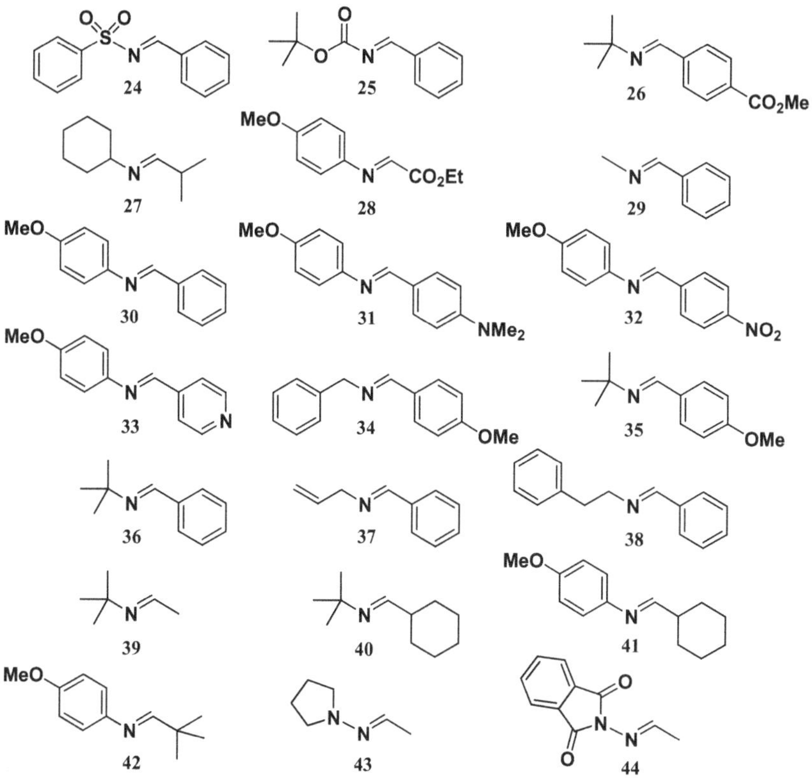

Abb. 45 | Übersicht der dargestellten acyclischen Aldimine **24-42** und Hydrazone **43-44**

Zur Darstellung der *N*-substituierten Formimidsäureethylester **45** und **46** wurden die primären Amine in Anlehnung an eine publizierte Methode[129] mit einem Überschuss Orthoameisensäuretriethylester in Anwesenheit katalytischer Mengen *p*-Toluolsulfonsäure erhitzt und das bei der Reaktion entstehende Ethanol kontinuierlich aus dem Gemisch entfernt (Abb. 46).

45 $\mathbf{R^1}$ **= PMP** (72 %)
46 $\mathbf{R^1}$ **=** $\mathbf{CH_2CH_2Ph}$ (66 %)

Abb. 46 | Synthese der *N*-substituierten Formimidsäureethylester **45** und **46**

a) $HC(OEt)_3$, kat. $TsOH{\bullet}H_2O$, 120-130 °C, 4-6 h.

Die Verbindungen **45** und **46** konnten nach fraktionierter Destillation in guten Ausbeuten isoliert werden. Auch in diesen Fällen zeigte sich in den NMR-Spektren nur jeweils ein Signalsatz. Daher wurde wiederum angenommen, dass es ausschließlich zur Bildung des (*E*)-Isomers gekommen war. Die Verbindungen sind nur begrenzt lagerungsfähig und gehen mit der Zeit in die Formamidine ($R^1N{=}CHNHR^1$) über. Aus einer Lösung von *N*-(4-Methoxyphenyl)-formimidsäureethylester (**45**) in Chloroform schieden sich bereits nach wenigen Tagen die Kristalle des Amidins ab.

Mit den *N*-(4-Methoxy)-imidoylchloriden **47** und **48** (Abb. 47) wurden zwei weitere Imidsäure-Derivate synthetisiert. Sie sind nach bekannten Verfahren über die Amide des *p*-Anisidins darstellbar.

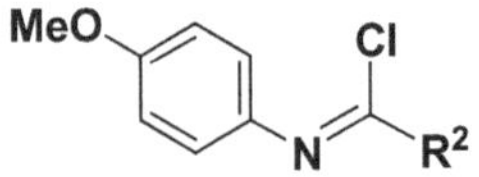

47 $\mathbf{R^2}$ **= Ph**[130]
48 $\mathbf{R^2}$ **=** $\mathbf{CF_3}$[131]

Abb. 47 Literaturgemäß dargestellte *N*-(4-Methoxyphenyl)imidoylchloride **49** und **50**

Das Benzimidoylchlorid **47** wurde durch Umsetzung des *N*-(4-Methoxyphenyl)-benzamids mit Thionylchlorid synthetisiert.[130] Zur Darstellung des Trifluoracetimidoylchlorids **48** diente eine Vorschrift, bei der das Amid *in situ* gebildet und im Sinne einer Eintopfreaktion direkt mit Triphenylphosphan und Tetrachlorkohlenstoff zur Reaktion gebracht wird.[131] Es handelt sich bei den Imidoylchloriden um sehr unbeständige und hydrolyseempfindliche Substanzen. In Abb. 48 sind die synthetisierten Imidsäure-Derivate zusammenfassend aufgeführt.

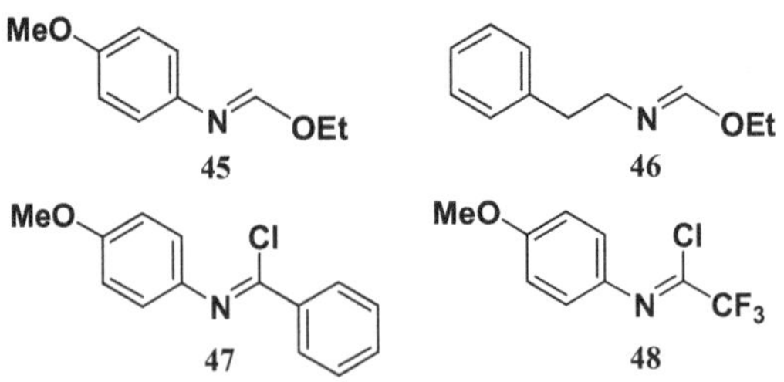

Abb. 48 Übersicht der dargestellten Formimidate (**45-46**) und Imidoylchloride (**47-48**)

4.2.2 Cyclische Imine, Hyrazone und Imidsäure-Derivate

Die Synthese der 2-Oxazoline (**49-50**), 3-Oxazoline (**51-52**) und 3-Thiazoline (**53-57**) erfolgte nach bekannten Verfahren. 2-Phenyl-2-oxazolin (**49**) und 4,4-Dimethyl-2-oxazolin (**50**) wurden durch Umsetzung des betreffenden Aminoalkohols mit Benzonitril bzw. Ameisensäure hergestellt. Die Verbindungen **51-57** konnten gemäß einer modifizierten ASINGER-Reaktion[132] synthetisiert werden, welche die Umsetzung eines α-Halogenaldehyds bzw. -ketons mit wässriger Ammoniaklösung und dem jeweiligen Keton in Anwesenheit von Natriumhydrogensulfid (im Falle der Thiazoline) vorsieht und als Eintopfsynthese durchgeführt werden kann. In Tabelle 3 sind die dargestellten Heterocyclen und die dazugehörige Literatur aufgeführt.[133]

49-50 **51-57**

Tab. 3 | Literaturgemäß dargestellte 2-Oxazoline (**49-50**), 3-Oxa- und 3-Thiazoline (**51-57**)

Verbindung	X	R^1	R^2	R^3	Literatur
49	O	Ph	H	–	[134]
50	O	H	Me	–	[135]
51	O	H	Me	Me	[136]
52	O	H	$-(CH_2)_5-$	Me	[137]
53	S	H	Me	H	[138]
54	S	H	$-(CH_2)_5-$	H	[139]
55	S	H	Me	Et	[140]
56	S	H	$-(CH_2)_4-$	Et	[141]
57	S	Ph	$-(CH_2)_5-$	Me	[142]

Die destillativ gereinigten Produkte konnten einige Zeit in der Kälte gelagert werden, ohne dass umfangreiche Zersetzungserscheinungen zu beobachten waren. Auf einen insbesondere von den gering substituierten 3-Thiazolinen ausgehenden abstoßenden Geruch von hoher Persistenz, der dem Präparator ein gewisses Maß an sensorischer Belastbarkeit abverlangt, sei an dieser Stelle aufmerksam gemacht. Abb. 49 zeigt die dargestellten Oxazoline und Thiazoline in der Übersicht.

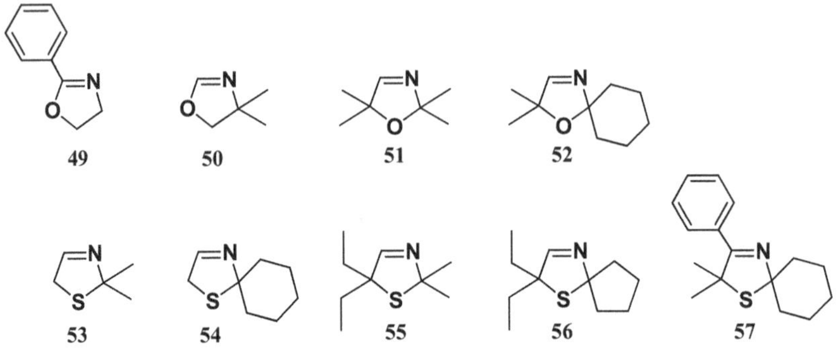

49 50 51 52

53 54 55 56 57

Abb. 49 | Dargestellte 2-Thiazoline (**49-50**), 3-Oxazoline(**51-52**) und 3-Thiazoline (**53-57**)

Da mit acyclischen *N*-Aryl-iminen im Wesentlichen gute Erfahrungen in STAUDINGER-Reaktionen gemacht wurden, sollten auch einige cyclische Vertreter mit diesem Strukturmerkmal synthetisiert werden. Hierfür bot sich die Darstellung von 2*H*-1,4-Benzothiazin- und 2*H*-1,4-Benzoxazin-Derivaten ausgehend von 2-Aminothiophenol bzw. 2-Aminophenol an. Gemäß einer Vorschrift von GRÖGER konnte das 2,2-Dimethyl-2*H*-1,4-benzothiazin (**58**) durch Umsetzung von α-Chlorisobutyraldehyd mit 2-Aminothiophenol in ethanolischer Natriumethanolatlösung dargestellt werden.[141] Die Synthese des bisher unbeschriebenen Spiro-Derivats **59** gelang über ein modifiziertes Verfahren unter Einsatz von α-Bromcyclohexancarbaldehyd[143] in einer Ausbeute von 59 % (Abb. 50).

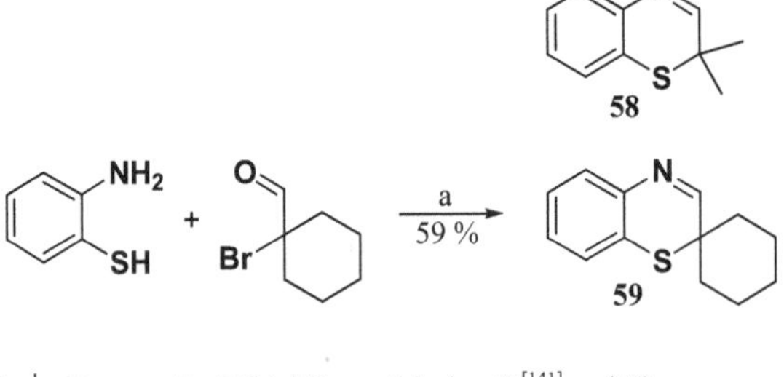

58

NH_2 + O Br —a, 59 %→ 59

SH

Abb. 50 | Dargestellte 2*H*-1,4-Benzothiazine **58**[141] und **59**

a) NaH, THF, 0 °C → RT, Molsieb (3 Å), 15 h.

Eine Deprotonierung des Thiophenols mittels Natriumhydrid in trockenem THF in Kombination mit einem späteren Zusatz eines wasserentziehenden Mittels (Molekularsieb 3 Å) zur Unterstützung des Ringschlusses erwies sich hierbei als bevorzugte Methode.

Die analoge Darstellung der Oxa-Analoga (2*H*-1,4-Benzoxazine) durch Umsetzung von 2-Aminophenol war nicht möglich, da das im Vergleich zum Thiophenolat „härtere“ Phenolat-Anion in diesem Fall an die Carbonylfunktion des Aldehyds addierte und die *ortho*-ständige Aminogruppe die nucleophile Substitution übernahm. Bei der Reaktion mit α-Chlor-isobutyraldehyd wurde deshalb das Lactol **60** als einziges Produkt isoliert (Abb. 51).[195]

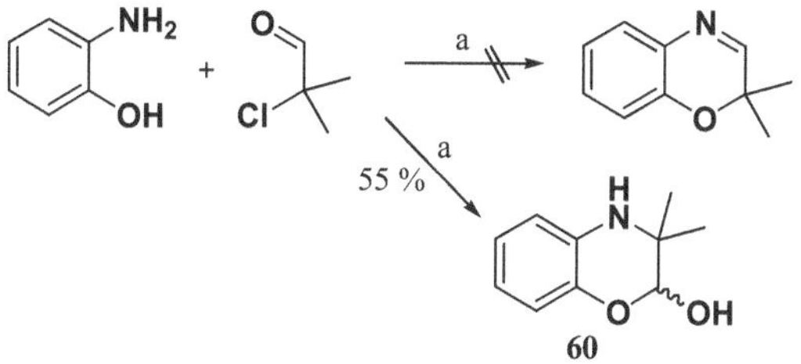

NH2 OH + O Cl a N O 55 % a H N O OH 60

Abb. 51 Nicht gangbarer Weg zu 2*H*-1,4-Benzoxazinen: Synthese des Lactols **60**
a) NaH, THF, 0 °C → RT, Molsieb (3 Å), 15 h.

Es wurde eine Reihe weiterer Benzoxazin- bzw. Benzothiazin-Derivate nach bekannten Vorschriften synthetisiert: 3-Phenyl-2*H*-1,4-benzoxazin-2-on (**61**)[144] und 3-Ethoxy-2*H*-1,4-benzothiazin-2-on (**62**)[145] konnten literaturgemäß durch Umsetzung von 2-Aminophenol mit Phenylglyoxylsäuremethylester bzw. 2-Aminothiophenol mit Oxalsäurediethylester erhalten werden. Die Darstellung von 2-Phenyl-4*H*-3,1-benzoxazin-4-on (**63**) gelang in einer Stufe ausgehend von Anthranilsäure.[146] 2,2-Diphenyl-2*H*-1,3-benzoxazin (**64**) wurde durch Reaktion von Salicylaldehyd mit Benzophenonimin hergestellt.[147] Die Verbindungen **61-64** sind in Abb. 52 gezeigt.

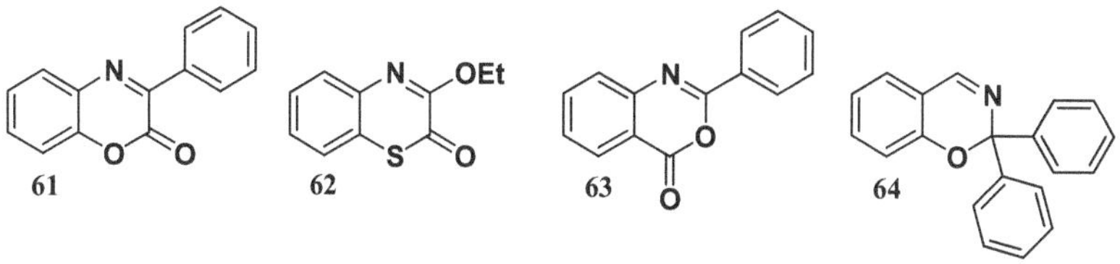

N O O 61 N OEt S O 62 N O O 63 N O 64

Abb. 52 Literaturgemäß dargestellte Benzoxazine und Benzothiazine

Das racemische 2,3-Dihydro-2,4-diphenyl-1,5-benzothiazepin (*rac*-**65**) konnte nach einer bekannten Methode durch Umsetzung von 2-Aminothiophenol mit Benzylidenacetophenon synthetisiert werden.[148] 2-Phenyl-5,6-dihydro-4*H*-1,3-oxazin (**66**)[134] und 5,5-Dimethyl-3-phenyl-5,6-dihydro-2*H*-1,4-oxazin-2-on (**67**)[149] wurden durch Reaktion von Benzonitril bzw. Phenylglyoxylsäuremethylester mit dem jeweiligen Aminoalkohol erhalten. Zur Darstellung von 3,4-Dihydroisochinolin (**68**) diente ein Verfahren, das vom 1,2,3,4-Tetrahydroisochinolin ausgeht.[150] Abb. 53 zeigt die erwähnten Verbindungen.

rac-**65** **66** **67** **68**

Abb. 53 | Literaturgemäß dargestellte Verbindungen **65-68**

Die Lactimether 1-Aza-2-methoxy-1-cyclohepten (**69**) und 1-Aza-2-methoxy-1-cyclopenten (**70**) wurden nach bekannten Verfahren aus den entsprechenden Lactamen hergestellt.[151] 1-Aza-2-pyrrolidino-1-cyclohepten (**71**) konnte in Anlehnung an eine beschriebene Methode ausgehend von **69** synthetisiert werden.[152] Die Darstellung von 1-Phenyl-3,4,4-trimethyl-2-pyrazolin-5-on (**72**) erfolgte durch literaturanaloge Umsetzung des dimethylierten Acetessigesters mit Phenylhydrazin.[153] 2,3,3-Trimethyl-indolenin (**73**) und 2-Methyl-1-pyrrolin (**74**) wurden käuflich erworben und rundeten die vielfältige Palette der zu untersuchenden cyclischen Imine ab (Abb. 54).

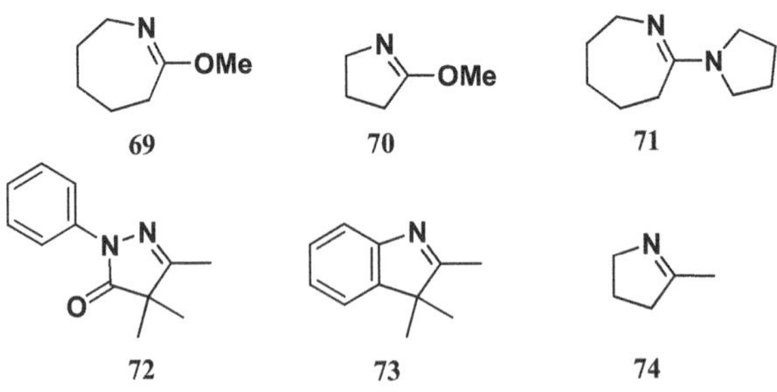

Abb. 54 | Übersicht der heterocyclischen Verbindungen **69-74**

4.2.3 Enantiomerenreine Imine

Grundsätzlich besteht bei der Darstellung acyclischer Aldimine die Möglichkeit, durch Verwendung optisch reiner Amine (**A**) oder optisch reiner Aldehyde (**B**) bzw. einer Kombination beider (**C**) zu einem enantiomerenreinen Kondensationsprodukt zu gelangen (Abb. 55).

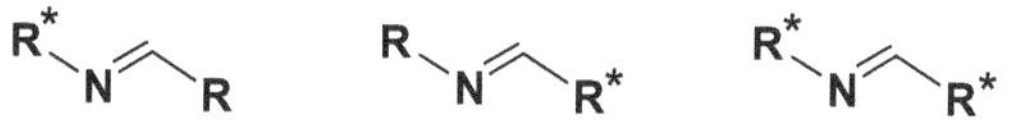

R* N R — **A** R N R* — **B** R* N R* — **C**

Abb. 55 Enantiomerenreine Aldimine aus optisch reinen Aminen und/oder Aldehyden

In der vorliegenden Arbeit sollten sowohl Imine des Typs **A** als auch Vertreter des Typs **B** untersucht werden. Aus Gründen der Übersicht und des besseren Verständnisses konvergierender bzw. divergierender asymmetrischer Induktionen im Zusammenhang mit dem chiralen Glycooxazolidinon-Auxiliar wurde auf die Darstellung von Verbindungen des Typs **C** verzichtet.

Die Suche nach kostengünstig verfügbaren Chiralika führt üblicherweise geradewegs in den *chiral pool* der Naturstoffe. Als Aminkomponente zur Synthese der Aldimine vom Typ **A** boten sich daher optisch reine α-Aminosäureester an. Neben dem natürlichen L-Enantiomer ist gewöhnlich auch die D-Aminosäure zu vergleichsweise niedrigen Preisen kommerziell erhältlich. Im Hinblick auf die geplanten Experimente zur Stereoselektivität der Keten-Imin-Cycloadditionen war weiterhin wichtig, dass das stereogene Zentrum der enantiomerenreinen Iminen auf α-Aminosäurebasis in unmittelbarer Nähe zur an der Reaktion teilnehmenden C,N-Doppelbindung lokalisiert ist, was im Allgemeinen das Ausmaß einer Stereoinduktion erhöht. Als Reaktionspartner der Aminosäureester für die Bildung der Aldiminen sollten aromatische Aldehyde verwendet werden da die resultierenden Produkte in der Regel stabil und isolierbar sind. Außerdem hatten sich *C*-Arylimine bereits mehrfach als geeignete Derivate für den Einsatz in STAUDINGER-Reaktionen herausgestellt.[95,97]

Zur Iminsynthese wurden L-Valinmethylester, D-Valinmethylester, L-Valinethylester, L-Phenylglycinmethylester und D-Phenylglycinmethylester in Form ihrer Hydrochloride eingesetzt.[154] Die Umsetzung mit den aromatischen Aldehyden (Benzaldehyd, Anisaldehyd) erfolgte literaturanalog in Anwesenheit eines Äquivalents Triethylamin unter Verwendung von wasserfreiem Magnesiumsulfat und trockenem THF als Lösungsmittel (Abb. 56).[155]

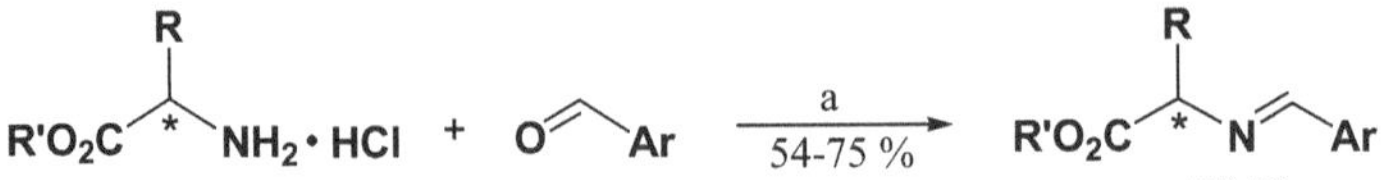

Abb. 56 | Synthese der chiralen Aldimine **75-79** auf der Basis von α-Aminosäuren[155]

a) NEt_3 (1 Äq.), $MgSO_4$, THF, 0 °C, 3 h.

Auf diese Weise konnten die gewünschten Verbindungen **75-79** in befriedigenden bis guten Ausbeuten erhalten werden (Tab. 4). Die *N*-Benzylidenvalinester **75-77** wurden durch Vakuumdestillation gereinigt während die *N*-(4-Methoxybenzyliden)-phenylglycinester **78-79** aus Methanol umkristallisiert werden konnten. In Abb. 57 sind die synthetisierten Imine veranschaulicht.

Tab. 4 | Dargestellte chirale Aldimine **75-79** auf der Basis von α-Aminosäuren

Imin	**R**	**R'**	**Ar** a)	**Konfig.**	**Ausbeute** b)
75	*i*-Pr	Me	Ph	(*S*)	71 %
76	*i*-Pr	Et	Ph	(*S*)	73 %
77	*i*-Pr	Me	Ph	(*R*)	75 %
78	Ph	Me	PMP	(*S*)	54 %
79	Ph	Me	PMP	(*R*)	56 %

a) PMP = *p*-Methoxyphenyl
b) Ausbeute nach Destillation bzw. Umkristallisation

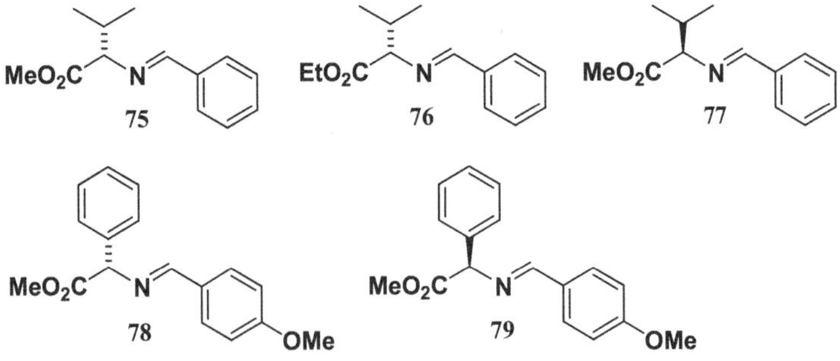

Abb. 57 | Übersicht der chiralen Aldimine **75-79** auf der Basis von α-Aminosäuren

Eine generell problematische Eigenschaft dieser Verbindungen ist jedoch die zum Teil geringe Konfigurationsstabilität unter basischen Bedingungen wie sie in der STAUDINGER-Reaktion durch das im Überschuss eingesetzte Triethylamin vorliegen. Aus diesem Grund sollten zwei weitere Aldimine dargestellt werden, die ebenfalls ein in α-Stellung zum Stickstoff befindliches stereogenes Zentrum besitzen aber keine merkliche Racemisierungstendenz im basischen Medium aufweisen. Die Wahl fiel dabei auf die leicht zugänglichen Enantiomere des α-Methylbenzylamins.[156] Zur Synthese der beiden enantiomerenreinen *N*-Benzyliden-α-methylbenzylamine **80** und **81** wurde mit Benzaldehyd gemäß dem in Abb. 44 vorgestellten allgemeinen Verfahren umgesetzt. Die Produkte konnten in Ausbeuten von ca. 70 % nach Reinigung durch Vakuumdestillation erhalten werden (Abb. 58).[157]

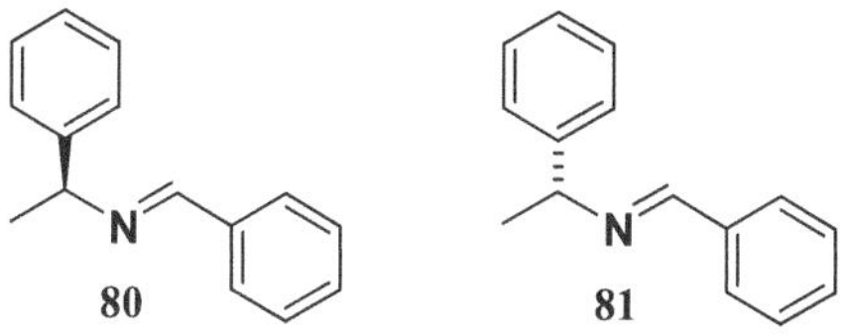

N **80** N **81**

Abb. 58 | (*S*)- und (*R*)-*N*-Benzyliden-α-methylbenzylamin **80** und **81**

Zusätzlich wurden mit 2-Desoxy-2-(4-methoxybenzylidenamino)-1,3,4,6-tetra-*O*-acetyl-β-D-glucopyranose (**82**)[158] und 2-Methyl-(3,4,6-tri-*O*-acetyl-1,2-didesoxy-α-D-glucopyrano)-[2,1-*d*]-2-oxazolin (**83**)[159] zwei komplexere enantiomerenreine Verbindungen auf Basis eines Aminozuckers dargestellt. Die gewünschten Derivate sind in jeweils zwei Reaktionsschritten ausgehend von D-Glucosamin-hydrochlorid nach bekannten Verfahren darstellbar und in Abb. 59 gezeigt.[160]

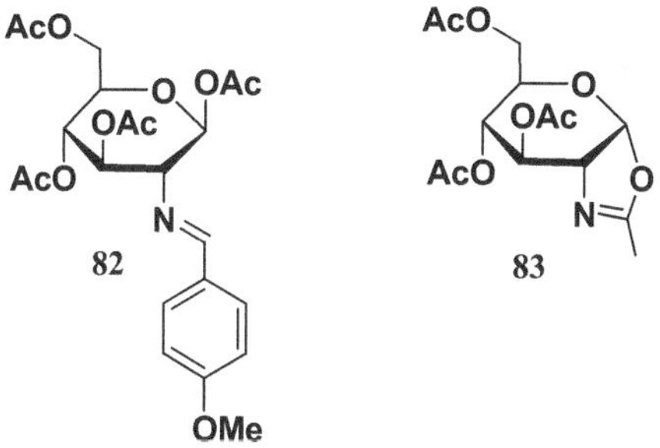

AcO O OAc OAc AcO N **82** OMe AcO O OAc AcO O N **83**

Abb. 59 | Chirale Imine **82** und **83** auf der Basis von D-Glucosamin

Zur Synthese von Aldiminen unter Verwendung enantiomerenreiner Aldehyde (Typ **B**) wurde ebenfalls auf den von der Natur zur Verfügung gestellten *chiral pool* zurückgegriffen. Insbesondere die Kohlenhydrate besitzen in dieser Hinsicht aufgrund ihrer Polyhydroxy-Funktionalität ein großes synthetisches Potential. Aus den Substraten lassen sich durch geeignete Schutzgruppenoperationen vielfältige Derivate präparieren, die über eine primäre Hydroxylgruppe oder ein vicinales Dihydroxy-Strukturelement verfügen und direkt mittels oxidativer Methoden in die jeweiligen chiralen Aldehyde überführt werden können. Mit den Verbindungen **84-87** wurden vier chirale Aldehyde auf Kohlenhydratbasis synthetisiert. Ihre Darstellung erfolgte nach publizierten Methoden ausgehend von den freien Hexosen (D-Galactose, D-Fructose, D-Glucose) bzw. dem Zuckeralkohol (D-Mannit), die allesamt als sehr kostengünstige, nachwachsende Rohstoffe zur Verfügung stehen (Abb. 60).

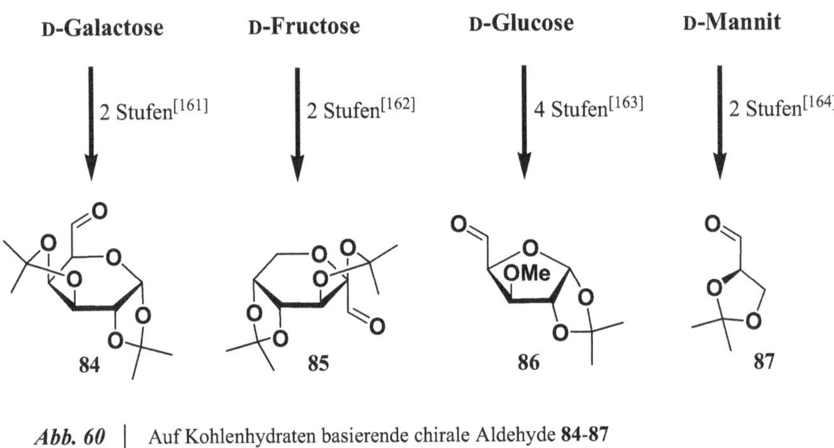

Abb. 60 | Auf Kohlenhydraten basierende chirale Aldehyde **84-87**

1,2:3,4-Di-*O*-isopropyliden-α-D-galacto-hexodialdo-1,5-pyranose (**84**) und 2,3:4,5-Di-*O*-iso-propyliden-aldehydo-β-D-arabino-hexo-2-ulo-2,6-pyranose (**85**) wurden durch milde Oxidation des jeweiligen Hexosediacetonids dargestellt. Eine Isolierung und Reinigung der Verbindungen ist nur schwer möglich, es empfiehlt sich eine weitere Umsetzung in Form des jeweils frisch hergestellten Rohprodukts.[165] Letzteres gilt prinzipiell auch für die durch Glykolspaltung zugängliche 1,2-*O*-Isopropyliden-3-*O*-methyl-α-D-xylo-pentodialdo-1,4-furanose (**86**)[166] sowie den 2,3-*O*-Isopropyliden-D-glycerinaldehyd (**87**), der zwar destillativ gereinigt werden kann aber nur bedingt lagerungsfähig ist.[167]

Die weitere Umsetzung der so erhaltenen sensiblen Aldehyde **84-87** mit *p*-Anisidin erfolgte gemäß dem bewährten allgemeinen Verfahren zur Darstellung von Aldiminen (vgl. Abb. 44).

Alle resultierenden Imine zeigten ein hohes Maß an Instabilität. Lediglich die Verbindung **88** konnte in schlechter Ausbeute (22 % bezogen auf das Amin) isoliert und charakterisiert werden (Abb. 61).[168]

Abb. 61 Synthese des chiralen Imins **88** durch Reaktion von *p*-Anisidin mit Aldehyd **84**

a) $MgSO_4$, CH_2Cl_2, 0 °C, 5 h.

Die nicht isolierbaren Imine **89**, **90** und **91** mussten in Form ihrer Rohprodukte den beabsichtigten STAUDINGER-Reaktionen zugeführt werden. Diesbezüglich war zu beachten, dass diese Rohprodukte möglichst frei von dem eingesetzten primären Amin (*p*-Anisidin) sein sollten, um die Problematik eines konkurrierenden Nucleophils bei der späteren Umsetzungen mit dem Keten zu vermeiden. Somit musste das *p*-Anisidin mit einem Überschuss an chiralem Aldehyd zur Reaktion gebracht werden. Die nach vollständigem Umsatz erhaltenen Lösungen der rohen Imine **89-91** wurden direkt für die entsprechenden STAUDINGER-Reaktionen genutzt. Die Verbindungen sind in Abb. 62 illustriert.

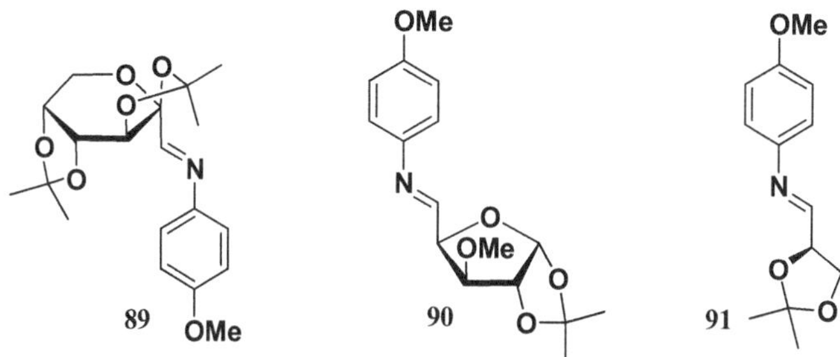

Abb. 62 In Form der Rohprodukte verwendete chirale Imine **89-91**

5. Diastereoselektive β-Lactam-Synthesen

Wie eingangs erwähnt ist die Verwendung von Carbonsäurechloriden als Keten-Vorläufer in der STAUDINGER-Reaktion weit verbreitet.[75,169] Der Vorteil dieser klassischen Variante ist, dass bei der Generierung des Ketens durch Einwirkung eines tertiären Amins lediglich dessen Hydrochlorid anfällt und das erwünschte β-Lactam nach erfolgreicher Synthese unter vergleichsweise geringem Aufwand isoliert werden kann. In einigen Fällen, insbesondere bei komplexerer Carbonsäuren, deren korrespondierende Säurechloride schwer darstellbar oder sehr instabil sind, kann sich die direkte Verwendung in Kombination mit einem säureaktivierenden Reagenz als komfortabler erweisen. Geeignete Reagenzien müssen in der Lage sein, die Hydroxylgruppe der Carboxylfunktion in eine vorzügliche Austrittsgruppe zu überführen, welche dann die Bildung des Ketens durch baseninduzierte β-Eliminierung ermöglicht. Es gibt eine Reihe von Additiven, die in dieser Hinsicht ihre Tauglichkeit für STAUDINGER-Reaktionen unter Beweis gestellt haben, wie beispielsweise Trifluoracetanhydrid,[170] Chlorameisensäureethylester,[171] Triphosgen,[172] 1,1'-Carbonyldiimidazol[173] und Chlormethylen-dimethyliminiumchlorid (VILSMEIER-Reagenz).[174] Eine herausragende Stellung innerhalb dieser Gruppe von Aktivierungsreagenzien nehmen jedoch die von MUKAIYAMA eingehend untersuchten 1-Alkyl-2-halogen-pyridiniumsalze ein,[175] welche bereits von verschiedenen Arbeitsgruppen mit Erfolg zur Synthese von β-Lactamen herangezogen wurden (Abb. 63).[111c,176]

X N⊕ Y⊖ R

R = Me, Et
X = F, Cl, Br
Y = I, TsO, BF_4

Abb. 63 | 1-Alkyl-2-Halogen-pyridiniumsalze (MUKAIYAMA-Reagenzien)

Auch bei den eigenen Untersuchungen wurde auf die Darstellung der unbeständigen Säurechloride als Keten-Vorstufen verzichtet und gemäß der von SAUL[95] beschriebenen Methode eine Aktivierung der unempfindlichen Carbonsäuren mittels 2-Chlor-1-methylpyridiniumiodid (**92**) angestrebt (Abb. 64). Die *in situ*-Generierung des Ketens resultiert dabei offenbar aus einer nucleophilen Substitution in 2-Position des Heteroaromaten unter Bildung des reaktiven Esters **93**, aus dem dann leicht die erforderliche β-Eliminierung durch

Einwirkung des tertiären Amins erfolgen kann. Dabei entsteht neben dem Keten **94** 1-Methyl-2-pyridon (**95**) als stabiles Austrittsprodukt.

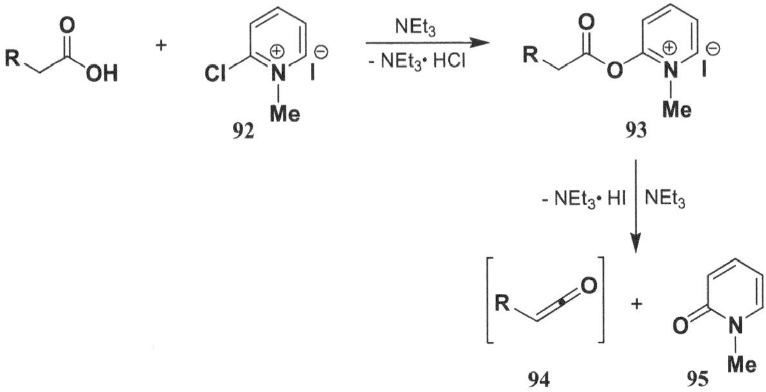

Abb. 64 Carbonsäureaktivierung und Ketenbildung mittels MUKAIYAMA-Reagenz **92**

Die Ketenbildung auf diesem Weg erfordert im Vergleich zu den Säurechloriden ein zusätzliches Äquivalent Base. In Analogie zu den Säurechloriden (vgl. Abb. 32) kann ein alternativer Reaktionsweg für die Umsetzung mit Iminen zu β-Lactamen formuliert werden, bei dem Verbindung **93** als Acylierungsreagenz fungiert und statt eines Ketens ein intermediäres *N*-Acyliminiumhalogenid (**96**) bzw. das korrespondierende Halogenamid (**97**) entsteht (Abb. 65).

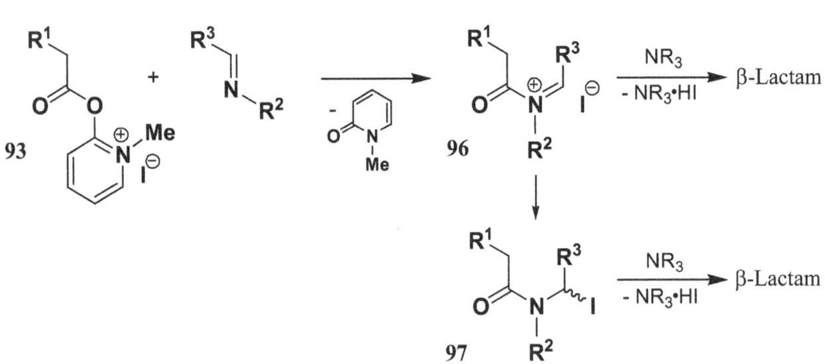

Abb. 65 Mögliche alternative Reaktionswege über eine *N*-Acylierung des Imins

In einige Publikationen zur Verwendung des MUKAIYAMA-Reagenz **92** wird von störenden Nebenreaktionen durch die hohe Nucleophilie des vorhandenen Iodid-Ions berichtet.[111c,177] Dabei kann es z. B. zu einem inaktivierenden Halogenaustausch kommen. Das resultierende 2-Iod-substituierte Produkt **98** vermag Carbonsäuren nicht oder nur in geringem Umfang zu derivatisieren (Abb. 66).[178]

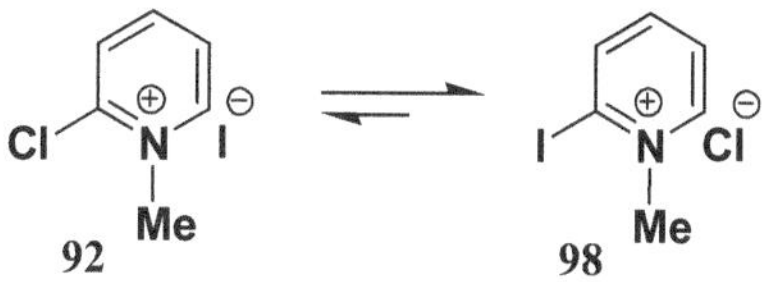

Abb. 66 | Inaktivierung von 2-Chlor-1-methyl-pyridiniumiodid (**92**) durch Halogenaustausch

Aus diesem Grund sollten in der eigenen Arbeit zwei alternative MUKAIYAMA-Reagenzien mit kaum nucleophilen Anionen in den STAUDINGER-Reaktionen zum vergleichenden Einsatz kommen. Die Wahl fiel dabei auf das kommerziell erhältliche 2-Chlor-1-methyl-pyridinium-*p*-toluolsulfonat (**99**) und 2-Brom-1-ethyl-pyridiniumtetrafluoroborat (**100**), welches literaturgemäß durch Umsetzung von 2-Brompyridin mit Triethyloxonium-tetrafluoroborat dargestellt wurde.[179] Die Verbindungen sind in Abb. 67 gezeigt.

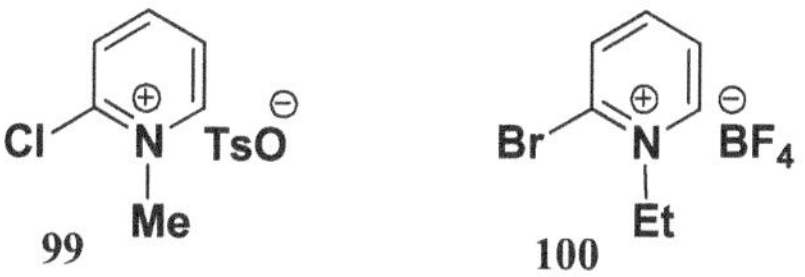

Abb. 67 | MUKAIYAMA-Reagenzien mit kaum nucleophilen Anionen

5.1 Umsetzung der acyclischen, achiralen Imine

Mit den acyclischen, achiralen Iminen, Hydrazonen und Imidsäure-Derivaten **24-48** stand eine vielfältiger Pool von Ausgangsverbindungen für die Synthese monocyclischer β-Lactam-Derivate zur Verfügung. In einer einleitenden Untersuchung sollten zunächst die drei dargestellten Carbonsäuren **15a**, **15b** und **23** hinsichtlich ihrer Tauglichkeit als chirale Keten-Vorläufer in diastereoselektiven STAUDINGER-Reaktionen miteinander verglichen werden.

Dazu wurde der jeweilige Keten-Precursor in trockenem Dichlormethan bei 0 °C sequenziell mit 2-Chlor-1-methyl-pyridiniumiodid (**92**), Triethylamin und dem entsprechenden acyclischen, achiralen Imin **26**, **30** bzw. **41** versetzt und über Nacht unter langsamer Erwärmung auf Raumtemperatur gerührt (Abb. 68). Die vorzeitige Anwesenheit der Base sollte die Bildung größerer Mengen eines hypothetischen Halogenamids (vgl. Abb. 65) verhindern und damit eine höhere Stereoselektivität unter der Annahme eines einheitlicheren mechanistischen Verlaufs gewährleisten.

92 (1.1 Äq.), NEt_3 (2.5 Äq.)

CH_2Cl_2, 0 °C → RT, 12-14 h

15a, 15b, 23 **26, 30, 41** (1.2-1.3 Äq.) **101-106**

Aux:

15a R = Me
15b R = Bn

23

92

Abb. 68 | STAUDINGER-Reaktionen unter Verwendung der Keten-Vorläufer **15a**, **15b** und **23**

Zur Bestimmung der Diastereoselektivität jeder Reaktion wurde das Rohproduktgemisch ^{1}H-NMR-spektroskopisch (500 MHz) analysiert. Die relative Konfiguration der an C-3 und C-4 monosubstituierten β-Lactam-Derivate lässt sich aus den vicinalen Kopplungskonstanten $^3J_{H(C-3),H(C-4)}$ ableiten. Entsprechende Kopplungen von 3,4-*cis*-konfigurierten Verbindungen betragen üblicherweise 4-6 Hz, während die Kopplungskonstanten der 3,4-*trans*-konfigurierten β-Lactame in einer geringeren Größenordnung ($^3J_{H,H}$ ~ 2 Hz) liegen.[80-88]

Die mit den chiralen Carbonsäuren **15a**, **15b** und **23** und den acyclischen Iminen durchgeführten STAUDINGER-Reaktionen lieferten erwartungsgemäß mit sehr hoher Selektivität die 3,4-*cis*-konfigurierten, monocyclischen Azetidin-2-one. Lediglich bei einer der sechs Synthesen konnte die Bildung eines *trans*-konfigurierten Nebenprodukts beobachtet werden. Die Kopplungskonstanten der Lactam-Protonen lagen mit 4.9-5.5 Hz für die *cis*-konfigurierten Produkte und 2.2 Hz für die *trans*-konfigurierte Verbindung auf einem mit der Literatur übereinstimmenden Niveau. In Tabelle 5 sind die Ergebnisse der STAUDINGER-

Reaktionen zusammengefasst.

Tab. 5 | Resultate der STAUDINGER-Reaktionen unter Einsatz verschiedener Keten-Vorläufer

Keten-Precursor	Imin	R^1	R^2	Produkt	Ausbeute	*cis/trans* [c]	*dr* [c]
15a	**26**	*t*-Bu	*p*-$CO_2MeC_6H_4$	**101**	83 % [a]	100 : 0	93 : 7
15a	**30**	PMP	Ph	**102**	71 % [a]	100 : 0	97 : 3
15b	**26**	*t*-Bu	*p*-$CO_2MeC_6H_4$	**103**	46 % [a]	100 : 0	95 : 5
15b	**30**	PMP	Ph	**104**	40 % [a]	100 : 0	93 : 7
23	**30**	PMP	Ph	**105**	62 % [a]	100 : 0	95 : 5
23	**41**	PMP	*c*-Hex	**106**	42 % [b]	80 : 20	92 : 8

a) Ausbeute an Hauptdiastereomer nach Säulenchromatographie
b) Ausbeute an Diastereomerengemisch nach Säulenchromatographie
c) Ermittelt aus dem ^{1}H-NMR-Spektrum des Rohprodukts

Entscheidend für eine Beurteilung der chiralen Keten-Vorläufer **15a**, **15b** und **23** ist neben den verzeichneten Produktausbeuten das Diastereomerenverhältnis (*dr*), das sich in diesem Fall auf die beiden invers 3,4-*cis*-konfigurierten Verbindungen bezieht und letztendlich das Ausmaß der asymmetrischen Induktion wiedergibt. Wie Tabelle 5 zu entnehmen ist, lieferten sämtliche STAUDINGER-Reaktionen ein *cis*-konfiguriertes Hauptprodukt mit sehr hoher Selektivität (*dr* ≥ 92:8). Das Auftreten eines *trans*-konfigurierten Nebenprodukts im Fall **106** ist wahrscheinlich auf eine Isomerisierung der Iminkomponente im zwitterionischen Intermediat zurückzuführen (vgl. Abb. 31) und wird an anderer Stelle näher diskutiert. Der sterische Anspruch vorhandener Hydroxyl-Schutzgruppen im Zuckergerüst des Keten-Precursors (Benzyl- bei **15b** gegenüber Methyl- bei **15a**) hatte keinen messbaren Einfluss auf die Stereoselektivität der untersuchten Reaktionen. Auch die auf D-Glucose basierende Carbonsäure **23** vermochte trotz eines größeren Substituenten im Vergleich zu **15a** keine höhere Selektivität zu induzieren.[180]

In fünf der sechs Fälle konnte das reine Hauptprodukt mittels Säulenchromatographie in moderaten bis guten Ausbeuten von 40-83 % isoliert werden (**101**-**105**). Die Ausnahme bildete das Produkt **106**, welches als binäres Diastereomerengemisch (Hauptprodukt und entstandene *trans*-Verbindung im Verhältnis 4:1) nach chromatographischer Reinigung anfiel. Die absolute Konfiguration der in den STAUDINGER-Reaktionen entstandenen *cis*-konfigurierten Hauptprodukte sollte durchweg identisch sein, da das Oxazolidin-2-on bei allen drei eingesetzten Auxiliaren gleichermaßen in α-1,2-*cis*-Stellung an das furanoide Zuckergerüst anelliert ist und somit eine einheitliche Induktionsrichtung zu erwarten war. Deshalb wurde die bereits von SAUL[95] für ein mit **15a** dargestelltes Derivat nachgewiesene (3*S*,4*R*)-Konfiguration auch für die neuen β-Lactame **101-106** angenommen und in der folgenden Übersicht (Abb. 69) berücksichtigt.

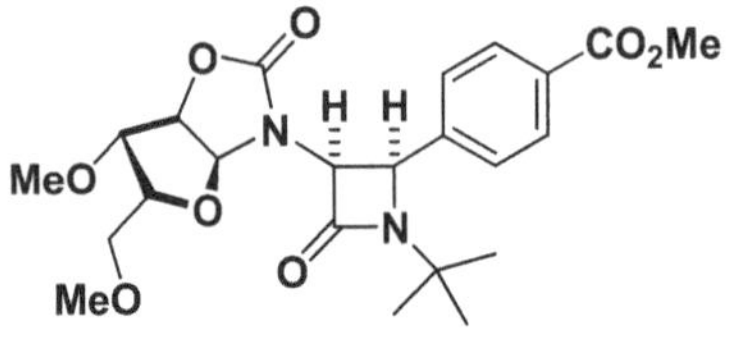

101 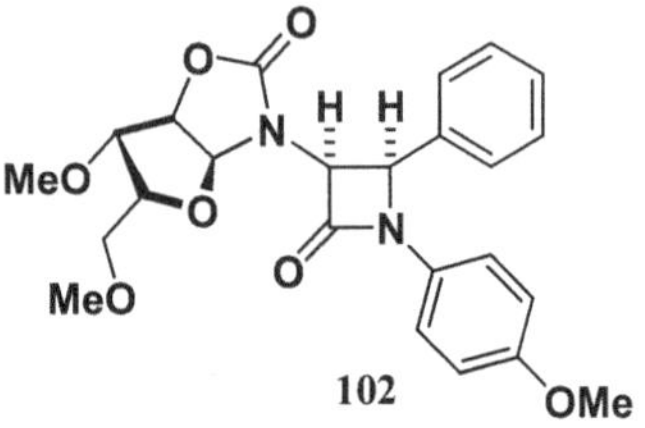 **102**

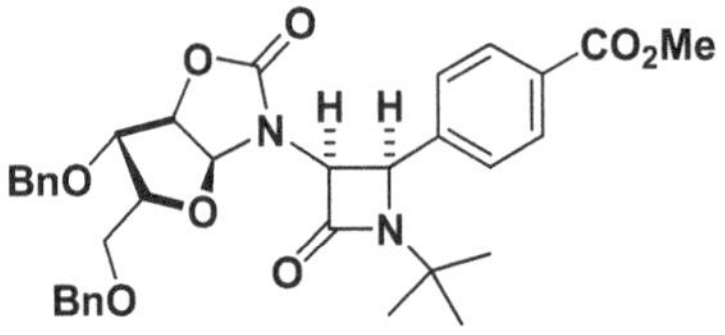

103 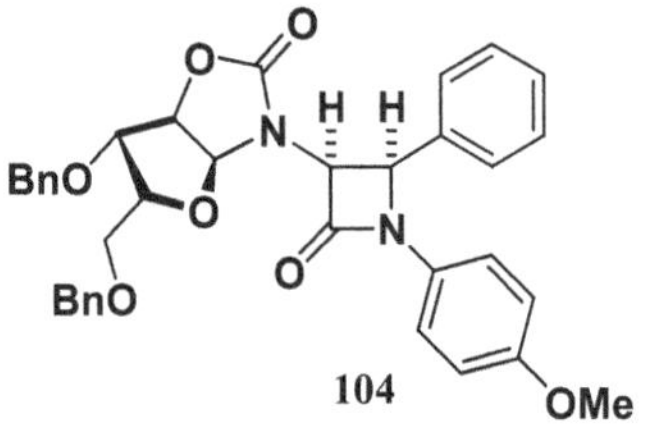 **104**

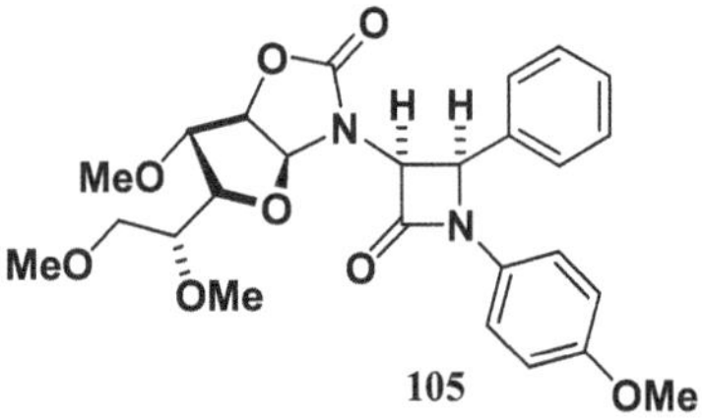

105

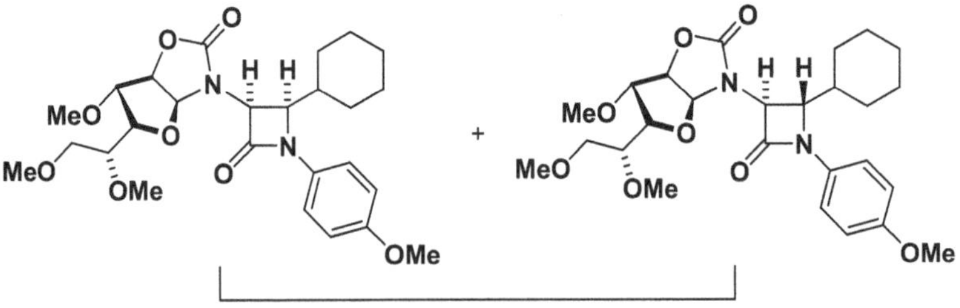

4 : 1

106

Abb. 69 | Unter Einsatz der Keten-Vorläufer **15a**, **15b** und **23** dargestellte β-Lactam-Derivate

Dem im Diastereomerengemisch **106** vorliegenden *trans*-β-Lactam wurde eine (3*S*,4*S*)-Konfiguration zugeordnet. Grundsätzlich besteht die Möglichkeit, dass die *trans*-Verbindung aus dem primär gebildeten *cis*-Hauptprodukt durch Epimerisierung an C-3 unter den basischen Reaktionsbedingungen entsteht. was zu einer inversen *trans*-Konfiguration (3*R*,4*R*) führen würde. Dieser Verlauf ist jedoch sehr unwahrscheinlich, da sowohl die eigenen, unter gleichen Bedingungen durchgeführten Synthesen (ausschließlich *cis*-Produkte) als auch die vergleichbare Literatur keine Hinweise dafür lieferten.[95,97,111c,176] Die CH-Acidität und damit die Neigung zur Epimerisierung an C-3 eines β-Lactams ist, wie an späterer Stelle noch gezeigt wird, in hohem Maße von der Natur des Substituenten an N-1 abhängig. Verbindung **106** sollte aufgrund des elektronenreichen *p*-Methoxyphenyl-Substituenten (PMP) unter den gegebenen Bedingungen eine vergleichsweise stabile Konfiguration aufweisen. Zur experimentellen Untersuchung wurde das chromatographisch angereicherte *cis*-Diastereomer (Verhältnis 7:1) in Dichlormethan gelöst und bei Raumtemperatur für 15 Stunden einem Äquivalent Triethylamin ausgesetzt, wobei eine NMR-spektroskopisch sichtbare Änderung des *cis/trans*-Verhältnisses ausblieb. Dieses Resultat bestätigte die Annahme, dass die Bildung des *trans*-Isomers primär, also innerhalb der STAUDINGER-Reaktion erfolgt und somit die in Abb. 69 gezeigte absolute Konfiguration entsteht.

Die durchweg sehr guten Diastereomerenverhältnisse (*dr*) zeigen, dass alle untersuchten Glycooxazolidinon-Auxiliare hervorragend für den Einsatz in stereoselektiven Keten-Imin-Cycloadditionen geeignet sind. Das *cis*-anellierte Zuckergerüst führt demnach zu einer effizienten Seitendifferenzierung des Oxazolidin-2-ons und ermöglicht so eine hohe asymmetrische Induktion, welche durch die bicyclische Struktur des Auxiliars und die damit verbundene konformative Fixierung zusätzlich unterstützt wird.

Basierend auf der Annahme, dass die funktionelle Gruppe des in der STAUDINGER-Reaktion vermuteten Ketens mit dem Oxazolidinon in einer Ebene liegt, lassen sich zwei mögliche *exo*-Angriffe eines (*E*)-Imins formulieren, die unter der Voraussetzung einer ausbleibenden Isomerisierung zur Bildung der beiden möglichen *cis*-konfigurierten β-Lactam-Derivate führen. In Abb. 70 ist diese Konstellation am Beispiel eines aus der Carbonsäure **15a** generierten Ketens veranschaulicht. Das Auxiliar sorgt dabei für zwei diastereotope Halbräume, die sich vor und hinter der Ebene des Ketens (Papierebene) befinden. Weg **A** zeigt den orthogonalen Angriff des Imins mit dem Alkyliden- bzw. Arylidenanteil (=CHR) hinter der Papierebene, Weg **B** den alternativen orthogonalen Angriff an das Keten. Die vergleichende Betrachtung möglicher sterischer Wechselwirkungen beider Annäherungsvarianten erklärt nicht zwingend die Bevorzugung des zum Hauptprodukt führenden Wegs **B**.

Aus sterischer Sicht könnte **B** sogar benachteiligt sein, da sich der Rest R und das Zuckergerüst im vorderen Halbraum relativ nahe kommen. Entscheidend für die Stereodifferenzierung ist offenbar eine große energetische Differenz beim Übergang vom jeweiligen zwitterionischen Intermediat zum β-Lactam. Der entgegen dem Uhrzeigersinn verlaufende conrotatorische Ringschluss des gemäß **A** entstandenen Intermediats erfordert durch den ins Molekülinnere ausgerichteten furanoiden Zuckerrest des Auxiliars eine vergleichsweise hohe Energie. Das auf dem Weg **B** generierte Zwischenprodukt hingegen kann wesentlich leichter conrotatorisch cyclisieren, da das Zuckergerüst des Auxiliars in diesem Fall nach außen weggerichtet ist. Auf diese Weise können die beobachteten hohen Diastereoselektivitäten zugunsten der (3*S*,4*R*)-konfigurierten *cis*-β-Lactame erklärt werden.

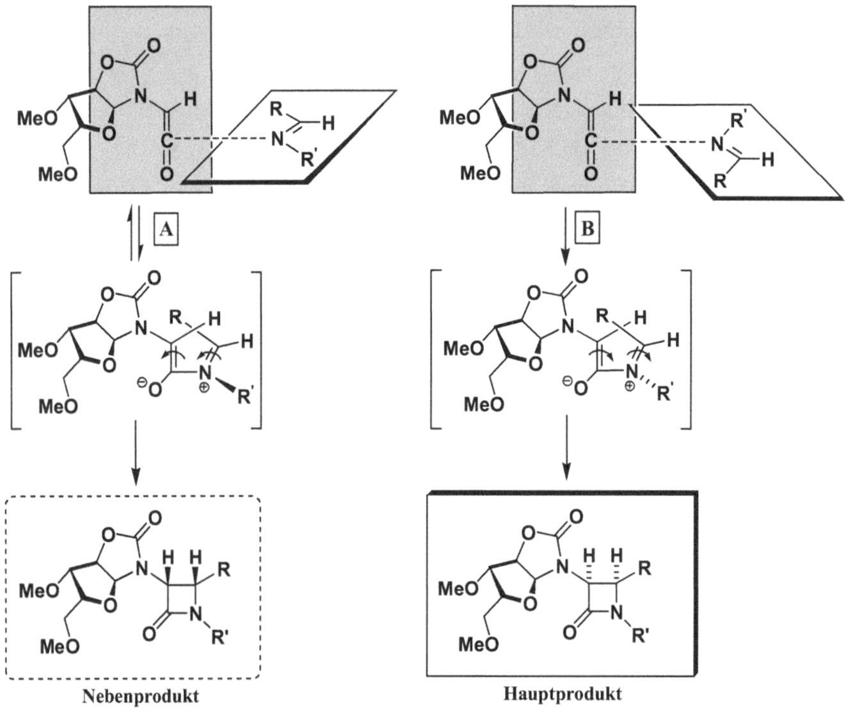

Nebenprodukt **Hauptprodukt**

Abb. 70 Diastereoselektive β-Lactam-Synthese mit einem Glycooxazolidinon-Auxiliar

Obwohl alle drei eingesetzten Keten-Vorläufer prinzipiell gute Ergebnisse in den diastereoselektiven STAUDINGER-Reaktionen hervorbrachten wurde bei den nachfolgenden β-Lactam-Synthesen lediglich auf die Carbonsäure **15a** zurückgegriffen. Sie lieferte im Vergleich zu dem benzylierten Derivat **15b** höhere Produktausbeuten und ließ sich als kristalline Substanz wesentlich komfortabler handhaben als die sirupöse, auf D-Glucose basierende Verbindung **23**. Die Umsetzung von **15a** mit den Iminen **24-25**, **27-29**, **31-40** und **42** erfolgte unter den bewährten Reaktionsbedingungen. Im Rahmen dieser Untersuchung sollte auch eine Variation der Aktivierungsreagenzien (**92**, **99**, **100**) stattfinden. Abb. 71 zeigt das allgemeine Reaktionsschema.

92 (99, 100) (1.1 Äq.), NEt_3 (2.5 Äq.)
CH_2Cl_2, 0 °C → RT, 12-14 h

15a **24-25, 27-29,** (1.2-1.3 Äq.) **31-40, 42** **107-121**

92 **99** **100**

Abb. 71 | STAUDINGER-Reaktionen von **15a** unter Einsatz der Reagenzien **92**, **99** und **100**

Zu vergleichenden Zwecken wurden die Umsetzung der Imine **29** (*N*-Benzylidenmethylamin) und **32** (*N*-(4-Nitrobenzyliden)-4-methoxyanilin) jeweils mit allen drei zur Verfügung stehenden säureaktivierenden Pyridiniumsalzen durchgeführt. 2-Chlor-1-methyl-pyridinium-*p*-toluolsulfonat (**99**) und 2-Brom-1-ethyl-pyridiniumtetrafluoroborat (**100**) erwiesen sich im Gegensatz zu 2-Chlor-1-methyl-pyridiniumiodid (**92**) als in Dichlormethan gut lösliche Verbindungen. Grundsätzlich zeigten alle Aktivierungsreagenzien eine gute Eignung für den Einsatz in diastereoselektiven STAUDINGER-Reaktionen. Es ergaben sich bei der Verwendung von **92**, **99** und **100** keinerlei Unterschiede im Hinblick auf die Stereoselektivität der untersuchten Reaktion, die Zusammensetzung des β-Lactam-Rohprodukts war jeweils nahezu identisch. Trotz seiner Unlöslichkeit in Dichlormethan wurde mit 2-Chlor-1-methyl-pyridiniumiodid (**92**) in beiden Reaktionen die höchste Ausbeute erzielt. Die Verbindung **100** und insbesondere das Tosylat **99** lieferte etwas schlechtere Ergebnisse. Hinweise auf störende Neben- und Inaktivierungsreaktionen durch das nucleophile Anion, wie sie in der Literatur für **92** diskutiert werden (vgl. S. 57), ergaben sich bei den eigenen Untersuchungen nicht. Die Ergebnisse der durchgeführten STAUDINGER-Reaktionen fasst Tabelle 6 zusammen. Zur besseren Übersicht sind die für einen Vergleich der Aktivierungsreagenzien relevanten Einträge grau hinterlegt.

Tab. 6 Resultate der STAUDINGER-Reaktionen von **15a** mit acyclischen Iminen und Hydrazonen

Aktivator	**Imin**	**R^1**	**R^2**	**Produkt**	**Ausbeute**	***cis/trans*** [c]	***dr*** [c]
92	**24**	SO_2Ph	Ph	-	-	-	-
92	**25**	Boc	Ph	**107**	26 % [b]	63 : 37	95 : 5
92	**27**	*c*-Hex	*i*-Pr	**108**	49 % [b]	60 : 40	92 : 8
92	**28**	PMP	CO_2Et	**109**	25 % [a]	100 : 0	63 : 37
92	**29**	Me	Ph	**110**	58 % [a]	100 : 0	90 : 10
99	**29**	Me	Ph	**110**	45 % [a]	100 : 0	90 : 10
100	**29**	Me	Ph	**110**	50 % [a]	100 : 0	90 : 10
92	**31**	PMP	*p*-$NMe_2C_6H_4$	**111**	80 % [b]	70 : 30	95 : 5
92	**32**	PMP	*p*-$NO_2C_6H_4$	**112**	94 % [a]	100 : 0	97 : 3
99	**32**	PMP	*p*-$NO_2C_6H_4$	**112**	79 % [a]	100 : 0	97 : 3
100	**32**	PMP	*p*-$NO_2C_6H_4$	**112**	85 % [a]	100 : 0	97 : 3
99	**33**	PMP	4-Py	**113**	44 % [a]	100 : 0	95 : 5
92	**34**	Bn	PMP	**114**	61 % [a]	100 : 0	95 : 5
92	**35**	*t*-Bu	PMP	**115**	66 % [a]	100 : 0	96 : 4
92	**36**	*t*-Bu	Ph	**116**	79 % [a]	100 : 0	94 : 6
92	**37**	Allyl	Ph	**117**	76 % [a]	100 : 0	93 : 7
92	**38**	CH_2CH_2Ph	Ph	**118**	84 % [a]	100 : 0	97 : 3
92	**39**	*t*-Bu	Me	**EA1/A1**	30/38 % [d]	-	-
92	**40**	*t*-Bu	*c*-Hex	**119**	72 % [a]	100 : 0	98 : 2
92	**42**	PMP	*t*-Bu	**120/121**	53/7 % [e]	80 : 20	95 : 5
92	**43**	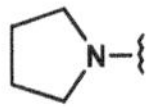	Me	-	-	-	-
92	**44**	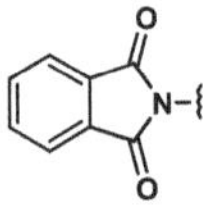	Me	-	-	-	-

a) Ausbeute an Hauptdiastereomer nach Säulenchromatographie
b) Ausbeute an Diastereomerengemisch nach Säulenchromatographie
c) Ermittelt aus dem ^{1}H-NMR-Spektrum des Rohprodukts
d) Ausbeute an isoliertem Enamid/Amid
e) Ausbeute an isoliertem Hauptdiastereomer/*trans*-Nebendiastereomer

Bevor die Ergebnisse der β-Lactam-Synthesen im Detail diskutiert werden, gilt die Aufmerksamkeit zunächst der Umsetzung mit *N*-Ethyliden-*tert*-butylamin (**39**). Anstelle des erwünschten β-Lactams lieferte diese Reaktion nach säulenchromatographischer Aufarbeitung zwei Produkte, die als Enamid **EA1** und Amid **A1** identifiziert und vollständig charakterisiert wurden (Abb. 72).[195] Das Enamid erwies sich als relativ instabil und unterstützt damit die Annahme, dass die Bildung des Amids **A1** auf eine hydrolytische Zersetzung von **EA1** zurückzuführen war.

Aux
O OH
15a
+
N
39
92, NEt_3
CH_2Cl_2
Aux
O N
EA1 (30 %)
+
Aux
O NH
A1 (38 %)

Aux:
O O
N
MeO O
MeO

Abb. 72 | Bildung des Enamids **EA1** und des Amids **A1** bei der Umsetzung von Imin **39**

Mit diesem Befund zeigte sich eine grundsätzliche Problematik bei der Verwendung von Iminen, die von enolisierbaren Aldehyden abgeleitet sind. Unter den gegebenen basischen Reaktionsbedingungen (Überschuss Triethylamin) können diese Vertreter in die Enamine überführt werden, die offensichtlich mit einem hypothetischen Keten oder bereits mit der aktivierten Carbonsäure bevorzugt abreagieren. Im Fall des Imins **39** konnte kein β-Lactam im Rohprodukt gefunden werden, was auf eine vollständige Dominanz des Enamin-Tautomers in der Reaktion schließen lässt (Abb. 73).

N
NEt_3
39
H
N

Abb. 73 | Imin-Enamin-Tautomerie von **39** unter basischen Bedingungen

Prinzipiell ist eine analoge Imin-Enamin-Tautomerie auch bei den Verbindungen **27** (**R^2** = *i*-Pr), **40** und **41** (**R^2** = *c*-Hex) denkbar. Die Umsetzungen führten jedoch in diesen Fällen ausschließlich zur Bildung von β-Lactam-Produkten und gaben somit keine Anzeichen für die Bildung von Enamin-Tautomeren.

An dieser Stelle soll erwähnt werden, dass in der Literatur direkte Synthesen von 4-Methyl-substituierten Azetidin-2-onen mittels STAUDINGER-Reaktion beschrieben sind.[111b,180] Dies ist nur möglich wenn ein Imin eingesetzt wird, das durch einen Elektronendonor-Substituenten am *N*-Atom keine Tendenz zeigt, in die Enamin-Form überzugehen. So wurden beispielsweise *N,N*-Dialkylhydrazone des Typs MeHC=N–NR^{1}R^2 erfolgreich in derartigen Reaktionen verwendet.[180] Ein Versuch zur Umsetzung der in der eigenen Arbeit dargestellten Hydrazone blieb jedoch sowohl für **43** (NR^{1}R^2 = Pyrrolidinyl-) als auch für das elektronenärmere Derivat **44** (NR^{1}R^2 = Phthalimidyl-) trotz erhöhter Reaktionstemperaturen (40 °C in Dichlormethan, 80 °C in 1,2-Dichlorethan) erfolglos. Interessanterweise laufen derartige Keten-Hydrazon-Cycloadditionen offenbar ausschließlich in Toluol ab,[81f,176c,181] welches allerdings für die eigenen Reaktionen aufgrund der Unlöslichkeit der Carbonsäure **15a** nicht als Lösungsmittel in Frage kam.[182]

Die unter Einsatz der Imine **25-38**, **40** und **42** durchgeführten STAUDINGER-Reaktionen führten zu den erwünschten β-Lactam-Derivaten, wobei die erzielten Ausbeuten (26-94 %) ebenso wie die Diastereoselektivitäten eine genauere und differenziertere Betrachtung erfordern. Die nach Säulenchromatographie erhaltenen Produkte sind in Abb. 74 veranschaulicht.

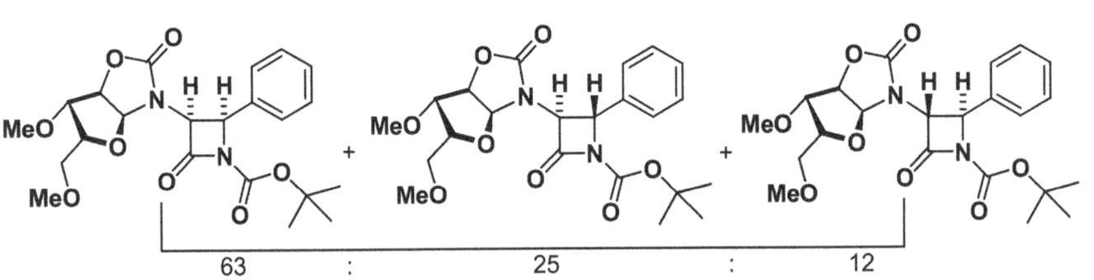

63 : 25 : 12

107

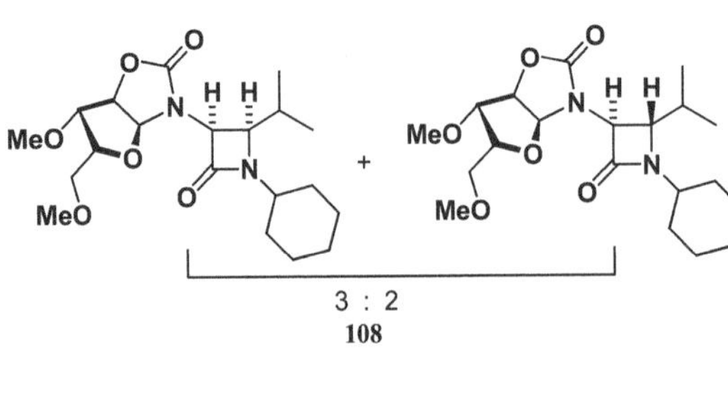

3 : 2

108

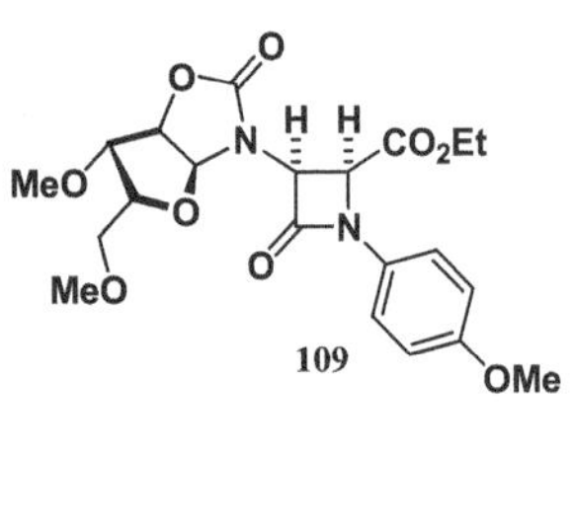

109

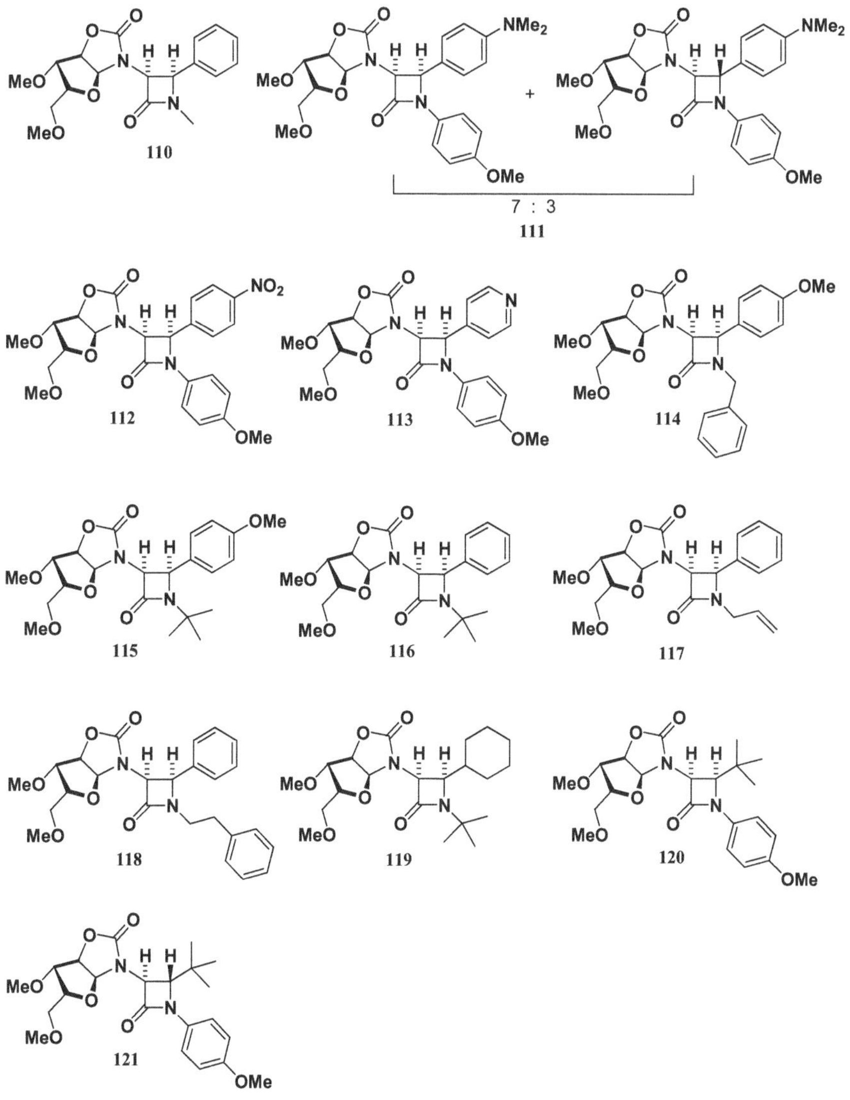

110

7 : 3

111

112 113 114

115 116 117

118 119 120

121

Abb. 74 | Isolierte β-Lactam-Produkte der STAUDINGER-Reaktionen mit acyclischen Iminen

Aus den in Tabelle 6 zusammengefassten Ergebnissen lassen sich einige Tendenzen der in den STAUDINGER-Reaktionen untersuchten Imine bezüglich ihrer Reaktivität und ihres Einflusses auf die Stereoselektivität ableiten. Betrachtet man zunächst die chemischen Ausbeuten der homologen *N*-Benzylidenamine ($PhHC{=}NR^1$), so kann man feststellen, dass sich elektronenziehende Substituenten am Stickstoffatom desaktivierend und Elektronendonor-Substituenten aktivierend auswirken. Bei der Umsetzung des *N*-Sulfonyl-Derivats **24** und der Verbindung **25** (R^1 = Boc) waren β-Lactam-Produkte nicht bzw. nur in geringer Menge (26 %) entstanden. Das elektronenreichere *N*-Benzylidenmethylamin (**29**, R^1 = Me) ermöglichte schon eine wesentlich bessere Ausbeute (58 %), während die Vertreter **30** und **36-38**, welche über Substituenten mit stark positiven, mesomeren bzw. induktiven Effekten verfügen (R^1 = PMP, *t*-Bu, Allyl, CH_2CH_2Ph), ausnahmslos zu ertragreichen STAUDINGER-Reaktionen (71-84 % Ausbeute) führten. Ein Mindestmaß an *N*-Nucleophilie des Imins ist bei der untersuchten Reaktion offenbar Grundvoraussetzung für eine zufriedenstellende Produktausbeute. Ähnliche Beobachtungen findet man in der Literatur.[81g,183] Dieser experimentelle Befund steht im Einklang mit dem postulierten (klassischen) Mechanismus der STAUDINGER-Reaktion, welcher eine initialisierende nucleophile Addition des Imins an das Keten bzw. die aktivierte Carbonsäure beschreibt (vgl. Kap. 2.5). Durch eine herausragend hohe Ausbeute von 94 % fiel das β-Lactam-Derivat **112** in den eigenen Arbeiten auf. Neben einem elektronenreichen PMP-Substituenten am Stickstoff besitzt das betreffenden Imin **32** mit dem *p*-Nitrophenyl-Substituenten einen elektronenarmen Aromaten am *C*-Terminus der C,N-Doppelbindung. Diese elektronische Konstellation hat offenbar besondere Vorzüge. Hier vereint sich eine hohe *N*-Nucleophilie für die umfangreiche Bildung reaktiver Addukte mit einer erhöhten *C*-Elektrophilie zur Unterstützung der zum β-Lactam führenden Cyclisierungsreaktion. Die geringere Ausbeute bei der Umsetzung des *C*-elektrophilen Imins **28** (EtO_2CHC=N–PMP) zeigt jedoch, dass die Vermittlung des elektronenziehenden Effekts durch einen Aromaten besonders vorteilhaft zu sein scheint. Die in Tabelle 5 aufgeführte, effiziente Synthese von **101** unter Einsatz des Imins **26** vermag das zu bestätigen.

Die Diastereoselektivitäten der mit dem Keten-Vorläufer **15a** durchgeführten STAUDINGER-Reaktionen sind im allgemeinen als sehr gut zu bezeichnen. In allen Fällen konnte eine deutliche Bevorzugung eines der beiden möglichen 3,4-*cis*-konfigurierten β-Lactam-Produkte gefunden werden. Betrachtet man zunächst die Synthesen, bei denen es zur Bildung von *trans*-Nebenprodukten gekommen war, so fällt zuerst das bei der Umsetzung des Imins **25** erhaltene Diastereomerengemisch **107** auf. Hier wurde das *cis*-Hauptprodukt von beiden *trans*-β-Lactamen begleitet (Verhältnis 63:25:12). Diese *N*-Boc-β-lactame besitzen eine vergleichsweise hohe Epimerisierungstendenz am CH-aciden Zentrum C-3 unter basischen Bedingungen, so dass eine sekundäre Änderung der Stereochemie nicht ausgeschlossen werden kann. Dadurch wird eine Selektivitätsbeurteilung der Reaktion wesentlich erschwert. Die in Abb. 74 dargestellte Zuordnung der Stereoisomere basiert auf dem Vergleich mit einer auf anderem Wege erhaltenen Probe des Hauptprodukts und seines C-3-Epimers (vgl. Kap. 7.2.2). Bei den Produkten **106**, **108**, **111**, und **120/121** konnte man jedoch mit hoher Wahrscheinlichkeit davon ausgehen, dass die *trans*-β-Lactame primär in der STAUDINGER-Reaktion gebildet wurden. Es kann in einem postulierten zwitterionischen Intermediat, das durch Addition eines acyclischen Imins ($R^2HC{=}NR^1$) an ein Keten entsteht, leicht zu sterischen Wechselwirkungen zwischen dem Substituenten R^2 des Imins und dem Keten-Substituenten kommen. In Abb. 75 ist diese Situation am Beispiel eines aus der Vorstufe **15a** generierten Ketens veranschaulicht.

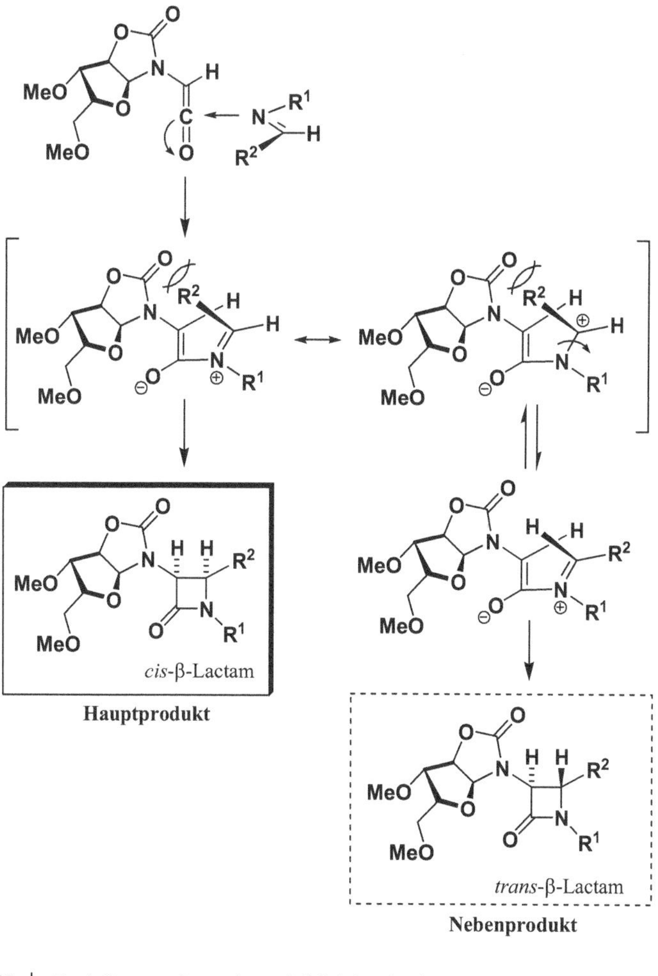

cis-β-Lactam

Hauptprodukt

trans-β-Lactam

Nebenprodukt

Abb. 75 Beeinflussung der *cis/trans*-Selektivität durch sterische Wechselwirkungen

Bei den Reaktionen der Imine **27** (R^2 = *i*-Pr), **41** (R^2 = *c*-Hex) und **42** (R^2 = *t*-Bu) kann es aufgrund der räumlich anspruchsvollen Substituenten zu besonders starken sterischen Interaktionen kommen. In diesen Fällen kann das zwitterionische Intermediat durch Rotation um die C,N-Bindung innerhalb der Iminkomponente in eine energieärmere sekundäre Form übergehen, aus der nach conrotatorischem Ringschluss das thermodynamisch stabilere *trans*-β-Lactam hervorgeht. Trotz dieser Möglichkeit zur Isomerisierung lieferten selbst die mit den Iminen **27**, **41** und **42** durchgeführten STAUDINGER-Reaktionen kinetisch kontrollierte *cis*-Azetidin-2-one als Hauptprodukte, wobei in einem Fall das entstandene *trans*-Diastereomer (**121**) säulenchromatographisch isoliert werden konnte. Es mag auffallen, dass im Produkt **119** im Vergleich zu **106** kein *trans*-Produkt gefunden wurde, obwohl auch ein Imin mit R^2 = *c*-Hex eingesetzt wurde. Die Ursache hierfür könnte in einer verminderten sterischen Problematik liegen, da der auf D-Xylose basierende Keten-Precursor **15a** gegenüber dem D-Glucose-Derivat **23** einen geringeren Raumanspruch hat und somit keine Tendenz zur Isomerisierung im Verlauf der Reaktion entsteht.

Eine Bildung von *trans*-β-Lactamen in STAUDINGER-Reaktionen mit acyclischen Iminen kann neben den sterischen Wechselwirkungen auch auf elektronische Effekte zurückzuführen sein. Bei einem gegebenen Keten sollte die Lebensdauer eines postulierten zwitterionischen Intermediats in einem bestimmten Lösungsmittel hauptsächlich von den Fähigkeiten der Imin-Substituenten zur Stabilisierung einer positiven Ladung abhängen. Demnach würde man bei Elektronendonor-Substituenten eine längere Existenz des Intermediats und eine zunehmende Lokalisierung der positiven Ladung in der Substituentensphäre erwarten, was insgesamt zu einer höheren Isomerisierungswahrscheinlichkeit führt. Elektronenakzeptor-Substituenten sollten hingegen einen raschen Ringschluss unterstützen und damit die *cis*-Diastereoselektivität erhöhen. Hinweise auf Substituenteneinflüsse dieser Art sind publiziert[76c,184] und zeigten sich auch in den eigenen Untersuchungen. Vergleicht man die Reaktionsergebnisse der unterschiedlich substituierten *N*-(*p*-Methoxyphenyl)-imine (R^2HC=N–PMP) **30**, **31** und **32** miteinander, so kann ein elektronischer Effekt durchaus angenommen werden. Sowohl das akzeptorsubstituierte Derivat **32** (R^2 = *p*-Nitrophenyl) als auch die unsubstituierte Benzyliden-Verbindung **30** (R^2 = Phenyl) lieferten in den STAUDINGER-Reaktionen ausschließlich die *cis*-konfigurierten β-Lactame. Das donorsubstituierte Imin **31** (R^2 = *p*-Dimethylaminophenyl) hingegen führte zu einem Gemisch von *cis*- und *trans*-konfiguriertem Produkt im Verhältnis 7:3. Natürlich ist nicht völlig auszuschließen, dass die oben diskutierten sterischen Aspekte auch in diesem Fall einen Beitrag zur Isomerisierung leisten. Die beobachteten elektronischen Substituenteneinflüsse sind in Abb. 76 zusammengestellt.

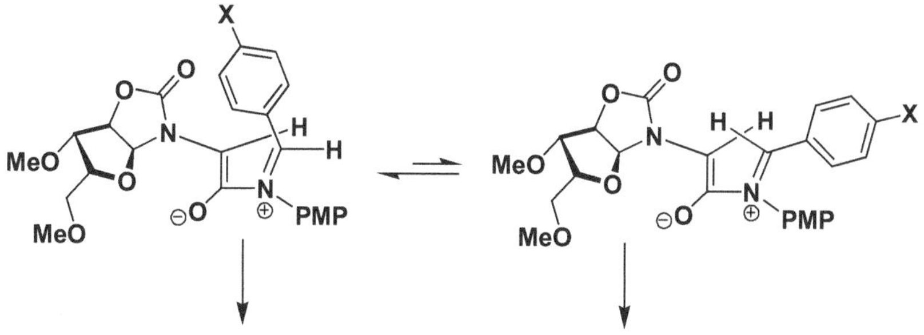

cis-β-Lactam	X	*trans*-β-Lactam	Produkt
100 %	H	0 %	**102**
70 %	NMe_2	30 %	**111**
100 %	NO_2	0 %	**112**

Abb. 76 Beeinflussung der *cis/trans*-Selektivität durch elektronische Substituenteneffekte

Betrachtet man in diesem Zusammenhang das Imin **28** ($EtO_2CHC{=}N{-}PMP$) so sollte aufgrund des elektronenziehenden Substituenten am C-Atom der C,N-Doppelbindung eine Isomerisierung innerhalb der Cycloaddition ausbleiben und dadurch eine hohe *cis*-Selektivität der Reaktion zu erwarten sein. Tatsächlich wurde in diesem Fall (Produkt **109**) auch kein *trans*-konfiguriertes Nebenprodukt gefunden. Auffällig bei dieser Umsetzung ist jedoch, dass im Vergleich zu den anderen mit acyclischen Iminen durchgeführten STAUDINGER-Reaktionen eine signifikante Menge des zweiten *cis*-Diastereomers gebildet wurde. Das üblicherweise mit *dr* ≥ 90:10 sehr gute Diastereomerenverhältnis der *cis*-konfigurierten β-Lactame im Rohprodukt betrug in diesem Fall lediglich 63:37. Analoge Beobachtungen wurden von PALOMO für die Reaktionen vergleichbarer Imine unter Einsatz von (*S*)-4-Phenyl-oxazolidin-2-on als Auxiliar beschrieben und blieben unerklärt.[111b,185] Wichtig ist die Feststellung, dass weder eine Isomerisierung des Imins **28** im Reaktionsverlauf noch eine sekundäre Änderung der Stereochemie im β-Lactam-Produkt (z. B. Epimerisierung an C-4 von **109**) stattgefunden hat. Verglichen mit Iminen ($R^2HC{=}NR^1$), die einen aromatischen Substituenten R^2 besitzen und mit Abstand am häufigsten in STAUDINGER-Reaktionen untersucht wurden, sollte die Verbindung **28** mit einem Keten ein wesentlich instabileres zwitterionisches Addukt bilden. Die positive Ladung kann durch den elektronenziehenden Ethoxycarbonyl-Rest nicht delokalisiert werden. Es handelt sich also um einen grundlegend anderen Fall als bei den aromatenvermittelten Substituenteneffekten wie sie in Abb. 76 gezeigt sind, wo eine mehr oder weniger ausgeprägte Resonanzstabilisierung gewährleistet ist. Ausgehend von diesem außergewöhnlich reaktiven Intermediat erscheint es möglich, dass die Ringschlussreaktionen zu den beiden diastereomeren *cis*-β-Lactamen insgesamt unter vergleichsweise geringem Energieaufwand ablaufen können. Diese Absenkung der Aktivierungsenergien kann bei gegebener Reaktionstemperatur dazu führen, dass die durch das chirale Auxiliar benachteiligte Reaktion an Bedeutung gewinnt und die Diastereoselektivität abnimmt. Die energetische Differenz zwischen den beiden conrotatorischen Cyclisierungen kann dabei konstant bleiben. Aus diesem Erklärungsversuch ergäbe sich die Notwendigkeit zur Senkung der Reaktionstemperatur beim Einsatz von Iminen mit stark elektronenziehenden Substituenten R^2 in der STAUDINGER-Reaktion.

Es soll an dieser Stelle nicht verschwiegen werden, dass für die Keten-Imin-Cycloaddition elektrophiler Imine auch ein abweichender Reaktionsmechanismus in Frage kommt. In diesen Spezialfällen liegt im Vergleich zu den „normalen" STAUDINGER-Reaktionen ein inverser Elektronenbedarf vor, d. h. das Imin kann nur nucleophil angegriffen werden. Die erforderliche Umpolung des Ketens erfolgt durch Einwirkung eines Nucleophils (**Nu**), das am Ende der Reaktion (Ringschluss) wieder freigesetzt wird. LECTKA entwickelte daraus eine asymmetrische Synthesevariante, die mit katalytischen Mengen eines chiralen Nucleophils (*O*-Benzoylchinin) durchgeführt wurde (Abb. 77).[87]

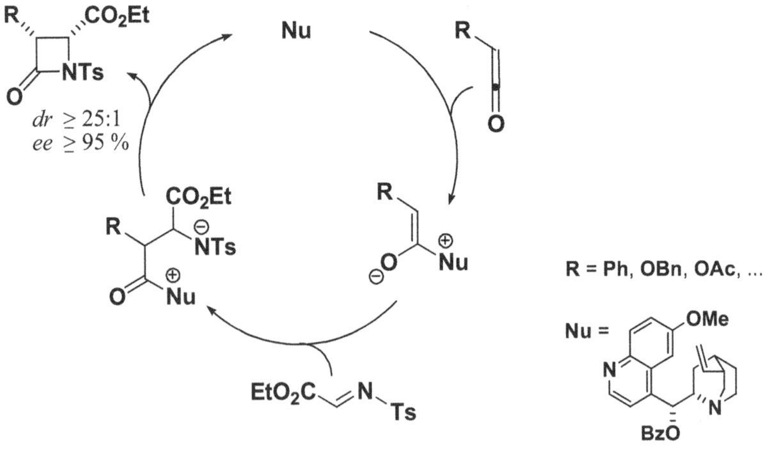

Abb. 77 Nucleophil katalysierte, asymmetrische Keten-Imin-Cycloaddition nach LECTKA[87]

FU berichtete über eine ähnliche asymmetrische Methode unter Verwendung eines anderen chiralen Nucleophils.[88] Im Fall der untersuchten *N*-Trifluormethansulfonyl-substituierten Imine (RHC=N–Tf,) wurde ein weiterer Mechanismus postuliert, der einen einleitenden Angriff des Nucleophils auf das Imin beschreibt. Im Gegensatz zu den *N*-Tosyl-iminen konnte hier eine Bevorzugung der *trans*-konfigurierten β-Lactam-Produkte beobachtet werden (Abb. 78).

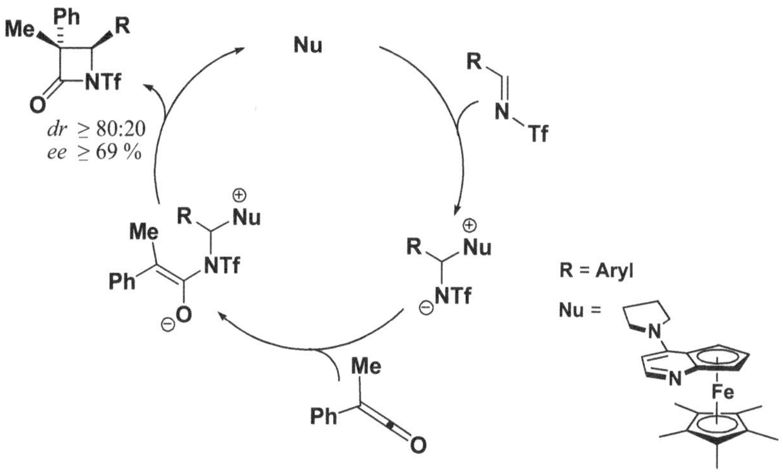

dr ≥ 80:20
ee ≥ 69 %

R = Aryl

Abb. 78 | Postulierter Mechanismus für die Keten-Imin-Cycloaddition von *N*-Tf-Iminen[87]

Die in Abb. 77 und Abb. 78 gezeigten Mechanismen sind trotz der Beobachtung, dass Imin **24** (PhHC=N–SO_2Ph) in den eigenen STAUDINGER-Reaktionen kein β-Lactam-Produkt lieferte, grundsätzlich auch für die verwendeten akzeptorsubstituierten Imine **25** (PhHC=N–Boc) und **28** (EtO_2CHC=N–PMP) denkbar. Mit Triethylamin liegt hier eine Spezies vor, welche die Funktion des gezeigten nucleophilen Katalysators (**Nu**) übernehmen könnte. Die Addition von Triethylamin an ein Keten unter Ausbildung eines inneren Ammonium-Enolats (vgl. Abb. 77) wird auch für den Mechanismus einer intramolekularen Aldol-Lactonisierung angenommen.[186] Es kann also nicht ausgeschlossen werden, dass die ungewöhnlichen Resultate der Umsetzungen von **25** (Produkt **107**) und **28** (Produkt **109**) auf die Beteiligung der dargestellten mechanistischen Alternativen zurückzuführen sind.

Die letzten in diesem Abschnitt zu diskutierenden Ergebnisse stammen aus den Reaktionen der *N*-substituierten Imidsäure-Derivate **45-48**. Es handelt sich hierbei um besonders interessante Ausgangsverbindungen, da eine erfolgreiche Cycloaddition direkt zu β-Lactamen führen würde, die in 4-Position ein potentielle Abgangsgruppe aufweisen. Die Umsetzung der Imidsäure-Derivate erfolgte unter den bekannten Bedingungen der STAUDINGER-Reaktion in Gegenwart des chiralen Keten-Vorläufers **15a** (Abb. 79).

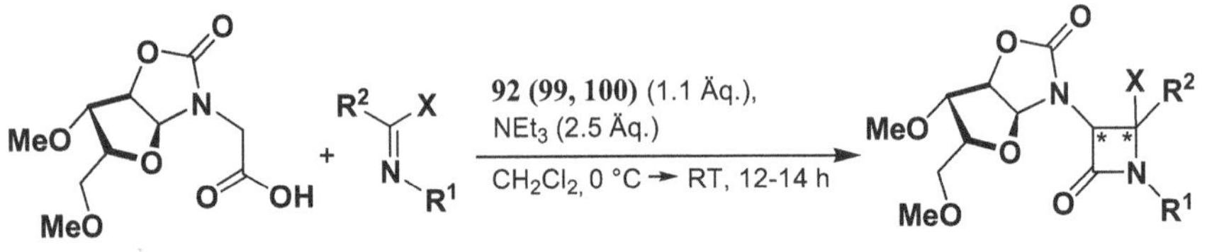

Abb. 79 | STAUDINGER-Reaktionen unter Einsatz der Imidsäure-Derivate **45-48**

Unabhängig von der Natur des Substituenten R^2 lieferten die mit den Imidoylchloriden **47** und **48** (X = Cl) durchgeführten Reaktionen keine über das Glycooxazolidinon detektierbare Produkte. Auch ein Wechsel des Säureaktivators vom MUKAIYAMA-Reagenz **92** (Iodid) zum kaum nucleophilen Tetrafluoroborat **100** brachte keinen Fortschritt. Dieses Ergebnis kam insgesamt nicht sehr überraschend, da eine Synthese von 4-Chlor-β-lactamen durch Anwendung der STAUDINGER-Reaktion in der Literatur bislang nicht beschrieben wurde. Erfolgreicher hingegen verliefen die Umsetzungen der Formimidate **45** und **46**. Die Resultate sind in Tabelle 7 zusammengefasst.

Tab. 7 | Resultate der STAUDINGER-Reaktionen von **15a** mit den Imidsäure-Derivaten **45-48**

Aktivator	Imin	R^1	R^2	X	Produkt	Ausbeute [a)]	*cis/trans* [b)]	*dr* [b)]
92	**45**	PMP	OEt	H	**122**	53 %	0 : 100	95 : 5
99	**46**	CH_2CH_2Ph	OEt	H	**123**	21 %	0 : 100	95 : 5
92/100	**47**	PMP	Ph	Cl	-	-	-	-
92/100	**48**	PMP	CF_3	Cl	-	-	-	-

a) Ausbeute an Hauptdiastereomer nach Säulenchromatographie
b) Ermittelt aus dem ^{1}H-NMR-Spektrum des Rohprodukts

Die Bildung des erwünschten 4-Ethoxy-azetidin-2-ons erfolgte für beide Formimidate mit bemerkenswerter Diastereoselektivität zugunsten eines *trans*-konfigurierten Hauptprodukts. Interessanterweise war kein *cis*-β-Lactam im Rohprodukt nachzuweisen. Die isolierten

Ausbeuten für das reine Diastereomer lagen mit 21 % und 53 % auf mäßigem bis befriedigendem Niveau. Im Vergleich zu anderen 3,4-*trans*-konfigurierten β-Lactamen zeigten die 500 MHz-^{1}H-NMR-Spektren der Produkte **122** und **123** für die betreffenden Protonen statt eines Dubletts jeweils nur ein Singulett. Der Betrag der vicinalen Kopplungskonstante $^3J_{H(C\text{-}3),H(C\text{-}4)}$ lag bei diesen Verbindungen unterhalb der Auflösungsgrenze (< 1 Hz). Lediglich die *cross-peaks* in den ^{1}H,^{1}H-korrelierten 2D-Spektren deuteten auf eine Kopplung der Lactam-Protonen hin.

Neben den näher untersuchten Thioimidaten[187] sind auch wenige Beispiele für STAUDINGER-Reaktionen unter Verwendung von Imidaten in der Literatur beschrieben, die ausschließlich *trans*-β-Lactame lieferten.[188] Die hohe *trans*-Selektivität wird dabei auf eine vollständige Isomerisierung zum sterisch bevorzugten zwitterionischen Intermediat zurückgeführt.[189] Die Beteiligung nicht-bindender Elektronenpaare des Alkoxy-Sauerstoffs an der Stabilisierung der positiven Ladung kann dabei den Ringschluss verzögern und die erforderliche Rotation um die C,N-Bindung erleichtern. Unter Annahme eines solchen Reaktionsverlaufs sollte es bei den durchgeführten diastereoselektiven Synthesen unter Einsatz der Keten-Vorstufe **15a** zur Bildung eines *trans*-4-Ethoxy-β-lactams mit (3*S*,4*S*)-Konfiguration kommen (Abb. 80).

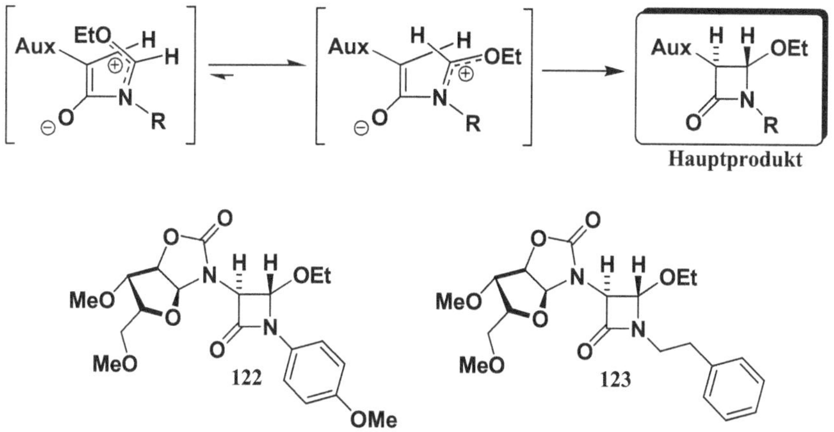

Hauptprodukt

122

123

Abb. 80 Diastereoselektive Synthese *trans*-konfigurierter 4-Ethoxy-β-Lactame (**122**, **123**)

Zum Nachweis der in Abb. 80 angegebenen absoluten Konfiguration der Produkte **122** und **123** wurde auf die Röntgenstrukturanalyse zurückgegriffen. Von Verbindung **123** konnten geeignete Einkristalle für eine entsprechende Untersuchung gewonnen werden (Abb. 81).

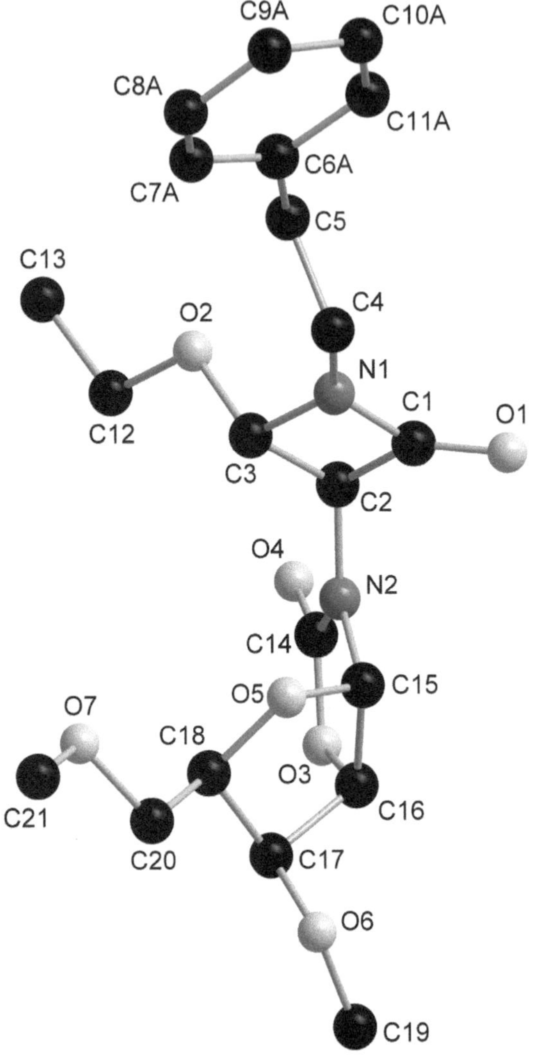

Abb. 81 | Röntgenkristallographisch ermittelte Molekülstruktur von **123**

Die im abgebildeten *DIAMOND*-Plot verwendete Atomnummerierung ist individuell und entspricht keiner Nomenklatur-Richtlinie. Eine tabellarische Auflistung der zugehörigen kristallographischen Daten ist in einem separaten Teil dieser Arbeit zu finden (Kap. 10).

Die Kristallstruktur von **123** bestätigte die vermutete *trans*-(3*S*,4*S*)-Konfiguration am β-Lactam-Ring und war ein weiteres Beispiel für die hervorragende Stereokontrolle durch das Glycooxazolidinon-Auxiliar bei der Ausbildung der (*S*)-Konfiguration an C-3. Obwohl der oben gezeigte Isomerisierungsmechanismus eine plausible Erklärung für die erhaltenen Ergebnisse liefert, ist die vollständige *trans*-Selektivität doch sehr bemerkenswert. Es sei in diesem Zusammenhang auf andere STAUDINGER-Reaktionen hingewiesen, deren *cis/trans*-Stereoselektivität sich in Abhängigkeit vom eingesetzten Imin komplett umkehrte.[190] Nach neueren Erkenntnissen kann eine vor der Addition an das Keten stattfindende (*E*)/(*Z*)-Isomerisierung des Imins in einigen Fällen (z. B. bei polyaromatisch *N*-substituierten Derivaten) nicht ausgeschlossen werden.[191] Für Formimidsäureester sind jedoch keine derartigen Untersuchungen bekannt, obwohl die experimentellen Befunde durchaus Anlass dazu geben.[192]

Erstaunlicherweise existiert dem eigenen Kenntnisstand nach bisher nur eine Publikation, in der eine diastereoselektive Keten-Imidat-Cycloaddition erwähnt wird.[193] HEGEDUS nutzte dabei jedoch kein Carbonsäure-Derivat sondern einen Chrom-Carben-Komplex als chiralen Keten-Precursor. Die für die beiden Produkte angegebenen Kopplungskonstanten der Lactam-Protonen lagen hier ebenfalls im Bereich der Auflösungsgrenze (≤ 1 Hz).

Das synthetische Potential der 4-Alkoxy-β-lactame ist weitgehend unerschlossen. Prinzipiell sollten diese Derivate gute Möglichkeiten für eine nucleophile Substitution an C-4 offerieren. Durch Unterstützung mittels BRÖNSTED- oder LEWIS-Säuren könnte ein *N*-Acyliminium-Ion generiert werden, das als resonanzstabilisiertes Intermediat einer Vielzahl von potentiellen Nucleophilen zugänglich wäre (Abb. 82).

Abb. 82 | Denkbare nucleophile Substitution (S_N1) an 4-Ethoxy-β-lactamen

Nucleophile Substitutionen dieser Art wurden bisher hauptsächlich für 4-Acetoxy-β-lactame beschrieben.[65,194] Einen ersten Hinweis dafür, dass die dargestellten 4-Ethoxy-Derivate in ähnlicher Weise reagieren könnten, lieferte das CI-Massenspektrum der Verbindung **122**. Neben dem Basispeak des protonierten Moleküls [MH^+] (m/z 423, Intensität 100 %) war hier ein weiteres Signal (m/z 377, Intensität 23 %) zu erkennen, welches sehr gut einem entsprechenden *N*-Acyliminium-Ion zugeordnet werden kann. Die Massendifferenz von 46 entspricht einer Abspaltung von Ethanol (Abb. 83).

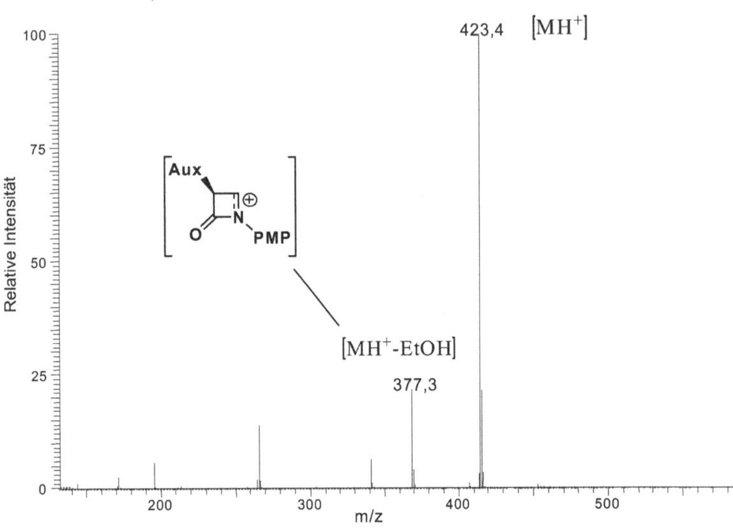

Abb. 83 CI-Massenspektrum (*i*-Butan) von Verbindung **122**

Weiterführende Untersuchungen zu dieser Fragestellung wurden im Rahmen der vorliegenden Arbeit nicht unternommen.

Die hervorragende Stereoselektivität der vorgestellten Keten-Imidat-Cycloadditionen bezüglich des N,O-acetalischen Zentrums an C-4 des β-Lactams könnte aber auch direkt synthetisch genutzt werden. Bei der Darstellung von Oxacephalosporinen (1-Oxa-3-cephemen, vgl. Kap. 2.1.4) ist die Stereokontrolle der Anellierung des Sechsrings an das β-Lactam von großer Bedeutung, da eine (*R*)-Konfiguration am Brückenkopf-C-Atom (C-6) essentiell für die antibiotische Wirkung ist. In vielen Fällen erfolgt die Bildung des Bicyclus durch intramolekulare nucleophile Substitution an C-4 eines entsprechend substituierten monocyclischen Vorläufers (**I**). Aus mechanistischen Gründen (S_N1-Mechanismus) ist eine hohe Stereoselektivität dieser Reaktion mitunter schwer zu gewährleisten.[189] Eine hoch diastereoselektive Keten-Imidat-Cycloaddition mit adäquat substituierten Edukten könnte am Anfang einer interessanten synthetischen Alternative stehen (**II**). Ausgehend von einem monocyclischen 4-Alkoxy-β-lactam mit gesicherter Konfiguration würde die Bildung des Sechsrings dabei über den Azetidinon-Stickstoff erfolgen. Beide Syntheseprinzipien sind stark vereinfacht für die Bildung eines 1-Oxacepham-Grundgerüstes in Abb. 84 gezeigt.

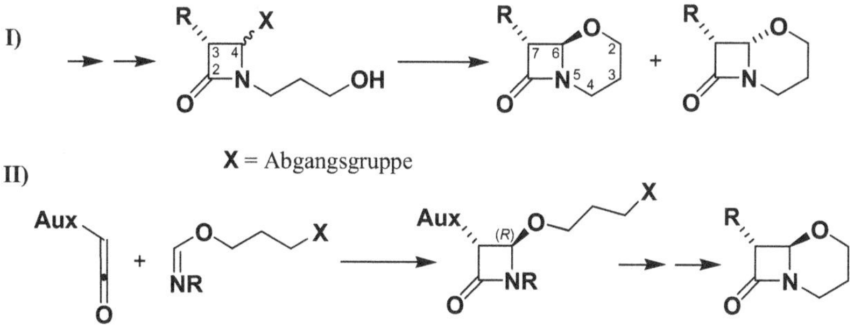

I)

II)

X = Abgangsgruppe

Abb. 84 | Etablierter (**I**) und denkbarer neuer Weg (**II**) zu (6*R*)-1-Oxacepham-Derivaten

Wie bereits geschildert, induziert das Glycooxazolidinon-Auxiliar eine (*S*)-Konfiguration an C-4 der resultierenden 4-Alkoxy-β-Lactame. Die Synthese potentiell antibiotischer Oxacepheme oder Oxacephame mit (*R*)-Konfiguration an C-6 nach dem gezeigten Prinzip erfordert daher den Einsatz eines Auxiliars (**Aux**), das die inverse Konfiguration durchsetzt, wie es beispielsweise von (*R*)-4-Phenyl-oxazolidin-2-on zu erwarten ist.

Am Ende dieses Abschnitts soll noch kurz erwähnt werden, dass auch bei den ohne erkennbare Reaktion gebliebenen Ansätzen eine langsam voranschreitende Bildung des löslichen 1-Methyl-2-pyridons (**95**) aus dem MUKAIYAMA-Reagenz **92** zu verzeichnen war. Ein analytischer Ansatz, der ohne Zusatz eines Imins in CD_2Cl_2 durchgeführt wurde, bestätigte diesen Befund. Die als Keten-Vorstufe eingesetzte Carbonsäure **15a** konnte bei einer nach 10 Stunden durchgeführten NMR-spektroskopischen Untersuchung nicht mehr im Reaktionsgemisch nachgewiesen werden. Das ^{1}H-NMR-Spektrum fiel durch gleichmäßige Intensitäten der Zuckersignale auf, was auf die Bildung von Dimeren aus **15a** zurückzuführen sein könnte. Neben dem symmetrischen Anhydrid (**A**) sind verschiedene Stereoisomere von Keten-Dimeren (**B**) denkbar (Abb. 85).

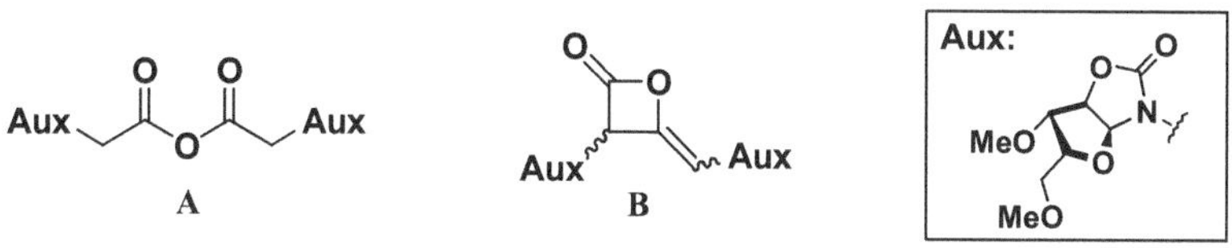

A

B

Aux:

Abb. 85 | Mögliche Dimerisierungsprodukte von **15a**

Ähnliche Vermutungen wurden bei der Umsetzung von Säurechloriden geäußert.[81b] Eine derart gealterte Reaktionslösung hat für die STAUDINGER-Reaktion nur noch einen eingeschränkten präparativen Wert. Exemplarisch wurde eine Lösung der Carbonsäure **15a** mit dem MUKAIYAMA-Reagenz **92** und Triethylamin in trockenem Dichlormethan über Nacht gerührt und erst anschließend mit dem Imin **26** versetzt. Die aus dem ^{1}H-NMR-Spektrum des Rohprodukts abgeschätzte Ausbeute an Hauptdiastereomer betrug lediglich ein Viertel gegenüber der mit rascher Iminzugabe durchgeführten Reaktion. Das Diastereomerenverhältnis blieb dabei unverändert. Diese Erkenntnisse zeigen, dass ein *in situ* generiertes, reaktives und kurzlebiges Intermediat eine bedeutende Rolle in den untersuchten STAUDINGER-Reaktionen spielt.

5.2 Umsetzung der cyclischen Imine

Die STAUDINGER-Reaktionen unter Verwendung cyclischer Imine versprachen aufgrund der fixierten (*Z*)-Geometrie besonders hohe Diastereoselektivitäten. Eine (*E*)/(*Z*)-Isomerisierung der Iminkomponente im zwitterionischen Intermediat, wie sie für die acyclischen Imine beschrieben wurde, konnte in diesen Fällen keinen Einfluss auf die Stereokontrolle der β-Lactam-Synthesen nehmen.

Zuerst wurden die Oxa- bzw. Thiazoline **49-57** untersucht und nach dem bewährten Verfahren mit der Carbonsäure **15a** in Gegenwart von Triethylamin und dem MUKAIYAMA-Reagenz **92** versetzt. Aus Gründen der Übersichtlichkeit soll vorweggeschickt werden, dass sowohl 2-Phenyl-2-oxazolin (**49**) als auch 4,4-Dimethyl-2-oxazolin (**50**) nicht zu den erwünschten Oxapenamen abreagierten. In beiden Fällen wurde keine Reaktion beobachtet. Ein Schema für die Umsetzungen der 3-Oxazoline **51-52** und 3-Thiazoline **53-57** zeigt Abb. 86.

15a + **51-57** (1.2-1.3 Äq.) → **124-128**

92 (1.1 Äq.), NEt_3 (2.5 Äq.)

CH_2Cl_2, 0 °C → RT, 12-14 h

Abb. 86 | STAUDINGER-Reaktionen unter Einsatz der 3-Oxa- und 3-Thiazoline **51-57**

Auch die Umsetzungen der 3-Oxazoline **51** und **52**, die sich als Aldimine durch eine im Vergleich zu den 2-Oxazolinen höhere Reaktivität der C,N-Doppelbindung (gegenüber Nucleophilen) auszeichnen, lieferten keine β-Lactam-Produkte. Erfolgreicher hingegen verliefen die STAUDINGER-Reaktionen mit den *S*-Analoga, wie die in Tabelle 8 zusammengestellten Ergebnisse zeigen.

Tab. 8 Resultate der STAUDINGER-Reaktionen von **15a** mit den 3-Oxa- und 3-Thiazolinen **51-57**

Imin	X	R^1	R^2	R^3	Produkt	Ausbeute	*cis/trans*	*dr* c)
51	O	H	Me	Me	-	-	-	-
52	O	H	$-(CH_2)_5-$	Me	-	-	-	-
53	S	H	Me	H	**124/EA2**	25/10 % a)	0 : 100 c)	≥ 95 : 5
54	S	H	$-(CH_2)_5-$	H	**125/EA3**	22/39 % a)	0 : 100 c)	≥ 95 : 5
55	S	H	Me	Et	**126**	35 % b)	0 : 100 c)	≥ 95 : 5
56	S	H	$-(CH_2)_4-$	Et	**127**	44 % b)	0 : 100 c)	≥ 95 : 5
57	S	Ph	$-(CH_2)_5-$	Me	**128**	21 % b)	0 : 100 d)	≥ 95 : 5

a) Ausbeute an Hauptdiastereomer/Enamid nach Säulenchromatographie
b) Ausbeute an Hauptdiastereomer nach Säulenchromatographie
c) Ermittelt aus dem ^{1}H-NMR-Spektrum des Rohprodukts
d) Ermittelt durch ^{1}H-NOESY-Experimente

Alle mit den 3-Thiazolinen durchgeführten STAUDINGER-Reaktionen führten zu den erwünschten bicyclischen β-Lactamen (**124-128**), die in moderaten Ausbeuten von 21-44 % isoliert wurden. Bei den zur Imin-Enamin-Tautomerie befähigten Thiazolinen **53** und **54** kam es zu einer konkurrierenden Bildung von Enamiden (**EA2**, **EA3**). Die Verbindungen konnten säulenchromatographisch von den β-Lactam-Produkten abgetrennt und vollständig charakterisiert werden (Abb. 87).[195]

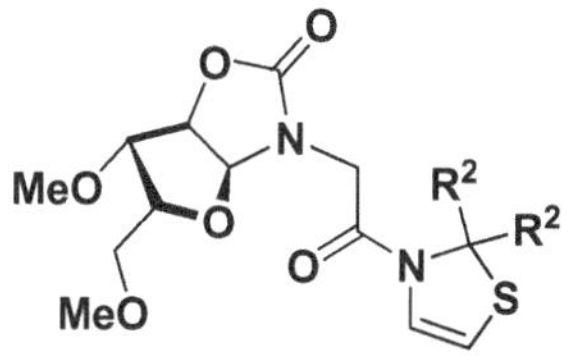

EA2 (**R^2** = Me)
EA3 (**R^2** = $-(CH_2)_5-$)

Abb. 87 Bei der Umsetzung von **53** und **54** entstandene Enamide **EA2** und **EA3**

Das Lactam/Enamid-Verhältnis im Produkt ließ sich auf Kosten der Gesamtausbeute durch eine reduzierte Zutropfgeschwindigkeit des Imins erhöhen.

Die Diastereoselektivität der β-Lactam-Synthesen war ausnahmslos exzellent (*dr* ≥ 95:5), wobei erwartungsgemäß keine *cis*-konfigurierten Derivate im Rohprodukt zu detektieren waren. Bei den Isopenamen **124-127** konnte die relative Konfiguration aus den vicinalen Kopplungskonstanten der Lactam-Protonen im ^{1}H-NMR-Spektrum abgeleitet werden, welche mit Werten von 1.1 bis 2.2 Hz in einer für *trans*-Verbindungen typischen Größenordnung lagen. Für das aus dem Ketimin **57** hervorgegangene Produkt **128**, das ein quaternäres Stereozentrum aufweist, wurde ein ^{1}H-NOESY-Experiment durchgeführt. Diese spektroskopische Methode nutzt den Kern-Overhauser-Effekt (Nuclear Overhauser Effect: NOE), der messbare Dipol-Dipol-Wechselwirkungen räumlich benachbarter Kerne beschreibt, und innerhalb bestimmter Grenzen Hinweise zur Strukturaufklärung liefern kann. Die Größe des NOE-Effekts ist proportional zu $1/r^6$ (r = Kernabstand). Man führt eine sogenannte Doppelresonanz-Messung durch, bei der zusätzlich in die Resonanzfrequenz des zu untersuchenden Kerns eingestrahlt wird. Die dadurch hervorgerufenen Intensitätsänderungen bei den Signalen der Nachbarkerne können durch Subtraktion des normalen Spektrums ermittelt und relativ quantifiziert werden.[196] Im Falle der Verbindung **128** zeigte die Anregung des β-Lactam-Protons einen starken NOE-Kontakt zu einer der beiden Methylgruppen. Diese Beobachtung und das Fehlen von Wechselwirkungen mit Aryl-Protonen stand im Einklang mit der zu erwartenden *trans*-Konfiguration von **128** (Abb. 88).

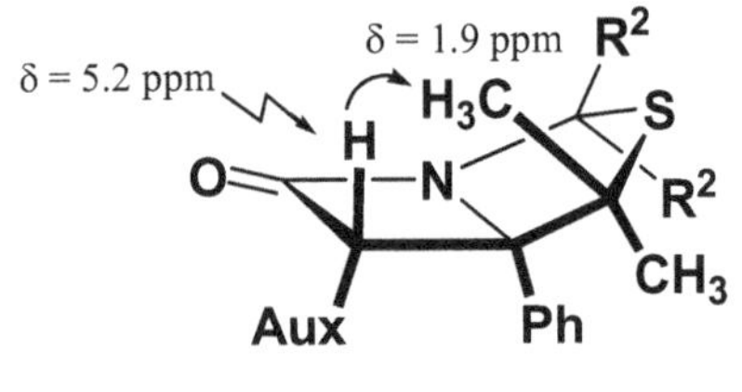

δ = 5.2 ppm; δ = 1.9 ppm; H; H_3C; R^2; S; R^2; O; N; CH_3; Aux; Ph

Abb. 88 | Bei Verbindung **128** beobachteter, starker NOE-Kontakt des Lactam-Protons

Die absolute Konfiguration der Isopename konnte aus den spektroskopischen Daten nicht abgeleitet werden. Mit Blick auf die STAUDINGER-Reaktionen, die mit acyclischen Iminen durchgeführt wurden und eine ausgezeichnete Auxiliarkontrolle für eine (*S*)-Konfiguration an C-3 des β-Lactams zeigten, konnte für die Produkte **124-128** eine analoge Konfiguration an diesem Stereozentrum vermutet werden. Diese Annahme ist in Abb. 88 bereits berücksichtigt und konnte durch eine exemplarisch für das Isopenam **124** durchgeführte Röntgenstrukturanalyse bestätigt werden (Abb. 89). Die in der Abbildung verwendete Atomnummerierung entspricht keiner Nomenklatur-Richtlinie. Zur Einsicht der zugehörigen kristallographischen Daten wird auf Kapitel 10 verwiesen.

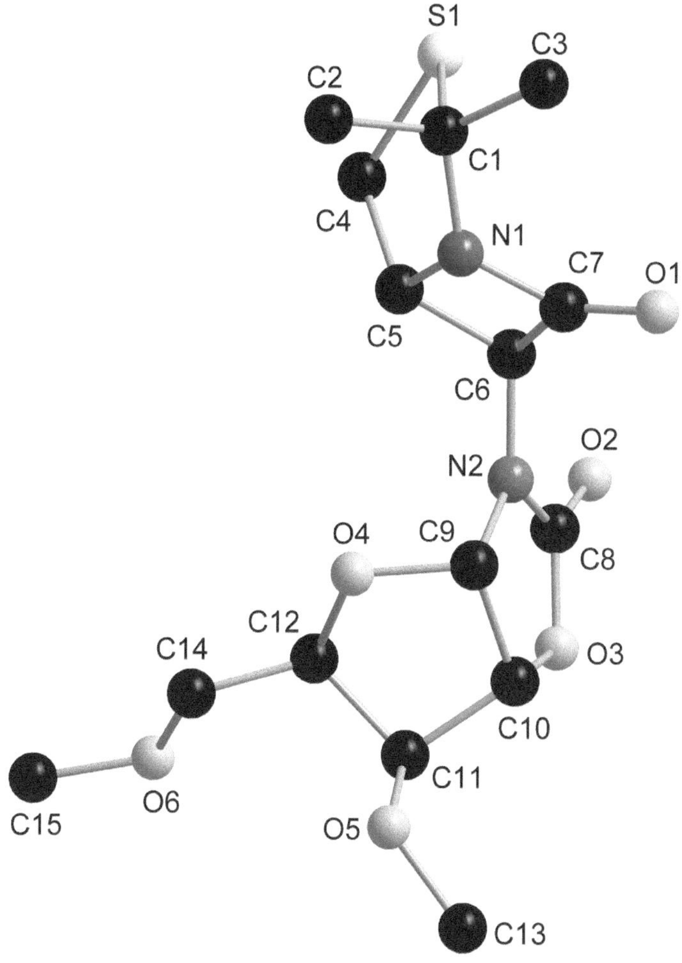

Abb. 89 Röntgenkristallographisch ermittelte Molekülstruktur von **124**

Den weiteren bicyclischen β-Lactam-Produkte **125-128** konnte in Analogie ebenfalls eine (auf der Bicyclen-Nomenklatur basierende) *trans*-(5*R*,6*S*)-Konfiguration zugeordnet werden. In Abb. 90 sind alle synthetisierten Isopename gezeigt.

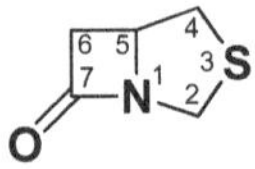

1-Aza-3-thia-bicyclo[3.2.0]heptan-7-on

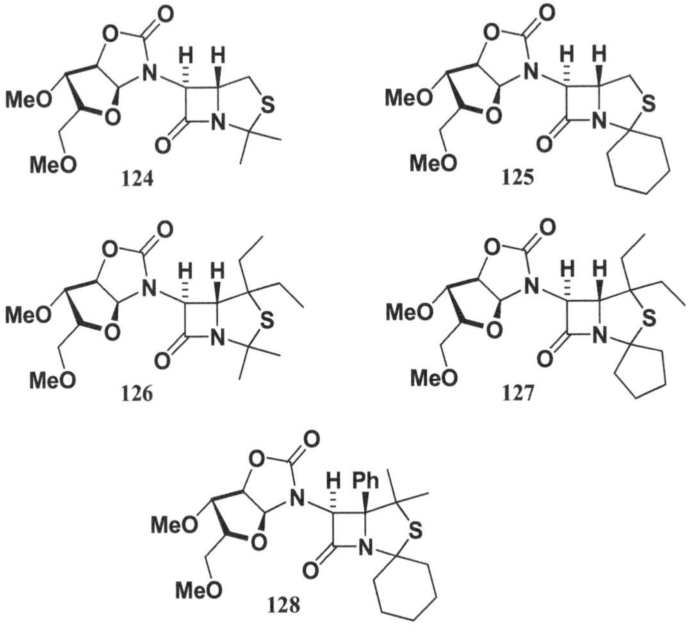

Abb. 90 | Die dargestellten *trans*-(5*R*,6*S*)-konfigurierten bicyclischen β-Lactame **124-128**

Die Kristallstruktur von **124** (Abb. 89) soll an dieser Stelle etwas genauer betrachtet werden. In spannungsfreien β-Lactamen liegt der Ringstickstoff zusammen mit den drei Bindungspartnern annähernd in einer Ebene. Aus der planaren Koordination resultiert eine Winkelsumme von 360° am N-Atom. Diese über eine sp^2-Hybridisierung des Stickstoffs gut nachvollziehbare Geometrie ermöglicht die optimale Teilnahme des freien Elektronenpaares an der Amid-Resonanz mit der Carbonyl-Gruppe. Derartige β-Lactame zeichnen sich durch eine vergleichsweise kurze OC–N-Bindung (bei relativ langer O=C-Bindung) aus und zählen bezüglich ihres Acylierungsvermögens zu den unreaktiven Vertretern ihrer Art. Schaut man sich unter diesen Gesichtspunkten nun die Struktur des Isopenams **124** an, so ist eine deutliche Abweichung von dem beschriebenen Ideal zu erkennen. Durch den anellierten Fünfring kommt es zu einer Verzerrung von der planaren zu einer pyramidalen Umgebung des Lactam-Stickstoffs und zu einer entsprechend geringeren Winkelsumme von nur 337 °. Als Maß für den Unterschied zum planaren Ideal kann der Abstand des N-Atoms von der Ebene dienen, die von den drei Bindungspartnern aufgespannt wird. Für die Verbindung **124** konnte ein Wert von 0.394 Å (gegenüber 0 Å bei spannungsfreien Systemen) ermittelt werden.[197] Diese Verzerrung kann eine effektive Teilnahme des N-Atoms an der Amid-Resonanz verhindern und sollte daher eine verlängerte OC–N-Bindung (bei verkürzter O=C-Bindung) als Konsequenz haben. Insgesamt ist also eine höhere Carbonylreaktivität und damit eine leichtere Ringöffnung durch Nucleophile zu erwarten. Die Wirkungsweise der bicyclischen β-Lactam-Antibiotika wie Penicilline und Cephalosporine beruht letztendlich auf einer solchen Acylierungsreaktion (vgl. Kap. 2.1.2), deren ausgesprochene Selektivität neben der spezifischen Funktionalisierung und Raumstruktur auf eine charakteristische, durch den Bicyclus hervorgerufene Verzerrung zurückzuführen ist.[12a] Vergleicht man einige aussagekräftige Strukturparameter der Penicilline und Cephalosporine mit denen der Verbindung **124** so zeigen sich deutliche Parallelen.

Tab. 9 | Vergleich signifikanter Strukturparameter von **124** mit denen der Pename und Cepheme

	Länge der N–CO-Bdg.	**Abstand zwischen N und Ebene der Bindungspartner**	**Winkelsumme um N**
124 a)	1.39 Å	0.39 Å	337 °
Penicilline b)	1.37 Å	0.40 Å	335-343 °
Cephalosporine b)	1.38 Å	0.20 Å	343-351 °
Spannungsfreie Systeme b)	1.35 Å	~ 0 Å	~ 360 °

a) Gerundete Werte[197]
b) Durchschnittswerte[198]

Die starke Spannung im bicyclischen β-Lactam-Produkt kann eine Ursache für die vergleichsweise geringen Ausbeuten dieser STAUDINGER-Reaktionen sein und vermag zu erklären, warum die Umsetzungen der Oxazoline **49-52** erfolglos blieben. Ein analoger sauerstoffhaltiger Fünfring wäre im Vergleich deutlich inflexibler und würde das System unter eine noch größere sterische Spannung setzen. Ob die Bildung derartiger Oxa- bzw. Isoxapename vollständig unterbleibt oder eine rasche Zersetzung der reaktiven Produkte unter den Reaktionsbedingungen stattfindet, ist schwer zu beurteilen. Versuche zur Umsetzung der Oxazoline bei erhöhter Temperatur (Raumtemperatur bzw. 40 °C) blieben jedenfalls ohne Erfolg.[199]

Die unter Einsatz der anderen cyclischen Imine erhaltenen Ergebnisse erfordern eine Differenzierung. Zunächst sollen die ohne erkennbare Reaktion gebliebenen Ansätze kurz herausgestellt werden. Die Benzoxazin- bzw. Benzothiazin-Derivate **61-63** gingen keine Reaktion mit dem Keten-Vorläufer **15a** unter den Bedingungen der STAUDINGER-Reaktionen ein. In diesen Fällen ist die C,N-Doppelbindung offenbar in ein energetisch bevorzugtes, nahezu aromatisches System eingebunden und steht für die erwünschte Cycloaddition nicht mehr zur Verfügung. Ebenfalls erfolglos blieben die Versuche zur Umsetzung des Lactimethers **70** und des Amidins **71**. Zu der oben diskutierten, auf sterischen Spannungen basierenden Problematik beim Einsatz fünfgliedriger cyclischer Imine kommt bei **70** eine geringe Reaktivität der C,N-Doppelbindung (Imidsäureester) erschwerend hinzu. Im Amidin (**71**) liegt eine noch geringere Elektrophilie am Kohlenstoffatom der Doppelbindung vor. Auch das Pyrazolin-5-on-Derivat **72** lieferte kein Reaktionsprodukt. Dies war nicht sehr überraschend, da es sich um ein cyclisches Hydrazon handelt und die zuvor untersuchten acyclischen Vertreter ebenfalls keinen Umsatz zeigten (vgl. Tab. 6).

Bei drei Reaktionen kam es wiederum zur Bildung der Enamide, die im Falle des *O*-Methylcaprolactims (**69**, Produkt **EA4**) und des 2,3,3-Trimethylindolenins (**73**, Produkt **EA5**) in dieser Form und beim 2-Methyl-1-pyrrolin (**74**) in Form des Hydrolyseprodukts (Amid **A2**) isoliert werden konnten.[195] Die Verbindungen sind in Abb. 91 gezeigt.

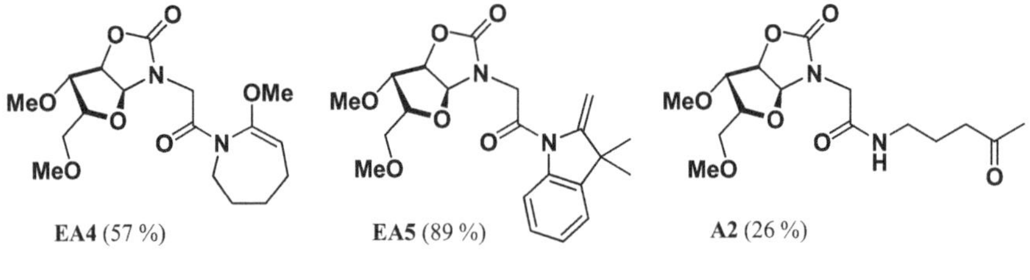

EA4 (57 %) **EA5** (89 %) **A2** (26 %)

Abb. 91 | Isolierte Produkte bei den Umsetzungen von **69** (**EA4**), **73** (**EA5**) und **74** (**A2**)

Bei diesen Reaktionen konnte NMR-spektroskopisch kein β-Lactam im Rohprodukt identifiziert werden. Für eine konkurrierende Reaktion beider Tautomere (Imin + Enamin), wie sie bei den 3-Thiazolinen **53** und **54** beobachtet wurde, gab es demnach keine Hinweise. Unabhängig von der Problematik der Imin-Enamin-Tautomerie drängt sich die Ansicht auf, dass in Analogie zu den Oxapenamen eine direkte Synthese von Carbapenamen über die STAUDINGER-Reaktionen aufgrund der starken sterischen Spannungen im Produkt erschwert wird.[200] Die Thiazoline scheinen somit aufgrund des „weichen" Heteroatoms und der daraus resultierenden Möglichkeit zum partiellen Spannungsabbau eine Sonderstellung unter den verwendeten Fünfring-Iminen einzunehmen und die Keten-Imin-Cycloaddition in begrenztem Maße zu ermöglichen.[201]

Vor diesem Hintergrund wurden hohe Erwartungen in die noch nicht untersuchten cyclischen Imine **58-59** und **64-68** gesetzt, bei denen es sich um sechs- bzw. siebengliedrige Heterocyclen handelte, die mit einer Ausnahme (*rac*-**65**) nicht zur Imin-Enamin-Tautomerie befähigt waren. Tatsächlich lieferten die mit diesen Verbindungen durchgeführten STAUDINGER-Reaktionen in allen Fällen die erwünschten β-Lactam-Produkte. Tabelle 10 fasst die Ergebnisse zusammen.

Tab. 10 | Resultate der STAUDINGER-Reaktionen mit den cyclischen Iminen **58-59** und **64-68**

Imin	Produkt	Ausbeute	*cis/trans* c)	*dr* c)
58	**129**	66 % a)	0 : 100	≥ 95 : 5
59	**130**	92 % a)	0 : 100	≥ 95 : 5
64	**131**	92 % a)	0 : 100	≥ 95 : 5
rac-**65**	**132/133**	61/5 % b)	100 : 0 [201]	90 : 10
66	**134**	87 % a)	0 : 100	≥ 95 : 5
67	**135**	34 % a)	0 : 100	90 : 10
68	**136**	42 % a)	0 : 100	≥ 95 : 5

a) Ausbeute an Hauptdiastereomer nach Säulenchromatographie
b) Ausbeute an Hauptdiastereomer/Nebendiastereomer nach Säulenchromatographie
c) Ermittelt aus dem ^{1}H-NMR-Spektrum des Rohprodukts

Die Synthesen der bi- bzw. tricyclischen Azetidin-2-one verliefen mit akzeptablen bis sehr guten Ausbeuten von 34-92 %. Der Minimalwert von 34 % (Produkt **135**) beruht auf einer schwierigen chromatographischen Abtrennung des Nebendiastereomers, welche nicht ohne merkliche Verluste zu bewerkstelligen war. Die isolierte Gesamtausbeute (Hauptdiastereomer + Nebendiastereomer) betrug immerhin 56 %. Bei den Produkten **129-131** und **136** konnten vicinale Kopplungskonstanten für die Lactam-Protonen ermittelt werden, deren Betrag typisch für *trans*-konfigurierte Derivate war (< 1 Hz bis 2.2 Hz). Den Verbindungen **132-135**, die ein quaternäres Stereozentrum besitzen, wurde eine analoge Konfiguration zugeordnet. In Abb. 92 sind die synthetisierten β-Lactame gezeigt.

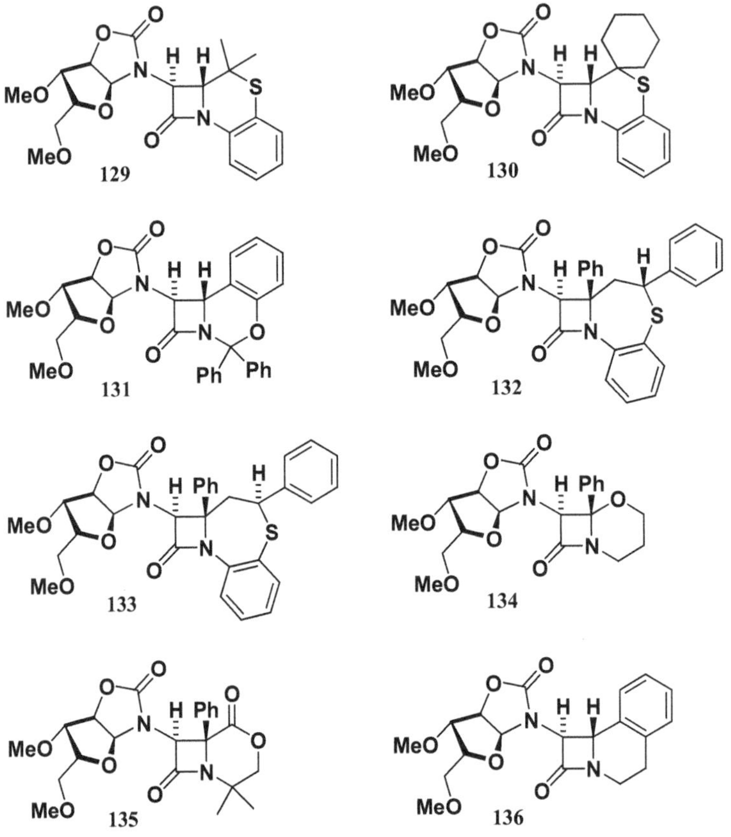

Abb. 92 Die isolierten bi- und tricyclischen β-Lactam-Derivate **129-136**

Im Zusammenhang mit der diskutierten sterischen Spannung von bicyclischen β-Lactamen ist besonders auffällig, dass Oxacepham **134** in einer sehr guten Ausbeute von 87 % ausgehend vom sechsgliedrigen 2-Phenyl-5,6-dihydro-*4H*-1,3-oxazin (**66**) zugänglich war, während die analoge Umsetzung des fünfgliedrigen 2-Phenyl-2-oxazolins (**49**) kein Oxapenam lieferte. Diese Beobachtung bestätigt den geäußerten Verdacht, dass die limitierte Nutzbarkeit von

Fünfring-Iminen in der STAUDINGER-Reaktionen allein sterische Ursachen hat, da in diesen beiden Fällen (**49** und **66**) eine vergleichbare elektronische Situation an der C,N-Doppelbindung vorliegt.

Alle Synthesen verliefen hoch diastereoselektiv (größtenteils *dr* ≥ 95:5). Neben dem Sonderfall, der durch den Einsatz eines chiralen, racemischen Imins (*rac*-**65**) entstand und weiter unten diskutiert wird, sind einige Informationen zum Produkt **135** notwendig. Im Gegensatz zu den anderen Reaktionen, war hier die Bildung eines Nebendiastereomers, das sich zudem schlecht vom Hauptprodukt abtrennen ließ, deutlicher erkennbar (*dr* 90:10). Das betreffende Imin **67** besitzt als einziges der in Tabelle 10 aufgeführten Edukte einen stark elektronenziehenden Alkoxycarbonyl-Substituenten am C-Atom der C,N-Doppelbindung. Blickt man nun auf die mit acyclischen Iminen durchgeführten STAUDINGER-Reaktionen zurück (Tab. 6), so findet man eine interessante Parallele. Auch hier war es bei der Umsetzung des Imins mit einem Ethoxycarbonyl-Substituenten (**28**) zu einem Ausnahmefall mit verminderter Diastereoselektivität gekommen (Produkt **109**). Beim Einsatz von Iminen mit einem stark elektronenziehenden Substituenten am C-Atom der Doppelbindung in der Keten-Imin-Cycloaddition ist aufgrund der hohen Reaktivität der Intermediate offenbar mit einer herabgesetzten asymmetrischen Induktion des Auxiliars zu rechnen. Wie bereits erwähnt, könnte eine Absenkung der Reaktionstemperatur in solchen Fällen ratsam sein. Für das cyclische Imin **67** sind die Selektivitätseinbußen vergleichsweise gering, was vermutlich auf den zusätzlichen (stabilisierenden) Phenyl-Substituenten zurückzuführen ist.

Die bei der Umsetzung des Imins *rac*-**65** erhaltenen Ergebnisse sollen bewusst am Ende dieses Abschnitts diskutiert werden, bevor es im nächsten Teil um die Reaktionen enantiomerenreiner Imine geht. **65** kam als chirale Verbindung in racemischer Form zum Einsatz und lieferte in der STAUDINGER-Reaktion interessanterweise ein Rohprodukt, das nur zwei mengenmäßig relevante Diastereomere im Verhältnis 9:1 enthielt. Das Hauptdiastereomer **132** konnte säulenchromatographisch vom Nebendiastereomer **133** getrennt und in einer Ausbeute von 61 % isoliert werden. Das entsprach einer Ausbeute von 95 % bezogen auf das verfügbare (*R*)-Enantiomer. Die Festlegung der Konfiguration erfolgte auf der Grundlage publizierter Ergebnisse zum Einsatz von *rac*-**65** (und ähnlicher Derivate) in STAUDINGER-Reaktionen.[202] So ist beschrieben, dass bei der Reaktion mit einer achiralen Keten-Vorstufe nur ein racemisches, *cis*-konfiguriertes Diastereomer[203] gebildet wird, in welchem die beiden Phenyl-Substituenten eine *anti*-Stellung zueinander einnehmen. Diese hohe Diastereoselektivität wird auf sterische Hinderungen im Cyclisierungsschritt zurückgeführt. In Abb. 93 ist die Situation exemplarisch für ein Enantiomer veranschaulicht.

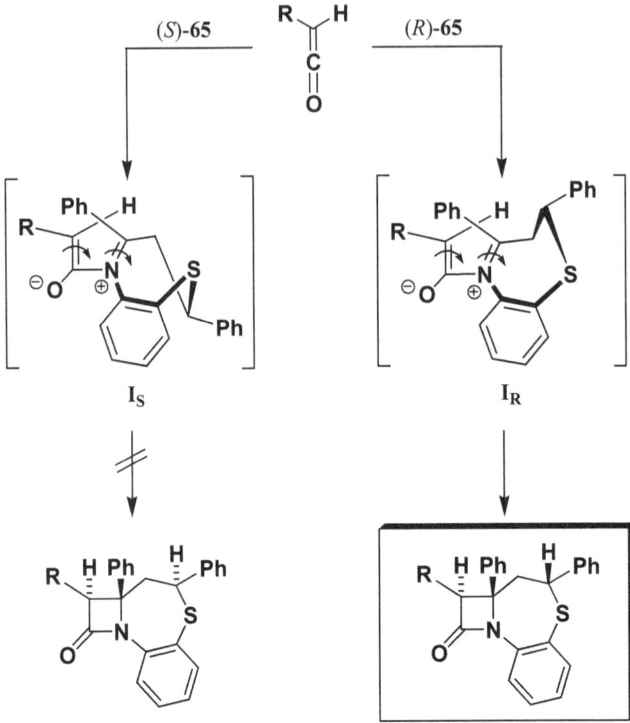

Abb. 93 | Diastereoselektion bei der Umsetzung von *rac*-**65** mit einem achiralen Keten[200] (nur ein Enantiomer ist gezeigt)

Vergleicht man die beiden zwitterionischen Intermediate miteinander, so lässt sich durchaus nachvollziehen, warum der zum β-Lactam führende conrotatorische Ringschluss aus dem Intermediat $\mathbf{I_R}$ erleichtert ist. Hier kann der sterisch anspruchsvolle Teil des Siebenrings nach außen wegklappen während er ausgehend vom Intermediat $\mathbf{I_S}$ zunehmend ins Molekülinnere gedreht würde.

Der chirale Keten-Precursor **15a** bringt zusätzlich eine asymmetrische Induktion in die STAUDINGER-Reaktion ein und bewirkt eine weitere Diastereoselektion, so dass nur ein Stereoisomer in großem Überschuss entsteht. Die hohe Stereoselektivität der Synthese ist also das Resultat einer doppelten Stereodifferenzierung mit Konvergenz bezüglich des Diastereomers **132** (*matched*-Situation). Da bekannt war, dass vom Glycooxazolidinon-Auxiliar eine (*S*)-Induktion bezüglich des nächstgelegenen stereogenen Zentrums ausgeht, konnte die Konfiguration des Hauptprodukts **132** mit hoher Wahrscheinlichkeit festgelegt werden. Sie entspricht derjenigen, die in Abb. 93 eingerahmt ist und wurde bereits in Abb. 92 berücksichtigt.

Obwohl das Nebendiastereomer **132** nur in relativ unbedeutender Menge gebildet wurde, stellt sich dennoch die Frage nach dessen Konfiguration. Da ein weiteres Cycloadditionsprodukt mit dem Enantiomer (*R*)-**65** schon allein aus quantitativen Gründen unmöglich ist, kommen zwei sinnvolle Möglichkeiten unter Beteiligung des (*S*)-Enantiomers in Betracht. (*S*)-**65** kann mit dem aus **15a** generierten chiralen Keten zwei zwitterionische Intermediate bilden ($\mathbf{I_{AK}}$, $\mathbf{I_{IK}}$). Welches der beiden möglichen Nebenprodukte entsteht, hängt letztendlich vom Ausmaß der sterischen Hinderung ab, die dem Ringschluss von Seiten des Auxiliars bzw. des Imins entgegengesetzt wird (Abb. 94).

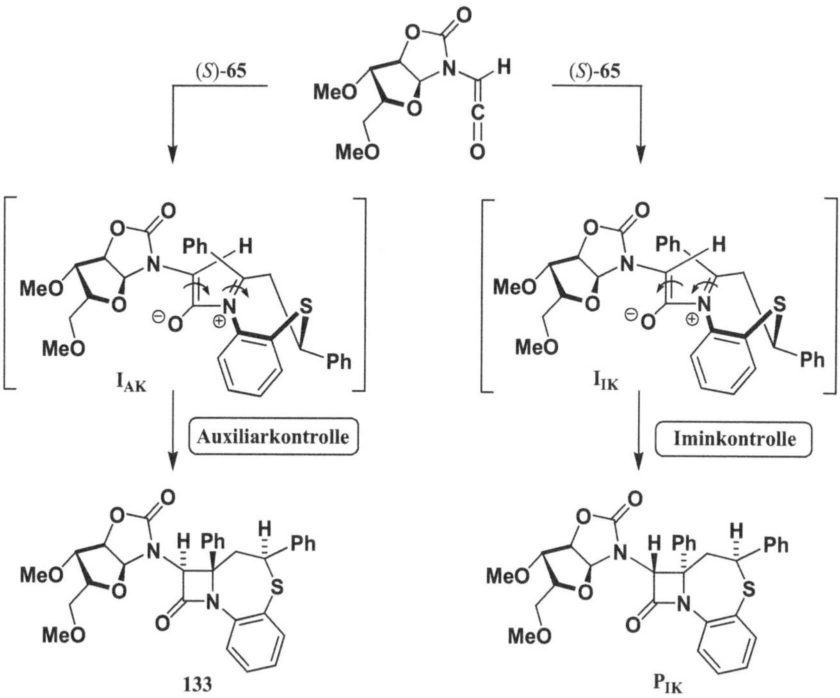

Abb. 94 | Möglichkeiten zur Bildung des Nebendiastereomers bei der Reaktion von *rac*-**65**

Die NMR-spektroskopischen Daten des isolierten Nebendiastereomers zeigten eine Besonderheit. Im Gegensatz zum Hauptprodukt **132**, bei dem das Proton am stereogenen Zentrum des Siebenrings nur als Dublett (^3J = 11.0 Hz) im ^{1}H-NMR-Spektrum erschien, lag hier ein Dublett vom Dublett vor (^3J = 11.6 Hz, ^3J = 4.3 Hz). Dies lässt auf eine andere Konformation des Siebenrings im Nebendiastereomer schließen. Vergleicht man nun das mögliche Nebenprodukt $\mathbf{P_{IK}}$ (Stereokontrolle durch das Imin) mit dem Hauptprodukt **132**, so stellt man fest, dass sich beide tricyclischen Systeme abgesehen vom Auxiliar wie Bild und Spiegelbild verhalten. Die Phenyl-Substituenten stehen in beiden Fällen *anti* zueinander. Man sollte daher eine identische Konformation des Siebenrings vermuten. Das mögliche Nebenprodukt **133** (Stereokontrolle durch das Auxiliar) hingegen sollte durchaus eine andere Konformation einnehmen, da hier eine *syn*-Stellung der Phenyl-Substituenten vorliegt. Es kann also der begründete Verdacht geäußert werden, dass bei der Umsetzung von *rac*-**65** neben dem Hauptdiastereomer **132** die Verbindung **133** als Nebendiastereomer anfällt, so wie es in Abb. 92 bereits vorgeschlagen wurde. Die Stereokontrolle durch das Glycooxazolidinon-Auxiliar setzt sich hier anscheinend auch bei divergierenden asymmetrischen Induktionen durch.

5.3 Umsetzung der enantiomerenreinen Imine

Nach den zuvor beschriebenen Ergebnissen, die unter Einsatz des chiralen, racemischen Imins *rac*-**65** erhalten wurden, soll nun auf die STAUDINGER-Reaktionen mit optisch reinen Iminen eingegangen werden. Die erste Untersuchung widmete sich den auf enantiomerenreinen Aminen (bzw. α-Aminosäuren) basierenden, acyclischen Aldiminen **75-81**. Sie wurden nach der bekannten Methode mit dem Keten-Vorläufer **15a** bzw. in einem Fall mit **15b** in Gegenwart von 2-Chlor-1-methylpyridiniumiodid (**92**) und Triethylamin zur Reaktion gebracht (Abb. 95).

92 (1.1 Äq.), NEt_3 (2.5 Äq.), CH_2Cl_2, 0 °C → RT, 12-14 h

15a (**R = Me**)
15b (**R = Bn**)

75-81 (1.2-1.3 Äq.)

137-141 (**R = Me**)
142 (**R = Bn**)

Abb. 95 STAUDINGER-Reaktionen unter Einsatz der enantiomerenreinen Imine **75-81**

Die mit der Carbonsäure **15a** durchgeführten STAUDINGER-Reaktionen lieferten die β-Lactam-Derivate **137-141** in sehr guten Ausbeuten von 80-95 % während das erwünschte Produkt bei der Umsetzung des Keten-Precursors **15b** nur in moderater Ausbeute (34 %) anfiel. Auf Grundlage der ermittelten Kopplungskonstanten von 4.9-5.5 Hz für die Lactam-Protonen konnte eine ausschließliche Bildung *cis*-konfigurierter Azetidin-2-one festgestellt werden. In keinem der Rohprodukte wurden *trans*-Diastereomere nachgewiesen. Die Ergebnisse der Synthesen sind in Tabelle 11 zusammengestellt.

Tab. 11 | Resultate der STAUDINGER-Reaktionen mit den enantiomerenreinen Iminen **75-81**

KP	Imin	R[1]	R[2]	Konfig.	Ar [a)]	Produkt	Ausbeute	*cis/trans* [d)]	*dr* [d)]
15a	**75**	*i*-Pr	CO_2Me	(*S*)	Ph	**137**	83 % [b)]	100 : 0	95 : 5
15a	**77**	*i*-Pr	CO_2Me	(*R*)	Ph	**138**	80 % [b)]	100 : 0	98 : 2
15a	**78**	Ph	CO_2Me	(*S*)	PMP	**139**	86 % [c)]	100 : 0	50 : 50
15a	**79**	Ph	CO_2Me	(*R*)	PMP	**139**	83 % [c)]	100 : 0	50 : 50
15a	**80**	Ph	Me	(*S*)	Ph	**140**	95 % [b)]	100 : 0	95 : 5
15a	**81**	Ph	Me	(*R*)	Ph	**141**	88 % [b)]	100 : 0	98 : 2
15b	**76**	*i*-Pr	CO_2Et	(*S*)	Ph	**142**	34 % [b)]	100 : 0	90 : 10

KP = Keten-Precursor
a) PMP = *p*-Methoxyphenyl
b) Ausbeute an Hauptdiastereomer nach Säulenchromatographie
c) Ausbeute an Diastereomerengemisch nach Säulenchromatographie
d) Ermittelt aus dem ^{1}H-NMR-Spektrum des Rohprodukts

Erklärungsbedürftig sind die Ergebnisse, die unter Verwendung der auf Phenylglycin basierenden Imine (**78** und **79**) erhalten wurden. In diesen Fällen führten (*R*)- und (*S*)-Enantiomer unabhängig voneinander zu einem identischen Gemisch zweier *cis*-Diastereomere im Verhältnis 1:1 (**139**). Aufgrund der auffälligen Parität und der bei den anderen Reaktionen beobachteten hohen Diastereoselektivität war anzunehmen, dass hier das Resultat einer Epimerisierung am Stereozentrum der Aminosäure vorlag. Demnach sollten die beiden im 1:1-Gemisch **139** vorliegenden Diastereomere eine identische *cis*-Konfiguration am β-Lactam-Ring aufweisen. Unter den basischen Bedingungen der STAUDINGER-Reaktion kann eine solche sekundäre Problematik bei empfindlichen Verbindungen leicht auftreten. Im Gegensatz zur höheren Konfigurationsstabilität des Valins, die eine Isolierung der Verbindungen **137** und **138** erlaubte, unterliegt der Phenylglycin-Anteil primär gebildeter Produkte offenbar einer vollständigen Racemisierung. Ähnliche Beobachtungen sind in der

Literatur beschrieben.[204] Die Ursache liegt wohl in einer durch den aromatischen Substituenten bevorzugten Enolisierbarkeit des Phenylglycins, welche durch die Integration des Aminosäure-Stickstoffs in die Amidbindung des Lactams zusätzlich erleichtert wird.

Betrachtet man die sehr guten Diastereoselektivitäten, die bei den Reaktionen der Imine zu verzeichnen waren, die ein weniger racemisierungsempfindliches stereogenes Zentrum besitzen (**75**-**77**, **80**-**81**), so stellt sich die Frage nach der Konfiguration der isolierten Produkte. Im Allgemeinen ist die über den enantiomerenreinen *N*-Substituenten eines acyclischen Imins in die STAUDINGER-Reaktion eingebrachte asymmetrische Induktion vergleichsweise schwach ausgeprägt.[205] Das ist nachvollziehbar, da die Chiralität des Substituenten in diesem Fall nur einen begrenzten Einfluss auf die zum Ringschluss führende Bindungsknüpfung zwischen C-3 und C-4 nehmen kann. Für Synthesen, die mit auf (*R*)-α-Methylbenzylamin basierenden Iminen und einer achiralen Keten-Vorstufe durchgeführt wurden, ist eine Bevorzugung des *cis*-(3*S*,4*R*)-konfigurierten β-Lactam-Diastereomers beschrieben.[205b] Die gleiche Konfiguration induzierte das Glycooxazolidinon-Auxiliar bei den STAUDINGER-Reaktionen mit acyclischen, achiralen Iminen (vgl. Abschnitt 4.1). Demnach sollte die Umsetzung des (*R*)-konfigurierten Imins **81** mit dem Keten-Precursor **15a** zu einer konvergenten, doppelt asymmetrischen Induktion führen (*matched*-Paar) und beim Einsatz des (*S*)-Enantiomers **80** zu einer divergenten Situation (*mismatched*-Paar) führen. Wie Tabelle 11 zu entnehmen ist, konnte ein derartiges Verhalten jedoch experimentell nicht beobachtet werden. Beide Imin-Enantiomere lieferten hochselektiv und in sehr guter Ausbeute ein β-Lactam-Diastereomer (Produkte **140**/**141**). Gleiches galt für die auf L- bzw. D-Valin basierenden Imine **75** und **77** (Produkte **137**/**138**). Diese Ergebnisse deuteten auf eine vom Glycooxazolidinon-Auxiliar gesteuerte Stereoselektivität der Synthesen hin. Von OJIMA beschriebene STAUDINGER-Reaktionen, in denen chirale Keten-Vorläufer auf Basis der EVANS-Auxiliare in Kombination mit optisch reinen, von α-Aminosäuren abgeleiteten Iminen zum Einsatz kamen, zeigten ebenfalls eine einheitliche Stereokontrolle durch das Oxazolidinon.[206] Die Konfigurationsaufklärung der erhaltenen β-Lactame erfolgte dabei indirekt über eine mehrstufige Derivatisierung zu literaturbekannten Ringöffnungsprodukten.

Der Nachweis einer einheitlichen, vollständig auf die Induktion des Auxiliars zurückzuführenden *cis*-(3*S*,4*R*)-Konfiguration am β-Lactam-Ring konnte für die eigenen Produkte auf direktem Weg stattfinden. Es gelang, sowohl von Verbindung **137** als auch von **138** geeignete Einkristalle für eine Röntgenstrukturanalyse zu gewinnen. Die erhaltenen Molekülstrukturen sind in Abb. 96 und Abb. 97 gezeigt.

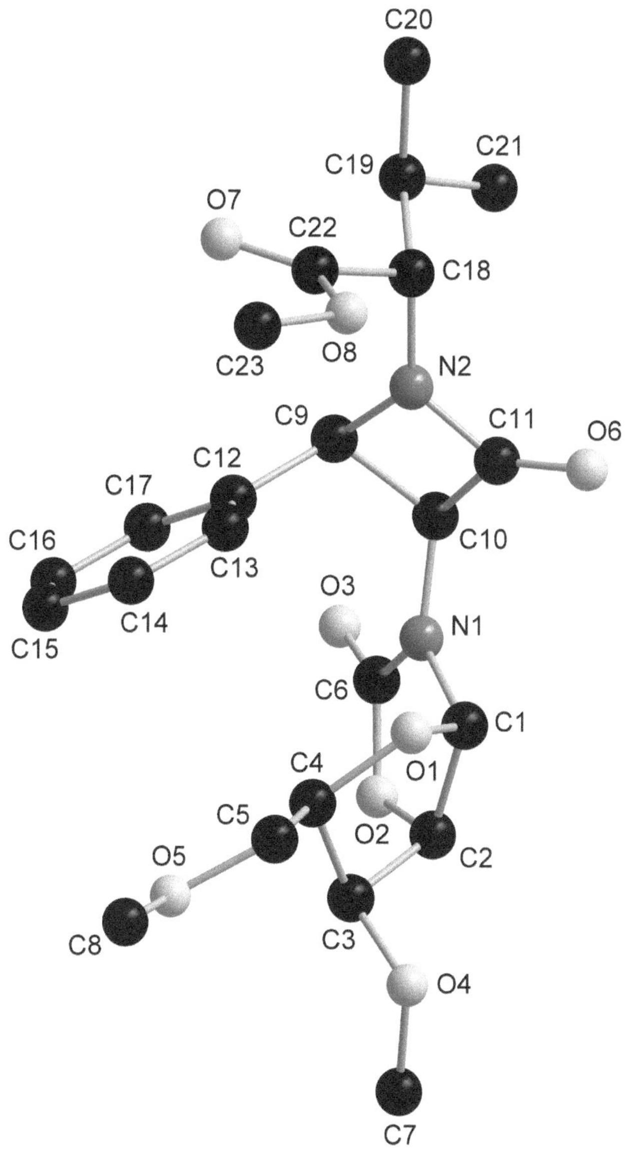

Abb. 96 | Röntgenkristallographisch ermittelte Molekülstruktur von **137**

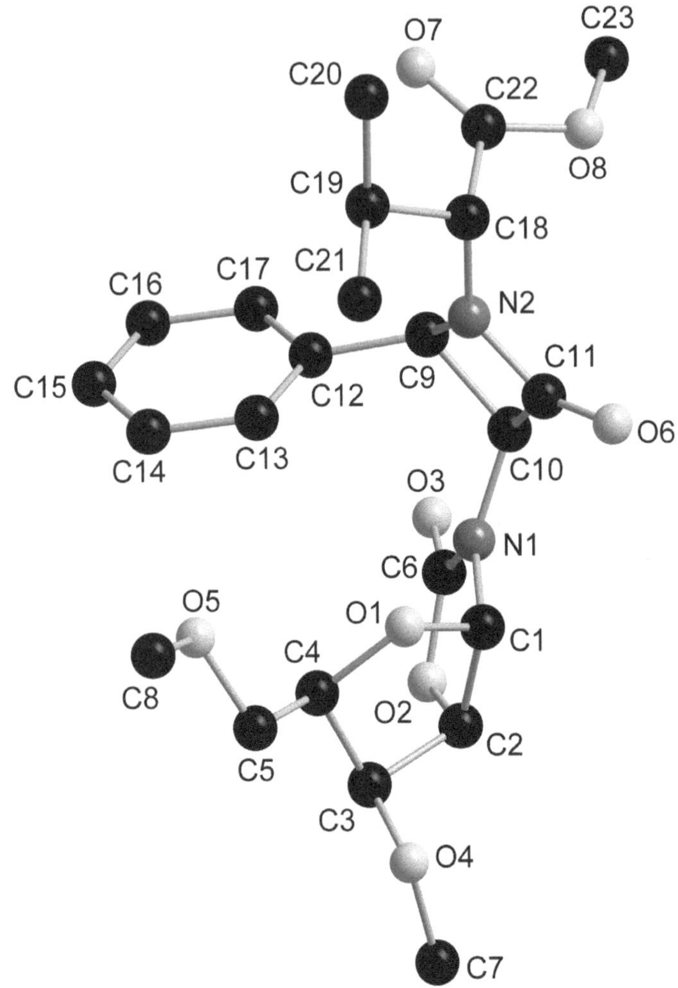

Abb. 97 | Röntgenkristallographisch ermittelte Molekülstruktur von **138**[207]

Die in Abb. 96 und Abb. 97 verwendete Atomnummerierung entspricht keiner Nomenklatur-Richtlinie. Eine tabellarische Auflistung der kristallographischen Daten für die Verbindungen **137** und **138** befindet sich an anderer Stelle (Kap. 10). Den Produkten **139-142** kann in Analogie ebenfalls eine *cis*-(3*S*,4*R*)-Konfiguration am Lactam-Ring zugewiesen werden.

In Abb. 98 sind alle isolierten Derivate zusammenfassend dargestellt.

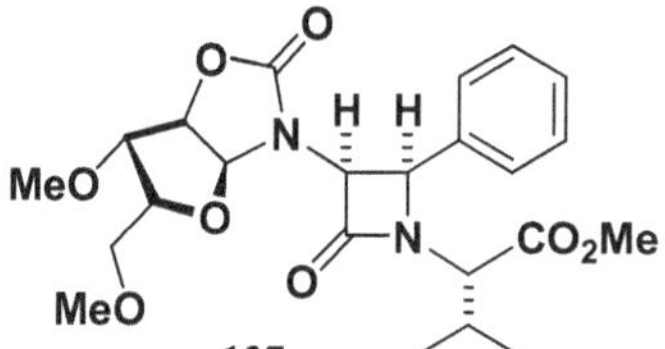

137

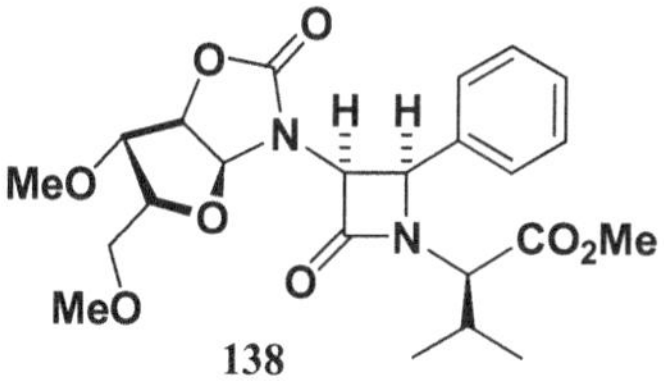

138

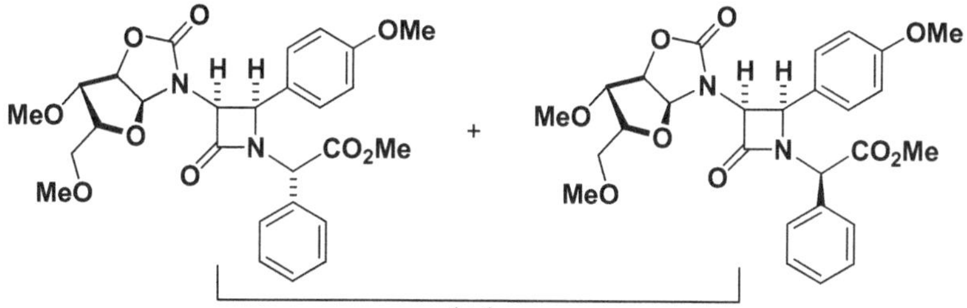

1 : 1

139

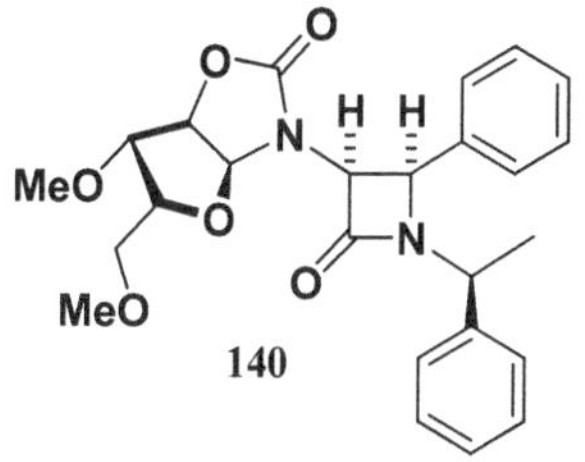

140

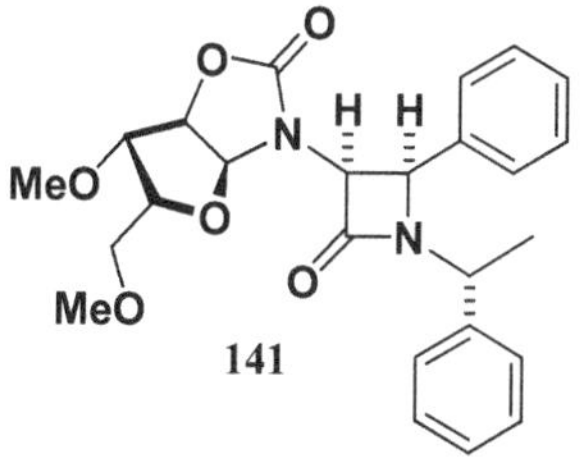

141

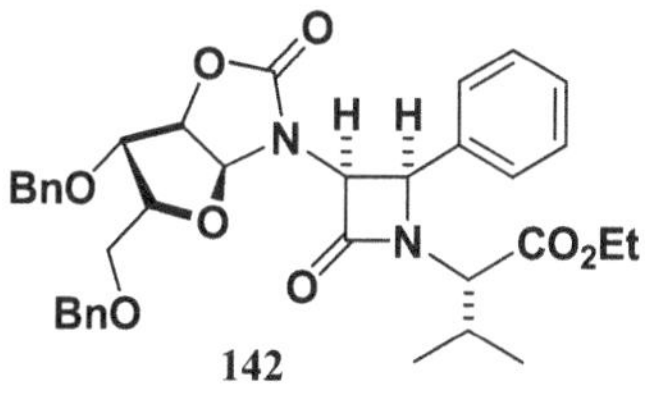

142

Abb. 98 | Produkte der STAUDINGER-Reaktionen mit den enantiomerenreinen Iminen **75-81**

Mit den auf D-Glucosamin basierenden Verbindungen **82** und **83** sollten nun die beiden komplexeren enantiomerenreinen Imine in der STAUDINGER-Reaktion zum Einsatz kommen. Ihre Umsetzung erfolgte nach dem üblichen Verfahren unter Verwendung der Carbonsäure **15a** als Keten-Vorstufe. Die Beobachtung, dass der mit dem Oxazolin **83** durchgeführte Ansatz kein β-Lactam-Produkt lieferte, kam nach dem zuvor registrierten Reaktionsverzicht der 2-Oxazoline (vgl. Abschnitt 4.2) nicht unerwartet. Das acyclische Aldimin **82** hingegen führte mit vollständiger Diastereoselektivität in sehr guter Ausbeute zum erwünschten Azetidin-2-on **143** (Tabelle 12).

Tab. 12 Resultate der STAUDINGER-Reaktionen mit den enantiomerenreinen Iminen **82** und **83**

Imin	Produkt	Ausbeute	*cis/trans* [b)]	*dr* [b)]
82	**143**	86 % [a)]	100 : 0	≥ 99 : 1
83	-	-	-	-

a) Ausbeute an Hauptdiastereomer nach Säulenchromatographie
b) Ermittelt aus dem ^{1}H-NMR-Spektrum des Rohprodukts

Auch in diesem Fall konnten also keine Hinweise für eine divergente, doppelt asymmetrische Induktion gefunden werden. Deshalb wurde dem Produkt **143** in Analogie zu den in Abb. 98 gezeigten Derivaten eine vom Glycooxazolidinon-Auxiliar induzierte *cis*-(3*S*,4*R*)-Konfiguration am Lactam-Ring zugeordnet (Abb. 99).

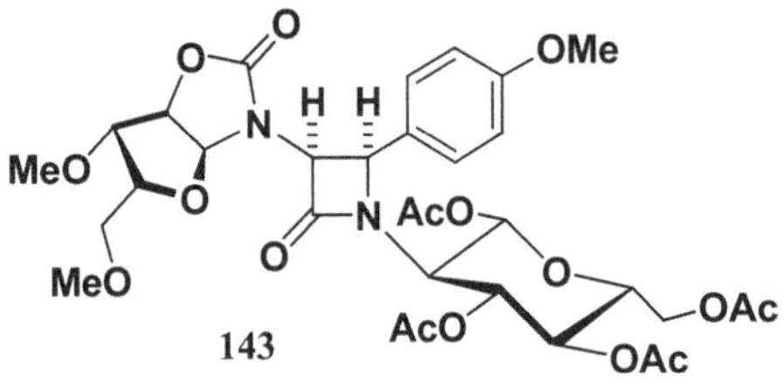

Abb. 99 Unter Einsatz des auf D-Glucosamin basierenden Imins **82** erhaltenes Produkt **143**

Acyclische chirale Imine, die ausgehend von optisch reinen Aldehyden dargestellt wurden, also den enantiomerenreinen Rest am C-Atom der C,N-Doppelbindung tragen, ermöglichen üblicherweise STAUDINGER-Reaktion mit einer höheren Diastereoselektivität als die Vertreter mit einer optisch aktiven Amin-Komponente.[208] Besonders gute Stereoselektivitäten sind für Reaktionen beschrieben, in denen acyclische Imine auf Basis enantiomerenreiner α-Alkoxyaldehyde zum Einsatz kamen.[209] Welche der beiden *cis*-Konfigurationen im resultierenden β-Lactam dabei bevorzugt entsteht, wird von der Konfiguration des verwendeten α-Alkoxyaldehyds diktiert. Zusätzliche stereogene Zentren im Aldehyd scheinen gegenüber der α-Position nur eine untergeordneten stereochemischen Einfluss zu haben.[209e]

Von ersten asymmetrischen Keten-Imin-Cycloadditionen dieses Typs berichtete HUBSCHWERLEN bei der Untersuchung von chiralen Iminen auf der Basis des 2,3-*O*-Isopropyliden-L-glycerinaldehyds.[209a] Die mit Phthalimidoacetylchlorid als Keten-Vorläufer durchgeführten Umsetzungen lieferten hochselektiv ein einziges enantiomerenreines β-Lactam-Diastereomer mit *cis*-(3*S*,4*S*)-Konfiguration. In Abb. 100 ist ein ausgewähltes Beispiel gezeigt.

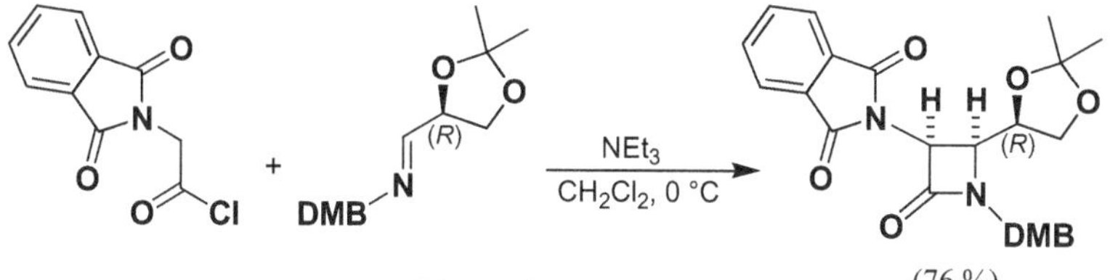

NEt_3, CH_2Cl_2, 0 °C

(76 %)

DMB = 2,4-Dimethoxybenzyl

Abb. 100 | Stereoselektive β-Lactam-Synthese mit chiralem Imin nach HUBSCHWERLEN[209a]

Eine analoge STAUDINGER-Reaktion mit dem (*S*)-konfigurierten Imin (abgeleitet vom 2,3-*O*-Isopropyliden-D-glycerinaldehyd) führte in vergleichbarer optischer und chemischer Ausbeute zum entsprechenden β-Lactam-Enantiomer.[210] Diese Erkenntnisse erleichterten die Interpretation der eigenen Ergebnisse. Wichtig war zunächst die Feststellung, dass ein (*R*)-konfiguriertes, acyclisches α-Alkoxyimin die gleiche 3,4-*cis*-Konfiguration im β-Lactam induziert wie das chirale Glycooxazolidinon-Auxiliar im Keten-Precursor **15a**. Vor diesem Hintergrund konnte eine Differenzierung der selbst verwendeten Imine **88-91** vorgenommen werden. Die Verbindungen sind in Abb. 101 nochmals in geeigneter Projektion aufgeführt.

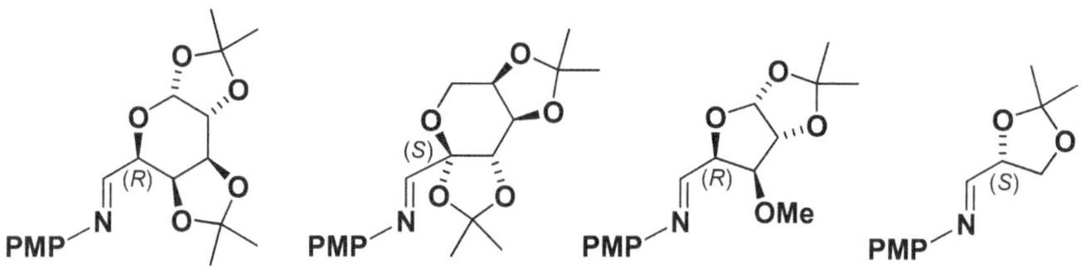

88 **89** **90** **91**

PMP = *p*-Methoxyphenyl

Abb. 101 | Die von α-Alkoxyaldehyden abgeleiteten chiralen Imine **88-91**

Unter der Voraussetzung, dass zusätzliche Stereozentren im Aldehyd-Anteil des Imins keinen signifikanten Beitrag zur asymmetrischen Induktion leisten, konnte für die Imine **88**, **90** und **91** auf Grundlage der oben erwähnten Befunde eine stereochemische Erwartung für die STAUDINGER-Reaktionen mit dem chiralen Keten-Precursor **15a** formuliert werden. Demnach sollten die Verbindungen **88** und **90** mit einer (*R*)-Konfiguration in α-Position zur C,N-Doppelbindung die Induktionsrichtung des Glycooxazolidinon-Auxiliars unterstützen und jeweils ein *cis*-(3*S*,4*S*)-konfiguriertes β-Lactam-Produkt liefern. Man kann in diesen Fällen auch von einer konvergenten doppelt asymmetrischen Induktion sprechen (*matched*-Paar). Im Gegensatz dazu sollte es bei der Umsetzung des (*S*)-konfigurierten Imins **91** mit dem Keten-Precursor **15a** zu einer *mismatched*-Situation mit zwei divergierenden asymmetrischen Induktionen kommen. Eine Stereokontrolle für die mit dem strukturell abweichenden Imin **89** durchgeführte Cycloaddition war hingegen schwer abzuschätzen, da das zur C,N-Doppelbindung α-ständige stereogene Zentrum hier zwei Alkoxy-Substituenten aufweist. Prinzipiell kann die Induktion vom Sauerstoffatom der Pyranose oder des 2,2-Dimethyl-1,3-dioxolans ausgehen.

Die sensiblen Imine **88-91** mussten größtenteils in Form der frisch hergestellten Rohprodukte eingesetzt werden (vgl. Kap. 4.2.3). Dazu wurde das *p*-Anisidin mit einem Überschuss Aldehyd in trockenem Dichlormethan vollständig umgesetzt und die resultierende Lösung direkt für die STAUDINGER-Reaktion mit dem chiralen Keten-Vorläufer **15a** verwendet. Die weitere Durchführung erfolgte auf die gewohnte Weise unter Einwirkung von 2-Chlor-1-methyl-pyridiniumiodid (**92**) als Aktivierungsreagenz in Gegenwart von Triethylamin. Abb. 102 zeigt ein allgemeines Reaktionsschema.

15a + **88-91** → **144-148**

92 (1.1 Äq.), NEt_3 (2.5 Äq.), CH_2Cl_2, 0 °C → RT, 12-14 h

PMP = *p*-Methoxyphenyl

Abb. 102 STAUDINGER-Reaktionen unter Einsatz der enantiomerenreinen Imine **88-91**

Erfreulicherweise konnten bei allen mit diesen instabilen Verbindungen durchgeführten STAUDINGER-Reaktionen β-Lactam-Produkte isoliert werden. Die chromatographische

Reinigung der Zielverbindungen war bei diesen Synthesen deutlich aufwendiger. Tabelle 13 fasst die Ergebnisse der Synthesen zusammen.

Tab. 13 | Resultate der STAUDINGER-Reaktionen mit den enantiomerenreinen Iminen **88-91**

Imin	R*	Produkt	Ausbeute	*cis/trans* [c)]	*dr* [c)]
88	(R)	**144**	89 % [a)]	100 : 0	≥ 95 : 5
89	(S)	**145**	7 % [a)]	0 : 100	≥ 95 : 5
90	(R), OMe	**146**	37 % [a)]	100 : 0	≥ 95 : 5
91	(S)	**147/148**	31/22 % [b)]	100 : 0	55 : 45

a) Ausbeute an Hauptdiastereomer nach Säulenchromatographie
b) Ausbeute an Hauptdiastereomer/Nebendiastereomer nach Säulenchromatographie
c) Ermittelt aus dem ^{1}H-NMR-Spektrum des Rohprodukts

Erwartungsgemäß lieferten die Umsetzungen der Imine **88** und **90** mit hoher Selektivität jeweils ein *cis*-konfiguriertes Diastereomer, wobei die isolierten Produkte in sehr guter (89 % für **144**) bzw. moderater Ausbeute (37 % für **146**) anfielen. In diesen Fällen sollte ein *matched*-Paar vorliegen. Abweichend davon war mit dem ausgehend vom 2,3-*O*-Isopropyliden-D-glycerinaldehyd dargestellten Imin **91** die Bildung zweier *cis*-konfigurierter β-Lactame zu verzeichnen, was ebenfalls den Erwartungen entsprach (*mismatched*-Paar). Der ^{1}H-NMR-spektroskopisch ermittelte Überschuss an Hauptdiastereomer **147** im Rohprodukt betrug lediglich 10 %. Mittels Säulenchromatographie war es möglich, die beiden *cis*-Diastereomere (**147/148**) voneinander zu trennen (Gesamtausbeute 53 %). Ein interessantes Ergebnis lieferte die STAUDINGER-Reaktion unter Einsatz des auf der 2,3:4,5-Di-*O*-

isopropyliden-β-D-fructopyranose basierenden Imins **89**. In diesem Fall wurde in geringem Umfang (7 % isolierte Ausbeute) hochselektiv ein *trans*-konfiguriertes β-Lactam gebildet (**145**). Die Angabe der relativen Konfigurationen beruht wiederum auf den vicinalen Kopplungskonstanten der Lactam-Protonen, welche für die *cis*-Derivate (4.3-5.5 Hz) und das *trans*-Produkt (< 1 Hz, nicht aufgelöst) in den üblichen Dimensionen lagen.

Unter Berücksichtigung der oben diskutierten, für die Stereokontrolle der Reaktionen relevanten Faktoren, sollten die β-Lactam-Produkte **144** und **146** eine *cis*-(3*S*,4*S*)-Konfiguration aufweisen, da die asymmetrischen Induktionen der chiralen Reaktionspartner gleichgerichtet sind.[211] Beide Verbindungen sind in Abb. 103 gezeigt.

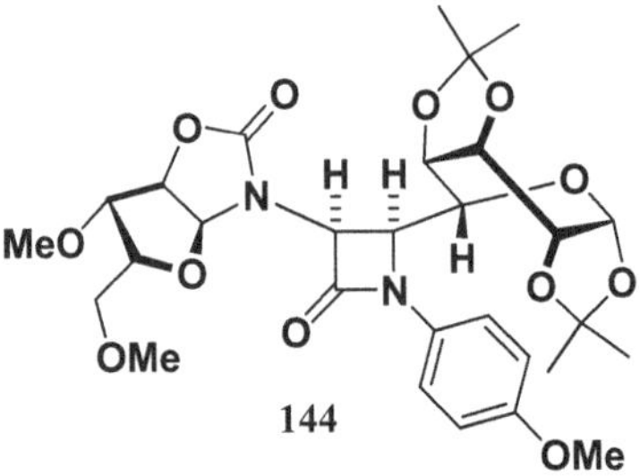

Abb. 103 | Die *cis*-(3*S*,4*S*)-konfigurierten β-Lactam-Derivate **144** und **146**

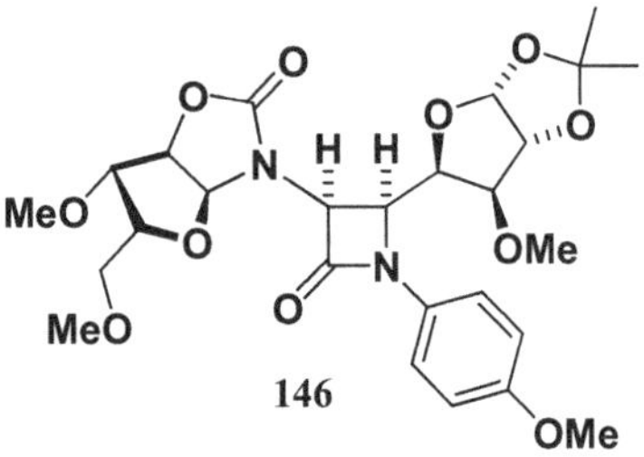

Die röntgenographische Untersuchung eines Derivats von **144** konnte die angegebene Konfiguration nachträglich bestätigen (Abb. 145, S. 143). Zudem erlaubte diese Kristallstruktur eine weitergehende Aussage zur Konformation der Pyranose. In Übereinstimmung mit den von KÖLL[212] und DE BOER[213] beschriebenen Untersuchungen für Pyranosen mit zwei *cis*-anellierten Fünfringen liegt auch in diesem Fall eine Twistboat-Konformation ($^{O}T_2$) vor, welche in Abb. 103 bereits berücksichtigt ist.

Bei den Produkten **147** und **148**, die bei der Umsetzung des (*S*)-konfigurierten Imins **91** isoliert wurden, handelte es sich angesichts divergierender asymmetrischer Induktionen seitens der Keten- und Iminkomponente um Derivate mit inversen *cis*-Konfigurationen am β-Lactam-Ring. Für das Hauptdiastereomer **147** konnte mittels Röntgenstrukturanalyse eine (3*S*,4*S*)-Konfiguration ermittelt werden (Abb. 104). Entsprechend wurde dem Nebendiastereomer **148** eine (3*R*,4*R*)-Konfiguration zugeordnet.

Die in Abb. 104 verwendete Atomnummerierung entspricht keiner Nomenklatur-Richtlinie. Eine Zusammenstellung der zugehörigen kristallographischen Daten kann in Kapitel 10 eingesehen werden.

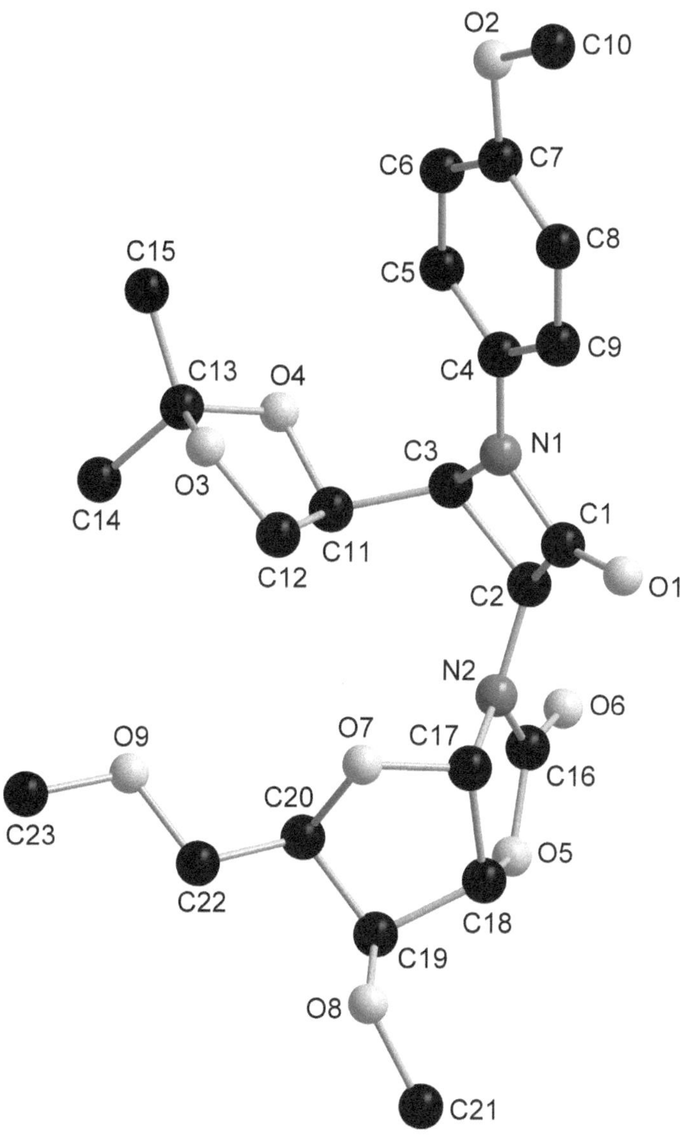

Abb. 104 Röntgenkristallographisch ermittelte Molekülstruktur des Hauptprodukts **147**

Auch wenn der Diastereomerenüberschuss sehr gering ausfiel, so stellt das vom Glyco-oxazolidinon-Auxiliar kontrollierte Stereoisomer **147** gleichwohl das Hauptprodukt der Reaktion dar. Im Gegensatz dazu lieferte eine von PALOMO beschriebene STAUDINGER-Reaktion mit (*S*)-4-Phenyl-oxazolidin-2-on als Auxiliar und einem auf 2,3-*O*-Isopropyliden-D-glycerinaldehyd basierenden Imin bevorzugt das *cis*-(3*R*,4*R*)-konfigurierte Produkt.[214] Dieser Vergleich macht deutlich, dass die über den Keten-Precursor in die Reaktion eingebrachte asymmetrische Induktion vom Glycooxazolidinon-Auxiliar effektiver durchgesetzt wird als vom klassischen EVANS-Auxiliar. In Abb. 105 sind die β-Lactam-Derivate **147** und **148** gezeigt.

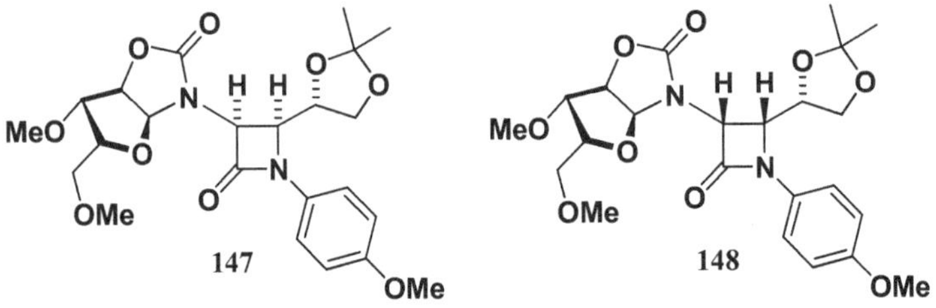

Abb. 105 | Die *cis*-konfigurierten β-Lactam-Diastereomere **147** und **148**

Die absolute Konfiguration des *trans*-konfigurierten β-Lactam-Produkts **145**, das bei der Umsetzung des Imins auf Basis der 2,3:4,5-Di-*O*-isopropyliden-β-D-fructopyranose (**89**) anfiel, konnte ebenfalls mit Hilfe der Röntgenstrukturanalytik aufgeklärt werden (Abb. 106). Es handelte sich um die (3*S*,4*R*)-konfigurierte Verbindung, also wiederum um ein Produkt mit der vom Glycooxazolidinon-Auxiliar kontrollierten Stereochemie an C-3. Angesichts der geringen Ausbeute von nur 7 % lag die Vermutung nahe, dass in diesem Fall die Bildung eines *cis*-konfigurierten Azetidin-2-ons aufgrund sterischer Wechselwirkungen ausblieb und die Verbindung *trans*-**145** als Produkt einer in geringem Umfang stattgefundenen Isomerisierung aufzufassen war. Durch den enorm sperrigen Aldehydanteil des Imins **89** mit einem quaternären Stereozentrum in α-Position könnte der zum *cis*-β-Lactam führende conrotatorische Ringschluss aus einem hypothetischen zwitterionischen Intermediat sterisch gehindert sein. Eine (*E*)/(*Z*)-Isomerisierung des Imins im Intermediat kann zum Abbau sterischer Spannungen beitragen und eine conrotatorische Cyclisierung zum thermodynamisch stabilen *trans*-β-Lactam ermöglichen. Für eine Veranschaulichung dieser Situation sei an Abb. 75 (S. 69) verwiesen.

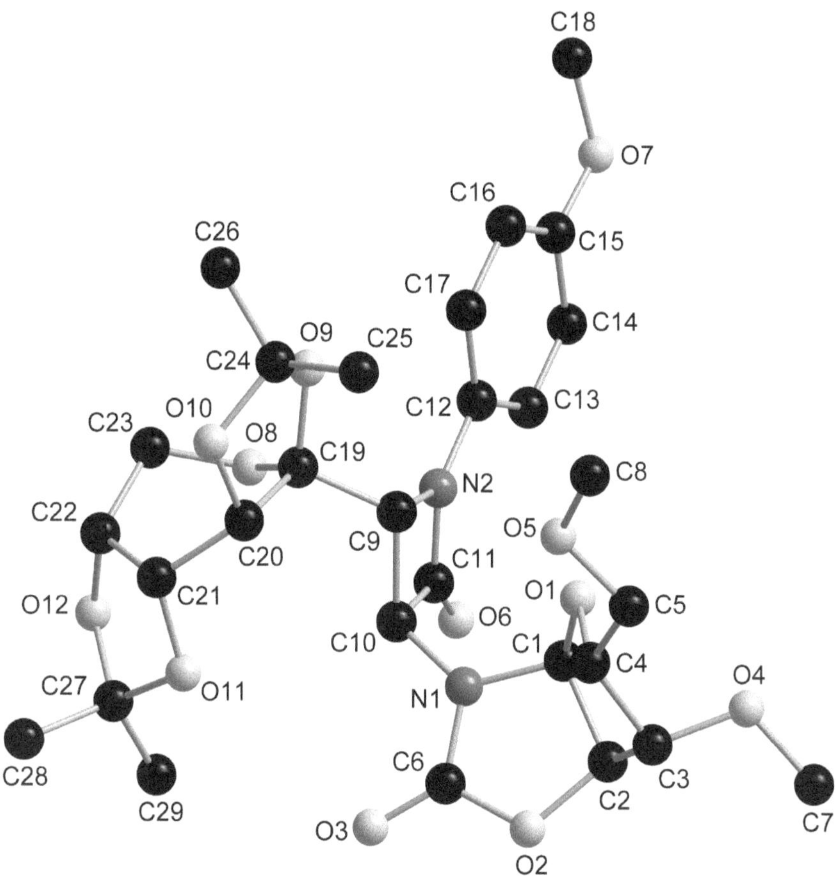

Abb. 106 Röntgenkristallographisch ermittelte Molekülstruktur von **145**

In Abb. 106 wurde eine Atomnummerierung verwendet, die individuell zu betrachten ist und keiner Nomenklatur-Richtlinie entspricht. Eine tabellarische Auflistung der zugehörigen kristallographischen Daten ist in Kapitel 10 dieser Arbeit zu finden.

Die aus *tert*-Butyl-methylether gewonnenen Kristalle der Verbindung **145** zeichneten sich durch einen außergewöhnlich hohen Schmelzpunkt (~240 °C) aus. In Abb. 107 ist das *trans*-(3*S*,4*R*)-konfigurierte β-Lactam-Derivat gezeigt. Dabei wurde die in der Kristallstruktur erkennbare Twistboat-Konformation ($^{2}T_{O}$) der Pyranose berücksichtigt.

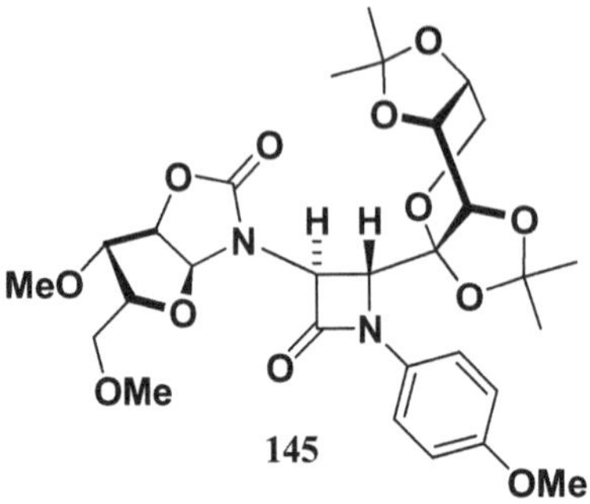

Abb. 107 Das bei der STAUDINGER-Reaktion mit dem Imin **89** erhaltene *trans*-β-Lactam **145**

Somit war es möglich, die Konfigurationen aller β-Lactam-Produkte, die mit Iminen auf der Basis enantiomerenreiner α-Alkoxyaldehyde durch Anwendung der STAUDINGER-Reaktionen synthetisiert wurden, aufzuklären.

6. Abspaltung des chiralen Auxiliars

In seinen grundlegenden Arbeiten zur Darstellung enantiomerenreiner 3-Amino-β-lactame bediente sich EVANS einer reduktiven Methode zur Abspaltung des chiralen Oxazolidinon-Auxiliars. Ziel war dabei die Spaltung der unter diesen Bedingungen labilen benzylischen C,N-Bindung innerhalb des (*S*)-4-Phenyl-oxazolidin-2-ons. Nach vergeblichen Versuchen einer palladiumkatalysierten Hydrogenolyse führte letztendlich ein drastischeres Verfahren unter Einsatz von Lithium in flüssigem Ammoniak mit *tert*-Butanol als Protonen-Donor zum Erfolg. Durch diese als *dissolving metal reduction* bezeichnete Reaktion wurden alle benzylischen C,N-Bindungen der Ausgangsverbindungen gespalten.[89] Das primäre Spaltungsprodukt, ein Lithium-carbamat, wurde durch Ansäuern in die instabile Carbamidsäure überführt, welche schließlich unter Bildung des erwünschten 3-Amino-β-lactams decarboxylierte (**A**). PALOMO beschrieb eine Variante (**B**) für die Abspaltung von (4*S*,5*R*)-4,5-Diphenyl-oxazolidin-2-on.[111b,215] Dieses Auxiliar besitzt zwei Benzyl-Heteroatom-Bindungen und erlaubt die Freisetzung der Aminogruppe mittels Hydrierung an PEARLMAN's Katalysator ($Pd(OH)_2$ auf Aktivkohle). Beide Methoden sind in Abb. 108 schematisch dargestellt.

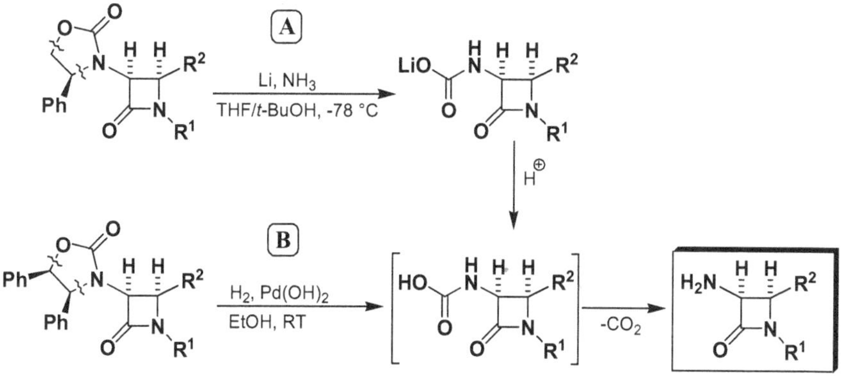

Abb. 108 | Spaltung von Oxazolidinon-Auxiliaren nach EVANS (**A**)[89] und PALOMO (**B**)[111b,215]

In beiden Fällen wird der Oxazolidinon-Stickstoff also direkt für die spätere Aminofunktion an C-3 genutzt, welche ein wichtiges Strukturmerkmal vieler β-Lactam-Antibiotika darstellt.

Anders ausgedrückt erfordert diese Funktionalisierung eine kontrollierte Zerstörung des chiralen Auxiliars.

Im eigenen Arbeitskreis durchgeführte Versuche zur Übertragung der in Abb. 108 skizzierten Spaltungsmethoden auf das Glycooxazolidinon-Auxiliar blieben erfolglos.[216] Das Scheitern dieser reduktiven Verfahren ist auf die signifikanten strukturellen Unterschiede (insbesondere das Fehlen benzylischer C-Heteroatom-Bindungen) zurückzuführen.

Eine andere Methode zur Freisetzung der Aminogruppe aus einem Oxazolidin-2-on wurde von FISHER beschrieben.[217] Die Ringöffnung des cyclischen Carbamats wurde in diesem Fall durch Einwirkung von Trimethylsilyliodid (TMSI) in Gegenwart einer schwachen Base wie Hexamethyldisilazan (HMDS) erreicht. Das iodierte Spaltungsprodukt konnte mittels 1,4-Diazabicyclo[2.2.2]octan (DABCO) durch β-Eliminierung von Iodwasserstoff in das entsprechende Enamid überführt werden. Eine anschließende saure Hydrolyse (verdünnte Salzsäure) führte zur Freisetzung des 3-Amino-β-lactams in Form des Hydrochlorids. Die Reaktionssequenz ist in Abb. 109 veranschaulicht.

Abb. 109 Spaltung eines Oxazolidinons mittels Trimethylsilyliodid (TMSI) nach FISHER[217]

Diese Spaltungsmethode schien prinzipiell auf andere Oxazolidinon-2-one übertragbar zu sein. Zur Untersuchung der eigenen Verbindungen wurde eine Lösung des β-Lactam-Derivats **102** in trockenem Acetonitril vorschriftgemäß mit je 2.5 Äquivalenten TMSI und HMDS bei Raumtemperatur versetzt. Nach sechs Stunden war dünnschichtchromatographisch kein Reaktionsfortschritt feststellbar. Auch eine weitere Verlängerung der Reaktionszeit auf 15 Stunden führte zu keiner nennenswerten Produktbildung. Die Ringöffnung der EVANS-Auxiliare war hingegen bereits nach vier bis sechs Stunden abgeschlossen.[217] Um zu prüfen, ob diese Methode grundsätzlich in der Lage ist, eine Öffnung des Glycooxazolidinons herbeizuführen, wurde eine in trockenem Chloroform gelöste Probe des β-Lactams **102** in Gegenwart von 2 Äquivalenten TMSI über einen Zeitraum von acht Stunden unter Rückfluss erhitzt.[218] Auch unter diesen Bedingungen konnte keine Spaltung des Carbamats erreicht werden. Als einziges Reaktionsprodukt fiel die selektiv entschützte Verbindung **149** in einer Ausbeute von 18 % an (Abb. 110).[195]

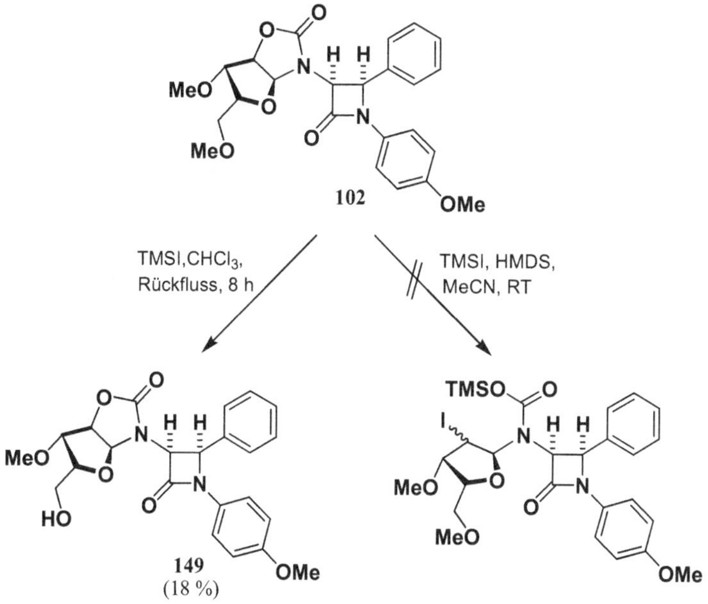

Abb. 110 | Versuche zur Spaltung des Glycooxazolidinon-Auxiliars mittels TMSI

Möglicherweise wurde die beobachtete Etherspaltung durch geringe Mengen Iodwasserstoff im Reaktionsgemisch unterstützt. In jedem Fall war mit Hilfe von Iodtrimethylsilan keine Öffnung des Oxazolidinon-Rings zu bewerkstelligen. Als denkbare Ursache kommt das *cis*-anellierte Zuckergerüst in Betracht, welches dem nucleophilen Angriff des Iodid-Anions eine sterische Hinderung entgegenbringen kann. Diese Möglichkeit erscheint ebenso vorstellbar wie das Ausbleiben der einleitenden *O*-Silylierung aufgrund einer veränderten stereoelektronischen Situation im Oxazolidinon.

Weitere Versuche zur Spaltung des Auxiliars wurden unter Einsatz von Titan(IV)-chlorid und Bortrifluorid-diethyletherat als Lewis-Säuren durchgeführt und zielten auf eine Öffnung des

N,O-Acetals an C-1 der Furanose ab (Abb. 111). Bei allen mit dem β-Lactam-Derivat **102** untersuchten Testansätzen (Dichlormethan, 1.5 Äquivalente Lewis-Säure, 0-20 °C) war weder vor noch nach der Zugabe von Wasser bzw. Methanol eine Reaktion zu verzeichnen. Eine hohe Stabilität der Glycooxazolidinone im wässrig sauren Medium (pH 1) zeigte sich bereits bei den Synthesen der Carbonsäuren **15a**, **15b** und **23**, die ohne erkennbare hydrolytische Zersetzung verliefen. Vor diesem Hintergrund war die beobachtete Beständigkeit in Gegenwart von Lewis-Säuren durchaus zu erwarten.

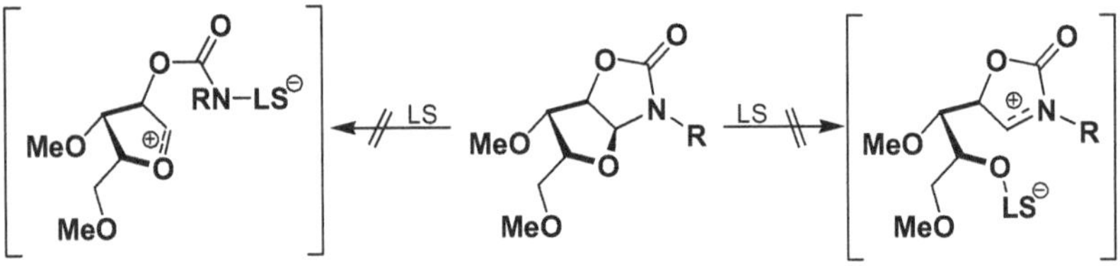

LS = BF_3·OEt_2, $TiCl_4$

Abb. 111 | Nicht mögliche, durch Lewis-Säuren (LS) unterstützte Spaltung des N,O-Acetals

Die außerordentliche Stabilität des Glycooxazolidinon-Auxiliars erfordert offenbar sehr drastische Spaltungsmethoden. Da es sich bei den β-Lactamen jedoch um vergleichsweise empfindliche Zielverbindungen handelt, die im allgemeinen nur milde Bedingungen tolerieren, erschien es sinnvoll, von der Zerstörung des Auxiliars Abstand zu nehmen und dessen vollständige Trennung vom Azetidin-2-on anzustreben.

Ein derartiges Verfahren wurde bereits für EVANS-Oxazolidinone beschrieben und lieferte mit den Azetidin-2,3-dionen (α-Keto-β-lactamen) sehr interessante Produkte, wobei zusätzlich die Rückgewinnung des chiralen Auxiliars möglich war. Grundlegender Schritt dieser Methode ist eine α-Hydroxylierung des β-Lactams. Auf diese Weise konnte an C-3 ein Halbaminal generiert werden, welches bereits unter mild sauren Bedingungen zerfiel und neben dem Azetidin-2,3-dion das Auxiliar als Spaltungsprodukt freisetzte. Es sind zwei Varianten dieser Methode bekannt, die verschiedene Strategien zur Halbaminal-Synthese verfolgen. PALOMO[219] erzeugte mittels Lithiumhexamethyldisilazid (LiHMDS) als nicht-nucleophiler Base das Enolat des Azetidin-2-ons und führte anschließend eine direkte Hydroxylierung unter Verwendung von MIMOUNs Oxodiperoxo-Molybdän(VI)-Komplex MoO_5·Py·HMPT (MoOPH)[220] durch (**A**). HOLTON hingegen wählte einen Umweg und setzte ein analog gebildetes Lithium-Enolat zunächst mit *N*-Chlorsuccinimid (NCS) zum

3-Chlor-β-lactam um, welches anschließend als Diastereomerengemisch einer durch Silbernitrat unterstützten Hydrolyse unterworfen wurde (**B**).[221] In beiden Fällen führte längerer Kontakt des resultierenden Halbaminals mit Kieselgel oder Erhitzen in trockenem THF zu einer Abspaltung des Oxazolidinon-Auxiliars vom enantiomerenreinen Azetidin-2,3-dion (Abb. 112).

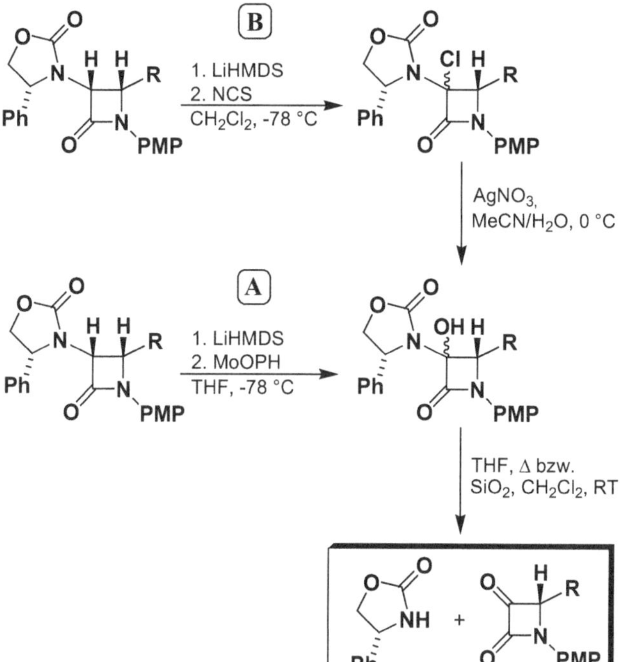

PMP = *p*-Methoxyphenyl

Abb. 112 | Abspaltung des Oxazolidinon-Auxiliars nach PALOMO (**A**)[219] und HOLTON (**B**)[221]

Diese Methoden besitzen neben der möglichen Rückgewinnung des chiralen Hilfsstoffes den Vorteil, dass sie am β-Lactam angreifen und deshalb strukturelle Abweichungen des Oxazolidinon-Auxiliars vermutlich besser tolerieren als die Verfahren zur Carbamatspaltung (Abb. 108 und Abb. 109).

Der von PALOMO als Hydroxylierungsmittel eingesetzte Peroxo-Metall-Komplex MoOPH stellt nicht zuletzt wegen des mutagen und carcinogen wirkenden Hexamethylphosphorsäure-triamid-Liganden (HMPT) ein unattraktives Reagenz dar. Obwohl eine Substitution von

HMPT durch das vergleichsweise harmlose 1,3-Dimethyl-3,4,5,6-tetrahydro-2-(1*H*)-pyrimidinon (DMPU) ohne Reaktivitätseinbußen vorgenommen werden konnte,[222] bleibt eine grundsätzliche Brisanz dieses Verbindungstyps (insbesondere der dehydratisierten Intermediate) bestehen.[223] Die Darstellung und Verwendung derartiger Reagenzien wurde im Rahmen der vorliegenden Arbeit vermieden. Auch andere Versuche zur direkten Oxidation von Enolaten, wie z. B. die Umsetzung mit DAVIS` *N*-Sulfonyloxaziridinen[224] oder Dimethyldioxiran[225] sollten vorerst unterbleiben, da hierbei mitunter Nebenprodukte zu beobachten sind und die 3-Hydroxy-Derivate der eigenen β-Lactam-Verbindungen aufgrund ihrer Unbeständigkeit als Rohprodukte weiter umgesetzt werden mussten. Das hätte einen erhöhten Reinigungsaufwand für die anschließenden Spaltungsreaktionen bedeutet.
Bereits in einleitenden Untersuchungen konnte die von HOLTON beschriebene α-Chlorierung erfolgreich auf die eigenen β-Lactam-Derivate übertragen werden,[97] wobei sich die resultierenden 3-Chlor-azetidin-2-one als durchaus stabile und isolierbare Verbindungen präsentierten, deren Funktionalisierung zusätzliche synthetische Möglichkeiten in Aussicht stellt. Deshalb sollten die weiterführenden Untersuchungen zur Abspaltung des Gylcooxazolidinon-Auxiliars unter besonderer Berücksichtigung dieser zweistufigen Variante erfolgen. Es wurde also zunächst eine Darstellung der 3-Chlor-β-lactame angestrebt, welche nach chromatographischer Reinigung hydrolytisch in die zersetzlichen Halbaminale zu überführen waren.

6.1 Synthese der 3-Chlor-β-lactame

Vorab wurde versucht, optimale Reaktionsbedingungen für die α-Chlorierung der eigenen β-Lactam-Verbindungen zu finden. Dabei stellten sich THF und Dichlormethan (jeweils in wasserfreiem Zustand) als geeignete Lösungsmittel heraus, wobei letzteres die betreffenden Ausgangsverbindungen insgesamt etwas besser zu lösen vermochte. Ein maximaler Umsatz war zu verzeichnen, wenn die Enolatbildung bei ca. -60 °C unter Einsatz von 1.4 Äquivalenten Base (LiHMDS) erfolgte und nach Zugabe von 2 Äquivalenten NCS über Nacht langsam auf Raumtemperatur erwärmt wurde.

Auf diese Weise wurden die monocyclischen β-Lactam-Derivate **101-102**, **105-106**, **108**, **110**, **114-119** und **140-141** zur Reaktion gebracht. Bei **105** und **106** handelte es sich um Verbindungen mit dem auf D-Glucose basierenden Oxazolidinon-Auxiliar.[180] Es sei darauf hingewiesen, dass sowohl **106** als auch **108** als binäres Diastereomerengemisch eingesetzt wurden, bei dem neben der *cis*-konfigurierten Hauptkomponente jeweils noch ein *trans*-β-Lactam vorlag. Abb. 113 zeigt ein allgemeines Reaktionsschema für die α-Chlorierungen.

1. LiHMDS (1.4 Äq.)
2. NCS (2.0 Äq.)
CH_2Cl_2, -60 °C → RT, 12-14 h

101-102, 105-106, 108, 110, 114-119, 140-141 → **150-168**

Aux:

101-102, 108, 110, 114-119, 140-141 **105-106**

Abb. 113 | Diastereoselektive Synthese der 3-Chlor-β-lactame **150-168**

Die Chlorierungsreaktionen der *cis*-(3*S*,4*R*)-konfigurierten, monocyclischen β-Lactam-Derivate verliefen mit hoher bis exzellenter Diastereoselektivität (*dr* 80:20 bis ≥ 95:5) und lieferten die Hauptprodukte nach säulenchromatographischer Reinigung in ansprechenden Ausbeuten von 65-88 %. Interessanterweise wurde auch bei den Umsetzungen der *cis/trans*-Gemische **106** und **108** die hochselektive Bildung eines Diastereomers beobachtet. Die Produkte **155** und **156** fielen in Ausbeuten von 57 % bzw. 48 % an. Eine ^{1}H-NMR-spektroskopische Untersuchung des Rohprodukts zeigte, dass ausschließlich die *cis*-konfigurierte Komponente abreagiert hatte. Berücksichtigt man diesen Befund und bezieht die isolierten Ausbeuten auf das *cis*-β-Lactam des eingesetzten Gemischs, ergeben sich Werte, die mit 69 % und 79 % der ermittelten Größenordnung für diastereomerenreine Edukte entsprechen. Erwähnenswert ist weiterhin die Tatsache, dass die Synthesen der 3-Chlor-azetidin-2-one sehr sauber ohne störende Begleitreaktionen abliefen und die Hauptdiastereomere unter vergleichsweise geringem Aufwand chromatographisch gereinigt werden konnten. Bei fast allen der weniger stereoselektiven Reaktionen gelang die Isolierung und Charakterisierung des Nebendiastereomers. Die Resultate aller durchgeführten Chlorierungen sind in Tabelle 14 zusammengefasst.

Tab. 14 | Ergebnisse der Chlorierungsreaktionen unter Einsatz monocyclischer β-Lactam-Derivate

Edukt	R^1	R^2	Produkt	Ausbeute	*dr* [d)]
101	*t*-Bu	*p*-$CO_2MeC_6H_4$	**150**	65 % [b)]	≥ 95 : 5
102	PMP	Ph	**151/152**	71/9 % [c)]	88 : 12
105	PMP	Ph	**153/154**	67/12 % [c)]	80 : 20
106 [a)]	PMP	*c*-Hex	**155**	57 % [b)]	≥ 95 : 5
108 [a)]	*c*-Hex	*i*-Pr	**156**	48 % [b)]	≥ 95 : 5
110	Me	Ph	**157/158**	74/11 % [c)]	82 : 18
114	Bn	PMP	**159/160**	81/7 % [c)]	90 : 10
115	*t*-Bu	PMP	**161**	77 % [b)]	≥ 95 : 5
116	*t*-Bu	Ph	**162**	88 % [b)]	≥ 95 : 5
117	Allyl	Ph	**163**	78 % [b)]	90 : 10
118	CH_2CH_2Ph	Ph	**164/165**	82/5 % [c)]	90 : 10
119	*t*-Bu	*c*-Hex	**166**	70 % [b)]	≥ 95 : 5
140	(*S*)-CHMePh	Ph	**167**	80 % [b)]	≥ 95 : 5
141	(*R*)-CHMePh	Ph	**168**	87 % [b)]	≥ 95 : 5

a) Binäres *cis*/*trans*-Diastereomerengemisch
b) Ausbeute an Hauptdiastereomer nach Säulenchromatographie
c) Ausbeute an Hauptdiastereomer/Nebendiastereomer nach Säulenchromatographie
d) Ermittelt aus dem ^{1}H-NMR-Spektrum des Rohprodukts

Es handelt sich bei den synthetisierten 3-Chlor-β-lactamen ausnahmslos um stabile und lagerungsfähige Verbindungen. Unter Berücksichtigung der von OJIMA beschriebenen Ergebnisse zur diastereoselektiven Alkylierung von β-Lactam-Derivaten an Position C-3 konnte für die Konfiguration der Chlorierungshauptprodukte eine Annahme gemacht werden. OJIMA führte mit dem von EVANS eingeführten, chiralen Keten-Precursor auf Basis des (*S*)-4-Phenyl-oxazoldin-2-ons eine diastereoselektive STAUDINGER-Reaktionen durch. Das Lithium-Enolat des resultierenden *cis*-(3*S*,4*R*)-konfigurierten β-Lactams lieferte nach Zusatz von Iodmethan hochselektiv das 3-Methyl-Derivat mit einer (*S*)-Konfiguration am alkylierten Zentrum.[226] Der Angriff des Elektrophils auf das Enolat erfolgte unter Minimierung sterischer Wechselwirkungen von der Gegenseite des am benachbarten Stereozentrum (C-4) befindlichen Substituenten. Aufgrund der (*R*)-Konfiguration an C-4 war im beschriebenen Fall eine Bevorzugung der *re*-Seite des Enolats beim Alkylierungsschritt zu beobachten. In Abb. 114 ist die Umsetzung veranschaulicht.

1. LiHMDS
2. MeI
THF, -78 °C → RT
(95 %)

Abb. 114 | Unter Retention verlaufende stereoselektive Methylierung an C-3 nach OJIMA[226]

Da es sich bei den eigenen β-Lactamen ebenfalls um *cis*-(3*S*,4*R*)-konfigurierte Derivate handelte und zudem beide Oxazolidinon-Auxiliare die gleiche Seitendifferenzierung bewirkten, konnte für die Chlorierungsreaktionen eine analoge Diastereoselektivität angenommen werden. Auch hier sollte der elektrophile Angriff des Halogenierungsmittels bevorzugt von der *re*-Seite des Enolats erfolgen. In Abb. 115 ist die Situation für zwei grundsätzlich denkbare, konformativ fixierte β-Lactam-Enolate dargestellt.

A **B**

E$^+$ = Elektrophil

Abb. 115 | Bevorzugter elektrophiler Angriff auf die chiralen β-Lactam-Enolate **A** und **B**

Die Stereoselektivität der Reaktion sollte dabei umso höher sein, je besser der Substituent $\mathbf{R^2}$ am benachbarten stereogenen Zentrum die *si*-Seite des Enolats abzuschirmen vermag. Die experimentellen Ergebnisse der Chlorierungen ließen eine solche Tendenz durchaus erkennen (Tab. 14). So ermöglichten die Ausgangsverbindungen mit einem sperrigen Alkyl-Substituenten wie *c*-Hexyl oder *i*-Propyl an C-4 (**106**, **108**, **119**) besonders hohe Diastereoselektivitäten. Der räumliche Anspruch des Substituenten am Lactam-Stickstoff schien ebenfalls Einfluss auf die Stereoselektivität der Reaktion zu haben. Bei den gleichermaßen 4-Phenyl-substituierten Edukten **110**, **117** und **116** konnte bezüglich des Restes $\mathbf{R^1}$ am N-Atom eine zunehmende Stereoselektivität in folgender Reihenfolge beobachtet werden:

Methyl < Allyl < *tert*-Butyl. Alle untersuchten *N-tert*-Butyl-β-lactame lieferten die Chlorierungsprodukte mit besonders hoher Diastereoselektivität (*dr* ≥ 95:5). Erwähnenswert ist weiterhin, dass die Konfiguration des chiralen Substituenten $\mathbf{R^1}$ bei den Ausgangsverbindungen **140** und **141** keinen messbaren Einfluss auf die Stereoselektivität der Chlorierung hatte. Diese Unterordnung gegenüber dem dirigierenden Stereozentrum an C-4 ist aufgrund der größeren Entfernung zum Reaktionszentrum (C-3) plausibel.

Da homochirale β-Lactam-Edukte eingesetzt wurden, konnte davon ausgegangen werden, dass die Hauptprodukte der Chlorierungsreaktionen eine einheitliche Konfiguration aufweisen. Dementsprechend war für diese 3-Chlor-β-lactame eine (3*R*)-Konfiguration zu erwarten. In Abb. 116 sind die synthetisierten Derivate gezeigt.

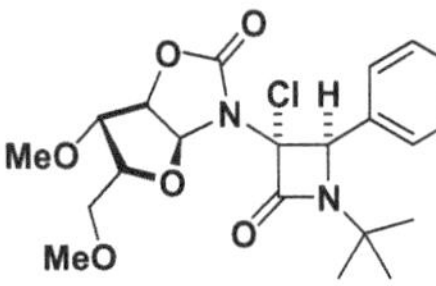

150

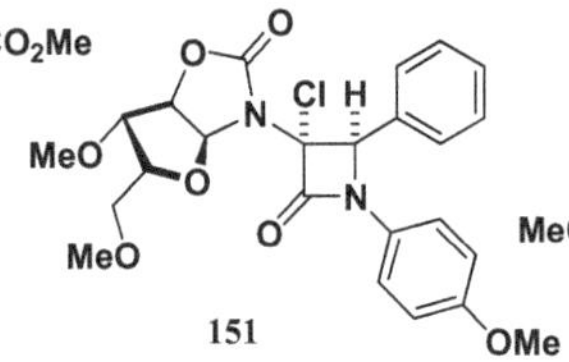

151

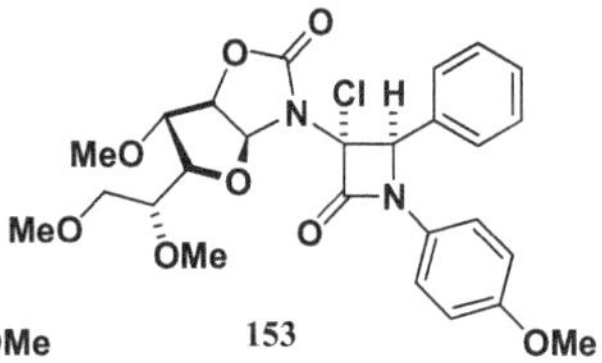

153

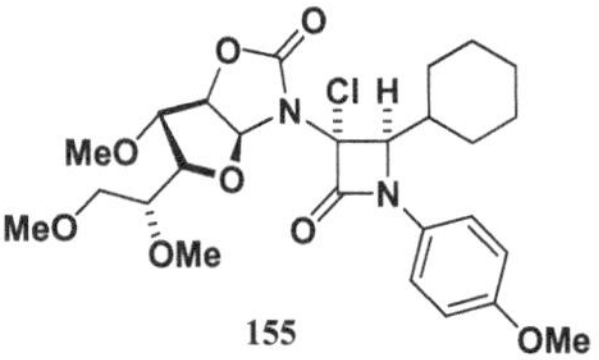

155

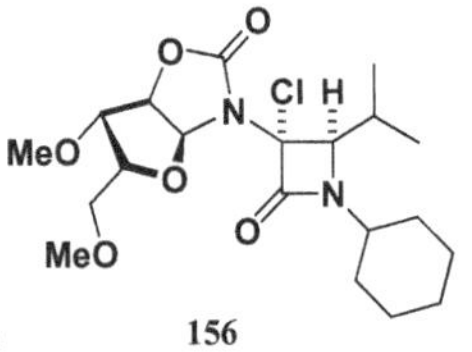

156

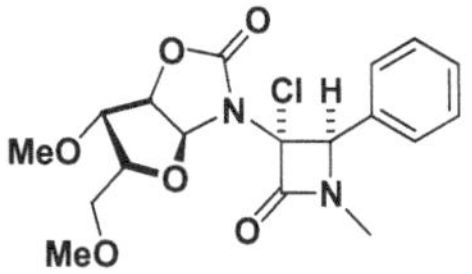

157

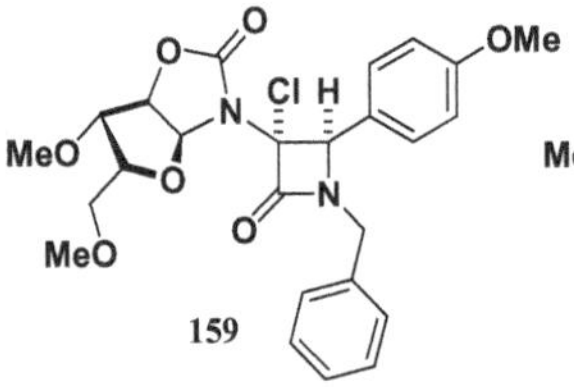

159

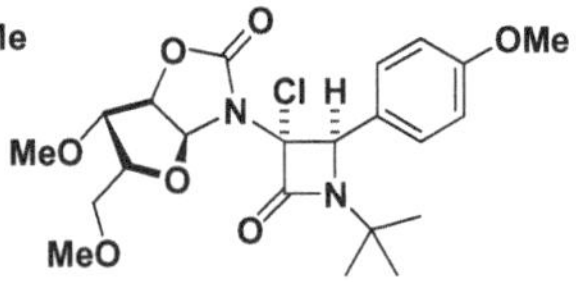

161

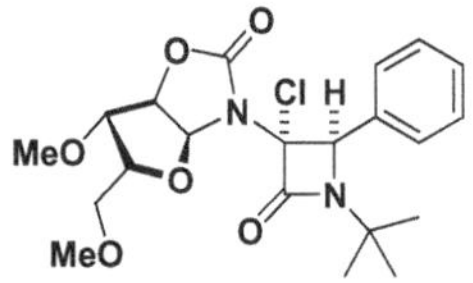

162

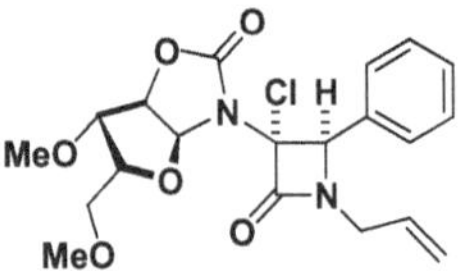

163

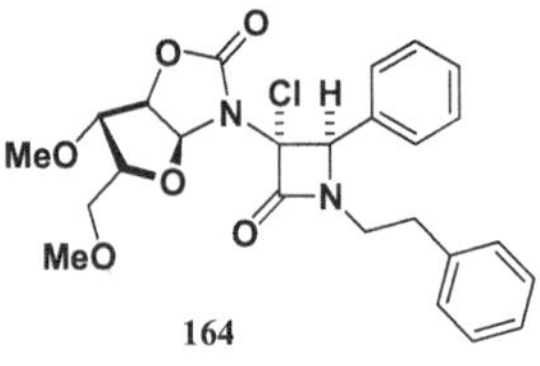

164

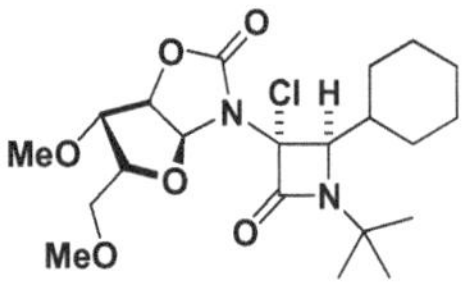

166

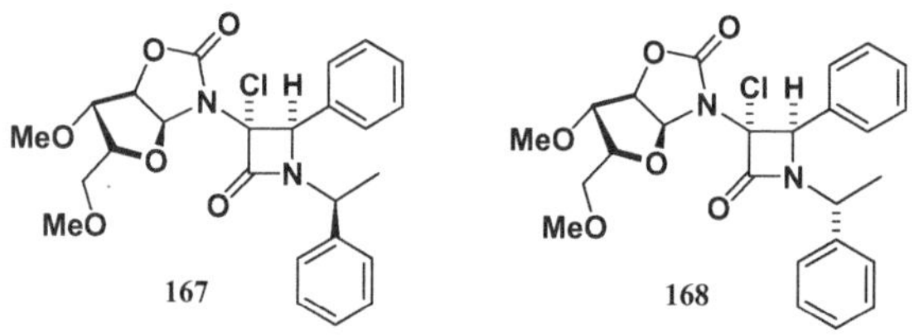

167 168

Abb. 116 Als Hauptprodukte isolierte (3*R*)-konfigurierte 3-Chlor-β-lactame

Den Nebendiastereomeren war folglich eine (3*S*)-Konfiguration zuzuordnen (Abb. 117).

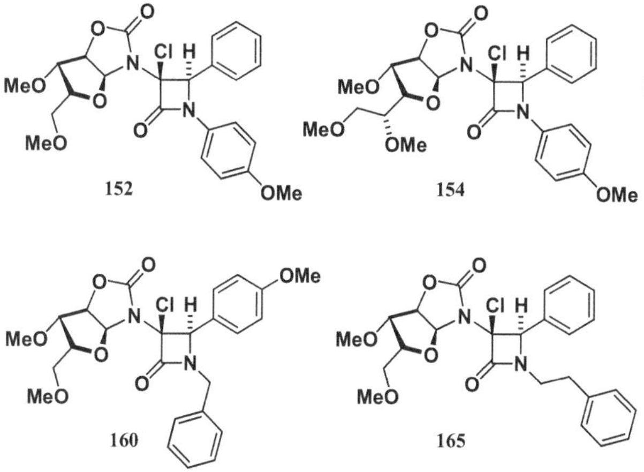

152 154 158

160 165

Abb. 117 Als Nebenprodukte isolierte (3*S*)-konfigurierte 3-Chlor-β-lactame

Zum Nachweis der angegebenen Konfigurationen wurden auf röntgenkristallographische Methoden zurückgegriffen. Verbindung **150** lieferte nach Umkristallisation geeignete Kristalle für eine exemplarische Röntgenstrukturanalyse. Auf diesem Wege konnte die zu erwartende (3*R*)-Konfiguration der als Hauptdiastereomere erhaltenen 3-Chlor-β-lactame und damit auch die (3*S*)-Konfiguration der Nebendistereomere bestätigt werden. In Abb. 118 ist die für Verbindung **150** ermittelte Molekülstruktur dargestellt. Es sei wiederum darauf hingewiesen, dass die Atomnummerierung im abgebildeten *DIAMOND*-Plot keiner Nomenklatur-Richtlinie entspricht und nur auf diesen speziellen Fall zu beziehen ist. Eine tabellarische Auflistung der zugehörigen röntgenkristallographischen Daten befindet sich an anderer Stelle (Kap. 10).

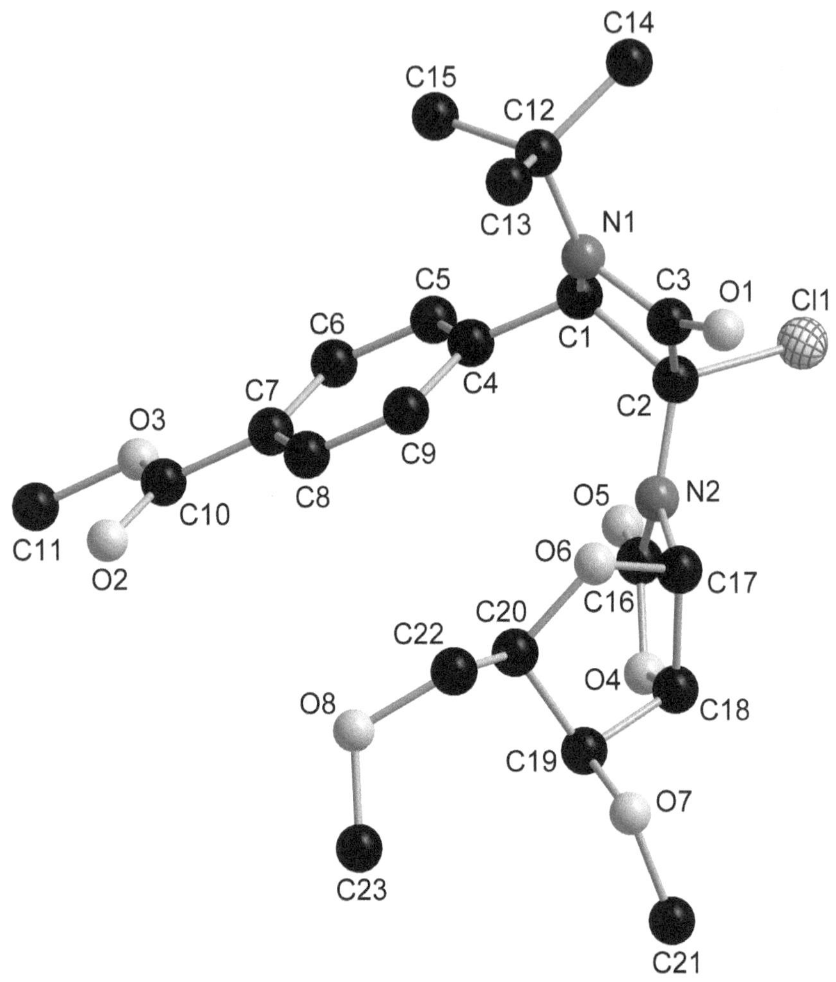

Abb. 118 Röntgenkristallographisch ermittelte Molekülstruktur des 3-Chlor-β-lactams **150**[207]

Die bei den Chlorierungen der Diastereomerengemische **106** und **108** beobachtete ausschließliche Umsetzung der *cis*-konfigurierten Ausgangsverbindungen beruht vermutlich auf einer selektiven Enolatbildung, da die hypothetischen Enolate der *trans*-(3*S*,4*S*)-β-Lactame durchaus mit dem *N*-Chlorsuccinimid abreagieren sollten. Es erscheint möglich, dass die (4*S*)-Konfiguration einer räumlich anspruchsvollen Base wie LiHMDS den Zugang zum CH-aciden Zentrum (C-3) erschwert und damit der Deprotonierung eine sterische Hinderung entgegenbringt. Auch sterische Wechselwirkungen innerhalb des Enolats könnten bei den *trans*-Verbindungen für eine geringere Enolisierungstendenz sorgen. Die *cis*-(3*S*,4*R*)-konfigurierten β-Lactam-Diastereomere hingegen sollten deutlich leichter in die entsprechenden Lithium-Enolate überführbar sein und unter den vorliegenden Bedingungen bevorzugt zu den 3-Chlor-β-lactamen abreagieren. Zur Veranschaulichung der räumlichen Situation zeigt Abb. 119 eine vergleichende Gegenüberstellung der Diastereomere.

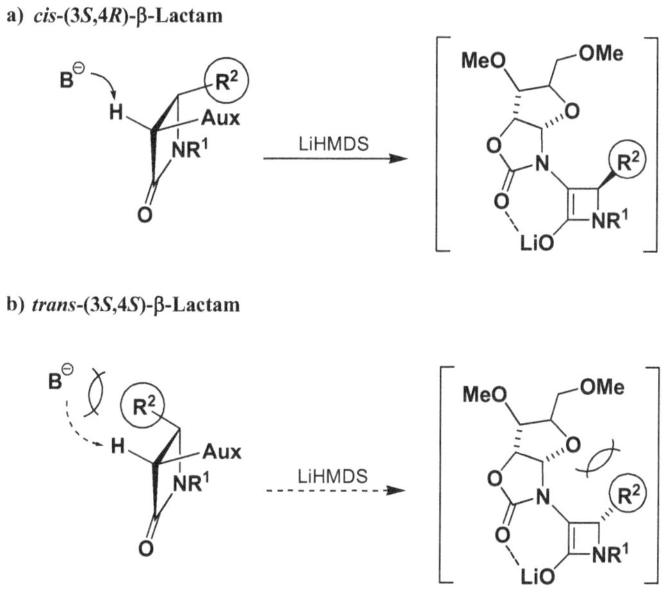

a) *cis*-(3*S*,4*R*)-β-Lactam

b) *trans*-(3*S*,4*S*)-β-Lactam

Abb. 119 | Sterisch ungehinderte (**a**) und gehinderte (**b**) Enolatbildung bei C-4-epimeren β-Lactam-Derivaten

Die hohe Diastereoselektivität der Chlorierungsreaktionen ist nicht allein auf die strukturellen Charakteristika der *cis*-(3*S*,4*R*)-konfigurierten β-Lactam-Substrate zurückzuführen. Sie resultiert ebenso aus dem hohen räumlichen Anspruch des *N*-Chlorsuccinimids, dessen elektrophiler Angriff auf das Enolat mit besonderer Empfindlichkeit gegenüber sterischen Wechselwirkungen erfolgen sollte. Reaktionen mit kleineren Elektrophilen können weitaus weniger stereoselektiv verlaufen. So lieferte das Lithium-Enolat des *cis*-(3*S*,4*R*)-konfigurierten β-Lactam-Derivats **102** in THF beim Quenchen mit gesättigter wässriger Ammoniumchlorid-Lösung die Ausgangsverbindung (**102**) und das *trans*-konfigurierte C-3-Epimer **169** im Verhältnis 55:45 (Abb. 120).

1. LiHMDS (1.4 Äq.)
2. $NH_4Cl_{(aq)}$
THF, -70 °C, 1 h

102 → **102** + **169**

dr (**102**/**169**) = 55 : 45

Abb. 120 | C-3-Epimerisierung von **102** durch wässriges Abfangen des Li-Enolats

Ein Teil des Epimers **169** konnte isoliert und vollständig charakterisiert werden.[195] Die aus dem ^{1}H-NMR-Spektrum ermittelte vicinale Kopplungskonstante der Lactam-Protonen betrug 1.7 Hz und lag damit auf einem für *trans*-β-Lactame typischen Niveau. Neben einem zusätzlichen Hinweis für die Existenz eines β-Lactam-Enolats bei den durchgeführten Chlorierungsreaktionen lieferte dieses Ergebnis eine Darstellungsmöglichkeit für die thermodynamisch stabileren *trans*-(3*R*,4*R*)-konfigurierten Azetidin-2-on-Derivate. Eine präparative Nutzung dieser Epimerisierung setzt jedoch die vorherige Anpassung der Reaktionsbedingungen voraus. Vertiefende Untersuchungen in dieser Richtung wurden nicht vorgenommen.

6.2 Hydrolyse der 3-Chlor-β-lactame und Freisetzung der enantiomerenreinen Azetidin-2,3-dione

Der zweite Schritt auf dem Weg zur Abspaltung des Glycooxazolidinon-Auxiliars sah eine nucleophile Substitution am halogenierten Zentrum C-3 vor, um die gewünschten Halbaminale zu generieren. Mit den synthetisierten 3-Chlor-β-lactamen **150-168** standen vielfältige Ausgangsverbindungen für die Hydrolyse zu den korrespondierenden 3-Hydroxy-Derivaten zur Verfügung. In einleitenden Experimenten sollten zuerst verschiedene Varianten auf ihre Eignung untersucht werden, wobei die (3*R*)-konfigurierte Verbindung **159** als Testsubstanz diente. Die Durchführung der Hydrolysen erfolgte in Acetonitril/Wasser-Gemischen (2:1) bei Raumtemperatur unter Zusatz eines Silber(I)-salzes (1.5 Äquivalente) als Reaktionsbeschleuniger. In vergleichenden Ansätzen, die nach jeweils 14 Stunden Reaktionszeit aufgearbeitet und NMR-spektroskopisch untersucht wurden, kamen Silbernitrat, -carbonat, -tosylat und -acetat zum Einsatz (Abb. 121).

Variante:	Ausbeute (NMR):
I : $AgNO_3$ (1.5 Äq.)	~ 50 %
II : Ag_2CO_3 (1.5 Äq.)	< 10 %
III: AgOTs (1.5 Äq.)	~ 15 %
IV: AgOAc (1.5 Äq.)	~ 30 %

Abb. 121 | Hydrolyse des 3-Chlor-β-lactams **159** in Gegenwart verschiedener Silber(I)-salze

Das beste Resultat wurde dabei mit dem im Reaktionsmedium gut löslichen Silbernitrat erzielt. Versuche in Lösungsmittelgemischen mit einem steigenden Acetonitril-Anteil unter Verwendung von Silbertosylat blieben ohne erkennbare Umsatzsteigerung. Offenbar ist eine höhere Konzentration von Ag^+-Ionen für den zügigen Ablauf der Hydrolyse notwendig. Bei den NMR-spektroskopischen Untersuchungen der Ansätze **I** und **IV** zeigten sich bereits geringe Mengen des Glycooxazolidinons **13a** und des Azetidin-2,3-dions **173** im Rohprodukt (ca. 5 % bezogen auf das Edukt). Unter den vorliegenden Reaktionsbedingungen kam es demnach zum partiellen Zerfall des *in situ* gebildeten Halbaminals. Dieser Befund war auf das im Verlauf der Hydrolyse zunehmend acider werdende Medium zurückzuführen. In Abb. 122 ist der Reaktionsverlauf schematisch dargestellt.

Abb. 122 | Bildung (**A**) und möglicher Zerfall (**B**) eines Halbaminals bei der Hydrolyse

Grundsätzlich sollte ein Silbersalz mit einem basischen Anion $\mathbf{Y}^-$ in der Lage sein, die während der Reaktion gebildeten Protonen abzufangen (**A**). Die Basizität von $\mathbf{Y}^-$ muss dabei stärker als diejenige des tertiären Amins sein, um dessen Protonierung und damit den Abbau des Halbaminals zum Keton (**B**) zu verhindern. In den eigenen Untersuchungen zeigte sich, dass der Übergang von Silbernitrat zu Silberacetat noch keine stabilisierenden Bedingungen herbeiführte. Offenbar reichte die Basizität des Acetats für einen relevanten Pufferungseffekt nicht aus. Insgesamt war die partielle *in situ*-Zersetzung jedoch unproblematisch, da sie bereits die erwünschten Spaltungsprodukte lieferte und eine chromatographische Isolierung der sensiblen Halbaminale ohnehin nicht gelang. Unter präparativen Gesichtspunkten schien es angesichts der möglichen Folgereaktion zudem vorteilhaft, in schwach saurer statt basischer Reaktionslösung zu arbeiten um einer Racemisierung der möglicherweise freigesetzten enantiomerenreinen Azetidin-2,3-dione entgegenzuwirken. Vor diesem Hintergrund bot sich die Verwendung von Silbernitrat als Dehalogenierungsmittel für die geplanten Umsetzungen an. Durch Erhöhung der Silbermenge konnte ein nahezu vollständiger Umsatz des 3-Chlor-β-lactams **159** erreicht werden. Die Durchführung der nachfolgenden Hydrolysen erfolgte bei einer Temperatur von 0 °C in einem Acetonitril/ Wasser-Gemisch (2:1) unter Einwirkung von drei Äquivalenten Silbernitrat und langsamer Erwärmung auf Raumtemperatur über Nacht. Bei den ^{1}H-NMR-spektroskopischen Untersuchungen der so erhaltenen Rohprodukte konnten Diastereoselektivitäten festgestellt werden, die mit denen der Chlorierungsreaktionen vergleichbar waren (*dr* $\geq$ 80:20). Obwohl die Konfiguration der resultierenden 3-Hydroxy-β-lactame an C-3 aus synthetischer Sicht belanglos erscheint, da sie bei der sich anschließenden Spaltung unter Ausbildung der Carbonylfunktion verloren geht, sollen an dieser Stelle einige stereochemische Aspekte der Hydrolyse kurz diskutiert werden. Ein einheitlicher Verlauf nach einem S_N2-Mechanismus mit Inversion der Konfiguration am stereogenen Zentrum C-3 kann aufgrund der Entstehung zweier Produkte beim Einsatz diastereomerenreiner 3-Chlor-β-lactame ausgeschlossen werden. Wahrscheinlicher hingegen ist die Reaktionseinleitung durch einen Ag^+-induzierten Dehalogenierungsschritt unter Ausfällung von Silberchlorid. In welchem Umfang es zur Bildung eines Carbenium-Ions als Intermediat kommt (gemäß S_N1) oder ein nahezu simultaner nucleophiler Angriff durch H_2O stattfindet, ist schwer zu beurteilen. Das polare Lösungsmittel und die Möglichkeit zur Resonanzstabilisierung eines hypothetischen Carbenium-Ions durch Beteiligung des Oxazolidinon-Stickstoffs (Bildung eines *N*-Acyliminium-Ions) könnten einen S_N1-Mechanismus unterstützen (Abb. 123). In diesem Fall sollte vornehmlich das benachbarte stereogene Zentrum C-4 Einfluss auf die Stereoselektivität der Wasseranlagerung nehmen.

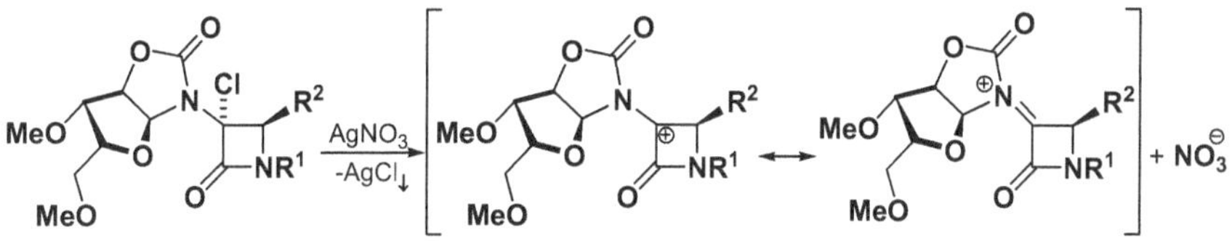

Abb. 123 Bildung und Resonanzstabilisierung eines denkbaren kationischen Intermediats

Die Notwendigkeit der Ag^+-induzierten Dehalogenierung für den Ablauf der Hydrolyse zeigte sich bei der Reaktion eines als Diastereomerengemisch eingesetzten 3-Chlor-β-lactams. Da die Konfiguration an C-3 des β-Lactams im Zuge der Auxiliarabspaltung unter Bildung des Azetidin-2,3-dions aufgehoben wird, erscheint es grundsätzlich sinnvoll, das Chlorierungsprodukt ohne aufwendige Trennung in Form des binären Diastereomerengemischs zu hydrolysieren. Dieser Weg wurde auch von HOLTON gewählt und ermöglichte eine nahezu quantitative Überführung in die 3-Hydroxy-β-lactame.[221] Im Gegensatz dazu konnte bei der Umsetzung eines 3:2-Gemisches der Diastereomere **153** und **154** lediglich die Hydrolyse des (3*R*)-konfigurierten 3-Chlor-β-lactams (**153**) beobachtet werden.[180] Unter den gegebenen Reaktionsbedingungen reagiert offenbar das Diastereomer mit (3*S*)-Konfiguration (**154**) beträchtlich langsamer, was eine säulenchromatographische Rückgewinnung der Verbindung gestattete. Dieser Reaktivitätsunterschied kann sterische Ursachen haben. Im Falle des (3*R*,4*R*)-konfigurierten Diastereomers ist das Chloratom an C-3 für ein Ag^+-Ion frei zugänglich und erlaubt eine ungehinderte Initialisierung der Hydrolyse. Beim (3*S*,4*R*)-konfigurierten Diastereomer hingegen kann durch den Substituenten an C-4 ($\mathbf{R^2}$) eine sterische Abschirmung des Chloratoms stattfinden, die den Angriff eines Ag^+-Ions wirksam unterbindet (Abb. 124).

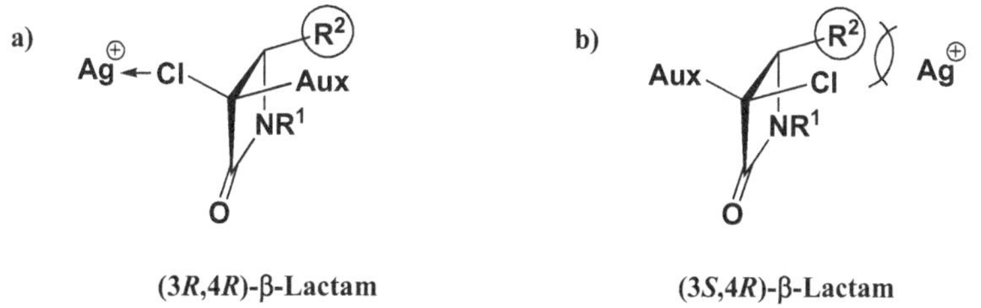

(3*R*,4*R*)-β-Lactam **(3*S*,4*R*)-β-Lactam**

Abb. 124 Sterisch ungehinderte (**a**) und gehinderte (**b**) Promotorfunktion von Ag^+ bei der Hydrolyse C-3-epimerer 3-Chlor-β-lactame

Um einen möglichst vollständigen Umsatz zu gewährleisten und den späteren Reinigungsaufwand zu minimieren sollten daher in den nachfolgenden Hydrolysen ausschließlich die (3*R*)-konfigurierten 3-Chlor-β-lactame zum Einsatz kommen. Es sei daran erinnert, dass diese Diastereomere in guten bis sehr guten Ausbeuten als Hauptprodukte der Chlorierungsreaktionen isoliert wurden. Mit Verbindung **155** fand auch ein Derivat mit dem Oxazolidin-2-on-Auxiliar auf Basis der D-Glucose Verwendung, die anderen Substrate enthielten das auf D-Xylose basierende Auxiliar. Das anellierte furanoide Zuckergerüst sollte die beabsichtigten Derivatisierungen zur Abspaltung des Oxazolidin-2-ons prinzipiell nicht beeinflussen, da es räumlich vom Reaktionszentrum abgewendet ist. Die hydrolytische Umsetzung der diastereomerenreinen 3-Chlor-β-lactame **151, 155, 157, 159, 161-164** und **166-168** erfolgte gemäß der oben beschriebenen Methode in Gegenwart von Silbernitrat (3 Äquivalente), wobei die resultierenden 3-Hydroxy-β-lactame nicht isoliert sondern in Form der Rohprodukte weiterverarbeitet wurden. Für mild-saure Bedingungen zur Abspaltung des Glycooxazolidinon-Auxiliars unter Freisetzung der Azetidin-2,3-dione sorgte die abschließende Behandlung mit Kieselgel in Dichlormethan (Abb. 125). Eine Zersetzung der Halbaminale durch Erhitzen in trockenem THF, wie es von PALOMO[219] und HOLTON[221] für Verbindungen mit einfacheren Oxazolidinon-Auxiliaren beschrieben wurde, war bei den eigenen Derivaten nicht möglich.

$AgNO_3$ (3 Äq.)
MeCN/H_2O (2:1), 0 °C → RT, 12 h

151, 155, 157, 159, 161-164, 166-168

SiO_2, CH_2Cl_2, RT, 20-24 h

AuxH

Aux:

151, 157, 159, 161-164, 166-168

155

170-180

Abb. 125 Reaktionssequenz zur Abspaltung des Glycooxazolidinon-Auxiliars

Das in Abb. 125 gezeigte Verfahren lieferte die homochiralen Azetidin-2,3-dione **170-180** in ansprechenden Ausbeuten von 58-91 %. Die (4*R*)-Konfiguration der Produkte konnte exemplarisch für Verbindung **170** durch Vergleich des spezifischen Drehwertes mit dem in der Literatur beschriebenen (*S*)-Enantiomer bestätigt werden.[227] Erfreulicherweise war bei den Derivaten **179** und **180**, die zwei stereogene Zentren besitzen, NMR-spektroskopisch kein Hinweis für die Existenz eines zweiten Diastereomers im Spaltungsprodukt zu finden, wonach eine messbare Epimerisierung unter den gegebenen Reaktionsbedingungen unterbleibt. Für alle dargestellten Azetidin-2,3-dione sollte dementsprechend eine hohe optische Reinheit gewährleistet sein. In Tabelle 15 sind die Ergebnisse der Spaltungsreaktionen zusammengefasst.

Tab. 15 | Resultate der Azetidin-2,3-dion-Synthesen unter Abspaltung des Glycooxazolidinons

3-Chlor-β-Lactam	R^1	R^2	Azetidin-2,3-dion	Ausbeute [a)]
151	PMP	Ph	**170**	91 %
155	PMP	*c*-Hex	**171**	64 %
157	Me	Ph	**172**	73 %
159	Bn	PMP	**173**	58 %
161	*t*-Bu	PMP	**174**	78 %
162	*t*-Bu	Ph	**175**	75 %
163	Allyl	Ph	**176**	68 %
164	CH_2CH_2Ph	Ph	**177**	76 %
166	*t*-Bu	*c*-Hex	**178**	80 %
167	(*S*)-CHMePh	Ph	**179**	72 %
168	(*R*)-CHMePh	Ph	**180**	70 %

a) Ausbeute an isoliertem Produkt

Erwartungsgemäß ließ sich das auf D-Glucose basierende chirale Oxazolidin-2-on-Auxiliar der Ausgangsverbindung **155** nach dieser Methode ebenfalls vom β-Lactam abspalten. Die Ausbeute der Reaktion war mit denjenigen vergleichbar, die unter Einsatz des Auxiliars auf Basis der D-Xylose erhalten wurden.[180] Es sei nochmals darauf hingewiesen, dass die chiralen Oxazolidin-2-one bei diesem Verfahren chromatographisch zurückgewonnen werden können. Problematisch hingegen kann die Zersetzungstendenz einiger Azetidin-2,3-dione sein, wenn Essigsäureethylester als Laufmittelkomponente bei der Säulenchromatographie verwendet wird. Im Gegensatz zu den unempfindlicheren 1-Aryl-Derivaten (**151**, **155**) neigen die 1-Alkyl-Derivate (insbesondere für $\mathbf{R}^1 \neq t$-Bu) unter derartigen Bedingungen zur Dekomposition. In diesen Fällen war eine Kieselgelfiltration mit Dichlormethan als Eluent und eine anschließende Feinreinigung durch Kristallisation die bevorzugte Vorgehensweise. Das mit Dichlormethan kaum mobilisierbare Auxiliar kann anschließend mit Ethylacetat von der stationären Phase gespült werden. Abb. 126 gibt einen Überblick über die synthetisierten enantiomerenreinen Azetidin-2,3-dione.

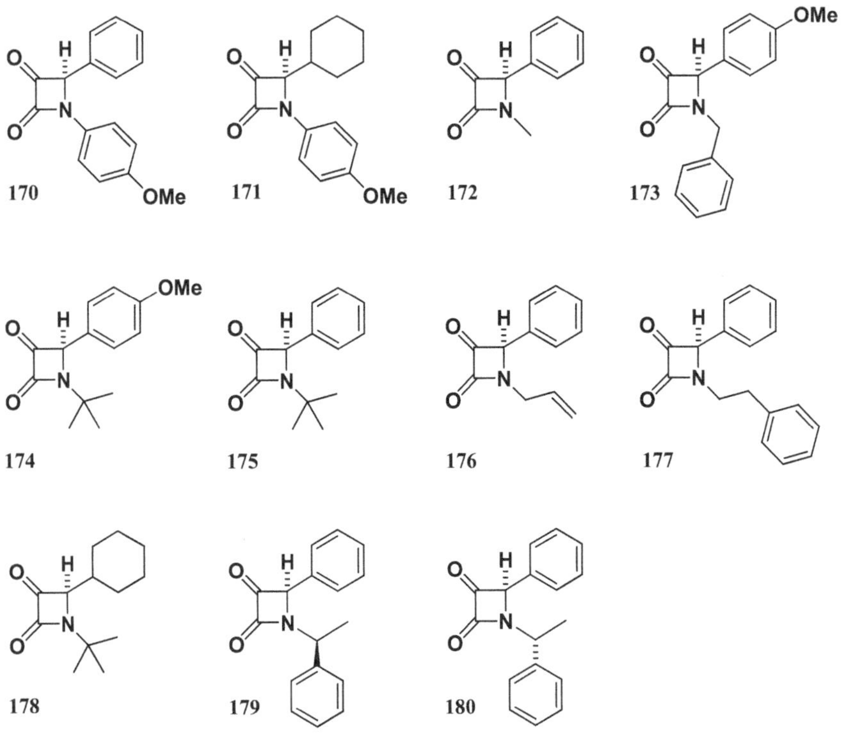

O H N O OMe **170**
O H N O OMe **171**
O H N O **172**
OMe O H N O **173**
OMe O H N O **174**
O H N O **175**
O H N O **176**
O H N O **177**
O H N O **178**
O H N O **179**
O H N O **180**

Abb. 126 Die stereoselektiv synthetisierten Azetidin-2,3-dione **170-180**

Optisch reine Azetidin-2,3-dione stellen wertvolle Synthone für die organische Synthese dar.[228] Ihre in α-Position zum stereogenen Zentrum befindliche, reaktive Carbonylfunktion erlaubt vielfältige und stereoselektive Derivatisierungen an C-3 unter Erhalt der pharmakologisch bedeutsamen β-Lactam-Struktur. Die Nutzung der Azetidin-2,3-dione zur direkten Synthese von α-Aminosäure-Derivaten wird im folgenden Kapitel näher betrachtet.

7. Selektive Ringöffnung von β-Lactamen

Im zurückliegenden Teil dieser Arbeit wurde die Entwicklung einer neuen Methode zur stereoselektiven Synthese von β-Lactamen beschrieben. Abgesehen von der sicherlich größten Bedeutung des Azetidin-2-ons als Pharmakophor ermöglicht die gezielte Ringöffnung adäquat substituierter Vertreter einen direkten Zugang zu α- bzw. β-Aminosäuren und ihren Derivaten. Viele Spaltungsreaktionen laufen von der Ringspannung unterstützt bereits unter milden Bedingungen ab und empfehlen sich deshalb auch für den Einsatz optisch reiner Ausgangsverbindungen. In diesem Kapitel soll das synthetische Potential enantiomerenreiner β-Lactame bezüglich ihre Ringöffnung als Methode zur stereokontrollierten Synthese von Aminosäure-Derivaten näher untersucht werden. Mit den dargestellten Azetidin-2-onen und Azetidin-2,3-dionen stand eine vielfältige Auswahl optisch reiner Verbindungen zur Verfügung, welche entsprechend ihres Substitutionsprofils für unterschiedliche Methoden zur Öffnung des Heterocyclus geeignet sein sollten. In den folgenden Untersuchungen wurde der Versuch angegangen, den β-Lactam-Ring geeigneter Derivate an drei der vier möglichen Stellen durch selektive Spaltung einer Bindung zu öffnen (Abb. 127).

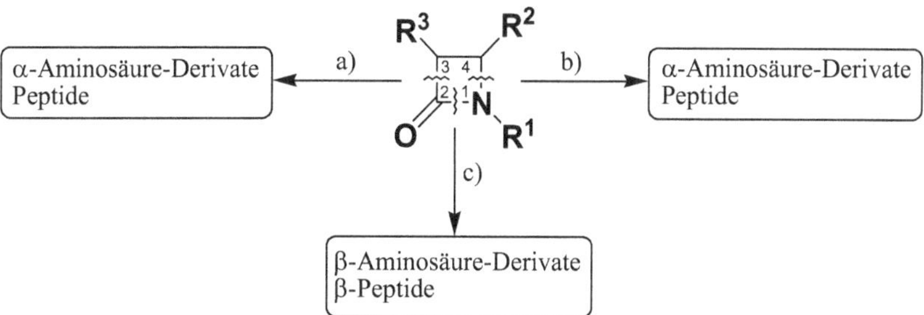

Abb. 127 Geplante Varianten bei der selektiven Ringöffnung von β-Lactam-Derivaten

Enantiomerenreine Ausgangsverbindungen für die Spaltung der C-2/C-3-Bindung (a) und der N-1/C-4-Bindung (b) konnten dem Pool der bereits synthetisierten β-Lactame entnommen werden. Die nucleophile Ringöffnung nach Weg c (Spaltung N-1/C-2) setzte jedoch einen elektronenziehenden Rest $\mathbf{R^1}$ voraus und machte daher die Herstellung geeigneter Derivate durch Substituentenaustausch am Lactam-Stickstoff erforderlich.

7.1 Spaltung der C-2/C-3-Bindung des β-Lactams

Die ersten Ringöffnungen an dieser Seite des Azetidin-2-ons wurden von PALOMO für 3-Hydroxy-β-lactame beschrieben (Abb. 128). Dabei erfolgte zunächst eine Oxidation der Ausgangsverbindung zum korrespondierenden α-Aminosäure-*N*-carboxy-anhydrid (NCA), die entweder direkt mittels Natriumhypochlorit in Gegenwart katalytischer Mengen 2,2,6,6-Tetramethyl-piperidin-1-oxyl (TEMPO) erreicht wird[229] oder alternativ in einem zweistufigen Prozess durch Einwirkung von Dimethylsulfoxid (DMSO)/Phosphor(V)-oxid und Umsetzung des resultierenden Azetidin-2,3-dions mit *m*-Chlor-perbenzoesäure (MCPBA) vollzogen werden kann.[230]

Azetidin-2,3-dion

α-Aminosäure-*N*-carboxy-anhydrid (NCA)

α-Aminosäure-Derivat

Abb. 128 Spaltung der C-2/C-3-Bindung eines β-Lactams nach PALOMO[229,230]

Es handelt sich beim NCA um ein sehr interessantes Zwischenprodukt, da es eine gleichzeitig *N*-geschützte sowie Carboxyl-aktivierte α-Aminosäure repräsentiert und mit verschiedenen

Nucleophilen (z. B. Alkoholen, Aminen) unter Ringöffnung und Decarboxylierung zu den jeweiligen α-Aminosäure-Derivaten umgesetzt werden kann. Die vorgestellte Methode erlaubt aufgrund der milden Reaktionsbedingungen den Einsatz empfindlicher, optisch reiner Kupplungskomponenten und offeriert daher einen eleganten Weg zur stereokontrollierten Synthese von Peptiden.

Ein direktes Verfahren zur Spaltung der C-2/C-3-Bindung entdeckte ALCAIDE bei der Umsetzung von Azetidin-2,3-dionen mit primären Aminen, wobei statt der erwarteten Imine die α-Aminosäureamide als Ringöffnungsprodukte in vernünftiger Ausbeute anfielen.[231] Beim Einsatz optisch reiner Edukte ergaben sich keine Anzeichen für eine Racemisierung im Verlauf der Reaktion. Mechanistisch werden unterschiedliche Möglichkeiten diskutiert, die eine unmittelbare Abspaltung von Kohlenmonoxid aus dem primär gebildeten Halbaminal-Addukt vorschlagen (Weg **A**) oder eine Decarbonylierung sekundärer Intermediate, wie beispielsweise Aziridin-2-one (**B**) oder *N*-Formylamide (**C**) in Betracht ziehen (Abb. 129).

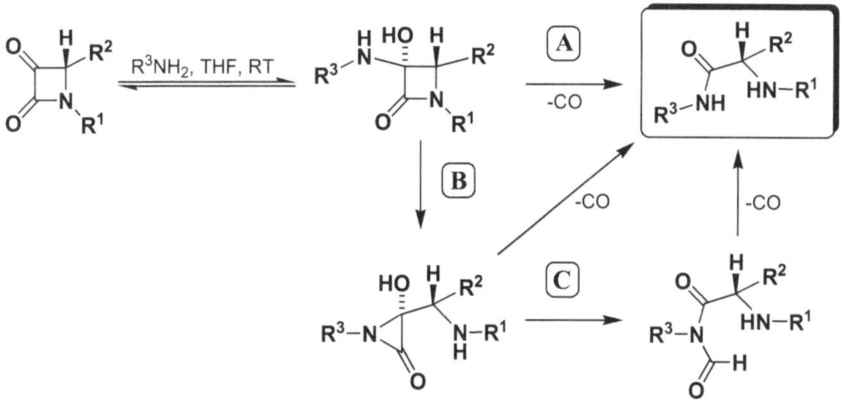

Abb. 129 | Direkte Spaltung der C-2/C-3-Bindung eines β-Lactams nach ALCAIDE[231] (Mechanistische Betrachtung)

Sowohl das von PALOMO als auch das von ALCAIDE beschriebene Verfahren zur selektiven Ringöffnung sollte sich auf die in den eigenen Arbeiten synthetisierten, (4*R*)-konfigurierten Azetidin-2,3-dione übertragen lassen und auf diese Weise einen stereokontrollierten Zugang zu Derivaten von α-D-Aminosäuren in Aussicht stellen. Anhand von (*R*)-1-(4-Methoxyphenyl)-4-phenyl-azetidin-2,3-dion (**170**) und (*R*)-4-Cyclohexyl-1-(4-methoxyphenyl)-azetidin-2,3-dion (**171**) wurden beide Methoden exemplarisch untersucht.[180] Dabei war die Verwendung von Aminen als Nucleophile vorgesehen, um das synthetische Potential der

Ringöffnung im Hinblick auf die Darstellung von α-Aminosäureamiden und Dipeptiden auszuloten.

Aufgrund der leichteren Durchführbarkeit erfolgte zuerst ein Versuch zur direkten Spaltung der C-2/C-3-Bindung gemäß der von ALCAIDE publizierten Variante. Dazu wurde das Azetidin-2,3-dion **170** in Tetrahydrofuran (THF) gelöst und bei Raumtemperatur mit einem Äquivalent Morpholin umgesetzt, welches in der betreffenden Literatur als besonders geeignete Aminkomponente hervorstach.[231] Auf diese Weise konnte das erwünschte tertiäre Amid **181** als Derivat des D-Phenylglycins in einer Ausbeute von 50 % isoliert werden. In Abb. 130 ist die durchgeführte Ringöffnung veranschaulicht.

O NH (1 Äq.)
THF, RT, 16 h
170 OMe
181 (50 %) OMe

Abb. 130 Direkte Öffnung des Azetidin-2,3-dions **170** zum D-Phenylglycinamid **181**

Nach diesem aussichtsreichen Beginn war beabsichtigt, auf gleichem Wege Spaltungen mit primären Aminen zu erwirken und damit der anvisierten direkten Knüpfung einer Peptidbindung ein Stück näher zu kommen. Diese analog durchgeführten Versuche zur Ringöffnung verliefen jedoch weniger erfolgreich und zeigten erst nach mehrtätiger Reaktionszeit einen mangelhaften Umsatz des Azetidin-2,3-dions. Daher sollte untersucht werden, ob das zweistufige Verfahren zur Spaltung der C-2/C-3-Bindung nach PALOMO für schwächere Nucleophile eine präparativ sinnvollere Alternative darstellt. Die erforderliche Synthese der α-Aminosäure-*N*-carboxy-anhydride (NCA) erfolgte dabei in einer der BAEYER-VILLIGER-Oxidation ähnelnden Umsetzung des jeweiligen Azetidin-2,3-dions (**170**, **171**) mit *m*-Chlor-perbenzoesäure (MCPBA) in Dichlormethan bei niedriger Temperatur. Das gebildete NCA wurde anschließend *in situ* mit dem primären Amin unter Erwärmung auf Raumtemperatur zur Reaktion gebracht.[232] Neben Isopropylamin sollte mit D-Phenylglycinmethylester dabei auch eine optisch reine Aminkomponente zum Einsatz kommen.[233] Abb. 131 zeigt das allgemeine Schema für die über das NCA-Intermediat verlaufenden Ringöffnungsreaktionen.

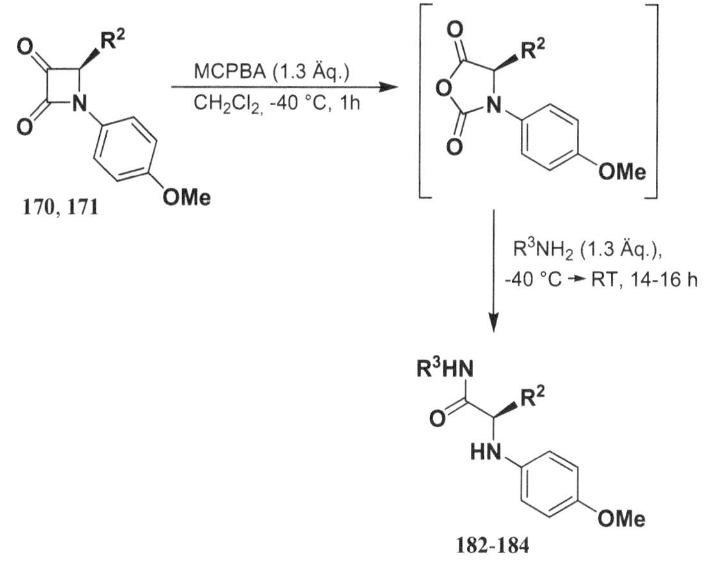

Abb. 131 | Synthese der α-D-Aminosäure-Derivate **182-184** über ein *in situ* gebildetes NCA

Die nach dieser Methode durchgeführten Umsetzungen lieferten die erwünschten Derivate der α-D-Aminosäuren (**182-184**) in ansprechenden Ausbeuten von 51-82 %. Besonders erfreulich verlief die Ringöffnung des (*R*)-4-Cyclohexyl-1-(4-Methoxyphenyl)-azetidin-2,3-dions (**171**) mit D-Phenylglycinmethylester zum Dipeptid **184**. Das ^{1}H-NMR-Spektrum des Rohprodukts gab keinen Hinweis für die Bildung von Nebendiastereomeren durch Racemisierung einer der beiden enantiomerenreinen Kupplungspartner und bestätigte, dass die über das NCA verlaufende Spaltungsmethode für den Einsatz optisch reiner Edukte bestens geeignet ist. Die Synthese des aus zwei α-D-Aminosäuren aufgebauten Dipeptids **184** gelang in hoher isolierter Ausbeute (82 %). In Tabelle 16 sind die Ergebnisse der Ringöffnungen zusammengefasst.

Tab. 16 | Resultate der Ringöffnungen zu den α-D-Aminosäure-Derivaten **182-184**

Azetidin-2,3-dion	R^2	R^3	Produkt	Ausbeute [a)]
170	Ph	*i*-Pr	**182**	62 %
171	*c*-Hex	*i*-Pr	**183**	51 %
171	*c*-Hex	(*R*)-CHPhCO_2Me	**184**	82 %

a) Ausbeute nach säulenchromatographischer Reinigung

Abb. 132 zeigt die aus den Azetidin-2,3-dionen **170** und **171** synthetisierten α-D-Aminosäure-Derivate **182-184**.

182 **183** **184**

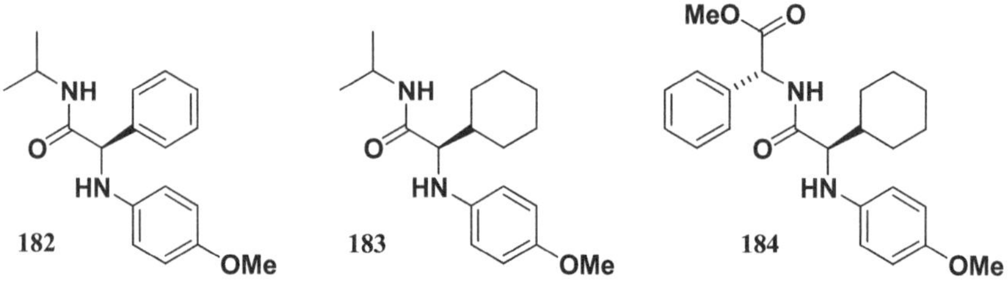

Abb. 132 | Die über ein NCA-Intermediat dargestellten α-D-Aminosäure-Derivate **182-184**

Anhand dieser Beispiele konnte gezeigt werden, dass sich die mit Hilfe der chiralen Glycooxazolidinon-Auxiliare stereoselektiv synthetisierten Azetidin-2,3-dione ohne optische Einbußen zu den jeweiligen Derivaten von α-D-Aminosäuren durch selektive Spaltung der C-2/C-3-Bindung umsetzen lassen. Die von PALOMO entwickelte Methode über ein intermediär generiertes α-Aminosäure-*N*-carboxy-anhydrid (NCA) erwies sich für die Darstellung sekundärer Aminosäureamide und Peptide gegenüber der direkten Variante nach ALCAIDE als vorteilhaft. Offenbar verläuft die Aminolyse des NCA zur leicht decarboxylierenden Carbamidsäure deutlich glatter als die Decarbonylierung des Additionsprodukts, welches das primäre Amin mit dem Azetidin-2,3-dion bildet.

7.2 Spaltung der N-1/C-4-Bindung des β-Lactams

Eine Spaltung der N-1/C-4-Bindung beobachtete ALCAIDE bei der Umsetzung von β-Lactamen mit einem direkt an C-4 gebundenen Acetal- bzw. Dithioacetal-Zentrum. Nach Reduktion zu den Azetidinen konnte mittels Diethylaluminiumchlorid eine Ringerweiterung unter Bildung der jeweiligen Pyrrolidin- bzw. Pyrrol-Derivate hervorgerufen werden.[234] Derartige Reaktionen sollen an dieser Stelle zwar erwähnt, nicht aber im Detail diskutiert sein, da bei den eigenen Untersuchungen andere Zielverbindungen von Interesse waren.
Ein weiteres Beispiel für eine direkte Öffnung des β-Lactams an dieser Position ohne vorherige Reduktion wurde ebenfalls von ALCAIDE publiziert und beschreibt die Reaktivität von 4-Benzoyl-4-phenyl-azetidin-2-onen in Gegenwart starker Basen.[235] Durch Umsetzung

mit Natriumhydrid in *N,N*-Dimethylformamid (DMF) lieferten diese Ausgangsverbindungen α,β-ungesättigten Amide (**A**) als Spaltungsprodukte oder ließen sich durch Zugabe eines Alkylhalogenids unter Ringerweiterung in die entsprechenden α,β-ungesättigten γ-Lactame (**B**) überführen. Zur Veranschaulichung zeigt Abb. 133 ein Reaktionsschema.

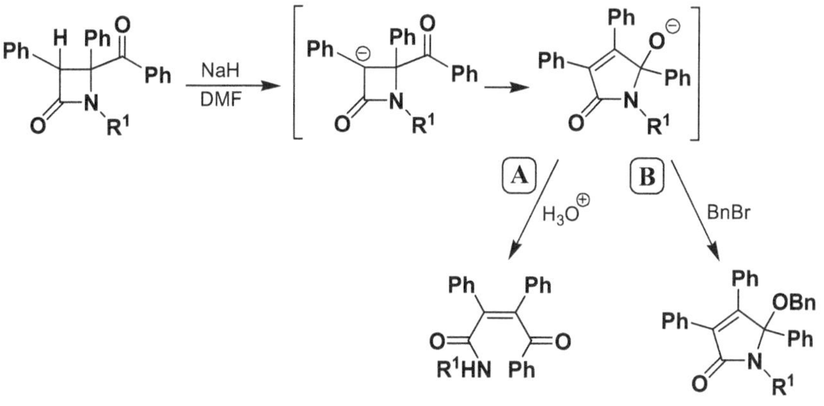

Abb. 133 | Baseninduzierte Spaltung der N-1/C-4-Bindung eines β-Lactams nach ALCAIDE[235]

Abgesehen von der Ringspannung unterstützen in diesem Beispiel Substituenteneffekte in hohem Maße die Öffnung des β-Lactams. Zum einen erleichtern die Phenyl-Substituenten an C-3 und C-4 die Ausbildung der C,C-Doppelbindung und führen zu einem durch Konjugation stabilisierten Spaltungsprodukt, zum anderen bietet der Benzoyl-Rest eine Möglichkeit zur Ringerweiterung und damit zur Entspannung des Systems an. Sicherlich trägt das spezielle Substitutionsmuster der verwendeten Azetidin-2-one zum Erhalt vernünftiger Produktausbeuten bei. Dass eine Spaltung der N-1/C-4-Bindung in Anwesenheit starker Basen auch ohne Phenyl- bzw. Benzoyl-Substituenten an C-4 möglich ist, konnte im Rahmen der eigenen Untersuchungen festgestellt werden. Beim Versuch zur Spaltung des Glycooxazolidinon-Auxiliars (vgl. Kap. 6) durch Umsetzung des β-Lactam-Derivats **120** mit Lithiumhexamethyldisilazid (LiHMDS) und Trimethylsilylchlorid (TMSCl) ließ sich nach ausgedehnter Reaktionszeit (20 Stunden) das unerwartete Ringöffnungsprodukt des β-Lactams säulenchromatographisch in mäßiger Ausbeute (24 %) isolieren und später zur Kristallisation bringen. Ergänzend zu den NMR-spektroskopischen Befunden konnte eine Röntgenstrukturanalyse durchgeführt werden, welche die Verbindung als α,β-ungesättigtes Amid **185** identifizierte (Abb. 134, Abb. 135).

MeO, MeO, O, O, O, N, H, H, O, N, OMe

LiHMDS (1.3 Äq.),
TMSCl (4 Äq.),
THF, -70 °C → RT, 20 h

120

MeO, MeO, O, O, O, N, HN, O, OMe

185
(24 %)

Abb. 134 Basische Öffnung des β-Lactams **120** zum α,β-ungesättigten Amid **185**

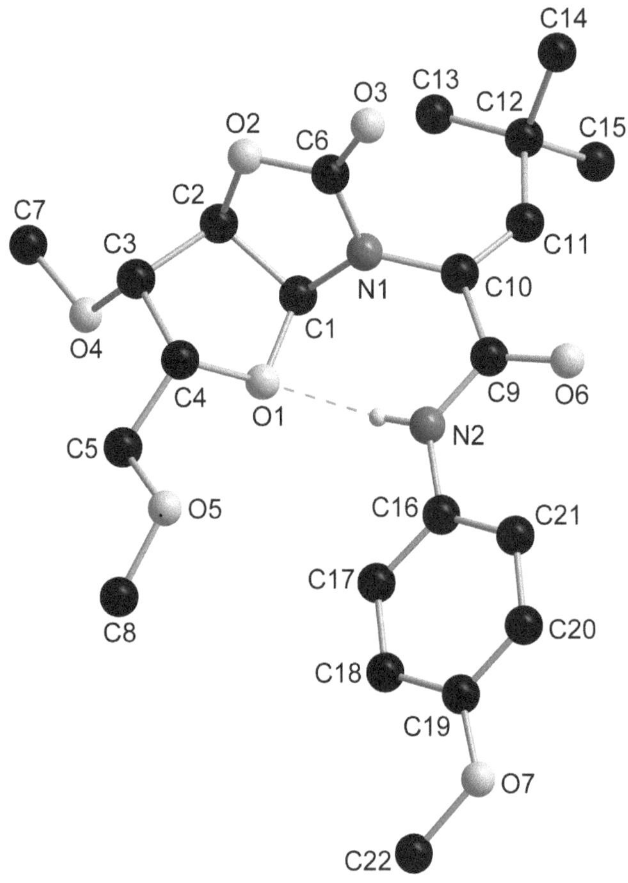

Abb. 135 Röntgenkristallographisch ermittelte Molekülstruktur des Amids **185**

Die Atomnummerierung im abgebildeten *DIAMOND*-Plot entspricht keiner Nomenklatur-Richtlinie und wurde nur in diesem speziellen Fall verwendet. Eine tabellarische Auflistung der zugehörigen röntgenkristallographischen Daten befindet sich in Kapitel 10.

Wie Abb. 135 zu entnehmen ist, liegt zwischen C10 und C11 eine (*Z*)-konfigurierte Doppelbindung vor (Bindungslänge 133 pm), die aus der *cis*-(3*S*,4*R*)-Konfiguration des als Edukt eingesetzten β-Lactam-Derivats **120** resultiert. Zudem ist deutlich sichtbar, dass die α,β-ungesättigte Carbonylverbindung im Kristall eine *s-cis*-Konformation einnimmt. Die Bindung C1-O1 im Zuckergerüst des Auxiliars liegt mit der planaren Amidfunktion in einer Ebene. Der Abstand zwischen dem Sauerstoffatom des furanoiden Rings (O1) und dem Wasserstoffatom am Amid-Stickstoff (N2) innerhalb dieser Ebene beträgt lediglich 2.09 Å, was auf eine intramolekulare N–H···O-Wasserstoffbrückenbindung hindeutet.[236]

Es konnte somit gezeigt werden, dass die baseninduzierte Spaltung der N-1/C-4-Bindung von β-Lactamen auch ohne einen 4-Acyl-Substituenten erfolgen kann und nicht zwangsläufig über eine Ringexpansion verlaufen muss. Möglicherweise wird die Ringöffnung im vorliegenden Fall durch die beiden *cis*-ständigen, sterisch anspruchsvollen Reste an C-3 und C-4 des Azetidin-2-ons begünstigt. Diesem Aspekt und der Fragestellung, ob und in welchem Maße das Trimethylsilychlorid zur Spaltung beiträgt, wurde nicht weiter nachgegangen, da schwerpunktmäßig Methoden zur Öffnung der β-Lactame untersucht werden sollten, welche auf direktem Weg zu Aminosäure-Derivaten führen und die in der asymmetrischen STAUDINGER-Reaktion aufgebauten Stereoinformationen unmittelbar nutzen.

Umfangreiche Arbeiten auf diesem Gebiet wurden von OJIMA beschrieben, nachdem er eine Methode zur selektiven Spaltung der N-1/C-4-Bindung von 4-Aryl-azetidin-2-onen mittels palladiumkatalysierter Hydrogenolyse entdeckte.[237] Die hohe Ringspannung des β-Lactam-Heterocyclus wurde für die beobachtete Reaktivität verantwortlich gemacht (Abb. 136).[238]

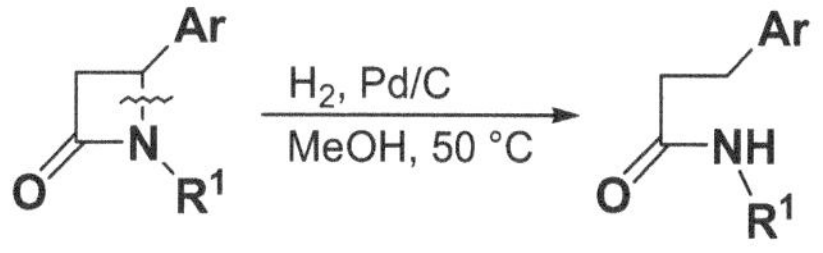

Abb. 136 Reduktive Spaltung der N-1/C-4-Bindung von 4-Aryl-β-lactamen nach OJIMA[237]

Unter Einsatz adäquat C-3-funktionalisierter β-Lactam-Derivate konnten diese Methode sehr erfolgreich zur Synthese von α-Aminosäure-Derivaten, Peptiden und α-Hydroxycarbonsäure-Derivaten genutzt und aufgrund der milden Reaktionsbedingungen nahezu uneingeschränkt auf enantiomerenreine Ausgangsverbindungen übertragen werden.[206,226,239] Ein von OJIMA selbst entwickeltes Reduktionsverfahren zur direkten Darstellung von Azetidinen aus den entsprechenden Azetidin-2-onen erhöhte die Anwendungsbreite der Reaktion und machte durch analoge Ringöffnung Aminoalkohole und Diamine zugänglich.[240] Die Nutzung optisch reiner β-Lactame als Schlüsselverbindungen für die stereokontrollierte Synthese potentiell biologisch aktiver Verbindungen wuchs unter der von OJIMA gewählten Bezeichnung *β-lactam synthon method* zu einer gebräuchlichen Methode heran.[70] Ausgewählte Beispiele sind in Abb. 137 skizziert.

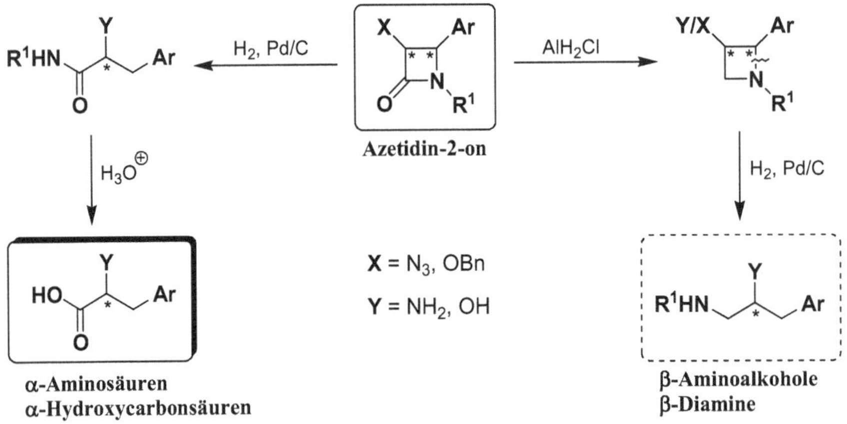

Abb. 137 | Stereokontrollierte Synthesemöglichkeiten nach der *β-lactam synthon method*[70]

Für die Darstellung optisch reiner α-Aminosäure-Derivate sind demnach enantiomerenreine 3-Amino-4-aryl-β-lactame oder 3-Azido-4-aryl-β-lactame, die unter den reduktiven Bedingungen der Ringöffnung ebenfalls die erwünschten Produkte liefern, als Ausgangsverbindungen gefordert. Mit Blick auf den Pool optisch reiner 4-Aryl-azetidin-2-one, welcher im Rahmen der eigenen Arbeiten mittels stereoselektiver STAUDINGER-Reaktion angelegt wurde, sollten deshalb Verbindungen mit dem Glycooxazolidinon-Auxiliar an C-3 ausgewählt und dieser Spaltungsreaktion unterworfen werden. Als Produkte derartiger Umsetzungen waren L-Phenylalanin-Derivate mit einer in das cyclische Carbamat des Auxiliars integrierten Aminofunktion zu erwarten. Besonders attraktive Edukte standen mit **137** und **138** zur Verfügung da sich diese hydrogenolytisch zu enantiomerenreinen Dipeptiden öffnen lassen sollten. Mit **140** und **141** kamen zwei weitere Verbindungen mit einem chiralen

Substituenten am Lactam-Stickstoff zur Untersuchung, die neben der endocyclischen noch eine exocyclische Benzyl-Stickstoff-Bindung aufwiesen und damit hohe Ansprüche an die Selektivität der reduktiven Spaltungsmethode stellten. Das jeweilige β-Lactam-Derivat wurde in Methanol unter Erwärmung auf 50 °C an Palladium auf Aktivkohle (10 % Pd) hydriert, wobei ein geringer Wasserstoffüberdruck (Gasballon) gewährleistet war (Abb. 138).

H_2 (~1 Atm.), Pd/C (10 % Pd)
MeOH, 50 °C, 2-6 h

137-138, 140-141 **186-189**

Abb. 138 | Synthese der L-Phenylalanin-Derivate **186-189** durch katalytische Hydrogenolyse

Das L-Phe-L-Val-Dipeptid **186** und das L-Phe-D-Val-Dipeptid **187** konnten auf diese Weise in nahezu quantitativer Ausbeute dargestellt werden. Im Gegensatz dazu war bei den Umsetzungen der *N*-(α-Methylbenzyl)-β-lactame (**140**, **141**) nach einiger Reaktionszeit die Bildung schwer abtrennbarer Nebenprodukte dünnschichtchromatographisch zu beobachten, deren Konzentration im weiteren Verlauf beträchtlich anstieg.[241] Durch aufmerksame Umsatzkontrolle (DC) und einen rechtzeitigen Abbruch der Hydrierungen konnten die erwünschten Ringöffnungsprodukte **188** und **189** mittels Säulenchromatographie in noch guten Ausbeuten von 68 % und 70 % isoliert werden. Tabelle 17 zeigt die Ergebnisse der durchgeführten Spaltungen.

Tab. 17 | Resultate der Ringöffnungen zu den L-Phenylalanin-Derivaten **186-189**

β-Lactam	R¹	R²	Konfiguration	Produkt	Ausbeute a)
137	*i*-Pr	CO_2Me	(*S*)	**186**	98 %
138	*i*-Pr	CO_2Me	(*R*)	**187**	95 %
140	Ph	Me	(*S*)	**188**	68 %
141	Ph	Me	(*R*)	**189**	70 %

a) Ausbeute an isoliertem Produkt

Ein adäquater Kristall des L-Phe-D-Val-Derivats **187** wurde stellvertretend einer Röntgenstrukturanalyse unterworfen (Abb. 139).

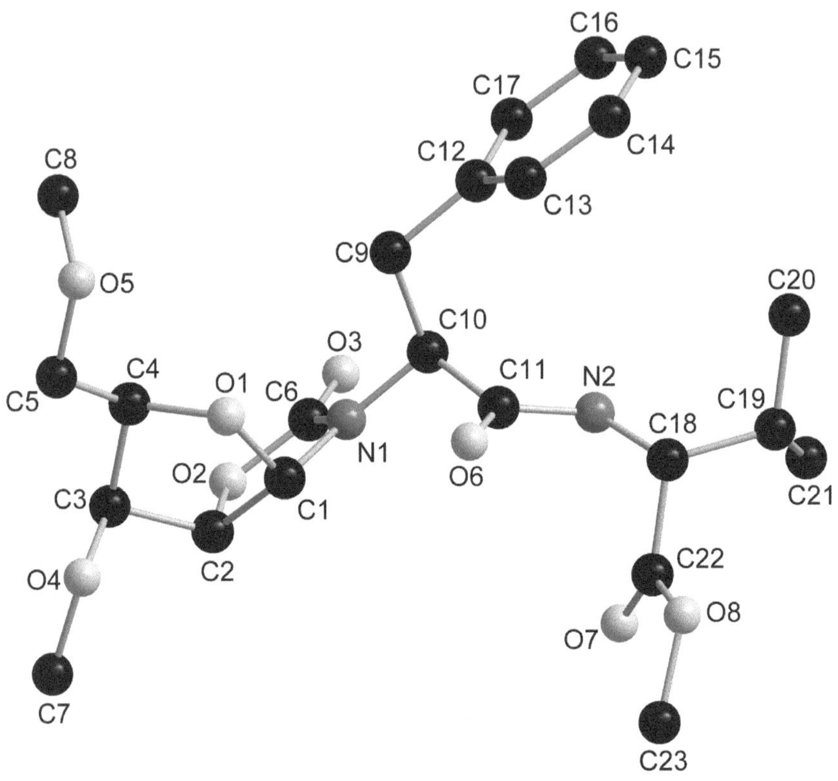

Abb. 139 | Röntgenkristallographisch ermittelte Molekülstruktur der Verbindung **187**

Abb. 139 beinhaltet eine Atomnummerierung, die keiner Nomenklatur-Richtlinie entspricht und nur für diesen speziellen Fall gilt. Eine Zusammenstellung der kristallographischen Daten für die Verbindung **187** befindet sich an anderer Stelle (Kap. 10).

Eine Annäherungstendenz zwischen dem Amid-Stickstoffatom und dem Furanose-Sauerstoffatom mit Andeutung einer intramolekularen N–H···O-Wasserstoffbrückenbindung wie sie in der Kristallstruktur des Amids **185** zu erkennen war, liegt in diesem Fall nicht vor, was sicherlich auf die größere konformative Freiheit des Moleküls **187** im Vergleich zu **185** zurückzuführen ist und die relativ geringe Intensität dieser nicht-kovalenten Wechselwirkung verdeutlicht.

Insgesamt ließen sich die untersuchten 4-Phenyl-azetidin-2-one erwartungsgemäß ohne Verlust der optischen Reinheit durch reduktive Spaltung der N-1/C-4-Bindung zu den entsprechenden L-Phenylalanin-Derivaten öffnen. Unter den gegebenen Reaktionsbedingungen war es möglich, Ausgangsverbindungen mit einer weiteren benzylischen C,N-Bindung, die keine Aktivierung durch die Ringspannung erfährt, selektiv zu den gewünschten Produkten umzusetzen. In Abb. 140 sind die Verbindungen **186-189** zusammenfassend dargestellt.

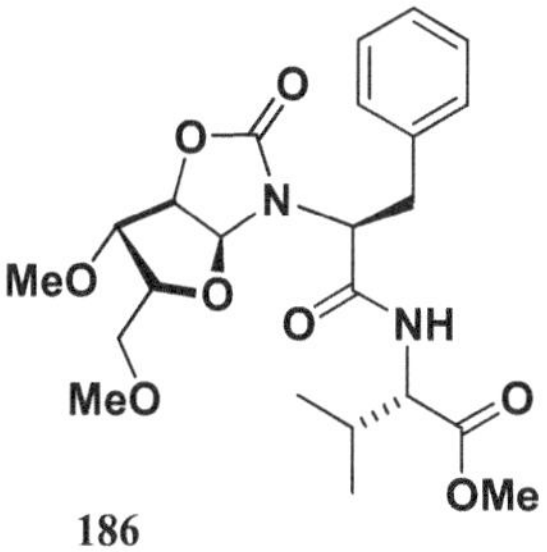

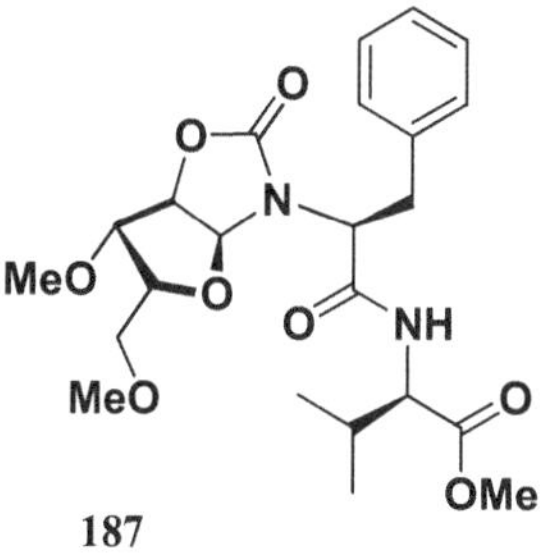

Abb. 140 | Die ausgehend von β-Lactamen synthetisierten L-Phenylalanin-Derivate **186-189**

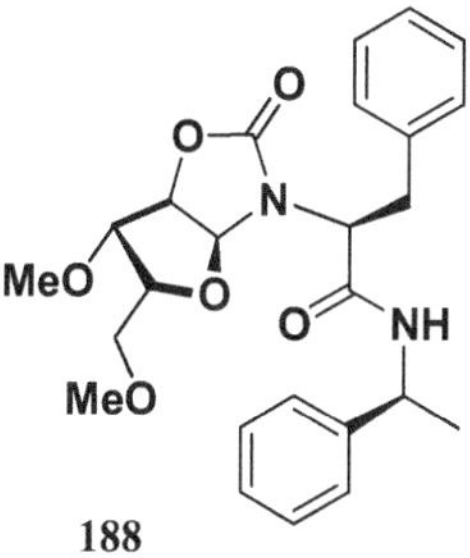

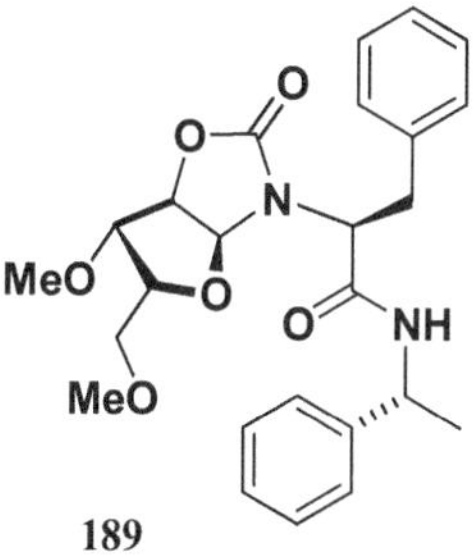

Mit dem β-Lactam-Derivat **142** stand eine Ausgangsverbindung bereit, die besonders erwartungsvoll den Bedingungen der hydrogenolytischen Ringöffnung unterworfen wurde. Neben dem obligatorischen Phenyl-Substituenten an C-4 und einem über N-1 gebundenen Aminosäurerest enthielt diese Verbindung das *O*-benzylierte Xylooxazolidinon-Auxiliar an C-3. Es galt dabei zu untersuchen, ob die Benzylether im Zuge der reduktiven Ringöffnung gespalten werden können und damit einen direkten Zugang zu den ungewöhnlichen Glycopeptiden mit freien Hydroxylfunktionen am Zuckergerüst ermöglichen. Die

Hydrierungen wurden in Ethanol unter den bekannten Bedingungen durchgeführt. Erfreulicherweise konnte das *O*-entschützte Ringöffnungsprodukt **190** nach sechs Stunden Reaktionszeit mittels Säulenchromatographie in einer Ausbeute von 59 % isoliert werden. Abb. 141 veranschaulicht die Umsetzung.

H_2 (~1 Atm.), Pd/C (10 % Pd)

EtOH, 50 °C, 6 h

142 → **190** (59 %)

Abb. 141 | Einstufige Synthese von **190** durch *O*-Debenzylierung und Ringöffnung von **142**

7.3 Spaltung der N-1/C-2-Bindung des β-Lactams

Die nucleophile Öffnung des β-Lactam-Rings unter Spaltung der Amid-Bindung (N-1/C-2) wurde bereits im allgemeinen Teil dieser Arbeit am Beispiel der Synthese von **Paclitaxel** (**Taxol**®) kurz vorgestellt (Kap. 2.3, Abb. 26). Wie bereits erwähnt beruht die hochselektiv bakterizide Wirkung der β-Lactam-Antibiotika auf einer solchen, als Acylierung aufzufassenden Reaktion. Aus synthetischer Sicht ermöglicht diese Art der Ringöffnung in Abhängigkeit vom eingesetzten Nucleophil einen Zugang zu verschiedenen β-Aminosäure-Derivaten.[69] Grundlegende Voraussetzung für eine ergiebige präparative Nutzung dieser Ringöffnungsvariante ist eine hohe Reaktivität der β-Lactam-Carbonylgruppe einhergehend mit einer Schwächung der zu spaltenden N-1/C-2-Bindung. Es ist also erforderlich, die Elektronen-Donor-Wirkung des Stickstoffs innerhalb der Amidfunktion zu minimieren. Im Falle der natürlichen β-Lactam-Antibiotika (Penicilline, Cephalosporine) geschieht dies durch die Integration in ein starres bicyclisches System, welches den Stickstoff in eine pyramidale Koordination zwingt und damit im Gegensatz zur trigonal planaren Situation (Idealfall) nur eine verzerrt π-symmetrische Orbitalüberlappung mit dem Carbonylkohlenstoff erlaubt. Das freie Elektronenpaar des Stickstoffs steht somit der Amid-Resonanz mit der Carbonylfunktion nur eingeschränkt zur Verfügung und führt zu einer vergleichsweise langen N-1/C-2-Bindung mit hoher Elektrophilie an C-2. Für synthetische Zwecke werden in der Regel Azetidin-2-one genutzt, deren Carbonylreaktivität durch einen stark elektronenziehenden Substituenten am Lactam-Stickstoff erhöht ist. Insbesondere *N*-Acyl-β-lactame haben sich in dieser Hinsicht bewährt, da sie einerseits die Carbonylfunktion aktivieren und andererseits die Aminofunktion des Ringöffnungsproduktes schützen und damit störende Nebenreaktionen durch konkurrierende Nucleophile unterbinden.

Von besonderem Interesse ist die Spaltung der N-1/C-2-Bindung enantiomerenreiner β-Lactame zur Synthese optisch reiner β-Aminosäure-Derivate, welche besonders milde Bedingungen erfordert. Im Optimalfall bleibt die gesamte in der asymmetrischen STAUDINGER-Reaktion generierte Stereoinformation des Azetidin-2-ons im Ringöffnungsprodukt erhalten (zwei stereogenen Zentren). Abb. 142 zeigt ein allgemeines Schema zur Veranschaulichung.

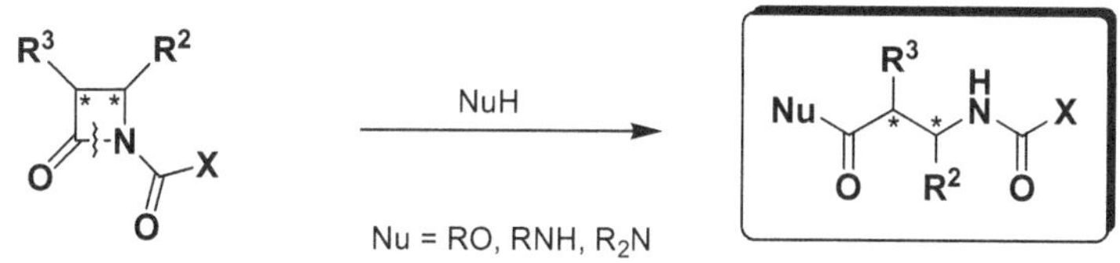

1-Acyl-azetidin-2-on — NuH → **β-Aminosäure-Derivat**

Nu = RO, RNH, R_2N
X = O*t*-Bu, OBn, Ph

Abb. 142 | Nucleophile Öffnung von *N*-Acyl-β-lactamen unter Spaltung der N-1/C-2-Bindung

Bevor eine solche Spaltungsreaktion im Detail untersucht werden konnte galt es, auf Basis der verfügbaren, optisch reinen β-Lactame geeignete *N*-Acyl-Derivate zu synthetisieren.

7.3.1 Synthese der *N*-Boc-β-lactame

Die Aktivierung für eine nucleophile Öffnung sollte in zwei Stufen ausgehend vom jeweiligen 1-(4-Methoxyphenyl)-azetidin-2-on erfolgen. Zielverbindungen waren 1-*tert*-Butoxycarbonyl-β-lactame (1-Boc-β-lactame), welche aufgrund ihrer später leicht entfernbaren Stickstoff-Schutzgruppe besonders attraktive Synthone für die Spaltung zu den erwünschten β-Aminosäure-Derivate darstellten. Im ersten Schritt dieser Sequenz wird der *p*-Methoxyphenyl-Substituent, der aufgrund seiner Elektronendonor-Eigenschaften als stabilisierende Schutzgruppe wirkt, vom Lactam-Stickstoff abgespalten und in einer sich anschließenden Stufe durch den aktivierenden *tert*-Butoxycarbonyl (Boc)-Rest ersetzt. In Abb. 143 ist die Vorgehensweise skizziert.

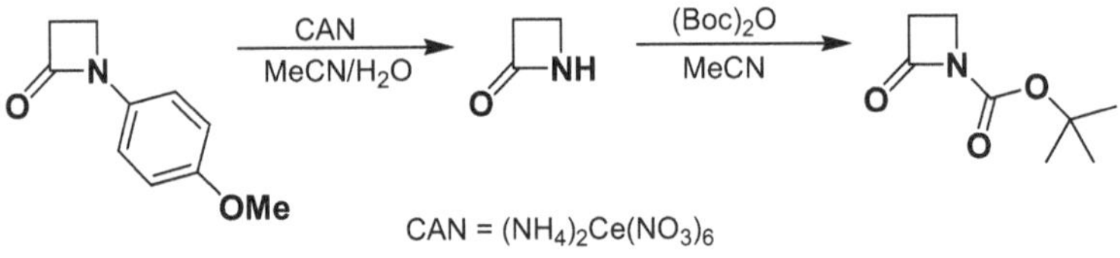

CAN, $MeCN/H_2O$ → $(Boc)_2O$, MeCN

CAN = $(NH_4)_2Ce(NO_3)_6$

Abb. 143 | Synthese eines *N*-Boc-β-lactams durch zweistufigen Substituentenwechsel an N-1

Die oxidative *N*-Dearylierung mittels Ammoniumcer(IV)-nitrat (Cerammoniumnitrat, CAN) ist eine insbesondere in der β-Lactam-Chemie häufig angewendete Methode.[242] Mit den Verbindungen **102, 105, 112, 120, 144** und **146** sollten sechs homochirale *N*-(*p*-Methoxyphenyl)-azetidin-2-one mit 3,4-*cis*-Konfiguration dieser Reaktion unterworfen werden, wobei **105** das auf D-Glucose basierende Oxazolidin-2-on-Auxiliar enthielt. Ferner kam mit dem β-Lactam-Derivat **121** eine *trans*-konfigurierte Ausgangsverbindung zum Einsatz. Die Umsetzungen mit Ammoniumcer(IV)-nitrat (3 Äquivalente) wurden in Acetonitril/Wasser-Gemischen (5:4) bei einer Temperatur von –5 °C bis 0 °C durchgeführt. Abb. 144 zeigt das zugehörige Reaktionsschema.

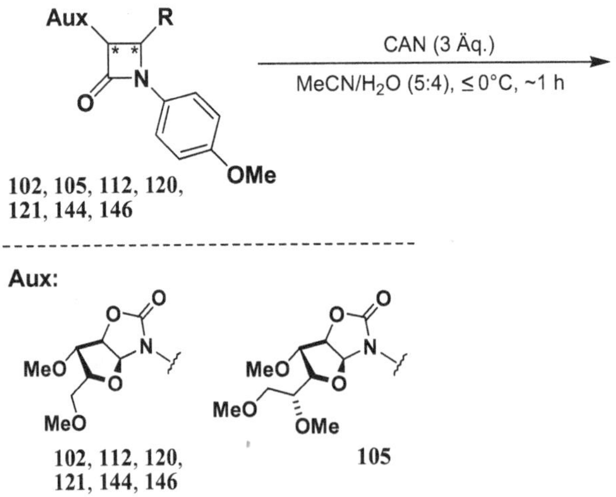

102, 105, 112, 120, 121, 144, 146 → CAN (3 Äq.), $MeCN/H_2O$ (5:4), ≤ 0°C, ~1 h → **191-197**

Aux:

102, 112, 120, 121, 144, 146 **105**

Abb. 144 | Synthese der 1-unsubstituierten Azetidin-2-one **191-197** durch Dearylierung

Sämtliche nach dieser Methode durchgeführten Umsetzungen verliefen erfolgreich und lieferten bereits nach kurzer Reaktionszeit (45-60 min.) die erwünschten 1-unsubstituierten Azetidin-2-one **191-197** in guten bis sehr guten Ausbeuten (68-91 %). Die Ergebnisse der *N*-Dearylierungen sind in Tabelle 18 zusammengefasst. Wie schon in Kap. 5.3 erwähnt, konnte das Produkt **196** kristallisiert und einer Röntgenstrukturanalyse unterzogen werden, welche die *cis*-(3*S*,4*R*)-Konfiguration der Ausgangsverbindung (**144**) rückwirkend bestätigte. Auf die Twistboat-Konformation ($^{O}T_2$) der Pyranose wurde bereits hingewiesen. Nachfolgend ist die Struktur der Verbindung **196** im Festkörper als *DIAMOND*-Plot dargestellt (Abb. 145).

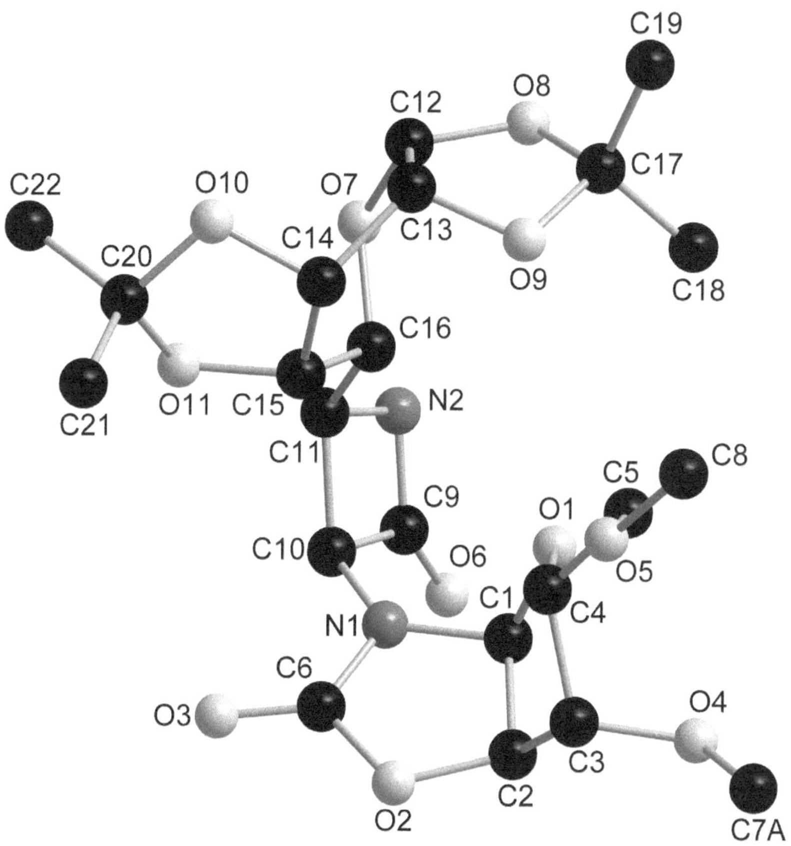

Abb. 145 | Röntgenkristallographisch ermittelte Molekülstruktur der Verbindung **196**

Die in Abb. 145 verwendete Atomnummerierung entspricht keiner Nomenklatur-Richtlinie und wurde nur in diesem speziellen Fall verwendet. Zur Einsicht der zugehörigen kristallographischen Daten wird auf das Kapitel 10 verwiesen.

Tab. 18 Resultate der Dearylierungen zu den *N*-unsubstituierten β-Lactamen **191-197**

Edukt	**R**	**Konfiguration**	**Produkt**	**Ausbeute** [a)]
102	Ph	*cis*-(3*S*,4*R*)	**191**	91 %
105	Ph	*cis*-(3*S*,4*R*)	**192**	80 %
112	*p*-$NO_2C_6H_4$	*cis*-(3*S*,4*R*)	**193**	79 %
120	*t*-Bu	*cis*-(3*S*,4*R*)	**194**	74 %
121	*t*-Bu	*trans*-(3*S*,4*S*)	**195**	68 %
144	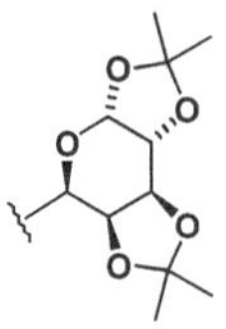	*cis*-(3*S*,4*S*)	**196**	85 %
146	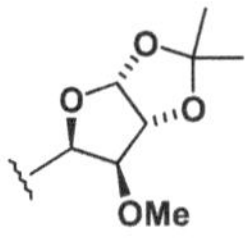 OMe	*cis*-(3*S*,4*S*)	**197**	68 %

a) Ausbeute an isoliertem Produkt

Die Verbindungen **191-197** sind in der folgenden Abbildung illustriert (Abb. 146).

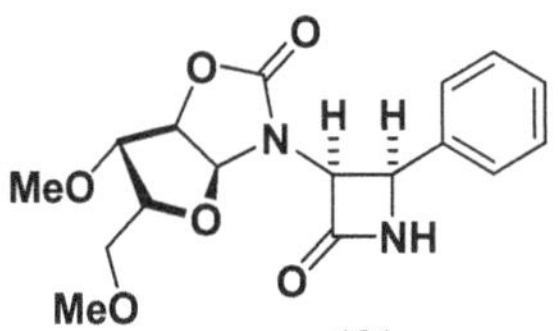

191 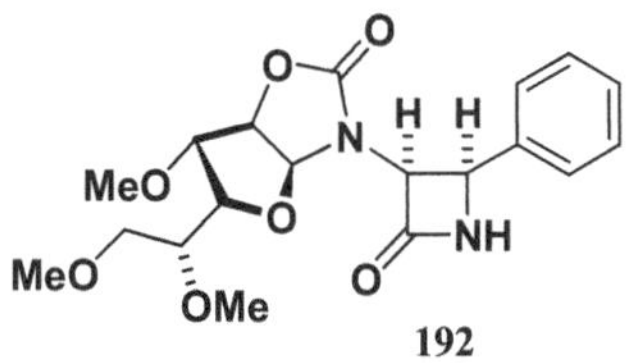 **192** 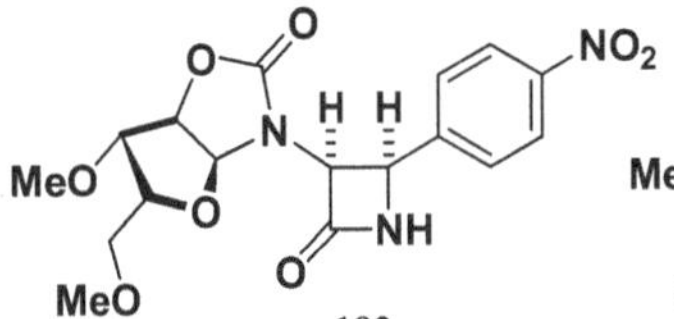 **193** 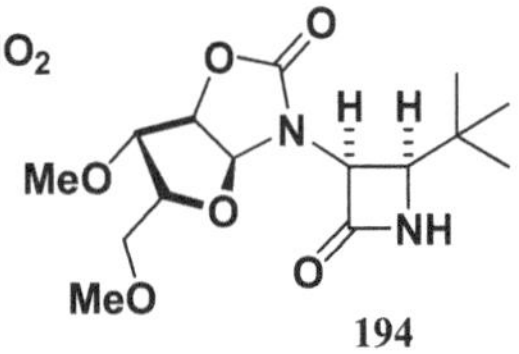 **194** 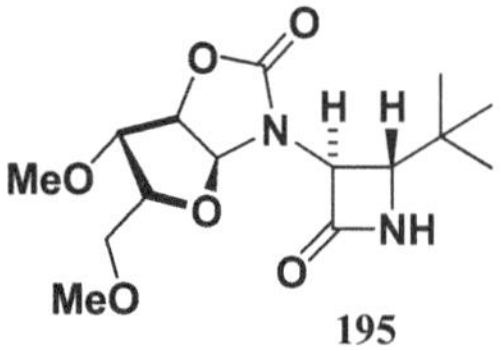 **195**

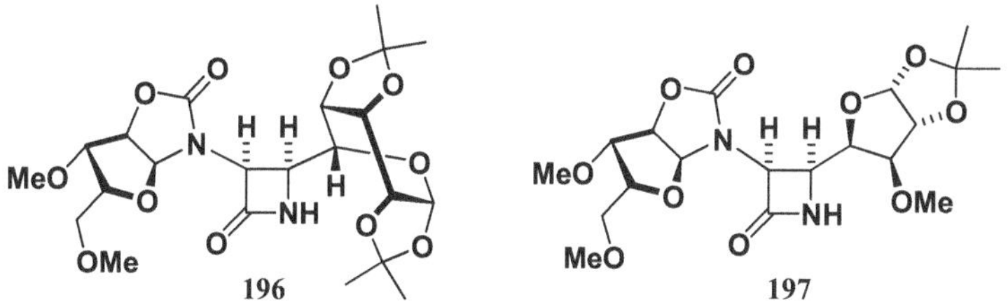

196 197

Abb. 146 | Die synthetisierten *N*-unsubstituierten β-Lactame in der Übersicht

Der anschließende Syntheseschritt zur Darstellung der erwünschten *N*-Boc-β-lactame erfolgte unter Verwendung der homochiralen Derivate **191-194** als Ausgangsverbindungen. Dabei wurde das jeweilige 1-unsubstituierte Azetidin-2-one mit Di-*tert*-butyl-dicarbonat ($(Boc)_2O$) in Gegenwart katalytischer Mengen 4-Dimethylamino-pyridin (DMAP) umgesetzt.[243] Abb. 147 zeigt das Reaktionsschema.

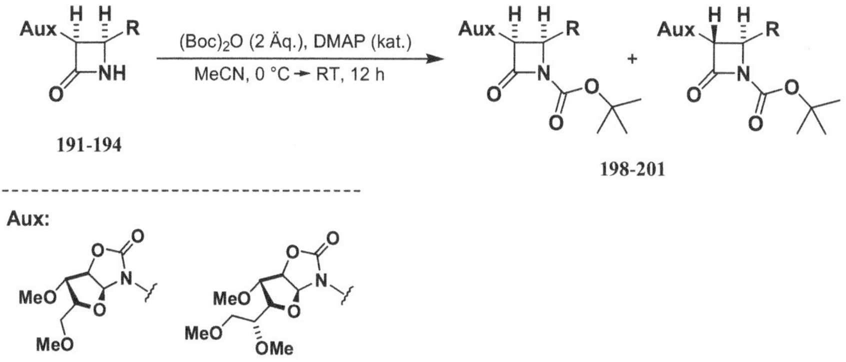

191-194 **198-201**
191, 193, 194 **192**

Abb. 147 | Synthese der *N*-Boc-β-lactame **198-201** aus den *N*-unsubstituierten Vorläufern

Wie bereits dem abgebildeten Schema zu entnehmen ist, wurden die *N*-Boc-β-lactame bei den so durchgeführten Synthesen in Form binärer Diastereomerengemische erhalten. Neben der erwarteten *cis*-(3*S*,4*R*)-konfigurierten Verbindung, deren ^{1}H-NMR-Spektrum eine relativ große vicinale Kopplungskonstante der Lactam-Protonen aufweist ($^3J_{H,H}$ ~ 6 Hz), konnte ein unterschiedlich großer Anteil (≤ 5 % bis 55 %) des *trans*-(3*R*,4*R*)-konfigurierten Epimers, das durch die kleinere Kopplungskonstante ($^3J_{H,H}$ ~ 3.3 Hz) identifizierbar war, im Rohprodukt gefunden werden. Die Ergebnisse der Reaktionen sind in Tabelle 19 zusammengefasst.

Tab. 19 | Resultate der *N*-Acylierungen zu den *N*-Boc-β-lactamen **198-201**

Edukt	R	*dr* (*cis/trans*) [a)]	Produkt	Ausbeute
191	Ph	≥ 95 : 5	**198**	79 % [b)]
192	Ph	≥ 95 : 5	**199**	68 % [b)]
193	*p*-$NO_2C_6H_4$	75 : 25	**200**	33 % [b)]
194	*t*-Bu	45 : 55	**201**	77 % [c)]

a) Ermittelt aus dem ^{1}H-NMR-Spektrum des Rohprodukts
b) Ausbeute an *cis*-Diastereomer nach Säulenchromatographie
c) Ausbeute an *cis/trans*-Diastereomerengemisch nach Säulenchromatographie

Durch den elektronenziehenden 1-Boc-Substituenten wird das Azetidin-2-on offenbar derart leicht enolisierbar, dass schon unter den schwach basischen Reaktionsbedingungen eine Epimerisierung an C-3 stattfinden kann. Es sei in diesem Zusammenhang an die mit dem *N*-Boc-imin **25** durchgeführte STAUDINGER-Reaktion erinnert (Kap. 5.1), bei der das β-Lactam-Produkt als *cis/trans*-Diastereomerengemisch (**107**) anfiel. Das dabei gebildete *cis*-konfigurierte Hauptprodukt entsprach dem durch *N*-Acylierung synthetisierten Azetidin-2-on **198** (basierend auf identischen NMR-spektroskopischen Daten). Gleichermaßen waren die Signale des bei der *N*-Acylierung in Spuren gebildeten C-3-Epimers von **198** im NMR-Spektrum des aus drei Isomeren zusammengesetzten Produkts **107** wiederzufinden, was die Konfigurationszuordnung im Diastereomerengemisch wesentlich erleichterte. Angesichts der hohen Epimerisierungstendenz dieser *N*-Boc-β-lactame, wie sie in den Acylierungsreaktionen zum Ausdruck kam, verwundert die Bildung sekundärer *trans*-Produkte unter den basischen Bedingungen der STAUDINGER-Reaktion nicht.

Es bleibt festzuhalten, dass bereits eine geringe Menge (10 mol-%) des nucleophilen (und basischen) Acylierungskatalysators DMAP für eine sichtbare C-3-Epimerisierung der *N*-Boc-β-lactame ausreichen kann. Das Ausmaß dieser Isomerisierung zum thermodynamisch stabileren 3,4-*trans*-konfigurierten Derivat hängt offenbar vom Substituenten **R** an C-4 des Azetidin-2-ons ab. Wie Tab. 19 zeigt war bei den Edukten **191** und **192** (**R** = Phenyl) nur eine geringfügige Epimerisierung (≤ 5 %) zu verzeichnen, die eine Isolierung der diastereomerenreinen Produkte **198** und **199** in guten Ausbeuten gestattete. Komplikationsreicher hingegen verlief die Umsetzung der Verbindung **193** (**R** = *p*-Nitrophenyl), bei der 25 % des *trans*-konfigurierten *N*-Boc-Produkts für einen erhöhten Trennungsaufwand und eine niedrigere Ausbeute an *cis*-Produkt sorgten. Dieses Verhalten kann auf die Elektronenakzeptor-Wirkung der Nitrofunktion zurückgeführt werden, die eine elektronenärmere Situation am β-Lactam-Ring hervorruft und die CH-Acidität an C-3 und damit die Epimerisierungstendenz steigert. Das anscheinend nicht nur elektronische Effekte sondern auch sterische Effekte bei dieser *cis/trans*-Isomerisierung eine Rolle spielen zeigt das Verhalten der Ausgangsverbindung **194** unter den Bedingungen der *N*-Acylierung. In diesem Fall lag der epimerisierte Anteil im resultierenden *N*-Boc-Produkt bei 55 %. Die 3,4-*cis*-Konfiguration des Azetidin-2-ons kann bei räumlich anspruchsvollen Substituenten zum Aufbau einer sterischen Spannung führen. Beim β-Lactam **194**, welches einen sehr voluminösen Rest (**R** = *tert*-Butyl) an C-4 aufweist, sollte diese Problematik besonders ausgeprägt sein und eine zusätzliche Triebkraft für die Epimerisierung des *N*-Acyl-Derivats zur energetisch bevorzugten *trans*-konfigurierten Verbindung liefern. Die in Gegenwart starker Basen beobachtete Öffnung des β-Lactam-Rings von **194** ließ bereits eine Unterstützung durch sterische Spannungen im Molekül vermuten (vgl. Kap. 7.2, Abb. 134).

Insgesamt bleibt festzustellen, dass sich die vorgestellte Methode zur Synthese von *N*-Boc-β-lactamen nur mit Einschränkungen auf die optisch reinen Derivate der eigenen Arbeit übertragen lässt. Alle isolierten 1-*tert*-Butoxycarbonyl-azetidin-2-one zeigt Abb. 148.

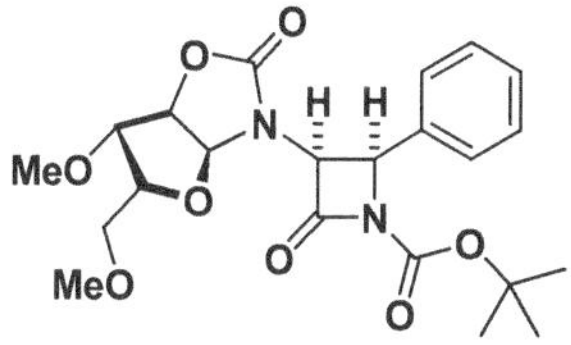

198 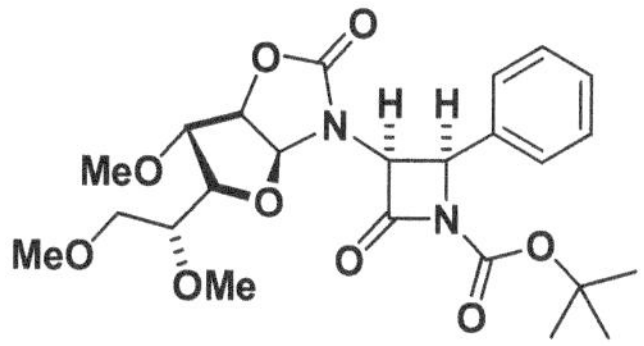 **199**

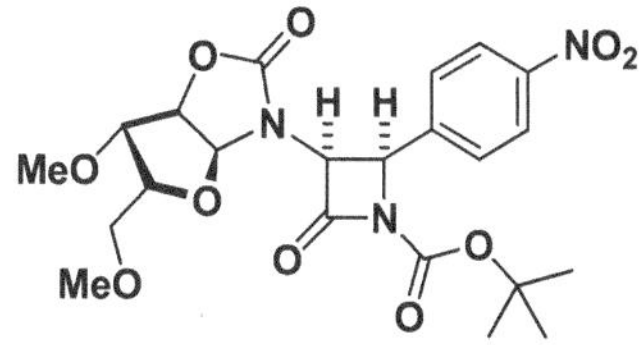

200

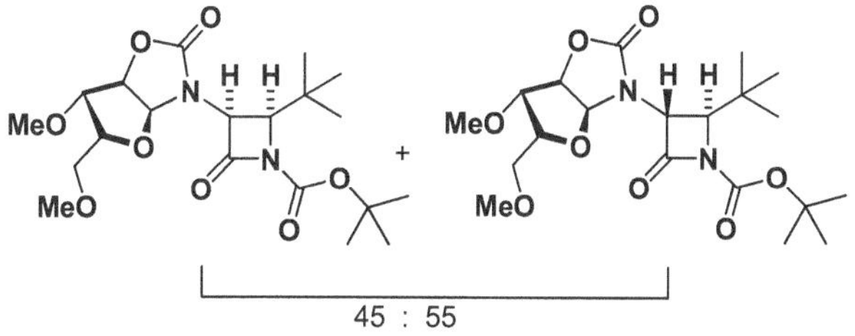

45 : 55

201

Abb. 148 Die durch *N*-Acylierung erhaltenen 1-Boc-β-lactame **198-201**

7.3.2 Ringöffnungsversuche

Eine direkte Öffnung von *N*-Boc-β-lactamen mit Aminen als nucleophile Species wurde von OJIMA beschrieben.[244] Durch Umsetzung des aktivierten Azetidin-2-ons mit zwei Äquivalenten eines α-Aminosäureesters in Dichlormethan konnte das entsprechende Dipeptid als Kupplungsprodukt in hoher Ausbeute isoliert werden, wobei keine Racemisierung bzw. Epimerisierung beim Einsatz optisch reiner Edukte zu verzeichnen war.

Die analoge Spaltung der eigenen *N*-Boc-β-lactame sollte zu β-Aminosäure-Derivaten führen, die in α-Position das Auxiliar als Substituenten aufweisen. Interpretiert man den Oxazolidin-2-on-Stickstoff als verkappte Aminofunktion, so lassen sich die erwünschten Produkte als Derivate von α,β-Diaminocarbonsäuren auffassen (Abb. 149).

Gemäß der Methode von OJIMA durchgeführte Versuche zur Öffnung des *N*-Boc-β-lactams **198** mittels (*S*)-α-Methylbenzylamin[156] und L-Valinmethylester (*in situ* aus dem Hydrochlorid[154] durch Behandlung mit einem Äquivalent *N*-Ethyl-diisopropylamin erzeugt) blieben jedoch ohne Erfolg.

Abb. 149 | Nicht mögliche Öffnung von **198** mit primären Aminen nach OJIMAs Methode[244]

In der Untersuchung von OJIMA kamen hauptsächlich 1-Boc-3-hydroxy-β-lactame zum Einsatz. Auffällig war dabei, dass Derivate mit einem räumlich anspruchsvolleren Substituenten an C-3, beispielsweise einer als Silylether geschützten Hydroxylfunktion, erst bei erhöhter Temperatur (40 °C) abreagierten. In Annahme einer sterischen Hinderung wurden die Spaltungsversuche der Verbindung **198** unter Rückflussbedingungen wiederholt. Die Bildung der erwünschten Kupplungsprodukte konnte jedoch trotz eines ausgedehnten Zeitrahmens (20 h) auch auf diesem Wege nicht erreicht werden. Es war lediglich eine C-3-Epimerisierung des eingesetzten *N*-Boc-β-lactams zu beklagen.

Mit Rückblick auf die bevorzugte Eignung von sekundären gegenüber primären Aminen bei der direkten nucleophilen Öffnung von Azetidin-2,3-dionen (Spaltung der C-2/C-3-Bindung, Kap. 7.1, Abb. 130), sollte ein zusätzlicher Versuch mit L-Prolinethylester[245] unternommen werden. In Gegenwart von zwei Äquivalenten L-ProOEt zeigte das *N*-Boc-β-lactam **198** bereits bei Raumtemperatur einen geringen Umsatz, welcher sich durch längeres Erwärmen vervollständigen ließ. Das NMR-Spektrum des in hoher Ausbeute (90 %) nach Säulenchromatographie erhaltenen, dünnschichtchromatographisch einheitlichen Reaktionsprodukts zeigte ein komplexes Diastereomerengemisch (**202**) des erwünschten Dipeptid-Derivats an. Die genaue Zusammensetzung konnte nicht bestimmt werden (Abb. 150).

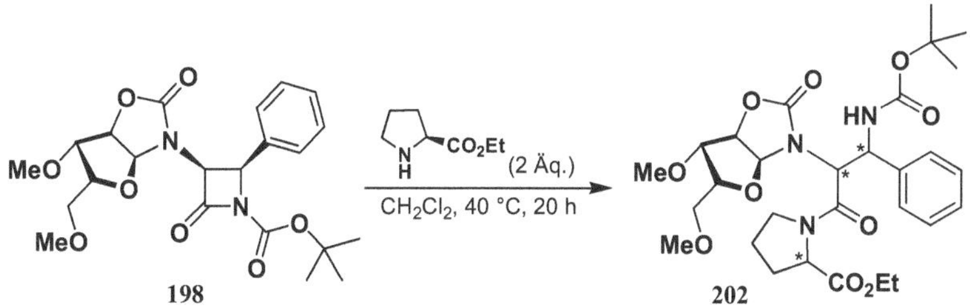

Abb. 150 Öffnung des *N*-Boc-β-lactams **198** mit L-ProOEt zum Diastereomerengemisch **202**

Die analog durchgeführten Umsetzungen der *N*-Boc-β-lactame **199** und **200** lieferten das jeweilige Kupplungsprodukt (**203** bzw. **204**) ebenfalls als untrennbares Gemisch verschiedener Diastereomere (Abb. 151).

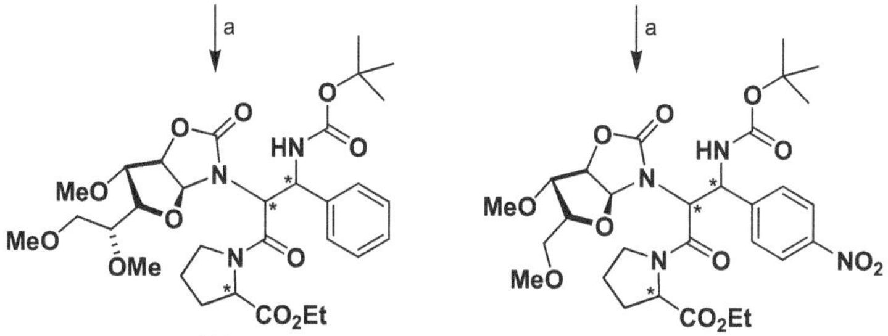

Abb. 151 Die bei der Umsetzung von **199** und **200** erhaltenen Kupplungsprodukte (**203**, **204**)
a) L-ProOEt (2 Äq.), CH_2Cl_2, 40 °C, 20 h.

Die Ringöffnungsprodukte **202**, **203** und **204** konnten massenspektrometrisch sehr schön nachgewiesen werden. In den CI-Spektren (*i*-Butan) ließen sich abgesehen vom protonierten Molekül [MH$^+$] als Basispeak (100 %) charakteristische Zerfallsprodukte identifizieren, die durch eine sequentielle Abspaltung der Boc-Gruppe bzw. einen Verlust von Ethylformiat gut erklärbar sind. Nachfolgend ist ein Beispiel für das Produkt **202** gezeigt (Abb. 152).

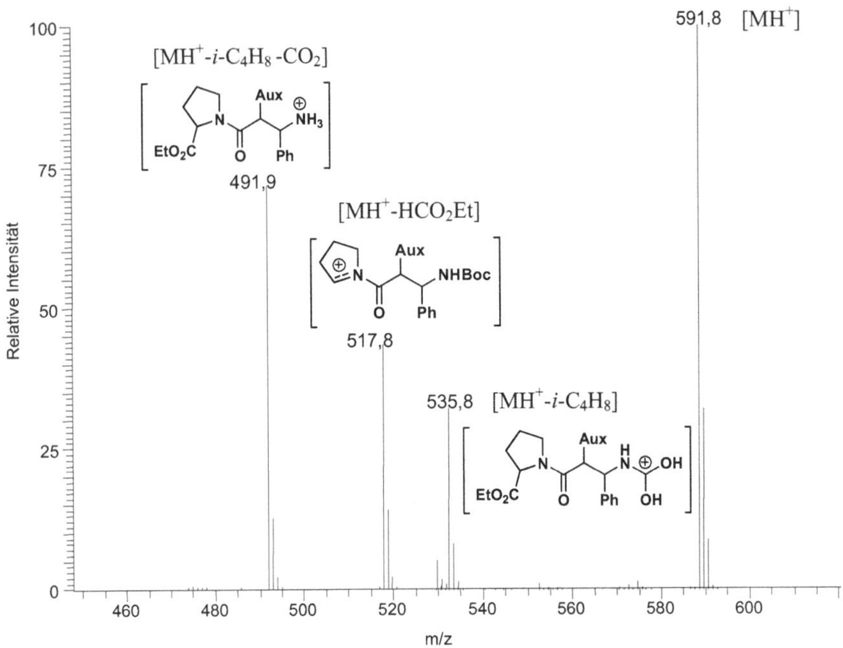

Abb. 152 Ausschnitt aus dem CI-Massenspektrum (*i*-Butan) des Kupplungsprodukts **202**

Basierend auf den NMR-spektroskopischen Analysen konnte angenommen werden, dass sich die isolierten Produktgemische jeweils aus vier Diastereomeren zusammensetzten. Vermutlich findet bei diesen Reaktionen eine Epimerisierung an zwei stereogenen Zentren statt. Neben der bekanntermaßen sensiblen C-3-Position des *N*-Boc-β-lactams kommt auch das Stereozentrum des L-Prolinethylesters dafür in Betracht, welches durch die Knüpfung der Peptidbindung (*N*-Acylierung des Aminosäureesters) im Verlauf der Reaktion zunehmend empfindlicher werden sollte.

Diese Ergebnisse zeigen, dass der Übergang von primären zu sekundären Aminen eine direkte

Öffnung der *N*-Boc-β-lactame zu den erwünschten β-Aminosäure-Derivaten ermöglicht. Die stärkere Basizität der Nucleophile verschärft jedoch die Epimerisierungsproblematik und führt zu Kupplungsreaktionen ohne Stereokontrolle.

Basierend auf den gewonnenen Erkenntnissen galt es nun, eine adäquaten Spaltungsmethode für die eigenen Derivate zu finden, welche bereits bei Raumtemperatur mit schwach basischen Nucleophilen abläuft. Beide Kriterien mussten erfüllt sein, um einer ausgeprägten Epimerisierung der optisch reinen Ausgangsverbindungen im Reaktionsverlauf entgegenzuwirken. Beim Einsatz von Aminen konnte dies auf direktem Wege nicht bewerkstelligt werden, da die moderat basischen, primären Aminen kein hinreichend nucleophiles Potential für eine Öffnung der *N*-Boc-β-lactame zeigten. Es war somit notwendig, die Ringöffnung mit Hilfe eines Katalysators herbeizuführen, welcher in der Lage ist, den resultierenden β-Aminosäurerest für die Verknüpfung mit dem Amin bereitzustellen. Ein solches Additiv muss sich durch eine hohe Nucleophilie auszeichnen, sollte aber ebenso als gute Austrittsgruppe fungieren können, damit eine problemlose Übertragung des Acyl-Restes auf die Kupplungskomponente gewährleistet ist. 4-Dimethylamino-pyridin (DMAP), das bereits bei der Synthese von *N*-Boc-β-lactamen zum Einsatz kam (Kap. 7.3.1), stellt ein bekanntes Beispiel für derartige nucleophile Katalysatoren dar, die ihrer Moderatorfunktion entsprechend auch als *Transacylierungskatalysatoren* bezeichnet werden. Die Wirkungsweise ist in Abb. 153 für die katalysierte Öffnung eines β-Lactams zur Kupplung mit einem primären Amin veranschaulicht.

Nu = nucleophiler Transacylierungskatalysator

Abb. 153 Katalysatorvermittlung bei der Reaktion von β-Lactamen mit primären Aminen

Als nucleophile Vermittler zur Knüpfung von Peptidbindungen haben sich insbesondere Kaliumcyanid[246] und Natriumazid[247] bewährt. Die Versuche zur Kupplung der eigenen *N*-Boc-β-lactame mit primären Aminen wurden deshalb unter Einsatz dieser potentiellen Katalysatoren in einem polaren, aprotischen Lösungsmittel (DMF) bei Raumtemperatur durchgeführt.

Es soll an dieser Stelle darauf verzichtet werden, die Ergebnisse einzelner Testreaktionen im Detail zu diskutieren. Zusammenfassend war feststellbar, dass weder Kaliumcyanid noch Natriumazid in katalytischer Menge (10 mol-%) binnen 24 Stunden die Reaktion von L-Valinmethylester mit dem 1-Boc-azetidin-2-on **198** zum erwünschten Dipeptid initiieren konnte. Beim Einsatz stöchiometrischer Mengen (bezogen auf das β-Lactam) hingegen offenbarten sich deutliche Unterschiede zwischen den beiden in diesem Status besser als nucleophile Reagenzien zu bezeichnenden Salze. Während ein Äquivalent KCN nahezu wirkungslos im Hinblick auf die erwünschte Transacylierung blieb, konnte mit NaN_3 ein Reaktionsfortschritt erzielt werden. Zudem bewirkte das Cyanid eine ausgeprägtere Epimerisierung des *N*-Boc-β-lactams, was auf den stärker basischen Charakter verglichen mit dem Azid zurückzuführen ist (pK_S (HCN) = 9.4, pK_S (HN_3) = 4.7).[248]

Für die Umsetzung des 1-Boc-azetidin-2-ons **199** mit L-Valinmethylester in Gegenwart stöchiometrischer Mengen Natriumazid erfolgte daraufhin eine Optimierung der Reaktionsbedingungen. Das beste Resultat war zu verzeichnen, wenn das im Überschuss eingesetzte Aminosäureester-hydrochlorid (zwei Äquivalente bezogen auf das β-Lactam) nur zu 75 % (1.5 Äquivalente) mittels Triethylamin in das freie Amin überführt wurde und der Rest zur Pufferung des Systems verblieb. Auf diese Weise verlief die Reaktion in trockenem DMF fast ohne Epimerisierung ($\leq$ 5 %) und ermöglichte die Isolierung des diastereomerenreinen Kupplungsprodukts **205** in einer Ausbeute von 79 % (Abb. 154).[249]

MeO MeO OMe O O O N O N O O O **199** a 79 % MeO MeO OMe O O O N HN O O HN O O MeO **205**

Abb. 154 Kupplung von **199** mit L-Valinmethylester zum optisch reinen Dipeptid **205**

a) L-ValOMe • HCl (2 Äq.), NEt_3 (1.5 Äq.), NaN_3 (1 Äq.), DMF, RT, 24 h.

8. Zusammenfassung und Ausblick

Im Rahmen dieser Arbeit erfolgte eine detaillierte Untersuchung, Evaluierung und Weiterentwicklung einer Methode zur stereoselektiven Synthese von β-Lactamen und ihren Folgeprodukten, die chirale Oxazolidin-2-on-Auxiliare auf der Basis von Monosacchariden als kostengünstig verfügbare nachwachsende Rohstoffe nutzt.

Ausgehend von D-Xylose und D-Glucose wurden zunächst drei Glycooxazolidinon-Auxiliare zum Teil nach optimierten Methoden mit verbesserter Gesamtausbeute synthetisiert und in einer anschließenden zweistufigen Sequenz sehr effizient zu den entsprechenden Essigsäure-Derivaten (**15a**, **15b**, **23**) umgesetzt, welche anschließend als chirale Keten-Vorläufer in den diastereoselektiven STAUDINGER-Reaktionen (Keten-Imin-Cycloadditionen) zum Einsatz kamen.

D-Xylose → 7 Stufen, 52 % → **15a**; 7 Stufen, 9 % → **15b**

D-Glucose → 7 Stufen, 28 % → **23**

MeO, MeO, O, N, O, O, OH — **15a**

BnO, BnO, O, N, O, O, OH — **15b**

MeO, MeO, OMe, O, N, O, O, OH — **23**

Die Erzeugung des Ketens aus dem entsprechenden Precursor erfolgte *in situ* mit Hilfe einer säureaktivierenden 1-Alkyl-2-halogen-pyridinium-Verbindung (MUKAIYAMA-Reagenz) in Gegenwart von Triethylamin. Alle zu Vergleichszwecken durchgeführten STAUDINGER-Cycloadditionen von **15a**, **15b** und **23** mit acyclischen Iminen lieferten die erwünschten monocyclischen β-Lactam-Derivate in akzeptablen bis sehr guten Ausbeuten bei bemerkenswert hoher Diastereoselektivität. Gestützt auf röntgenkristallographische Befunde und angesichts einer einheitlichen Induktionsrichtung der Glycooxazolidinon-Auxiliare konnte den isolierten Hauptprodukten eine *cis*-(3*S*,4*R*)-Konfiguration[250] zugeordnet werden. Diese (relative) Konfiguration ist auch in den Penicillinen und Cephalosporinen zu finden. Der kristalline Keten-Precursor **15a** kam schwerpunktmäßig bei den weiteren Untersuchungen zum Einsatz, da er zu hervorragenden Ergebnissen (Ausbeute, Selektivität) führte und sich zudem durch eine besonders leichte Handhabbarkeit auszeichnete. Die mit einer Vielzahl unterschiedlich substituierter (*E*)-Imine ($R^1N{=}CHR^2$) durchgeführten STAUDINGER-Reaktionen führten in der Regel hochselektiv unter kinetischer Kontrolle zu den *cis*-konfigurierten Azetidin-2-onen.

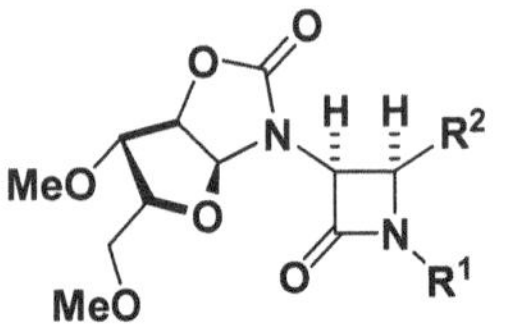

(16 Beispiele) 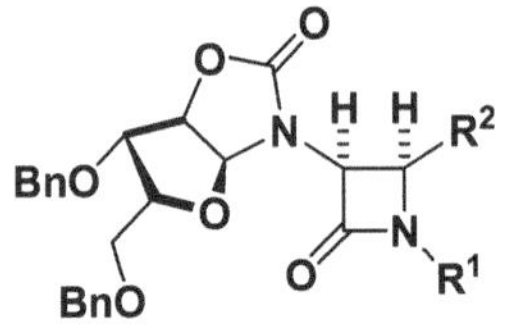 (2 Beispiele) 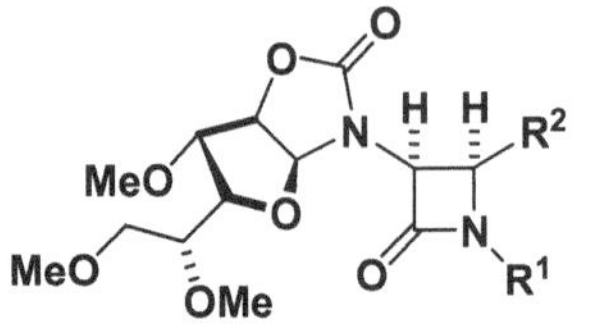 (2 Beispiele)

Zu einer Imin-Enamin-Tautomerie befähigte Imine eigneten sich nur sehr begrenzt für diese Synthesen, da sie unter den basischen Reaktionsbedingungen leicht zu den entsprechenden Enamiden abreagierten. Alle eingesetzten Hydrazone verweigerten jegliche Reaktion.

Erwähnenswerte Mengen des invers konfigurierten *cis*-β-Lactams wurden dann gebildet, wenn das eingesetzte Imin über einen stark elektronenziehenden Acyl-Substituenten am C-Atom der Doppelbindung (R^2) verfügte. Bei einigen Reaktionen konnten die thermodynamisch bevorzugten *trans*-Diastereomere als Nebenprodukte identifiziert werden, deren Entstehung durch eine (*E*)/(*Z*)-Isomerisierung des Imins im zwitterionischen Intermediat der Cycloadditon erklärbar ist und demnach eine *trans*-(3*S*,4*S*)-Konfiguration vermuten lässt. Dies war insbesondere dann der Fall, wenn ein sterisch anspruchsvoller oder als Elektronendonor fungierender Substituent R^2 vorlag. Ein *trans*-Nebendiastereomer konnte isoliert und vollständig charakterisiert werden. Bei besonders effektiven Donorsubstituenten, welche in der Lage sind, die Lebensdauer des Intermediats durch Stabilisierung maßgeblich zu erhöhen, kann sich sogar die Selektivität der Reaktion zum thermodynamisch stabileren *trans*-Produkt hin umkehren. So lieferten die Umsetzungen *N*-substituierter Ethylformimidate jeweils hochselektiv ein *trans*-(3*S*,4*S*)-konfiguriertes 4-Ethoxy-β-lactam.

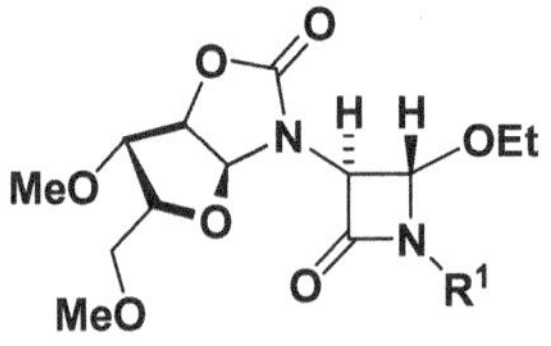

(2 Beispiele)

Beim Einsatz cyclischer Imine, die aufgrund ihrer fixierten (*Z*)-Geometrie keine Möglichkeit haben, im Verlauf der STAUDINGER-Reaktionen zu isomerisieren, wurden exzellente Diastereoselektivitäten zugunsten des (3*S*)-konfigurierten bi- bzw. tricyclischen *trans*-β-Lactams beobachtet. Erwartungsgemäß führten auch die unter Verwendung von Ketiminen durchgeführten Synthesen zu Produkten mit einer analogen Konfiguration am neu gebildeten quaternären Stereozentrum.

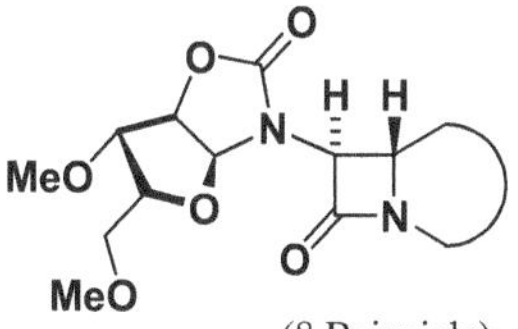

(8 Beispiele) 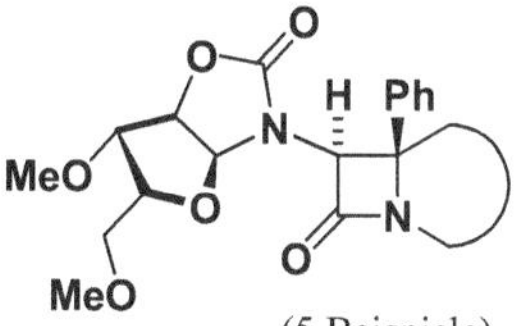 (5 Beispiele)

Eine differenzierte Betrachtung erforderten Keten-Imin-Cycloadditionen, bei denen sowohl der Keten-Precursor als auch die Imin-Komponente in optisch reiner Form eingesetzt wurde. Auf Basis enantiomerenreiner Amine (z. B. α-Aminosäureester) dargestellte Imine (*RN=CHAr) lieferten unabhängig von ihrer Konfiguration mit hoher Selektivität das vom Glycooxazolidinon-Auxiliar diktierte, *cis*-(3*S*,4*R*)-konfigurierte β-Lactam-Diastereomer. Optisch reine SCHIFF'sche Basen, die ihre Stereoinformation im Aldehyd-Anteil tragen (ArN=CHR*), erwiesen sich hingegen als wesentlich einflussreicher. So führte ein auf 2,3-*O*-Isopropyliden-D-glycerinaldehyd basierendes, acyclisches Imin in der STAUDINGER-Reaktion zur Bildung eines beträchtlichen Anteils (45 %) des invers konfigurierten *cis*-β-Lactams als Resultat einer divergierenden doppelt asymmetrischen Induktion und reduzierte den Überschuss des auxiliarkontrollierten Diastereomers auf lediglich 10 %. Erwartungsgemäß lieferten Imine auf der Basis von L-α-Alkoxyaldehyden mit dem chiralen Keten-Precursor **15a** im Sinne einer Konvergenz der asymmetrischen Induktionen hochselektiv die Azetidin-2-one mit *cis*-(3*S*,4*S*)-Konfiguration.

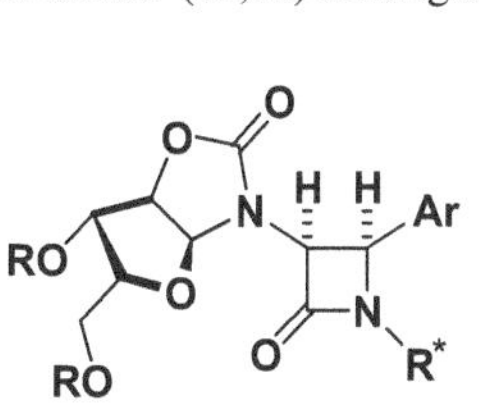

R = Me, Bn (8 Beispiele)

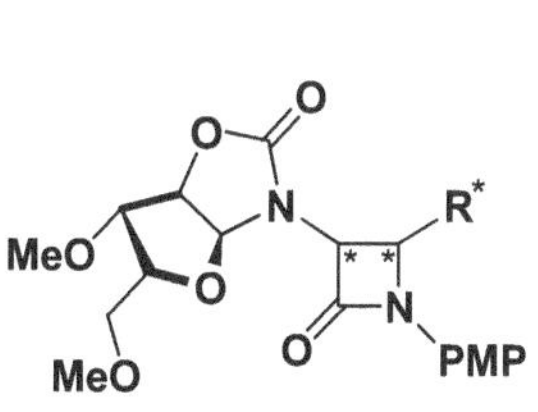

PMP = *p*-Methoxyphenyl (5 Beispiele)

Die für einfache Oxazolidin-2-one beschriebenen reduktiven Spaltungsmethoden zur Freisetzung der Aminofunktion an C-3 ließen sich nicht auf die eigenen Derivate übertragen, da der Stickstoff des Glycooxazolidinon-Auxiliars nicht in einer benzylischen Position vorliegt. In Anbetracht der hohen Stabilität des Auxiliars unter verschiedenen Reaktionsbedingungen wurde ein zweistufiges Verfahren gewählt, welches eine saubere Abspaltung der enantiomerenreinen β-Lactame unter Rückgewinnung des intakten Glycooxazolidinons ermöglichte. Dazu erfolgte zunächst die Synthese monocyclischer 3-Chlor-azetidin-2-one, die in guten Ausbeuten bei gleichzeitig hoher Diastereoselektivität ausgehend von den *cis*-(3*S*,4*R*)-konfigurierten β-Lactam-Derivaten durch Umsetzung der Lithium-Enolate mit *N*-Chlorsuccinimid zugänglich waren. Den erhaltenen Hauptprodukten konnte eine (*R*)-Konfiguration am halogenierten Stereozentrum (C-3) nachgewiesen werden.

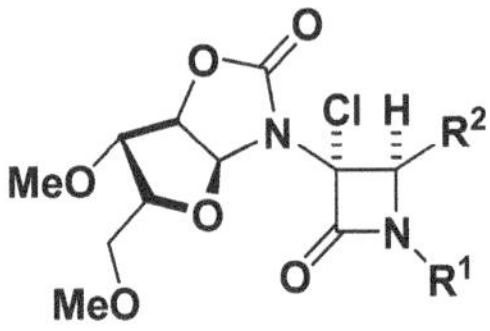

(12 Beispiele)

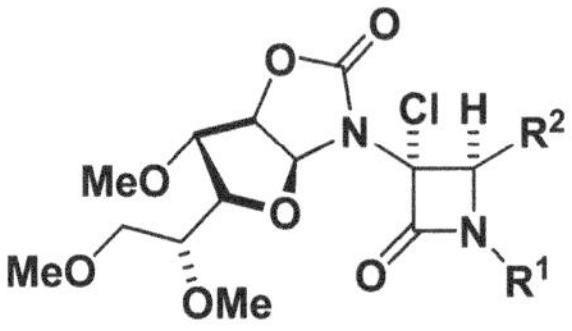

(2 Beispiele)

Zudem konnten fünf (3*S*)-Nebendiastereomere isoliert und vollständig charakterisiert werden. Die Chlorierung gestattete den Einsatz binärer *cis/trans*-Diastereomerengemische, da die aus sterischer Sicht bevorzugte *cis*-konfigurierte Komponente unter den vorliegenden Bedingungen hochselektiv abreagierte. Zur Entfernung des Auxiliars wurden die 3-Chlor-β-lactame anschließend einer durch Silbernitrat unterstützten Hydrolyse zu den entsprechenden 3-Hydroxy-Derivaten unterworfen. Dabei zeigte sich, dass die (3*R*,4*R*)-konfigurierten Diastereomere einer wesentlich schnelleren Dehalogenierung unterlagen als diejenigen mit einer (3*S*,4*R*)-Konfiguration. Die resultierenden Halbaminale ließen sich anschließend mild-sauer an Kieselgel unter Freisetzung der enantiomerenreinen, (*R*)-konfigurierten Azetidin-2,3-dione und Rückgewinnung des Glycooxazolidinons spalten.

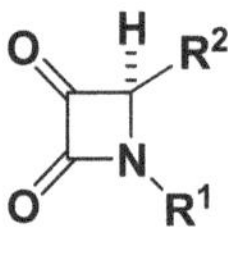

(11 Beispiele)

Insgesamt wurde somit ein neues Verfahren zur enantioselektiven Synthese monocyclischer Azetidin-2,3-dione entwickelt, welches ein chirales Oxazolidin-2-on-Auxiliar auf Basis der preiswerten Monosaccharide D-Xylose und D-Glucose nutzt und eine diastereoselektive

Keten-Imin-Cycloaddition (STAUDINGER-Reaktion) als zentralen Schritt beinhaltet.

D-Xylose bzw. D-Glucose

4-5 Stufen

Aux-H

2 Stufen

(4*R*)-Azetidin-2,3-dion

(3*R*,4*R*)-3-Chlor-β-lactam

chiraler Keten-Precursor

cis-(3*S*,4*R*)-β-Lactam

(*E*)-Imin

Aux:

Die untersuchten chiralen Keten-Vorläufer ermöglichen eine hervorragende Stereokontrolle bei der Synthese von β-Lactam-Derivaten unter den Bedingungen der STAUDINGER-Reaktion. Ausnahmslos allen im Rahmen dieser Untersuchung isolierten Hauptprodukten konnte mit hoher Sicherheit eine vom Glycooxazolidinon diktierte (3*S*)-Konfiguration zugeordnet werden. Unter Berücksichtigung der eigenen Ergebnisse ist die mit diesen Auxiliaren erzielbare asymmetrische Induktion mindestens mit dem von EVANS eingesetzten (*S*)-4-Phenyl-oxazolidin-2-on vergleichbar.

Der zweite Teil dieser Arbeit beschreibt Untersuchungen zur selektiven Ringöffnung optisch reiner β-Lactame, wobei ein besonderes Augenmerk auf Aminosäure-Derivate und Peptide als Spaltungsprodukte gelegt wurde. Die direkte Spaltung der C-2/C-3-Bindung eines enantiomerenreinen Azetidin-2,3-dions zum entsprechenden Amid der α-D-Aminosäure erfolgte nur mit einem sekundären Amin. Für die nucleophile Öffnung mit primären Aminen war es notwendig, das α-Keto-β-lactam vorher durch eine Oxidation zum α-Aminosäure-*N*-carboxy-anhydrid (NCA) zu aktivieren. Auf diesem indirekten Weg konnte eine nucleophile Öffnung vollzogen und die sekundären α-D-Aminosäureamide sowie ein Dipeptid durch Kupplung mit einem Aminosäureester in ansprechender Ausbeute synthetisiert werden.

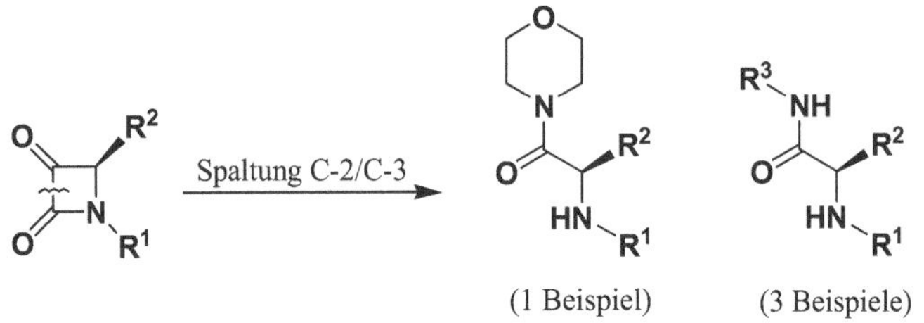

Spaltung C-2/C-3

(1 Beispiel) (3 Beispiele)

Die Spaltung der N-1/C-4-Bindung ausgewählter 4-Aryl-azetidin-2-one gelang mittels Pd-katalysierter Hydrierung und lieferte die resultierenden L-Phenylalanin-Derivate in guten bis sehr guten Ausbeuten. Bei Ausgangsverbindungen mit einer weiteren benzylischen C,N-Bindungen erfolgte die Hydrogenolyse hochselektiv in der endocyclischen Position, welche durch die Ringspannung des β-Lactams aktiviert ist. Die Reaktionsbedingungen ermöglichten die Synthese eines Derivats mit freien Hydroxylfunktionen am Glycooxazolidinon in einer Eintopfreaktion ausgehend von einem 4-Aryl-β-lactam mit dem *O*-benzylierten Auxiliar.

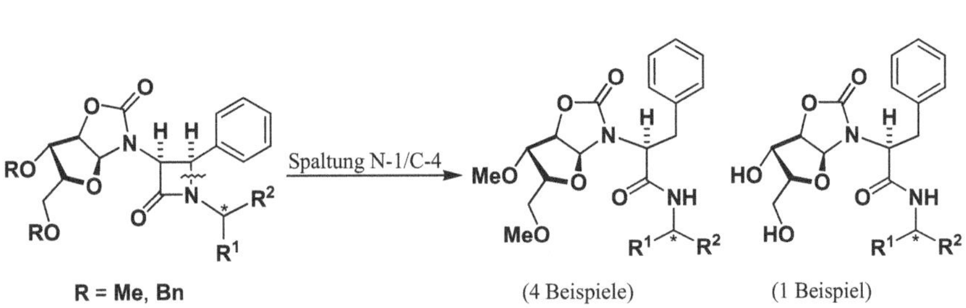

Spaltung N-1/C-4

R = Me, Bn (4 Beispiele) (1 Beispiel)

In Vorbereitung auf die Versuche zur Öffnung des β-Lactams an der Amidfunktion (Spaltung der N-1/C-2-Bindung) war es zunächst erforderlich, Derivate mit einer erhöhten Carbonylreaktivität bereitzustellen. Dazu wurde eine Reihe von 1-(*p*-Methoxyphenyl)-

azetidin-2-onen einer *N*-Dearylierung mittels Ammoniumcer(IV)-nitrat unterzogen, aus welcher die 1-unsubstituierten Derivate in hoher Ausbeute hervorgingen. Die schwach basischen Bedingungen der anschließenden *N*-Acylierung mit Boc-anhydrid in Gegenwart katalytischer Mengen 4-Dimethylamino-pyridin (DMAP) führte in einigen Fällen zu einer signifikanten Epimerisierung an C-3 des *N*-Boc-β-lactams. Es konnten drei diastereomerenreine Derivate isoliert und vollständig charakterisiert werden.

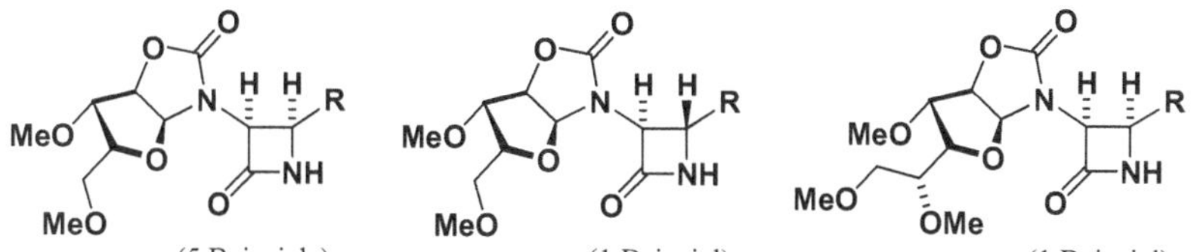

(5 Beispiele) (1 Beispiel) (1 Beispiel)

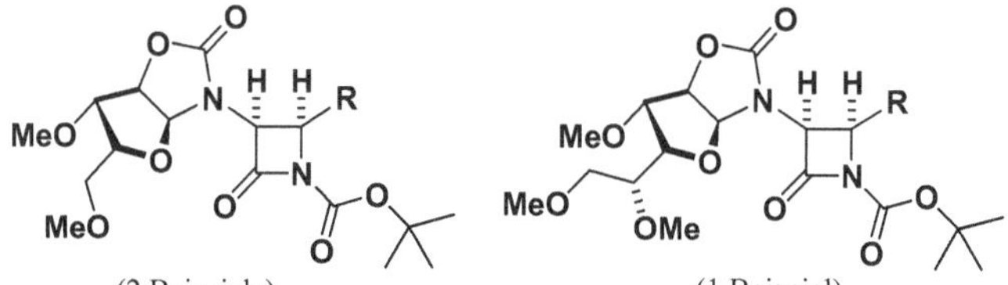

(2 Beispiele) (1 Beispiel)

Die nucleophile Ringöffnung der 1-Boc-azetidin-2-one zu den erwünschten β-Aminosäure-Derivaten erwies sich aufgrund der sehr hohen Epimerisierungstendenz im basischen Medium als außerordentlich schwierig. Mit primären Aminen wurde keine direkte Spaltung erzielt während die stärker basischen sekundären Amine (am Beispiel von L-Prolinethylester untersucht) zu einem völligen Verlust der Stereokontrolle führten und das Spaltungsprodukt als komplexes Diastereomerengemisch lieferten. Letztendlich konnte nach eingehender Optimierung mit Natriumazid als nucleophilem Transacylierungsreagenz die erfolgreiche Öffnung eines *N*-Boc-β-lactams mit einem Aminosäureester durchgeführt und das Glycopeptid als Kupplungsprodukt in hoher Ausbeute und optischer Reinheit isoliert werden.

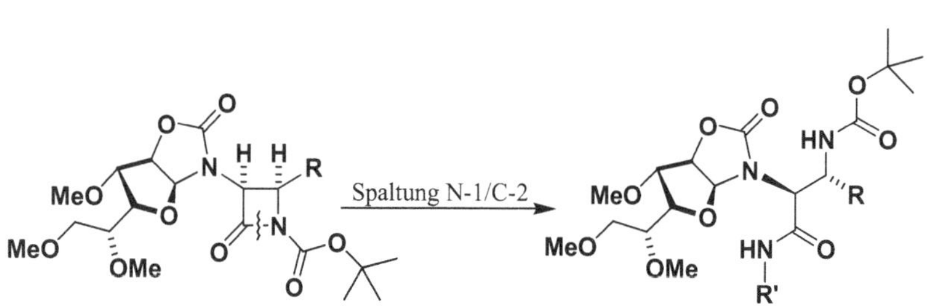

Spaltung N-1/C-2

(1 Beispiel)

Die in dieser Arbeit vorgestellten Ergebnisse bieten zahlreiche Ansatzpunkte für weiterführende Untersuchungen, auf die zum Teil schon in den betreffenden Kapiteln aufmerksam gemacht wurde. Besonders interessant erscheint der Versuch, das bei den monocyclischen β-Lactamen erfolgreich durchgeführte Verfahren zur Abspaltung des chiralen Glycooxazolidinon-Auxiliars auf die bi- bzw. tricyclischen Derivate zu übertragen. Die als Spaltungsprodukte zu erwartenden Azetidin-2,3-dione stellen sehr attraktive Synthone für die stereoselektive Synthese in Aussicht, sowohl für die Spaltung zu neuen Aminosäure-Derivaten und Peptiden als auch unter Erhalt der pharmakologisch relevanten β-Lactam-Struktur. Es sei darauf hingewiesen, dass die 3,4-*trans*-Konfiguration der bicyclischen Verbindungen ungünstig für die α-Chlorierung nach der beschriebenen Methode sein kann. In diesem Fall empfiehlt sich unter Umständen der Einsatz einer stärkeren Base wie z. B. Kaliumhexamethyldisilazid (KHMDS). Auch die Möglichkeit zur direkten Hydroxylierung sollte in diesem Zusammenhang berücksichtigt werden.

Ein weiterer vielversprechender Ansatz betrifft die nähere Untersuchung *N*-substituierter Formimidsäureester als Imin-Komponente in STAUDINGER-Reaktionen und die damit verbundene Auseinandersetzung mit einer neuen Strategie zur stereoselektiven Synthese von Oxacephemen bzw. Oxacephamen, auf die bereits im betreffenden Kapitel (Kap. 5, Abb. 82) hingewiesen wurde. Zudem sollte das synthetische Potential der 4-Alkoxy-β-lactame einer genaueren Prüfung unterzogen werden.

9. Experimenteller Teil

9.1 Allgemeine Angaben

Kernresonanzspektroskopie

Die ^{1}H- und ^{13}C-NMR-Spektren wurden mit einem *Avance 500* Spektrometer bzw. einem *Avance 300* Spektrometer der Firma *Bruker* bei einer Temperatur von 300 K aufgenommen. Die jeweilige Messfrequenz (^{1}H: 500.1 MHz, ^{13}C: 125.8 MHz bzw. ^{1}H: 300.1 MHz, ^{13}C: 75.8 MHz) und das verwendete deuterierte Lösungsmittel sind in den Datenauflistungen der einzelnen Verbindungen aufgeführt. Die Angabe der chemischen Verschiebung δ erfolgte in ppm relativ zu Tetramethylsilan (TMS), wobei die Signale des restlichen nicht deuterierten Lösungsmittels (^{1}H) bzw. des deuterierten Lösungsmittels (^{13}C) als interner Standard dienten. Die Kopplungskonstanten *J* sind in Hertz (Hz) angegeben. Nicht aufgelöste Kopplungen sind mit n.a. abgekürzt. Zur exakten Signalzuordnung wurden zweidimensionale Spektroskopieverfahren genutzt (^{1}H,^{1}H-korrelierte NMR-Spektren, ^{13}C,^{1}H-korrelierte NMR-Spektren). Die Signalmultiplizitäten sind wie folgt abgekürzt: s = Singulett, d = Dublett, t = Triplett, q = Quartett, m = Multiplett, dd = Dublett vom Dublett, dt = Dublett vom Triplett, ddd = Dublett vom Dublett vom Dublett. Unscharfe, breite Signale sind durch den Zusatz b gekennzeichnet. Zur Aufklärung der relativen räumlichen Lage von H-Atomen wurden in einigen Fällen 1D-NOESY-Experimente (1 Dimensional Nuclear Overhauser Enhancement Spectroscopy) durchgeführt. Die Auswertung der Spektren erfolgte mit Hilfe der *1D Win NMR* Software von *Bruker*.

Massenspektrometrie

Zur Aufname der Massenspektren (CI, EI) wurde ein *Finnigan MAT 212* mit Datensystem *MMS* und Verarbeitungssystem *ICIS* oder ein *Finnigan MAT 95* mit Datenstation *DEC-Station 5000* genutzt. Das Reaktandgas bei Messungen mit chemischer Ionisierung (CI) ist jeweils angegeben. Die hochaufgelösten Spektren zur Massenfeinbestimmung (HR-MS) wurden mit dem *Finnigan MAT 95* gemessen (Fehlertoleranz < 5 ppm). Massenspektren unter Einsatz von Elektrospray-Ionisierung (ESI) wurden mit einem *Thermoquest Finnigan LCQ* (Softwarepaket *Xcalibur*) aufgenommen, wobei das für die Probe verwendete Lösungsmittel jeweils aufgeführt ist.

Röntgenstrukturanalytik

Die Bestimmung der Gitterkonstanten und Reflexintensitäten geeigneter Einkristalle erfolgte auf einem *Stoe IPDS I*-Diffraktometer unter Einsatz von Mo-K_α-Strahlung (λ = 71.073 pm). Sämtliche Strukturen wurden mit Hilfe des Programms *SHELX-97*[251] gelöst und gegen F^2 verfeinert. Spezifische Messparameter sind den röntgenkristallographischen Daten der einzelnen Verbindungen zu entnehmen (Kap. 10). Die Atomnummerierung der abgebildeten Plots entspricht nicht den IUPAC-Konventionen und ist für jede Verbindung individuell zu betrachten. Zur Darstellung und Analyse der Molekülestrukturen wurde die Software *DIAMOND Crystal and molecular structure visualization* (Version 3.1) genutzt.

Schmelzpunktbestimmung

Die Schmelzpunkte wurden mit einem Mikroskopheiztisch *SM-Lux* der Firma *Leitz* bzw. einem Schmelzpunktbestimmungsgerät *Melt-Temp* der Firma *Laboratory Devices* bestimmt und sind nicht korrigiert. Zersetzungspunkte sind durch die Abkürzung Zers. gekennzeichnet.

Polarimetrie

Die Messung der spezifischen Drehwerte erfolgte mit einem Polarimeter *PE 343* der Firma *Perkin-Elmer* in einer 1 ml Küvette mit 10 cm Länge.

Elementaranalytik

Die Verbrennungsanalysen wurde mit dem Gerät *EA 1108* der Firma *Fisons Instruments* durchgeführt.

Chromatographische Methoden

Die Beobachtung der Reaktionsverläufe und säulenchromatographischen Trennungen erfolgte dünnschichtchromatographisch auf mit *Kieselgel 60* F_{254} bzw. *Aluminiumoxid 60* F_{254} *neutral* beschichteten Aluminiumfolien der Firma *Merck*. Zur Detektion der Substanzen wurde UV-Licht (λ = 254 nm und λ = 366 nm) eingesetzt oder in 10 %ige Schwefelsäure eingetaucht und anschließend mit einem Heißluftfön erhitzt.

Stationäre Phase für die säulenchromatographische Trennung von Produktgemischen war *Kieselgel 60 (0.063-0.2 mm, 70-230 mesh)* bzw. *Aluminiumoxid 90 neutral (0.063-0.2 mm, 70-230 mesh)* verschiedener Anbieter, wobei die nachfolgenden Lösungsmittelsysteme als Eluenten dienten:

Eluent 1: Essigsäureethylester / *n*-Hexan 1 : 2 (v/v)
Eluent 2: Essigsäureethylester / *n*-Hexan 2 : 3 (v/v)
Eluent 3: Essigsäureethylester / *n*-Hexan 1 : 1 (v/v)
Eluent 4: Essigsäureethylester / *n*-Hexan 5 : 4 (v/v)
Eluent 5: Essigsäureethylester / *n*-Hexan 3 : 2 (v/v)
Eluent 6: Essigsäureethylester / *n*-Hexan 2 : 1 (v/v)
Eluent 7: Essigsäureethylester / *n*-Hexan 3 : 1 (v/v)
Eluent 8: Essigsäureethylester / *n*-Hexan 4 : 1 (v/v)
Eluent 9: Essigsäureethylester / *n*-Hexan 5 : 1 (v/v)
Eluent 10: Essigsäureethylester / *n*-Hexan 8 : 1 (v/v)
Eluent 11: Essigsäureethylester / *n*-Hexan 10 : 1 (v/v)
Eluent 12: Essigsäureethylester / *n*-Hexan / *i*-Propanol 5 : 5 : 2 (v/v/v) + 1 % Triethylamin
Eluent 13: Essigsäureethylester / Chloroform 3 : 2 (v/v)
Eluent 14: Essigsäureethylester / Chloroform / *i*-Propanol 4 : 4 : 1 (v/v/v)
Eluent 15: Essigsäureethylester / Petrolether$_{40/60}$ 1 : 4 (v/v)
Eluent 16: Essigsäureethylester / Petrolether$_{40/60}$ 1 : 1 (v/v)
Eluent 17: Essigsäureethylester / Petrolether$_{40/60}$ 2 : 1 (v/v)
Eluent 18: Essigsäureethylester / Petrolether$_{40/60}$ 3 : 1 (v/v)
Eluent 19: Essigsäureethylester rein
Eluent 20: *tert*-Butyl-methylether / *n*-Hexan 1 : 2 (v/v)
Eluent 21: *tert*-Butyl-methylether / *n*-Hexan 1 : 1 (v/v)
Eluent 22: *tert*-Butyl-methylether / *n*-Hexan 5 : 1 (v/v)
Eluent 23: *tert*-Butyl-methylether / *n*-Hexan 8 : 1 (v/v)
Eluent 24: *tert*-Butyl-methylether / *n*-Hexan 10 : 1 (v/v)
Eluent 25: *tert*-Butyl-methylether / Chloroform 3 : 1 (v/v)
Eluent 26: *tert*-Butyl-methylether rein
Eluent 27: Aceton / Petrolether$_{40/60}$ 1 : 1 (v/v)
Eluent 28: Toluol / Essigsäureethylester 1 : 1 (v/v)

Reinigung und Trocknung der verwendeten Lösungsmittel und Gase

Alle Lösungsmittel wurden vor dem Gebrauch nach den üblichen Verfahren gereinigt und für Arbeiten mit luft- und feuchtigkeitsempfindlichen Reagenzien nach konventionellen Methoden unter Stickstoffatmosphäre getrocknet.[252] Die trockenen Lösungsmittel wurden in SCHLENK-Gefäßen kühl und lichtgeschützt unter Stickstoffatmosphäre aufbewahrt. Zur

Trocknung des verwendeten Stickstoffs (5.0) diente ein mit Phosphorpentoxid gefüllter Trockenturm. Alle bei der Säulenchromatographie verwendeten Lösungsmittel wurden entweder vor Gebrauch destilliert oder in der kommerziellen Qualitätsstufe p.a. eingesetzt.

Chemikalien und Reagenzien

Sämtliche flüssigen Aldehyde und Amine wurden vor Gebrauch durch (Vakuum-)Destillation gereinigt.

Eine effektive Reinigung von kommerziell erhältlichem *p*-Anisidin erfolgte mittels Sublimation (Heizbadtemperatur: 75-80 °C, Druck: 0.02 mbar).

2,3,3-Trimethylindolenin (**73**) (*Aldrich*), 2-Methyl-1-pyrrolin (**74**) (*Aldrich*), 2-Chlor-1-methyl-pyridiniumiodid (**92**) (*Merck*, *Fluka*), 2-Chlor-1-methylpyridinium-*p*-toluolsulfonat (**99**) (*TCI*), Lithiumhexamethyldisilazid-Lösung (1.0 M in Tetrahydrofuran) (*Aldrich*, *Fluka*) sowie Ammoniumcer(IV)-nitrat p.a. (*Merck*) wurden käuflich erworben und wie erhalten eingesetzt.

Alle anderen gebräuchlichen Laborchemikalien diverser Anbieter wurden, wenn nicht anders angegeben, in den handelsüblichen Qualitäten verwendet.

Nomenklatur

Zur Benennung derjenigen Verbindungen, die ein Glycooxazolidinon-Auxiliar enthalten, wurde die von KÖLL und SAUL vorgeschlagene, auf der Kohlenhydrat-Nomenklatur basierende Systematik verwendet.[95]

Dabei wurde den Auxiliar-Kohlenstoffatomen die unten gezeigte Nummerierung zugewiesen, nach der ebenfalls die Zuordnung der NMR-Daten erfolgte. Die Nummerierung der Wasserstoffatome richtet sich nach den Kohlenstoffatomen, an die sie gebunden sind.

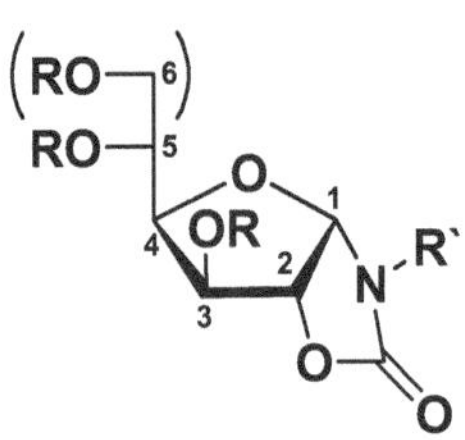

Bei den Verbindungen, die neben dem Auxiliar noch einen weiteren furanoiden bzw. pyranoiden Monosaccharid-Substituenten besitzen (**144-146**, **196-197**), wurden die jeweiligen

C- und H-Atome entsprechend der Kohlenhydrat-Nomenklatur zugeordnet und zur Unterscheidung durch den Zusatz f (für Furanose) bzw. p (für Pyranose) gekennzeichnet.

9.2 Synthese der Ausgangsverbindungen

9.2.1 Synthese der Auxiliare und Keten-Vorstufen

1,2:3,5-Di-*O*-isopropyliden-α-D-xylofuranose (9)

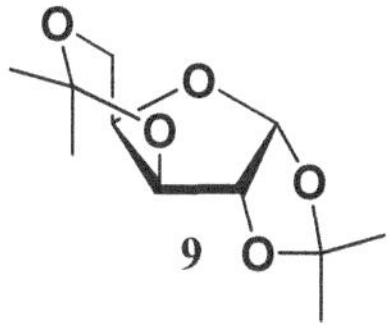

9

1 L trockenes Aceton wurde nacheinander mit 5 mL konzentrierter Schwefelsäure, 100 g wasserfreiem Kupfersulfat (0.63 mol) und 50 g (0.33 mol) D-Xylose versetzt. Das Reaktionsgemisch wurde bei Raumtemperatur 20 h unter Feuchtigkeitsausschluss (Calciumchlorid-Trockenrohr) gerührt. Nach vollständigem Umsatz (DC-Kontrolle) wurde das Kupfersulfat abfiltriert und das Filtrat mit 12 %iger wässriger Ammoniaklösung neutralisiert. Nach erneuter Filtration wurde das Aceton im Vakuum entfernt und der Rückstand erschöpfend mit Dichlormethan extrahiert. Die vereinigten organischen Phasen wurden mit Wasser gewaschen, über Magnesiumsulfat getrocknet und im Vakuum vollständig eingeengt. Es resultierte ein schwach gelbliches, sehr viskoses Öl.

Ausbeute: 68.8 g (91 %) (Lit.:[98] 84 %)
R_f-Wert: 0.65 (Eluent 16)
Die spektroskopischen Daten stimmen mit der Literatur überein.[95]

1,2-*O*-Isopropyliden-α-D-xylofuranose (10)

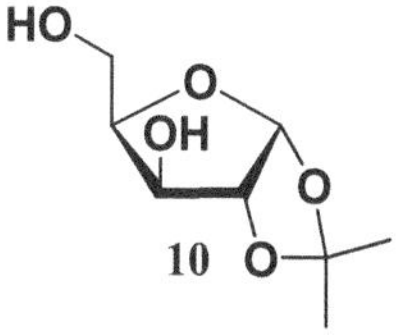

10

Variante A:

Die Verbindung kann nach einer publizierten Vorschrift in nahezu quantitativer Ausbeute durch mild saure Hydrolyse von 1,2:3,5-Di-*O*-isopropyliden-α-D-xylofuranose (**9**) dargestellt werden.[99b]

Variante B: Synthese ausgehend von freier D-Xylose[100]

520 mL Aceton wurden nacheinander mit 20 mL konzentrierter Schwefelsäure und 20 g (0.13 mol) fein gepulverter D-Xylose versetzt. Das Reaktionsgemisch wurde so lange gerührt, bis eine klare Lösung vorlag (30 min). Nun wurde vorsichtig (Gasentwicklung) eine Lösung von 26 g (0.24 mol) Natriumcarbonat in 112 mL Wasser zugetropft. Die Temperatur des Reaktionsgemisches konnte dabei durch externe Kühlung bei ca. 20 °C gehalten werden. Nach weiteren 2.5 h bei Raumtemperatur wurde die Reaktionsmischung durch rasche Zugabe von gesättigter wässriger Natriumcarbonatlösung schwach alkalisch gemacht (pH 8-10). Das entstandene Natriumsulfat wurde abfiltriert und mit Aceton nachgewaschen. Die vereinigten Filtrate wurden anschließend im Vakuum eingeengt und das erhaltene Rohprodukt säulenchromatographisch an Kieselgel unter Verwendung einer kurzen Trennsäule gereinigt (Eluent 3, nach Abtrennung des Nebenproduktes Eluent 18). Das isolierte Produkt fiel als schwach gelblicher Sirup an, der nach einiger Zeit in der Kühlung kristallisierte.

Ausbeute: 20.0 g (79 %) (Lit.:[99b] 80 %)

Fp.: 39-40 °C (Lit.:[99b] 42-43 °C (EtOAc/$PE_{40/60}$))

R_f-Wert: 0.14 (Eluent 3)

Die spektroskopischen Daten sind im Einklang mit der Literatur.[95]

1-*N*,2-*O*-Carbonyl-1-*N*-ethoxycarbonylmethyl-3,5-di-*O*-methyl-α-D-xylofuranosylamin (14a)

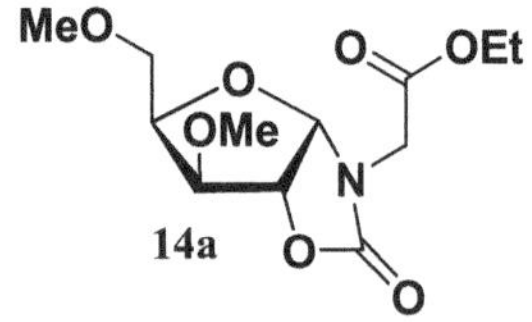

Unter Stickstoffatmosphäre wurden 0.88 g (22.0 mmol) Natriumhydrid (60 %ige Dispersion in Öl) in 15 mL trockenem THF suspendiert und bei 0 °C (Eis/Wasser-Bad) tropfenweise mit einer Lösung von 4.0 g (19.7 mmol) 1-*N*,2-*O*-Carbonyl-3,5-di-*O*-methyl-α-D-xylofuranosylamin (**13a**) in 70 mL trockenem THF versetzt. Nach beendeter Zugabe wurde 45 min bei 0 °C gerührt und anschließend eine Lösung von 2.5 mL (22.4 mmol) Bromessigsäureethylester in 10 mL trockenem THF zugetropft. Es wurde 16 h gerührt und dabei langsam bis auf Raumtemperatur erwärmt. Nach vollständigem Umsatz (DC-Kontrolle) wurde so lange Wasser zugegeben, bis eine klare Lösung vorlag. Anschließend wurde mit 1 M Salzsäure neutralisiert und erschöpfend mit Dichlormethan extrahiert. Die vereinigten organischen Phasen wurden mit Wasser und gesättigter Natriumchloridlösung gewaschen, über Magnesiumsulfat getrocknet und im Vakuum vollständig eingeengt. Säulenchromatographische Aufarbeitung an Kieselgel (Eluent 6) lieferte das farblose, sirupöse Produkt.

Ausbeute: 5.19 g (91 %)
R_f-Wert: 0.46 (Eluent 6)
Die spektroskopischen Daten entsprechen der Literatur.[95]

1-*N*,2-*O*-Carbonyl-1-*N*-carboxymethyl-3,5-di-*O*-methyl-α-D-xylofuranosylamin (15a)

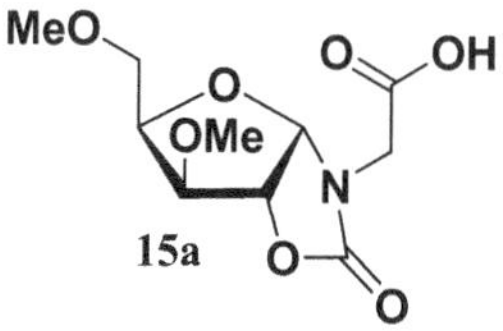

15a

5.19 g (17.9 mmol) 1-*N*,2-*O*-Carbonyl-1-*N*-ethoxycarbonylmethyl-3,5-di-*O*-methyl-α-D-xylofuranosylamin (**14a**) wurden in 170 mL 80 % Methanol/Wasser gelöst und mit 3.0 g (71.7 mmol) Lithiumhydroxid-monohydrat versetzt. Die Reaktionslösung wurde bis zum vollständigen Umsatz (DC-Kontrolle) bei Raumtemperatur gerührt (ca. 2.5 h). Anschließend wurde mit 2 M Salzsäure ein pH-Wert von 1 eingestellt und achtmal mit jeweils 50 mL Dichlormethan intensiv extrahiert. Die vereinigten organischen Phasen wurden mit gesättigter Natriumchloridlösung gewaschen, über Magnesiumsulfat getrocknet und im Vakuum bis zur Trockene eingeengt. Es resultierte ein farbloser Sirup, der nach einiger Zeit durchkristallisierte. Das Produkt konnte aus Chloroform/*n*-Hexan umkristallisiert werden.

Ausbeute: 4.25 g (91 %)
Fp.: 116-117 °C ($CHCl_3$/*n*-Hexan) (Lit.:[95] 115°C)
Die spektroskopischen Daten stimmen mit der Literatur überein.[95]

3,5-Di-*O*-benzyl-1,2-*O*-isopropyliden-α-D-xylofuranose (11b)

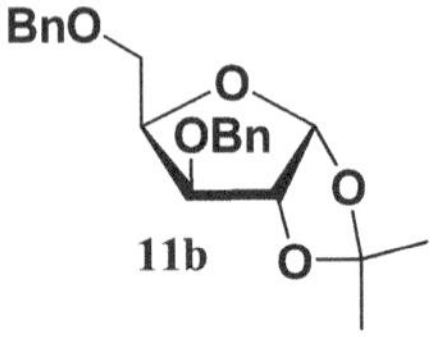

Unter Stickstoffatmosphäre wurden 5.0 g (125 mmol) Natriumhydrid (60 %ige Dispersion in Öl) in 75 mL trockenem THF suspendiert und bei 0 °C (Eis/Wasser-Bad) tropfenweise mit einer Lösung von 10.0 g (53 mmol) 1,2-*O*-Isopropyliden-α-D-xylofuranose (**10**) in 90 mL trockenem THF versetzt. Nach beendeter Zugabe wurde 45 min bei 0 °C gerührt und eine Portion von 14.9 mL (125 mmol) Benzylbromid langsam hinzugefügt. Es wurde 16 h gerührt und dabei langsam bis auf Raumtemperatur erwärmt. Nun wurde die Reaktion durch vorsichtige Wasserzugabe gequencht und das Gemisch mehrfach mit *tert*-Butylmethylether extrahiert. Die vereinigten organischen Phasen wurden zweimal mit Wasser und einmal mit gesättigter Natriumchloridlösung gewaschen. Nach Trocknung über Natriumsulfat wurde im Vakuum vollständig eingeengt. Das Rohprodukt wurde säulenchromatographisch an Kieselgel gereinigt (Eluent 20). Es resultierte ein schwach gelblicher Sirup.

Ausbeute: 17.6 g (90 %)

R_f-Wert: 0.46 (Eluent 20)

Die spektroskopischen Daten entsprechen der Literatur.[253]

3,5-Di-*O*-benzyl-1-*N*,2-*O*-carbonyl-α-D-xylofuranosylamin (13b)

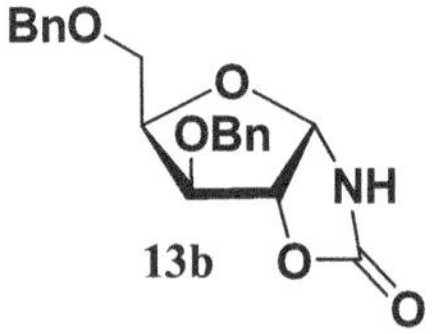

14.3 g (38.6 mmol) 3,5-Di-*O*-benzyl-1,2-*O*-isppropyliden-α-D-xylofuranose (**11b**) wurden in 50 mL 50 %iger Essigsäure gelöst und bis zum vollständigen Umsatz (DC-Kontrolle) unter Rückfluss erhitzt (ca. 6 h). Anschließend wurde mit Wasser verdünnt und im Vakuum eingeengt. Die Reste an Essigsäure wurden durch wiederholtes Einengen nach Zugabe von Toluol azeotrop entfernt. Es konnten 9.3 g (73 %) 3,5-Di-*O*-benzyl-D-xylofuranose (**12b**) als

Rohprodukt in Form eines gelben Sirups erhalten werden, welcher ohne genauere Charakterisierung und Reinigung wie folgt weiter umgesetzt wurde:

9.3 g (28.1 mmol) 3,5-Di-*O*-benzyl-D-xylofuranose (**12b**) wurden in 15 mL Wasser mit 3.5 g (43 mmol) Kaliumcyanat und 2.3 g (43 mmol) Ammoniumchlorid versetzt und 6 h bei 60 °C gerührt. Anschließend wurde das Reaktionsgemisch mehrfach mit Dichlormethan extrahiert und die vereinigten organischen Phasen nach Trocknung über Magnesiumsulfat im Vakuum eingeengt. Säulenchromatographische Aufarbeitung an Kieselgel (Eluent 9) lieferte einen gelblichen Feststoff, der abschließend durch Umkristallisation aus Essigsäureethylester/ *n*-Hexan gereinigt werden konnte. Es resultierten farblose Kristalle.

Ausbeute:	1.3 g (13 %)
Fp.:	126-127 °C (EtOAc/*n*-Hexan)
R_f-Wert:	0.66 (Eluent 9)
$[\alpha]_D^{20}$:	-11.9 ° (c = 0.18, $CHCl_3$)
NMR-Daten:	<u>^{1}H-NMR (500.1 MHz, $CDCl_3$, δ in ppm)</u>
	3.73 (m, 2H, H-5`, H-5), 4.11 (d, 1H, H-3, $^3J_{3,4}$ = 3.3 Hz), 4.27 (m, 1H, H-4), 4.51 (d, 1H, C<u>H</u>`HPh, ^2J = -12.1 Hz), 4.53 (d, 1H, CH`<u>H</u>Ph, $^2J$ = -12.1 Hz), 4.60 (d, 1H, C<u>H</u>`HPh, ^2J = -12.1 Hz), 4.65 (d, 1H, CH`<u>H</u>Ph, ^2J = -12.1 Hz), 4.92 (d, 1H, H-2, $^3J_{2,1}$ = 5.5 Hz), 5.76 (d, 1H, H-1, $^3J_{1,2}$ = 5.5 Hz), 6.32 unspezifisch (s, 1H, NH), 7.25-7.35 (m, 10H, $H_{arom.}$)
	<u>^{13}C-NMR (125.8 MHz, $CDCl_3$, δ in ppm)</u>
	67.3 (C-5), 72.5 (CH_2Ph), 73.6 (CH_2Ph), 78.1 (C-4), 80.9 (C-2), 82.3 (C-3), 85.6 (C-1), 127.8 (5$C_{arom.}$H), 128.3 ($C_{arom.}$H), 128.4 (2$C_{arom.}$H), 128.6 (2$C_{arom.}$H), 136.8 (<u>C</u>$_{arom.}$C), 137.7 (<u>C</u>$_{arom.}$C), 156.8 (NCOO)
MS (CI, *i*-Butan):	
m/z (%):	356 (100) [MH^+]
HR-MS (CI, *i*-Butan):	ber. 356.1498 für $[C_{20}H_{22}NO_5]^+$
	gef. 356.1500
Elementaranalyse:	
$C_{20}H_{21}NO_5$	ber. C 67.59 % H 5.96 % N 3.94 %
(355.4 g/mol)	gef. C 66.99 % H 6.16 % N 3.77 %

3,5-Di-*O*-benzyl-1-*N*,2-*O*-carbonyl-1-*N*-ethoxycarbonylmethyl-α-D-xylofuranosylamin (14b)

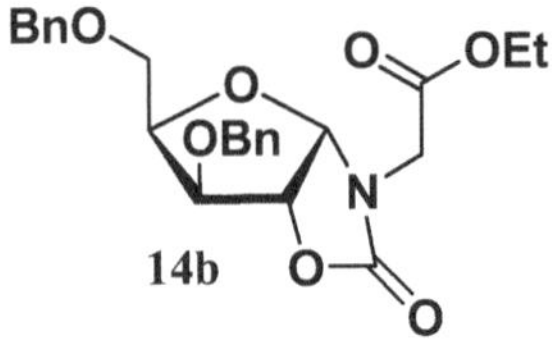

Unter Stickstoffatmosphäre wurden 0.14 g (3.5 mmol) Natriumhydrid (60 %ige Dispersion in Öl) in 2 mL trockenem THF suspendiert und bei 0 °C (Eis/Wasser-Bad) tropfenweise mit einer Lösung von 1.0 g (2.8 mmol) 3,5-Di-*O*-benzyl-1-*N*,2-*O*-carbonyl-α-D-xylofuranosylamin (**13b**) in 5 mL trockenem THF versetzt. Nach beendeter Zugabe wurde 45 min bei 0 °C gerührt und anschließend eine Lösung von 0.5 mL (4.4 mmol) Bromessigsäureethylester in 1.5 mL trockenem THF zugetropft. Es wurde 16 h gerührt und dabei langsam bis auf Raumtemperatur erwärmt. Nach vollständigem Umsatz (DC-Kontrolle) wurde so lange Wasser zugegeben, bis eine klare Lösung vorlag. Anschließend wurde mit 1 M Salzsäure neutralisiert und erschöpfend mit Dichlormethan extrahiert. Die vereinigten organischen Phasen wurden mit Wasser und gesättigter Natriumchloridlösung gewaschen, über Magnesiumsulfat getrocknet und im Vakuum vollständig eingeengt. Eine anschließende säulenchromatographische Aufarbeitung an Kieselgel (Eluent 2→ Eluent 3) lieferte das farblose, sirupöse Produkt.

Ausbeute:	1.18 g (95 %)
Fp.:	sirupös
R_f-Wert:	0.61 (Eluent 3)
$[\alpha]_D^{20}$:	+39.1 ° (c = 0.39, $CHCl_3$)
NMR-Daten:	^{1}H-NMR (500.1 MHz, $CDCl_3$, δ in ppm)

1.28 (t, 3H, $OCH_2C\underline{H}_3$, ^3J = 7.1 Hz), 3.77 (m, 2H, H-5`,H-5), 3.97 (d, 1H, NC$\underline{H}$`H, ^2J = -18.1 Hz), 4.12 (d, 1H, H-3, $^3J_{3,4}$ = 3.3 Hz), 4.18 (d, 1H, NCH`$\underline{H}$, $^2J$ = -18.1 Hz), 4.20-4.25 (m, 3H, $OC\underline{H}_2CH_3$, H-4), 4.52 (d, 1H, C$\underline{H}$`HPh, ^2J = -12.1 Hz), 4.55 (d, 1H, CH`$\underline{H}$Ph, $^2J$ = -12.1 Hz), 4.60 (d, 1H, C$\underline{H}$`HPh, ^2J = -12.1 Hz), 4.68 (d, 1H, CH`$\underline{H}$Ph, ^2J = -12.1 Hz), 4.90 (d, 1H, H-2, $^3J_{2,1}$ = 5.5 Hz), 5.80 (d, 1H, H-1, $^3J_{1,2}$ = 5.5 Hz), 7.26-7.38 (m, 10H, $H_{arom.}$)

<u>^{13}C-NMR (125.8 MHz, $CDCl_3$, δ in ppm)</u>

14.1 ($OCH_2\underline{C}H_3$), 43.1 (NCH_2), 61.7 ($O\underline{C}H_2CH_3$), 67.2 (C-5), 72.4 (CH_2Ph), 73.5 (CH_2Ph), 78.2 (C-4), 79.9 (C-2), 81.1 (C-3), 88.8 (C-1), 127.7 ($3C_{arom.}H$), 127.8 ($2C_{arom.}H$), 128.2 ($C_{arom.}H$), 128.4 ($2C_{arom.}H$), 128.6 ($2C_{arom.}H$), 136.8 ($\underline{C}_{arom.}C$), 137.8 ($\underline{C}_{arom.}C$), 156.1 (NCOO), 168.2 (COO)

MS (CI, *i*-Butan):
m/z (%): 442 (100) [MH^+]

HR-MS (CI, *i*-Butan): ber. 442.1866 für $[C_{24}H_{28}NO_7]^+$
gef. 442.1869

Elementaranalyse:

$C_{24}H_{27}NO_7$	ber. C 65.29 %	H 6.16 %	N 3.17 %
(441.5 g/mol)	gef. C 64.82 %	H 6.36 %	N 3.34 %

3,5-Di-*O*-benzyl-1-*N*,2-*O*-carbonyl-1-*N*-carboxymethyl-α-D-xylofuranosylamin (15b)

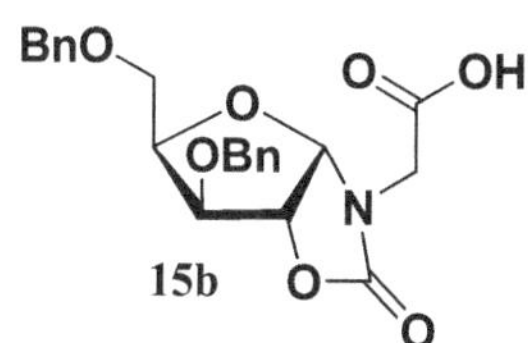

1.14 g (2.58 mmol) 3,5-Di-*O*-benzyl-1-*N*,2-*O*-carbonyl-1-*N*-ethoxycarbonylmethyl-α-D-xylofuranosylamin (**14b**) wurden in 25 mL 80 % Methanol/Wasser gelöst und mit 0.43 g (10.35 mmol) Lithiumhydroxid-monohydrat versetzt. Die Reaktionslösung wurde bis zum vollständigen Umsatz (DC-Kontrolle) bei Raumtemperatur gerührt (ca. 2 h). Anschließend wurde mit 2 M Salzsäure ein pH-Wert von 1 eingestellt und mehrfach mit jeweils 10 mL Dichlormethan intensiv extrahiert. Die vereinigten organischen Phasen wurden mit gesättigter Natriumchloridlösung gewaschen, über Magnesiumsulfat getrocknet und im Vakuum bis zur Trockene eingeengt. Es resultierte zunächst ein farbloser Sirup, der nach einiger Zeit durchkristallisierte.

Ausbeute: 0.96 g (90 %)
Fp.: 138-140 °C
$[\alpha]_D^{20}$: +34.5 ° (c = 0.62, $CHCl_3$)

NMR-Daten: <u>^{1}H-NMR (500.1 MHz, $CDCl_3$, δ in ppm)</u>

3.80 (d, 2H, H-5`, H-5, $^3J_{5,4}$ = 5.5 Hz), 4.07 (d, 1H, NC<u>H</u>`H, ^2J = -18.3 Hz), 4.14 (d, 1H, H-3, $^3J_{3,4}$ = 3.1 Hz), 4.23 (d, 1H, NCH`<u>H</u>, $^2J$ = -18.3 Hz), 4.28 (m, 1H, H-4), 4.55 (d, 1H, C<u>H</u>`HPh, ^2J = -12.2 Hz), 4.57 (d, 1H, CH`<u>H</u>Ph, $^2J$ = -12.2 Hz), 4.64 (d, 1H, C<u>H</u>`HPh, ^2J = -12.2 Hz), 4.70 (d, 1H, CH`<u>H</u>Ph, ^2J = -12.2 Hz), 4.93 (d, 1H, H-2, $^3J_{2,1}$ = 5.5 Hz), 5.81 (d, 1H, H-1, $^3J_{1,2}$ = 5.5 Hz), 7.30-7.40 (m, 10H, $H_{arom.}$)

<u>^{13}C-NMR (125.8 MHz, $CDCl_3$, δ in ppm)</u>

42.8 (NCH_2), 67.1 (C-5), 72.4 (CH_2Ph), 73.5 (CH_2Ph), 78.2 (C-4), 80.0 (C-2), 81.0 (C-3), 88.8 C-1), 127.8 (2$C_{arom.}$H), 127.8 (3$C_{arom.}$H), 128.2 ($C_{arom.}$H), 128.4 (2$C_{arom.}$H), 128.6 (2$C_{arom.}$H), 136.7 (<u>C</u>$_{arom.}$C), 137.6 (<u>C</u>$_{arom.}$C), 156.3 (NCOO), 172.4 (COO)

MS (CI, *i*-Butan):

m/z (%): 414 (100) [MH^+]

HR-MS (CI, *i*-Butan): ber. 414.1553 für $[C_{22}H_{24}NO_7]^+$

gef. 414.1555

Elementaranalyse:

$C_{22}H_{23}NO_7$	ber. C 63.91 %	H 5.61 %	N 3.39 %
(413.4 g/mol)	gef. C 63.33 %	H 5.81 %	N 3.30 %

1,2-*O*-Isopropyliden-3,5,6-tri-*O*-methyl-α-D-glucofuranose (19)

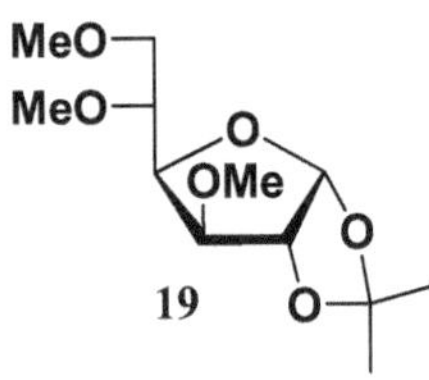

Unter Stickstoffatmosphäre wurden 6.21 g (155 mmol) Natriumhydrid (60 %ige Dispersion in Öl) in 100 mL trockenem THF suspendiert und bei Raumtemperatur tropfenweise mit einer Lösung von 8.14 g (37 mmol) 1,2-*O*-Isopropyliden-α-D-glucofuranose (**18**) in 300 mL trockenem THF versetzt. Nach beendeter Zugabe wurde noch 45 min bei Raumtemperatur gerührt und anschließend unter Kühlung (Eis/Wasser-Bad) eine Portion von 10.4 mL (167 mmol) Iodmethan in 10 mL trockenem THF so hinzugefügt, dass die Innentemperatur 25 °C nicht überstieg. Das Reaktionsgemisch wurde 16 h bei Raumtemperatur gerührt und nach dünnschichtchromatographischer Umsatzkontrolle vorsichtig mit Wasser versetzt, bis alle Feststoffe gelöst waren. Nun wurde mit Dichlormethan erschöpfend extrahiert und die vereinigten organischen Phasen mit gesättigter Natriumchloridlösung gewaschen. Nach Trocknung über Magnesiumsulfat wurde im Vakuum vollständig eingeengt und das Rohprodukt durch Chromatographie unter Verwendung einer kurzen Kieselgelsäule gereinigt (Eluent 19). Es resultierte ein schwach gelbliches Öl.

Ausbeute: 8.92 g (92 %)

R_f-Wert: 0.60 (Eluent 19)

Die spektroskopischen Daten stimmen mit der Literatur überein.[94e,f]

1-*N*,2-*O*-Carbonyl-1-*N*-ethoxycarbonylmethyl-3,5,6-tri-*O*-methyl-α-D-glucofuranosyl-amin (22)

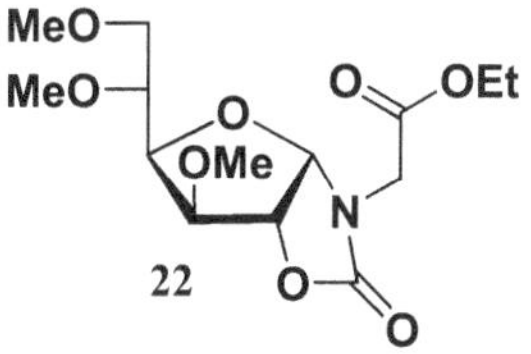

MeO
MeO
O
OMe
O
OEt
N
22
O
O

2.56 g (64 mmol) Natriumhydrid (60 %ige Dispersion in Öl) wurden unter Stickstoff-atmosphäre in 70 mL trockenem THF suspendiert und bei 0 °C (Eis/Wasser-Bad) tropfenweise mit einer Lösung von 13.13 g (53.1 mmol) 1-*N*,2-*O*-Carbonyl-3,5,6-tri-*O*-methyl-α-D-glucofuranosylamin (**21**) in 100 mL trockenem THF versetzt. Nach beendeter Zugabe wurde 45 min bei 0 °C gerührt und anschließend eine Lösung von 7.8 mL (66 mmol) Iodessigsäureethylester in 30 mL trockenem THF zugetropft. Es wurde 16 h gerührt und dabei langsam auf Raumtemperatur erwärmt. Nach vollständigem Umsatz (DC-Kontrolle) wurde so lange vorsichtig Wasser zugegeben, bis eine klare Lösung vorlag. Anschließend wurde mit 1 M Salzsäure neutralisiert und erschöpfend mit Dichlormethan extrahiert. Die vereinigten organischen Phasen wurden mit wenig gesättigter Natriumchloridlösung gewaschen, über Magnesiumsulfat getrocknet und im Vakuum vollständig eingeengt. Säulenchromatographische Aufarbeitung an Kieselgel (Eluent 19) lieferte das sirupöse Produkt.

Ausbeute:	15.73 g (89 %)
Fp.:	sirupös
R_f-Wert:	0.66 (Eluent 19)
$[\alpha]_D^{20}$:	+60.2 ° (c = 1.00, $CHCl_3$)
NMR-Daten:	<u>^{1}H-NMR (500.1 MHz, $CDCl_3$, δ in ppm)</u>

1.26 (t, 3H, $OCH_2C\underline{H}_3$, ^3J = 7.1 Hz), 3.35 (s, 3H, OCH_3), 3.42 (dd, 1H, H-6`, $^3J_{6`,5}$ = 4.9 Hz, $^2J_{6`,6}$ = -10.4 Hz), 3.43 (s, 3H, $OCH_3$), 3.46 (s, 3H, $OCH_3$), 3.62 (ddd, 1H, H-5), 3.66 (dd, 1H, H-6, $^3J_{6,5}$ = 2.2 Hz, $^2J_{6,6`}$= -10.4 Hz), 3.86 (d, 1H, NC$\underline{H}$`H, $^2J$ = -18.1 Hz), 3.91 (d, 1H, H-3, $^3J_{3,4}$ = 3.3 Hz), 3.93 (dd, 1H, H-4, $^3J_{4,5}$ = 8.8 Hz), 4.17 (d, 1H, NCH`$\underline{H}$, ^2J = -18.1 Hz), 4.19 (q, 2H, $OC\underline{H}_2CH_3$), 4.86 (d, 1H, H-2, $^3J_{2,1}$ = 5.5 Hz), 5.72 (d, 1H, H-1, $^3J_{1,2}$ = 5.5 Hz)

<u>^{13}C-NMR (125.8 MHz, $CDCl_3$, δ in ppm)</u>

14.0 ($OCH_2\underline{C}H_3$), 42.7 (NCH_2), 57.7 (OCH_3), 58.1 (OCH_3), 59.2 (OCH_3), 60.2 ($O\underline{C}H_2CH_3$), 71.9 (C-6), 76.3 (C-5), 77.5 (C-4), 78.9 (C-2), 82.7 (C-3), 88.6 (C-1), 156.1 (NCOO), 168.1 (COOR)

MS (CI, *i*-Butan):	
m/z (%):	334 (100) [MH^+]
HR-MS (CI, *i*-Butan):	ber. 334.1502 für $[C_{14}H_{24}NO_8]^+$
	gef. 334.1502

Elementaranalyse:			
$C_{14}H_{23}NO_8$	ber. C 50.44 %	H 6.95 %	N 4.20 %
(333.3 g/mol)	gef. C 50.44 %	H 7.26 %	N 4.16 %

1-*N*,2-*O*-Carbonyl-1-*N*-carboxymethyl-3,5,6-tri-*O*-methyl-α-D-glucofuranosylamin (23)

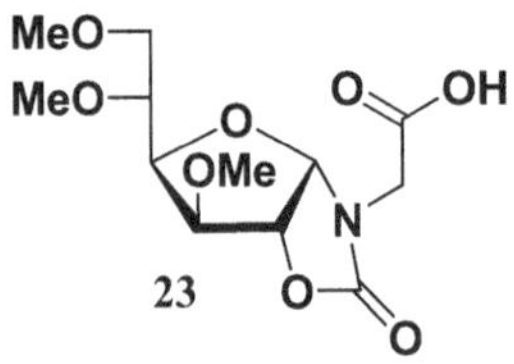

2.56 g (7.7 mmol) 1-*N*,2-*O*-Carbonyl-1-*N*-ethoxycarbonylmethyl-3,5,6-tri-*O*-methyl-α-D-glucofuranosylamin (**22**) wurden in 70 mL 80 % Methanol/Wasser gelöst und mit 1.3 g (31.2

mmol) Lithiumhydroxid-Monohydrat versetzt. Die Reaktionslösung wurde bis zum vollständigen Umsatz (DC-Kontrolle) bei Raumtemperatur gerührt (ca. 2.5 h). Anschließend wurde mit 2 M Salzsäure ein pH-Wert von 1 eingestellt und mehrfach mit jeweils 20 mL Dichlormethan intensiv extrahiert. Die vereinigten organischen Phasen wurden mit wenig gesättigter Natriumchloridlösung gewaschen, über Magnesiumsulfat getrocknet und im Vakuum bis zur Trockene eingeengt. Es resultierte ein schwach gelblicher Sirup.

Ausbeute: 2.12 g (90 %)

Fp.: sirupös

$[\alpha]_D^{20}$: +89.8 ° (c = 0.99, $CHCl_3$)

NMR-Daten: ^{1}H-NMR (500.1 MHz, $CDCl_3$, δ in ppm)

3.36 (s, 3H OCH_3), 3.42 (m, 1H, H-6\`), 3.43 (s, 3H, $OCH_3$), 3.45 (s, 3H, $OCH_3$), 3.62 (m, 1H, H-5), 3.67 (dd, 1H, H-6, $^3J_{6,5}$ = 2.2 Hz, $^2J_{6,6'}$= -11.0 Hz), 3.93 (d, 1H, H-3, $^3J_{3,4}$ = 3.3 Hz), 3.96 (dd, 1H, H-4, $^3J_{4,5}$ = 8.8 Hz), 3.99 (d, 1H, NC<u>H</u>\`H, ^2J = -18.1 Hz), 4.17 (d, 1H, NCH\`<u>H</u>, ^2J = -18.1 Hz), 4.87 (d, 1H, H-2, $^3J_{2,1}$ = 5.5 Hz), 5.70 (d, 1H, H-1, $^3J_{1,2}$ = 5.5 Hz)

^{13}C-NMR (125.8 MHz, $CDCl_3$, δ in ppm)

42.8 (NCH_2), 57.8 (OCH_3), 58.2 (OCH_3), 59.4 (OCH_3), 71.8 (C-6), 76.4 (C-5), 77.6 (C-4), 79.1 (C-2), 82.7 (C-3), 88.8 (C-1), 156.4 (NCOO), 171.9 (COOH)

MS (CI, *i*-Butan):

m/z (%): 611 (100) [M_2H^+]

306 (98) [MH^+]

HR-MS (CI, *i*-Butan): ber. 306.1189 für $[C_{12}H_{20}NO_8]^+$

gef. 306.1190

Elementaranalyse:

$C_{12}H_{19}NO_8$	ber. C 47.21 %	H 6.27 %	N 4.59 %
(305.3 g/mol)	gef. C 46.44 %	H 6.08 %	N 4.29 %

9.2.2 Synthese der Imine

9.2.2.1 Acyclische Imine, Hydrazone und Imidsäure-Derivate

***N*-Benzyliden-4-methoxyanilin (30)**[114], ***N*-(4-Dimethylaminobenzyliden)-4-methoxy-anilin (31)**[115], ***N*-(4-Methoxyphenyl)-4-nitrobenzylidenamin (32)**[116], ***N*-(4-Methoxy-phenyl)-4-pyridinylmethylidenamin (33)**[117], ***N*-Benzyl-4-methoxybenzylidenamin (34)**[118], ***N*-*tert*-Butyl-4-methoxybenzylidenamin (35)**[119], ***N*-Benzyliden-*tert*-butylamin (36)**[120], ***N*-Allyl-benzylidenamin (37)**[121], ***N*-Benzyliden-2-phenylethylamin (38)**[122], ***N*-*tert*-Butyl-ethylidenamin (39)**[123], ***N*-*tert*-Butyl-cyclohexylmethylidenamin (40)**[124], ***N*-Cyclohexylmethyliden-4-methoxyanilin (41)**[125], ***N*-(2,2-Dimethylpropyliden)-4-methoxyanilin (42)**[126] und wurden in guten Ausbeuten gemäß der folgenden allgemeinen Arbeitsvorschrift (**AAV 1**) ausgehend von den Aldehyden und primären Aminen synthetisiert:

AAV 1: Darstellung acyclischer Aldimine und Hydrazone

Eine Lösung von 15 mmol des destillativ oder sublimativ gereinigten primären Amins in 25 mL trockenem Dichlormethan wurde mit 16 mmol Aldehyd (ggf. destilliert) versetzt und nach Zugabe von 5 g wasserfreiem Magnesiumsulfat bis zum vollständigen Umsatz (DC-Kontrolle, üblicherweise 1-3 h) unter Feuchtigkeitsausschluß (Calciumchlorid-Trockenrohr) bei Raumtemperatur kräftig gerührt. Die Aldehyde mit geringem Siedepunkt (Acetaldehyd, Pivalaldehyd) wurden in größerem Überschuß (20 mmol) eingesetzt, wobei die Umsetzung des Acetaldehyds bei 0 °C (Eis/Wasser-Bad) erfolgte. Zur Aufarbeitung wurde das Magnesiumsulfat abfiltriert, mit wenig trockenem Dichlormethan nachgewaschen und das Filtrat im Vakuum eingeengt. Die so erhaltenen Rohprodukte konnten durch Kristallisation oder Vakuumdestillation gereinigt werden.

Die Hydrazone ***N*-Ethyliden-pyrrolidin-1-yl-amin (43)**[127] und ***N'*-Ethyliden-*N*-aminophthalimid (44)**[128] wurden analog der oben genannten allgemeinen Vorschrift durch Kondensation von Acetaldehyd mit 1-Aminopyrrolidin[112] bzw. *N*-Aminophthalimid[113] bei 0 °C dargestellt.

Die Schmelz- bzw. Siedepunkte sowie die spektroskopischen Daten aller so dargestellten Imine und Hydrazone entsprechen der jeweils angegebenen Literatur.

Die Synthese der Formimidate **45** und **46** ausgehend von dem jeweiligen primären Amin erfolgte in Anlehnung an eine publizierte Methode[129] nach folgender allgemeinen Vorschrift (**AAV 2**):

AAV 2: Darstellung acyclischer Formimidsäureethylester

24 mmol des primären Amins wurden mit 10 mL (60 mmol) destilliertem Orthoameisensäure-triethylester und 50 mg (0.3 mmol) *p*-Toluolsulfonsäure-Monohydrat versetzt und in einer Mikrodestillationsapparatur bei einer Heizbadtemperatur von 120-125 °C gerührt, wobei das entstehende Ethanol kontinuierlich aus dem Gemisch abdestillierte. Sobald keine Ethanolentwicklung mehr zu beobachten war (üblicherweise nach 4-6 h), wurde das Reaktionsgemisch abgekühlt und anschließend im Vakuum fraktioniert. Der im Überschuß eingesetzte Orthoameisensäuretriethylester fiel bei der Destillation als leicht isolierbarer Vorlauf an und konnte erneut verwendet werden. Die erwünschten Produkte wurden als nahezu farblose Öle erhalten.

***N*-(4-Methoxyphenyl)-formimidsäureethylester (45)**

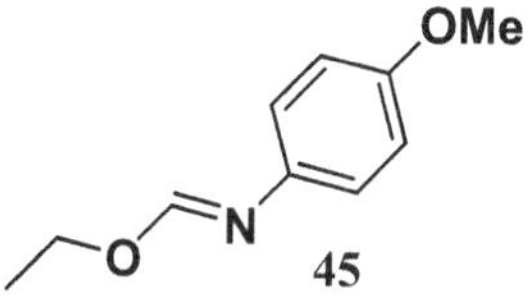

OMe

N

O

45

Gemäß **AAV 2** wurden 2.96 g (24 mmol) frisch sublimiertes *p*-Anisidin mit 10 mL (60 mmol) Orthoameisensäuretriethylester und 50 mg (0.3 mmol) *p*-Toluolsulfonsäure-Monohydrat umgesetzt. Nach fraktionierender Vakuumdestillation resultierte ein schwach gelbliches Öl.

Ausbeute:	3.1 g (72 %)
Kp.:	80 °C $_{(0.7\ \mathrm{mbar})}$ (Lit.:[254] 164-166 °C $_{(40\ \mathrm{Torr})}$)
NMR-Daten:	<u>^{1}H-NMR (500.1 MHz, $CDCl_3$, δ in ppm)</u>
	1.36 (t, 3H, $OCH_2C\underline{H}_3$, ^{3}J = 7.1 Hz), 3.78 (s, 3H, OCH_3), 4.29 (q, 2H, $OC\underline{H}_2CH_3$, ^{3}J = 7.1 Hz), 6.84 (d, 2H, $H_{arom.}$, J = 8.8 Hz), 6.90 (d, 2H, $H_{arom.}$, J = 8.8 Hz), 7.70 (s, 1H, HC=N)
	<u>^{13}C-NMR (125.8 MHz, $CDCl_3$, δ in ppm)</u>
	14.2 ($OCH_2\underline{C}H_3$), 55.5 (OCH_3), 62.3 ($O\underline{C}H_2CH_3$), 114.4 ($2C_{arom.}H$),

122.1 ($2C_{arom.}H$), 141.3 ($C_{arom.}N$), 154.8 (HC=N), 156.7 ($C_{arom.}O$)

MS (CI, *i*-Butan):

m/z (%): 180 (100) [MH^+]

152 (34) [MH^+-C_2H_4]

HR-MS (CI, *i*-Butan): ber. 180.1025 für [$C_{10}H_{14}NO_2$]$^+$

gef. 180.1024

$C_{10}H_{13}NO_2$

(179.2 g/mol)

_N_-(2-Phenylethyl)-formimidsäureethylester (46)

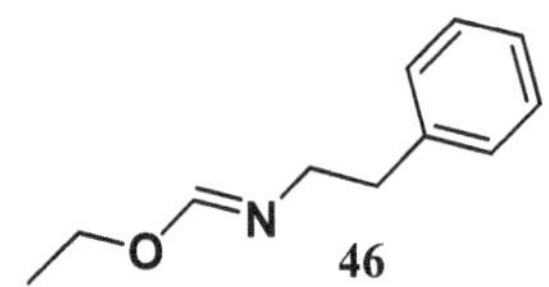

2.91 g (24 mmol) destilliertes 2-Phenyl-ethylamin wurden gemäß **AAV 2** mit 10 mL (60 mmol) Orthoameisensäuretriethylester und 50 mg (0.3 mmol) *p*-Toluolsulfonsäure-Monohydrat zur Reaktion gebracht. Nach fraktionierender Vakuumdestillation resultierte ein farbloses Öl.

Ausbeute: 2.8 g (66 %)

Kp.: 62 °C (0.06 mbar)

NMR-Daten: <u>^{1}H-NMR (500.1 MHz, $CDCl_3$, δ in ppm)</u>

1.27 (t, 3H, $OCH_2C\underline{H}_3$, ^3J = 7.3 Hz), 2.83 (t, 2H, $PhCH_2$, ^3J = 7.3 Hz), 3.49 (t, 2H, NCH_2, ^3J = 7.3 Hz), 4.11 (q, 2H, $OC\underline{H}_2CH_3$, ^3J = 7.3 Hz), 7.16-7.21 (m, 3H, $H_{arom.}$), 7.24-7.29 (m, 2H, $H_{arom.}$), 7.40 (s, 1H, HC=N)

<u>^{13}C-NMR (125.8 MHz, $CDCl_3$, δ in ppm)</u>

14.3 ($OCH_2\underline{C}H_3$), 38.3 ($PhCH_2$), 54.5 (NCH_2), 61.6 ($O\underline{C}H_2CH_3$), 126.0 ($C_{arom.}H$), 128.3 ($2C_{arom.}H$), 128.9 ($2C_{arom.}H$), 140.0 ($\underline{C}_{arom.}C$), 155.6 (HC=N)

MS (CI, *i*-Butan):

m/z (%): 178 (100) [MH^+]

150 (35) [MH^+-C_2H_4]

HR-MS (CI, *i*-Butan): ber. 177.1154 für $[C_{11}H_{15}NO]^+$

gef. 177.1153

$C_{11}H_{15}NO$

(177.2 g/mol)

9.2.2.2 Cyclische Imine, Hydrazone und Imidsäure-Derivate

Spiro[2*H*-1,4-Benzothiazin-2,1`-cyclohexan] (59)

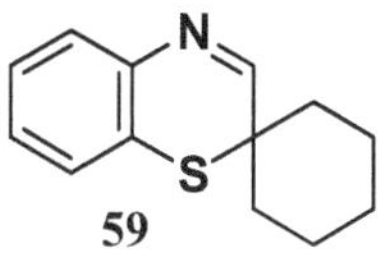

59

Unter Stickstoffatmosphäre wurden 2.0 g (50 mmol) Natriumhydrid (60 %ige Dispersion in Öl) in 50 mL trockenem THF suspendiert und bei 0 °C (Eis/Wasser-Bad) tropfenweise mit einer Lösung von 6.0 g (48 mmol) 2-Aminothiophenol in 20 mL trockenem THF versetzt. Nach beendeter Zugabe wurde 1 h bei Raumtemperatur gerührt und anschließend eine Lösung von 9.7 g (50.6 mmol) α-Bromcyclohexancarbaldehyd[143] in 15 ml trockenem THF zugetropft. Das Reaktionsgemisch wurde 12 h bei Raumtemperatur gerührt, mit 15 g wasserfreiem Magnesiumsulfat (alternativ: Molsieb 4 Å) versetzt und nach weiteren 3 h filtriert. Der Filterrückstand wurde mit wenig trockenem THF nachgewaschen und das Filtrat im Vakuum vollständig eingeengt. Es verblieb ein gelblicher Sirup, der nach kurzer Zeit in der Kühlung durchkristallisierte. Eine weitere Reinigung erfolgte säulenchromatographisch an Kieselgel unter Verwendung einer kurzen Trennsäule (Eluent 21).

Ausbeute: 6.2 g (59 %)

Fp.: 100-102 °C

R_f-Wert: 0.63 (Eluent 21)

NMR-Daten: ^{1}H-NMR (500.1 MHz, $CDCl_3$, δ in ppm)

1.50-1.80 (m, 10H, $5CH_2$), 7.11 (dd, 1H, $H_{arom.}$, $^3J_A = {}^3J_B = 7.9$ Hz, $^4J < 1$ Hz), 7.18 (dd, 1H, $H_{arom.}$, $^3J_A = {}^3J_B = 7.9$ Hz, $^4J < 1$ Hz), 7.24 (d, 1H, $H_{arom.}$, $^3J = 7.9$ Hz), 7.39 (d, 1H, $H_{arom.}$, $^3J = 7.9$ Hz), 7.58 (s, 1H, HC=N)

^{13}C-NMR (125.8 MHz, $CDCl_3$, δ in ppm)

21.0 ($2CH_2$), 25.5 (CH_2), 33.1 ($2CH_2$), 42.1 (C_{spiro}), 122.9 ($C_{arom.}S$),

126.2 ($C_{arom.}$H), 127.2 ($C_{arom.}$H), 127.6 ($C_{arom.}$H), 127.7 ($C_{arom.}$H), 141.7 ($C_{arom.}$N), 160.7 (HC=N)

MS (CI, *i*-Butan):
m/z (%): 218 (100) [MH^+]

HR-MS (CI, *i*-Butan): ber. 218.1003 für $[C_{13}H_{16}NS]^+$
gef. 218.1005

$C_{13}H_{15}NS$
(217.3 g/mol)

9.2.2.3 Enantiomerenreine Imine

Es handelt sich sowohl bei den von den Kohlenhydraten abgeleiteten Aldehyden **84-87** als auch bei den korrespondierenden Imin-Derivaten um vergleichsweise instabile Verbindungen. Die Synthese und weitere Umsetzung der enantiomerenreinen Imine **88-91** erfolgte nach folgender allgemeinen Arbeitsvorschrift (**AAV 3**):

AAV 3: Synthese instabiler chiraler Aldimine durch Umsetzung von *p*-Anisidin mit Aldehyden auf Kohlenhydratbasis

Unter Stickstoffatmosphäre wurden 300 mg (2.4 mmol) sublimativ gereinigtes *p*-Anisidin in 2 mL trockenem Dichlormethan gelöst und bei 0 °C (Eis/Wasser-Bad) mit einer Lösung von 2.7 mmol des jeweiligen (grob gereinigten) Aldehyds in 3 mL trockenem Dichlormethan versetzt. Nach Zugabe von 800 mg wasserfreiem Magnesiumsulfat wurde bei 0 °C bis zum vollständigen Umsatz (DC-Kontrolle) gerührt (üblicherweise 3-5 h). Das Magnesiumsulfat wurde anschließend zügig über eine Glasfritte abfiltriert, mit wenig trockenem Dichlormethan nachgespült und das Filtrat direkt in eine für die Keten-Imin-Cycloaddition vorbereitete Vorlage (vgl. **AAV 4**) eingespritzt.

Das Imin **88** konnte als Ausnahmefall in mäßiger Ausbeute isoliert und charakterisiert werden. Die Verbindung ist sehr labil und zeigte bereits im Verlauf der Chromatographie an Kieselgel deutliche Zersetzungserscheinungen. Eine Umsetzung als Rohproduktlösung (wie in **AAV 3** beschrieben) ist der Isolierung grundsätzlich vorzuziehen.

6-Desoxy-1,2:3,4-di-*O*-isopropyliden-6-(4-methoxyphenylimino)-α-D-galactopyranose (88)

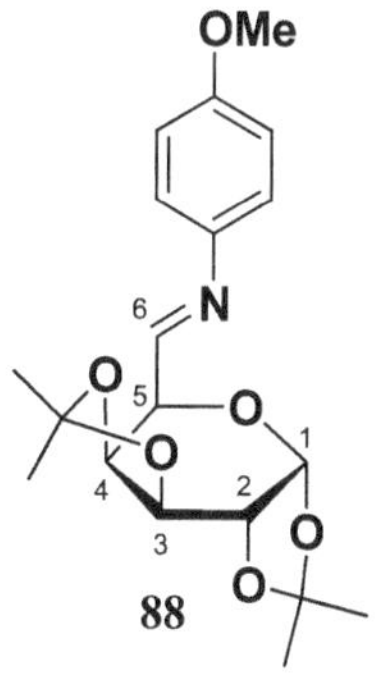

Gemäß **AAV 3** wurden 1.27 g (10.3 mmol) *p*-Anisidin mit 3.0 g (11.6 mmol) 1,2:3,4-Di-*O*-isopropyliden-α-D-galacto-hexodialdo-1,5-pyranose (**84**) umgesetzt. Das Filtrat wurde im Vakuum vollständig eingeengt und das Rohprodukt säulenchromatographisch an Kieselgel gereinigt (Eluent 3). Es resultierte ein gelblicher Sirup.

Ausbeute: 0.96 g (22 %)

Fp.: sirupös

R_f-Wert: 0.66 (Eluent 3)

NMR-Daten: ^{1}H-NMR (500.1 MHz, C_6D_6, δ in ppm)

1.04 (s, 3H, CH_3), 1.11 (s, 3H, CH_3), 1.40 (s, 3H, CH_3), 1.48 (s, 3H, CH_3), 3.23 (s, 3H, OCH_3), 4.20 (dd, 1H, H-2, $^3J_{2,1}$ = 4.9 Hz, $^3J_{2,3}$ = 2.2 Hz), 4.27 (dd, 1H, H-3, $^3J_{3,4}$ = 7.7 Hz, $^3J_{3,2}$ = 2.2 Hz), 4.50 (dd, 1H, H-4, $^3J_{4,3}$ = 7.7 Hz, $^3J_{4,5}$ = 1.6 Hz), 4.86 (dd, 1H, H-5, $^3J_{5,4}$ = 1.6 Hz, $^3J_{5,6}$ = 4.4 Hz), 5.60 (d, 1H, H-1, $^3J_{1,2}$ = 4.9 Hz), 6.64 (d, 2H, $H_{arom.}$, J = 8.8 Hz), 7.11 (d, 2H, $H_{arom.}$, J = 8.8 Hz), 8.15 (d, 1H, H-6, $^3J_{6,5}$ = 4.4 Hz)

^{13}C-NMR (125.8 MHz, C_6D_6, δ in ppm)

24.2 (CH_3), 24.8 (CH_3), 26.1 (CH_3), 26.2 (CH_3), 54.9 (OCH_3), 71.0, 71.2, 71.3 (C-2, C-3, C-4), 74.1 (C-5), 96.8 (C-1), 108.7 ($\underline{C}(CH_3)_2$), 109.4 ($\underline{C}(CH_3)_2$), 114.5 (2$C_{arom.}$H), 122.5 (2$C_{arom.}$H), 144.7 ($C_{arom.}$N), 158.9 ($\underline{C}_{arom.}OCH_3$), 161.2 (C-6)

MS (CI, *i*-Butan):

m/z (%): 364 (100) [MH^+]

HR-MS (CI, *i*-Butan): ber. 364.1760 für $[C_{19}H_{26}NO_6]^+$

gef. 364.1758

$C_{19}H_{25}NO_6$

(363.4 g/mol)

9.3 Synthese der β-Lactam-Derivate

AAV 4: Diastereoselektive β-Lactam-Synthese durch Umsetzung chiraler Carbonsäuren mit Iminen unter Verwendung von 1-Alkyl-2-halogen-pyridiniumsalzen als Aktivierungsreagenzien (STAUDINGER-Reaktion)

1 mmol des jeweiligen chiralen Keten-Vorläufers (**15a**, **15b**, **23**) wird unter Stickstoff-atmosphäre in 3 mL trockenem Dichlormethan gelöst und bei Raumtemperatur mit 1.1 mmol der 1-Alkyl-2-halogen-pyridiniumverbindung (**92**, **99**, **100**) versetzt. Nach 30 min werden zu der gut gerührten, auf 0 °C (Eis/Wasser-Bad) abgekühlten Suspension bzw. Lösung 0.35 mL (2.5 mmol) trockenes Triethylamin gegeben und nach 5 min Durchmischung eine Lösung des jeweiligen Imins (1.2-1.3 mmol) in 2 mL trockenem Dichlormethan zügig zugetropft. Das Reaktionsgemisch wird 12-14 h gerührt und dabei kontinuierlich bis auf Raumtemperatur erwärmt. Nach dünnschichtchromatographischer Umsatzkontrolle wird die Reaktion durch Zugabe von 5 mL Wasser gequencht und die organische Phase abgetrennt. Die wässrige Phase wird erschöpfend mit Dichlormethan extrahiert und die vereinigten organischen Phasen mit gesättigter Natriumchloridlösung gewaschen, über Magnesiumsulfat getrocknet und anschließend im Vakuum vollständig eingeengt. Nach ^{1}H-NMR-spektroskopischer Bestimmung des Diastereomerenverhältnisses wird das Rohproduktgemisch säulen-chromatographisch unter Verwendung eines individuell angegebenen Laufmittels getrennt.

9.3.1 Umsetzung der achiralen, acyclischen Imine

1-*N*-[*cis*-(3`*S*,4`*R*)-1`-*tert*-Butyl-4`-(4-methoxycarbonylphenyl)-azetidin-2`-on-3`-yl]-1-*N*,2-*O*-carbonyl-3,5-di-*O*-methyl-α-D-xylofuranosylamin (101)

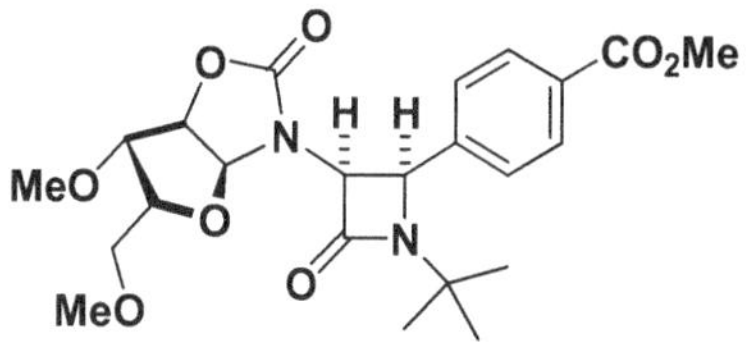

101

Der Keten-Precursor **15a** (1.0 g, 3.83 mmol) wurde gemäß **AAV 4** mit 1.08 g (4.22 mmol) 2-Chlor-1-methyl-pyridiniumiodid (**92**) und 1.01 g (4.61 mmol) *N-tert*-Butyl-4-methoxy-carbonylbenzylidenamin (**26**) umgesetzt. Das Diastereomerenverhältnis im Rohprodukt betrug 93:7 (^{1}H-NMR). Säulenchromatographische Aufarbeitung (Kieselgel, Eluent 19) lieferte das farblose, kristalline Hauptdiastereomer.

Ausbeute:	1.47 g (83 %)
Fp.:	106-108 °C
R_f-Wert:	0.62 (Eluent 19)
$[\alpha]_D^{20}$:	-67.8 ° (c = 0.72, $CHCl_3$)
NMR-Daten:	^{1}H-NMR (500.1 MHz, $CDCl_3$, δ in ppm)
	1.33 (s, 9H, $C(CH_3)_3$), 3.04 (m, 1H, H-4), 3.31 (s, 3H, OCH_3), 3.33 (s, 3H, OCH_3), 3.36 (dd, 1H, H-5`, $^3J_{5`,4}$ = 5.5 Hz, $^2J_{5`,5}$ = -9.9 Hz), 3.53 (dd, 1H, H-5, $^3J_{5,4}$ = 7.1 Hz, $^2J_{5,5`}$ = -9.9 Hz), 3.55 (d, 1H, H-3, $^3J_{3,4}$ = 3.3 Hz), 3.89 (s, 3H, $COOCH_3$), 4.62 (d, 1H, H-2, $^3J_{2,1}$ = 6.0 Hz), 4.94 (d, 1H, NCH, ^3J = 5.5 Hz), 5.01 (d, 1H, NCHCO, ^3J = 5.5 Hz), 5.81 (d, 1H, H-1, $^3J_{1,2}$ = 6.0 Hz)
	^{13}C-NMR (125.8 MHz, $CDCl_3$, δ in ppm)
	28.0 (3C, $C(\underline{C}H_3)_3$), 52.1 ($COO\underline{C}H_3$), 55.0 ($\underline{C}(CH_3)_3$), 58.1 (OCH_3), 59.2 (OCH_3), 59.9 ($N\underline{C}HCO$), 61.9 (NCH), 68.6 (C-5), 77.1 (C-4), 80.3 (C-2), 82.4 (C-3), 86.7 (C-1), 128.0 ($2C_{arom.}H$), 129.5 ($2C_{arom.}H$), 130.1 ($\underline{C}_{arom.}COOR$), 140.7 ($\underline{C}_{arom.}C$), 155.7 (NCOO), 162.7 (NCO), 166.6 ($\underline{C}OOCH_3$)
MS (CI, *i*-Butan):	
m/z (%):	463 (100) [MH^+]
HR-MS (CI, *i*-Butan):	ber. 463.2080 für $[C_{23}H_{31}N_2O_8]^+$
	gef. 463.2080

Elementaranalyse:

$C_{23}H_{30}N_2O_8$	ber. C 59.73 %	H 6.54 %	N 6.06 %
(462.5 g/mol)	gef. C 59.49 %	H 6.66 %	N 5.77 %

1-*N*-[*cis*-(3\`*S*,4\`*R*)-1\`-(4-Methoxyphenyl)-4\`-phenyl-azetidin-2\`-on-3\`-yl]-1-*N*,2-*O*-carbonyl-3,5-di-*O*-methyl-α-D-xylofuranosylamin (102)

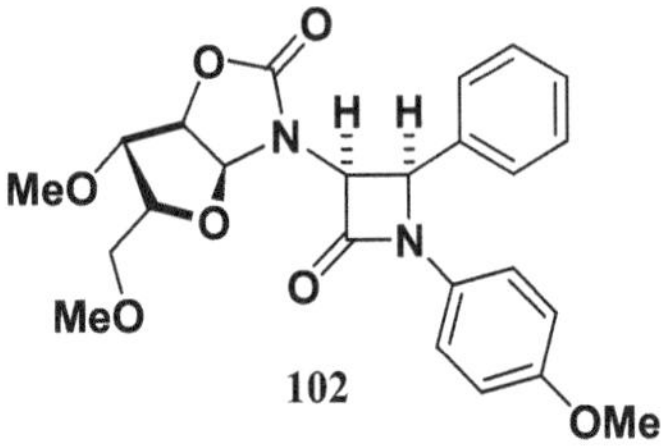

102

Gemäß **AAV 4** wurden 2.1 g (8.04 mmol) der Carbonsäure **15a** mit 2.26 g (8.85 mmol) 2-Chlor-1-methyl-pyridiniumiodid (**92**) und 2.04 g (9.66 mmol) *N*-Benzyliden-4-methoxyanilin (**30**) umgesetzt. Das Diastereomerenverhältnis im Rohprodukt betrug 97:3 (^{1}H-NMR). Säulenchromatographische Aufarbeitung (Kieselgel, Eluent 17) und anschließende Umkristallisation aus Essigsäureethylester lieferte das farblose, kristalline Produkt als reines Diastereomer.

Ausbeute:	2.58 g (71 %) (Lit.: [95] 69 %)
Fp.:	161 °C (EtOAc) (Lit. :[95] 161 °C (EtOAc))
R_f-Wert:	0.40 (Eluent 17)

Die spektroskopischen Daten entsprechen der Literatur.[95]

1-*N*-[*cis*-(3\`*S*,4\`*R*)-1\`-*tert*-Butyl-4\`-(4-methoxycarbonylphenyl)-azetidin-2\`-on-3\`-yl]- 3,5-di-*O*-benzyl-1-*N*,2-*O*-carbonyl-α-D-xylofuranosylamin (103)

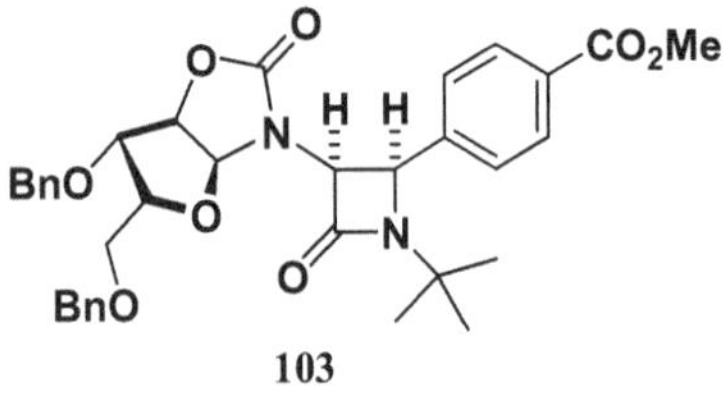

103

Die Synthese erfolgte gemäß **AAV 4** durch Umsetzung der Carbonsäure **15b** (250 mg, 0.61 mmol) mit 171 mg (0.67 mmol) 2-Chlor-1-methyl-pyridiniumiodid (**92**) und 170 mg (0.78 mmol) *N-tert*-Butyl-4-methoxycarbonylbenzylidenamin (**26**). Das Diastereomerenverhältnis im Rohprodukt betrug 95:5 (^{1}H-NMR). Säulenchromatographische Aufarbeitung (Kieselgel, Eluent 5) führte zu einem farblosen, kristallinen Feststoff.

Ausbeute: 173 mg (46 %)

Fp.: 167-169 °C

R_f-Wert: 0.63 (Eluent 5)

$[\alpha]_D^{20}$: -77.2 ° (c = 0.90, $CHCl_3$)

NMR-Daten: <u>^{1}H-NMR (500.1 MHz, $CDCl_3$, δ in ppm)</u>

1.33 (s, 9H, $C(CH_3)_3$), 3.15 (m, 1H, H-4), 3.56 (dd, 1H, H-5`, $^3J_{5`,4}$ = 5.5 Hz, $^2J_{5`,5}$ = -9.3 Hz), 3.70 (dd, 1H, H-5, $^3J_{5,4}$ = 6.6 Hz, $^2J_{5,5`}$ = -9.3 Hz), 3.81 (s, 3H, $COOCH_3$), 3.82 (d, 1H, H-3), 4.42 (d, 1H, C<u>H</u>`HPh, $^2J$ = -12.1 Hz), 4.47 (d, 1H, CH`<u>H</u>Ph, ^2J = -12.1 Hz), 4.53 (d, 1H, C<u>H</u>`HPh, $^2J$ = -12.1 Hz), 4.57 (d, 1H, CH`<u>H</u>Ph, ^2J = -12.1 Hz), 4.65 (d, 1H, H-2, $^3J_{2,1}$ = 6.0 Hz), 4.95 (d, 1H, NCH, ^3J = 5.5 Hz), 5.01 (d, 1H, NCHCO, ^3J = 5.5 Hz), 5.90 (d, 1H, H-1, $^3J_{1,2}$ = 6.0 Hz), 7.18 (m, 2H, $H_{arom.}$), 7.26 (m, 4H, $H_{arom.}$), 7.32 (m, 4H, $H_{arom.}$), 7.51 (s(b), 2H, $H_{arom.}$), 8.02 (d, 2H, $H_{arom.}$, J = 8.2 Hz)

<u>^{13}C-NMR (125.8 MHz, $CDCl_3$, δ in ppm)</u>

28.0 (3C, C(<u>C</u>H_3)$_3$), 52.1 (COO<u>C</u>H_3), 55.0 (<u>C</u>(CH_3)$_3$), 59.9 (N<u>C</u>HCO), 61.9 (NCH), 66.7 (C-5), 72.3 (CH_2Ph), 73.6 (CH_2Ph), 77.3 (C-4), 80.0 (C-3), 80.9 (C-2), 86.7 (C-1), 127.6-129.5 (14$C_{arom.}$H), 130.1 (<u>C</u>$_{arom.}$C), 136.9 (<u>C</u>$_{arom.}$C), 138.0 (<u>C</u>$_{arom.}$C), 140.6 (<u>C</u>$_{arom.}$C), 155.6 (NCOO), 162.6 (NCO), 166.6 (<u>C</u>OOCH_3)

MS (CI, *i*-Butan):

m/z (%): 615 (100) [MH^+]

HR-MS (CI, *i*-Butan): ber. 615.2706 für $[C_{35}H_{39}N_2O_8]^+$

gef. 615.2705

Elementaranalyse:

$C_{35}H_{38}N_2O_8$	ber. C 68.39 %	H 6.23 %	N 4.56 %
(614.7 g/mol)	gef. C 67.88 %	H 6.36 %	N 4.43 %

1-*N*-[*cis*-(3`*S*,4`*R*)-1`-(4-Methoxyphenyl)-4`-phenyl-azetidin-2`-on-3`-yl]-3,5-di-*O*-benzyl-1-*N*,2-*O*-carbonyl-α-D-xylofuranosylamin (104)

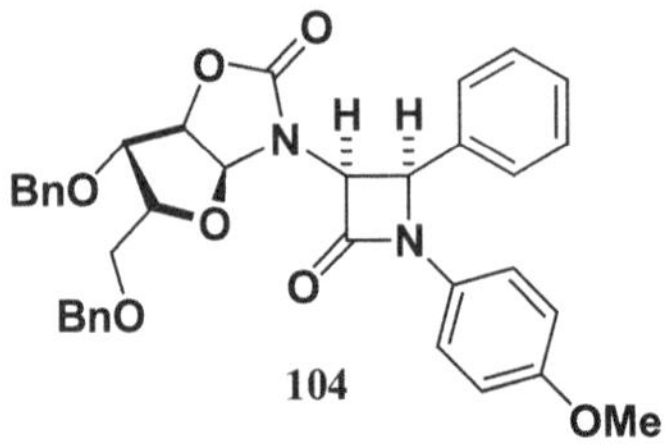

104

Gemäß **AAV 4** wurden 180 mg (0.44 mmol) des Keten-Precursors **15b** mit 124 mg (0.48 mmol) 2-Chlor-1-methyl-pyridiniumiodid (**92**) und 115 mg (0.54 mmol) *N*-Benzyliden-4-methoxyanilin (**30**) umgesetzt. Das Diastereomerenverhältnis im Rohprodukt betrug 93:7 (^{1}H-NMR). Das Hauptdiastereomer konnte nach Säulenchromatographie (Kieselgel, Eluent 2) als gelblicher Sirup isoliert werden.

Ausbeute:	106 mg (40 %)
Fp.:	sirupös
R_f-Wert:	0.47 (Eluent 2)
$[\alpha]_D^{20}$:	-28.8 ° (c = 0.36, $CHCl_3$)
NMR-Daten:	<u>^{1}H-NMR (500.1 MHz, $CDCl_3$, δ in ppm)</u>

2.74 (m, 1H, H-4), 3.32 (dd, 1H, H-5`, $^3J_{5`,4}$ = 4.4 Hz, $^2J_{5`,5}$ = -8.8 Hz), 3.55 (dd, 1H, H-5, $^3J_{5,4}$ = 8.2 Hz, $^2J_{5,5`}$ = -8.8 Hz), 3.77 (s, 3H, OCH_3), 3.80 (d, 1H, H-3, $^3J_{3,4}$ = 3.8 Hz), 4.39 (d, 1H, C<u>H</u>`HPh, $^2J$ = -12.1 Hz), 4.47 (d, 1H, CH`<u>H</u>Ph, ^2J = -12.1 Hz), 4.48 (d, 1H, C<u>H</u>`HPh, $^2J$ = -12.1 Hz), 4.55 (d, 1H, CH`<u>H</u>Ph, ^2J = -12.1 Hz), 4.69 (d, 1H, H-2, $^3J_{2,1}$ = 6.0 Hz), 5.27 (d, 1H, NCH, ^3J = 5.5 Hz), 5.36 (d, 1H, NCHCO, ^3J = 5.5 Hz), 5.92 (d, 1H, H-1, $^3J_{1,2}$ = 6.0 Hz), 6.83 (d, 2H, $H_{arom.}$, J = 8.8 Hz), 7.17-7.22 (m, 5H, $H_{arom.}$), 7.24-7.35 (m, 12H, $H_{arom.}$)

<u>^{13}C-NMR (125.8 MHz, $CDCl_3$, δ in ppm)</u>

55.5 (OCH_3), 60.5 (N<u>C</u>HCO), 62.6 (NCH), 65.8 (C-5), 72.4 (CH_2Ph), 73.5 (CH_2Ph), 76.7 (C-4), 79.9 (C-3), 81.1 (C-2), 86.6 (C-1), 114.4 ($2C_{arom.}H$), 118.7 ($2C_{arom.}H$), 127.5-128.5 ($15C_{arom.}H$), 130.7 ($C_{arom.}$), 132.5 ($C_{arom.}$), 137.0 ($C_{arom.}$), 137.7 ($C_{arom.}$), 155.7

(NCOO), 156.6 ($\underline{C}_{arom.}OCH_3$), 159.4 (NCO)

MS (CI, *i*-Butan):

m/z (%): 607 (100) [MH^+]

HR-MS (CI, *i*-Butan): ber. 607.2444 für $[C_{36}H_{35}N_2O_7]^+$

gef. 607.2444

Elementaranalyse:

$C_{36}H_{34}N_2O_7$	ber. C 71.27 %	H 5.65 %	N 4.62 %
(606.7 g/mol)	gef. C 70.80 %	H 6.00 %	N 4.64 %

1-*N*-[*cis*-(3\`*S*,4\`*R*)-1\`-(4-Methoxyphenyl)-4\`-phenyl-azetidin-2\`-on-3\`-yl]-1-*N*,2-*O*-carbonyl-3,5,6-tri-*O*-methyl-α-D-glucofuranosylamin (105)

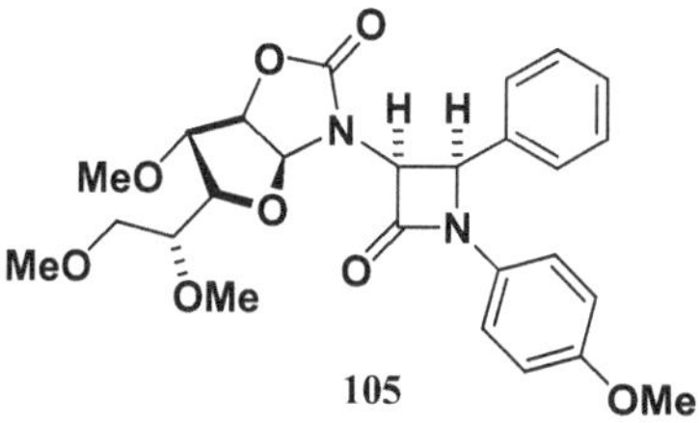

105

Gemäß **AAV 4** wurden 5.98 g (19.6 mmol) des Keten-Precursors **23** mit 5.51 g (21.6 mmol) 2-Chlor-1-methyl-pyridiniumiodid (**92**) und 4.97 g (23.5 mmol) *N*-Benzyliden-4-methoxy-anilin (**30**) umgesetzt. Das Diastereomerenverhältnis im Rohprodukt betrug 95:5 (^{1}H-NMR). Säulenchromatographische Aufarbeitung (Kieselgel, Eluent 13) und anschließende Umkristallisation aus *n*-Hexan lieferte ein farbloses Produkt.

Ausbeute: 6.04 g (62 %)

Fp.: 172-173 °C (*n*-Hexan)

R_f-Wert: 0.62 (Eluent 13)

$[\alpha]_D^{20}$: -25.4 ° (c = 1.00, $CHCl_3$)

NMR-Daten: <u>^{1}H-NMR (500.1 MHz, $CDCl_3$, δ in ppm)</u>

3.32 (s, 3H, OCH_3), 3.35 (s, 3H, OCH_3), 3.36 (dd, 1H, H-6\`, $^3J_{6`,5}$ = 6.0 Hz), 3.40 (s, 3H, OCH_3), 3.41 (dd, 1H, H-4, $^3J_{4,3}$ = 3.3 Hz), 3.54 (dd, 1H, H-6, $^3J_{6,5}$ = 2.2 Hz, $^2J_{6,6`}$ = -10.4 Hz), 3.58 (ddd, 1H, H-5, $^3J_{5,4}$ = 8.8 Hz), 3.70 (d, 1H, H-3, $^3J_{3,4}$ = 3.3 Hz), 3.74

(s, 3H, $C_{arom.}OCH_3$), 4.57 (d, 1H, H-2, $^3J_{2,1}$ = 6.0 Hz), 5.08 (d, 1H, NCH, ^3J = 5.5 Hz), 5.30 (d, 1H, NCHCO, ^3J = 5.5 Hz), 5.75 (d, 1H, H-1, $^3J_{1,2}$ = 6.0 Hz), 6.80 (d, 2H, $H_{arom.}$, J = 8.8 Hz), 7.28 (d, 2H, $H_{arom.}$, J = 8.8 Hz), 7.31-7.37 (m, 5H, $H_{arom.}$)

^{13}C-NMR (125.8 MHz, $CDCl_3$, δ in ppm)

55.4 ($C_{arom.}O\underline{C}H_3$), 57.8 ($OCH_3$), 58.7 ($OCH_3$), 59.1 ($OCH_3$), 60.7 (N$\underline{C}$HCO), 62.4 (NCH), 73.5 (C-6), 76.6 (C-5), 78.2 (C-4), 80.0 (C-2), 82.7 (C-3), 87.6 (C-1), 114.3 ($2C_{arom.}H$), 118.7 ($2C_{arom.}H$), 127.6 ($2C_{arom.}H$), 128.6 ($C_{arom.}H$), 128.7 ($2C_{arom.}H$), 130.7 ($C_{arom.}$), 132.5 ($C_{arom.}$), 155.4 (NCOO), 156.5 ($\underline{C}_{arom.}OCH_3$), 159.3 (NCO)

MS (CI, *i*-Butan):

m/z (%): 499 (100) [MH^+]

HR-MS (CI, *i*-Butan): ber. 499.2080 für $[C_{26}H_{31}N_2O_8]^+$

gef. 499.2080

Elementaranalyse:

$C_{26}H_{30}N_2O_8$	ber. C 62.64 %	H 6.07 %	N 5.62 %
(498.5 g/mol)	gef. C 62.31 %	H 6.16 %	N 5.45 %

1-*N*-[*cis*-(3`*S*,4`*R*)-4`-Cyclohexyl-1`-(4-methoxyphenyl)-azetidin-2`-on-3`-yl]-1-*N*,2-*O*-carbonyl-3,5,6-tri-*O*-methyl-α-D-glucofuranosylamin

und

1-*N*-[*trans*-(3`*S*,4`*S*)-4`-Cyclohexyl-1`-(4-methoxyphenyl)-azetidin-2`-on-3`-yl]-1-*N*,2-*O*-carbonyl-3,5,6-tri-*O*-methyl-α-D-glucofuranosylamin

(Diastereomerengemisch **106**)

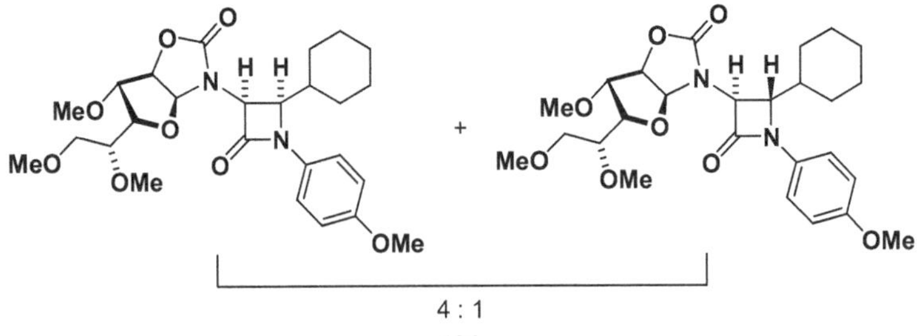

4 : 1

106

Nach **AAV 4** wurden 465 mg (1.52 mmol) der Carbonsäure **23** mit 428 mg (1.67 mmol) 2-Chlor-1-methyl-pyridiniumiodid (**92**) und 430 mg (1.98 mmol) *N*-Cyclohexylmethyliden-4-methoxyanilin (**41**) umgesetzt. Das *cis/trans*-Diastereomerenverhältnis im Rohprodukt betrug 80:20, das *cis/cis*-Diastereomerenverhältnis 92:8 (^{1}H-NMR). Nach chromatographischer Aufarbeitung resultierte ein binäres *cis/trans*-Diastereomerengemisch (4:1). Durch eine zweite Säulenchromatographie konnte das *cis*-Diastereomer weiter angereichert werden (7:1).

Ausbeute: 321 mg (42 %)

Fp.: sirupös

R_f-Wert: 0.67 (Eluent 7)

NMR-Daten: ^{1}H-NMR (500.1 MHz, $CDCl_3$, δ in ppm)

cis-Diastereomer:

0.93-1.31 (m, 5H, *c*-Hexyl), 1.54-1.90 (m, 6H, *c*-Hexyl), 3.34 (s, 3H, OCH_3), 3.48 (s, 3H, OCH_3), 3.49 (s, 3H, OCH_3), 3.55 (dd, 1H, H-6`, $^3J_{6`,5}$ = 7.1 Hz, $^2J_{6`,6}$ = -10.4 Hz), 3.69 (dd, 1H, H-6, $^3J_{6,5}$ = 2.2 Hz, $^2J_{6,6`}$ = -10.4 Hz), 3.74 (m, 1H, H-5), 3.78 (s, 3H, $C_{arom.}OCH_3$), 3.90 (dd, 1H, H-4, $^3J_{4,5}$ = 8.8 Hz, $^3J_{4,3}$ = 3.3 Hz), 3.99 (d, 1H, H-3, $^3J_{3,4}$ = 3.3 Hz), 4.02 (dd, 1H, NCH, ^3J = 4.9 Hz, ^3J = 10.4 Hz), 4.90 (d, 1H, H-2, $^3J_{2,1}$ = 5.5 Hz), 5.08 (d, 1H, NCHCO, , ^3J = 4.9 Hz), 6.10 (d, 1H, H-1, $^3J_{1,2}$ = 5.5 Hz), 6.86 (m, 2H, $H_{arom.}$), 7.29 (m, 2H, $H_{arom.}$)

trans-Diastereomer:

1.37-1.97 (m, 11H, *c*-Hexyl), 3.42 (s, 3H, OCH_3), 3.44 (s, 3H, OCH_3), 3.45 (s, 3H, OCH_3), 3.50 (dd, 1H, H-6`), 3.59 (m, 1H, H-5), 3.68 (dd, 1H, H-6, $^3J_{6,5}$ = 2.2 Hz, $^2J_{6,6`}$ = -10.4 Hz), 3.79 (s, 3H, $C_{arom.}OCH_3$), 3.91 (d, 1H, H-3, $^3J_{3,4}$ = 2.7 Hz), 4.00 (dd, 1H, H-4, $^3J_{4,5}$ = 8.8 Hz, $^3J_{4,3}$ = 2.7 Hz), 4.24 (dd, 1H, NCH, ^3J = 2.2 Hz, ^3J = 4.9 Hz), 4.82 (d, 1H, H-2, $^3J_{2,1}$ = 5.5 Hz), 5.00 (d, 1H, NCHCO, ^3J = 2.2 Hz), 5.81 (d, 1H, H-1, $^3J_{1,2}$ = 5.5 Hz), 6.88 (m, 2H, $H_{arom.}$), 7.30 (m, 2H, $H_{arom.}$)

^{13}C-NMR (125.8 MHz, $CDCl_3$, δ in ppm)

cis-Diastereomer:

25.3-38.8 (6C, *c*-Hexyl), 55.5 ($C_{arom.}O\underline{C}H_3$), 57.9 ($OCH_3$), 59.0 ($OCH_3$), 59.2 ($OCH_3$), 61.5 (N$\underline{C}$HCO), 62.9 (NCH), 74.3 (C-6), 76.7 (C-5), 78.6 (C-4), 80.1 (C-2), 82.5 (C-3), 88.1 (C-1), 114.1

(2$C_{arom.}$H), 120.7 (2$C_{arom.}$H), 130.9 ($C_{arom.}$N), 156.8 (NCOO), 157.0 ($\underline{C}_{arom.}OCH_3$), 161.9 (NCO)

trans-Diastereomer:

25.3-29.7 (5C, 5CH_2, *c*-Hexyl), 37.8 (CH, *c*-Hexyl), 55.5 ($C_{arom.}O\underline{C}H_3$), 57.7 ($OCH_3$), 57.8 ($OCH_3$), 59.6 ($OCH_3$), 59.8 (N$\underline{C}$HCO), 64.6 (NCH), 70.2 (C-6), 76.1 (C-5), 76.6 (C-4), 78.9 (C-2), 82.4 (C-3), 87.6 (C-1), 114.5 (2$C_{arom.}$H), 120.0 (2$C_{arom.}$H), 130.5 ($C_{arom.}$N), 155.1 (NCOO), 156.9 ($\underline{C}_{arom.}OCH_3$), 161.6 (NCO)

MS (CI, *i*-Butan):

m/z (%): 505 (100) [MH^+]

Elementaranalyse:

$C_{26}H_{36}N_2O_8$	ber. C 61.89 %	H 7.19 %	N 5.55 %
(504.6 g/mol)	gef. C 61.83 %	H 7.67 %	N 5.62 %

1-*N*-[1`-*tert*-Butoxycarbonyl-4`-phenyl-azetidin-2`-on-3`-yl]-1-*N*,2-*O*-carbonyl-3,5-di-*O*-methyl-α-D-xylofuranosylamin (Diastereomerengemisch **107**)

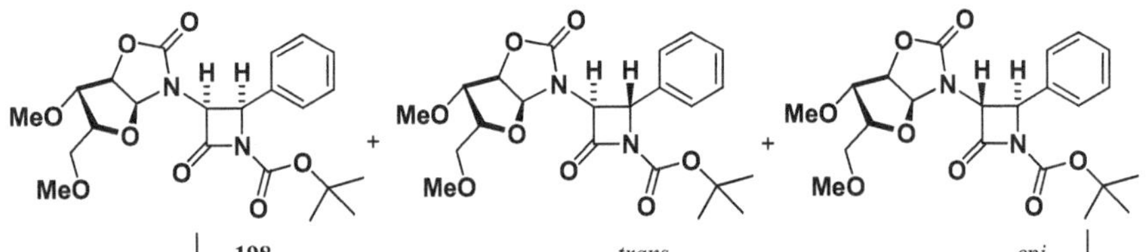

198 *trans* *epi*

63 : 25 : 12

107

Gemäß **AAV 4** wurden 500 mg (1.92 mmol) des Keten-Precursors **15a** mit 540 mg (2.11 mmol) 2-Chlor-1-methyl-pyridiniumiodid (**92**) und 490 mg (2.39 mmol) *N*-Benzyliden-*tert*-butoxycarbonylamin (**25**) umgesetzt. Das Diastereomerenverhältnis im Rohprodukt betrug 63:25:12 (^{1}H-NMR), wobei den beiden Nebendiastereomeren auf Basis der Kopplungskonstanten eine *trans*-Konfiguration zuzuordnen war. Relevante Mengen einer weiteren *cis*-Verbindung konnten nicht gefunden werden. Eine Isolierung der einzelnen Stereoisomere war nicht möglich. Das säulenchromatographisch (Kieselgel, Eluent 5, R_f ~ 0.6) gereinigte Gemisch fiel als schwach gelbliches Wachs in einer Ausbeute von 224 mg (26 %) an. Die NMR-spektroskopischen Daten des Hauptdiastereomers stimmen mit den Daten der Verbindung **198** überein. Aufgrund der hohen Signaldichte konnten die NMR-Daten der Nebendiastereomere nicht vollständig ermittelt werden. Die jeweils charakteristischen Peaks sind wie folgt:

<u>^{1}H-NMR (500.1 MHz, $CDCl_3$, δ in ppm)</u>

trans:

4.86 (d, 1H, NCHCO, ^{3}J = 3.7 Hz), 4.89 (d, 1H, H-2, $^{3}J_{2,1}$ = 5.5 Hz), 5.21 (d, 1H, NCH, ^{3}J = 3.7 Hz), 5.79 (d, 1H, H-1, $^{3}J_{1,2}$ = 5.5 Hz)

epi:

4.37 (d, 1H, NCHCO, ^{3}J = 3.7 Hz), 4.89 (d, 1H, H-2, $^{3}J_{2,1}$ = 5.5 Hz), 5.16 (d, 1H, NCH, ^{3}J = 3.7 Hz), 5.64 (d, 1H, H-1, $^{3}J_{1,2}$ = 5.5 Hz)

<u>^{13}C-NMR (125.8 MHz, $CDCl_3$, δ in ppm)</u>

trans:

61.3 (NCH), 66.6 (N<u>C</u>HCO), 79.7 (C-2), 87.6 (C-1)

epi:

60.2 (NCH), 67.0 (N<u>C</u>HCO), 79.9 (C-2), 89.1 (C-1)

1-*N*-[*cis*-(3\`*S*,4\`*R*)-1\`-Cyclohexyl-4\`-isopropyl-azetidin-2\`-on-3\`-yl]-1-*N*,2-*O*-carbonyl-3,5-di-*O*-methyl-α-D-xylofuranosylamin

und

1-*N*-[*trans*-(3\`*S*,4\`*S*)-1\`-Cyclohexyl-4\`-isopropyl-azetidin-2\`-on-3\`-yl]-1-*N*,2-*O*-carbonyl-3,5-di-*O*-methyl-α-D-xylofuranosylamin

(Diastereomerengemisch **108**)

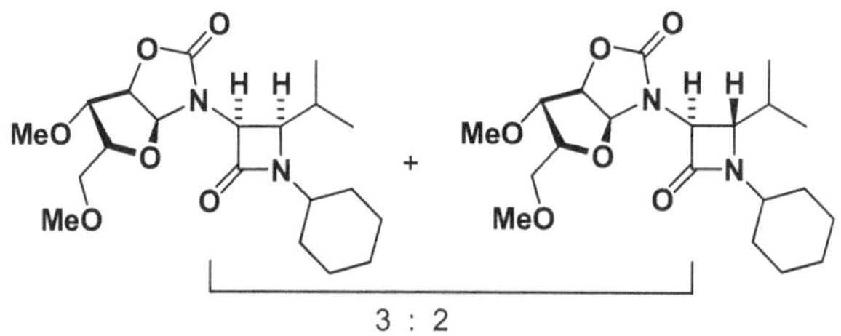

3 : 2

108

Gemäß **AAV 4** wurden 500 mg (1.92 mmol) des Keten-Precursors **15a** mit 540 mg (2.11 mmol) 2-Chlor-1-methyl-pyridiniumiodid (**92**) und 360 mg (2.35 mmol) *N*-Cyclohexyl-2-methylpropylidenamin (**27**) umgesetzt. Das *cis/trans*-Diastereomerenverhältnis im Rohprodukt betrug 60:40, das *cis/cis*-Diastereomerenverhältnis 92:8 (^{1}H-NMR). Nach säulenchromatographischer Reinigung (Kieselgel, Eluent 17) resultierte ein binäres *cis/trans*-Diastereomerengemisch (3:2). Eine Trennung der Stereoisomere konnte weder durch Chromatographie noch durch Kristallisation erreicht werden.

Ausbeute: 372 mg (49 %)

Fp.: wachsartig

R_f-Wert: 0.49 (Eluent 17)

NMR-Daten: <u>^{1}H-NMR (500.1 MHz, $CDCl_3$, δ in ppm)</u>

cis-Diastereomer:

0.80 (d, 3H, CH_3, ^3J = 6.6 Hz), 1.06 (d, 3H, CH_3, ^3J = 6.6 Hz), 1.10-1.95 (m, 10H, $5CH_2$, *c*-Hexyl), 2.15 (m, 1H, C<u>H</u>$(CH_3)_2$), 3.07 (m, 1H, CH, *c*-Hexyl), 3.34 (dd, 1H, NCH, ^3J = 4.9 Hz), 3.37 (s, 3H, OCH_3), 3.41 (s, 3H, OCH_3), 3.57 (dd, 1H, H-5`, $^3J_{5`,4}$ = 6.6 Hz, $^2J_{5`,5}$ = -10.4 Hz), 3.68 (dd, 1H, H-5, $^3J_{5,4}$ = 4.9 Hz, $^2J_{5,5`}$ = -10.4 Hz), 3.85 (d, 1H, H-3, $^3J_{3,4}$ = 3.3 Hz), 4.04 (m, 1H, H-4), 4.86 (d, 1H, H-2, $^3J_{2,1}$ = 5.5 Hz), 4.92 (d, 1H, NCHCO, ^3J = 4.9 Hz), 5.96 (d, 1H, H-1, $^3J_{1,2}$ = 5.5 Hz)

trans-Diastereomer:

0.95 (d, 3H, CH_3, ^3J = 6.6 Hz), 0.99 (d, 3H, CH_3, ^3J = 6.6 Hz), 1.10-1.95 (m, 10H, $5CH_2$, *c*-Hexyl), 1.99 (m, 1H, C<u>H</u>$(CH_3)_2$), 3.33 (m, 1H, CH, *c*-Hexyl), 3.37 (s, 3H, OCH_3), 3.47 (s, 3H, OCH_3), 3.57 (dd, 1H, H-5`, $^3J_{5`,4}$ = 6.0 Hz, $^2J_{5`,5}$ = -10.4 Hz), 3.68 (dd, 1H, H-5, $^3J_{5,4}$ = 4.9 Hz, $^2J_{5,5`}$ = -10.4 Hz), 3.75 (dd, 1H, NCH, ^3J = 2.2 Hz, ^3J = 4.4 Hz), 3.84 (d, 1H, H-3, $^3J_{3,4}$ = 3.3 Hz), 4.01 (m, 1H, H-4), 4.63 (d, 1H, NCHCO, ^3J = 2.2 Hz), 4.81 (d, 1H, H-2, $^3J_{2,1}$ = 5.5 Hz), 5.80 (d, 1H, H-1, $^3J_{1,2}$ = 5.5 Hz)

<u>^{13}C-NMR (125.8 MHz, $CDCl_3$, δ in ppm)</u>

cis-Diastereomer:

19.3 (CH_3), 20.7 (CH_3), 25.2-31.1 (6C, <u>C</u>H$(CH_3)_2$, $5CH_2$, *c*-Hexyl), 56.2 (CH, *c*-Hexyl), 58.1 (OCH_3), 59.3 (OCH_3), 61.1 (NCH), 64.3 (N<u>C</u>HCO), 69.4 (C-5), 76.8 (C-4), 79.7 (C-2), 83.1 (C-3), 87.5 (C-1), 156.9 (NCOO), 163.7 (NCO)

trans-Diastereomer:

15.1 (CH_3), 18.8 (CH_3), 25.2-31.3 (6C, <u>C</u>H$(CH_3)_2$, $5CH_2$, *c*-Hexyl),

53.1 (CH, *c*-Hexyl), 58.1 (2C, OCH_3, NCH), 59.2 (OCH_3), 63.7 (N<u>C</u>HCO), 69.3 (C-5), 77.8 (C-4), 79.1 (C-2), 83.2 (C-3), 87.6 (C-1), 155.1 (NCOO), 164.0 (NCO)

MS (CI, *i*-Butan):
m/z (%): 397 (100) [MH^+]

Elementaranalyse:

$C_{20}H_{32}N_2O_6$	ber. C 60.59 %	H 8.14 %	N 7.07 %
(396.5 g/mol)	gef. C 60.44 %	H 8.21 %	N 6.98 %

1-*N*-[*cis*-(3`*S*,4`*S*)-4`-Ethoxycarbonyl-1`-(4-methoxyphenyl)-azetidin-2`-on-3`-yl]-1-*N*,2-*O*-carbonyl-3,5-di-*O*-methyl-α-D-xylofuranosylamin (109)

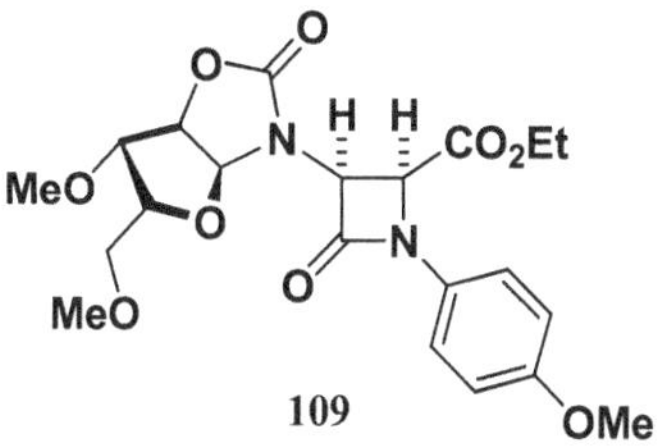

Nach **AAV 4** wurden 500 mg (1.92 mmol) der Carbonsäure **15a** mit 540 mg (2.11 mmol) 2-Chlor-1-methyl-pyridiniumiodid (**92**) und 500 mg (2.41 mmol) *N*-Ethoxycarbonyl-methyliden-4-methoxyanilin (**28**) umgesetzt. Das Verhältnis der beiden *cis*-konfigurierten Diastereomere im Rohprodukt betrug 63:37 (^{1}H-NMR). Ein Teil des Hauptdiastereomers konnte zur Charakterisierung mittels Säulenchromatographie (Kieselgel, Eluent 9) isoliert werden. Es resultierte ein gelblicher Sirup.

Ausbeute: 220 mg (25 %)

Fp.: sirupös

R_f-Wert: 0.59 (Eluent 9)

$[\alpha]_D^{20}$: +8.5 ° (c = 0.50, $CHCl_3$)

NMR-Daten: <u>^{1}H-NMR (500.1 MHz, $CDCl_3$, δ in ppm)</u>

1.22 (t, 3H, $OCH_2C\underline{H}_3$, ^3J = 7.1 Hz), 3.34 (s, 3H, OCH_3), 3.43 (s, 3H, OCH_3), 3.55 (dd, 1H, H-5`, $^3J_{5`,4}$ = 5.5 Hz, $^2J_{5`,5}$ = -9.9 Hz), 3.62 (dd, 1H, H-5, $^3J_{5,4}$ = 6.0 Hz, $^2J_{5,5`}$ = -9.9 Hz), 3.78 (s, 3H, $C_{arom.}OCH_3$),

3.87 (d, 1H, H-3, $^3J_{3,4}$ = 3.3 Hz), 4.08 (m, 1H, H-4), 4.23 (q, 2H, OC$\underline{H}_2$CH$_3$, ^3J = 7.1 Hz), 4.79 (d, 1H, NCH, ^3J = 6.0 Hz), 4.88 (d, 1H, H-2, $^3J_{2,1}$ = 5.5 Hz), 5.28 (d, 1H, NCHCO, ^3J = 6.0 Hz), 5.85 (d, 1H, H-1, $^3J_{1,2}$ = 5.5 Hz), 6.86 (d, 2H, H$_{arom.}$, J = 8.8 Hz), 7.34 (d, 2H, H$_{arom.}$, J = 8.8 Hz)

^{13}C-NMR (125.8 MHz, CDCl$_3$, δ in ppm)

14.0 (OCH$_2\underline{C}$H$_3$), 55.5 (C$_{arom.}$O$\underline{C}$H$_3$), 58.0 (NCH), 58.3 (OCH$_3$), 59.2 (OCH$_3$), 60.9 (N$\underline{C}$HCO), 62.0 (O$\underline{C}$H$_2$CH$_3$), 69.0 (C-5), 78.0 (C-4), 80.3 (C-2), 82.9 (C-3), 87.6 (C-1), 114.2 (2C$_{arom.}$H), 118.8 (2C$_{arom.}$H), 130.4 (C$_{arom.}$N), 155.5 (NCOO), 156.9 ($\underline{C}_{arom.}$OCH$_3$), 159.7 (NCO), 166.4 (COO)

MS (CI, *i*-Butan):
m/z (%): 451 (100) [MH$^+$]

HR-MS (CI, *i*-Butan): ber. 451.1717 für [C$_{21}$H$_{27}$N$_2$O$_9$]$^+$
gef. 451.1717

C$_{21}$H$_{26}$N$_2$O$_9$
(450.4 g/mol)

1-*N*-[*cis*-(3`*R*,4`*R*)-4`-Ethoxycarbonyl-1`-(4-methoxyphenyl)-azetidin-2`-on-3`-yl]-1-*N*,2-*O*-carbonyl-3,5-di-*O*-methyl-α-D-xylofuranosylamin (Nebendiastereomer)

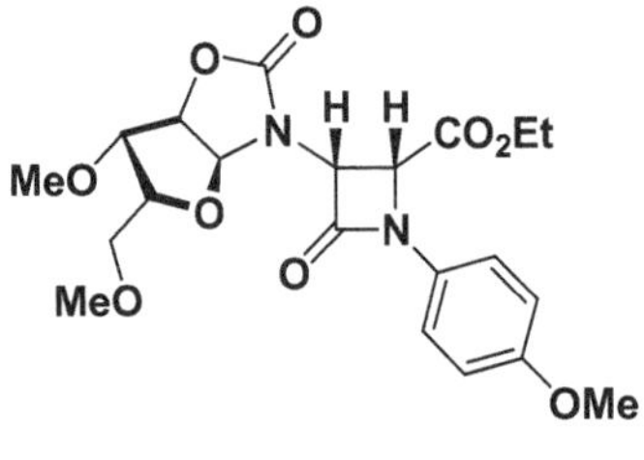

Die NMR-Daten des Nebendiastereomers konnten durch eine spektroskopische Analyse der Mischfraktion ermittelt werden.

NMR-Daten: ^{1}H-NMR (500.1 MHz, CDCl$_3$, δ in ppm)

1.23 (t, 3H, OCH$_2$C$\underline{H}_3$, ^3J = 7.1 Hz), 3.41 (s, 3H, OCH$_3$), 3.43 (S, 3H, OCH$_3$), 3.62 (dd, 1H, H-5`), 3.67 (dd, 1H, H-5, $^3J_{5,4}$ = 6.0 Hz, $^2J_{5,5`}$ = -8.2 Hz), 3.78 (s, 3H, C$_{arom.}$OCH$_3$), 3.88 (d, 1H, H-3, $^3J_{3,4}$ = 3.3 Hz),

4.20 (q, 2H, OC$\underline{H}_2$CH$_3$, ^3J = 7.1 Hz), 4.35 (m, 1H, H-4), 4.77 (d, 1H, NCH, ^3J = 6.0 Hz), 4.82 (d, 1H, H-2, $^3J_{2,1}$ = 5.5 Hz), 5.16 (d, 1H, NCHCO, ^3J = 6.0 Hz), 5.82 (d, 1H, H-1, $^3J_{1,2}$ = 5.5 Hz), 6.86 (d, 2H, $H_{arom.}$, J = 8.8 Hz), 7.32 (d, 2H, $H_{arom.}$, J = 8.8 Hz)

^{13}C-NMR (125.8 MHz, CDCl$_3$, δ in ppm)

14.1 (OCH$_2\underline{C}$H$_3$), 55.5 ($C_{arom.}$O$\underline{C}$H$_3$), 57.6 (NCH), 58.0 (OCH$_3$), 59.3 (OCH$_3$), 61.2 (N$\underline{C}$HCO), 62.3 (O$\underline{C}$H$_2$CH$_3$), 69.2 (C-5), 78.1 (C-4), 80.2 (C-2), 83.1 (C-3), 89.2 (C-1), 114.3 (2$C_{arom.}$H), 118.6 (2$C_{arom.}$H), 130.4 ($C_{arom.}$N), 155.1 (NCOO), 156.8 ($\underline{C}_{arom.}$OCH$_3$), 159.6 (NCO), 167.4 (COO)

1-*N*-[*cis*-(3`*S*,4`*R*)-1`-Methyl-4`-phenyl-azetidin-2`-on-3`-yl]-1-*N*,2-*O*-carbonyl-3,5-di-*O*-methyl-α-D-xylofuranosylamin (110)

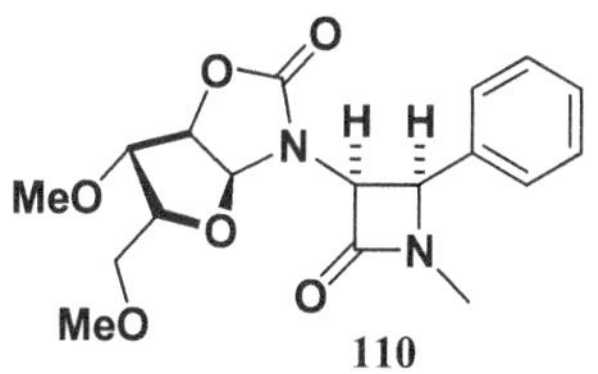

110

Die Synthese erfolgte gemäß **AAV 4** durch Umsetzung der Carbonsäure **15a** (1.0 g, 3.84 mmol) mit *N*-Benzylidenmethylamin (**29**) (550 mg, 4.61 mmol) in Gegenwart von 1.08 g (4.22 mmol) 2-Chlor-1-methyl-pyridiniumiodid (**92**) (*Variante A*) bzw. 1.27 g (4.22 mmol) 2-Chlor-1-methyl-pyridinium-*p*-toluolsulfonat (**99**) (*Variante B*) bzw. 1.16 g (4.22 mmol) 2-Brom-1-ethyl-pyridiniumtetrafluoroborat (**100**) (*Variante C*). Das Diastereomerenverhältnis in allen erhaltenen Rohprodukten betrug 90:10 (^{1}H-NMR). Nach chromatographischer Aufarbeitung (Kieselgel, Eluent 14) und anschließender Kristallisation aus Dichlormethan/ *n*-Hexan konnte das Hauptdiastereomer in Form farbloser Nadeln erhalten werden.

Ausbeute:	810 mg (58 %) nach *Variante A*
	630 mg (45 %) nach *Variante B*
	700 mg (50 %) nach *Variante C*
Fp.:	175-176 °C (CH$_2$Cl$_2$/*n*-Hexan)
R_f-Wert:	0.59 (Eluent 14)
$[\alpha]_D^{20}$:	-75.4 ° (c = 0.95, CHCl$_3$)

NMR-Daten: <u>^{1}H-NMR (500.1 MHz, $CDCl_3$, δ in ppm)</u>

2.95 (m, 1H, H-4), 2.98 (s, 3H, NCH_3), 3.31 (s, 3H, OCH_3), 3.32 (dd, 1H, H-5\`), 3.33 (s, 3H, OCH_3), 3.48 (dd, 1H, H-5, $^{3}J_{5,4}$ = 7.1 Hz, $^{2}J_{5,5'}$ = -9.3 Hz), 3.54 (d, 1H, H-3, $^{3}J_{3,4}$ = 3.3 Hz), 4.62 (d, 1H, H-2, $^{3}J_{2,1}$ = 6.0 Hz), 4.89 (d, 1H, NCH, ^{3}J = 4.9 Hz), 5.11 (d, 1H, NCHCO, ^{3}J = 4.9 Hz), 5.78 (d, 1H, H-1, $^{3}J_{1,2}$ = 6.0 Hz), 7.28-7.39 (m, 5H, $H_{arom.}$)

<u>^{13}C-NMR (125.8 MHz, $CDCl_3$, δ in ppm)</u>

28.1 (NCH_3), 58.1 (OCH_3), 59.3 (OCH_3), 62.5 (NCH), 63.7 (N<u>C</u>HCO), 68.5 (C-5), 76.7 (C-4), 80.2 (C-2), 82.4 (C-3), 86.8 (C-1), 127.4 ($2C_{arom.}H$), 128.3 ($C_{arom.}H$), 128.5 ($2C_{arom.}H$), 133.4 (<u>$C_{arom.}$</u>C), 155.6 (NCOO), 163.0 (NCO)

MS (CI, *i*-Butan):
m/z (%): 363 (100) [MH^+]

HR-MS (CI, *i*-Butan): ber. 363.1556 für $[C_{18}H_{23}N_2O_6]^+$
gef. 363.1555

Elementaranalyse:

$C_{18}H_{22}N_2O_6$	ber. C 59.66 %	H 6.12 %	N 7.73 %
(362.4 g/mol)	gef. C 59.22 %	H 6.19 %	N 7.61 %

1-*N*-[*cis*-(3\`*S*,4\`*R*)-4\`-(4-Dimethylaminophenyl)-1\`-(4-methoxyphenyl)-azetidin-2\`-on-3\`-yl]-1-*N*,2-*O*-carbonyl-3,5-di-*O*-methyl-α-D-xylofuranosylamin

und

1-*N*-[*trans*-(3\`*S*,4\`*S*)-4\`-(4-Dimethylaminophenyl)-1\`-(4-methoxyphenyl)-azetidin-2\`-on-3\`-yl]-1-*N*,2-*O*-carbonyl-3,5-di-*O*-methyl-α-D-xylofuranosylamin

(Diastereomerengemisch **111**)

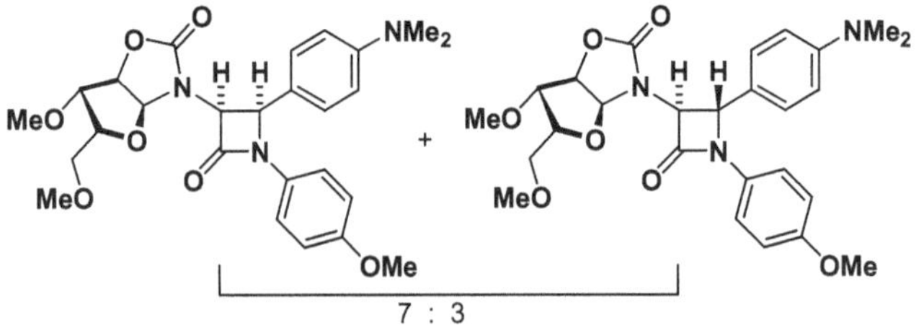

7 : 3

111

Die Synthese erfolgte gemäß **AAV 4** durch Umsetzung der Carbonsäure **15a** (1.0 g, 3.84 mmol) mit 1.08 g (4.22 mmol) 2-Chlor-1-methyl-pyridiniumiodid (**92**) und 1.17 g (4.60 mmol) *N*-(4-Dimethylaminobenzyliden)-4-methoxyanilin (**31**). Das *cis/trans*-Diastereomerenverhältnis im Rohprodukt betrug 70:30, das *cis/cis*-Diastereomerenverhältnis 95:5 (^{1}H-NMR). Nach chromatographischer Aufarbeitung resultierte ein binäres *cis/trans*-Diastereomerengemisch (7:3). Eine Trennung der Stereoisomere durch Säulenchromatographie oder Kristallisation war nicht möglich.

Ausbeute: 1.52 g (80 %)

Fp.: sirupös

R_f-Wert: 0.51 (Eluent 6)

NMR-Daten: ^{1}H-NMR (500.1 MHz, $CDCl_3$, δ in ppm)

cis-Diastereomer:

2.92 (s, 6H, $N(CH_3)_2$), 3.05 (m, 1H, H-4), 3.28 (s, 3H, OCH_3), 3.32 (dd, 1H, H-5`, $^3J_{5`,4}$ = 4.9 Hz, $^2J_{5`,5}$ = -9.3 Hz), 3.33 (s, 3H, $OCH_3$), 3.46 (dd, 1H, H-5, $^3J_{5,4}$ = 8.2 Hz, $^2J_{5,5`}$ = -9.3 Hz), 3.59 (d, 1H, H-3, $^3J_{3,4}$ = 3.3 Hz), 3.75 (s, 3H, $C_{arom.}OCH_3$), 4.66 (d, 1H, H-2, $^3J_{2,1}$ = 6.0 Hz), 5.16 (d, 1H, NCH, ^3J = 4.9 Hz), 5.28 (d, 1H, NCHCO, ^3J = 4.9 Hz), 5.86 (d, 1H, H-1, $^3J_{1,2}$ = 6.0 Hz), 6.66 (m, 2H, $H_{arom.}$), 6.81 (m, 2H, $H_{arom.}$), 7.15 (m, 2H, $H_{arom.}$), 7.33 (m, 2H, $H_{arom.}$)

trans-Diastereomer:

2.93 (s, 6H, $N(CH_3)_2$), 3.40 (s, 3H, OCH_3), 3.43 (s, 3H, OCH_3), 3.63 (dd, 1H, H-5`, $^3J_{5`,4}$ = 6.0 Hz, $^2J_{5`,5}$ = -10.4 Hz), 3.70 (dd, 1H, H-5, $^3J_{5,4}$ = 4.9 Hz, $^2J_{5,5`}$ = -10.4 Hz), 3.72 (s, 3H, $C_{arom.}OCH_3$), 3.89 (d, 1H, H-3, $^3J_{3,4}$ = 3.3 Hz), 4.22 (m, 1H, H-4), 4.87 (d, 1H, H-2, $^3J_{2,1}$ = 6.0 Hz), 4.90 (d, 1H, NCH, ^3J = 2.2 Hz), 5.17 (d, 1H, NCHCO), 5.84 (d, 1H, H-1), 6.66 (m, 2H, $H_{arom.}$), 6.76 (m, 2H, $H_{arom.}$), 7.15 (m, 2H, $H_{arom.}$), 7.25 (m, 2H, $H_{arom.}$)

^{13}C-NMR (125.8 MHz, $CDCl_3$, δ in ppm)

cis-Diastereomer:

40.3 (2C, $N(CH_3)_2$), 55.4 ($C_{arom.}O\underline{C}H_3$), 58.2 ($OCH_3$), 59.1 ($OCH_3$), 60.4 (N$\underline{C}$HCO), 62.6 (NCH), 68.4 (C-5), 76.7 (C-4), 80.4 (C-2), 82.4 (C-3), 86.8 (C-1), 112.1 (2$C_{arom.}$), 114.3 (2$C_{arom.}$), 118.8 (2$C_{arom.}$), 119.4 ($C_{arom.}$), 128.4 (2$C_{arom.}$), 131.0 ($C_{arom.}$), 150.3 ($\underline{C}_{arom.}N(CH_3)_2$),

155.7 (NCOO), 156.4 ($\underline{C}_{arom.}$OCH$_3$), 159.7 (NCO)

trans-Diastereomer:

40.4 (2C, N(CH$_3$)$_2$), 55.4 (C$_{arom.}$O$\underline{C}$H$_3$), 58.2 (OCH$_3$), 59.3 (OCH$_3$), 62.3 (N$\underline{C}$HCO), 67.5 (NCH), 69.4 (C-5), 78.2 C-4), 79.4 (C-2), 83.3 (C-3), 87.7 (C-1), 112.7 (2C$_{arom.}$), 114.2 (2C$_{arom.}$), 119.2 (2C$_{arom.}$), 122.7 (C$_{arom.}$), 127.1 (2C$_{arom.}$), 130.6 (C$_{arom.}$), 150.9 ($\underline{C}_{arom.}$N(CH$_3$)$_2$), 155.2 (NCOO), 156.4 ($\underline{C}_{arom.}$OCH$_3$), 161.7 (NCO)

MS (CI, *i*-Butan):

m/z (%): 498 (100) [MH$^+$]

HR-MS (CI, *i*-Butan): ber. 498.2240 für [$C_{26}H_{32}N_3O_7$]$^+$

gef. 498.2240

$C_{26}H_{31}N_3O_7$

(497.5 g/mol)

1-*N*-[*cis*-(3`*S*,4`*R*)-1`-(4-Methoxyphenyl)-4`-(4-nitrophenyl)-azetidin-2`-on-3`-yl]-1-*N*,2-*O*-carbonyl-3,5-di-*O*-methyl-α-D-xylofuranosylamin (112)

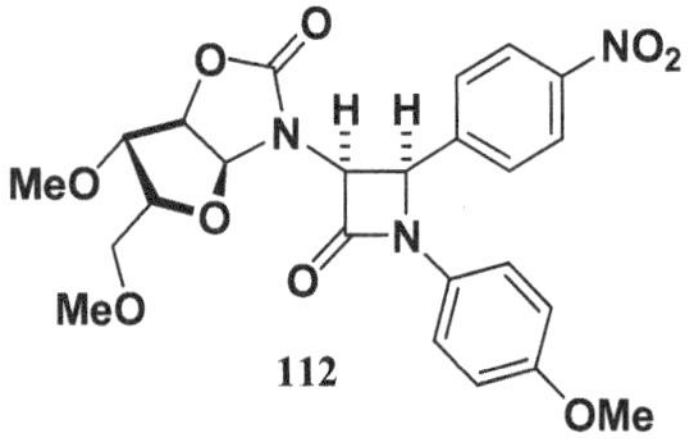

Die Synthese erfolgte gemäß **AAV 4** durch Umsetzung der Carbonsäure **15a** (500 mg, 1.92 mmol) mit *N*-(4-Methoxyphenyl)-4-nitrobenzylidenamin (**32**) (600 mg, 2.34 mmol) in Gegenwart von 540 mg (2.11 mmol) 2-Chlor-1-methyl-pyridiniumiodid (**92**) (*Variante A*) bzw. 635 mg (2.11 mmol) 2-Chlor-1-methyl-pyridinium-*p*-toluolsulfonat (**99**) (*Variante B*) bzw. 580 mg (2.11 mmol) 2-Brom-1-ethyl-pyridiniumtetrafluoroborat (**100**) (*Variante C*). Das Diastereomerenverhältnis im Rohprodukt betrug in allen drei Fällen 97:3 (^{1}H-NMR). Säulenchromatographische Reinigung (Kieselgel, Eluent 3→ Eluent 6) lieferte das Hauptdiastereomer als gelblichen Sirup.

Ausbeute: 900 mg (94 %) nach *Variante A*

760 mg (79 %) nach *Variante B*

	810 mg (85 %) nach *Variante C*
Fp.:	sirupös
R_f-Wert:	0.55 (Eluent 6)
$[\alpha]_D^{20}$:	-69.1 ° (c = 0.45, $CHCl_3$)
NMR-Daten:	<u>^{1}H-NMR (500.1 MHz, $CDCl_3$, δ in ppm)</u>
	2.63 (m, 1H, H-4), 3.14 (dd, 1H, H-5`, $^3J_{5`,4}$ = 5.5 Hz, $^2J_{5`,5}$ = -9.9 Hz), 3.23 (s, 3H, $OCH_3$), 3.32 (s, 3H, $OCH_3$), 3.39 (dd, 1H, H-5, $^3J_{5,4}$ = 6.6 Hz, $^2J_{5,5`}$ = -9.9 Hz), 3.55 (d, 1H, H-3, $^3J_{3,4}$ = 3.3 Hz), 3.77 (s, 3H, $C_{arom.}OCH_3$), 4.73 (d, 1H, H-2, $^3J_{2,1}$ = 6.0 Hz), 5.38 (d, 1H, NCH, ^3J = 5.5 Hz), 5.45 (d, 1H, NCHCO, ^3J = 5.5 Hz), 5.94 (d, 1H, H-1, $^3J_{1,2}$ = 6.0 Hz), 6.85 (m, 2H, $H_{arom.}$), 7.28 (m, 2H, $H_{arom.}$), 7.48 (m, 2H, $H_{arom.}$), 8.20 (m, 2H, $H_{arom.}$)
	<u>^{13}C-NMR (125.8 MHz, $CDCl_3$, δ in ppm)</u>
	55.5 ($C_{arom.}O\underline{C}H_3$), 58.2 ($OCH_3$), 59.1 ($OCH_3$), 59.9 (N<u>C</u>HCO), 62.9 (NCH), 68.6 (C-5), 77.4 (C-4), 80.5 (C-2), 82.2 (C-3), 86.6 (C-1), 114.6 ($2C_{arom.}H$), 118.5 ($2C_{arom.}H$), 123.8 ($2C_{arom.}H$), 128.6 ($2C_{arom.}H$), 130.1 ($C_{arom.}$), 140.2 ($C_{arom.}$), 147.8 ($C_{arom.}$), 155.8 (NCOO), 157.0 ($\underline{C}_{arom.}OCH_3$), 158.9 (NCO)
MS (CI, *i*-Butan):	
m/z (%):	500 (100) [MH^+]
MS (ESI(+), MeOH):	
m/z (%):	522 (100) [MNa^+]
HR-MS (CI, *i*-Butan):	ber. 500.1669 für $[C_{24}H_{26}N_3O_9]^+$
	gef. 500.1669

Elementaranalyse:

$C_{24}H_{25}N_3O_9$	ber. C 57.71 %	H 5.05 %	N 8.41 %
(499.5 g/mol)	gef. C 57.35 %	H 5.33 %	N 8.13 %

1-*N*-[*cis*-(3`*S*,4`*R*)-1`-(4-Methoxyphenyl)-4`-(4-pyridinyl)-azetidin-2`-on-3`-yl]-1-*N*,2-*O*-carbonyl-3,5-di-*O*-methyl-α-D-xylofuranosylamin (113)

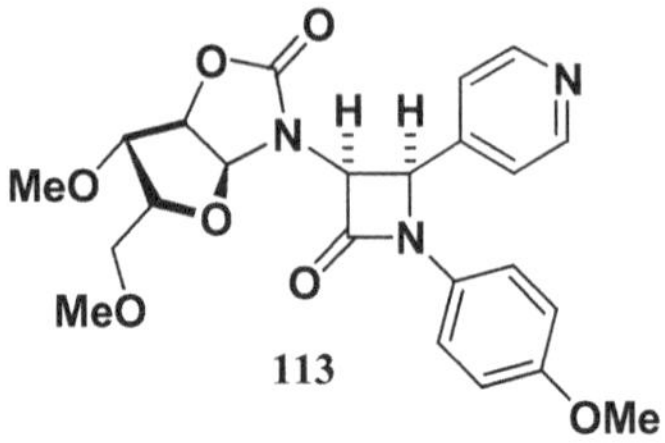

113

Gemäß **AAV 4** wurde der Keten-Precursor **15a** (1.0 g, 3.84 mmol) mit 1.27 g (4.22 mmol) 2-Chlor-1-methyl-pyridinium-*p*-toluolsulfonat (**99**) und 980 mg (4.62 mmol) *N*-(4-Methoxy-phenyl)-4-pyridinylmethylidenamin (**33**) umgesetzt. Das Diastereomerenverhältnis im Rohprodukt betrug 95:5 (^{1}H-NMR). Nach säulenchromatographischer Aufarbeitung (Kieselgel, Eluent 12) und anschließender Kristallisation aus Diisopropylether/Essigsäure-ethylester fiel das Produkt in Form feiner, farbloser Nadeln an.

Ausbeute:	770 mg (44 %)
Fp.:	158 °C ((*i*-Pr)$_2$O/EtOAc)
R_f-Wert:	0.27 (Eluent 12)
$[\alpha]_D^{20}$:	-41.4 ° (c = 0.98, $CHCl_3$)
NMR-Daten:	<u>^{1}H-NMR (500.1 MHz, $CDCl_3$, δ in ppm)</u>
	2.88 (m, 1H, H-4), 3.22 (dd, 1H, H-5`, $^3J_{5`,4}$ = 6.0 Hz, $^2J_{5`,5}$ = -9.9 Hz), 3.30 (s, 3H, $OCH_3$), 3.33 (s, 3H, $OCH_3$), 3.42 (dd, 1H, H-5, $^3J_{5,4}$ = 6.6 Hz, $^2J_{5,5`}$ = -9.9 Hz), 3.57 (d, 1H, H-3, $^3J_{3,4}$ =3.3 Hz), 3.77 (s, 3H, $C_{arom.}OCH_3$), 4.72 (d, 1H, H-2, $^3J_{2,1}$ = 6.0 Hz), 5.32 (d, 1H, NCH, ^3J = 4.9 Hz), 5.34 (d, 1H, NCHCO, ^3J = 4.9 Hz), 5.93 (d, 1H, H-1, $^3J_{1,2}$ = 6.0 Hz), 6.84 (d, 2H, $H_{arom.}$, J = 9.3 Hz), 7.23-7.29 (m, 4H, $H_{arom.}$), 8.59 (m, 2H, $H_{arom.}$)
	<u>^{13}C-NMR (125.8 MHz, $CDCl_3$, δ in ppm)</u>
	55.5 ($C_{arom.}O\underline{C}H_3$), 58.2 ($OCH_3$), 59.3 ($OCH_3$), 59.6 (NCH), 62.7 (N<u>C</u>HCO), 68.6 (C-5), 77.2 (C-4), 80.5 (C-2), 82.4 (C-3), 86.7 (C-1), 114.6 ($2C_{arom.}H$), 118.5 ($2C_{arom.}H$), 122.6 ($2C_{arom.}H$), 130.2 ($C_{arom.}$), 141.9 ($C_{arom.}$), 150.1 ($2C_{arom.}H$), 155.7 (NCOO), 156.9 ($\underline{C}_{arom.}OCH_3$), 158.9 (NCO)
MS (CI, *i*-Butan):	
m/z (%):	456 (100) [MH^+]

HR-MS (CI, *i*-Butan): ber. 456.1771 für $[C_{23}H_{26}N_3O_7]^+$
gef. 456.1770

Elementaranalyse:

$C_{23}H_{25}N_3O_7$	ber. C 60.65 %	H 5.53 %	N 9.23 %
(455.5 g/mol)	gef. C 60.71 %	H 5.73 %	N 9.17 %

1-*N*-[*cis*-(3`*S*,4`*R*)-1`-Benzyl-4`-(4-methoxyphenyl)-azetidin-2`-on-3`-yl]-1-*N*,2-*O*-carbonyl-3,5-di-*O*-methyl-α-D-xylofuranosylamin (114)

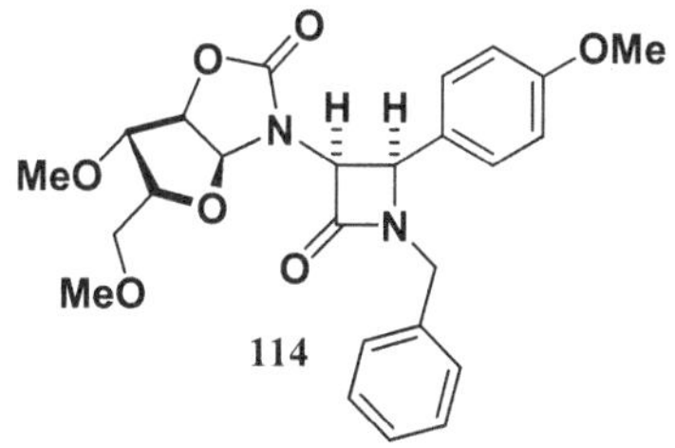

114

Die Carbonsäure **15a** (1.0 g, 3.84 mmol) wurde gemäß **AAV 4** mit 1.08 g (4.22 mmol) 2-Chlor-1-methyl-pyridiniumiodid (**92**) und 1.05 g (4.66 mmol) *N*-Benzyl-4-methoxy-benzylidenamin (**34**) umgesetzt. Das Diastereomerenverhältnis im Rohprodukt betrug 95:5 (^{1}H-NMR). Die Isolierung des Hauptdiastereomers gelang durch Säulenchromatographie (Kieselgel, Eluent 9) und anschließende langsame Kristallisation aus Diisopropylether /Essigsäureethylester. Es resultierte eine farblose, kristalline Substanz.

Ausbeute: 1.09 g (61 %)

Fp.: 140-142 °C ((*i*-Pr)$_2$O/EtOAc)

R_f-Wert: 0.58 (Eluent 9)

$[\alpha]_D^{20}$: -90.6 ° (c = 1.05, $CHCl_3$)

NMR-Daten: <u>^{1}H-NMR (500.1 MHz, $CDCl_3$, δ in ppm)</u>

3.18 (m, 1H, H-4), 3.34 (s, 3H, OCH_3), 3.36 (S, 3H, OCH_3), 3.40 (dd, 1H, H-5`, $^3J_{5`,4}$ = 4.9 Hz, $^2J_{5`,5}$ = -9.3 Hz), 3.54 (dd, 1H, H-5, $^3J_{5,4}$ = 7.1 Hz, $^2J_{5,5`}$ = -9.3 Hz), 3.60 (d, 1H, H-3, $^3J_{3,4}$ = 3.3 Hz), 3.81 (s, 3H, $C_{arom.}OCH_3$), 4.02 (d, 1H, NC<u>H</u>`HPh, $^2J$ = -14.8 Hz), 4.64 (d, 1H, H-2, $^3J_{2,1}$ = 6.0 Hz), 4.72 (d, 1H, NCH, $^3J$ = 4.9 Hz), 4.97 (d, 1H, NCH`<u>H</u>Ph, ^2J = -14.8 Hz), 4.99 (d, 1H, NCHCO, ^3J = 4.9 Hz), 5.80

(d, 1H, H-1, $^3J_{1,2}$ = 6.0 Hz), 6.89 (d, 2H, $H_{arom.}$, J = 8.8 Hz), 7.17-7.23 (m, 4H, $H_{arom.}$), 7.29-7.34 (m, 3H, $H_{arom.}$)

<u>^{13}C-NMR (125.8 MHz, $CDCl_3$, δ in ppm)</u>

45.2 (NCH_2Ph), 55.2 ($C_{arom.}O\underline{C}H_3$), 58.1 ($OCH_3$), 59.2 ($OCH_3$), 59.5 (NCH), 63.4 (N<u>C</u>HCO), 68.7 (C-5), 76.9 (C-4), 80.1 (C-2), 82.5 (C-3), 86.9 (C-1), 114.0 ($2C_{arom.}H$), 124.9 ($\underline{C}_{arom.}C$), 128.0 ($C_{arom.}H$), 128.5 ($2C_{arom.}H$), 128.9 ($2C_{arom.}H$), 128.9 ($2C_{arom.}H$), 134.6 ($\underline{C}_{arom.}C$), 155.5 (NCOO), 159.6 ($\underline{C}_{arom.}OCH_3$), 162.9 (NCO)

MS (CI, *i*-Butan):

m/z (%): 469 (100) [MH^+]

HR-MS (CI, *i*-Butan): ber. 469.1975 für $[C_{25}H_{29}N_2O_7]^+$

gef. 469.1975

Elementaranalyse:

$C_{25}H_{28}N_2O_7$	ber. C 64.09 %	H 6.02 %	N 5.98 %
(468.5 g/mol)	gef. C 64.38 %	H 6.15 %	N 5.98 %

1-*N*-[*cis*-(3\`*S*,4\`*R*)-1\`-*tert*-Butyl-4\`-(4-methoxyphenyl)-azetidin-2\`-on-3\`-yl]-1-*N*,2-*O*-carbonyl-3,5-di-*O*-methyl-α-D-xylofuranosylamin (115)

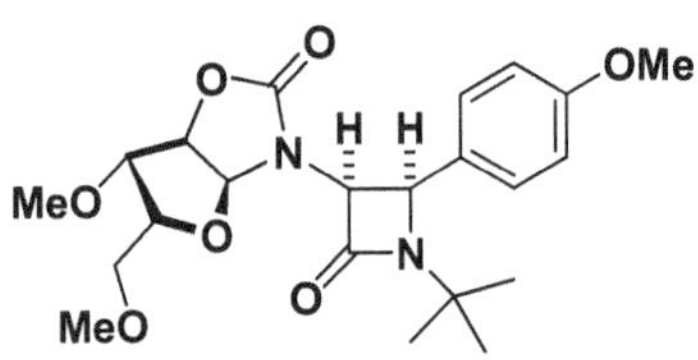

Nach **AAV 4** wurde der Keten-Precursor **15a** (1.0 g, 3.84 mmol) mit 1.08 g (4.22 mmol) 2-Chlor-1-methyl-pyridiniumiodid (**92**) und 920 mg (4.81 mmol) *N*-*tert*-Butyl-4-methoxy-benzylidenamin (**35**) umgesetzt. Das Diastereomerenverhältnis im Rohprodukt betrug 96:4 (^{1}H-NMR). Das Hauptdiastereomer konnte durch säulenchromatographische Aufarbeitung (Kieselgel, Eluent 9) und langsame Kristallisation aus Diisopropylether /Essigsäureethylester in Form farbloser Plättchen isoliert werden.

Ausbeute: 1.10 g (66 %)

Fp.: 100-102 °C (($(i\text{-}Pr)_2O$/EtOAc)

R_f-Wert: 0.55 (Eluent 9)

$[\alpha]_D^{20}$: -82.6 ° (c = 0.98, $CHCl_3$)

NMR-Daten: <u>^{1}H-NMR (500.1 MHz, $CDCl_3$, δ in ppm)</u>

1.32 (s, 9H, $C(CH_3)_3$), 3.33 (s, 3H, OCH_3), 3.35 (m, 1H, H-4), 3.37 (s, 3H, OCH_3), 3.47 (dd, 1H, H-5`, $^3J_{5`,4}$ = 5.5 Hz, $^2J_{5`,5}$ = -9.9 Hz), 3.58 (dd, 1H, H-5, $^3J_{5,4}$ = 6.6 Hz, $^2J_{5,5`}$ = -9.9 Hz), 3.60 (d, 1H, H-3, $^3J_{3,4}$ = 3.3 Hz), 3.79 (s, 3H, $C_{arom.}OCH_3$), 4.61 (d, 1H, H-2, $^3J_{2,1}$ = 6.0 Hz), 4.83 (d, 1H, NCH, ^3J = 4.9 Hz), 4.91 (d, 1H, NCHCO, ^3J = 4.9 Hz), 5.77 (d, 1H, H-1, $^3J_{1,2}$ = 6.0 Hz), 6.87 (d, 2H, $H_{arom.}$, J = 8.2 Hz), 7.33 (d, 2H, $H_{arom.}$)

<u>^{13}C-NMR (125.8 MHz, $CDCl_3$, δ in ppm)</u>

28.0 (3C, $C(\underline{C}H_3)_3$), 54.7 ($\underline{C}(CH_3)_3$), 55.1 ($C_{arom.}O\underline{C}H_3$), 58.1 ($OCH_3$), 59.3 ($OCH_3$), 59.7 (N<u>C</u>HCO), 61.7 (NCH), 68.9 (C-5), 77.1 (C-4), 80.1 (C-2), 82.6 (C-3), 86.9 (C-1), 113.7 (2$C_{arom.}$H), 127.1 ($\underline{C}_{arom.}$C), 129.2 (2$C_{arom.}$H), 155.6 (NCOO), 159.5 ($\underline{C}_{arom.}OCH_3$), 162.8 (NCO)

MS (CI, *i*-Butan):

m/z (%): 435 (100) [MH^+]

HR-MS (CI, *i*-Butan): ber. 435.2131 für $[C_{22}H_{31}N_2O_7]^+$

gef. 435.2131

Elementaranalyse:

$C_{22}H_{30}N_2O_7$	ber. C 60.82 %	H 6.96 %	N 6.45 %
(434.5 g/mol)	gef. C 60.27 %	H 7.08 %	N 6.29 %

1-*N*-[*cis*-(3`*S*,4`*R*)-1`-*tert*-Butyl-4`-phenyl-azetidin-2`-on-3`-yl]-1-*N*,2-*O*-carbonyl-3,5-di-*O*-methyl-α-D-xylofuranosylamin (116)

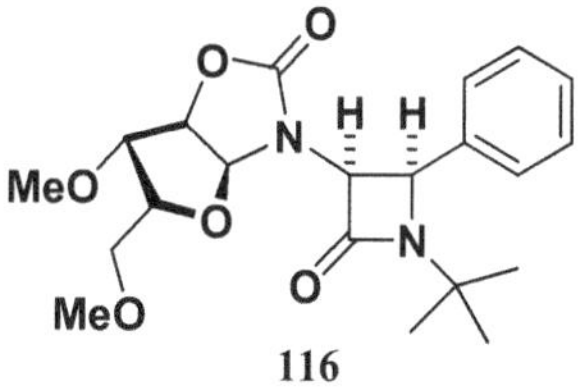

116

Gemäß **AAV 4** wurde der Keten-Precursor **15a** (1.0 g, 3.84 mmol) mit 1.08 g (4.22 mmol) 2-Chlor-1-methyl-pyridiniumiodid (**92**) und 760 mg (4.71 mmol) *N*-Benzyliden-*tert*-butylamin (**36**) umgesetzt. Das Diastereomerenverhältnis im Rohprodukt betrug 94:6 (^{1}H-NMR). Säulenchromatographische Aufarbeitung (Kieselgel, Eluent 10) und eine anschließende Umkristallisation aus Dichlormethan/*n*-Hexan führte zum reinen, farblosen Produkt.

Ausbeute: 1.22 g (79 %)

Fp.: 148-150 °C (CH_2Cl_2/*n*-Hexan)

R_f-Wert: 0.58 (Eluent 10)

$[\alpha]_D^{20}$: -86.2 ° (c = 1.03, $CHCl_3$)

NMR-Daten: <u>^{1}H-NMR (500.1 MHz, $CDCl_3$, δ in ppm)</u>

1.34 (s, 9H, $C(CH_3)_3$), 3.23 (m, 1H, H-4), 3.32 (s, 3H, OCH_3), 3.37 (s, 3H, OCH_3), 3.44 (dd, 1H, H-5`, $^{3}J_{5`,4}$ = 5.5 Hz, $^{2}J_{5`,5}$ = -9.9 Hz), 3.56 (dd, 1H, H-5, $^{3}J_{5,4}$ = 7.1 Hz, $^{2}J_{5,5`}$ = -9.9 Hz), 3.57 (d, 1H, H-3, $^{3}J_{3,4}$ = 3.3 Hz), 4.58 (d, 1H, H-2, $^{3}J_{2,1}$ = 6.0 Hz), 4.88 (d, 1H, NCH, ^{3}J = 4.9 Hz), 4.96 (d, 1H, NCHCO, ^{3}J = 4.9 Hz), 5.76 (d, 1H, H-1, $^{3}J_{1,2}$ = 6.0 Hz), 7.28-7.42 (m, 5H, $H_{arom.}$)

<u>^{13}C-NMR (125.8 MHz, $CDCl_3$, δ in ppm)</u>

28.0 (3C, C(<u>C</u>H₃)₃), 54.8 (<u>C</u>(CH₃)₃), 58.1 (OCH_3), 59.3 (OCH_3), 60.1 (N<u>C</u>HCO), 61.7 (NCH), 68.7 (C-5), 77.0 (C-4), 80.1 (C-2), 82.6 (C-3), 86.8 (C-1), 127.9 ($C_{arom.}$H), 128.2 (2$C_{arom.}$H), 128.2 (2$C_{arom.}$H), 135.3 (<u>C</u>$_{arom.}$C), 155.6 (NCOO), 162.8 (NCO)

MS (CI, *i*-Butan):
m/z (%): 405 (100) [MH^+]

HR-MS (CI, *i*-Butan): ber. 405.2026 für $[C_{21}H_{29}N_2O_6]^+$
gef. 405.2025

Elementaranalyse:

$C_{21}H_{28}N_2O_6$	ber. C 62.36 %	H 6.98 %	N 6.93 %
(404.5 g/mol)	gef. C 62.55 %	H 7.06 %	N 6.94 %

1-*N*-[*cis*-(3`*S*,4`*R*)-1`-Allyl-4`-phenyl-azetidin-2`-on-3`-yl]-1-*N*,2-*O*-carbonyl-3,5-di-*O*-methyl-α-D-xylofuranosylamin (117)

117

Die Synthese erfolgte gemäß **AAV 4** durch Umsetzung des Keten-Precursors **15a** (1.2 g, 4.61 mmol) mit 1.3 g (5.09 mmol) 2-Chlor-1-methyl-pyridiniumiodid (**92**) und 820 mg (5.65 mmol) *N*-Allyl-benzylidenamin (**37**). Das Diastereomerenverhältnis im Rohprodukt betrug 93:7 (^{1}H-NMR). Das Hauptdiastereomer konnte säulenchromatographisch (Kieselgel, Eluent 8) in Form eines schwach gelblichen Sirups isoliert werden.

Ausbeute: 1.36 g (76 %)

Fp.: sirupös

R_f-Wert: 0.61 (Eluent 8)

$[\alpha]_D^{20}$: -41.4 ° (c = 0.98, $CHCl_3$)

NMR-Daten: <u>^{1}H-NMR (500.1 MHz, $CDCl_3$, δ in ppm)</u>

2.98 (m, 1H, H-4), 3.32 (s, 3H, OCH_3), 3.32-3.33 (dd, 1H, H-5`), 3.33 (s, 3H, $OCH_3$), 3.48 (dd, 1H, H-5, $^3J_{5,4}$ = 7.1 Hz, $^2J_{5,5`}$ = -9.9 Hz), 3.54 (d, 1H, H-3, $^3J_{3,4}$ = 3.3 Hz), 3.63 (dd, 1H, NC<u>H</u>`H, $^3J$ = 7.1 Hz, $^2J$ = -15.4 Hz), 4.32 (dd, 1H, NCH`<u>H</u>, ^3J = 4.9 Hz, ^2J = -15.4 Hz), 4.61 (d, 1H, H-2, $^3J_{2,1}$ = 6.0 Hz), 4.97 (d, 1H, NCH, ^3J = 4.9 Hz), 5.10 (d, 1H, NCHCO, ^3J = 4.9 Hz), 5.16-5.22 (m, 2H, CH=C<u>H</u>`<u>H</u>), 5.73-5.83 (m, 1H, C<u>H</u>=CH`H), 5.77 (d, 1H, H-1, $^3J_{1,2}$ = 6.0 Hz), 7.29-7.34 (m, 3H, $H_{arom.}$), 7.35-7.39 (m, 2H, $H_{arom.}$)

<u>^{13}C-NMR (125.8 MHz, $CDCl_3$, δ in ppm)</u>

44.1 (NCH_2), 58.1 (OCH_3), 59.3 (OCH_3), 60.4 (NCH), 63.4 (N<u>C</u>HCO), 68.5 (C-5), 76.9 (C-4), 80.2 (C-2), 82.5 (C-3), 86.9 (C-1), 119.6 (CH=<u>C</u>H_2), 127.6 (2$C_{arom.}$H), 128.3 ($C_{arom.}$H), 128.5 (2$C_{arom.}$H), 130.5 (<u>C</u>H=CH_2), 133.4 (<u>C</u>$_{arom.}$C), 155.6 (NCOO), 162.8 (NCO)

MS (CI, *i*-Butan):

m/z (%): 389 (100) [MH^+]

HR-MS (CI, *i*-Butan): ber. 389.1713 für $[C_{20}H_{25}N_2O_6]^+$

gef. 389.1713

Elementaranalyse:

$C_{20}H_{24}N_2O_6$	ber. C 61.84 %	H 6.23 %	N 7.21 %
(388.4 g/mol)	gef. C 61.31 %	H 6.54 %	N 6.95 %

1-*N*-[*cis*-(3`*S*,4`*R*)-4`-phenyl-1`-(2-phenylethyl)-azetidin-2`-on-3`-yl]-1-*N*,2-*O*-carbonyl-3,5-di-*O*-methyl-α-D-xylofuranosylamin (118)

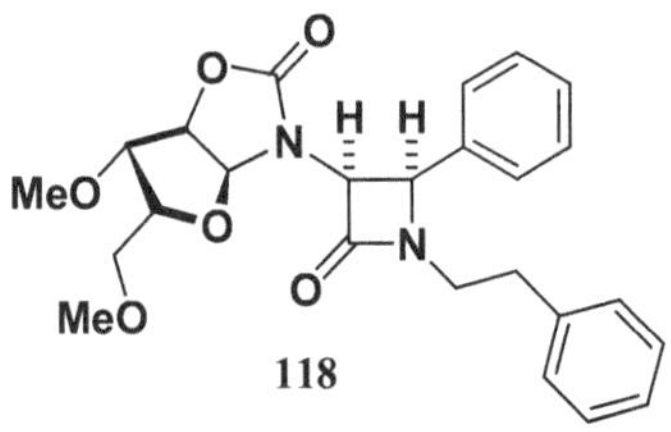

MeO O O N H H N O MeO O O

118

Nach **AAV 4** wurden 1.2 g (4.61 mmol) der Carbonsäure **15a** mit 1.3 g (5.09 mmol) 2-Chlor-1-methyl-pyridiniumiodid (**92**) und 1.2 g (5.73 mmol) *N*-Benzyliden-2-phenylethylamin (**38**) umgesetzt. Das Diastereomerenverhältnis im Rohprodukt betrug 97:3 (^{1}H-NMR). Säulenchromatographische Aufarbeitung (Kieselgel, Eluent 8) lieferte einen schwach gelblichen Sirup, der nach einiger Zeit durchkristallisierte.

Ausbeute: 1.75 g (84 %)

Fp.: 90-92 °C

R_f-Wert: 0.60 (Eluent 8)

$[\alpha]_D^{20}$: -51.6 ° (c = 1.01, $CHCl_3$)

NMR-Daten: <u>^{1}H-NMR (500.1 MHz, $CDCl_3$, δ in ppm)</u>

2.89 (dt, 1H, PhC<u>H</u>`H, $^3J$ = 7.1 Hz, $^2J$ = -14.3 Hz), 2.92 (m, 1H, H-4), 2.98 (dt, 1H, PhCH`<u>H</u>, ^3J = 7.1 Hz, ^2J = -14.3 Hz), 3.25-3.33 (m, 2H, H-5`, NC<u>H</u>`H), 3.31 (s, 3H, OCH_3), 3.32 (s, 3H, OCH_3), 3.46 (dd, 1H, H-5, $^3J_{5,4}$ = 7.7 Hz, $^2J_{5,5`}$ = -9.3 Hz), 3.52 (d, 1H, H-3, $^3J_{3,4}$ = 3.3 Hz), 3.97 (dt, 1H, NCH`<u>H</u>, ^3J = 7.1 Hz, ^2J = -14.3 Hz), 4.60 (d, 1H, H-2, $^3J_{2,1}$ = 6.0 Hz), 4.68 (d, 1H, NCH, ^3J = 4.9 Hz), 4.94 (d, 1H, NCHCO, ^3J = 4.9 Hz), 5.76 (d, 1H, H-1, $^3J_{1,2}$ = 6.0 Hz), 7.17 (m, 2H, $H_{arom.}$), 7.20-7.25 (m, 3H, $H_{arom.}$), 7.27-7.36 (m, 5H, $H_{arom.}$)

<u>^{13}C-NMR (125.8 MHz, $CDCl_3$, δ in ppm)</u>

33.5 ($PhCH_2$), 42.7 (NCH_2), 58.1 (OCH_3), 59.3 (OCH_3), 61.1 (NCH),

63.1 (N<u>C</u>HCO), 68.5 (C-5), 76.7 (C-4), 80.2 (C-2), 82.4 (C-3), 86.8 (C-1), 126.8 ($C_{arom.}$H), 127.5 (2$C_{arom.}$H), 128.3 ($C_{arom.}$H), 128.5 (2$C_{arom.}$H), 128.5 (2$C_{arom.}$H), 128.8 (2$C_{arom.}$H), 133.5 ($\underline{C}_{arom.}$C), 137.9 ($\underline{C}_{arom.}$C), 155.5 (NCOO), 162.9 (NCO)

MS (CI, *i*-Butan):

m/z (%): 905 (27) [M_2H^+]

453 (100) [MH^+]

HR-MS (CI, *i*-Butan): ber. 453.2026 für $[C_{25}H_{29}N_2O_6]^+$

gef. 453.2027

Elementaranalyse:

$C_{25}H_{28}N_2O_6$	ber. C 66.36 %	H 6.24 %	N 6.19 %
(452.5 g/mol)	gef. C 66.42 %	H 6.31 %	N 6.17 %

1-*N*-[*cis*-(3`*S*,4`*R*)-1`-*tert*-Butyl-4`-cyclohexyl-azetidin-2`-on-3`-yl]-1-*N*,2-*O*-carbonyl-3,5-di-*O*-methyl-α-D-xylofuranosylamin (119)

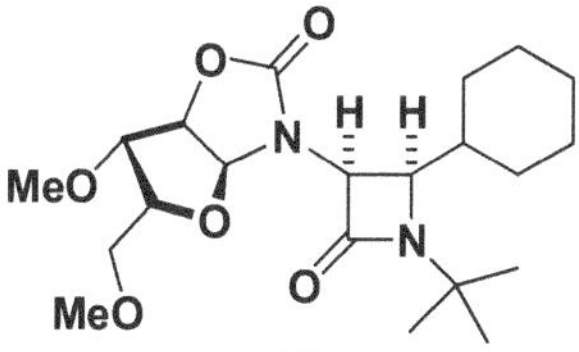

119

Nach **AAV 4** wurden 500 mg (1.92 mmol) der chiralen Carbonsäure **15a** mit 540 mg (2.11 mmol) 2-Chlor-1-methyl-pyridiniumiodid (**92**) und 390 mg (2.33 mmol) *N*-*tert*-Butyl-cyclohexylmethylidenamin (**40**) umgesetzt. Das Diastereomerenverhältnis im Rohprodukt betrug 98:2 (^{1}H-NMR). Säulenchromatographische Aufarbeitung (Kieselgel, Eluent 17) lieferte ein farbloses, kristallines Produkt.

Ausbeute: 570 mg (72 %)

Fp.: 143-145 °C (Zers.)

R_f-Wert: 0.51 (Eluent 17)

$[\alpha]_D^{20}$: +32.9 ° (c = 0.88, $CHCl_3$)

NMR-Daten: <u>^{1}H-NMR (500.1 MHz, $CDCl_3$, δ in ppm)</u>

0.94 (m, 1H, *c*-Hexyl), 1.02-1.18 (m, 2H, *c*-Hexyl), 1.22-1.31 (m, 2H, *c*-Hexyl), 1.35 (s, 9H, $C(CH_3)_3$), 1.55 (m, 1H, *c*-Hexyl), 1.63-1.80 (m, 4H, *c*-Hexyl), 1.89 (m, 1H, *c*-Hexyl), 3.37 (s, 3H, OCH_3), 3.42 (s, 3H, OCH_3), 3.57 (dd, 1H, NCH, ^3J = 5.5 Hz, ^3J = 8.2 Hz), 3.59 (dd, 1H, H-5`, $^3J_{5`,4}$ = 6.0 Hz, $^2J_{5`,5}$ = -9.9 Hz), 3.68 (dd, 1H, H-5, $^3J_{5,4}$ = 5.5 Hz, $^2J_{5,5`}$ = -9.9 Hz), 3.87 (d, 1H, H-3, $^3J_{3,4}$ = 3.3 Hz), 4.08 (m, 1H, H-4), 4.81 (d, 1H, NCHCO, ^3J = 5.5 Hz), 4.86 (d, 1H, H-2, $^3J_{2,1}$ = 6.0 Hz), 6.09 (d, 1H, H-1, $^3J_{1,2}$ = 6.0 Hz)

^{13}C-NMR (125.8 MHz, $CDCl_3$, δ in ppm)

25.7, 26.1, 26.3 (CH_2, *c*-Hexyl), 28.5 (3C, $C(\underline{C}H_3)_3$), 29.8, 31.9 (CH_2, *c*-Hexyl), 37.9 (CH, *c*-Hexyl), 54.2 ($\underline{C}(CH_3)_3$), 58.1 (OCH_3), 59.3 (OCH_3), 60.4 (N$\underline{C}$HCO), 63.6 (NCH), 69.2 (C-5), 77.7 (C-4), 80.1 (C-2), 82.9 (C-3), 87.4 (C-1), 156.9 (NCOO), 164.8 (NCO)

MS (CI, *i*-Butan):

m/z (%): 411 (100) [MH^+]

HR-MS (CI, *i*-Butan): ber. 411.2495 für $[C_{21}H_{35}N_2O_6]^+$

gef. 411.2495

Elementaranalyse:

$C_{21}H_{34}N_2O_6$	ber. C 61.44 %	H 8.35 %	N 6.82 %
(410.5 g/mol)	gef. C 61.44 %	H 8.56 %	N 6.51 %

1-*N*-[*cis*-(3`*S*,4`*R*)-4`-*tert*-Butyl-1`-(4-methoxyphenyl)-azetidin-2`-on-3`-yl]-1-*N*,2-*O*-carbonyl-3,5-di-*O*-methyl-α-D-xylofuranosylamin (120)

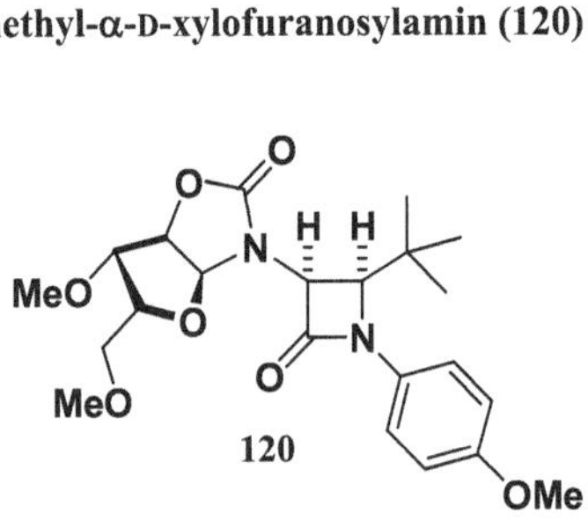

O O N H H MeO O O N MeO OMe

120

Die Darstellung erfolgte gemäß **AAV 4** durch Umsetzung der Carbonsäure **15a** (1.0 g, 3.84 mmol) mit 1.08 g (4.22 mmol) 2-Chlor-1-methyl-pyridiniumiodid (**92**) und 930 mg (4.86 mmol) *N*-(2,2-Dimethylpropyliden)-4-methoxyanilin (**42**). Das *cis/trans*-Diastereomerenverhältnis im Rohprodukt betrug 80:20, das *cis/cis*-Diastereomerenverhältnis 95:5 (^{1}H-NMR). Eine erste säulenchromatographische Aufarbeitung (Kieselgel, Eluent 6) ermöglichte die Abtrennung des *trans*-konfigurierten Nebendiastereomers (**121**). Das Hauptprodukt **120** wurde anschließend durch eine weitere Chromatographie an Kieselgel (Eluent 25) gereinigt. Es fiel als schwach gelblicher Sirup an.

Ausbeute:	880 mg (53 %)
Fp.:	sirupös
R_f-Wert:	0.36 (Eluent 25)
$[\alpha]_D^{20}$:	+64.9 ° (c = 0.97, $CHCl_3$)
NMR-Daten:	^{1}H-NMR (500.1 MHz, $CDCl_3$, δ in ppm)
	1.02 (s, 9H, $C(CH_3)_3$), 3.36 (s, 3H, OCH_3), 3.44 (s, 3H, OCH_3), 3.59 (dd, 1H, H-5\`, $^3J_{5`,4}$ = 6.0 Hz, $^2J_{5`,5}$ = -10.4 Hz), 3.67 (dd, 1H, H-5, $^3J_{5,4}$ = 6.0 Hz, $^2J_{5,5`}$ = -10.4 Hz), 3.78 (s, 3H, $C_{arom.}OCH_3$), 3.91 (d, 1H, H-3, $^3J_{3,4}$ = 3.3 Hz), 4.18 (m, 1H, H-4), 4.22 (d, 1H, NCH, ^3J = 4.9 Hz), 4.90 (d, 1H, H-2, $^3J_{2,1}$ = 6.0 Hz), 4.95 (d, 1H, NCHCO, ^3J = 4.9 Hz), 6.18 (s(b), 1H, H-1, $^3J_{1,2}$: n.a.), 6.87 (m, 2H, $H_{arom.}$), 7.26 (m, 2H, $H_{arom.}$)
	^{13}C-NMR (125.8 MHz, $CDCl_3$, δ in ppm)
	27.2 (3C, $C(\underline{C}H_3)_3$), 34.0 ($\underline{C}(CH_3)_3$), 55.5 ($C_{arom.}O\underline{C}H_3$), 58.2 ($OCH_3$), 59.2 ($OCH_3$), 60.3 (N$\underline{C}$HCO), 67.9 (NCH), 69.1 (C-5), 77.6 (C-4), 80.3 (C-2), 83.2 (C-3), 88.0 (C-1), 114.2 ($2C_{arom.}H$), 122.8 ($2C_{arom.}H$), 129.9 ($C_{arom.}N$), 156.3 (NCOO), 157.4 ($\underline{C}_{arom.}OCH_3$), 161.9 (NCO)
MS (CI, *i*-Butan):	
m/z (%):	869 (52) $[M_2H^+]$
	435 (100) $[MH^+]$
HR-MS (CI, *i*-Butan):	ber. 435.2131 für $[C_{22}H_{31}N_2O_7]^+$
	gef. 435.2131
Elementaranalyse:	
$C_{22}H_{30}N_2O_7$	ber. C 60.82 % H 6.96 % N 6.45 %
(434.5 g/mol)	gef. C 59.73 % H 6.91 % N 6.23 %

1-*N*-[*trans*-(3\`*S*,4\`*S*)-4\`-*tert*-Butyl-1\`-(4-methoxyphenyl)-azetidin-2\`-on-3\`-yl]-1-*N*,2-*O*-carbonyl-3,5-di-*O*-methyl-α-D-xylofuranosylamin (121)

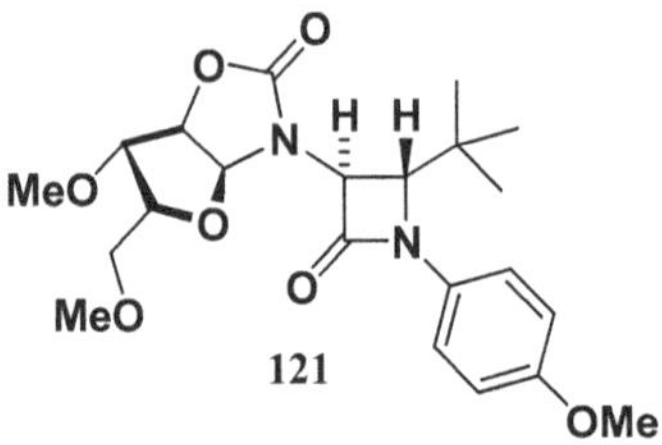

121

Die Verbindung wurde nach der Säulenchromatographie (Eluent 6) aus Chloroform/*n*-Hexan kristallisiert. Es resultierten farblose, weiche Nadeln.

Ausbeute:	120 mg (7 %)
Fp.:	130-132 °C ($CHCl_3$/*n*-Hexan)
R_f-Wert:	0.51 (Eluent 6)
$[\alpha]_D^{20}$:	+50.2 ° (c = 0.96, $CHCl_3$)
NMR-Daten:	<u>^{1}H-NMR (500.1 MHz, $CDCl_3$, δ in ppm)</u>
	0.96 (s, 9H, $C(CH_3)_3$), 3.42 (s, 3H, OCH_3), 3.43 (s, 3H, OCH_3), 3.63 (dd, 1H, H-5\`, $^3J_{5`,4}$ = 6.6 Hz, $^2J_{5`,5}$ = -10.4 Hz), 3.71 (dd, 1H, H-5, $^3J_{5,4}$ = 4.4 Hz, $^2J_{5,5`}$ = -10.4 Hz), 3.78 (s, 3H, $C_{arom.}OCH_3$), 3.86 (d, 1H, H-3, $^3J_{3,4}$ = 3.3 Hz), 4.10 (ddd, 1H, H-4, $^3J_{4,3}$ = 3.3 Hz, $^3J_{4,5}$ = 4.4 Hz, $^3J_{4,5`}$ = 6.6 Hz), 4.23 (d, 1H, NCH, ^3J = 2.2 Hz), 4.84 (d, 1H, H-2, $^3J_{2,1}$ = 6.0 Hz), 4.90 (d, 1H, NCHCO, ^3J = 2.2 Hz), 5.80 (d, 1H, H-1, $^3J_{1,2}$ = 6.0 Hz), 6.87 (m, 2H, $H_{arom.}$), 7.23 (m, 2H, $H_{arom.}$)
	<u>^{13}C-NMR (125.8 MHz, $CDCl_3$, δ in ppm)</u>
	26.1 (3C, $C(\underline{C}H_3)_3$), 33.2 ($\underline{C}(CH_3)_3$), 55.5 ($C_{arom.}O\underline{C}H_3$), 58.1 ($OCH_3$), 59.3 (OCH3), 59.6 (N<u>C</u>HCO), 69.5 (C-5), 69.5 (NCH), 78.0 (C-4), 79.2 (C-2), 83.3 (C-3), 87.6 (C-1), 114.3 (2$C_{arom.}$H), 124.0 (2$C_{arom.}$H), 155.1 (NCOO), 157.8 ($\underline{C}_{arom.}OCH_3$), 163.0 (NCO)
MS (CI, *i*-Butan):	
m/z (%):	435 (100) [MH^+]
HR-MS (CI, *i*-Butan):	ber. 435.2131 für $[C_{22}H_{31}N_2O_7]^+$
	gef. 435.2132

Elementaranalyse:

$C_{22}H_{30}N_2O_7$	ber. C 60.82 %	H 6.96 %	N 6.45 %
(434.5 g/mol)	gef. C 60.31 %	H 7.17 %	N 6.29 %

1-*N*-[*trans*-(3`*S*,4`*S*)-4`-Ethoxy-1`-(4-methoxyphenyl)-azetidin-2`-on-3`-yl]-1-*N*,2-*O*-carbonyl-3,5-di-*O*-methyl-α-D-xylofuranosylamin (122)

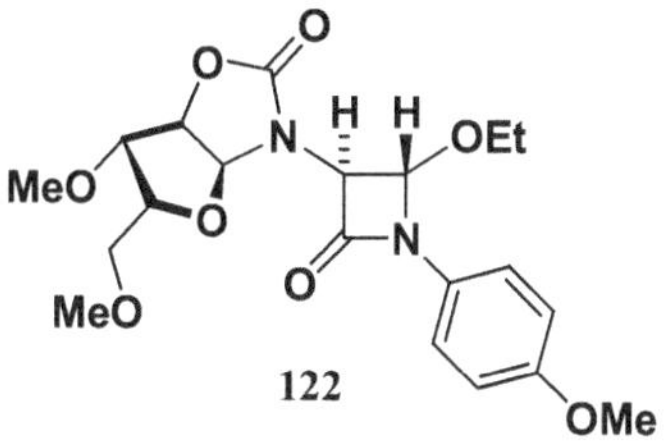

122

Die Synthese erfolgte gemäß **AAV 4** durch Umsetzung des Keten-Precursors **15a** (300 mg, 1.15 mmol) mit 323 mg (1.26 mmol) 2-Chlor-1-methyl-pyridiniumiodid (**92**) und 250 mg (1.40 mmol) *N*-(4-Methoxyphenyl)-formimidsäureethylester (**45**). Das Diastereomeren-verhältnis im Rohprodukt betrug 95:5 (^{1}H-NMR). Säulenchromatographische Aufarbeitung (Kieselgel, Eluent 6) führte zu einem leicht gelblichen Feststoff.

Ausbeute: 259 mg (53 %)

Fp.: 90-92 °C

R_f-Wert: 0.65 (Eluent 6)

$[\alpha]_D^{20}$: +135.8 ° (c = 0.43, $CHCl_3$)

NMR-Daten: <u>^{1}H-NMR (500.1 MHz, $CDCl_3$, δ in ppm)</u>

1.27 (t, 3H, $OCH_2C\underline{H}_3$, ^3J = 6.7 Hz), 3.34 (s, 3H, OCH_3), 3.42 (s, 3H, OCH_3), 3.55 (dd, 1H, H-5`, $^3J_{5`,4}$ = 6.7 Hz, $^2J_{5`,5}$ = -10.4 Hz), 3.65 (dd, 1H, H-5, $^3J_{5,4}$ = 4.9 Hz, $^2J_{5,5`}$ = -10.4 Hz), 3.71 (q, 2H, $OC\underline{H}_2CH_3$, ^3J = 6.7 Hz), 3.79 (s, 3H, $C_{arom.}OCH_3$), 3.88 (d, 1H, H-3, $^3J_{3,4}$ = 1.8 Hz), 4.12 (m, 1H, H-4), 4.87 (d, 1H, H-2, $^3J_{2,1}$ = 5.5 Hz), 5.02 (s, 1H, NCHCO, ^3J : n.a.), 5.46 (s, 1H, NCHOEt, ^3J : n.a.), 5.77 (d, 1H, H-1, $^3J_{1,2}$ = 5.5 Hz), 6.88 (d, 2H, $H_{arom.}$, J = 7.9 Hz), 7.44 (d, 2H, $H_{arom.}$, J = 7.9 Hz)

<u>^{13}C-NMR (125.8 MHz, $CDCl_3$, δ in ppm)</u>

15.0 ($OCH_2\underline{C}H_3$), 55.5 ($C_{arom.}O\underline{C}H_3$), 58.2 ($OCH_3$), 59.3 ($OCH_3$),

62.7 (O$\underline{C}H_2CH_3$), 65.0 (N$\underline{C}$HCO), 69.3 (C-5), 78.4 (C-4), 79.5 (C-2), 83.2 (C-3), 86.7 (NCHOEt), 87.3 (C-1), 114.4 (2$C_{arom.}$H), 119.5 (2$C_{arom.}$H), 129.9 ($C_{arom.}$N), 155.2 (NCOO), 157.1 ($\underline{C}_{arom.}OCH_3$), 159.3 (NCO)

MS (CI, *i*-Butan):

m/z (%): 423 (100) [MH^+]

377 (20) [MH^+-EtOH]

HR-MS (CI, *i*-Butan): ber. 423.1767 für $[C_{20}H_{27}N_2O_8]^+$

gef. 423.1767

Elementaranalyse:

$C_{20}H_{26}N_2O_8$	ber. C 56.86 %	H 6.20 %	N 6.63 %
(422.4 g/mol)	gef. C 57.14 %	H 6.41 %	N 6.71 %

1-*N*-[*trans*-(3\`*S*,4\`*S*)-4\`-Ethoxy-1\`-(2-phenylethyl)-azetidin-2\`-on-3\`-yl]-1-*N*,2-*O*-carbonyl-3,5-di-*O*-methyl-α-D-xylofuranosylamin (123)

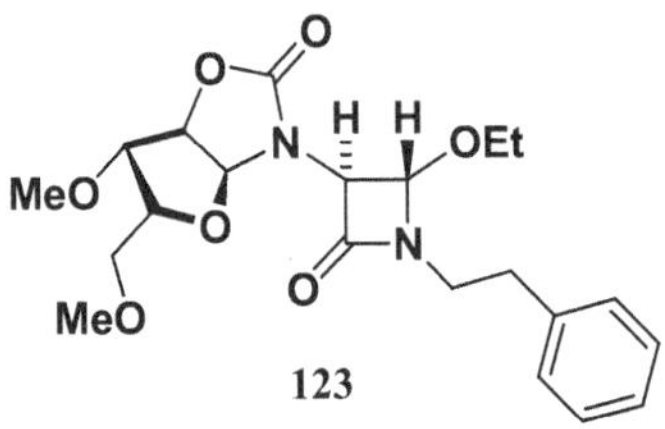

MeO MeO O N H H OEt O N O

123

300 mg (1.15 mmol) der Carbonsäure **15a** wurden gemäß **AAV 4** mit 255 mg (1.44 mmol) *N*-(2-Phenylethyl)-formimidsäureethylester (**46**) in Gegenwart von 380 mg (1.27 mmol) 2-Chlor-1-methyl-pyridinium-*p*-toluolsulfonat (**99**) umgesetzt. Das Diastereomerenverhältnis im Rohprodukt betrug 95:5 (^{1}H-NMR). Säulenchromatographische Aufarbeitung (Kieselgel, Eluent 26) lieferte einen farblosen Feststoff. Zum Erhalt einer röntgenkristallographischen Probe wurde langsam aus Dichlormethan/Diisopropylether kristallisiert.

Ausbeute: 101 mg (21 %)

Fp.: 118-120 °C (CH_2Cl_2/(i-Pr)$_2$O)

R_f-Wert: 0.51 (Eluent 26)

$[\alpha]_D^{20}$: +37.3 ° (c = 0.88, $CHCl_3$)

NMR-Daten: ^{1}H-NMR (500.1 MHz, $CDCl_3$, δ in ppm)

1.19 (t, 3H, $OCH_2C\underline{H}_3$, ^3J = 7.1 Hz), 2.92 (t, 2H, $PhCH_2$, ^3J = 7.7 Hz), 3.38 (q, 1H, NC$\underline{H}$`H, $^3J$ = 7.7 Hz), 3.38 (s, 3H, $OCH_3$), 3.43 (s, 3H, $OCH_3$), 3.48 (q, 1H, OC$\underline{H}$`HCH_3, ^3J = 7.1 Hz), 3.53 (q, 1H, OCH`$\underline{H}CH_3$, $^3J$ = 7.1 Hz), 3.56-3.70 (m, 3H, NCH`$\underline{H}$, H-5`, H-5), 3.87 (d, 1H, H-3, $^3J_{3,4}$ = 3.3 Hz), 4.07 (m, 1H, H-4), 4.73 (s, 1H, NCHCO, ^3J : n.a.), 4.83 (d, 1H, H-2, $^3J_{2,1}$ = 6.0 Hz), 4.92 (s, 1H, NCHOEt, ^3J : n.a.), 5.70 (d, 1H, H-1, $^3J_{1,2}$ = 6.0 Hz), 7.20-7.24 (m, 3H, $H_{arom.}$), 7.27-7.31 (m, 2H, $H_{arom.}$)

^{13}C-NMR (125.8 MHz, $CDCl_3$, δ in ppm)

15.1 ($OCH_2\underline{C}H_3$), 34.3 ($PhCH_2$), 41.7 (NCH_2), 58.2 (OCH_3), 59.3 (OCH_3), 63.8 ($O\underline{C}H_2CH_3$), 65.4 (N$\underline{C}$HCO), 69.4 (C-5), 78.2 (C-4), 79.3 (C-2), 83.2 (C-3), 87.1 (NCHOEt), 87.3 (C-1), 126.6 ($C_{arom.}$H), 128.6 (2$C_{arom.}$H), 128.7 (2$C_{arom.}$H), 138.3 ($C_{arom.}$C), 155.1 (NCOO), 162.0 (NCO)

MS (CI, *i*-Butan):

m/z (%): 421 (100) [MH^+]

HR-MS (CI, *i*-Butan): ber. 421.1975 für $[C_{21}H_{29}N_2O_7]^+$

gef. 421.1974

Elementaranalyse:

$C_{21}H_{28}N_2O_7$	ber. C 59.99 %	H 6.71 %	N 6.66 %
(420.5 g/mol)	gef. C 60.11 %	H 6.83 %	N 6.66 %

9.3.2 Umsetzung der cyclischen Imine

1-*N*-[*trans*-(5`*R*,6`*S*)-2`,2`-Dimethyl-1`-aza-3`-thia-bicyclo[3.2.0]heptan-7`-on-6`-yl]-1-*N*,2-*O*-carbonyl-3,5-di-*O*-methyl-α-D-xylofuranosylamin (124)

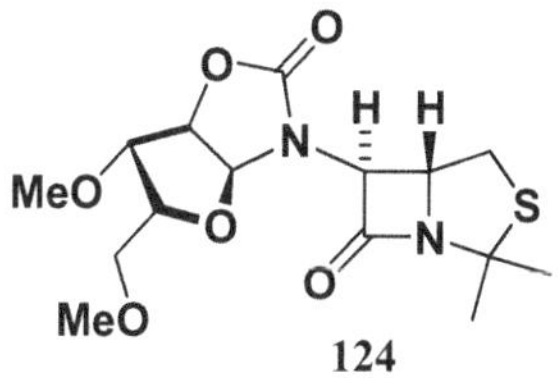

124

300 mg (1.15 mmol) des Keten-Precursors **15a** wurden gemäß **AAV 4** mit 323 mg (1.26 mmol) 2-Chlor-1-methyl-pyridiniumiodid (**92**) und 170 mg (1.47 mmol) 2,2-Dimethyl-3-thiazolin (**53**) unter Verwendung von 2-Chlor-1-methyl-pyridinium-*p*-toluolsulfonat als Kupplungsreagenz umgesetzt. Das ^{1}H-NMR-Spektrum des Rohprodukts zeigte ein β-Lactam/Enamid-Verhältnis von 3:2. Relevante Mengen eines weiteren β-Lactam-Diastereomers wurden nicht gefunden ($dr \geq 95:5$). In einer ersten Säulenchromatographie an neutralem Aluminiumoxid (Eluent 9) erfolgte die Abtrennung des Produktgemischs vom überschüssigen Thiazolin. Die Trennung der Produkte **EA2**[195] und **124** wurde anschließend durch Chromatographie an Kieselgel mit Eluent 26 vollzogen. Das Isopenam **124** konnte als Hauptprodukt isoliert und aus Dichlormethan/*n*-Hexan kristallisiert werden.

Ausbeute:	102 mg (25 %)
Fp.:	114-116 °C (CH_2Cl_2/*n*-Hexan)
R_f-Wert:	0.59 (Eluent 26)
$[\alpha]_D^{20}$:	-2.5 ° (c = 0.75, $CHCl_3$)
NMR-Daten:	<u>^{1}H-NMR (500.1 MHz, $CDCl_3$, δ in ppm)</u>
	1.52 (s, 3H, CH_3), 1.94 (s, 3H, CH_3), 3.19 (dd, 1H, C<u>H</u>`HS, $^{3}J$ = 5.5 Hz, $^{2}J$ = -11.5 Hz), 3.38 (s, 3H, $OCH_3$), 3.40 (dd, CH`<u>H</u>S, ^{3}J = 6.6 Hz, ^{2}J = -11.5 Hz), 3.43 (s, 3H, OCH_3), 3.59 (dd, 1H, H-5`, $^{3}J_{5`,4}$ = 6.6 Hz, $^{2}J_{5`,5}$ = -10.4 Hz), 3.68 (dd, 1H, H-5, $^{3}J_{5,4}$ = 4.9 Hz, $^{2}J_{5,5`}$ = -10.4 Hz), 3.88 (d, 1H, H-3, $^{3}J_{3,4}$ = 3.3 Hz), 4.12 (m, 1H, H-4), 4.32 (ddd, 1H, NCH, ^{3}J = 6.6 Hz, ^{3}J = 5.5 Hz, ^{3}J = 2.2 Hz), 4.73 (d, 1H, NCHCO, ^{3}J = 2.2 Hz), 4.85 (d, 1H, H-2, $^{3}J_{2,1}$ = 6.0 Hz), 5.77 (d, 1H, H-1, $^{3}J_{1,2}$ = 6.0 Hz)
	<u>^{13}C-NMR (125.8 MHz, $CDCl_3$, δ in ppm)</u>
	25.7 (CH_3), 31.0 (CH_3), 36.2 (CH_2S), 58.3 (OCH_3), 59.3 (OCH_3), 62.7 (N<u>C</u>HCO), 64.5 (NCH), 69.4 (C-5), 72.2 (<u>C</u>(CH_3)$_2$), 78.5 (C-4), 79.5 (C-2), 83.1 (C-3), 87.7 (C-1), 155.3 (NCOO), 165.6 (NCO)
MS (CI, *i*-Butan):	
m/z (%):	359 (100) [MH^+]
HR-MS (CI, *i*-Butan):	ber. 359.1277 für $[C_{15}H_{23}N_2O_6S]^+$
	gef. 359.1277

Elementaranalyse:

$C_{15}H_{22}N_2O_6S$	ber. C 50.27 %	H 6.19 %	N 7.82 %
(358.4 g/mol)	gef. C 50.59 %	H 6.45 %	N 7.78 %

1-*N*-[*trans*-(5`*R*,6`*S*)-2`,2`-Pentamethylen-1`-aza-3`-thia-bicyclo[3.2.0]heptan-7`-on-6`-yl]-1-*N*,2-*O*-carbonyl-3,5-di-*O*-methyl-α-D-xylofuranosylamin (125)

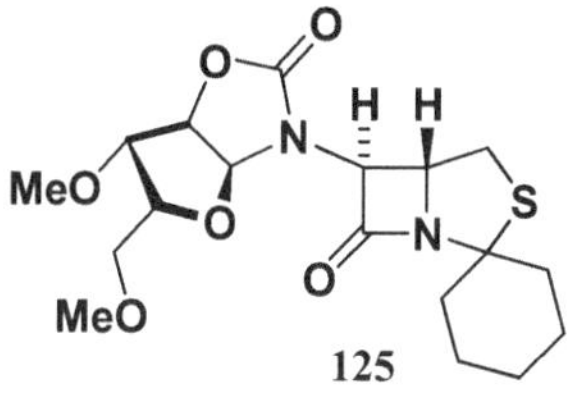

125

Gemäß **AAV 4** wurden 1.5 g (5.76 mmol) der Carbonsäure **15a** mit 1.62 g (6.34 mmol) 2-Chlor-1-methyl-pyridiniumiodid (**92**) und 1.1 g (7.09 mmol) 1-Thia-4-aza-spiro[4.5]dec-3-en (**54**) umgesetzt. Die ^{1}H-NMR-spektroskopische Untersuchung des Rohprodukts ergab ein β-Lactam/Enamid-Verhältnis von 1:2. Relevante Mengen eines weiteren β-Lactam-Diastereomers wurden nicht gefunden (*dr* ≥ 95:5). Nach Grobreinigung an neutralem Aluminiumoxid unter Verwendung einer kurzen Säule (Eluent 6) wurde das Enamid **EA3**[195] in einer zweiten Chromatographie an Kieselgel (Eluent 24) vom Azetidin-2-on-Derivat **125** getrennt. Das Isopenam **125** fiel als schwach gelblicher Sirup an.

Ausbeute: 500 mg (22 %)

Fp.: sirupös

R_f-Wert: 0.44 (Eluent 24)

$[\alpha]_D^{20}$: +4.7 ° (c = 0.70, $CHCl_3$)

NMR-Daten: <u>^{1}H-NMR (500.1 MHz, $CDCl_3$, δ in ppm)</u>

1.38 (m, 1H, *c*-Hexyl), 1.48 (m, 2H, *c*-Hexyl), 1.60 (m, 2H, *c*-Hexyl), 1.71 (m, 1H, *c*-Hexyl), 1.80 (m, 1H, *c*-Hexyl), 1.95 (m, 1H, *c*-Hexyl), 2.04 (m, 1H, *c*-Hexyl), 2.51 (ddd, 1H, *c*-Hexyl, *J* =3.8 Hz, *J* = 9.3 Hz, *J* = 13.2 Hz), 3.10 (dd, 1H, C<u>H</u>`HS, $^3J$ = 5.5 Hz, $^2J$ = -11.5 Hz), 3.30 (dd, 1H, CH`<u>H</u>S, ^3J = 6.6 Hz, ^2J = -11.5 Hz), 3.37 (s, 3H, OCH_3), 3.43 (s, 3H, OCH_3), 3.59 (dd, 1H, H-5`, $^3J_{5`,4}$ = 6.0 Hz, $^2J_{5`,5}$ = -10.4 Hz), 3.69 (dd, 1H, H-5, $^3J_{5,4}$ = 4.9 Hz, $^2J_{5,5`}$ = -10.4 Hz), 3.88

(d, 1H, H-3, $^3J_{3,4}$ = 3.3 Hz), 4.12 (m, 1H, H-4), 4.30 (ddd, 1H, NCH, ^3J = 2.2 Hz), 4.73 (d, 1H, NCHCO, ^3J = 2.2 Hz), 4.85 (d, 1H, H-2, $^3J_{2,1}$ = 6.0 Hz), 5.79 (d, 1H, H-1, $^3J_{1,2}$ = 6.0 Hz)

^{13}C-NMR (125.8 MHz, $CDCl_3$, δ in ppm)

23.8, 24.8, 25.1, 34.8 (CH_2, *c*-Hexyl), 34.8 (CH_2S), 39.5 (CH_2, *c*-Hexyl), 58.2 (OCH_3), 59.3 (OCH_3), 62.6 (N<u>C</u>HCO), 63.9 (NCH), 69.4 (C-5), 78.1 (C_{spiro}), 78.5 (C-4), 79.4 (C-2), 83.0 (C-3), 87.7 (C-1), 155.3 (NCOO), 165.5 (NCO)

MS (CI, *i*-Butan):
m/z (%): 399 (100) [MH^+]

HR-MS (CI, *i*-Butan): ber. 399.1590 für $[C_{18}H_{27}N_2O_6S]^+$
gef. 399.1591

Elementaranalyse:

$C_{18}H_{26}N_2O_6S$	ber. C 54.26 %	H 6.58 %	N 7.03 %
(398.5 g/mol)	gef. C 53.85 %	H 6.71 %	N 6.87 %

1-*N*-[*trans*-(5\`*R*,6\`*S*)-4\`,4\`-Diethyl-2\`,2\`-Dimethyl-1\`-aza-3\`-thia-bicyclo[3.2.0]heptan-7\`-on-6\`-yl]-1-*N*,2-*O*-carbonyl-3,5-di-*O*-methyl-α-D-xylofuranosylamin (126)

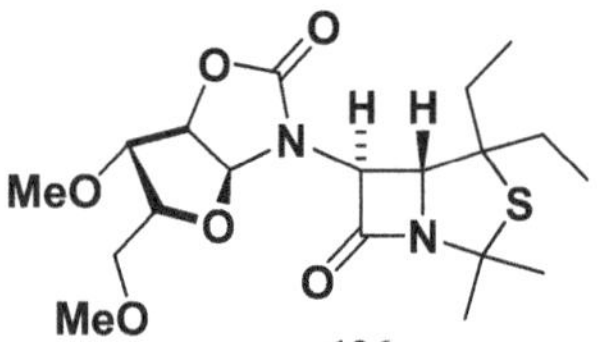

MeO MeO O O O N H H S N O

126

Die Darstellung erfolgte gemäß **AAV 4** durch Umsetzung von 500 mg (1.92 mmol) der Keten-Vorstufe **15a** mit 540 mg (2.11 mmol) 2-Chlor-1-methyl-pyridiniumiodid (**92**) und 410 mg (2.39 mmol) 2,2-Dimethyl-5,5-diethyl-3-thiazolin (**55**). Das Diastereomerenverhältnis im Rohprodukt betrug ≥ 95:5 (^{1}H-NMR). Säulenchromatographische Aufarbeitung an Kieselgel (Eluent 3 → Eluent 5) lieferte ein farbloses, kristallines Produkt.

Ausbeute: 279 mg (35 %)
Fp.: 98-100 °C
R_f-Wert: 0.50 (Eluent 5)

$[\alpha]_D^{20}$: +27.5 ° (c = 0.94, $CHCl_3$)

NMR-Daten: ^{1}H-NMR (500.1 MHz, $CDCl_3$, δ in ppm)

0.87 (t, 3H, CH\`HC$\underline{H}_3$, $^3J$ = 7.7 Hz), 1.02 (t, 3H, CH\`HC$\underline{H}_3$, ^3J = 7.1 Hz), 1.55 (m, 1H, 1H, C$\underline{H}$\`HCH$_3$), 1.63 (s, 3H, CH$_3$), 1.65 (m, 1H, CH\`$\underline{H}$CH$_3$), 1.82 (m, 1H, C$\underline{H}$\`HCH$_3$), 1.88 (s, 3H, CH$_3$), 1.91 (m, 1H, CH\`$\underline{H}$CH$_3$), 3.39 (s, 3H, OCH$_3$), 3.43 (s, 3H, OCH$_3$), 3.59 (dd, 1H, H-5\`, $^3J_{5\`,4}$ = 6.6 Hz, $^2J_{5\`,5}$ = -10.4 Hz), 3.70 (dd, 1H, H-5, $^3J_{5,4}$ = 4.9 Hz, $^2J_{5,5\`}$ = -10.4 Hz), 3.87 (d, 1H, H-3, $^3J_{3,4}$ = 3.3 Hz), 4.05 (m, 1H, H-4), 4.12 (d, 1H, NCH, ^3J = 1.1 Hz), 4.85 (d, 1H, H-2, $^3J_{2,1}$ = 5.5 Hz), 4.88 (d, 1H, NCHCO, ^3J = 1.1 Hz), 5.81 (d, 1H, H-1, $^3J_{1,2}$ = 5.5 Hz)

^{13}C-NMR (125.8 MHz, $CDCl_3$, δ in ppm)

9.2 (CH$_2$$\underline{C}H_3$), 10.3 (CH$_2$$\underline{C}H_3$), 26.2 (CH$_3$), 28.9 ($\underline{C}H_2CH_3$), 29.6 (CH$_3$), 32.5 ($\underline{C}H_2CH_3$), 56.5 (N$\underline{C}$HCO), 58.2 (OCH$_3$), 59.3 (OCH$_3$), 63.8 (CEt$_2$), 69.1 ($\underline{C}$(CH$_3$)$_2$), 69.3 (C-5), 71.1 (NCH), 78.4 (C-4), 79.3 (C-2), 83.0 (C-3), 87.6 (C-1), 155.3 (NCOO), 160.6 (NCO)

MS (CI, *i*-Butan):
m/z (%): 415 (100) [MH$^+$]

HR-MS (CI, *i*-Butan): ber. 415.1903 für $[C_{19}H_{31}N_2O_6S]^+$
gef. 415.1903

Elementaranalyse:

$C_{19}H_{30}N_2O_6S$	ber. C 55.05 %	H 7.29 %	N 6.76 %
(414.5 g/mol)	gef. C 55.40 %	H 7.55 %	N 6.70 %

1-*N*-[*trans*-(5\`*R*,6\`*S*)-4\`,4\`-Diethyl-2\`,2\`-tetramethylen-1\`-aza-3\`-thia-bicyclo[3.2.0] heptan-7\`-on-6\`-yl]-1-*N*,2-*O*-carbonyl-3,5-di-*O*-methyl-α-D-xylofuranosylamin (127)

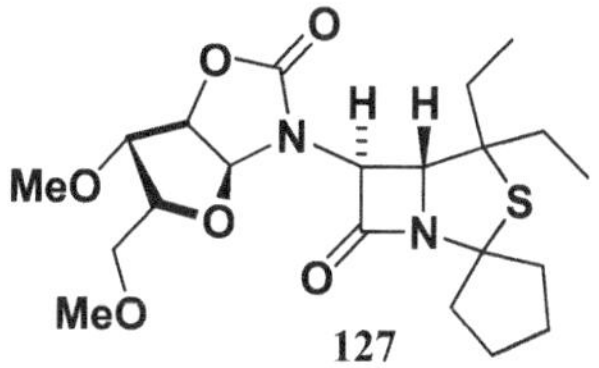

MeO O O N H H S N O MeO O

127

500 mg (1.92 mmol) der Carbonsäure **15a** wurden gemäß **AAV 4** mit 540 mg (2.11 mmol) 2-Chlor-1-methyl-pyridiniumiodid (**92**) und 475 mg (2.41 mmol) 2,2-Diethyl-1-thia-4-aza-spiro[4.4]non-3-en (**56**) umgesetzt. Das Diastereomerenverhältnis im Rohprodukt betrug ≥ 95:5 (^{1}H-NMR). Nach säulenchromatographischer Reinigung (Kieselgel, Eluent 3) wurde ein farbloser Feststoff erhalten.

Ausbeute: 371 mg (44 %)

Fp.: 103-105 °C

R_f-Wert: 0.61 (Eluent 3)

$[\alpha]_D^{20}$: +60.1 ° (c = 0.94, $CHCl_3$)

NMR-Daten: ^{1}H-NMR (500.1 MHz, $CDCl_3$, δ in ppm)

0.87 (t, 3H, CH\`HCH̲$_3$, $^3J$ = 7.1 Hz), 1.03 (t, 3H, CH\`HCH̲$_3$, ^3J = 7.1 Hz), 1.55 (m, 1H, CH̲\`HCH$_3$), 1.64 (m, 1H, CH\`H̲CH$_3$), 1.69-1.79 (m, 4H, *c*-Pentyl), 1.82 (m, 1H, CH̲\`HCH$_3$), 1.89 (m, 1H, CH\`H̲CH$_3$), 2.01 (m, 2H, *c*-Pentyl), 2.10 (m, 1H, *c*-Pentyl), 2.69 (m, 1H, *c*-Pentyl), 3.38 (s, 3H, OCH_3), 3.43 (s, 3H, OCH_3), 3.60 (dd, 1H, H-5\`, $^3J_{5`,4}$ = 6.6 Hz, $^2J_{5`,5}$ = -10.4 Hz), 3.70 (dd, 1H, H-5, $^3J_{5,4}$ = 4.9 Hz, $^2J_{5,5`}$ = -10.4 Hz), 3.86 (d, 1H, H-3, $^3J_{3,4}$ = 3.3 Hz), 4.05 (m, 1H, H-4), 4.07 (d, 1H, NCH, ^3J = 1.6 Hz), 4.83 (d, 1H, NCHCO, ^3J = 1.6 Hz), 4.85 (d, 1H, H-2, $^3J_{2,1}$ = 5.5 Hz), 5.79 (d, 1H, H-1, $^3J_{1,2}$ = 5.5 Hz)

^{13}C-NMR (125.8 MHz, $CDCl_3$, δ in ppm)

9.3 ($CH_2\underline{C}H_3$), 10.2 ($CH_2\underline{C}H_3$), 24.0, 24.2 (CH_2, *c*-Pentyl), 25.8 ($\underline{C}H_2CH_3$), 29.2 ($\underline{C}H_2CH_3$), 37.4, 43.5 (CH_2, *c*-Pentyl), 56.2 (N$\underline{C}$HCO), 58.2 (OCH_3), 59.3 (OCH_3), 62.6 (CEt_2), 69.2 (C-5), 71.4 (NCH), 77.3 (C_{spiro}), 78.3 (C-4), 79.2 (C-2), 83.0 (C-3), 87.6 (C-1), 155.3 (NCOO), 160.9 (NCO)

MS (CI, *i*-Butan):

m/z (%): 441 (100) [MH^+]

HR-MS (CI, *i*-Butan): ber. 441.2059 für $[C_{21}H_{33}N_2O_6S]^+$

gef. 441.2060

Elementaranalyse:

$C_{21}H_{32}N_2O_6S$	ber. C 57.25 %	H 7.32 %	N 6.36 %
(440.6 g/mol)	gef. C 57.54 %	H 7.51 %	N 6.28 %

1-*N*-[*trans*-(5\`*R*,6\`*S*)-4\`,4\`-Dimethyl-2\`,2\`-pentamethylen-5\`-phenyl-1\`-aza-3\`-thia-bicyclo[3.2.0]heptan-7\`-on-6\`-yl]-1-*N*,2-*O*-carbonyl-3,5-di-*O*-methyl-α-D-xylofuranosyl-amin (128)

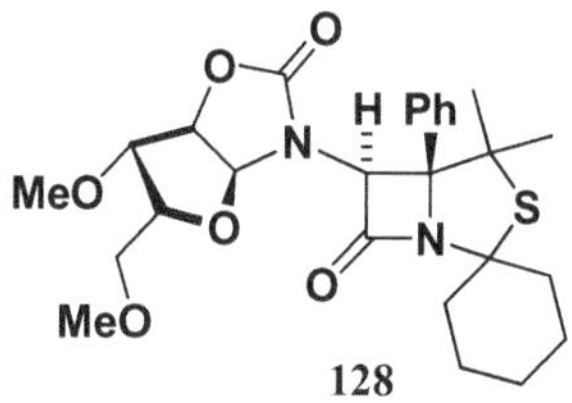

128

Gemäß **AAV 4** wurden 100 mg (0.38 mmol) des Keten-Precursors **15a** mit 107 mg (0.42 mmol) 2-Chlor-1-methyl-pyridiniumiodid (**92**) und 120 mg (0.46 mmol) 2,2-Dimethyl-3-phenyl-1-thia-4-aza-spiro[4.5]dec-3-en (**57**) umgesetzt. Das Diastereomerenverhältnis im Rohprodukt betrug ≥ 95:5 (^{1}H-NMR). Nach säulenchromatographischer Aufarbeitung (Kieselgel, Eluent 2) und anschließender Kristallisation aus Dichlormethan/Diisopropylether konnte das Isopenam in Form farbloser Nadeln erhalten werden.

Ausbeute:	40 mg (21 %)
Fp.:	147-149 °C (CH_2Cl_2/(i-Pr)$_2$O)
R_f-Wert:	0.58 (Eluent 2)
$[\alpha]_D^{20}$:	+86.5 ° (c = 0.54, $CHCl_3$)
NMR-Daten:	<u>^{1}H-NMR (500.1 MHz, $CDCl_3$, δ in ppm)</u>
	1.19 (s, 3H, CH_3), 1.33 (m, 2H, *c*-Hexyl), 1.60 (m, 2H, *c*-Hexyl), 1.80 (m, 1H, *c*-Hexyl), 1.91 (s, 3H, CH_3), 1.95 (m, 1H, *c*-Hexyl), 2.13 (m, 1H, *c*-Hexyl), 2.20 (m, 1H, *c*-Hexyl), 2.33 (m, 1H, *c*-Hexyl), 2.48 (s(b), 1H, H-4), 2.78 (m, 1H, *c*-Hexyl), 2.89 (m, 1H, H-5\`), 3.25 (s, 3H, OCH_3), 3.28 (m, 1H, H-5), 3.30 (s, 3H, OCH_3), 3.51 (d, 1H, H-3, $^3J_{3,4}$ = 3.3 Hz), 4.66 (d, 1H, H-2, $^3J_{2,1}$ = 6.0 Hz), 5.24 (s, 1H, NCHCO), 5.73 (d, 1H, H-1, $^3J_{1,2}$ = 6.0 Hz), 7.30-7.40 (m, 5H, $H_{arom.}$)
	<u>^{13}C-NMR (125.8 MHz, $CDCl_3$, δ in ppm)</u>
	24.6 (CH_3), 24.7 (CH_3), 25.3, 29.8, 30.5, 37.3, 41.3 (CH_2, *c*-Hexyl), 57.7 (<u>C</u>(CH_3)$_2$), 58.2 (OCH_3), 59.2 (OCH_3), 62.8 (N<u>C</u>HCO), 68.0 (C-5), 76.5 (NCPh), 76.6 (C-4), 80.7 (C-2), 82.0 (C-3), 82.2 (C_{spiro}), 86.5 (C-1), 127.6 (3$C_{arom.}$H), 128.1 (2$C_{arom.}$H), 136.4 (<u>C</u>$_{arom.}$C), 156.3 (NCOO), 165.1 (NCO)

MS (CI, *i*-Butan):

m/z (%): 503 (40) [MH^+]

MS (ESI(+), MeOH):

m/z (%): 1027 (100) [M_2Na^+]

525 (36) [MNa^+]

HR-MS (CI, *i*-Butan): ber. 503.2216 für $[C_{26}H_{35}N_2O_6S]^+$

gef. 503.2214

Elementaranalyse:

$C_{26}H_{34}N_2O_6S$	ber. C 62.13 %	H 6.82 %	N 5.57 %
(502.6 g/mol)	gef. C 62.54 %	H 7.12 %	N 5.45 %

1-*N*-[*trans*-(6`*R*,7`*S*)-2`,3`-Benzo-5`,5`-dimethyl-1`-aza-4`-thia-bicyclo[4.2.0]octan-8`-on-7`-yl]-1-*N*,2-*O*-carbonyl-3,5-di-*O*-methyl-α-D-xylofuranosylamin (129)

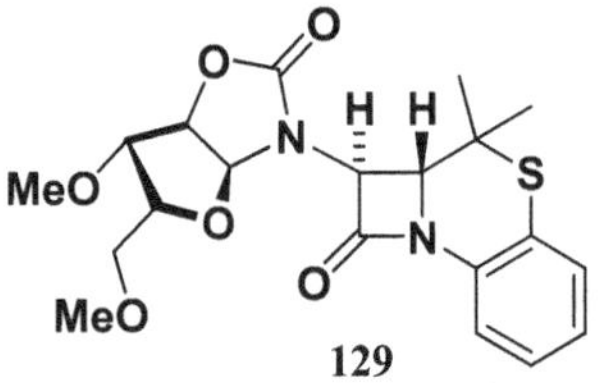

129

Gemäß **AAV 4** wurden 500 mg (1.92 mmol) der Carbonsäure **15a** mit 540 mg (2.11 mmol) 2-Chlor-1-methyl-pyridiniumiodid (**92**) und 430 mg (2.43 mmol) 2,2-Dimethyl-2*H*-1,4-benzothiazin (**58**) umgesetzt. Das Diastereomerenverhältnis im Rohprodukt betrug ≥ 95:5 (^{1}H-NMR). Nach säulenchromatographischer Reinigung an Kieselgel (Eluent 2 → Eluent 3) resultierte ein farbloser, kristalliner Feststoff.

Ausbeute: 536 mg (66 %)

Fp.: 130-131 °C

R_f-Wert: 0.52 (Eluent 3)

$[\alpha]_D^{20}$: +33.7 ° (c = 0.91, $CHCl_3$)

NMR-Daten: ^{1}H-NMR (500.1 MHz, $CDCl_3$, δ in ppm)

1.41 (s, 3H, CH_3), 1.49 (s, 3H, CH_3), 3.35 (s, 3H, OCH_3), 3.44 (s, 3H, OCH_3), 3.58 (dd, 1H, H-5`, $^3J_{5`,4}$ = 6.0 Hz, $^2J_{5`,5}$ = -10.4 Hz), 3.66

(dd, 1H, H-5, $^3J_{5,4}$ = 4.9 Hz, $^2J_{5,5`}$ = -10.4 Hz), 3.89 (d, 1H, H-3, $^3J_{3,4}$ = 3.3 Hz), 4.07 (m, 1H, H-4), 4.26 (d, 1H, NCH, ^3J = 2.2 Hz), 4.90 (d, 1H, H-2, $^3J_{2,1}$ = 5.5 Hz), 4.96 (d, 1H, NCHCO, ^3J = 2.2 Hz), 5.92 (d, 1H, H-1, $^3J_{1,2}$ = 5.5 Hz), 7.00 (dt, 1H, $H_{arom.}$, ^3J = 7.7 Hz, ^4J = 1.1 Hz), 7.14 (m, 2H, $H_{arom.}$), 7.76 (dt, 1H, $H_{arom.}$, ^3J = 8.2 Hz, ^4J = 1.1 Hz)

^{13}C-NMR (125.8 MHz, $CDCl_3$, δ in ppm)

22.1 (CH_3), 24.5 (CH_3), 40.3 (C(CH_3)$_2$), 58.3 (OCH_3), 59.3 (OCH_3), 61.5 (NCHCO), 64.1 (NCH), 69.1 (C-5), 78.3 (C-4), 79.7 (C-2), 83.1 (C-3), 87.5 (C-1), 118.9 ($C_{arom.}$H), 121.5 ($C_{arom.}$S), 124.5 ($C_{arom.}$H), 126.1 ($C_{arom.}$H), 127.7 ($C_{arom.}$H), 130.3 ($C_{arom.}$N), 155.2 (NCOO), 160.1 (NCO)

MS (CI, *i*-Butan):

m/z (%): 841 (22) [M_2H^+]

421 (100) [MH^+]

HR-MS (CI, *i*-Butan): ber. 421.1433 für [$C_{20}H_{25}N_2O_6S$]$^+$

gef. 421.1432

Elementaranalyse:

$C_{20}H_{24}N_2O_6S$	ber. C 57.13 %	H 5.75 %	N 6.66 %
(420.5 g/mol)	gef. C 57.09 %	H 5.80 %	N 6.54 %

1-*N*-[*trans*-(6`*R*,7`*S*)-2`,3`-Benzo-5`,5`-pentamethylen-1`-aza-4`-thia-bicyclo[4.2.0]octan-8`-on-7`-yl]-1-*N*,2-*O*-carbonyl-3,5-di-*O*-methyl-α-D-xylofuranosylamin (130)

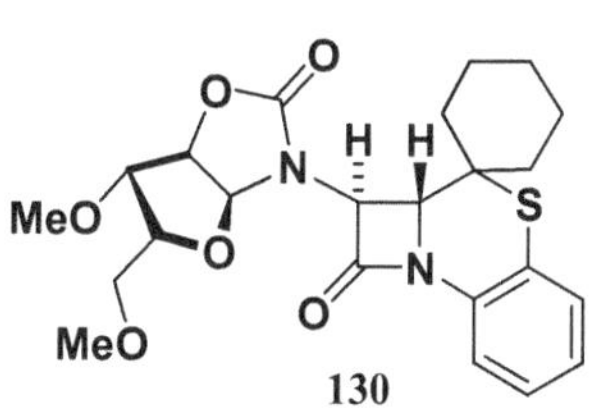

MeO MeO O O N O H H S N O

130

Die Synthese erfolgte gemäß **AAV 4** durch Umsetzung des Keten-Precursors **15a** (500 mg, 1.92 mmol) mit 540 mg (2.11 mmol) 2-Chlor-1-methyl-pyridiniumiodid (**92**) und 520 mg (2.39 mmol) *Spiro*[2*H*-1,4-Benzothiazin-2,1`-cyclohexan] (**59**). Das Diastereomerenverhältnis im Rohprodukt betrug ≥ 95:5 (^{1}H-NMR). Säulenchromatographische Aufarbeitung (Kieselgel, Eluent 3) lieferte einen farblosen Feststoff.

Ausbeute: 817 mg (92 %)

Fp.: 159-161 °C

R_f-Wert: 0.54 (Eluent 3)

$[\alpha]_D^{20}$: -20.1 ° (c = 0.61, $CHCl_3$)

NMR-Daten: ^{1}H-NMR (500.1 MHz, $CDCl_3$, δ in ppm)

1.28 (m, 1H, *c*-Hexyl), 1.52-1.90 (m, 9H, *c*-Hexyl), 3.34 (s, 3H, OCH_3), 3.44 (s, 3H, OCH_3), 3.57 (dd, 1H, H-5`, $^3J_{5`,4}$ = 6.0 Hz, $^2J_{5`,5}$ = -10.4 Hz), 3.66 (dd, 1H, H-5, $^3J_{5,4}$ = 4.9 Hz, $^2J_{5,5`}$ = -10.4 Hz), 3.88 (d, 1H, H-3, $^3J_{3,4}$ = 3.3 Hz), 4.06 (m, 1H, H-4), 4.28 (d, 1H, NCH, ^3J = 2.2 Hz), 4.89 (d, 1H, H-2, $^3J_{2,1}$ = 5.5 Hz), 5.16 (d, 1H, NCHCO, ^3J = 2.2 Hz), 5.92 (d, 1H, H-1, $^3J_{1,2}$ = 5.5 Hz), 6.99 (dt, 1H, $H_{arom.}$, ^3J = 7.7 Hz, ^4J = 1.1 Hz), 7.13 (dt, 1H, $H_{arom.}$, ^3J = 7.7 Hz, ^4J = 1.1 Hz), 7.17 (dd, 1H, $H_{arom.}$, ^3J = 8.2 Hz, ^4J = 1.1 Hz), 7.75 (dd, 1H, $H_{arom.}$, ^3J = 8.2 Hz, ^4J = 1.1 Hz)

^{13}C-NMR (125.8 MHz, $CDCl_3$, δ in ppm)

21.4, 21.5, 25.7, 27.8, 33.4 (CH_2, *c*-Hexyl), 46.3 (C_{spiro}), 58.3 (OCH_3), 59.3 (OCH_3), 60.8 (N<u>C</u>HCO), 64.7 (NCH), 69.1 (C-5), 78.3 (C-4), 79.6 (C-2), 83.1 (C-3), 87.6 (C-1), 118.7 ($C_{arom.}$H), 120.8 ($C_{arom.}$S), 124.4 ($C_{arom.}$H), 126.1 ($C_{arom.}$H), 128.2 ($C_{arom.}$H), 130.9 ($C_{arom.}$N), 155.2 (NCOO), 159.9 (NCO)

MS (CI, *i*-Butan):

m/z (%): 921 (38) [M_2H^+]

461 (100) [MH^+]

HR-MS (CI, *i*-Butan): ber. 461.1746 für $[C_{23}H_{29}N_2O_6S]^+$

gef. 461.1746

Elementaranalyse:

$C_{23}H_{28}N_2O_6S$	ber. C 59.98 %	H 6.13 %	N 6.08 %
(460.5 g/mol)	gef. C 61.03 %	H 6.32 %	N 6.03 %

1-*N*-[*trans*-(6\`*S*,7\`*S*)-4\`,5\`-Benzo-2\`,2\`-diphenyl-1\`-aza-3\`-oxa-bicyclo[4.2.0]octan-8\`-on-7\`-yl]-1-*N*,2-*O*-carbonyl-3,5-di-*O*-methyl-α-D-xylofuranosylamin (131)

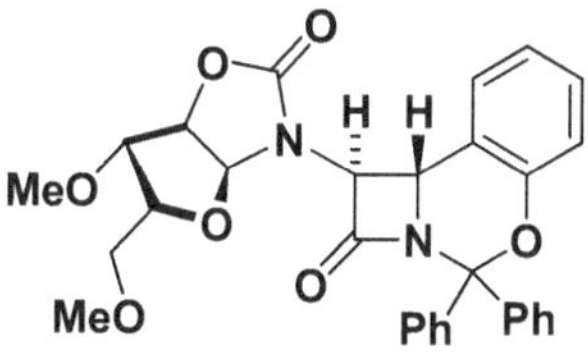

131

Nach **AAV 4** wurden 500 mg (1.92 mmol) der Carbonsäure **15a** mit 540 mg (2.11 mmol) 2-Chlor-1-methyl-pyridiniumiodid (**92**) und 685 mg (2.40 mmol) 2,2-Diphenyl-2*H*-1,3-benzoxazin (**64**) umgesetzt. Das Diastereomerenverhältnis im Rohprodukt betrug ≥ 95:5 (^{1}H-NMR). Die Isolierung des Produktes erfolgte durch Chromatographie an Kieselgel (Eluent 3). Es resultierte ein farbloser Feststoff.

Ausbeute: 933 mg (92 %)

Fp.: 180-182 °C

R_f-Wert: 0.48 (Eluent 3)

$[\alpha]_D^{20}$: +33.0 ° (c = 0.87, $CHCl_3$)

NMR-Daten: <u>^{1}H-NMR (500.1 MHz, $CDCl_3$, δ in ppm)</u>

3.45 (s, 3H, OCH_3), 3.49 (s, 3H, OCH_3), 3.76 (dd, 1H, H-5\`, $^3J_{5`,4}$ = 6.6 Hz, $^2J_{5`,5}$ = -10.4 Hz), 3.81 (dd, 1H, H-5, $^3J_{5,4}$ = 5.5 Hz, $^2J_{5,5`}$ = -10.4 Hz), 3.97 (d, 1H, H-3, $^3J_{3,4}$ = 3.3 Hz), 4.26 (m, 1H, H-4), 4.73 (s, 1H, NCH, ^3J : n.a.), 4.87 (d, 1H, NCHCO, ^3J = 1.6 Hz), 4.93 (d, 1H, H-2, $^3J_{2,1}$ = 5.5 Hz), 5.98 (d, 1H, H-1, $^3J_{1,2}$ = 5.5 Hz), 6.97 (dt, 1H, $H_{arom.}$, ^3J = 7.1 Hz, ^4J = 1.1 Hz), 7.13 (d, 1H, $H_{arom.}$, J = 7.7 Hz), 7.19 (d, 1H, $H_{arom.}$, J = 7.7 Hz), 7.23 (m, 2H, $H_{arom.}$), 7.28-7.38 (m, 5H, $H_{arom.}$), 7.66 (d, 4H, $H_{arom.}$, J = 8.2 Hz)

<u>^{13}C-NMR (125.8 MHz, $CDCl_3$, δ in ppm)</u>

55.8 (NCH), 58.3 (OCH_3), 59.4 (OCH_3), 66.3 (N<u>C</u>HCO), 69.4 (C-5), 78.4 (C-4), 79.6 (C-2), 83.1 (C-3), 87.8 (C-1), 89.1 (CPh_2), 118.8 ($C_{arom.}$H), 119.7 (<u>$C_{arom.}$</u>C), 122.5 ($C_{arom.}$H), 126.4 (2$C_{arom.}$H), 126.9 (2$C_{arom.}$H), 127.1 ($C_{arom.}$H), 128.1 (2$C_{arom.}$H), 128.6 ($C_{arom.}$H), 128.7 ($C_{arom.}$H), 128.8 (2$C_{arom.}$H), 129.4 ($C_{arom.}$H), 138.2 (<u>$C_{arom.}$</u>C), 139.8 (<u>$C_{arom.}$</u>C), 151.9 ($C_{arom.}$O), 155.3 (NCOO), 163.0 (NCO)

MS (CI, *i*-Butan):
m/z (%): 529 (100) [MH^+]

HR-MS (CI, *i*-Butan): ber. 529.1975 für $[C_{30}H_{29}N_2O_7]^+$
gef. 529.1976

Elementaranalyse:

$C_{30}H_{28}N_2O_7$	ber. C 68.17 %	H 5.34 %	N 5.30 %
(528.6 g/mol)	gef. C 68.03 %	H 5.35 %	N 5.25 %

1-*N*-[*cis*-(5`*R*,7`*R*,8`*S*)-2`,3`-Benzo-5`,7`-diphenyl-1`-aza-4`-thia-bicyclo[5.2.0]nonan-9`-on-8`-yl]-1-*N*,2-*O*-carbonyl-3,5-di-*O*-methyl-α-D-xylofuranosylamin (132)

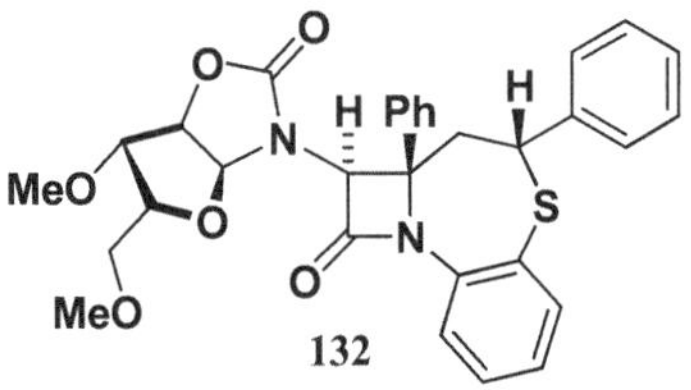

Gemäß **AAV 4** erfolgte die Umsetzung des Keten-Vorläufers **15a** (300 mg, 1.15 mmol) mit 323 mg (1.26 mmol) 2-Chlor-1-methyl-pyridiniumiodid (**92**) und 465 mg (1.47 mmol) *rac*-2,3-Dihydro-2,4-diphenyl-1,5-benzothiazepin (*rac*-**65**). Das Diastereomerenverhältnis im Rohprodukt betrug 90:10 (^{1}H-NMR). Die Diastereomere **132** und **133** konnten säulenchromatographisch an Kieselgel (Eluent 5 → Eluent 6) getrennt werden. Das Hauptprodukt **132** fiel als farbloser Feststoff an.

Ausbeute: 392 mg (61 %)
Fp.: 183-185 °C
R_f-Wert: 0.61 (Eluent 6)
$[\alpha]_D^{20}$: +121.4 ° (c = 1.00, $CHCl_3$)
NMR-Daten: <u>^{1}H-NMR (500.1 MHz, $CDCl_3$, δ in ppm)</u>

2.49 (m, 1H, H-4), 3.08 (dd, 1H, H-5`, $^3J_{5`,4}$ = 4.4 Hz, $^2J_{5`,5}$ = -8.8 Hz), 3.15 (dd, 1H, C<u>H</u>`H, ^3J = 11.0 Hz, ^2J = -14.3 Hz), 3.28 (s, 3H, OCH_3), 3.33 (s, 3H, OCH_3), 3.39 (dd, 1H, H-5, ^3J = 8.8 Hz, ^2J = -8.8 Hz), 3.52 (d, 1H, H-3, $^3J_{3,4}$ = 3.3 Hz), 3.60 (d, 1H, CH`<u>H</u>, ^2J = -14.3 Hz), 3.80 (d, 1H, SCHPh, ^3J = 11.0 Hz), 4.72

(d, 1H, H-2, $^3J_{2,1}$ = 6.0 Hz), 5.05 (s, 1H, NCHCO), 6.01 (d, 1H, H-1, $^3J_{1,2}$ = 6.0 Hz), 7.15-7.34 (m, 11H, $H_{arom.}$), 7.42 (m, 2H, $H_{arom.}$), 7.96 (m, 1H, $H_{arom.}$)

^{13}C-NMR (125.8 MHz, $CDCl_3$, δ in ppm)

45.5 (SCHPh), 52.1 (CH_2), 58.2 (OCH_3), 59.2 (OCH_3), 68.1 (C-5), 70.0 (N<u>C</u>HCO), 71.4 (NCPh), 76.5 (C-4), 80.8 (C-2), 82.1 (C-3), 86.4 (C-1), 126.4, 126.9, 128.0, 128.0, 128.3, 128.7, 129.0, 129.6, 132.3, 136.4, 138.2, 140.5 ($C_{arom.}$), 156.1 (NCOO), 160.9 (NCO)

MS (CI, *i*-Butan):

m/z (%): 559 (100) [MH^+]

HR-MS (CI, *i*-Butan): ber. 559.1903 für $[C_{31}H_{31}N_2O_6S]^+$

gef. 559.1903

Elementaranalyse:

$C_{31}H_{30}N_2O_6S$	ber. C 66.65 %	H 5.41 %	N 5.01 %
(558.6 g/mol)	gef. C 66.11 %	H 5.51 %	N 4.89 %

1-*N*-[*cis*-(5\`*S*,7\`*R*,8\`*S*)-2\`,3\`-Benzo-5\`,7\`-diphenyl-1\`-aza-4\`-thia-bicyclo[5.2.0]nonan-9\`-on-8\`-yl]-1-*N*,2-*O*-carbonyl-3,5-di-*O*-methyl-α-D-xylofuranosylamin (133)

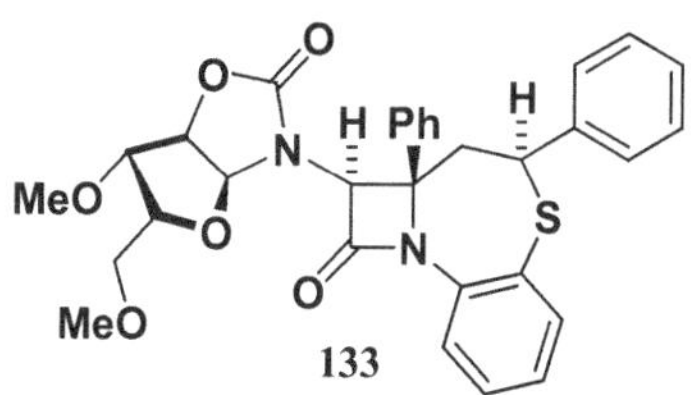

Das Nebenprodukt **133** wurde nach Säulenchromatographie als farbloser Sirup erhalten.

Ausbeute: 31 mg (5 %)

Fp.: sirupös

R_f-Wert: 0.65 (Eluent 6)

$[\alpha]_D^{20}$: -115.6 ° (c = 1.64, $CHCl_3$)

NMR-Daten: ^{1}H-NMR (500.1 MHz, $CDCl_3$, δ in ppm)

2.41 (m, 1H, H-4), 3.07 (dd, 1H, H-5\`, $^3J_{5`,4}$ = 4.3 Hz, $^2J_{5`,5}$ = -9.2 Hz), 3.26 (s, 3H, OCH_3), 3.31 (s, 3H, OCH_3), 3.34

(m, 1H, H-5), 3.41 (dd, 1H, C<u>H</u>`H, $^3J$ = 4.3 Hz, $^2J$ = -14.7 Hz), 3.49 (m, 2H, CH`<u>H</u>, H-3), 4.68 (d, 1H, H-2, $^3J_{2,1}$ = 5.5 Hz), 4.84 (dd, 1H, SCHPh, ^3J = 4.3 Hz, ^3J = 11.6 Hz), 5.02 (s, 1H, NCHCO), 5.91 (d, 1H, H-1, $^3J_{1,2}$ = 5.5 Hz), 7.07 (m, 1H, $H_{arom.}$), 7.13 (m, 1H, $H_{arom.}$), 7.21-7.35 (m, 11H, $H_{arom.}$), 8.31 (d, 1H, $H_{arom.}$, J = 8.5 Hz)

<u>^{13}C-NMR (125.8 MHz, $CDCl_3$, δ in ppm)</u>

48.7 (CH_2), 49.3 (SCHPh), 58.2 (OCH_3), 59.2 (OCH_3), 68.0 (C-5), 71.3 (N<u>C</u>HCO), 73.3 (NCHPh), 76.4 (C-4), 81.0 (C-2), 82.1 (C-3), 86.2 (C-1), 123.9, 125.9, 126.0, 126.9, 127.2, 127.3, 127.7, 128.0, 128.4, 129.0, 130.5, 135.6, 140.2, 140.8 ($C_{arom.}$), 155.0 (NCOO), 160.8 (NCO)

MS (CI, *i*-Butan):
m/z (%): 559 (100) [MH^+]

HR-MS (CI, *i*-Butan): ber. 559.1903 für $[C_{31}H_{31}N_2O_6S]^+$
gef. 559.1903

$C_{31}H_{30}N_2O_6S$
(558.6 g/mol)

1-*N*-[*trans*-(6`*S*,7`*S*)-6`-Phenyl-1`-aza-5`-oxa-bicyclo[4.2.0]octan-8`-on-7`-yl]-1-*N*,2-*O*-carbonyl-3,5-di-*O*-methyl-α-D-xylofuranosylamin (134)

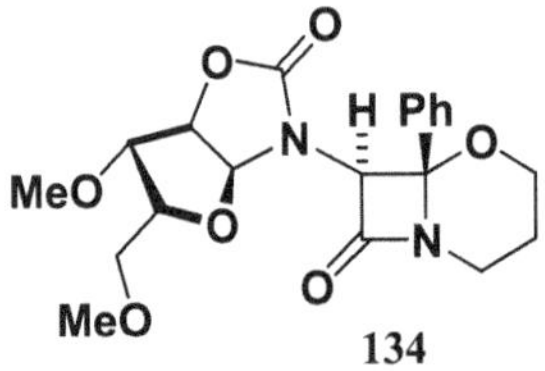

134

500 mg (1.92 mmol) der Carbonsäure **15a** wurden gemäß **AAV 4** mit 540 mg (2.11 mmol) 2-Chlor-1-methyl-pyridiniumiodid (**92**) und 390 mg (2.42 mmol) 2-Phenyl-5,6-Dihydro-4*H*-1,3-oxazin (**66**) umgesetzt. Das Diastereomerenverhältnis im Rohprodukt betrug ≥ 95:5 (^{1}H-NMR). Nach säulenchromatographischer Reinigung an Kieselgel (Eluent 19) resultierte ein farbloser Sirup, der lackartig aushärtet.

Ausbeute: 675 mg (87 %)
Fp.: sirupös

R_f-Wert: 0.67 (Eluent 19)

$[\alpha]_D^{20}$: -33.1 ° (c = 0.83, $CHCl_3$)

NMR-Daten: ^{1}H-NMR (500.1 MHz, $CDCl_3$, δ in ppm)

1.45 (dd, 1H, C<u>H</u>`H, $^3J$ = 4.4 Hz, $^2J$ = -12.1 Hz), 1.99 (m, 1H, CH`<u>H</u>), 3.01 (m, 1H, H-4), 3.18 (ddd, 1H, NC<u>H</u>`H, $^3J_a$ = $^3J_b$ = 4.4 Hz, $^2J$ = -13.2 Hz), 3.28 (dd, 1H, H-5`, $^3J_{5`,4}$ = 4.9 Hz, $^2J_{5`,5}$ = -9.3 Hz), 3.30 (s, 3H, OCH_3), 3.31 (s, 3H, OCH_3), 3.45 (dd, 1H, H-5, $^3J_{5,4}$ = 7.7 Hz, $^2J_{5,5`}$ = -9.3 Hz), 3.54 (m, 1H, OC<u>H</u>`H), 3.54 (d, 1H, H-3, $^3J_{3,4}$ = 3.3 Hz), 3.91 (ddd, 1H, OCH`<u>H</u>, $^3J$ = 2.2 Hz, $^3J$ =3.9 Hz, $^2J$ = -12.1 Hz), 4.04 (dd, 1H, NCH`<u>H</u>, ^3J = 6.0 Hz, ^2J = -13.2 Hz), 4.53 (d, 1H, H-2, $^3J_{2,1}$ = 6.0 Hz), 4.95 (s, 1H, NCHCO), 5.59 (d, 1H, H-1, $^3J_{1,2}$ = 6.0 Hz), 7.35-7.42 (m, 3H, $H_{arom.}$), 7.50 (m, 2H, $H_{arom.}$)

^{13}C-NMR (125.8 MHz, $CDCl_3$, δ in ppm)

24.0 (CH_2), 37.4 (NCH_2), 58.1 (OCH_3), 59.2 (OCH_3), 62.3 (OCH_2), 68.5 (C-5), 71.2 (N<u>C</u>HCO), 76.8 (C-4), 79.9 (C-2), 82.5 (C-3), 87.1 (C-1), 90.7 (NCHPh), 128.1 (2$C_{arom.}$H), 128.5 (2$C_{arom.}$H), 129.0 ($C_{arom.}$H), 133.3 (<u>C</u>$_{arom.}$C), 155.0 (NCOO), 162.9 (NCO)

MS (CI, *i*-Butan):
m/z (%): 405 (100) [MH^+]

HR-MS (CI, *i*-Butan): ber. 405.1662 für $[C_{20}H_{25}N_2O_7]^+$
gef. 405.1662

Elementaranalyse:

$C_{20}H_{24}N_2O_7$	ber. C 59.40 %	H 5.98 %	N 6.93 %
(404.4 g/mol)	gef. C 59.09 %	H 6.21 %	N 6.65 %

1-*N*-[*trans*-(6`*R*,7`*S*)-2`,2`-Dimethyl-5`-oxo-6`-phenyl-1`-aza-4`-oxa-bicyclo[4.2.0]octan-8`-on-7`-yl]-1-*N*,2-*O*-carbonyl-3,5-di-*O*-methyl-α-D-xylofuranosylamin (135)

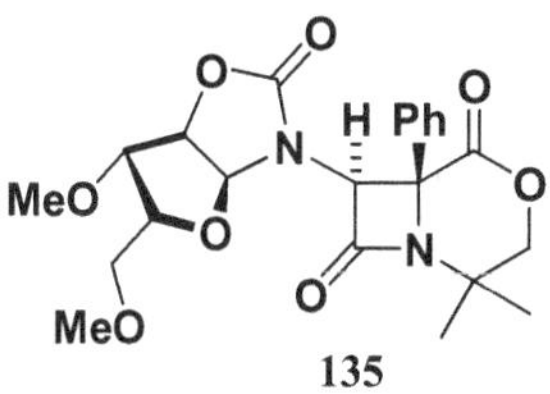

135

500 mg (1.92 mmol) der Carbonsäure **15a** wurden gemäß **AAV 4** mit 540 mg (2.11 mmol) 2-Chlor-1-methyl-pyridiniumiodid (**92**) und 490 mg (2.41 mmol) 2-Phenyl-4*H*-3,1-benzoxazin-4-on (**67**) umgesetzt. Das Diastereomerenverhältnis im Rohprodukt betrug 90:10 (^{1}H-NMR). Die Isolierung des schwer abtrennbaren Hauptdiastereomers erfolgte durch Säulenchromatographie an Kieselgel (Eluent 6) unter Hinnahme von Verlusten. Es resultierte ein farbloser Feststoff.

Ausbeute:	291 mg (34 %)
Fp.:	157-159 °C
R_f-Wert:	0.44 (Eluent 6)
$[\alpha]_D^{20}$:	-79.6 ° (c = 0.96, $CHCl_3$)
NMR-Daten:	<u>^{1}H-NMR (500.1 MHz, $CDCl_3$, δ in ppm)</u>
	1.54 (s, 3H, CH_3), 1.65 (s, 3H, CH_3), 3.31 (s, 3H, OCH_3), 3.33 (s, 3H, OCH_3), 3.40 (dd, 1H, H-5`, $^3J_{5`,4}$ = 4.4 Hz, $^2J_{5`,5}$ = -8.8 Hz), 3.47-3.54 (m, 2H, H-4, H-5), 3.63 (d, 1H, H-3, $^3J_{3,4}$ = 3.3 Hz), 3.90 (d, 1H, OC<u>H</u>`H, ^2J = -12.1 Hz), 4.00 (d, 1H, OCH`<u>H</u>, ^2J = -12.1 Hz), 4.43 (d, 1H, H-2, $^3J_{2,1}$ = 6.0 Hz), 5.18 (s, 1H, NCHCO), 5.48 (d, 1H, H-1, $^3J_{1,2}$ = 6.0 Hz), 7.39-7.77 (m, 5H, $H_{arom.}$)
	<u>^{13}C-NMR (125.8 MHz, $CDCl_3$, δ in ppm)</u>
	21.6 (CH_3), 24.4 (CH_3), 55.5 (<u>C</u>(CH_3)$_2$), 58.2 (OCH_3), 59.2 (OCH_3), 67.6 (N<u>C</u>HCO), 67.7 (N<u>C</u>PhCO), 68.7 (C-5), 74.6 (OCH_2), 77.4 (C-4), 79.6 (C-2), 82.7 (C-3), 87.3 (C-1), 129.1 (3$C_{arom.}$H), 129.6 (2$C_{arom.}$H), 130.8 (<u>C</u>$_{arom.}$C), 154.4 (NCOO), 163.1 (NCO), 168.8 (COO)
MS (CI, *i*-Butan):	
m/z (%):	447 (100) [MH^+]

HR-MS (CI, *i*-Butan):	ber. 447.1767 für $[C_{22}H_{27}N_2O_8]^+$
	gef. 447.1768

Elementaranalyse:			
$C_{22}H_{26}N_2O_8$	ber. C 59.19 %	H 5.87 %	N 6.27 %
(446.5 g/mol)	gef. C 59.50 %	H 6.05 %	N 6.19 %

1-*N*-[*trans*-(6\`*S*,7\`*S*)-2\`,3\`-Benzo-1\`-aza-bicyclo[4.2.0]octan-8\`-on-7\`-yl]-1-*N*,2-*O*-carbonyl-3,5-di-*O*-methyl-α-D-xylofuranosylamin (136)

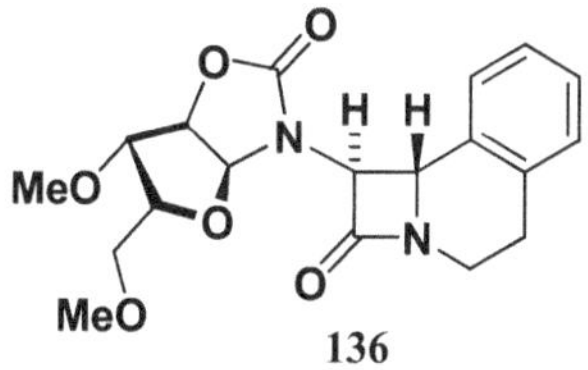

136

Die Darstellung erfolgte gemäß **AAV 4** durch Umsetzung des Keten-Vorläufers **15a** (500 mg, 1.92 mmol) mit 540 mg (2.11 mmol) 2-Chlor-1-methyl-pyridiniumiodid (**92**) und 315 mg (2.40 mmol) 3,4-Dihydroisochinolin (**68**). Das Diastereomerenverhältnis im Rohprodukt betrug ≥ 95:5 (^{1}H-NMR). Säulenchromatographische Aufarbeitung (Kieselgel, Eluent 8) lieferte das Produkt als nahezu farblosen Sirup.

Ausbeute:	302 mg (42 %)
Fp.:	sirupös
R_f-Wert:	0.49 (Eluent 8)
$[\alpha]_D^{20}$:	+97.5 ° (c = 1.02, $CHCl_3$)
NMR-Daten:	^{1}H-NMR (500.1 MHz, $CDCl_3$, δ in ppm)

2.81 (ddd, 1H, $C_{arom.}$C<u>H</u>\`H, $^3J$ = 6.0 Hz, $^3J$ = 5.5 Hz, $^2J$ = -15.9 Hz), 3.01 (m, 1H, $C_{arom.}$CH\`<u>H</u>), 3.33 (m, 1H, NC<u>H</u>\`H), 3.37 (s, 3H, $OCH_3$), 3.45 (s, 3H, $OCH_3$), 3.63 (dd, 1H, H-5\`, $^3J_{5`,4}$ = 6.0 Hz, $^2J_{5`,5}$ = -10.4 Hz), 3.68 (dd, 1H, H-5, $^3J_{5,4}$ = 4.9 Hz, $^2J_{5,5`}$ = -10.4 Hz), 3.89 (m, 1H, NCH\`<u>H</u>), 3.93 (d, 1H, H-3, $^3J_{3,4}$ = 3.3 Hz), 4.20 (m, 1H, H-4), 4.70 (s, 1H, NCH, ^3J : n.a.), 4.89-4.92 (m, 2H, H-2, NCHCO), 5.93 (d, 1H, H-1, $^3J_{1,2}$ = 5.5 Hz), 7.15 (d, 1H, $H_{arom.}$, J = 7.7 Hz), 7.23-7.30 (m, 2H, $H_{arom.}$), 7.37 (d, 1H, $H_{arom.}$, J = 7.7 Hz)

^{13}C-NMR (125.8 MHz, $CDCl_3$, δ in ppm)

27.9 ($C_{arom.}$<u>C</u>H_2), 38.0 (NCH_2), 57.2 (NCH), 58.3 (OCH_3), 59.3 (OCH_3), 65.9 (N<u>C</u>HCO), 69.4 (C-5), 78.4 (C-4), 79.6 (C-2), 83.2 (C-3), 88.0 (C-1), 126.2 ($C_{arom.}$H), 127.4 ($C_{arom.}$H), 127.9 ($C_{arom.}$H), 129.1 ($C_{arom.}$H), 133.6(<u>C</u>$_{arom.}$C), 133.8 (<u>C</u>$_{arom.}$C), 155.4 (NCOO), 163.8 (NCO)

MS (CI, *i*-Butan):

m/z (%): 375 (100) [MH^+]

HR-MS (CI, *i*-Butan): ber. 375.1556 für $[C_{19}H_{23}N_2O_6]^+$

gef. 375.1556

Elementaranalyse:

$C_{19}H_{22}N_2O_6$	ber. C 60.95 %	H 5.92 %	N 7.48 %
(374.4 g/mol)	gef. C 60.76 %	H 6.14 %	N 7.25 %

9.3.3 Umsetzung der enantiomerenreinen Imine

1-*N*-[*cis*-(3`*S*,4`*R*)-1`-[(*S*)-1``-Methoxycarbonyl-2``-methyl-propyl]-4`-phenyl-azetidin-2`-on-3`-yl]-1-*N*,2-*O*-carbonyl-3,5-di-*O*-methyl-α-D-xylofuranosylamin (137)

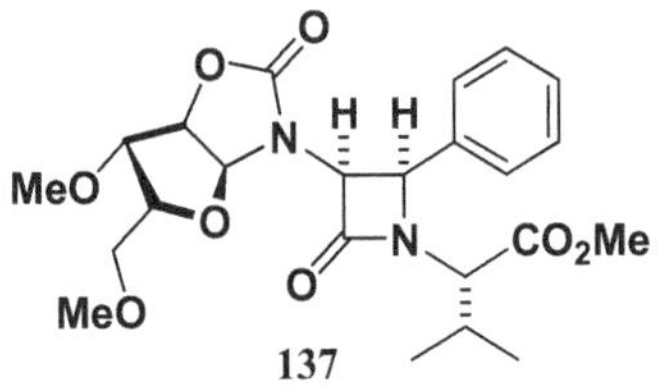

137

1.0 g (3.84 mmol) der Carbonsäure **15a** wurden gemäß **AAV 4** mit 1.08 g (4.22 mmol) 2-Chlor-1-methyl-pyridiniumiodid (**92**) und 1.01 g (4.61 mmol) *N*-Benzyliden-L-valin-methylester (**75**) umgesetzt. Das Diastereomerenverhältnis im Rohprodukt betrug 95:5 (^{1}H-NMR). Nach säulenchromatographischer Aufarbeitung (Kieselgel, Eluent 9) resultierte ein farboser Feststoff. Eine für die Röntgenstrukturanalyse geeignete Probe konnten durch langsame Kristallisation aus Essigsäureethylester gewonnen werden.

Ausbeute: 1.48 g (83 %)

Fp.: 105-106 °C (EtOAc)

R_f-Wert: 0.63 (Eluent 9)

$[\alpha]_D^{20}$: -92.0 ° (c = 0.98, $CHCl_3$)

NMR-Daten: ^{1}H-NMR (500.1 MHz, $CDCl_3$, δ in ppm)

0.97 (d, 3H, CH_3, ^3J = 7.1 Hz), 1.21 (d, 3H, CH_3, ^3J = 6.6 Hz), 2.72 (m, 1H, C<u>H</u>(CH_3)$_2$, ^3J = 6.6 Hz, ^3J = 7.1 Hz, ^3J = 9.3 Hz), 3.20 (m, 1H, H-4), 3.31 (s, 3H, OCH_3), 3.34 (s, 3H, OCH_3), 3.38 (dd, 1H,

H-5`, $^3J_{5`,4}$ = 5.5 Hz, $^2J_{5`,5}$ = -9.9 Hz), 3.53 (dd, 1H, H-5, $^3J_{5,4}$ = 6.6 Hz, $^2J_{5,5`}$ = -9.9 Hz), 3.57 (d, 1H, H-3), 3.57 (s, 3H, $COOCH_3$), 3.73 (d, 1H, CHCOOR, ^3J = 9.3 Hz), 4.59 (d, 1H, H-2, $^3J_{2,1}$ = 6.0 Hz), 4.88 (d, 1H, NCH, ^3J = 5.5 Hz), 5.07 (d, 1H, NCHCO, ^3J = 5.5 Hz), 5.73 (d, 1H, H-1, $^3J_{1,2}$ = 6.0 Hz), 7.28-7.36 (m, 5H, $H_{arom.}$)

^{13}C-NMR (125.8 MHz, $CDCl_3$, δ in ppm)

19.5 (CH_3), 20.4 (CH_3), 29.2 ($\underline{C}H(CH_3)_2$), 52.1 ($COO\underline{C}H_3$), 58.1 (OCH_3), 59.3 (OCH_3), 61.1 (NCH), 62.9 (N$\underline{C}$HCO), 64.6 ($\underline{C}$HCOOR), 68.7 (C-5), 80.1 (C-2), 82.5 (C-3), 86.9 (C-1), 127.7 ($2C_{arom.}H$), 128.4 ($3C_{arom.}H$), 133.1 ($\underline{C}_{arom.}C$), 155.4 (NCOO), 163.3 (NCO), 169.6 ($\underline{C}OOCH_3$)

MS (CI, *i*-Butan):

m/z (%): 463 (100) [MH^+]

HR-MS (CI, *i*-Butan): ber. 463.2080 für $[C_{23}H_{31}N_2O_8]^+$

gef. 463.2080

Elementaranalyse:

$C_{23}H_{30}N_2O_8$	ber. C 59.73 %	H 6.54 %	N 6.06 %
(462.5 g/mol)	gef. C 60.03 %	H 6.69 %	N 6.18 %

1-*N*-[*cis*-(3`*S*,4`*R*)-1`-[(*R*)-1``-Methoxycarbonyl-2``-methyl-propyl]-4`-phenyl-azetidin-2`-on-3`-yl]-1-*N*,2-*O*-carbonyl-3,5-di-*O*-methyl-α-D-xylofuranosylamin (138)

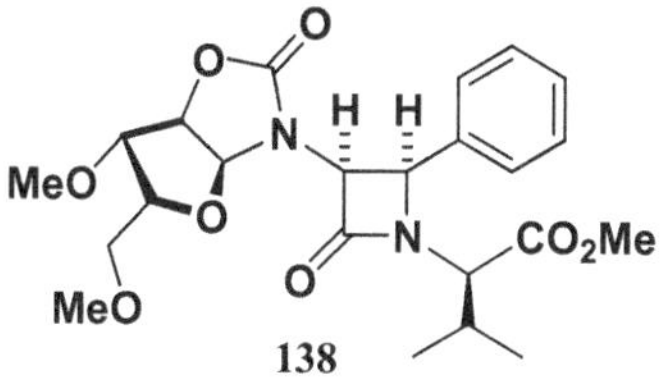

138

Die Darstellung erfolgte gemäß **AAV 4** durch Umsetzung der Carbonsäure **15a** (1.0 g, 3.84 mmol) mit 1.08 g (4.22 mmol) 2-Chlor-1-methyl-pyridiniumiodid (**92**) und 1.01 g (4.61 mmol) *N*-Benzyliden-D-valinmethylester (**77**). Das Diastereomerenverhältnis im Rohprodukt betrug 98:2 (^{1}H-NMR). Nach säulenchromatograpischer Reinigung (Kieselgel,

Eluent 9) resultierte ein farbloser Feststoff. Zum Erhalt einer analytischen Probe wurde langsam aus Essigsäureethylester/Isopropanol umkristallisiert.

Ausbeute: 1.43 g (80 %)

Fp.: 115-116 °C (EtOAc/*i*-PrOH)

R_f-Wert: 0.57 (Eluent 9)

$[\alpha]_D^{20}$: -62.5 ° (c = 0.72, $CHCl_3$)

NMR-Daten: <u>^{1}H-NMR (500.1 MHz, $CDCl_3$, δ in ppm)</u>

0.82 (d, 3H, CH_3, ^3J = 6.6 Hz), 1.03 (d, 3H, CH_3, ^3J = 6.6 Hz), 2.15 (m, 1H, C<u>H</u>(CH_3)$_2$, ^3J = 6.6 Hz, ^3J = 7.1 Hz), 3.33 (s, 3H, OCH_3), 3.38 (s, 3H, OCH_3), 3.48 (dd, 1H, H-5`, $^3J_{5`,4}$ = 5.5 Hz, $^2J_{5`,5}$ = -9.3 Hz), 3.51 (m, 1H, H-4), 3.59 (dd, 1H, H-5, $^3J_{5,4}$ = 5.5 Hz, $^2J_{5,5`}$ = -9.3 Hz), 3.64 (d, 1H, H-3, $^3J_{3,4}$ = 3.3 Hz), 3.76 (s, 3H, $COOCH_3$), 4.16 (d, 1H, CHCOOR, ^3J = 7.1 Hz), 4.56 (d, 1H, H-2, $^3J_{2,1}$ = 6.0 Hz), 5.08 (d, 1H, NCH, ^3J = 4.9 Hz), 5.16 (d, 1H, NCHCO, ^3J = 4.9 Hz), 5.64 (d, 1H, H-1, $^3J_{1,2}$ = 6.0 Hz), 7.31-7.38 (m, 3H, $H_{arom.}$), 7.45 (m, 2H, $H_{arom.}$)

<u>^{13}C-NMR (125.8 MHz, $CDCl_3$, δ in ppm)</u>

19.0 (CH_3), 19.9 (CH_3), 29.5 (<u>C</u>H(CH_3)$_2$), 52.1 (COO<u>C</u>H$_3$), 58.1 (OCH_3), 59.3 (OCH_3), 62.3 (<u>C</u>HCOOR), 63.0 (NCH), 63.3 (N<u>C</u>HCO), 69.0 (C-5), 77.3 (C-4), 80.0 (C-2), 82.8 (C-3), 87.1 (C-1), 128.2 (2$C_{arom.}$H), 128.4 (2$C_{arom.}$H), 128.6 ($C_{arom.}$H), 134.0 (<u>C</u>$_{arom.}$C), 155.3 (NCOO), 164.2 (NCO), 169.6 (<u>C</u>OOCH$_3$)

MS (CI, *i*-Butan):

m/z (%): 463 (100) [MH^+]

HR-MS (CI, *i*-Butan): ber. 463.2080 für $[C_{23}H_{31}N_2O_8]^+$

gef. 463.2079

Elementaranalyse:

$C_{23}H_{30}N_2O_8$	ber. C 59.73 %	H 6.54 %	N 6.06 %
(462.5 g/mol)	gef. C 59.48 %	H 6.74 %	N 5.91 %

1-*N*-[*cis*-(3\`*S*,4\`*R*)-1\`-[(*S*)-α-Methoxycarbonylbenzyl]-4\`-(4-methoxyphenyl)-azetidin-2\`-on-3\`-yl]-1-*N*,2-*O*-carbonyl-3,5-di-*O*-methyl-α-D-xylofuranosylamin

und

1-*N*-[*cis*-(3\`*S*,4\`*R*)-1\`-[(*R*)-α-Methoxycarbonylbenzyl]-4\`-(4-methoxyphenyl)-azetidin-2\`-on-3\`-yl]-1-*N*,2-*O*-carbonyl-3,5-di-*O*-methyl-α-D-xylofuranosylamin

(Diastereomerengemisch **139**)

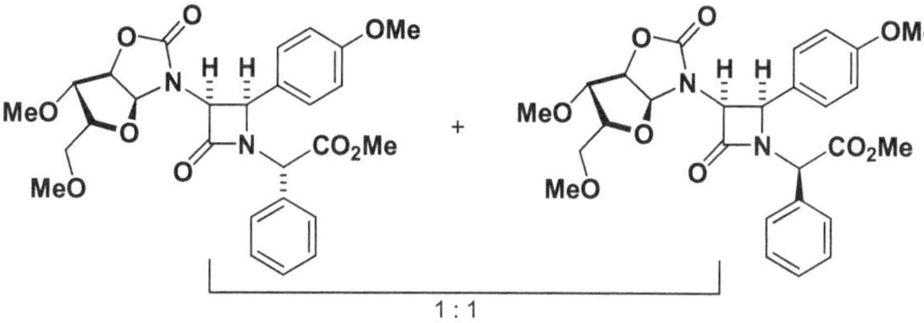

1 : 1

139

Der Keten-Precursor **15a** (1.0 g, 3.84 mmol) wurde gemäß **AAV 4** mit 1.08 g (4.22 mmol) 2-Chlor-1-methyl-pyridiniumiodid (**92**) und 1.35 g (4.77 mmol) *N*-(4-Methoxybenzyliden)-L-phenylglycinmethylester (**78**) umgesetzt. Das Diastereomerenverhältnis im Rohprodukt betrug 50:50 (^{1}H-NMR). Die Diastereomere konnten säulenchromatographisch nicht getrennt werden. Das binäre Gemisch fiel nach chromatographischer Reinigung (Kieselgel, Eluent 7) als schwach gelblicher Feststoff an.

Ausbeute:	1.74 g (86 %)
Fp.:	133-135 °C
R_f-Wert:	0.64 (Eluent 7)
$[\alpha]_D^{20}$:	-65.3 ° (c = 0.38, $CHCl_3$)
NMR-Daten:	<u>^{1}H-NMR (500.1 MHz, $CDCl_3$, δ in ppm)</u>

3.28 (m, 2H, 2 x H-4), 3.30 (s, 3H, OCH_3), 3.32 (s, 9H, 3 x OCH_3), 3.37 (m, 2H, 2 x H-5\`), 3.52 (m, 2H, 2 x H-5), 3.58 (d, 1H, H-3, $^3J_{3,4}$ = 3.3 Hz), 3.60 (d, 1H, H-3, $^3J_{3,4}$ = 3.3 Hz), 3.66 (s, 3H, OCH_3), 3.69 (s, 3H, OCH_3), 3.76 (s, 3H, OCH_3), 3.78 (s, 3H, OCH_3), 4.55 (d, 1H, H-2, $^3J_{2,1}$ = 6.0 Hz), 4.59 (d, 1H, H-2, $^3J_{2,1}$ = 6.0 Hz), 4.89 (d, 1H, NCH, ^3J = 4.9 Hz), 5.02 (d, 1H, NCHCO, ^3J = 4.9 Hz), 5.13 (d, 1H, NCH, ^3J = 4.9 Hz), 5.26 (s, 1H, CHCOOR), 5.28 (d, 1H, NCHCO, ^3J = 4.9 Hz), 5.57 (s, 1H, CHCOOR), 5.62 (d, 1H, H-1,

$^3J_{1,2}$ = 6.0 Hz), 5.67 (d, 1H, H-1, $^3J_{1,2}$ = 6.0 Hz), 6.57 (d, 2H, $H_{arom.}$, J = 8.8 Hz), 6.85 (d, 2H, $H_{arom.}$, J = 8.8 Hz), 6.88 (d, 2H, $H_{arom.}$, J = 8.8 Hz), 7.13 (m, 5H, $H_{arom.}$), 7.26 (d, 2H, $H_{arom.}$, J = 8.8 Hz), 7.35 (m, 5H, $H_{arom.}$)

^{13}C-NMR (125.8 MHz, $CDCl_3$, δ in ppm)

52.8 (OCH_3), 52.9 (OCH_3), 55.1 (OCH_3), 55.1 (OCH_3), 58.1 (3C, 3 x OCH_3), 59.1 (CHCOOR), 59.2 (OCH_3), 61.0 (CHCOOR), 61.4 (NCHCO), 62.1 (NCH), 62.9 (NCHCO), 63.0 (NCH), 68.7 (2C, 2 x C-5), 77.0 (C-4), 77.1 (C-4), 79.9 (C-2), 80.1 (C-2), 82.6 (C-3), 82.6 (C-3), 86.9 (C-1), 87.1 (C-1), 113.2, 113.8, 125.1, 125.2, 128.7, 128.8, 128.9, 129.3, 132.1, 133.0 ($C_{arom.}$), 155.3 (NCOO), 155.4 (NCOO), 159.0 ($C_{arom.}OCH_3$), 159.6 ($C_{arom.}OCH_3$), 163.4 (NCO), 163.8 (NCO), 168.8 (COO), 169.6 (COO)

MS (CI, *i*-Butan):
m/z (%): 527 (100) [MH^+]

HR-MS (CI, *i*-Butan): ber. 527.2029 für $[C_{27}H_{31}N_2O_9]^+$
gef. 527.2029

Elementaranalyse:

$C_{27}H_{30}N_2O_9$	ber. C 61.59 %	H 5.74 %	N 5.32 %
(526.5 g/mol)	gef. C 62.07 %	H 5.88 %	N 5.65 %

Eine analoge Umsetzung des Keten-Precursors **15a** mit *N*-(4-Methoxybenzyliden)-D-phenylglycinmethylesters (**79**) führte in ähnlicher Ausbeute (83 %) zu einem identischen Diastereomerengemisch (*dr* 1:1).

1-*N*-[*cis*-(3`*S*,4`*R*)-4`-Phenyl-1`-[(*S*)-α-methylbenzyl]-azetidin-2`-on-3`-yl]-1-*N*,2-*O*-carbonyl-3,5-di-*O*-methyl-α-D-xylofuranosylamin (140)

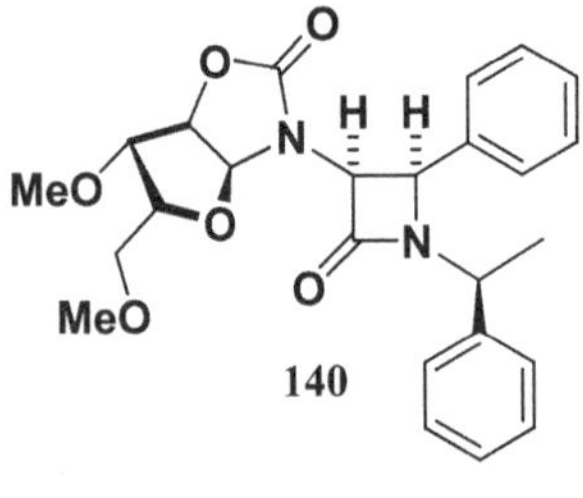

140

Gemäß **AAV 4** wurden 1.2 g (4.61 mmol) der Carbonsäure **15a** mit 1.3 g (5.09 mmol) 2-Chlor-1-methyl-pyridiniumiodid (**92**) und 1.16 g (5.54 mmol) *N*-Benzyliden-(*S*)-α-methyl-benzylamin (**80**) zur Reaktion gebracht. Das Diastereomerenverhältnis im Rohprodukt betrug 95:5 (^{1}H-NMR). Säulenchromatographische Aufarbeitung an Kieselgel (Eluent 6) lieferte das Produkt in Form eines farblosen Sirups.

Ausbeute:	1.98 g (95 %)
Fp.:	sirupös
R_f-Wert:	0.51 (Eluent 6)
$[\alpha]_D^{20}$:	-55.3 ° (c = 0.70, $CHCl_3$)
NMR-Daten:	<u>^{1}H-NMR (500.1 MHz, $CDCl_3$, δ in ppm)</u>
	1.93 (d, 3H, CH_3, ^3J = 7.1 Hz), 3.05 (m, 1H, H-4), 3.33 (s, 3H, OCH_3), 3.35 (s, 3H, OCH_3), 3.36 (dd, 1H, H-5`, $^3J_{5`,4}$ = 4.9 Hz, $^2J_{5`,5}$ = -9.3 Hz), 3.53 (dd, 1H, H-5, $^3J_{5,4}$ = 7.1 Hz, $^2J_{5,5`}$ = -9.3 Hz), 3.56 (d, 1H, H-3, $^3J_{3,4}$ = 3.3 Hz), 4.48 (q, 1H, C<u>H</u>CH$_3$, ^3J = 7.1 Hz), 4.62 (d, 1H, H-2, $^3J_{2,1}$ = 6.0 Hz), 4.72 (d, 1H, NCH, ^3J = 4.9 Hz), 4.98 (d, 1H, NCHCO, ^3J = 4.9 Hz), 5.79 (d, 1H, H-1, $^3J_{1,2}$ = 6.0 Hz), 7.22-7.34 (m, 10H, $H_{arom.}$)
	<u>^{13}C-NMR (125.8 MHz, $CDCl_3$, δ in ppm)</u>
	19.9 (CH_3), 55.4 (<u>C</u>HCH$_3$), 58.1 (OCH_3), 59.3 (OCH_3), 60.0 (NCH), 62.7 (N<u>C</u>HCO), 68.6 (C-5), 76.8 (C-4), 80.1 (C-2), 82.4 (C-3), 86.8 (C-1), 126.7 (2$C_{arom.}$H), 127.8 (2$C_{arom.}$H), 127.9 ($C_{arom.}$H), 128.2 ($C_{arom.}$H), 128.4 (2$C_{arom.}$H), 128.8 (2$C_{arom.}$H), 133.4 (<u>C</u>$_{arom.}$C), 140.7 (<u>C</u>$_{arom.}$C), 155.5 (NCOO), 163.0 (NCO)
MS (CI, *i*-Butan):	
m/z (%):	453 (100) [MH^+]
HR-MS (CI, *i*-Butan):	ber. 453.2026 für $[C_{25}H_{29}N_2O_6]^+$
	gef. 453.2027
Elementaranalyse:	
$C_{25}H_{28}N_2O_6$	ber. C 66.36 % H 6.24 % N 6.19 %
(452.5 g/mol)	gef. C 66.88 % H 6.47 % N 6.30 %

1-*N*-[*cis*-(3`*S*,4`*R*)-4`-Phenyl-1`-[(*R*)-α-methylbenzyl]-azetidin-2`-on-3`-yl]-1-*N*,2-*O*-carbonyl-3,5-di-*O*-methyl-α-D-xylofuranosylamin (141)

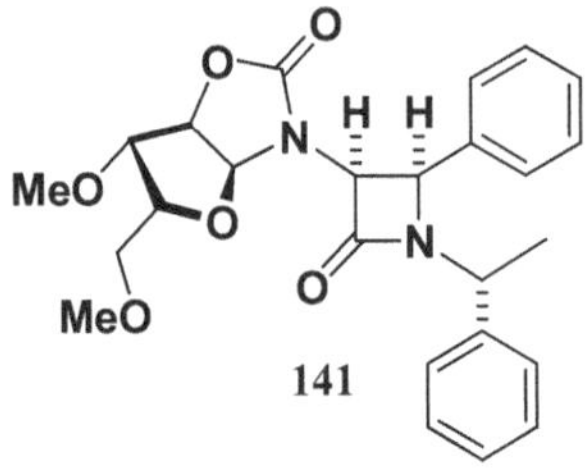

Nach **AAV 4** wurden 1.2 g (4.61 mmol) der Carbonsäure **15a** mit 1.3 g (5.09 mmol) 2-Chlor-1-methyl-pyridiniumiodid (**92**) und 1.16 g (5.54 mmol) *N*-Benzyliden-(*R*)-α-methylbenzylamin (**81**) umgesetzt. Das Diastereomerenverhältnis im Rohprodukt betrug 98:2 (^{1}H-NMR). Nach Säulenchromatographie (Kieselgel, Eluent 6) resultierte ein farbloser Feststoff.

Ausbeute:	1.84 g (88 %)
Fp.:	155-156 °C
R_f-Wert:	0.48 (Eluent 6)
$[\alpha]_D^{20}$:	-64.3 ° (c = 0.73, $CHCl_3$)
NMR-Daten:	<u>^{1}H-NMR (500.1 MHz, $CDCl_3$, δ in ppm)</u>

1.52 (d, 3H, CH_3, ^{3}J = 7.1 Hz), 3.29 (m, 1H, H-4), 3.33 (s, 3H, OCH_3), 3.35 (s, 3H, OCH_3), 3.41 (dd, 1H, H-5`, $^{3}J_{5`,4}$ = 5.5 Hz, $^{2}J_{5`,5}$ = -9.9 Hz), 3.55 (dd, 1H, H-5, $^{3}J_{5,4}$ = 6.6 Hz, $^{2}J_{5,5`}$ = -9.9 Hz), 3.59 (d, 1H, H-3, $^{3}J_{3,4}$ = 3.3 Hz), 4.57 (d, 1H, H-2, $^{3}J_{2,1}$ = 6.0 Hz), 4.71 (d, 1H, NCH, ^{3}J = 4.9 Hz), 4.89 (d, 1H, NCHCO, ^{3}J = 4.9 Hz), 5.08 (q, 1H, C<u>H</u>CH_3, ^{3}J = 7.1 Hz), 5.69 (d, 1H, H-1, $^{3}J_{1,2}$ = 6.0 Hz), 7.28-7.36 (m, 10H, $H_{arom.}$)

<u>^{13}C-NMR (125.8 MHz, $CDCl_3$, δ in ppm)</u>

19.3 (CH_3), 53.3 (<u>C</u>HCH_3), 58.1 (OCH_3), 59.3 (OCH_3), 60.5 (NCH), 62.6 (N<u>C</u>HCO), 68.8 (C-5), 77.1 (C-4), 80.0 (C-2), 82.6 (C-3), 87.0 (C-1), 127.1 (2$C_{arom.}$H), 128.0 ($C_{arom.}$H), 128.1 (2$C_{arom.}$H), 128.2 (2$C_{arom.}$H), 128.4 ($C_{arom.}$H), 128.8 (2$C_{arom.}$H), 134.4 (<u>C</u>$_{arom.}$C), 139.6 (<u>C</u>$_{arom.}$C), 155.4 (NCOO), 163.1 (NCO)

MS (CI, *i*-Butan):

m/z (%): 453 (100) $[MH^+]$

HR-MS (CI, *i*-Butan): ber. 453.2026 für $[C_{25}H_{29}N_2O_6]^+$

gef. 453.2025

Elementaranalyse:

$C_{25}H_{28}N_2O_6$	ber. C 66.36 %	H 6.24 %	N 6.19 %
(452.5 g/mol)	gef. C 66.64 %	H 6.41 %	N 6.33 %

1-*N*-[*cis*-(3\`*S*,4\`*R*)-1\`-[(*S*)-1\`\`-Ethoxycarbonyl-2\`\`-methyl-propyl]-4\`-phenyl-azetidin-2\`-on-3\`-yl]-1-*N*,2-*O*-carbonyl-3,5-di-*O*-benzyl-α-D-xylofuranosylamin (142)

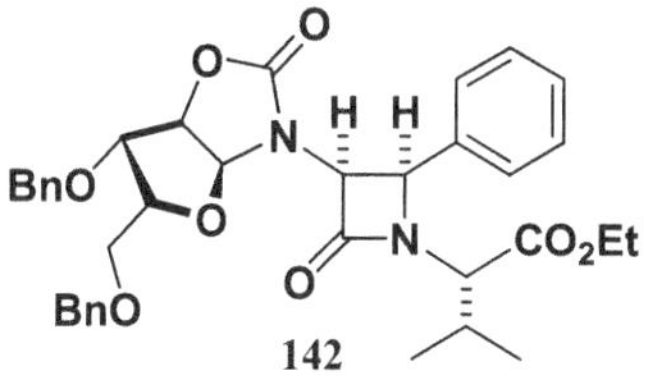

142

Nach **AAV 4** wurden 250 mg (0.61 mmol) der Carbonsäure **15b** mit 171 mg (0.67 mmol) 2-Chlor-1-methyl-pyridiniumiodid (**92**) und 180 mg (0.77 mmol) *N*-Benzyliden-L-valinethylester (**76**) umgesetzt. Das Diastereomerenverhältnis im Rohprodukt betrug 90:10 (^{1}H-NMR). Das Hauptprodukt wurde durch Säulenchromatographie an Kieselgel (Eluent 3) in Form eines farblosen Sirups isoliert.

Ausbeute: 132 mg (34 %)

Fp.: sirupös

R_f-Wert: 0.72 (Eluent 3)

$[\alpha]_D^{20}$: -67.7 ° (c = 0.93, $CHCl_3$)

NMR-Daten: ^{1}H-NMR (500.1 MHz, $CDCl_3$, δ in ppm)

0.99 (d, 3H, CH_3, ^3J = 6.6 Hz), 1.16 (t, 3H, $OCH_2C\underline{H}_3$, ^3J = 7.1 Hz), 1.22 (d, 3H, CH_3, ^3J = 6.6 Hz), 2.75 (m, 1H, $C\underline{H}(CH_3)_2$), 3.13 (m, 1H, H-4), 3.50 (dd, 1H, H-5\`, $^3J_{5`,4}$ = 5.5 Hz, $^2J_{5`,5}$ = -9.3 Hz), 3.64 (dd, 1H, H-5, $^3J_{5,4}$ = 7.1 Hz, $^2J_{5,5`}$ = -9.3 Hz), 3.69 (d, 1H, CHCOOR, ^3J = 9.3 Hz), 3.82 (d, 1H, H-3, $^3J_{3,4}$ = 3.3 Hz), 3.98-4.08 (m, 2H, $OC\underline{H}_2CH_3$), 4.45 (d, 1H, C$\underline{H}$\`HPh, ^2J = -12.1 Hz), 4.47 (d, 1H,

CH\`<u>H</u>Ph, $^2J$ = -12.1 Hz), 4.51 (d, 1H, C<u>H</u>\`HPh, ^2J = -12.1 Hz), 4.55 (d, 1H, CH\`<u>H</u>Ph, ^2J = -12.1 Hz), 4.63 (d, 1H, H-2, $^3J_{2,1}$ = 6.0 Hz), 4.88 (d, 1H, NCH, ^3J = 4.9 Hz), 5.09 (d, 1H, NCHCO, ^3J = 4.9 Hz), 5.82 (d, 1H, H-1, $^3J_{1,2}$ = 6.0 Hz), 7.19-7.38 (m, 15H, $H_{arom.}$)

<u>^{13}C-NMR (125.8 MHz, $CDCl_3$, δ in ppm)</u>

14.0 ($OCH_2\underline{C}H_3$), 19.5 (CH_3), 20.5 (CH_3), 29.2 ($\underline{C}H(CH_3)_2$), 61.1 (NCH), 61.4 ($O\underline{C}H_2CH_3$), 62.9 (N<u>C</u>HCO), 65.0 (<u>C</u>HCOOR), 66.4 (C-5), 72.4 (CH_2Ph), 73.6 (CH_2Ph), 77.1 (C-4), 80.1 (C-3), 80.8 (C-2), 86.8 (C-1), 127.6-128.5 ($15C_{arom.}H$), 133.3 ($\underline{C}_{arom.}C$), 137.0 ($\underline{C}_{arom.}C$), 137.9 ($\underline{C}_{arom.}C$), 155.4 (NCOO), 163.4 (NCO), 169.1 (COOR)

MS (CI, *i*-Butan):

m/z (%): 629 (100) [MH^+]

HR-MS (CI, *i*-Butan): ber. 629.2863 für $[C_{36}H_{41}N_2O_8]^+$

gef. 629.2864

Elementaranalyse:

$C_{36}H_{40}N_2O_8$	ber. C 68.77 %	H 6.41 %	N 4.46 %
(628.7 g/mol)	gef. C 69.04 %	H 6.58 %	N 4.53 %

1-*N*-[*cis*-(3\`*S*,4\`*R*)-4\`-(4-Methoxyphenyl)-1\`-[(1\`\`,3\`\`,4\`\`,6\`\`-tetra-*O*-acetyl-2\`\`-desoxy-2\`\`-β-D-glucopyranosyl]-azetidin-2\`-on-3\`-yl]-1-*N*,2-*O*-carbonyl-3,5-di-*O*-methyl-α-D-xylo-furanosylamin (143)

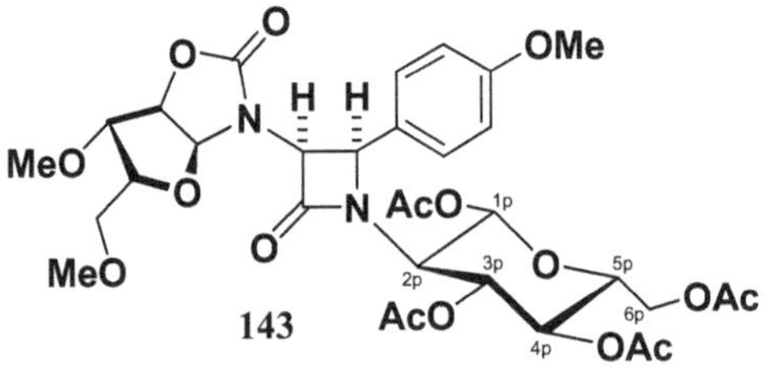

Die Synthese erfolgte gemäß **AAV 4** durch Umsetzung des Keten-Precursors **15a** (300 mg, 1.15 mmol) mit 323 mg (1.26 mmol) 2-Chlor-1-methyl-pyridiniumiodid (**92**) und 670 mg (1.44 mmol) 2-Desoxy-2-(4-methoxybenzylidenamino)-1,3,4,6-tetra-*O*-acetyl-β-D-glucopyranose (**82**). Das Diastereomerenverhältnis im Rohprodukt betrug ≥ 99:1 (^{1}H-NMR). Nach säulenchromatographischer Aufarbeitung (Kieselgel, Eluent 9) resultierte ein farbloser, lackartig aushärtender Sirup.

Ausbeute:	697 mg (86 %)
Fp.:	sirupös
R_f-Wert:	0.56 (Eluent 9)
$[\alpha]_D^{20}$:	-10.8 ° (c = 0.50, $CHCl_3$)

NMR-Daten: ^{1}H-NMR (500.1 MHz, $CDCl_3$, δ in ppm)

1.97 (s, 3H, CH_3), 2.00 (s, 3H, CH_3), 2.07 (s, 3H, CH_3), 2.21 (s, 3H, CH_3), 3.28 (m, 1H, H-4), 3.29 (s, 3H, OCH_3), 3.30 (s, 3H, OCH_3), 3.36 (dd, 1H, H-5`, $^3J_{5`,4}$ = 6.0 Hz, $^2J_{5`,5}$ = -9.9 Hz), 3.47 (dd, 1H, H-5, $^3J_{5,4}$ = 6.0 Hz, $^2J_{5,5`}$ = -9.9 Hz), 3.51 (dd, 1H, H-2p, $^3J_{2p,1p}$ = 9.3 Hz, $^3J_{2p,3p}$ = 8.8 Hz), 3.57 (d, 1H, H-3, $^3J_{3,4}$ = 3.3 Hz), 3.78 (s, 3H, $C_{arom.}OCH_3$), 3.89 (ddd, 1H, H-5p, $^3J_{5p,4p}$ = 9.9 Hz, $^3J_{5p,6p}$ = 4.4 Hz, $^3J_{5p,6p`}$ = 2.2 Hz), 4.02 (dd, 1H, H-6p`, $^3J_{6p`,5p}$ = 2.2 Hz, $^2J_{6p`,6p}$ = -12.6 Hz), 4.27 (dd, 1H, H-6p, $^3J_{6p,5p}$ = 4.4 Hz, $^2J_{6p,6p`}$ = -12.6 Hz), 4.60 (d, 1H, H-2, $^3J_{2,1}$ = 6.0 Hz), 4.69 (d, 1H, NCH, ^3J = 4.9 Hz), 4.90 (d, 1H, NCHCO, ^3J = 4.9 Hz), 4.92 (dd, 1H, H-4p, $^3J_{4p,5p}$ = 9.9 Hz, $^3J_{4p,3p}$ = 10.4 Hz), 5.41 (dd, 1H, H-3p, $^3J_{3p,2p}$ = 8.8 Hz, $^3J_{3p,4p}$ = 10.4 Hz), 5.69 (d, 1H, H-1, $^3J_{1,2}$ = 6.0 Hz), 6.39 (d, 1H, H-1p, $^3J_{1p,2p}$ = 9.3 Hz), 6.88 (d, 2H, $H_{arom.}$, J = 8.8 Hz), 7.32 (d, 2H, $H_{arom.}$, J = 8.8 Hz)

^{13}C-NMR (125.8 MHz, $CDCl_3$, δ in ppm)

20.4 (CH_3), 20.5 (CH_3), 20.6 (CH_3), 20.8 (CH_3), 55.1 ($C_{arom.}O\underline{C}H_3$), 56.8 (C-2p), 58.0 ($OCH_3$), 59.0 ($OCH_3$), 61.3 (C-6p), 62.2 (NCH), 63.2 (N$\underline{C}$HCO), 68.0 (C-4p), 69.0 (C-5), 72.5 (C-5p), 73.1 (C-3p), 77.1 (C-4), 80.0 (C-2), 82.6 (C-3), 86.9 (C-1), 89.9 (C-1p), 114.1 ($2C_{arom.}H$), 123.8 ($\underline{C}_{arom.}C$), 129.2 ($2C_{arom.}H$), 155.4 (NCOO), 159.8 ($\underline{C}_{arom.}OCH_3$), 162.3 (NCO), 168.4 (COO), 169.5 (COO), 169.8 (COO), 170.4 (COO)

MS (CI, *i*-Butan):

m/z (%):	649 (100) $[MH^+$-HOAc$]$

MS (ESI(+), MeOH):

m/z (%):	1439 (76) [M_2Na^+]
	731 (100) [MNa^+]

HR-MS (CI, *i*-Butan):	ber. 709.2456 für [$C_{32}H_{41}N_2O_{16}$]$^+$
	gef. 709.2454

Elementaranalyse:

$C_{32}H_{40}N_2O_{16}$	ber. C 54.23 %	H 5.69 %	N 3.95 %
(708.7 g/mol)	gef. C 54.07 %	H 5.78 %	N 3.84 %

1-*N*-[*cis*-(3`*S*,4`*S*)-4`-[(5``*R*)-1``,2``:3``,4``-Di-*O*-isopropyliden-5``-β-L-arabinopyranosyl]-1`-(4-methoxyphenyl)-azetidin-2`-on-3`-yl]-1-*N*,2-*O*-carbonyl-3,5-di-*O*-methyl-α-D-xylofuranosylamin (144)

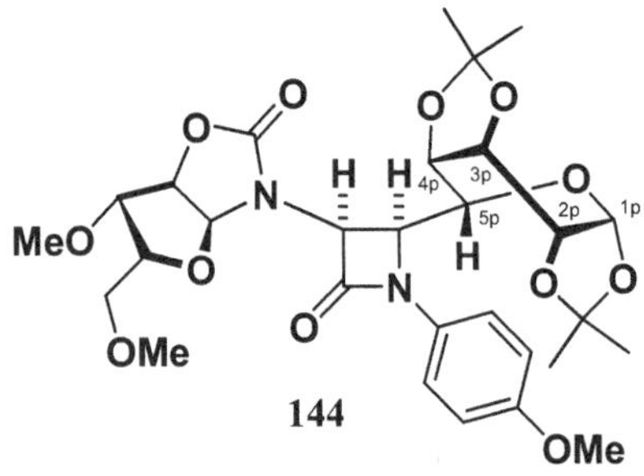

Gemäß **AAV 4** wurden 100 mg (0.38 mmol) des Keten-Vorläufers **15a** mit 107 mg (0.42 mmol) 2-Chlor-1-methyl-pyridiniumiodid (**92**) und 180 mg (0.49 mmol) 6-Desoxy-1,2:3,4-di-*O*-isopropyliden-6-(4-methoxyphenylimino)-α-D-galactopyranose (**88**) umgesetzt. Das Diastereomerenverhältnis im Rohprodukt betrug ≥ 95:5 (^{1}H-NMR). Säulenchromatographische Reinigung an Kieselgel (Eluent 24 → Eluent 26) führte zu einem schwach gelblichen, sirupösen Produkt.

Ausbeute:	208 mg (89 %)
Fp.:	sirupös
R_f-Wert:	0.45 (Eluent 24)
$[\alpha]_D^{20}$:	-38.1 ° (c = 0.40, $CHCl_3$)

NMR-Daten: <u>^{1}H-NMR (500.1 MHz, $CDCl_3$, δ in ppm)</u>

1.26 (s, 3H, CH_3), 1.33 (s, 3H, CH_3), 1.44 (s, 3H, CH_3), 1.50 (s, 3H, CH_3), 3.37 (s, 3H, OCH_3), 3.47 (s, 3H, OCH_3), 3.61 (dd, 1H, H-5`, $^{3}J_{5`,4}$ = 6.6 Hz, $^{2}J_{5`,5}$ = -9.9 Hz), 3.68 (dd, 1H, H-5, $^{3}J_{5,4}$ = 4.9 Hz, $^{2}J_{5,5`}$ = -9.9 Hz), 3.77 (s, 3H, $C_{arom.}OCH_3$), 3.94 (d, 1H, H-3, $^{3}J_{3,4}$ = 3.3 Hz), 4.10 (dd, 1H, H-4p, $^{3}J_{4p,3p}$ = 7.7 Hz, $^{3}J_{4p,5p}$ = 1.6 Hz), 4.19 (s(b), 1H, H-4), 4.30 (dd, 1H, H-2p, $^{3}J_{2p,1p}$ = 4.9 Hz, $^{3}J_{2p,3p}$ = 2.2 Hz), 4.40 (dd, 1H, H-5p, $^{3}J_{5p,4p}$ = 1.6 Hz, $^{3}J_{5p,NCH}$ = 8.8 Hz), 4.53 (dd, 1H, NCH, $^{3}J_{NCH,5p}$ = 8.8 Hz, ^{3}J = 5.5 Hz), 4.56 (dd, 1H, H-3p, $^{3}J_{3p,4p}$ = 7.7 Hz, $^{3}J_{3p,2p}$ = 2.2 Hz), 4.92 (d, 1H, H-2, $^{3}J_{2,1}$ = 6.0 Hz), 5.12 (s(b), NCHCO, ^{3}J : n.a.), 5.48 (d, 1H, H-1p, $^{3}J_{1p,2p}$ = 4.9 Hz), 5.83 (s(b), 1H, H-1, $^{3}J_{1,2}$: n.a.), 6.83 (d, 2H, $H_{arom.}$, J = 8.8 Hz), 7.60 (d, 2H, $H_{arom.}$, J = 8.8 Hz)

<u>^{13}C-NMR (125.8 MHz, $CDCl_3$, δ in ppm)</u>

24.5 (CH_3), 25.0 (CH_3), 25.9 (CH_3), 26.1 (CH_3), 55.4 ($C_{arom.}O\underline{C}H_3$), 58.4 ($OCH_3$), 59.2 ($OCH_3$), 60.2 (NCH), 68.5 (C-5), 69.2 (C-5p), 70.1 (C-2p), 70.6 (C-4p), 70.8 (C-3p), 77.7 (C-4), 80.3 (C-2), 83.1 (C-3), 87.8 (C-1), 95.7 (C-1p), 109.1 ($\underline{C}(CH_3)_2$), 109.9 ($\underline{C}(CH_3)_2$), 113.8 ($2C_{arom.}H$), 121.2 ($2C_{arom.}H$), 131.0 ($C_{arom.}N$), 156.8 (NCOO), 158.9 ($\underline{C}_{arom.}OCH_3$), 162.0 (NCO)

N<u>C</u>HCO liefert unter den Messbedingungen kein Resonanzsignal

MS (CI, *i*-Butan):

m/z (%): 607 (100) [MH^+]

HR-MS (CI, *i*-Butan): ber. 607.2503 für $[C_{29}H_{39}N_2O_{12}]^+$

gef. 607.2502

$C_{29}H_{28}N_2O_6$

(452.5 g/mol)

1-*N*-[*trans*-(3`*S*,4`*R*)-4`-(1``,2``:3``,4``-Di-*O*-isopropyliden-1``-β-D-arabinopyranosyl)-1`-(4-methoxyphenyl)-azetidin-2`-on-3`-yl]-1-*N*,2-*O*-carbonyl-3,5-di-*O*-methyl-α-D-xylo-furanosylamin (145)

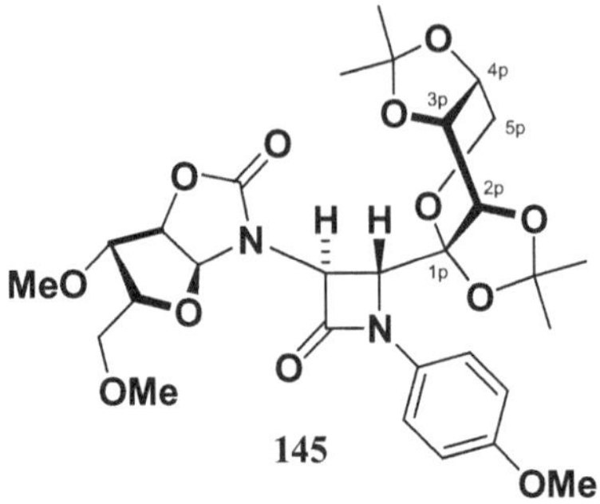

145

Eine gemäß **AAV 3** durch Reaktion von 300 mg (2.4 mmol) *p*-Anisidin mit 700 mg (2.7 mmol) 2,3:4,5-Di-*O*-isopropyliden-β-D-*arabino*-hexos-2-ulo-2,6-pyranose (**85**) hergestellte Iminlösung wurde nach **AAV 4** mit dem Keten-Precursor **15a** (500 mg, 1.92 mmol) in Gegenwart von 540 mg (2.11 mmol) 2-Chlor-1-methyl-pyridiniumiodid (**92**) umgesetzt. Das Diastereomerenverhältnis im Rohprodukt betrug ≥ 95:5 (^{1}H-NMR). Das farblose Produkt konnte nach säulenchromatographischer Reinigung (Kieselgel, Eluent 23 → Eluent 24 → Eluent 26) direkt aus dem Laufmittel durch langsames Abdampfen kristallisiert werden.

Ausbeute:	80 mg (7 %)
Fp.:	238-240 °C (Zers.), (*t*-BuOMe)
R_f-Wert:	0.42 (Eluent 24)
$[\alpha]_D^{20}$:	-18.5 ° (c = 0.33, $CHCl_3$)
NMR-Daten:	^{1}H-NMR (500.1 MHz, $CDCl_3$, δ in ppm)

1.17 (s, 3H, CH_3), 1.36 (s, 3H, CH_3), 1.49 (s, 3H, CH_3), 1.58 (s, 3H, CH_3), 3.36 (s, 3H, OCH_3), 3.42 (s, 3H, OCH_3), 3.58 (dd, 1H, H-5`, $^3J_{5`,4}$ = 6.1 Hz, $^2J_{5`,5}$ = -10.4 Hz), 3.66 (dd, 1H, H-5, $^3J_{5,4}$ = 5.5 Hz, $^2J_{5,5`}$ = -10.4 Hz), 3.75 (d, 1H, H-5p`, $^2J_{5p`,5p}$ = -12.8 Hz, $^3J_{5p`,4}$ : n.a.), 3.78 (s, 3H, $C_{arom.}OCH_3$), 3.86-3.89 (m, 2H, H-3, H-5p, $^2J_{5p,5p`}$ = -12.8 Hz), 4.21 (d, 1H, H-4p, $^3J_{4p,3p}$ = 7.9 Hz), 4.24 (m, 1H, H-4), 4.26 (s, 1H, H-2p, $^3J_{2p,3p}$ = 0 Hz), 4.54 (d, 1H, H-3p, $^3J_{3p,4p}$ = 7.9 Hz), 4.64 (s, 1H, NCH, ^3J : n.a.), 4.84 (d, 1H, H-2, $^3J_{2,1}$ = 5.5 Hz), 5.21 (s, 1H, NCHCO, ^3J : n.a.), 5.70 (d, 1H, H-1, $^3J_{1,2}$ = 5.5 Hz), 6.87 (d, 2H, $H_{arom.}$, J = 8.5 Hz), 7.41 (d, 2H, $H_{arom.}$, J = 8.5 Hz)

	^{13}C-NMR (125.8 MHz, $CDCl_3$, δ in ppm)
	23.9 (CH_3), 25.6 (CH_3), 26.0 (CH_3), 26.3 (CH_3), 55.4 ($C_{arom.}O\underline{C}H_3$), 58.2 ($OCH_3$), 59.1 ($OCH_3$), 60.3 (N$\underline{C}$HCO), 61.5 (2C, NCH, C-5p), 69.0 (C-5), 70.0 (C-3p), 70.6 (C-4p), 70.9 (C-2p), 77.5 (C-4), 79.7 (C-2), 83.3 (C-3), 88.1 (C-1), 102.1 (C-1p), 108.8 ($\underline{C}(CH_3)_2$), 109.4 ($\underline{C}(CH_3)_2$), 114.2 (2$C_{arom.}$H), 121.3 (2$C_{arom.}$H), 130.1 ($C_{arom.}$N), 155.0 (NCOO), 156.9 ($\underline{C}_{arom.}OCH_3$), 163.2 (NCO)
MS (CI, *i*-Butan):	
m/z (%):	607 (100) [MH^+]
HR-MS (CI, *i*-Butan):	ber. 607.2503 für $[C_{29}H_{39}N_2O_{12}]^+$
	gef. 607.2503
Elementaranalyse:	
$C_{29}H_{38}N_2O_{12}$	ber. C 57.42 % H 6.31 % N 4.62 %
(606.6 g/mol)	gef. C 57.94 % H 6.83 % N 4.68 %

1-*N*-[*cis*-(3`*S*,4`*S*)-4`-[(4``*R*)-1``,2``*O*-Isopropyliden-3``-*O*-methyl-4``-β-L-threo-furanosyl]-1`-(4-methoxyphenyl)-azetidin-2`-on-3`-yl]-1-*N*,2-*O*-carbonyl-3,5-di-*O*-methyl-α-D-xylofuranosylamin (146)

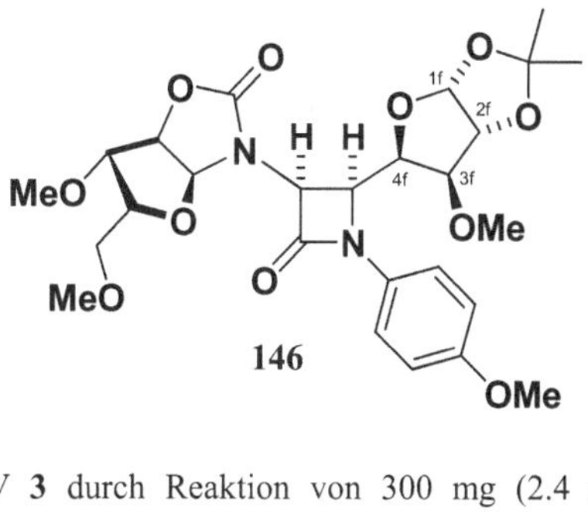

146

Eine gemäß **AAV 3** durch Reaktion von 300 mg (2.4 mmol) *p*-Anisidin mit 550 mg (2.7 mmol) 1,2-*O*-Isopropyliden-3-*O*-methyl-α-D-*xylo*-pentodialdo-1,4-furanose (**86**) hergestellte Iminlösung wurde nach **AAV 4** mit der Carbonsäure **15a** (500 mg, 1.92 mmol) in Gegenwart von 540 mg (2.11 mmol) 2-Chlor-1-methyl-pyridiniumiodid (**92**) umgesetzt. Das Diastereomerenverhältnis im Rohprodukt betrug ≥ 95:5 (^{1}H-NMR). Säulenchromatographische Aufarbeitung (Kieselgel, Eluent 23 → Eluent 24 → Eluent 26) lieferte ein schwach gelbliches, sirupöses Produkt.

Ausbeute: 390 mg (37 %)

Fp.: sirupös

R_f-Wert: 0.38 (Eluent 24)

$[\alpha]_D^{20}$: -23.4 ° (c = 0.50, $CHCl_3$)

NMR-Daten: ^{1}H-NMR (500.1 MHz, $CDCl_3$, δ in ppm)

1.30 (s, 3H, CH_3), 1.44 (s, 3H, CH_3), 3.34 (s, 3H, OCH_3), 3.38 (s, 3H, OCH_3), 3.48 (s, 3H, OCH_3), 3.57 (dd, 1H, H-5`, $^{3}J_{5`,4}$ = 6.6 Hz, $^{2}J_{5`,5}$ = -9.3 Hz), 3.61 (dd, 1H, H-5, $^{3}J_{5,4}$ = 3.8 Hz, $^{2}J_{5,5`}$ = -9.3 Hz), 3.71 (d, 1H, H-3f, $^{3}J_{3f,4f}$ = 3.3 Hz), 3.77 (s, 3H, $C_{arom.}OCH_3$), 3.98 (dd, 1H, H-3, $^{3}J_{3,4}$ = 4.4 Hz, $^{3}J_{3,2}$ = 1.1 Hz), 4.19 (m, 1H, H-4), 4.57 (dd, 1H, NCH, ^{3}J = 4.9 Hz, ^{3}J = 9.3 Hz), 4.59 (d, 1H, H-2f, $^{3}J_{2f,1f}$ = 3.8 Hz), 4.62 (dd, 1H, H-4f, $^{3}J_{4f,3f}$ = 3.3 Hz, $^{3}J_{4f,NCH}$ = 9.3 Hz), 4.95 (dd, 1H, H-2, $^{3}J_{2,1}$ = 6.0 Hz, $^{3}J_{2,3}$ = 1.1 Hz), 5.23 (s(b), 1H, NCHCO, ^{3}J : n.a.), 5.97 (d, 2H, H-1, H-1f, $^{3}J_{1f,2f}$ = 3.8 Hz), 6.83 (d, 2H, $H_{arom.}$, J = 8.8 Hz), 7.66 (d, 2H, $H_{arom.}$, J = 8.8 Hz)

^{13}C-NMR (125.8 MHz, $CDCl_3$, δ in ppm)

26.1 (CH_3), 26.9 (CH_3), 55.5 ($C_{arom.}O\underline{C}H_3$), 57.6 ($OCH_3$), 58.6 ($OCH_3$), 59.0 (NCH), 59.2 ($OCH_3$), 60.1 (N$\underline{C}$HCO), 68.4 (C-5), 78.0 (C-4), 80.9, 80.95, 81.0 (C-2, C-4f, C-2f), 83.0 (C-3), 83.9 (C-3f), 87.5 (C-1), 104.7 (C-1f), 111.8 ($\underline{C}(CH_3)_2$), 113.9 ($2C_{arom.}H$), 120.0 ($2C_{arom.}H$), 131.1 ($C_{arom.}N$), 156.4 (NCOO), 156.7 ($\underline{C}_{arom.}OCH_3$), 161.0 (NCO)

MS (CI, *i*-Butan):

m/z (%): 551 (100) [MH^+]

HR-MS (CI, *i*-Butan): ber. 551.2241 für $[C_{26}H_{35}N_2O_{11}]^+$

gef. 551.2241

Elementaranalyse:

$C_{26}H_{34}N_2O_{11}$	ber. C 56.72 %	H 6.22 %	N 5.09 %
(550.6 g/mol)	gef. C 57.06 %	H 6.53 %	N 5.14 %

1-*N*-[*cis*-(3\`*S*,4\`*S*)-4\`-[(4\`\`*S*)-2\`\`,2\`\`-Dimethyl-1\`\`,3\`\`-dioxolan-4\`\`-yl]-1\`-(4-methoxy-phenyl)-azetidin-2\`-on-3\`-yl]-1-*N*,2-*O*-carbonyl-3,5-di-*O*-methyl-α-D-xylofuranosylamin (147)

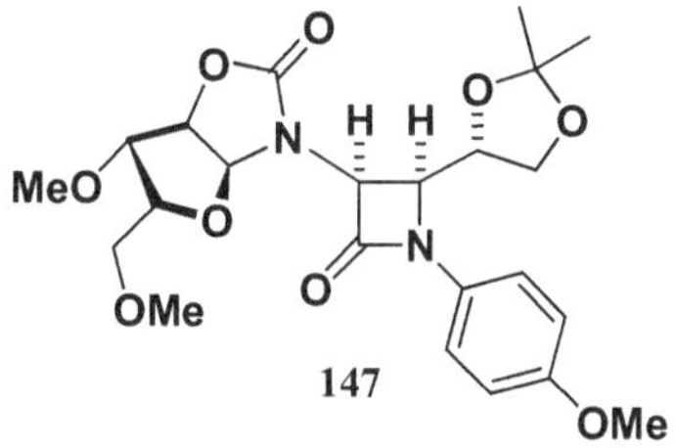

147

Eine gemäß **AAV 3** durch Reaktion von 300 mg (2.4 mmol) *p*-Anisidin mit 350 mg (2.7 mmol) 2,3-*O*-Isopropyliden-D-glycerinaldehyd (**87**) hergestellte Iminlösung wurde nach **AAV 4** mit dem Keten-Precursor **15a** (500 mg, 1.92 mmol) in Gegenwart von 540 mg (2.11 mmol) 2-Chlor-1-methyl-pyridiniumiodid (**92**) umgesetzt. Das Diastereomeren-verhältnis im Rohprodukt betrug 55:45 (^{1}H-NMR). Die beiden *cis*-konfigurierten Diastereomere **147** und **148** konnten durch Säulenchromatographie an Kieselgel (Eluent 8) getrennt werden. Das Hauptdiastereomer **147** fiel als Feststoff an und wurde langsam aus Dichlormethan/ Diisopropylether unter Ausbildung flacher, farbloser Nadeln umkristallisiert.

Ausbeute:	282 mg (31 %)
Fp.:	120-121 °C (CH_2Cl_2/(*i*-Pr)$_2$O)
R$_f$-Wert:	0.76 (Eluent 8)
$[\alpha]_D^{20}$:	+39.2 ° (c = 0.51, $CHCl_3$)
NMR-Daten:	^{1}H-NMR (500.1 MHz, $CDCl_3$, δ in ppm)

1.29 (s, 3H, CH_3), 1.42 (s, 3H, CH_3), 3.35 (s, 3H, OCH_3), 3.43 (s, 3H, OCH_3), 3.60 (dd, 1H, H-5\`, $^{3}J_{5`,4}$ = 6.7 Hz, $^{2}J_{5`,5}$ = -10.4 Hz), 3.65 (dd, 1H, H-5, $^{3}J_{5,4}$ = 4.9 Hz, $^{2}J_{5,5`}$ = -10.4 Hz), 3.78 (s, 3H, $C_{arom.}OCH_3$), 3.86 (dd, 1H, OC<u>H</u>\`H, $^{3}J$ =4.9 Hz, $^{2}J$ = -9.2 Hz), 3.89 (d, 1H, H-3, $^{3}J_{3,4}$ = 3.1 Hz), 3.93 (dd, 1H, OCH\`<u>H</u>, ^{3}J = 6.1 Hz, ^{2}J = -9.2 Hz), 4.26-4.33 (m, 2H, NCH, H-4), 4.44 (m, 1H, OCH), 4.86 (d, 1H, H-2, $^{3}J_{2,1}$ = 5.5 Hz), 5.08 (d, 1H, NCHCO, ^{3}J = 4.3 Hz), 5.94 (d, 1H, H-1, $^{3}J_{1,2}$ = 5.5 Hz), 6.87 (d, 2H, $H_{arom.}$, J = 8.5 Hz), 7.28 (d, 2H, $H_{arom.}$, J = 8.5 Hz)

^{13}C-NMR (125.8 MHz, $CDCl_3$, δ in ppm)

25.2 (CH_3), 26.9 (CH_3), 55.5 ($C_{arom.}O\underline{C}H_3$), 58.2 ($OCH_3$), 59.2

(NCH), 59.2 (OCH_3), 60.4 (N<u>C</u>HCO), 67.6 (OCH_2), 69.4 (C-5), 75.0 (OCH), 77.9 (C-4), 79.9 (C-2), 83.3 (C-3), 87.8 (C-1), 109.2 (<u>C</u>(CH_3)$_2$), 114.5 (2$C_{arom.}$H), 120.7 (2$C_{arom.}$H), 129.4 ($C_{arom.}$N), 155.7 (NCOO), 157.3 ($\underline{C}_{arom.}OCH_3$), 161.1 (NCO)

MS (CI, *i*-Butan):

m/z (%): 479 (100) [MH^+]

HR-MS (CI, *i*-Butan): ber. 479.2030 für $[C_{23}H_{31}N_2O_9]^+$

gef. 479.2029

Elementaranalyse:

$C_{23}H_{30}N_2O_9$	ber. C 57.73 %	H 6.32 %	N 5.85 %
(478.5 g/mol)	gef. C 58.04 %	H 6.55 %	N 5.97 %

1-*N*-[*cis*-(3\`*R*,4\`*R*)-4\`-[(4\`\`*S*)-2\`\`,2\`\`-Dimethyl-1\`\`,3\`\`-dioxolan-4\`\`-yl]-1\`-(4-methoxyphenyl)-azetidin-2\`-on-3\`-yl]-1-*N*,2-*O*-carbonyl-3,5-di-*O*-methyl-α-D-xylofuranosylamin (148)

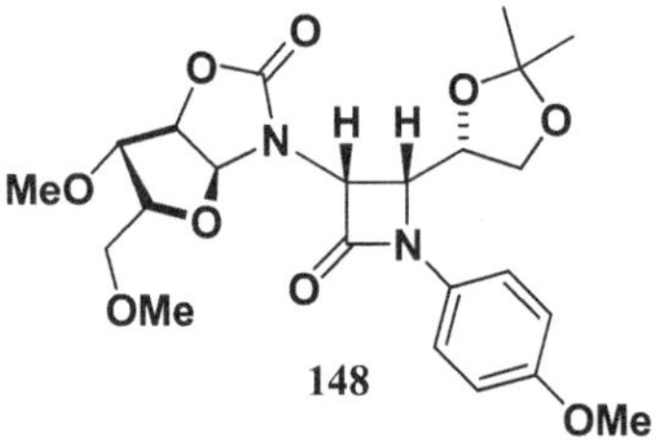

Das Diastereomer **148** fiel nach säulenchromatographischer Aufarbeitung ebenfalls als nahezu farbloser Feststoff an.

Ausbeute: 202 mg (22 %)

Fp.: 172-173 °C (Zers.)

R_f-Wert: 0.70 (Eluent 8)

$[\alpha]_D^{20}$: +31.8 ° (c = 0.30, $CHCl_3$)

NMR-Daten: <u>^{1}H-NMR (500.1 MHz, $CDCl_3$, δ in ppm)</u>

1.29 (s, 3H, CH_3), 1.46 (s, 3H, CH_3), 3.39 (s, 3H, OCH_3), 3.45 (s, 3H, OCH_3), 3.62 (dd, 1H, H-5\`, $^3J_{5`,4}$ = 6.1 Hz, $^2J_{5`,5}$ = -10.4 Hz), 3.65 (dd, 1H, H-5, $^3J_{5,4}$ = 4.9 Hz, $^2J_{5,5`}$ = -10.4 Hz), 3.78 (s, 3H, $C_{arom.}OCH_3$), 3.90 (dd, 1H, OC<u>H</u>\`H, $|^3J| \approx |^2J|$ = 7.3 Hz), 3.93 (d, 1H,

H-3, ${}^3J_{3,4}$ = 3.1 Hz), 4.06 (dd, 1H, OCH`H, $|^3J| \approx |^2J|$ = 7.3 Hz), 4.20 (m, 1H, H-4), 4.35 (dd, 1H, NCH, ${}^3J_A \approx {}^3J_B$ = 6.1 Hz), 4.62 (ddd, 1H, OCH, ${}^3J_A \approx {}^3J_B \approx {}^3J_C$ = 6.7 Hz), 4.80 (d, 1H, NCHCO, ${}^3J$ = 5.5 Hz), 4.90 (d, 1H, H-2, ${}^3J_{2,1}$ = 6.1 Hz), 5.72 (d, 1H, H-1, ${}^3J_{1,2}$ = 6.1 Hz), 6.85 (d, 2H, $H_{arom.}$, J = 8.5 Hz), 7.58 (d, 2H, $H_{arom.}$, J = 8.5 Hz)

<u>^{13}C-NMR (125.8 MHz, $CDCl_3$, δ in ppm)</u>

24.9 (CH_3), 26.6 (CH_3), 55.4 ($C_{arom.}O\underline{C}H_3$), 58.4 ($OCH_3$), 59.4 ($OCH_3$), 60.9 (N<u>C</u>HCO), 62.4 (NCH), 66.0 (OCH_2), 69.4 (C-5), 75.2 (OCH), 78.6 (C-4), 80.3 (C-2), 83.0 (C-3), 91.2 (C-1), 109.9 ($\underline{C}(CH_3)_2$), 113.9 ($2C_{arom.}H$), 120.2 ($2C_{arom.}H$), 130.8 ($C_{arom.}N$), 155.4 (NCOO), 156.7 ($\underline{C}_{arom.}OCH_3$), 160.8 (NCO)

MS (CI, *i*-Butan):

m/z (%): 479 (100) [MH^+]

HR-MS (CI, *i*-Butan): ber. 479.2030 für $[C_{23}H_{31}N_2O_9]^+$

gef. 479.2029

Elementaranalyse:

$C_{23}H_{30}N_2O_9$	ber. C 57.73 %	H 6.32 %	N 5.85 %
(478.5 g/mol)	gef. C 58.11 %	H 6.65 %	N 5.98 %

9.4 Abspaltung des chiralen Auxiliars

9.4.1 Synthese der 3-Chlor-β-lactame

AAV 5: Diastereoselektive α-Chlorierung monocyclischer β-Lactam-Derivate durch Umsetzung ihrer Lihtiumenolate mit *N*-Chlorsuccinimid

1.4 mL (1.4 mmol) einer 1 M Lithiumhexamethyldisilazid (LiHMDS)-Lösung in Tetrahydrofuran werden unter Stickstoffatmosphäre in 8 mL trockenem Dichlormethan aufgenommen. Die auf ca. -60 °C (Aceton/Stickstoff$_{(fl.)}$) abgekühlte Vorlage wird nun unter Rühren tropfenweise mit einer Lösung des jeweiligen β-Lactam-Derivats (1.0 mmol) in 8 mL trockenem Dichlormethan versetzt. Nach beendeter Zugabe wird 45-60 min bei -60 °C gerührt, bevor 270 mg (2.0 mmol) feinkristallines *N*-Chlorsuccinimid in Substanz zugesetzt werden. Das Reaktionsgemisch wird 12-14 h kräftig gerührt und dabei kontinuierlich bis auf

Raumtemperatur erwärmt. Nach dünnschichtchromatographischer Umsatzkontrolle wird durch Zugabe von 15 ml gesättigter Ammoniumchloridlösung gequencht und die organische Phase abgetrennt. Die wässrige Phase wird anschließend erschöpfend mit Dichlormethan extrahiert. Die vereinigten organischen Phasen werden mit gesättigter Natriumchloridlösung gewaschen, über Magnesiumsulfat getrocknet und vollständig im Vakuum eingeengt. Nach ^{1}H-NMR-spektroskopischer Bestimmung des Diastereomerenverhältnisses wird das Rohproduktgemisch säulenchromatographisch unter Verwendung eines individuell angegebenen Laufmittels getrennt.

1-*N*-[(3\`*R*,4\`*R*)-1\`-*tert*-Butyl-3\`-chlor-4\`-(4-methoxycarbonylphenyl)-azetidin-2\`-on-3\`-yl]-1-*N*,2-*O*-carbonyl-3,5-di-*O*-methyl-α-D-xylofuranosylamin (150)

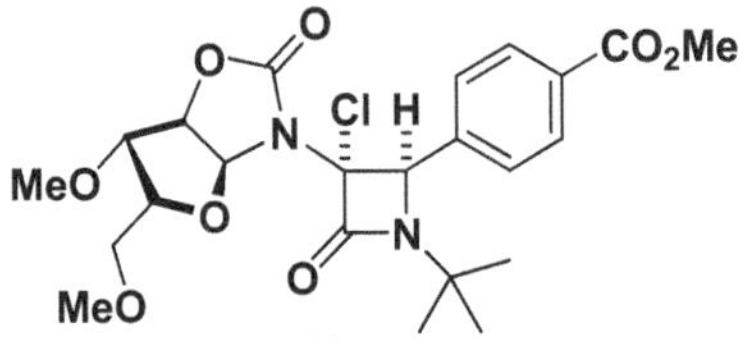

150

710 mg (1.54 mmol) des β-Lactams **101** wurden nach **AAV 5** mit 2.16 mmol LiHMDS und 411 mg (3.08 mmol) *N*-Chlorsuccinimid umgesetzt. Das Diastereomerenverhältnis im Rohprodukt betrug ≥ 95:5 (^{1}H-NMR). Säulenchromatographische Aufarbeitung (Kieselgel, Eluent 16) lieferte ein farbloses, kristallines Produkt. Zum Erhalt einer röntgenkristallographischen Probe wurde langsam aus Dichlormethan/*n*-Hexan umkristallisiert.

Ausbeute:	498 mg (65 %)
Fp.:	181-182 °C (CH_2Cl_2/*n*-Hexan)
R_f-Wert:	0.66 (Eluent 16)
$[\alpha]_D^{20}$:	-81.3 ° (c = 0.60, Aceton)
NMR-Daten:	<u>^{1}H-NMR (500.1 MHz, $CDCl_3$, δ in ppm)</u>
	1.27 (s, 9H, $C(CH_3)_3$), 3.34 (s, 3H, OCH_3), 3.47 (s, 3H, OCH_3), 3.63-3.65 (m, 2H, H-5\`, H-3), 3.72 (dd, 1H, H-5, $^3J_{5,4}$ = 4.4 Hz, $^2J_{5,5'}$ = -10.4 Hz), 3.78 (m, 1H, H-4), 3.90 (s, 3H, $COOCH_3$), 4.75 (d, 1H, H-2, $^3J_{2,1}$ = 6.0 Hz), 5.11 (s, 1H, NCH), 6.19 (d, 1H, H-1, $^3J_{1,2}$ = 6.0 Hz), 7.57 (s(b), 2H, $H_{arom.}$), 8.02 (d(b), 2H, $H_{arom.}$)

^{13}C-NMR (125.8 MHz, CDCl$_3$, δ in ppm)

27.8 (3C, C($\underline{C}H_3$)$_3$), 52.2 (COO$\underline{C}H_3$), 55.6 ($\underline{C}$(CH$_3$)$_3$), 58.1 (OCH$_3$), 59.5 (OCH$_3$), 69.6 (C-5), 71.1 (NCH), 78.9 (C-4), 80.2 (C-2), 80.9 (NCCl), 82.8 (C-3), 86.1 (C-1), 126.9, 129.5, 131.1, 139.6 ($C_{arom.}$), 152.6 (NCOO), 159.6 (NCO), 166.6 ($\underline{C}$OOCH$_3$)

MS (CI, *i*-Butan):

m/z (%): 499 (41) [MH$^+$, ^{37}Cl]
497 (100) [MH$^+$, ^{35}Cl]

HR-MS (CI, *i*-Butan): ber. 497.1691 für $[C_{23}H_{30}ClN_2O_8]^+$
gef. 497.1701

Elementaranalyse:

$C_{23}H_{29}ClN_2O_8$	ber. C 55.60 %	H 5.88 %	N 5.64 %
(496.9 g/mol)	gef. C 55.96 %	H 6.09 %	N 5.63 %

1-*N*-[(3`*R*,4`*R*)-3`-Chlor-1`-(4-methoxyphenyl)-4`-phenyl-azetidin-2`-on-3`-yl]-1-*N*,2-*O*-carbonyl-3,5-di-*O*-methyl-α-D-xylofuranosylamin (151)

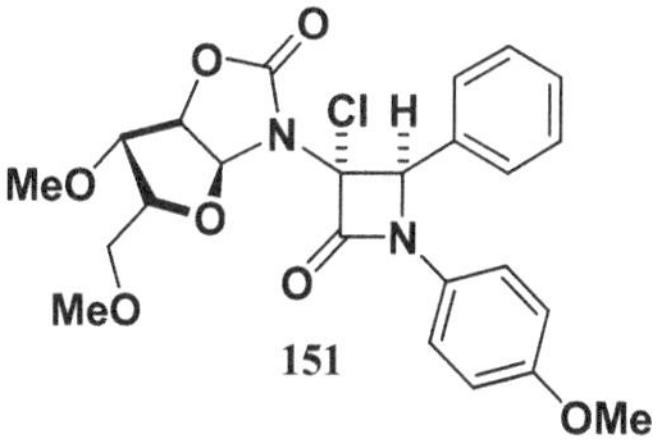

151

Gemäß **AAV 5** wurden 250 mg (0.55 mmol) des β-Lactams **102** mit 0.77 mmol LiHMDS und 147 mg (1.1 mmol) *N*-Chlorsuccinimid umgesetzt. Das Diastereomerenverhältnis im Rohprodukt betrug 88:12 (^{1}H-NMR). Nach säulenchromatographischer Trennung der Diastereomere (Kieselgel, Eluent 17) konnte das Hauptprodukt **151** in Form eines schwach gelblichen Sirups isoliert werden.

Ausbeute: 191 mg (71 %)

Fp.: sirupös

R_f-Wert: 0.65 (Eluent 17)

$[\alpha]_D^{20}$: -6.6 ° (c = 1.10, Aceton)

NMR-Daten: ^{1}H-NMR (500.1 MHz, $CDCl_3$, δ in ppm)

3.35 (s, 3H, OCH_3), 3.37 (s, 3H, OCH_3), 3.55-3.65 (m, 4H, H-5`, H-5, H-4, H-3), 3.73 (s, 3H, $C_{arom.}OCH_3$), 4.77 (d, 1H, H-2, $^3J_{2,1}$ = 4.9 Hz), 5.49 (s, 1H, NCH), 6.24 (d, 1H, H-1, $^3J_{1,2}$ = 4.9 Hz), 6.78 (m, 2H, $H_{arom.}$), 7.23 (m, 2H, $H_{arom.}$), 7.33 (m, 3H, $H_{arom.}$), 7.46 (m, 2H, $H_{arom.}$)

^{13}C-NMR (125.8 MHz, $CDCl_3$, δ in ppm)

55.4 ($C_{arom.}O\underline{C}H_3$), 58.2 ($OCH_3$), 59.4 ($OCH_3$), 69.1 (C-5), 72.6 (NCH), 78.3 (C-4), 80.2 (C-2), 81.7 (NCCl), 82.7 (C-3), 86.2 (C-1), 114.5 (2$C_{arom.}$H), 119.5 (2$C_{arom.}$H), 128.5, 129.4, 129.7, 131.3 ($C_{arom.}$), 152.6 (NCOO), 156.4 ($\underline{C}_{arom.}OCH_3$), 157.1 (NCO)

MS (CI, *i*-Butan):

m/z (%): 491 (39) [MH^+, ^{37}Cl]

489 (100) [MH^+, ^{35}Cl]

Elementaranalyse:

$C_{24}H_{25}ClN_2O_7$	ber. C 58.96 %	H 5.15 %	N 5.73 %
(488.9 g/mol)	gef. C 58.73 %	H 5.39 %	N 5.50 %

1-*N*-[(3`*S*,4`*R*)-3`-Chlor-1`-(4-methoxyphenyl)-4`-phenyl-azetidin-2`-on-3`-yl]-1-*N*,2-*O*-carbonyl-3,5-di-*O*-methyl-α-D-xylofuranosylamin (152)

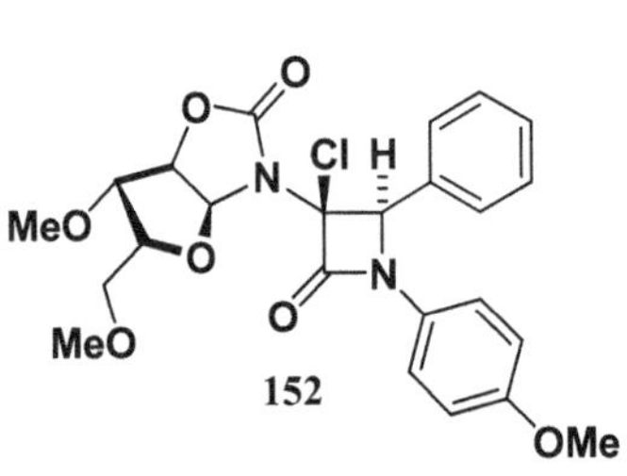

152

Das Nebendiastereomer **152** fiel nach Säulenchromatographie als gelblicher Sirup an.

Ausbeute: 23 mg (9 %)

Fp.: sirupös

R_f-Wert: 0.55 (Eluent 17)

$[\alpha]_D^{20}$: -4.0 ° (c = 0.70, Aceton)

NMR-Daten: ^{1}H-NMR (500.1 MHz, $CDCl_3$, δ in ppm)

3.38 (s, 3H, OCH_3), 3.45 (s, 3H, OCH_3), 3.66 (dd, 1H, H-5`, $^{3}J_{5`,4}$ = 5.5 Hz, $^{2}J_{5`,5}$ = -10.4 Hz), 3.72 (dd, 1H, H-5, $^{3}J_{5,4}$ = 6.0 Hz, $^{2}J_{5,5`}$ = -10.4 Hz), 3.74 (s, 3H, $C_{arom.}OCH_3$), 3.92 (d, 1H, H-3, $^{3}J_{3,4}$ = 3.3 Hz), 4.16 (m, 1H, H-4), 4.91 (d, 1H, H-2, $^{3}J_{2,1}$ = 4.9 Hz), 5.64 (s, 1H, NCH), 6.16 (d, 1H, H-1, $^{3}J_{1,2}$ = 4.9 Hz), 6.80 (m, 2H, $H_{arom.}$), 7.24 (m, 2H, $H_{arom.}$), 7.38 (m, 3H, $H_{arom.}$), 7.49 (m, 2H, $H_{arom.}$)

^{13}C-NMR (125.8 MHz, $CDCl_3$, δ in ppm)

55.4 ($C_{arom.}O\underline{C}H_3$), 58.5 ($OCH_3$), 59.2 ($OCH_3$), 68.6 (C-5), 68.8 (NCH), 78.4 (C-4), 80.4 (C-2), 82.9 (NCCl), 83.0 (C-3), 88.4 (C-1), 114.5 ($2C_{arom.}H$), 119.4 ($2C_{arom.}H$), 128.4, 128.7, 129.2, 129.4, 132.1 ($C_{arom.}$), 153.9 (NCOO), 156.7 ($\underline{C}_{arom.}OCH_3$), 157.0 (NCO)

MS (CI, *i*-Butan):

m/z (%): 491 (40) [MH^+, ^{37}Cl]

489 (100) [MH^+, ^{35}Cl]

HR-MS (CI, *i*-Butan): ber. 489.1429 für $[C_{24}H_{26}ClN_2O_7]^+$

gef. 489.1424

$C_{24}H_{25}ClN_2O_7$

(488.9 g/mol)

1-*N*-[(3`*R*,4`*R*)-3`-Chlor-1`-(4-methoxyphenyl)-4`-phenyl-azetidin-2`-on-3`-yl]-1-*N*,2-*O*-carbonyl-3,5,6-tri-*O*-methyl-α-D-glucofuranosylamin (153)

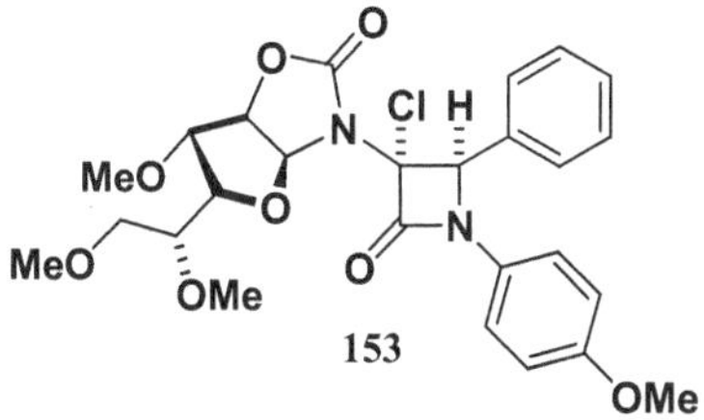

153

2.0 g (4.01 mmol) des β-Lactam-Derivats **105** wurden gemäß **AAV 5** mit 5.6 mmol LiHMDS und 1.07 g (8.02 mmol) *N*-Chlorsuccinimid umgesetzt. Das Diastereomerenverhältnis im Rohprodukt betrug 80:20 (^{1}H-NMR). Die Diastereomere konnten durch Säulenchromatographie an Kieselgel (Eluent 3) getrennt werden. Das Hauptprodukt **153** wurde als schwach gelblicher Sirup isoliert.

Ausbeute:	1.43 g (67 %)
Fp.:	sirupös
R_f-Wert:	0.57 (Eluent 3)
$[\alpha]_D^{20}$:	-13.7 ° (c = 0.85, $CHCl_3$)
NMR-Daten:	^{1}H-NMR (500.1 MHz, $CDCl_3$, δ in ppm)

3.18 (s, 3H, OCH_3), 3.40 (s, 3H, OCH_3), 3.42 (s, 3H, OCH_3), 3.54 (dd, 1H, H-6`, $^3J_{6`,5}$ = 3.3 Hz, $^2J_{6`,6}$ = -10.7 Hz), 3.64 (m, 1H, H-5), 3.72 (s, 3H, $C_{arom.}OCH_3$), 3.76 (dd, 1H, H-6, $^3J_{6,5}$ = 2.8 Hz, $^2J_{6,6`}$ = -10.7 Hz), 3.78 (d, 1H, H-3, $^3J_{3,4}$ = 3.3 Hz), 3.94 (dd, 1H, H-4, $^3J_{4,3}$ = 3.3 Hz, $^3J_{4,5}$ = 9.1 Hz), 4.79 (d, 1H, H-2, $^3J_{2,1}$ = 4.9 Hz), 5.47 (s, 1H, NCH), 6.21 (d, 1H, H-1, $^3J_{1,2}$ = 4.9 Hz), 6.77 (d, 2H, $H_{arom.}$, J = 8.8 Hz), 7.21 (d, 2H, $H_{arom.}$, J = 8.8 Hz), 7.32-7.40 (m, 3H, $H_{arom.}$), 7.46 (m, 2H, $H_{arom.}$)

^{13}C-NMR (125.8 MHz, $CDCl_3$, δ in ppm)

55.4 ($C_{arom.}O\underline{C}H_3$), 57.8 ($OCH_3$), 57.9 ($OCH_3$), 59.0 ($OCH_3$), 70.5 (C-6), 72.6 (NCH), 76.3 (C-5), 78.0 (C-4), 80.6 (C-2), 82.4 (C-3), 86.5 (C-1), 114.5 ($2C_{arom.}H$), 119.5 ($2C_{arom.}H$), 128.5 ($4C_{arom.}H$), 129.2 ($\underline{C}_{arom.}C$), 129.9 ($C_{arom.}H$), 131.4 ($C_{arom.}N$), 152.5 (NCOO), 156.2 ($\underline{C}_{arom.}OCH_3$), 157.0 (NCO)

MS (CI, *i*-Butan):

m/z (%):	535 (34) [MH^+, ^{37}Cl]
	533 (100) [MH^+, ^{35}Cl]

Elementaranalyse:

$C_{26}H_{29}ClN_2O_8$	ber. C 58.59 %	H 5.48 %	N 5.26 %
(532.9 g/mol)	gef. C 58.18 %	H 5.68 %	N 5.13 %

1-*N*-[(3`*S*,4`*R*)-3`-Chlor-1`-(4-methoxyphenyl)-4`-phenyl-azetidin-2`-on-3`-yl]-1-*N*,2-*O*-carbonyl-3,5,6-tri-*O*-methyl-α-D-glucofuranosylamin (154)

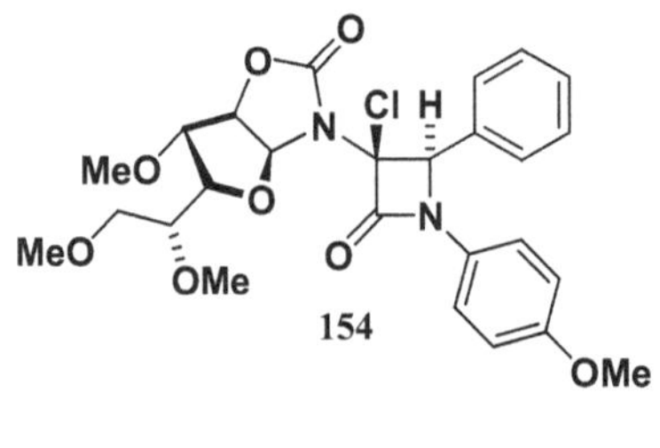

Das Nebendiastereomer **154** wurde in Form eines gelblichen Sirups isoliert.

Ausbeute: 250 mg (12 %)

Fp.: sirupös

R_f-Wert: 0.49 (Eluent 3)

$[\alpha]_D^{20}$: -7.3 ° (c = 0.75, $CHCl_3$)

NMR-Daten: ^{1}H-NMR (500.1 MHz, $CDCl_3$, δ in ppm)

3.31 (s, 3H, OCH_3), 3.45 (s, 3H, OCH_3), 3.48 (s, 3H, OCH_3), 3.49 (dd, 1H, H-6`, $^3J_{6`,5}$ = 4.4 Hz, $^2J_{6`,6}$ = -10.4 Hz), 3.66 (m, 1H, H-5), 3.76 (s, 3H, $C_{arom.}OCH_3$), 3.79 (dd, 1H, H-6, $^3J_{6,5}$ = 1.9 Hz, $^2J_{6,6`}$ = -10.4 Hz), 3.96 (d, 1H, H-3, $^3J_{3,4}$ = 2.7 Hz), 4.04 (dd, 1H, H-4, $^3J_{4,3}$ = 2.7 Hz, $^3J_{4,5}$ = 9.1 Hz), 4.91 (d, 1H, H-2, $^3J_{2,1}$ = 5.2 Hz), 5.70 (s, 1H, NCH), 6.17 (d, 1H, H-1, $^3J_{1,2}$ = 5.2 Hz), 6.82 (d, 2H, $H_{arom.}$, J = 9.1 Hz), 7.25 (d, 2H, $H_{arom.}$, J = 9.1 Hz), 7.39 (m, 3H, $H_{arom.}$), 7.51 (m, 2H, $H_{arom.}$)

^{13}C-NMR (125.8 MHz, $CDCl_3$, δ in ppm)

55.4 ($C_{arom.}O\underline{C}H_3$), 57.9 ($OCH_3$), 58.1 ($OCH_3$), 59.2 ($OCH_3$), 68.4 (NCH), 71.1 (C-6), 76.2 (C-5), 77.6 (C-4), 80.2 (C-2), 82.4 (C-3), 88.4 (C-1), 114.5 ($2C_{arom.}H$), 119.3 ($2C_{arom.}H$), 128.4 ($2C_{arom.}H$), 128.7 ($2C_{arom.}H$), 129.2 ($C_{arom.}H$), 129.4 ($C_{arom.}N$), 132.2 ($\underline{C}_{arom.}C$), 154.0 (NCOO), 156.7 ($\underline{C}_{arom.}OCH_3$), 157.0 (NCO)

MS (CI, *i*-Butan):

m/z (%): 535 (32) [MH^+, ^{37}Cl]

533 (100) [MH^+, ^{35}Cl]

HR-MS (CI, *i*-Butan): ber. 533.1691 für $[C_{26}H_{30}ClN_2O_8]^+$

gef. 533.1689

$C_{26}H_{29}ClN_2O_8$

(532.9 g/mol)

1-*N*-[(3`*R*,4`*R*)-3`-Chlor-4`-cyclohexyl-1`-(4-methoxyphenyl)-azetidin-2`-on-3`-yl]-1-*N*,2-*O*-carbonyl-3,5,6-tri-*O*-methyl-α-D-glucofuranosylamin (155)

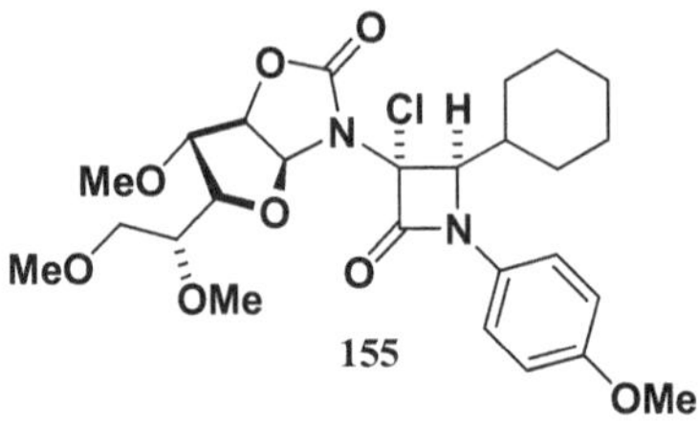

155

276 mg (0.55 mmol) des *cis/trans*-β-Lactam-Gemischs **106** wurden gemäß **AAV 5** mit 0.77 mmol LiHMDS und 147 mg (1.1 mmol) *N*-Chlorsuccinimid zur Reaktion gebracht. Das Diastereomerenverhältnis im Rohprodukt betrug ≥ 95:5 (^{1}H-NMR). Mittels Säulenchromatographie an Kieselgel (Eluent 3) konnte das Produkt in Form eines gelblichen Sirups isoliert werden.

Ausbeute:	168 mg (57 %)
Fp.:	sirupös
R_f-Wert:	0.63 (Eluent 3)
$[\alpha]_D^{20}$:	+10.6 ° (c = 0.65, $CHCl_3$)
NMR-Daten:	<u>^{1}H-NMR (500.1 MHz, $CDCl_3$, δ in ppm)</u>

0.83-1.00 (m, 2H, *c*-Hexyl), 1.11-1.30 (m, 3H, *c*-Hexyl), 1.59 (m, 1H, *c*-Hexyl), 1.69 (m, 3H, *c*-Hexyl), 1.95 (m, 1H, *c*-Hexyl), 2.13 (m, 1H, CH, *c*-Hexyl), 3.28 (s, 3H, OCH_3), 3.42 (dd, 1H, H-6`, $^3J_{6`,5}$ = 4.9 Hz, $^2J_{6`,6}$ = -10.4 Hz), 3.45 (s, 3H, $OCH_3$), 3.47 (s, 3H, $OCH_3$), 3.66 (dd, 1H, H-6, $^3J_{6,5}$ = 2.2 Hz, $^2J_{6,6`}$ = -10.4 Hz), 3.69 (m, 1H, H-5), 3.79 (s, 3H, $C_{arom.}OCH_3$), 3.90 (dd, 1H, H-4, $^3J_{4,3}$ = 3.3 Hz, $^3J_{4,5}$ = 8.8 Hz), 3.98 (d, 1H, H-3, $^3J_{3,4}$ = 3.3 Hz), 4.48 (d, 1H, NCH, ^3J = 2.7 Hz), 4.91 (d, 1H, H-2, $^3J_{2,1}$ = 6.0 Hz), 6.33 (d, 1H, H-1, $^3J_{1,2}$ = 6.0 Hz), 6.90 (d, 2H, $H_{arom.}$, J = 8.8 Hz), 7.30 (d, 2H, $H_{arom.}$, J = 8.8 Hz)

<u>^{13}C-NMR (125.8 MHz, $CDCl_3$, δ in ppm)</u>

26.0 (CH_2, *c*-Hexyl), 26.3 (CH_2, *c*-Hexyl), 26.8 (CH_2, *c*-Hexyl), 27.5 (CH_2, *c*-Hexyl), 33.7 (CH_2, *c*-Hexyl), 38.4 (CH, *c*-Hexyl), 55.5 ($C_{arom.}O\underline{C}H_3$), 57.9 ($OCH_3$), 58.5 ($OCH_3$), 59.2 ($OCH_3$), 72.0 (C-6), 75.1 (NCH), 76.2 (C-5), 78.2 (C-4), 80.7 (C-2), 82.6 (C-3), 87.2 (C-1), 114.4 ($2C_{arom.}H$), 121.2 ($2C_{arom.}H$), 130.1 ($C_{arom.}N$), 154.4 (NCOO), 157.3 ($\underline{C}_{arom.}OCH_3$), 157.5 (NCO)

MS (CI, *i*-Butan):	
m/z (%):	541 (33) [$M^{\bullet+}$, ^{37}Cl]
	539 (100) [$M^{\bullet+}$, ^{35}Cl]

Elementaranalyse:			
$C_{26}H_{35}ClN_2O_8$	ber. C 57.93 %	H 6.54 %	N 5.20 %
(539.0 g/mol)	gef. C 57.69 %	H 6.34 %	N 5.11 %

1-*N*-[-(3`*R*,4`*R*)-3`-Chlor-1`-cyclohexyl-4`-isopropyl-azetidin-2`-on-3`-yl]-1-*N*,2-*O*-carbonyl-3,5-di-*O*-methyl-α-D-xylofuranosylamin (156)

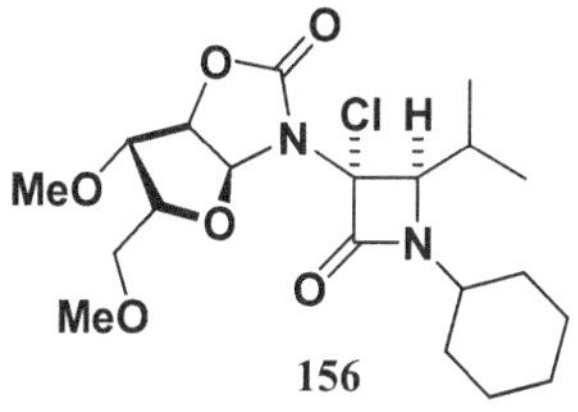

156

Gemäß **AAV 5** wurden 310 mg (0.78 mmol) des *cis/trans*-β-Lactam-Gemischs **108** mit 1.1 mmol LiHMDS und 208 mg (1.56 mmol) *N*-Chlorsuccinimid zur Reaktion gebracht. Das Diastereomerenverhältnis im Rohprodukt betrug ≥ 95:5 (^{1}H-NMR). Die mittels Säulenchromatographie an Kieselgel (Eluent 17) isolierte Verbindung **156** fiel als schwach gelblicher Sirup an.

Ausbeute:	162 mg (48 %)
Fp.:	sirupös
R_f-Wert:	0.73 (Eluent 17)
$[\alpha]_D^{20}$:	+27.8 ° (c = 0.50, Aceton)
NMR-Daten:	<u>^{1}H-NMR (500.1 MHz, $CDCl_3$, δ in ppm)</u>

0.96 (d, 3H, CH_3, ^3J = 7.1 Hz), 1.09 (d, 3H, CH_3, ^3J = 7.1 Hz), 1.20-2.10 (m, 10H, 5CH_2, *c*-Hexyl), 2.46 (ddd, 1H, <u>C</u>H(CH_3)$_2$, ^3J_A = ^3J_B = 7.1 Hz, ^3J_C = 1.7 Hz), 3.16 (m, 1H, CH, *c*-Hexyl), 3.34 (s, 3H, OCH_3), 3.42 (s, 3H, OCH_3), 3.55 (dd, 1H, H-5`, $^3J_{5`,4}$ = 5.5 Hz, $^2J_{5`,5}$ = -10.4 Hz), 3.67 (dd, 1H, H-5, $^3J_{5,4}$ = 6.0 Hz, $^2J_{5,5`}$ = -10.4 Hz), 3.88 (d, 1H, H-3, $^3J_{3,4}$ = 3.8 Hz), 3.99 (d, 1H, NCH, ^3J = 1.7 Hz), 4.05 (m, 1H, H-4), 4.87 (d, 1H, H-2, $^3J_{2,1}$ = 6.0 Hz), 6.24 (d, 1H, H-1, $^3J_{1,2}$ = 6.0 Hz)

^{13}C-NMR (125.8 MHz, $CDCl_3$, δ in ppm)

16.0 (CH_3), 22.3 (CH_3), 24.9, 25.2, 25.4, 27.1, 30.2, 30.3 (<u>C</u>H(CH_3)$_2$, 5CH_2, *c*-Hexyl), 55.9 (CH, *c*-Hexyl), 58.2 (OCH_3), 59.3 (OCH_3), 68.9 (C-5), 74.3 (NCH), 78.3 (C-4), 80.5 (NCCl), 80.8 (C-2), 83.0 (C-3), 86.8 (C-1), 154.5 (NCOO), 159.8 (NCO)

MS (CI, *i*-Butan):

m/z (%): 433 (38) [MH^+, ^{37}Cl]
431 (100) [MH^+, ^{35}Cl]

Elementaranalyse:

$C_{20}H_{31}ClN_2O_6$	ber. C 55.74 %	H 7.25 %	N 6.50 %
(430.9 g/mol)	gef. C 55.11 %	H 7.05 %	N 6.54 %

1-*N*-[(3`*R*,4`*R*)-3`-Chlor-1`-methyl-4`-phenyl-azetidin-2`-on-3`-yl]-1-*N*,2-*O*-carbonyl-3,5-di-*O*-methyl-α-D-xylofuranosylamin (157)

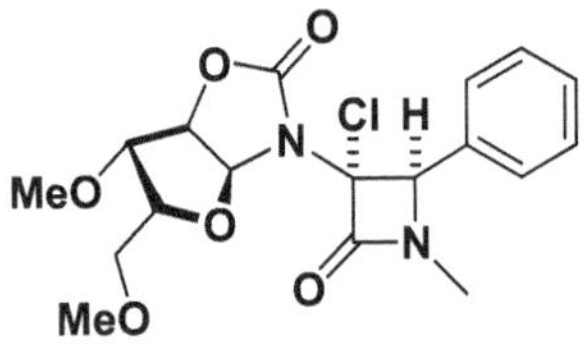

157

Gemäß **AAV 5** wurden 480 mg (1.33 mmol) des β-Lactam-Derivats **110** mit 1.9 mmol LiHMDS und 355 mg (2.66 mmol) *N*-Chlorsuccinimid zur Reaktion gebracht. Das Diastereomerenverhältnis im Rohprodukt betrug 82:18 (^{1}H-NMR). Die Diastereomere konnten säulenchromatographisch (Kieselgel, Eluent 6) getrennt und das Hauptprodukt **157** als farbloser Feststoff isoliert werden.

Ausbeute: 390 mg (74 %)

Fp.: 162-164 °C

R_f-Wert: 0.65 (Eluent 6)

$[\alpha]_D^{20}$: -73.1 ° (c = 0.70, $CHCl_3$)

NMR-Daten: ^{1}H-NMR (500.1 MHz, $CDCl_3$, δ in ppm)

2.86 (s, 3H, NCH_3), 3.34 (s, 3H, OCH_3), 3.43 (s, 3H, OCH_3), 3.60-

3.67 (m, 3H, H-5`, H-5, H-3), 3.68 (m, 1H, H-4), 4.74 (d, 1H, H-2, $^3J_{2,1}$ = 5.5 Hz), 5.04 (s, 1H, NCH), 6.15 (d, 1H, H-1, $^3J_{1,2}$ = 5.5 Hz), 7.36-7.41 (m, 5H, $H_{arom.}$)

^{13}C-NMR (125.8 MHz, $CDCl_3$, δ in ppm)

27.3 (NCH_3), 58.1 (OCH_3), 59.4 (OCH_3), 69.4 (C-5), 73.8 (NCH), 78.4 (C-4), 80.1 (C-2), 82.7 (C-3), 82.8 (NCCl), 86.2 (C-1), 128.5 ($2C_{arom.}H$), 128.9 ($2C_{arom.}H$), 129.7 ($C_{arom.}H$), 131.3 ($\underline{C}_{arom.}C$), 152.5 (NCOO), 160.2 (NCO)

MS (CI, *i*-Butan):

m/z (%):	399 (34) [MH^+, ^{37}Cl]
	397 (100) [MH^+, ^{35}Cl]

HR-MS (CI, *i*-Butan): ber. 397.1166 für $[C_{18}H_{22}ClN_2O_6]^+$
gef. 397.1166

Elementaranalyse:

$C_{18}H_{21}ClN_2O_6$	ber.	C 54.48 %	H 5.33 %	N 7.06 %
(396.8 g/mol)	gef.	C 54.19 %	H 5.54 %	N 6.98 %

1-*N*-[(3`*S*,4`*R*)-3`-Chlor-1`-methyl-4`-phenyl-azetidin-2`-on-3`-yl]-1-*N*,2-*O*-carbonyl-3,5-di-*O*-methyl-α-D-xylofuranosylamin (158)

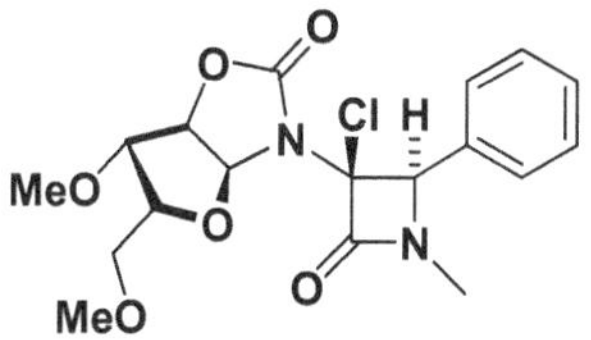

158

Das Nebendiastereomer **158** fiel nach Säulenchromatographie als farbloser Sirup an.

Ausbeute:	57 mg (11 %)
Fp.:	sirupös
R_f-Wert:	0.41 (Eluent 6)
$[\alpha]_D^{20}$:	+1.3 ° (c = 0.40, $CHCl_3$)
NMR-Daten:	^{1}H-NMR (500.1 MHz, $CDCl_3$, δ in ppm)

2.91 (s, 3H, NCH_3), 3.36 (s, 3H, OCH_3), 3.44 (s, 3H, OCH_3), 3.63

(dd, 1H, H-5`, $^3J_{5`,4}$ = 5.5 Hz, $^2J_{5`,5}$ = -10.4 Hz), 3.70 (dd, 1H, H-5, $^3J_{5,4}$ = 6.7 Hz, $^2J_{5,5`}$ = -10.4 Hz), 3.90 (d, 1H, H-3, $^3J_{3,4}$ = 2.4 Hz), 4.12 (m, 1H, H-4), 4.91 (d, 1H, H-2, $^3J_{2,1}$ = 5.5 Hz), 5.16 (s, 1H, NCH), 6.12 (d, 1H, H-1, $^3J_{1,2}$ = 5.5 Hz), 7.37-7.46 (m, 5H, $H_{arom.}$)

^{13}C-NMR (125.8 MHz, $CDCl_3$, δ in ppm)

27.5 (NCH_3), 58.4 (OCH_3), 59.2 (OCH_3), 68.8 (C-5), 70.3 (NCH), 78.3 (C-4), 80.3 (C-2), 82.9 (C-3), 83.9 (NCCl), 88.2 (C-1), 128.4 ($2C_{arom.}H$), 128.8 ($2C_{arom.}H$), 129.3 ($C_{arom.}H$), 132.2 ($\underline{C}_{arom.}C$), 153.9 (NCOO), 160.8 (NCO)

MS (CI, *i*-Butan):

m/z (%): 399 (35) [MH^+, ^{37}Cl]
397 (100) [MH^+, ^{35}Cl]

HR-MS (CI, *i*-Butan): ber. 397.1166 für $[C_{18}H_{22}ClN_2O_6]^+$
gef. 397.1163

$C_{18}H_{21}ClN_2O_6$
(396.8 g/mol)

1-*N*-[(3`*R*,4`*R*)-1`-Benzyl-3`-chlor-4`-(4-methoxyphenyl)-azetidin-2`-on-3`-yl]-1-*N*,2-*O*-carbonyl-3,5-di-*O*-methyl-α-D-xylofuranosylamin (159)

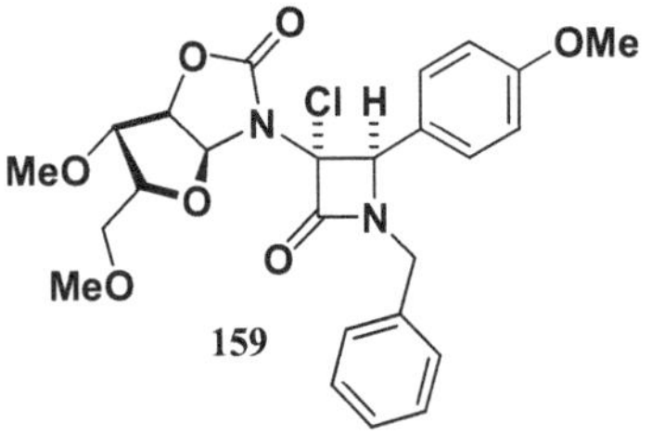

159

800 mg (1.71 mmol) des β-Lactams **114** wurden gemäß **AAV 5** mit 2.4 mmol LiHMDS und 460 mg (3.44 mmol) *N*-Chlorsuccinimid umgesetzt. Das Diastereomerenverhältnis im Rohprodukt betrug 90:10 (^{1}H-NMR). Die Diastereomere konnten säulenchromatographisch an Kieselgel (Eluent 4) getrennt werden. Das Hauptprodukt **159** fiel als farbloser Sirup an.

Ausbeute: 700 mg (81 %)

Fp.: sirupös

R_f-Wert: 0.60 (Eluent 4)

$[\alpha]_D^{20}$: -101.2 ° (c = 0.52, $CHCl_3$)

NMR-Daten: ^{1}H-NMR (500.1 MHz, $CDCl_3$, δ in ppm)

3.36 (s, 3H, OCH_3), 3.45 (s, 3H, OCH_3), 3.64 (dd, 1H, H-5\`, $^3J_{5`,4}$ = 6.6 Hz, $^2J_{5`,5}$ = -10.4 Hz), 3.67 (d, 1H, H-3, $^3J_{3,4}$ = 3.3 Hz), 3.68 (dd, 1H, H-5, $^3J_{5,4}$ = 4.4 Hz, $^2J_{5,5`}$ = -10.4 Hz), 3.77 (m, 1H, H-4), 3.81 (s, 3H, $C_{arom.}OCH_3$), 3.83 (d, 1H, NC<u>H</u>\`HPh, $^2J$ = -15.4 Hz), 4.77 (d, 1H, H-2, $^3J_{2,1}$ = 5.5 Hz), 4.85 (s, 1H, NCH), 4.93 (d, 1H, NCH\`<u>H</u>Ph, ^2J = -15.4 Hz), 6.21 (d, 1H, H-1, $^3J_{1,2}$ = 5.5 Hz), 6.88 (d, 2H, $H_{arom.}$, J = 8.8 Hz), 7.13 (m, 2H, $H_{arom.}$), 7.28 (d, 2H, $H_{arom.}$, J = 8.8 Hz), 7.31 (m, 3H, $H_{arom.}$)

^{13}C-NMR (125.8 MHz, $CDCl_3$, δ in ppm)

44.3 (NCH_2Ph), 55.2 ($C_{arom.}O\underline{C}H_3$), 58.1 ($OCH_3$), 59.5 ($OCH_3$), 69.5 (C-5), 71.2 (NCH), 78.5 (C-4), 80.1 (C-2), 82.6 (NCCl), 82.8 (C-3), 86.2 (C-1), 113.9 ($2C_{arom.}H$), 123.2 ($\underline{C}_{arom.}C$), 128.1 ($C_{arom.}H$), 128.2 ($2C_{arom.}H$), 128.9 ($2C_{arom.}H$), 130.2 ($2C_{arom.}H$), 133.8 ($\underline{C}_{arom.}C$), 152.5 (NCOO), 160.1 ($\underline{C}_{arom.}OCH_3$), 160.5 (NCO)

MS (CI, *i*-Butan):

m/z (%): 505 (11) [MH^+, ^{37}Cl]
503 (31) [MH^+, ^{35}Cl]
469 (100) [MH^+-HCl]

MS (ESI(+), MeOH):

m/z (%): 527 (36) [MNa^+, ^{37}Cl]
525 (100) [MNa^+, ^{35}Cl]

HR-MS (CI, *i*-Butan): ber. 503.1585 für $[C_{25}H_{28}ClN_2O_7]^+$
gef. 503.1586

Elementaranalyse:

$C_{25}H_{27}ClN_2O_7$	ber. C 59.70 %	H 5.41 %	N 5.57 %
(502.9 g/mol)	gef. C 59.44 %	H 5.63 %	N 5.39 %

1-*N*-[(3\`*S*,4\`*R*)-1\`-Benzyl-3\`-chlor-4\`-(4-methoxyphenyl)-azetidin-2\`-on-3\`-yl]-1-*N*,2-*O*-carbonyl-3,5-di-*O*-methyl-α-D-xylofuranosylamin (160)

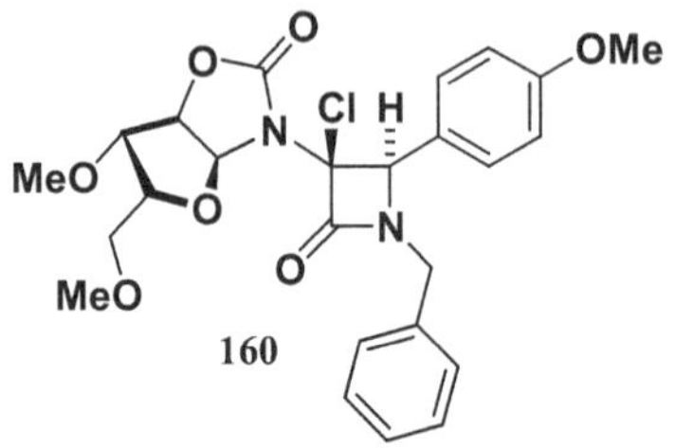

160

Das Nebendiastereomer **160** wurde als farbloser Feststoff isoliert.

Ausbeute: 58 mg (7 %)

Fp.: 131-132 °C

R_f-Wert: 0.48 (Eluent 4)

$[\alpha]_D^{20}$: -48.9 ° (c = 0.75, $CHCl_3$)

NMR-Daten: <u>^{1}H-NMR (500.1 MHz, $CDCl_3$, δ in ppm)</u>

3.35 (s, 3H, OCH_3), 3.43 (s, 3H, OCH_3), 3.62 (dd, 1H, H-5\`, $^3J_{5`,4}$ = 5.5 Hz, $^2J_{5`,5}$ = -10.4 Hz), 3.69 (dd, 1H, H-5, $^3J_{5,4}$ = 6.6 Hz, $^2J_{5,5`}$ = -10.4 Hz), 3.83 (s, 3H, $C_{arom.}OCH_3$), 3.87 (d, 1H, H-3, $^3J_{3,4}$ = 3.3 Hz), 3.95 (d, 1H, NC<u>H</u>\`HPh, $^2J$ = -14.8 Hz), 4.08 (m, 1H, H-4), 4.87 (d, 1H, H-2, $^3J_{2,1}$ = 4.9 Hz), 4.89 (d, 1H, NCH\`<u>H</u>Ph, ^2J = -14.8 Hz), 4.94 (s, 1H, NCH), 6.07 (d, 1H, H-1, $^3J_{1,2}$ = 4.9 Hz), 6.93 (d, 2H, $H_{arom.}$, J = 8.8 Hz), 7.12 (m, 2H, $H_{arom.}$), 7.29 (m, 3H, $H_{arom.}$), 7.32 (d, 2H, $H_{arom.}$, J = 8.8 Hz)

<u>^{13}C-NMR (125.8 MHz, $CDCl_3$, δ in ppm)</u>

44.7 (NCH_2Ph), 55.3 ($C_{arom.}O\underline{C}H_3$), 58.4 ($OCH_3$), 59.2 ($OCH_3$), 68.1 (NCH), 68.7 (C-5), 78.2 (C-4), 80.3 (C-2), 82.8 (C-3), 83.9 (NCCl), 88.2 (C-1), 113.8 ($2C_{arom.}H$), 123.8 ($\underline{C}_{arom.}C$), 28.2 ($C_{arom.}H$), 128.7 ($2C_{arom.}H$), 129.0 ($2C_{arom.}H$), 130.4 ($2C_{arom.}H$), 134.0 ($\underline{C}_{arom.}C$), 153.8 (NCOO), 160.3 ($\underline{C}_{arom.}OCH_3$), 160.4 (NCO)

MS (CI, *i*-Butan):

m/z (%): 505 (35) [MH^+, ^{37}Cl]

503 (100) [MH^+, ^{35}Cl]

HR-MS (CI, *i*-Butan): ber. 503.1585 für $[C_{25}H_{28}ClN_2O_7]^+$

gef. 503.1585

1-*N*-[(3`*R*,4`*R*)-1`-*tert*-Butyl-3`-chlor-4`-(4-methoxyphenyl)-azetidin-2`-on-3`-yl]-1-*N*,2-*O*-carbonyl-3,5-di-*O*-methyl-α-D-xylofuranosylamin (161)

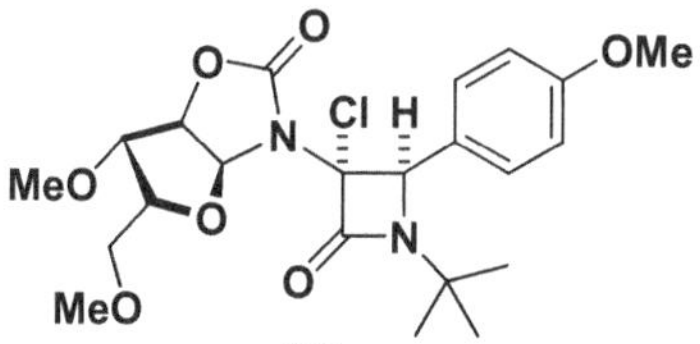

161

Die Darstellung erfolgte gemäß **AAV 5** durch Umsetzung des β-Lactam-Derivats **115** (600 mg, 1.38 mmol) mit 1.93 mmol LiHMDS und 370 mg (2.77 mmol) *N*-Chlorsuccinimid. Das Diastereomerenverhältnis im Rohprodukt betrug ≥ 95:5 (^{1}H-NMR). Nach säulenchromatographischer Reinigung an Kieselgel (Eluent 4) resultierte ein farbloser Feststoff.

Ausbeute:	498 mg (77 %)
Fp.:	168-170 °C
R_f-Wert:	0.65 (Eluent 4)
$[\alpha]_D^{20}$:	-87.1 ° (c = 0.81, $CHCl_3$)
NMR-Daten:	<u>^{1}H-NMR (500.1 MHz, $CDCl_3$, δ in ppm)</u>
	1.28 (s, 9H, $C(CH_3)_3$), 3.34 (s, 3H, OCH_3), 3.45 (s, 3H, OCH_3), 3.63 (dd, 1H, H-5`, $^3J_{5`,4}$ = 6.6 Hz, $^2J_{5`,5}$ = -10.4 Hz), 3.66 (d, 1H, H-3, $^3J_{3,4}$ = 3.3 Hz), 3.70 (dd, 1H, H-5, $^3J_{5,4}$ = 4.4 Hz, $^2J_{5,5`}$ = -10.4 Hz), 3.79 (s, 3H, $C_{arom.}OCH_3$), 3.84 (m, 1H, H-4), 4.75 (d, 1H, H-2, $^3J_{2,1}$ = 6.0 Hz), 5.03 (s, 1H, NCH), 6.19 (d, 1H, H-1, $^3J_{1,2}$ = 6.0 Hz), 6.87 (m, 2H, $H_{arom.}$), 7.39 (s(b), 2H, $H_{arom.}$)
	<u>^{13}C-NMR (125.8 MHz, $CDCl_3$, δ in ppm)</u>
	27.8 (3C, $C(\underline{C}H_3)_3$), 55.1 ($C_{arom.}O\underline{C}H_3$), 55.3 ($\underline{C}(CH_3)_3$), 58.1 ($OCH_3$), 59.5 ($OCH_3$), 69.5 (C-5), 71.2 (NCH), 78.7 (C-4), 80.1 (C-2), 81.1 (NCCl), 82.9 (C-3), 86.1 (C-1), 112.9 ($C_{arom.}H$), 114.5 ($C_{arom.}H$), 126.4 ($\underline{C}_{arom.}C$), 127.9 ($C_{arom.}H$), 132.1 ($C_{arom.}H$), 152.7 (NCOO), 159.8 ($\underline{C}_{arom.}OCH_3$), 160.2 (NCO)
MS (CI, *i*-Butan):	
m/z (%):	471 (33) [MH^+, ^{37}Cl]
	469 (100) [MH^+, ^{35}Cl]

HR-MS (CI, *i*-Butan): ber. 469.1742 für $[C_{22}H_{30}ClN_2O_7]^+$
gef. 469.1742

Elementaranalyse:

$C_{22}H_{29}ClN_2O_7$	ber. C 56.35 %	H 6.23 %	N 5.97 %
(468.9 g/mol)	gef. C 56.59 %	H 6.46 %	N 6.06 %

1-*N*-[(3`*R*,4`*R*)-1`-*tert*-Butyl-3`-chlor-4`-phenyl-azetidin-2`-on-3`-yl]-1-*N*,2-*O*-carbonyl-3,5-di-*O*-methyl-α-D-xylofuranosylamin (162)

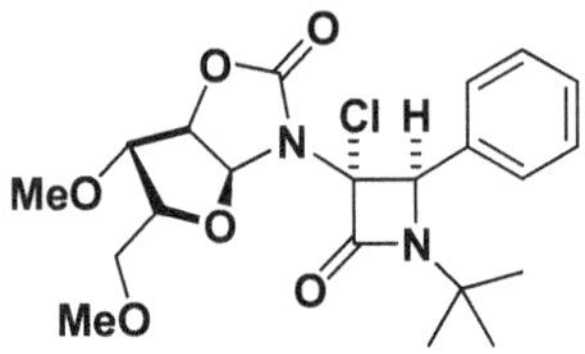

162

600 mg (1.48 mmol) des β-Lactams **116** wurden nach **AAV 5** mit 2.1 mmol LiHMDS und 400 mg (2.99 mmol) *N*-Chlorsuccinimid umgesetzt. Das Diastereomerenverhältnis im Rohprodukt betrug ≥ 95:5 (^{1}H-NMR). Säulenchromatographische Reinigung an Kieselgel (Eluent 3) führte zu einem farblosen, sirupösen Produkt.

Ausbeute: 570 mg (88 %)

Fp.: sirupös

R_f-Wert: 0.70 (Eluent 3)

$[\alpha]_D^{20}$: -80.2 ° (c = 0.52, $CHCl_3$)

NMR-Daten: <u>^{1}H-NMR (500.1 MHz, $CDCl_3$, δ in ppm)</u>

1.23 (s, 9H, $C(CH_3)_3$), 3.29 (s, 3H, OCH_3), 3.40 (s, 3H, OCH_3), 3.58 (dd, 1H, H-5`), 3.58 (d, 1H, H-3, $^3J_{3,4}$ = 3.3 Hz), 3.65 (dd, 1H, H-5, $^3J_{5,4}$ = 4.9 Hz, $^2J_{5,5`}$ = -10.4 Hz), 3.75 (m, 1H, H-4), 4.69 (d, 1H, H-2, $^3J_{2,1}$ = 5.5 Hz), 5.02 (s, 1H, NCH), 6.14 (d, 1H, H-1, $^3J_{1,2}$ = 5.5 Hz), 7.29 (m, 3H, $H_{arom.}$), 7.42 (m, 2H, $H_{arom.}$)

<u>^{13}C-NMR (125.8 MHz, $CDCl_3$, δ in ppm)</u>

27.8 (3C, $C(\underline{C}H_3)_3$), 55.4 ($\underline{C}(CH_3)_3$), 58.1 (OCH_3), 59.5 (OCH_3), 69.5 (C-5), 71.6 (NCH), 78.7 (C-4), 80.1 (C-2), 81.0 (NCCl), 82.8 (C-3), 86.1 (C-1), 126.6 ($C_{arom.}H$), 128.3 ($C_{arom.}H$), 129.4 ($2C_{arom.}H$), 131.0 ($C_{arom.}H$), 134.5 ($\underline{C}_{arom.}C$), 152.6 (NCOO), 159.8 (NCO)

MS (CI, *i*-Butan):

m/z (%): 441 (34) [MH$^+$, ^{37}Cl]

439 (100) [MH$^+$, ^{35}Cl]

HR-MS (CI, *i*-Butan): ber. 439.1636 für $[C_{21}H_{28}ClN_2O_6]^+$

gef. 439.1636

Elementaranalyse:

$C_{21}H_{27}ClN_2O_6$	ber. C 57.47 %	H 6.20 %	N 6.38 %
(438.9 g/mol)	gef. C 57.12 %	H 6.39 %	N 6.25 %

1-*N*-[(3\`*R*,4\`*R*)-1\`-Allyl-3\`-chlor-4\`-phenyl-azetidin-2\`-on-3\`-yl]-1-*N*,2-*O*-carbonyl-3,5-di-*O*-methyl-α-D-xylofuranosylamin (163)

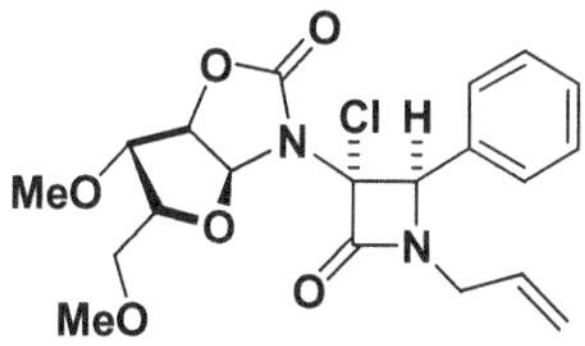

163

Die Darstellung erfolgte gemäß **AAV 5** durch Umsetzung des Azetidin-2-ons **117** (600 mg, 1.55 mmol) mit 2.2 mmol LiHMDS und 415 mg (3.11 mmol) *N*-Chlorsuccinimid. Das Diastereomerenverhältnis im Rohprodukt betrug 90:10 (^{1}H-NMR). Nach säulenchromatographischer Isolierung (Kieselgel, Eluent 3) fiel das Hauptdiastereomer als farbloser Sirup an.

Ausbeute: 510 mg (78 %)

Fp.: sirupös

R_f-Wert: 0.71 (Eluent 3)

$[\alpha]_D^{20}$: -40.7 ° (c = 0.70, $CHCl_3$)

NMR-Daten: <u>^{1}H-NMR (500.1 MHz, $CDCl_3$, δ in ppm)</u>

3.34 (s, 3H, OCH_3), 3.38 (dd, 1H, NC<u>H</u>\`H, $^3J$ = 7.1 Hz, $^2J$ = -15.9 Hz), 3.43 (s, 3H, $OCH_3$), 3.61 (m, 2H, H-5\`, H-3), 3.66 (dd, 1H, H-5, $^3J_{5,4}$ = 4.4 Hz, $^2J_{5,5'}$ = -10.4 Hz), 3.70 (m, 1H, H-4), 4.28 (dd, 1H, NCH\`<u>H</u>, $^3J$ = 4.9 Hz, $^2J$ = -15.9 Hz), 4.75 (d, 1H, H-2, $^3J_{2,1}$ = 5.5 Hz), 5.09 (s, 1H, NCH), 5.15 (d, 1H, CH=C<u>H</u>\`H, ^3J = 17.0 Hz, ^2J = 0 Hz), 5.21 (d, 1H, CH=CH\`<u>H</u>, $^3J$ = 9.9 Hz, $^2J$ = 0 Hz), 5.72 (m, 1H, C<u>H</u>=CH\`H), 6.16 (d, 1H, H-1, $^3J_{1,2}$ = 5.5 Hz), 7.34-7.41

(m, 5H, $H_{arom.}$)

^{13}C-NMR (125.8 MHz, $CDCl_3$, δ in ppm)

42.9 (NCH_2), 58.1 (OCH_3), 59.4 (OCH_3), 69.4 (C-5), 71.9 (NCH), 78.4 (C-4), 80.1 (C-2), 82.4 (NCCl), 82.7 (C-3), 86.2 (C-1), 119.7 (CH=$\underline{C}H_2$), 128.5 (2$C_{arom.}$H), 128.9 (2C, $\underline{C}$H=CH_2, $C_{arom.}$H), 129.6 (2$C_{arom.}$H), 131.5 ($\underline{C}_{arom.}$C), 152.5 (NCOO), 160.0 (NCO)

MS (CI, *i*-Butan):

m/z (%): 425 (31) [MH^+, ^{37}Cl]

423 (100) [MH^+, ^{35}Cl]

HR-MS (CI, *i*-Butan): ber. 423.1323 für $[C_{20}H_{24}ClN_2O_6]^+$

gef. 423.1320

Elementaranalyse:

$C_{20}H_{23}ClN_2O_6$	ber. C 56.81 %	H 5.48 %	N 6.62 %
(422.9 g/mol)	gef. C 56.45 %	H 5.64 %	N 6.47 %

1-*N*-[(3`*R*,4`*R*)-3`-Chlor-4`-phenyl-1`-(2-phenylethyl)-azetidin-2`-on-3`-yl]-1-*N*,2-*O*-carbonyl-3,5-di-*O*-methyl-α-D-xylofuranosylamin (164)

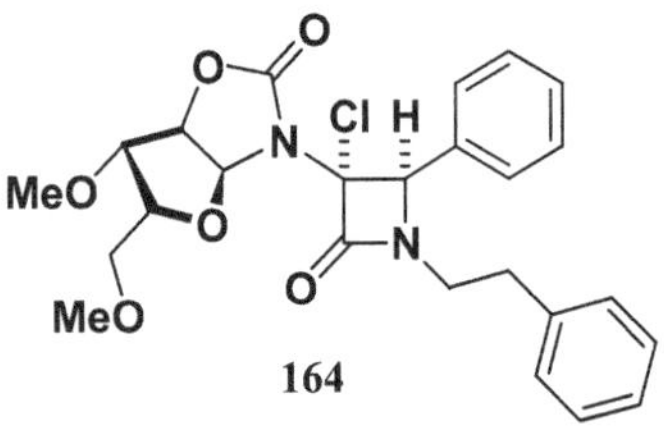

Gemäß **AAV 5** wurden 800 mg (1.77 mmol) des β-Lactams **118** mit 2.5 mmol LiHMDS und 475 mg (3.56 mmol) *N*-Chlorsuccinimid umgesetzt. Das Diastereomerenverhältnis im Rohprodukt betrug 90:10 (^{1}H-NMR). Nach säulenchromatographischer Trennung der Diastereomere (Kieselgel, Eluent 3) konnte das Hauptprodukt **164** als farblose, kristalline Substanz erhalten werden.

Ausbeute: 710 mg (82 %)

Fp.: 136-137 °C

R_f-Wert: 0.70 (Eluent 3)

$[\alpha]_D^{20}$: -38.7 ° (c = 0.50, $CHCl_3$)

NMR-Daten: ^{1}H-NMR (500.1 MHz, $CDCl_3$, δ in ppm)

2.86 (dt, 1H, C<u>H</u>`HPh, $^{3}J$ = 7.1 Hz, $^{2}J$ = -14.3 Hz), 2.91 (dt, 1H, CH`<u>H</u>Ph, ^{3}J = 7.1 Hz, ^{2}J = -14.3 Hz), 3.04 (dt, 1H, NC<u>H</u>`H, $^{3}J$ = 7.1 Hz, $^{2}J$ = -14.3 Hz), 3.33 (s, 3H, $OCH_3$), 3.42 (s, 3H, $OCH_3$), 3.60 (dd, 1H, H-5`, $^{3}J_{5`,4}$ = 6.6 Hz, $^{2}J_{5`,5}$ = -9.9 Hz), 3.61 (d, 1H, H-3, $^{3}J_{3,4}$ = 3.3 Hz), 3.63 (dd, 1H, H-5, $^{3}J_{5,4}$ = 4.9 Hz, $^{2}J_{5,5`}$ = -9.9 Hz), 3.68 (m, 1H, H-4), 3.91 (dt, 1H, NCH`<u>H</u>, ^{3}J = 7.1 Hz, ^{2}J = -14.3 Hz), 4.72 (d, 1H, H-2, $^{3}J_{2,1}$ = 5.5 Hz), 4.74 (s, 1H, NCH), 6.14 (d, 1H, H-1, $^{3}J_{1,2}$ = 5.5 Hz), 7.13 (m, 2H, $H_{arom.}$), 7.22-7.30 (m, 5H, $H_{arom.}$), 7.33 (m, 3H, $H_{arom.}$)

^{13}C-NMR (125.8 MHz, $CDCl_3$, δ in ppm)

33.6 (CH_2Ph), 41.8 (NCH_2), 58.1 (OCH_3), 59.5 (OCH_3), 69.4 (C-5), 72.7 (NCH), 78.4 (C-4), 80.1 (C-2), 82.3 (NCCl), 82.7 (C-3), 86.1 (C-1), 126.9 ($C_{arom.}$H), 128.4 (2$C_{arom.}$H), 128.6 (2$C_{arom.}$H), 128.8 (2$C_{arom.}$H), 128.8 ($C_{arom.}$H), 128.9 ($C_{arom.}$H), 129.6 ($C_{arom.}$H), 131.5 (<u>C</u>$_{arom.}$C), 137.6 (<u>C</u>$_{arom.}$C), 152.5 (NCOO), 160.0 (NCO)

MS (CI, *i*-Butan):

m/z (%): 489 (32) [MH^+, ^{37}Cl]

487 (100) [MH^+, ^{35}Cl]

HR-MS (CI, *i*-Butan): ber. 487.1636 für $[C_{25}H_{28}ClN_2O_6]^+$

gef. 487.1637

Elementaranalyse:

$C_{25}H_{27}ClN_2O_6$	ber. C 61.66 %	H 5.59 %	N 5.75 %
(486.9 g/mol)	gef. C 61.45 %	H 5.73 %	N 5.66 %

1-*N*-[(3`*S*,4`*R*)-3`-Chlor-4`-phenyl-1`-(2-phenylethyl)-azetidin-2`-on-3`-yl]-1-*N*,2-*O*-carbonyl-3,5-di-*O*-methyl-α-D-xylofuranosylamin (165)

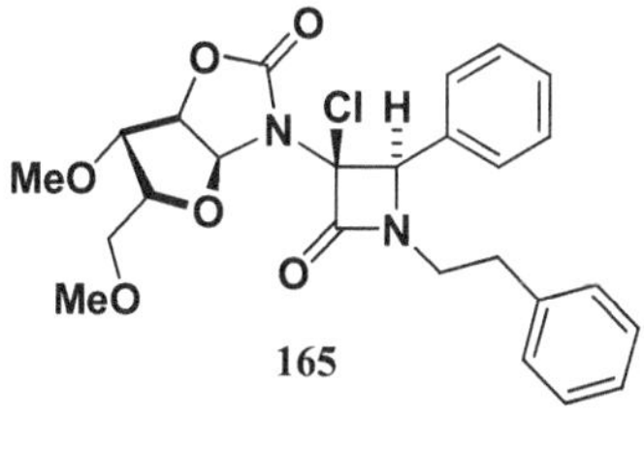

165

Das Nebendiastereomer **165** fiel nach der säulenchromatographischen Trennung als farbloser Sirup an.

Ausbeute: 43 mg (5 %)

Fp.: sirupös

R_f-Wert: 0.48 (Eluent 3)

$[\alpha]_D^{20}$: -24.1 ° (c = 0.58, $CHCl_3$)

NMR-Daten: ^{1}H-NMR (500.1 MHz, $CDCl_3$, δ in ppm)

2.85 (dt, 1H, C<u>H</u>\`HPh, $^3J$ = 7.3 Hz, $^2J$ = -14.7 Hz), 2.96 (dt, 1H, CH\`<u>H</u>Ph, ^3J = 6.7 Hz, ^2J = -13.4 Hz), 3.19 (dt, 1H, NC<u>H</u>\`H, $^3J$ = 6.7 Hz, $^2J$ = -13.4 Hz), 3.33 (s, 3H, $OCH_3$), 3.45 (s, 3H, $OCH_3$), 3.59 (dd, 1H, H-5\`, $^3J_{5`,4}$ = 5.5 Hz, $^2J_{5`,5}$ = -10.4 Hz), 3.66 (dd, 1H, H-5, $^3J_{5,4}$ = 7.3 Hz, $^2J_{5,5`}$ = -10.4 Hz), 3.84 (d, 1H, H-3, $^3J_{3,4}$ ≈ 3Hz), 4.02 (m, 2H, H-4, NCH\`<u>H</u>), 4.75 (d, 1H, H-2, $^3J_{2,1}$ = 5.5 Hz), 4.95 (s, 1H, NCH), 5.65 (d, 1H, H-1, $^3J_{1,2}$ = 5.5 Hz), 7.20 (d, 2H, $H_{arom.}$, J = 7.3 Hz), 7.25 (m, 1H, $H_{arom.}$), 7.29 (d, 2H, $H_{arom.}$, J = 7.3 Hz), 7.39 (m, 5H, $H_{arom.}$)

^{13}C-NMR (125.8 MHz, $CDCl_3$, δ in ppm)

33.0 (CH_2Ph), 41.2 (NCH_2), 58.5 (OCH_3), 59.2 (OCH_3), 68.3 (NCH), 68.6 (C-5), 78.0 (C-4), 80.3 (C-2), 82.8 (C-3), 83.1 (NCCl), 87.9 (C-1), 126.8 ($C_{arom.}$H), 128.4 (2$C_{arom.}$H), 128.6 (2$C_{arom.}$H), 128.7 (2$C_{arom.}$H), 128.8 (2$C_{arom.}$H), 129.2 ($C_{arom.}$H), 132.4 (<u>C</u>$_{arom.}$C), 137.5 (<u>C</u>$_{arom.}$C), 153.6 (NCOO), 160.5 (NCO)

MS (CI, *i*-Butan):

m/z (%): 489 (34) [MH^+, ^{37}Cl]

487 (100) [MH^+, ^{35}Cl]

HR-MS (CI, *i*-Butan): ber. 487.1636 für $[C_{25}H_{28}ClN_2O_6]^+$

gef. 487.1634

$C_{25}H_{27}ClN_2O_6$

(486.9 g/mol)

1-*N*-[(3\`*R*,4\`*R*)-1\`-*tert*-Butyl-3\`-chlor-4\`-cyclohexyl-azetidin-2\`-on-3\`-yl]-1-*N*,2-*O*-carbonyl-3,5-di-*O*-methyl-α-D-xylofuranosylamin (166)

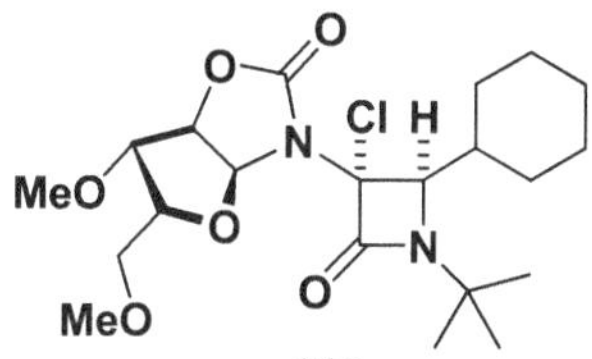

166

Die Darstellung erfolgte gemäß **AAV 5** durch Umsetzung des β-Lactams **119** (330 mg, 0.80 mmol) mit 1.12 mmol LiHMDS und 214 mg (1.60 mmol) *N*-Chlorsuccinimid. Das Diastereomerenverhältnis im Rohprodukt betrug ≥ 95:5 (^{1}H-NMR). Nach säulenchromatographischer Aufarbeitung (Kieselgel, Eluent 18) resultierte ein schwach gelbliches, sirupöses Produkt.

Ausbeute:	250 mg (70 %)
Fp.:	sirupös
R_f-Wert:	0.75 (Eluent 18)
$[\alpha]_D^{20}$:	+3.0 ° (c = 0.50, Aceton)
NMR-Daten:	<u>^{1}H-NMR (500.1 MHz, $CDCl_3$, δ in ppm)</u> 0.97-1.36 (m, 5H, *c*-Hexyl), 1.38 (s, 9H, $C(CH_3)_3$), 1.63-1.97 (m, 6H, *c*-Hexyl), 3.34 (s, 3H, OCH_3), 3.42 (s, 3H, OCH_3), 3.52 (dd, 1H, H-5`, $^{3}J_{5`,4}$ = 5.5 Hz, $^{2}J_{5`,5}$ = -10.4 Hz), 3.68 (dd, 1H, H-5, $^{3}J_{5,4}$ = 6.0 Hz, $^{2}J_{5,5`}$ = -10.4 Hz), 3.87 (d, 1H, H-3, $^{3}J_{3,4}$ = 3.3 Hz), 3.96 (m, 2H, H-4, NCH), 4.88 (d, 1H, H-2, $^{3}J_{2,1}$ = 6.0 Hz), 6.28 (d, 1H, H-1, $^{3}J_{1,2}$ = 6.0 Hz) <u>^{13}C-NMR (125.8 MHz, $CDCl_3$, δ in ppm)</u> 26.4, 26.6, 27.1, 28.0 (CH_2, *c*-Hexyl), 28.2 (3C, C(<u>C</u>$H_3)_3$), 32.3 (CH_2, *c*-Hexyl), 37.5 (CH, *c*-Hexyl), 54.6 (<u>C</u>$(CH_3)_3$), 58.2 (OCH_3), 59.3 (OCH_3), 68.8 (C-5), 74.7 (NCH), 78.1 (C-4), 80.2 (NCCl), 80.7 (C-2), 82.9 (C-3), 86.6 (C-1), 154.5 (NCOO), 160.5 (NCO)
MS (CI, *i*-Butan):	
m/z (%):	447 (38) [MH^+, ^{37}Cl] 445 (100) [MH^+, ^{35}Cl]

Elementaranalyse:

$C_{21}H_{33}ClN_2O_6$	ber. C 56.68 %	H 7.47 %	N 6.30 %
(444.9 g/mol)	gef. C 56.15 %	H 7.61 %	N 6.18 %

1-*N*-[(3`*R*,4`*R*)-3`-Chlor-4`-phenyl-1`-[(*S*)-1``-phenyl-ethyl]-azetidin-2`-on-3`-yl]-1-*N*,2-*O*-carbonyl-3,5-di-*O*-methyl-α-D-xylofuranosylamin (167)

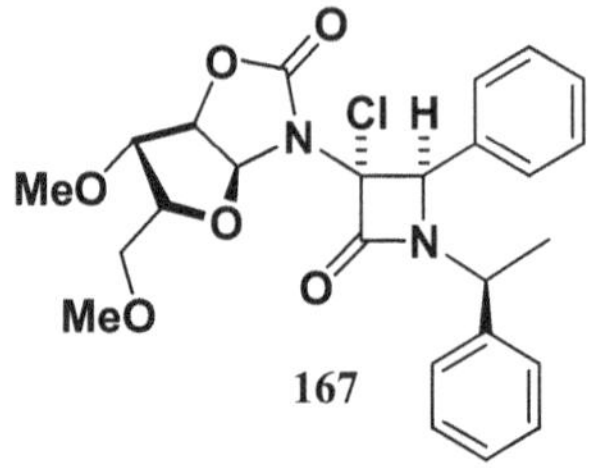

Nach **AAV 5** wurden 600 mg (1.33 mmol) des β-Lactam-Derivats **140** mit 1.86 mmol LiHMDS und 355 mg (2.66 mmol) *N*-Chlorsuccinimid zur Reaktion gebracht. Das Diastereomerenverhältnis im Rohprodukt betrug ≥ 95:5 (^{1}H-NMR). Säulenchromatographische Aufarbeitung (Kieselgel, Eluent 3) lieferte das farblose Produkt, welches aus Chloroform kristallisierte.

Ausbeute:	515 mg (80 %)
Fp.:	148-150 °C ($CHCl_3$)
R_f-Wert:	0.70 (Eluent 3)
$[\alpha]_D^{20}$:	-72.8 ° (c = 0.87, $CHCl_3$)
NMR-Daten:	<u>^{1}H-NMR (500.1 MHz, $CDCl_3$, δ in ppm)</u>
	1.88 (d, 3H, CH_3, ^3J = 7.1 Hz), 3.35 (s, 3H, OCH_3), 3.46 (s, 3H, OCH_3), 3.63 (d, 1H, H-3, $^3J_{3,4}$ = 3.3 Hz), 3.64 (dd, 1H, H-5`, $^3J_{5`,4}$ = 6.0 Hz, $^2J_{5`,5}$ = -10.4 Hz), 3.70 (dd, 1H, H-5, $^3J_{5,4}$ = 4.9 Hz, $^2J_{5,5`}$ = -10.4 Hz), 3.76 (m, 1H, H-4), 4.27 (q, 1H, C<u>H</u>CH_3, ^3J = 7.1 Hz), 4.75 (d, 1H, H-2, $^3J_{2,1}$ = 4.9 Hz), 4.80 (s, 1H, NCH), 6.21 (d, 1H, H-1, $^3J_{1,2}$ = 4.9 Hz), 7.17 (m, 2H, $H_{arom.}$), 7.25-7.34 (m, 8H, $H_{arom.}$)
	<u>^{13}C-NMR (125.8 MHz, $CDCl_3$, δ in ppm)</u>
	20.3 (CH_3), 55.1 (<u>C</u>HCH_3), 58.1 (OCH_3), 59.5 (OCH_3), 69.5 (C-5), 71.6 (NCH), 78.6 (C-4), 80.0 (C-2), 81.9 (NCCl), 82.8 (C-3), 86.1 (C-1), 126.6 (2$C_{arom.}$H), 128.0 (2$C_{arom.}$H), 128.4 (2$C_{arom.}$H), 128.9 (3$C_{arom.}$H), 129.5 ($C_{arom.}$H), 131.8 (<u>C</u>$_{arom.}$C), 139.8 (<u>C</u>$_{arom.}$C), 152.6 (NCOO), 160.0 (NCO)

MS (CI, *i*-Butan):

m/z (%):	489 (34) [MH^+, ^{37}Cl]
	487 (100) [MH^+, ^{35}Cl]

HR-MS (CI, *i*-Butan):	ber. 487.1636 für $[C_{25}H_{28}ClN_2O_6]^+$
	gef. 487.1636

Elementaranalyse:

$C_{25}H_{27}ClN_2O_6$	ber. C 61.66 %	H 5.59 %	N 5.75 %
(486.9 g/mol)	gef. C 61.10 %	H 5.77 %	N 5.81 %

1-*N*-[(3`*R*,4`*R*)-3`-Chlor-4`-phenyl-1`-[(*R*)-1``-phenyl-ethyl]-azetidin-2`-on-3`-yl]-1-*N*,2-*O*-carbonyl-3,5-di-*O*-methyl-α-D-xylofuranosylamin (168)

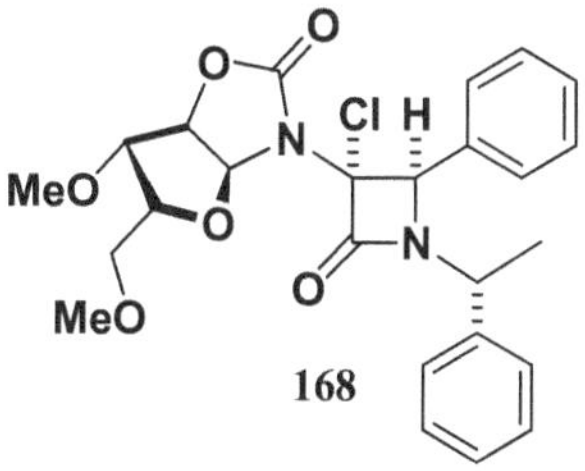

168

Gemäß **AAV 5** wurden 600 mg (1.33 mmol) des β-Lactams **141** mit 1.86 mmol LiHMDS und 355 mg (2.66 mmol) *N*-Chlorsuccinimid umgesetzt. Das Diastereomerenverhältnis im Rohprodukt betrug ≥ 95:5 (^{1}H-NMR). Nach säulenchromatographischer Reinigung (Kieselgel, Eluent 3) resultierte das Hauptprodukt als farbloser Sirup.

Ausbeute:	565 mg (87 %)
Fp.:	sirupös
R_f-Wert:	0.60 (Eluent 3)
$[\alpha]_D^{20}$:	-59.4 ° (c = 0.62, $CHCl_3$)
NMR-Daten:	<u>^{1}H-NMR (500.1 MHz, $CDCl_3$, δ in ppm)</u>

1.40 (d, 3H, CH_3, ^3J = 7.1 Hz), 3.35 (s, 3H, OCH_3), 3.43 (s, 3H, OCH_3), 3.62 (dd, 1H, H-5`, $^3J_{5`,4}$ = 6.6 Hz, $^2J_{5`,5}$ = -10.4 Hz), 3.65 (d, 1H, H-3, $^3J_{3,4}$ = 3.3 Hz), 3.70 (dd, 1H, H-5, $^3J_{5,4}$ = 4.9 Hz, $^2J_{5,5`}$ = -10.4 Hz), 3.83 (m, 1H, H-4), 4.75 (d, 1H, H-2, $^3J_{2,1}$ = 5.5 Hz), 4.81 (s, 1H, NCH), 4.98 (q, 1H, C<u>H</u>CH_3, ^3J = 7.1 Hz), 6.19

(d, 1H, H-1, $^3J_{1,2}$ = 5.5 Hz), 7.23 (m, 3H, $H_{arom.}$), 7.28-7.38 (m, 7H, $H_{arom.}$)

<u>^{13}C-NMR (125.8 MHz, $CDCl_3$, δ in ppm)</u>

18.9 (CH_3), 53.2 (<u>C</u>HCH_3), 58.1 (OCH_3), 59.5 (OCH_3), 69.5 (C-5), 71.9 (NCH), 78.7 (C-4), 80.1 (C-2), 81.9 (NCCl), 82.8 (C-3), 86.2 (C-1), 127.1 (2$C_{arom.}$H), 128.2 (3$C_{arom.}$H), 128.8 (2$C_{arom.}$H), 129.0 (2$C_{arom.}$H), 129.5 ($C_{arom.}$H), 133.3 (<u>C</u>$_{arom.}$C), 138.6 (<u>C</u>$_{arom.}$C), 152.5 (NCOO), 160.0 (NCO)

MS (CI, *i*-Butan):

m/z (%):	489 (40) [MH^+, ^{37}Cl]
	487 (100) [MH^+, ^{35}Cl]

HR-MS (CI, *i*-Butan): ber. 487.1636 für $[C_{25}H_{28}ClN_2O_6]^+$
gef. 487.1636

Elementaranalyse:

$C_{25}H_{27}ClN_2O_6$	ber.	C 61.66 %	H 5.59 %	N 5.75 %
(486.9 g/mol)	gef.	C 62.06 %	H 5.76 %	N 5.72 %

9.4.2 Synthese der Azetidin-2,3-dione

AAV 6: Darstellung enantiomerenreiner Azetidin-2,3-dione ausgehend von 3-Chlor-β-lactam-Derivaten durch Ag^+-unterstützte, mildsaure Hydrolyse

0.5 mmol des jeweiligen 3-Chlor-β-lactams werden in 4 mL Acetonitril gelöst und bei 0 °C (Eis/Wasser-Bad) unter Rühren mit einer Lösung von 1.5 mmol Silbernitrat in 2 mL Wasser versetzt. Das Reaktionsgemisch wird 12 h gerührt und dabei langsam bis auf Raumtemperatur erwärmt. Nach dünnschichtchromatographischer Reaktionskontrolle und Zugabe von 5 mL Dichlormethan wird das ausgefallene Silberchlorid über Kieselgur abfiltriert und mehrfach mit Dichlormethan nachgewaschen. Die organische Phase des Filtrats wird abgetrennt und die wässrige Phase noch zweimal mit Dichlormethan extrahiert. Die vereinigten organischen Phasen werden vor der Trocknung (Magnesiumsulfat) zweimal mit Wasser und einmal mit gesättigter Natriumchloridlösung gewaschen. Nach Entfernung des Lösungsmittels im Vakuum wird das Rohprodukt ^{1}H-NMR-spektroskopisch untersucht. Zur Vervollständigung der Auxiliarabspaltung wird in 10 mL Dichlormethan gelöst und mit 2 g Kieselgel 60 versetzt. Das Reaktionsgemisch wird nun 20-24 h bei Raumtemperatur langsam gerührt. Nach dünnschichtchromatographischer Umsatzkontrolle wird das Dichlormethan bei Raumtemperatur im Vakuum entfernt. Das trägergebundene Rohprodukt wird dann auf eine vorbereitete Kieselgelsäule gebracht und unter Verwendung eines geeigneten Essigsäureethylester/*n*-Hexan-Eluenten chromatographiert (*Methode A*) oder mit Dichlormethan als Eluent über eine 10 cm Kieselgelsäule vorgereinigt und anschließend kristallisiert (*Methode B*).

Die Rückgewinnung des Glycooxazolidin-2-on-Auxiliars kann bei *Methode B* durch einfachen Eluentenwechsel von Dichlormethan zu Essigsäureethylester erfolgen (R_f (**15a**) $CH_2Cl_2 \leq 0.1$, R_f (**15a**) EtOAc = 0.6)

(*R*)-1-(4-Methoxyphenyl)-4-phenyl-azetidin-2,3-dion (170)

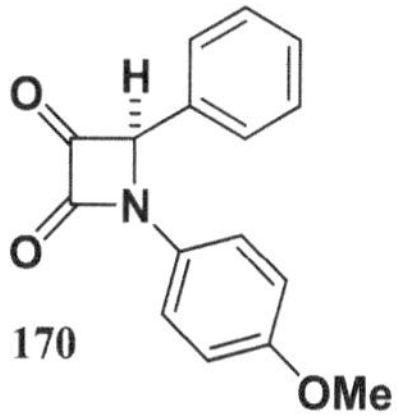

Gemäß **AAV 6** wurden 200 mg (0.41 mmol) des 3-Chlor-β-lactams **151** mit 210 mg (1.24 mmol) Silbernitrat in Acetonitril/Wasser hydrolysiert und anschließend an Kieselgel umgesetzt. Das Rohprodukt wurde nach *Methode A* durch Säulenchromatographie (Kieselgel, Eluent 16) gereinigt. Das Produkt fiel nach Umkristallisation aus *n*-Hexan in Form gelber Nadeln an.

Ausbeute:	100 mg (91 %)
Fp.:	136-138 °C (*n*-Hexan) (Lit.:[219] 139-140 °C, (*S*)-Enantiomer)
R_f-Wert:	0.65 (Eluent 16)
$[\alpha]_D^{20}$:	-480.2 ° (c = 0.51, $CHCl_3$) (Lit.:[227] +445 ° (c = 1.00, CH_2Cl_2), (*S*)-Enantiomer)
NMR-Daten:	^{1}H-NMR (500.1 MHz, $CDCl_3$, δ in ppm)
	3.78 (s, 3H, OCH_3), 5.54 (s, 1H, NCH), 6.87 (m, 2H, $H_{arom.}$), 7.30 (m, 2H, $H_{arom.}$), 7.39 (m, 3H, $H_{arom.}$), 7.45 (m, 2H, $H_{arom.}$)
	^{13}C-NMR (125.8 MHz, $CDCl_3$, δ in ppm)
	55.5 ($C_{arom.}O\underline{C}H_3$), 74.9 (NCH), 114.7 (2$C_{arom.}$H), 119.7 (2$C_{arom.}$H), 126.3 (2$C_{arom.}$H), 129.4 (2$C_{arom.}$H), 129.5 ($C_{arom.}$H), 129.9 ($\underline{C}_{arom.}$C),

131.7 ($C_{arom.}N$), 158.0 ($\underline{C}_{arom.}OCH_3$), 160.0 (NCO), 190.6 (CO)

MS (CI, *i*-Butan):

m/z (%): 535 (60) [M_2H^+]

268 (100) [MH^+]

HR-MS (CI, *i*-Butan): ber. 268.0974 für $[C_{16}H_{14}NO_3]^+$

gef. 268.0973

Elementaranalyse:

$C_{16}H_{13}NO_3$	ber. C 71.90 %	H 4.90 %	N 5.24 %
(267.3 g/mol)	gef. C 71.61 %	H 5.01 %	N 5.11 %

(*R*)-4-Cyclohexyl-1-(4-methoxyphenyl)-azetidin-2,3-dion (171)

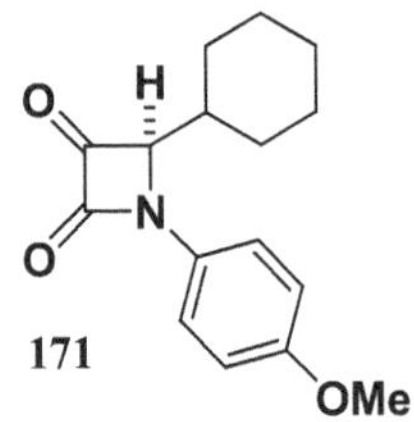

117 mg (0.22 mmol) des 3-Chlor-β-lactams **155** wurden gemäß **AAV 6** mit 112 mg (0.66 mmol) Silbernitrat in Acetonitril/Wasser zur Reaktion gebracht und anschließend an Kieselgel gespalten. Das Rohprodukt wurde nach *Methode A* säulenchromatographisch (Eluent 3) gereinigt. Es resultierte ein gelber Feststoff.

Ausbeute: 38 mg (64 %)

Fp.: 93-95 °C

R_f-Wert: 0.84 (Eluent 3)

$[\alpha]_D^{20}$: +16.7 ° (c = 1.10, $CHCl_3$)

NMR-Daten: <u>^{1}H-NMR (500.1 MHz, $CDCl_3$, δ in ppm)</u>

0.93 (m, 1H, *c*-Hexyl), 1.11 (m, 2H, *c*-Hexyl), 1.42 (m, 1H, *c*-Hexyl), 1.62-1.84 (m, 6H, *c*-Hexyl), 2.11 (m, 1H, CH, *c*-Hexyl), 3.82 (s, 3H, OCH_3), 4.54 (d, 1H, NCH, ^3J = 3.8 Hz), 6.95 (d, 2H, $H_{arom.}$, J = 9.3 Hz), 7.50 (d, 2H, $H_{arom.}$, J = 9.3 Hz)

<u>^{13}C-NMR (125.8 MHz, $CDCl_3$, δ in ppm)</u>

25.6, 25.8, 26.0, 27.1, 28.9 (CH_2, *c*-Hexyl), 36.8 (CH, *c*-Hexyl), 55.5 ($C_{arom.}OCH_3$), 76.1 (NCH), 114.8 ($2C_{arom.}H$), 119.2 ($2C_{arom.}H$), 130.1 ($C_{arom.}N$), 157.9 ($C_{arom.}OCH_3$), 159.7 (NCO), 195.4 (CO)

MS (CI, *i*-Butan):

m/z (%): 547 (36) [M_2H^+]
274 (100) [MH^+]

HR-MS (CI, *i*-Butan): ber. 274.1443 für $[C_{16}H_{20}NO_3]^+$
gef. 274.1444

Elementaranalyse:

$C_{16}H_{19}NO_3$	ber. C 70.31 %	H 7.01 %	N 5.12 %
(273.3 g/mol)	gef. C 69.19 %	H 7.31 %	N 4.98 %

(*R*)-1-Methyl-4-phenyl-azetidin-2,3-dion (172)

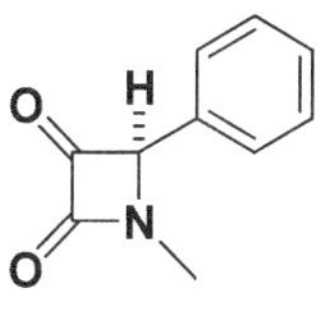

172

200 mg (0.50 mmol) des 3-Chlor-β-lactams **157** wurden gemäß **AAV 6** mit 255 mg (1.50 mmol) Silbernitrat in Acetonitril/Wasser hydrolysiert und anschließend an Kieselgel gespalten. Das Rohprodukt wurde nach *Methode B* gereinigt. Nach Kristallisation aus Dichlormethan/*n*-Hexan resultierten nahezu farblose Nadeln.

Ausbeute: 64 mg (73 %)

Fp.: 134-136 °C (CH_2Cl_2/*n*-Hexan)

$[\alpha]_D^{20}$: -196.5 ° (c = 0.30, $CHCl_3$)

NMR-Daten: <u>^{1}H-NMR (500.1 MHz, $CDCl_3$, δ in ppm)</u>

3.18 (s, 3H, NCH_3), 5.07 (s, 1H, NCH), 7.21 (d, 2H, $H_{arom.}$, J = 7.3 Hz), 7.41 (m, 3H, $H_{arom.}$)

<u>^{13}C-NMR (125.8 MHz, $CDCl_3$, δ in ppm)</u>

27.9 (NCH_3), 75.5 (NCH), 126.7 ($2C_{arom.}H$), 129.4 ($2C_{arom.}H$), 129.6

($C_{arom.}$H), 131.8 (<u>$C_{arom.}$</u>C), 164.2 (NCO), 193.1 (CO)

MS (CI, *i*-Butan):

m/z (%): 351 (56) [M_2H^+]

176 (100) [MH^+]

HR-MS (CI, *i*-Butan): ber. 176.0712 für $[C_{10}H_{10}NO_2]^+$

gef. 176.0713

Elementaranalyse:

$C_{10}H_9NO_2$	ber. C 68.56 %	H 5.18 %	N 8.00 %
(175.2 g/mol)	gef. C 68.13 %	H 5.48 %	N 7.88 %

(*R*)-1-Benzyl-4-(4-methoxyphenyl)-azetidin-2,3-dion (173)

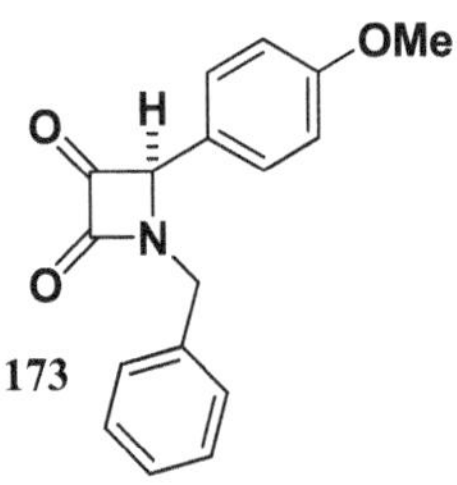

Gemäß **AAV 6** wurden 240 mg (0.48 mmol) des 3-Chlor-β-lactams **159** mit 245 mg (1.44 mmol) Silbernitrat in Acetonitril/Wasser hydrolysiert und an Kieselgel weiter umgesetzt. Das Rohprodukt wurde nach *Methode B* gereinigt. Abschließend konnte aus Dichlormethan/Diisopropylether kristallisiert werden. Es resultierten schwach gelbliche Nadeln.

Ausbeute: 78 mg (58 %)

Fp.: 88-90 °C (CH_2Cl_2/(i-Pr)$_2$O)

$[\alpha]_D^{20}$: -177.7 ° (c = 0.30, $CHCl_3$)

NMR-Daten: <u>^{1}H-NMR (500.1 MHz, $CDCl_3$, δ in ppm)</u>

3.81 (s, 3H, OCH_3), 4.13 (d, 1H, NC<u>H</u>`HPh, $^2J$ = -14.6 Hz), 4.85 (s, 1H, NCH), 5.16 (d, 1H, NCH`<u>H</u>Ph, ^2J = -14.6 Hz), 6.91 (d, 2H, $H_{arom.}$, J = 8.5 Hz), 7.07 (d, 2H, $H_{arom.}$, J = 8.5 Hz), 7.18 (m, 2H, $H_{arom.}$), 7.33 (m, 3H, $H_{arom.}$)

<u>^{13}C-NMR (125.8 MHz, $CDCl_3$, δ in ppm)</u>

45.2 (NCH_2Ph), 55.4 ($C_{arom.}O\underline{C}H_3$), 73.1 (NCH), 114.8 ($2C_{arom.}H$), 123.7 ($\underline{C}_{arom.}C$), 128.5 ($3C_{arom.}H$), 128.8 ($2C_{arom.}H$), 129.1 ($2C_{arom.}H$), 133.5 ($\underline{C}_{arom.}C$), 160.6 ($\underline{C}_{arom.}OCH_3$), 163.9 (NCO), 193.8 (CO)

MS (CI, *i*-Butan):

m/z (%): 282 (100) [MH^+]

HR-MS (CI, *i*-Butan): ber. 282.1130 für $[C_{17}H_{16}NO_3]^+$

gef. 282.1131

Elementaranalyse:

$C_{17}H_{15}NO_3$	ber. C 72.58 %	H 5.37 %	N 4.98 %
(281.3 g/mol)	gef. C 72.14 %	H 5.49 %	N 4.87 %

(*R*)-1-*tert*-Butyl-4-(4-methoxyphenyl)-azetidin-2,3-dion (174)

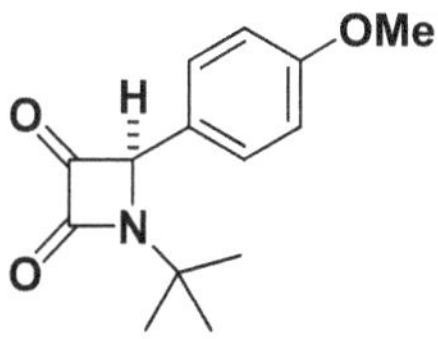

OMe

O H

N

O

174

Nach **AAV 6** wurden 220 mg (0.47 mmol) des 3-Chlor-β-lactams **161** mit 240 mg (1.41 mmol) Silbernitrat in Acetonitril/Wasser hydrolysiert und anschließend der Halbaminalspaltung an Kieselgel unterworfen. Die Reinigung des Rohprodukts erfolgte nach *Methode B*. Das Azetidin-2,3-dion konnte aus Dichlormethan/Diisopropylether unter Ausbildung gelblicher Nadeln kristallisiert werden.

Ausbeute: 91 mg (78 %)

Fp.: 78-80 °C ($CH_2Cl_2/(i\text{-}Pr)_2O$)

$[\alpha]_D^{20}$: -241.9 ° (c = 0.40, $CHCl_3$)

NMR-Daten: <u>^{1}H-NMR (500.1 MHz, $CDCl_3$, δ in ppm)</u>

1.39 (s, 9H, $C(CH_3)_3$), 3.81 (s, 3H, OCH_3), 5.10 (s, 1H, NCH), 6.91 (d, 2H, $H_{arom.}$, J = 8.5 Hz), 7.19 (d, 2H, $H_{arom.}$, J = 8.5 Hz)

<u>^{13}C-NMR (125.8 MHz, $CDCl_3$, δ in ppm)</u>

28.4 (3C, $C(\underline{C}H_3)_3$), 55.3 ($C_{arom.}O\underline{C}H_3$), 56.7 ($\underline{C}(CH_3)_3$), 73.6 (NCH),

	114.6 (2$C_{arom.}$H), 126.9 ($\underline{C}_{arom.}$C), 128.4 (2$C_{arom.}$H), 160.4 ($\underline{C}_{arom.}$$OCH_3$), 163.7 (NCO), 194.8 (CO)
MS (CI, *i*-Butan):	
m/z (%):	495 (53) [M_2H^+] 248 (100) [MH^+]
HR-MS (CI, *i*-Butan):	ber. 248.1287 für $[C_{14}H_{18}NO_3]^+$ gef. 248.1284
Elementaranalyse:	
$C_{14}H_{17}NO_3$	ber. C 68.00 % H 6.93 % N 5.66 %
(247.3 g/mol)	gef. C 67.62 % H 7.11 % N 5.53 %

(*R*)-1-*tert*-Butyl-4-phenyl-azetidin-2,3-dion (175)

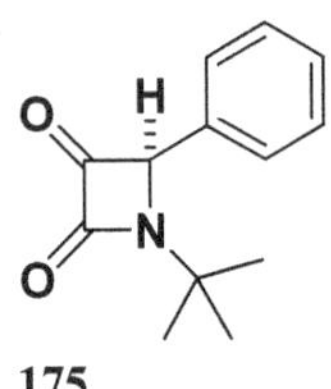

175

Die Darstellung erfolgte gemäß **AAV 6** durch Hydrolyse des 3-Chlor-β-lactams **162** (200 mg, 0.45 mmol) mit 230 mg (1.35 mmol) Silbernitrat in Acetonitril/Wasser und nachfolgende Spaltung an Kieselgel. Nach Aufarbeitung (*Methode B*) und Kristallisation aus Dichlormethan/Diisopropylether wurden nahezu farblose Nadeln erhalten.

Ausbeute:	73 mg (75 %)
Fp.:	137-138 °C (CH_2Cl_2/(*i*-Pr)$_2$O)
$[\alpha]_D^{20}$:	-273.3 ° (c = 0.73, $CHCl_3$)
NMR-Daten:	<u>^{1}H-NMR (500.1 MHz, $CDCl_3$, δ in ppm)</u>
	1.40 (s, 9H, $C(CH_3)_3$), 5.13 (s, 1H, NCH), 7.28 (d, 2H, $H_{arom.}$, J = 7.3 Hz), 7.39 (m, 3H, $H_{arom.}$)
	<u>^{13}C-NMR (125.8 MHz, $CDCl_3$, δ in ppm)</u>
	28.4 (3C, C($\underline{C}H_3$)$_3$), 56.7 ($\underline{C}$(CH_3)$_3$), 74.0 (NCH), 127.0 (2$C_{arom.}$H), 129.2 (2$C_{arom.}$H), 129.3 ($C_{arom.}$H), 135.0 ($\underline{C}_{arom.}$C), 163.7 (NCO), 193.9 (CO)

MS (CI, *i*-Butan):

m/z (%): 435 (58) $[M_2H^+]$

218 (100) $[MH^+]$

HR-MS (CI, *i*-Butan): ber. 218.1181 für $[C_{13}H_{16}NO_2]^+$

gef. 218.1180

Elementaranalyse:

$C_{13}H_{15}NO_2$	ber. C 71.87 %	H 6.96 %	N 6.45 %
(217.3 g/mol)	gef. C 71.33 %	H 6.93 %	N 6.34 %

(*R*)-1-Allyl-4-phenyl-azetidin-2,3-dion (176)

176

Gemäß **AAV 6** wurden 220 mg (0.52 mmol) des 3-Chlor-β-lactams **163** mit 265 mg (1.56 mmol) Silbernitrat in Acetonitril/Wasser hydrolysiert und an Kieselgel weiter umgesetzt. Das Produkt wurde nach *Methode B* gereinigt und anschließend aus Dichlormethan/Diisopropylether kristallisiert. Es resultierten schwach gelbliche Nadeln.

Ausbeute: 71 mg (68 %)

Fp.: 86-88 °C ($CH_2Cl_2/(i\text{-}Pr)_2O$)

$[\alpha]_D^{20}$: -109.6 ° (c = 0.44, $CHCl_3$)

NMR-Daten: ^{1}H-NMR (500.1 MHz, $CDCl_3$, δ in ppm)

3.77 (dd, 1H, NC<u>H</u>\`H, $^3J$ = 7.9 Hz, $^2J$ = -15.3 Hz), 4.54 (dd, 1H, NCH\`<u>H</u>, ^3J = 4.9 Hz, ^2J = -15.3 Hz), 5.11 (s, 1H, NCH), 5.20 (d, 1H, CH=<u>H</u>\`H, $^3J$ = 17.1 Hz, $^2J$ = 0 Hz), 5.26 (d, 1H, CH=H\`<u>H</u>, ^3J = 10.4 Hz, ^2J = 0 Hz), 5.77 (m, 1H, C<u>H</u>=CH\`H), 7.21 (d, 2H, $H_{arom.}$, J = 7.3 Hz), 7.40 (m, 3H, $H_{arom.}$)

^{13}C-NMR (125.8 MHz, $CDCl_3$, δ in ppm)

44.0 (NCH_2), 73.7 (NCH), 120.5 (CH=<u>C</u>H_2), 126.9 (2$C_{arom.}$H), 129.3 (2$C_{arom.}$H), 129.4 (<u>C</u>H=CH_2), 129.5 ($C_{arom.}$H), 132.1 (<u>C</u>$_{arom.}$C), 163.8 (NCO), 193.1 (CO)

MS (CI, *i*-Butan):

m/z (%): 403 (80) $[M_2H^+]$

202 (100) $[MH^+]$

HR-MS (CI, *i*-Butan): ber. 202.0868 für $[C_{12}H_{12}NO_2]^+$

gef. 202.0868

Elementaranalyse:

$C_{12}H_{11}NO_2$	ber. C 71.63 %	H 5.51 %	N 6.96 %
(201.2 g/mol)	gef. C 71.41 %	H 5.62 %	N 6.83 %

(*R*)-4-phenyl-1-(2-phenylethyl)-azetidin-2,3-dion (177)

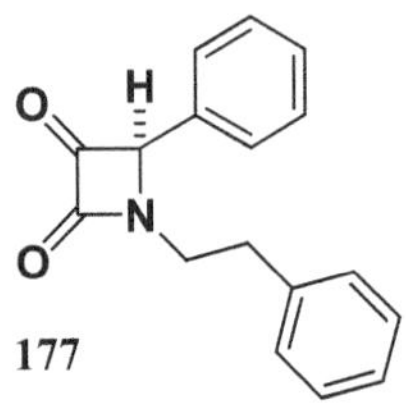

177

220 mg (0.45 mmol) des 3-Chlor-β-lactams **164** wurden gemäß **AAV 6** mit 230 mg (1.35 mmol) Silbernitrat in Acetonitril/Wasser zur Reaktion gebracht und an Kieselgel gespalten. Das Rohprodukt wurde nach *Methode B* gereinigt. Kristallisation aus Dichlormethan/Diisopropylether lieferte das Azetidin-2,3-dion in Form schwach gelblicher Nadeln.

Ausbeute: 91 mg (76 %)

Fp.: 131-133 °C ($CH_2Cl_2/(i\text{-}Pr)_2O$)

$[\alpha]_D^{20}$: -164.2 ° (c = 0.74, $CHCl_3$)

NMR-Daten: ^{1}H-NMR (500.1 MHz, $CDCl_3$, δ in ppm)

2.92-3.02 (m, 2H, C$\underline{H}$\`$\underline{H}$Ph), 3.50 (dt, 1H, NC$\underline{H}$\`H, ^3J = 7.3 Hz, ^2J = -14.6 Hz), 4.15 (dt, 1H, NCH\`$\underline{H}$, ^3J = 7.3 Hz, ^2J = -14.6 Hz), 4.78 (s, 1H, NCH), 7.07 (m, 2H, $H_{arom.}$), 7.16 (d, 2H, $H_{arom.}$, J = 7.3 Hz), 7.28 (m, 3H, $H_{arom.}$), 7.37 (m, 3H, $H_{arom.}$)

^{13}C-NMR (125.8 MHz, $CDCl_3$, δ in ppm)

33.8 (CH_2Ph), 42.7 (NCH_2), 74.6 (NCH), 126.9 ($2C_{arom.}H$), 127.0 ($C_{arom.}H$), 128.5 ($2C_{arom.}H$), 128.9 ($2C_{arom.}H$), 129.2 ($2C_{arom.}H$), 129.5 ($C_{arom.}H$), 132.0 ($\underline{C}_{arom.}C$), 137.5 ($\underline{C}_{arom.}C$), 164.0 (NCO), 193.2 (CO)

MS (CI, *i*-Butan):

m/z (%): 531 (43) [M_2H^+]

266 (100) [MH^+]

HR-MS (CI, *i*-Butan): ber. 266.1181 für $[C_{17}H_{16}NO_2]^+$

gef. 266.1182

Elementaranalyse:

$C_{17}H_{15}NO_2$	ber. C 76.96 %	H 5.70 %	N 5.28 %
(265.3 g/mol)	gef. C 76.74 %	H 5.78 %	N 5.20 %

(*R*)-1-*tert*-Butyl-4-cyclohexyl-azetidin-2,3-dion (178)

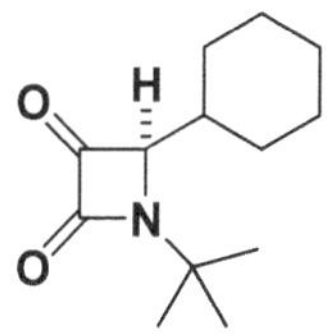

178

Die Darstellung erfolgte gemäß **AAV 6** durch Hydrolyse des 3-Chlor-β-lactams **166** (200 mg, 0.45 mmol) mit 230 mg (1.35 mmol) Silbernitrat in Acetonitril/Wasser und nachfolgende Spaltung an Kieselgel. Es wurde nach *Methode A* aufgearbeitet. Das Produkt konnte säulenchromatographisch (Eluent 15) als farbloser, kristalliner Feststoff isoliert werden.

Ausbeute: 80 mg (80 %)

Fp.: 126-127 °C

R_f-Wert: 0.55 (Eluent 15)

$[\alpha]_D^{20}$: -181.0 ° (c = 0.50, Aceton)

NMR-Daten: ^{1}H-NMR (500.1 MHz, $CDCl_3$, δ in ppm)

0.83 (m, 1H, *c*-Hexyl), 1.18 (m, 3H, *c*-Hexyl), 1.37 (m, 1H, *c*-Hexyl), 1.48 (s, 9H, $C(CH_3)_3$), 1.67 (m, 2H, *c*-Hexyl), 1.82 (m, 4H, *c*-Hexyl), 4.14 (d, 1H, NCH, ^3J = 3.3 Hz)

^{13}C-NMR (125.8 MHz, $CDCl_3$, δ in ppm)

25.7, 26.0, 26.2, 26.7 (CH_2, *c*-Hexyl), 28.1 (3C, C($\underline{C}H_3)_3$), 29.3 (CH_2, *c*-Hexyl), 39.1 (CH, *c*-Hexyl), 56.1 ($\underline{C}(CH_3)_3$), 76.0 (NCH), 162.6 (NCO), 198.5 (CO)

MS (CI, *i*-Butan):

m/z (%): 224 (100) [MH^+]

168 (22) [MH^+-C_2O_2]

HR-MS (CI, *i*-Butan): ber. 224.1651 für $[C_{13}H_{22}NO_2]^+$

gef. 224.1652

Elementaranalyse:

$C_{13}H_{21}NO_2$	ber. C 69.92 %	H 9.48 %	N 6.27 %
(223.3 g/mol)	gef. C 69.42 %	H 9.08 %	N 6.25 %

(*R*)-4-Phenyl-1-[(*S*)-1`-phenyl-ethyl]-azetidin-2,3-dion (179)

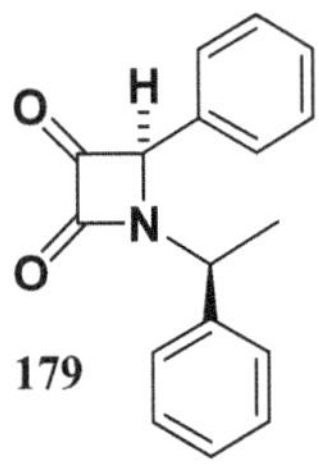

179

Nach **AAV 6** wurden 120 mg (0.25 mmol) des 3-Chlor-β-lactams **167** mit 125 mg (0.74 mmol) Silbernitrat in Acetonitril/Wasser hydrolysiert und anschließend der Halbaminalspaltung an Kieselgel unterworfen. Das Rohprodukt wurde nach *Methode B* gereinigt. Es resultierte ein schwach gelblicher Sirup.

Ausbeute: 48 mg (72 %)

Fp.: sirupös

$[\alpha]_D^{20}$: -125.9 ° (c = 0.26, $CHCl_3$)

NMR-Daten: ^{1}H-NMR (500.1 MHz, $CDCl_3$, δ in ppm)

1.95 (d, 3H, CH_3, ^3J = 7.3 Hz), 4.71 (q, C<u>H</u>CH_3, ^3J = 7.3 Hz), 4.87 (s, 1H, NCH), 7.09 (m, 2H, $H_{arom.}$), 7.22 (m, 2H, $H_{arom.}$), 7.27-7.35 (m, 6H, $H_{arom.}$)

^{13}C-NMR (125.8 MHz, $CDCl_3$, δ in ppm)

19.4 (CH_3), 55.7 (<u>C</u>HCH_3), 73.9 (NCH), 126.9 (2$C_{arom.}$H), 127.1 (2$C_{arom.}$H), 128.4 ($C_{arom.}$H), 129.0 (2$C_{arom.}$H), 129.2 (2$C_{arom.}$H), 129.4 ($C_{arom.}$H), 132.3 (<u>C</u>$_{arom.}$C), 139.4 (<u>C</u>$_{arom.}$C), 163.8 (NCO), 193.6 (CO)

MS (CI, *i*-Butan):

m/z (%): 531 (65) $[M_2H^+]$

266 (100) $[MH^+]$

HR-MS (CI, *i*-Butan): ber. 266.1181 für $[C_{17}H_{16}NO_2]^+$

gef. 266.1181

Elementaranalyse:

$C_{17}H_{15}NO_2$	ber. C 76.96 %	H 5.70 %	N 5.28 %
(265.3 g/mol)	gef. C 76.55 %	H 5.86 %	N 5.12 %

(*R*)-4-Phenyl-1-[(*R*)-1`-phenyl-ethyl]-azetidin-2,3-dion (180)

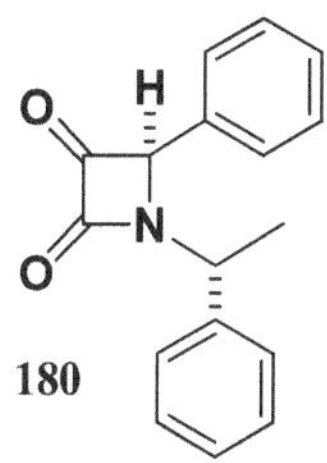

200 mg (0.41 mmol) des 3-Chlor-β-lactams **168** wurden gemäß **AAV 6** mit 210 mg (1.24 mmol) Silbernitrat in Acetonitril/Wasser zur Reaktion gebracht und anschließend an Kieselgel gespalten. Das Rohprodukt wurde nach *Methode B* gereinigt. Es resultierte ein schwach gelblicher Sirup.

Ausbeute: 76 mg (70 %)

Fp.: sirupös

$[\alpha]_D^{20}$: -156.7 ° (c = 0.25, $CHCl_3$)

NMR-Daten: ^{1}H-NMR (500.1 MHz, $CDCl_3$, δ in ppm)

1.44 (d, 3H, CH_3, ^3J = 7.3 Hz), 4.76 (s, 1H, NCH), 5.44 (q, 1H, C<u>H</u>CH_3, ^3J = 7.3 Hz), 7.17 (m, 2H, $H_{arom.}$), 7.25 (m, 2H, $H_{arom.}$), 7.34-7.40 (m, 6H, $H_{arom.}$)

^{13}C-NMR (125.8 MHz, $CDCl_3$, δ in ppm)

18.9 (CH_3), 53.4 (<u>C</u>HCH_3), 73.6 (NCH), 127.4 (2$C_{arom.}$H), 127.5 (2$C_{arom.}$H), 128.6 ($C_{arom.}$H), 129.0 (2$C_{arom.}$H), 129.1 (2$C_{arom.}$H), 129.5 ($C_{arom.}$H), 134.1 (<u>C</u>$_{arom.}$C), 137.9 (<u>C</u>$_{arom.}$C), 164.2 (NCO), 193.3 (CO)

MS (CI, *i*-Butan):	
m/z (%):	531 (49) [M_2H^+]
	266 (100) [MH^+]
HR-MS (CI, *i*-Butan):	ber. 266.1181 für $[C_{17}H_{16}NO_2]^+$
	gef. 266.1180

Elementaranalyse:

$C_{17}H_{15}NO_2$	ber. C 76.96 %	H 5.70 %	N 5.28 %
(265.3 g/mol)	gef. C 76.59 %	H 5.86 %	N 5.22 %

9.5 Selektive Ringöffnung von β-Lactamen

9.5.1 Spaltung der C-2/C-3-Bindung

(*R*)-2-(4-Methoxyphenylamino)-1-(*N*-morpholino)-1-oxo-2-phenyl-ethan (181)

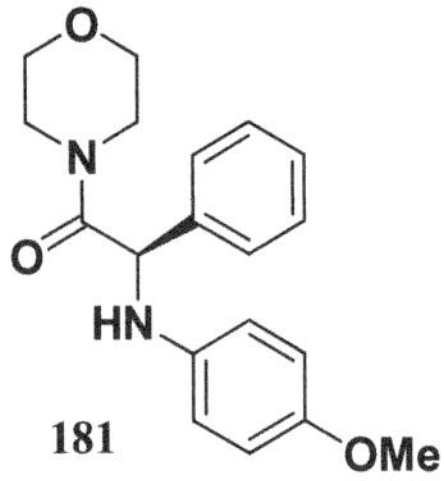

181

Eine Vorlage von 97 mg (0.36 mmol) (*R*)-1-(4-Methoxyphenyl)-4-phenyl-azetidin-2,3-dion (**170**) in 3.6 ml THF wurde unter Rühren mit einer Lösung von 32 µL (0.36 mmol) Morpholin in 72 µL THF versetzt. Das Reaktionsgemisch wurde bei Raumtemperatur so lange gerührt, bis dünnschichtchromatographisch kein Reaktionsfortschritt mehr zu beobachten war (16 h). Nach Entfernung des Lösungsmittels im Vakuum wurde der Rückstand an Kieselgel chromatographiert (Eluent 3). Das Produkt fiel als nahezu farbloser Sirup an.

Ausbeute:	59 mg (50 %)
Fp.:	sirupös
R_f-Wert:	0.28 (Eluent 3)
$[\alpha]_D^{20}$:	-88.5 ° (c = 1.00, $CHCl_3$)

NMR-Daten: ^{1}H-NMR (500.1 MHz, $CDCl_3$, δ in ppm)

3.18 (s(b), 1H, NH), 3.45 (m, 1H, CH_2), 3.54 (m, 4H, CH_2), 3.64 (m, 1H, CH_2), 3.69 (s, 3H, OCH_3), 3.72 (m, 2H, CH_2), 5.18 (s, 1H, NCHPh), 6.61 (d, 2H, $H_{arom.}$, J = 8.8 Hz), 6.71 (d, 2H, $H_{arom.}$, J = 8.8 Hz), 7.28 (m, 1H, $H_{arom.}$), 7.33 (m, 2H, $H_{arom.}$), 7.39 (m, 2H, $H_{arom.}$)

^{13}C-NMR (125.8 MHz, $CDCl_3$, δ in ppm)

42.8, 45.9 (CH_2), 55.7 ($C_{arom.}O\underline{C}H_3$), 59.4 (NCHPh), 66.1, 66.7 (CH_2), 114.8 ($2C_{arom.}H$), 115.4 ($2C_{arom.}H$), 127.6 ($2C_{arom.}H$), 128.1 ($C_{arom.}H$), 129.0 ($2C_{arom.}H$), 138.3 ($\underline{C}_{arom.}C$), 140.6 ($C_{arom.}N$), 152.6 ($\underline{C}_{arom.}OCH_3$), 169.7 (NCO)

MS (CI, *i*-Butan):

m/z (%): 327 (100) [MH^+]

HR-MS (CI, *i*-Butan): ber. 327.1709 für $[C_{19}H_{23}N_2O_3]^+$

gef. 327.1707

Elementaranalyse:

$C_{19}H_{22}N_2O_3$	ber. C 69.92 %	H 6.79 %	N 8.58 %
(326.4 g/mol)	gef. C 67.88 %	H 6.71 %	N 7.81 %

Die α-Aminosäure-Derivate **182-184** wurden über eine Zwischenstufe nach folgender allgemeinen Arbeitsvorschrift (**AAV 7**) dargestellt:

AAV 7: Stereokontrollierte Darstellung von α-D-Aminosäure-Derivaten durch Oxidation enantiomerenreiner Azetidin-2,3-dione zu den *N*-Carboxy-anhydriden mittels *m*-Chlor-perbenzoesäure (MCPBA) und anschließende Ringöffnung mit *N*-Nucleophilen

160 mg (0.65 mmol) *m*-Chlor-perbenzoesäure (70 %) werden in 3 mL trockenem Dichlormethan gelöst und nach Zusatz von 0.4 g wasserfreiem Magnesiumsulfat 30 min gerührt. Das Trockenmittel wird abfiltriert, mit wenig trockenem Dichlormethan nachgewaschen und das Filtrat bei -40 °C (Ethanol/Stickstoff$_{(fl.)}$) langsam mit einer Lösung des Azetidin-2,3-dions (0.5 mmol) in 1 mL trockenem Dichlormethan versetzt. Nach vollständigem Umsatz (DC-Kontrolle, üblicherweise 30-60 min) wird das in 1 mL trockenem Dichlormethan gelöste, trockene Amin (0.65 mmol) hinzugefügt und unter langsamer

Erwärmung auf Raumtemperatur über Nacht gerührt. Der Umsatz wird dünnschichtchromatographisch überprüft und die organische Phase nach Wasserzugabe (5 mL) zunächst zweimal mit 0.1 M Salzsäure dann mit gesättigter Natriumcarbonatlösung gewaschen. Nach Trocknung über Magnesiumsulfat wird im Vakuum vollständig eingeengt und der Rückstand säulenchromatographisch unter Verwendung eines individuell angegebenen Eluenten aufgearbeitet.

(*R*)-*N*-Isopropyl-2-(4-methoxyphenylamino)-2-phenyl-acetamid (182)

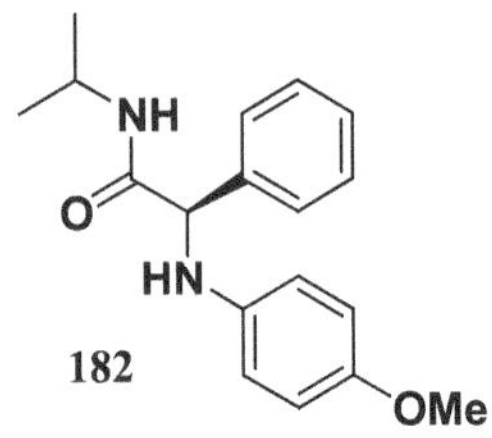

NH
O
HN
182
OMe

Gemäß **AAV 7** wurden 195 mg (0.73 mmol) (*R*)-1-(4-Methoxyphenyl)-4-phenyl-azetidin-2,3-dion (**170**) mit 235 mg (0.95 mmol) MCPBA (70 %) oxidiert und anschließend mit 81 µL (0.95 mmol) trockenem Isopropylamin versetzt. Nach säulenchromatographischer Reinigung (Kieselgel, Eluent 2) und anschließender Umkristallisation aus Aceton/*n*-Hexan resultierte ein farbloser Feststoff.

Ausbeute:	134 mg (62 %)
Fp.:	112-116 °C (Aceton/*n*-Hexan)
R_f-Wert:	0.37 (Eluent 2)
$[\alpha]_D^{20}$:	-136.0 ° (c = 1.00, $CHCl_3$)
NMR-Daten:	^{1}H-NMR (500.1 MHz, $CDCl_3$, δ in ppm)
	1.07 (d, 3H, CH_3, ^3J = 6.6 Hz), 1.15 (d, 3H, CH_3, ^3J = 6.6 Hz), 3.74 (s, 3H, OCH_3), 4.11 (m, 1H, C<u>H</u>$(CH_3)_2$), 4.63 (s, 1H, NCHPh), 6.59 (d, 2H, $H_{arom.}$, J = 8.8 Hz), 6.69 (d, 1H, CONH, ^3J = 8.2 Hz), 6.77 (d, 2H, $H_{arom.}$, J = 8.8 Hz), 7.30-7.42 (m, 5H, $H_{arom.}$)
	^{13}C-NMR (125.8 MHz, $CDCl_3$, δ in ppm)
	22.4 (CH_3), 22.7 (CH_3), 41.4 (<u>C</u>H$(CH_3)_3$), 55.7 ($C_{arom.}$O<u>C</u>H_3), 65.3 (NCHPh), 114.8 (2$C_{arom.}$H), 115.1 (2$C_{arom.}$H), 127.3 (2$C_{arom.}$H), 128.5 ($C_{arom.}$H), 129.1 (2$C_{arom.}$H), 139.0 (<u>C</u>$_{arom.}$C), 140.8 ($C_{arom.}$N), 153.3 (<u>C</u>$_{arom.}$$OCH_3$), 168.6 (NCO)

MS (CI, *i*-Butan):

m/z (%): 597 (15) [M_2H^+]

299 (100) [MH^+]

HR-MS (CI, *i*-Butan): ber. 299.1760 für [$C_{18}H_{23}N_2O_2$]$^+$

gef. 299.1760

Elementaranalyse:

$C_{18}H_{22}N_2O_2$	ber. C 72.46 %	H 7.43 %	N 9.39 %
(298.4 g/mol)	gef. C 73.59 %	H 7.65 %	N 9.59 %

(*R*)-2-Cyclohexyl-*N*-isopropyl-2-(4-methoxyphenylamino)-acetamid (183)

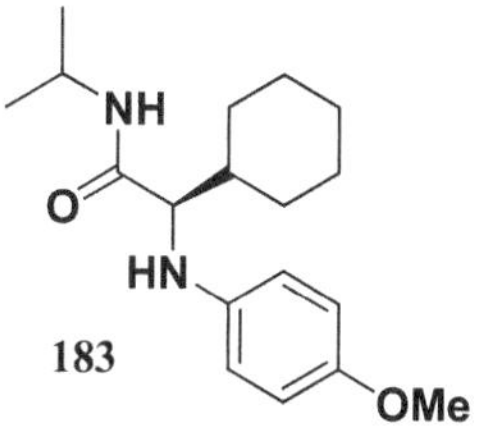

NH
O
HN
183
OMe

145 mg (0.53 mmol) (*R*)-4-Cyclohexyl-1-(4-methoxyphenyl)-azetidin-2,3-dion (**171**) wurden gemäß **AAV 7** mit 170 mg (0.69 mmol) MCPBA (70 %) und 59 μL (0.69 mmol) trockenem Isopropylamin zur Reaktion gebracht. Säulenchromatographische Aufarbeitung (Kieselgel, Eluent 1) und anschließende Umkristallisation aus Aceton/*n*-Hexan lieferte einen farblosen Feststoff.

Ausbeute: 83 mg (51 %)

Fp.: 141-143 °C (Aceton/*n*-Hexan)

R_f-Wert: 0.39 (Eluent 1)

$[\alpha]_D^{20}$: +24.1 ° (c = 1.00, $CHCl_3$)

NMR-Daten: ^{1}H-NMR (500.1 MHz, $CDCl_3$, δ in ppm)

1.03 (d, 3H, CH_3, ^3J = 6.6 Hz), 1.09 (d, 3H, CH_3, ^3J = 6.6 Hz), 1.11-1.32 (m, 5H, *c*-Hexyl), 1.67 (m, 3H, *c*-Hexyl), 1.76 (m, 2H, *c*-Hexyl), 1.98 (m, 1H, CH, *c*-Hexyl), 3.40 (d, 1H, NCHCO, ^3J = 4.4 Hz), 3.72 (s, 3H, OCH_3), 4.09 (m, 1H, C<u>H</u>(CH_3)$_2$), 6.54 (d, 2H, $H_{arom.}$, J = 8.8 Hz), 6.66 (d, 1H, CONH, ^3J = 8.2 Hz), 6.75 (d, 2H, $H_{arom.}$, J = 8.8 Hz)

^{13}C-NMR (125.8 MHz, $CDCl_3$, δ in ppm)

22.5 (CH_3), 22.9 (CH_3), 26.1, 26.2, 26.3, 28.0, 30.3 (CH_2, *c*-Hexyl), 40.8 ($\underline{C}H(CH_3)_3$), 41.1 (CH, *c*-Hexyl), 55.7 ($C_{arom.}O\underline{C}H_3$), 65.8 ($N\underline{C}HCO$), 114.8 ($2C_{arom.}H$), 114.8 ($2C_{arom.}H$), 141.6 ($C_{arom.}N$), 153.0 ($\underline{C}_{arom.}OCH_3$), 171.7 (NCO)

MS (CI, *i*-Butan):

m/z (%): 609 (81) [M_2H^+]
305 (100) [MH^+]

HR-MS (CI, *i*-Butan): ber. 305.2229 für $[C_{18}H_{29}N_2O_2]^+$
gef. 305.2229

$C_{18}H_{28}N_2O_2$
(304.4 g/mol)

(*R*)-2-Cyclohexyl-*N*-[(*R*)-α-methoxycarbonylbenzyl]-2-(4-methoxyphenylamino)-acetamid (184)

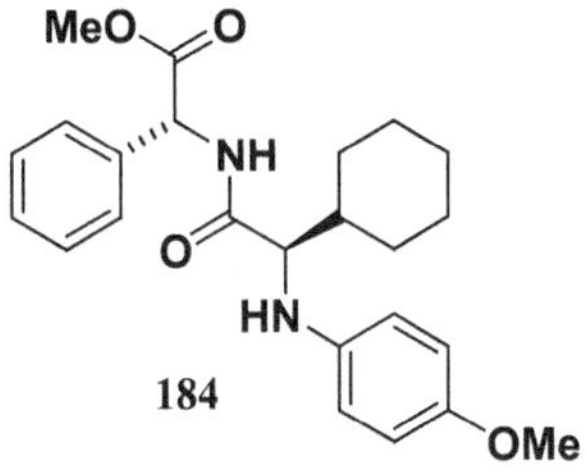

MeO O NH O HN OMe

184

Die Darstellung erfolgte gemäß **AAV 7** durch Umsetzung von (*R*)-4-Cyclohexyl-1-(4-methoxyphenyl)-azetidin-2,3-dion (**171**) (130 mg, 0.48 mmol) mit 154 mg (0.62 mmol) MCPBA (70 %) und anschließende Kupplung mit 102 mg (0.62 mmol) (*R*)-Phenylglycin-methylester als Aminkomponente. Das Produkt wurde nach säulenchromatographischer Reinigung (Kieselgel, Eluent 3) und Umkristallistion aus Aceton/*n*-Hexan als farbloser Feststoff erhalten.

Ausbeute: 160 mg (82 %)

Fp.: 138-140 °C (Aceton/*n*-Hexan)

R_f-Wert: 0.67 (Eluent 3)

$[\alpha]_D^{20}$: -16.7 ° (c = 1.10, $CHCl_3$)

NMR-Daten: ^{1}H-NMR (500.1 MHz, $CDCl_3$, δ in ppm)

1.06-1.29 (m, 5H, *c*-Hexyl), 1.63 (m, 3H, *c*-Hexyl), 1.72 (m, 2H, *c*-Hexyl), 1.96 (m, 1H, CH, *c*-Hexyl), 3.51 (d, 1H, NCHCO, ^{3}J = 4.4 Hz), 3.66 (s, 3H, $COOCH_3$), 3.74 (s, 3H, $C_{arom.}OCH_3$), 5.53 (d, 1H, NCHPh, ^{3}J = 7.1 Hz), 6.64 (d, 2H, $H_{arom.}$, J = 8.8 Hz), 6.78 (d, 2H, $H_{arom.}$, J = 8.8 Hz), 7.26-7.34 (m, 5H, $H_{arom.}$), 7.66 (d, 1H, CONH, ^{3}J = 7.1 Hz)

^{13}C-NMR (125.8 MHz, $CDCl_3$, δ in ppm)

26.1, 26.1, 26.2, 28.2, 30.1 (CH_2, *c*-Hexyl), 41.3 (CH, *c*-Hexyl), 52.6 (NCHPh), 55.7 ($C_{arom.}O\underline{C}H_3$), 56.4 ($COO\underline{C}H_3$), 66.1 (N$\underline{C}$HCO), 114.8 ($2C_{arom.}H$), 115.5 ($2C_{arom.}H$), 127.3 ($2C_{arom.}H$), 128.5 ($C_{arom.}H$), 128.9 ($2C_{arom.}H$), 136.3 ($\underline{C}_{arom.}C$), 141.5 ($C_{arom.}N$), 153.3 ($\underline{C}_{arom.}OCH_3$), 170.8 (NCO), 172.8 ($\underline{C}OOCH_3$)

MS (CI, *i*-Butan):

m/z (%): 821 (82) $[M_2H^+]$

411 (100) $[MH^+]$

HR-MS (CI, *i*-Butan): ber. 411.2284 für $[C_{24}H_{31}N_2O_4]^+$

gef. 411.2283

Elementaranalyse:

$C_{24}H_{30}N_2O_4$	ber. C 70.22 %	H 7.37 %	N 6.82 %
(410.5 g/mol)	gef. C 69.83 %	H 7.29 %	N 6.85 %

9.5.2 Spaltung der N-1/C-4-Bindung

(*Z*)-1-*N*-[4`,4`-Dimethyl-*N*`-(4-methoxyphenyl)-2`-pentenamid-2`-yl]-1-*N*,2-*O*-carbonyl-3,5-di-*O*-methyl-α-D-xylofuranosylamin (185)

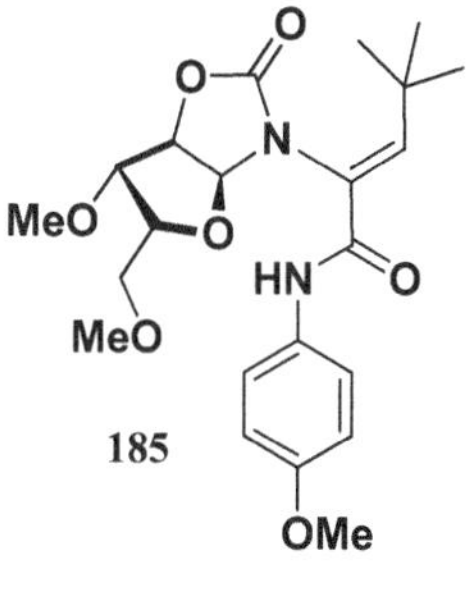

185

0.6 mL (0.6 mmol) einer 1 M Lithiumhexamethyldisilazid (LiHMDS)-Lösung in Tetrahydrofuran wurden unter Stickstoffatmosphäre in 2 mL trockenem THF aufgenommen. Die auf ca. -70 °C (Aceton/Stickstoff$_{(fl.)}$) abgekühlte Vorlage wurde zunächst unter Rühren zügig mit 0.23 mL (1.84 mmol) Chlortrimethylsilan und nach 5 min tropfenweise mit einer Lösung von 200 mg (0.46 mmol) 1-*N*-[*cis*-(3`*S*,4`*R*)-4`-*tert*-Butyl-1`-(4-methoxyphenyl)-azetidin-2`-on-3`-yl]-1-*N*,2-*O*-carbonyl-3,5-di-*O*-methyl-α-D-xylofuranosylamin (**120**) in 1 mL trockenem THF versetzt. Nach beendeter Zugabe wurde das Reaktionsgemisch zunächst 1 h bei -70 °C gehalten und dann unter kontinuierlicher Erwärmung auf Raumtemperatur gerührt, bis dünnschichtchromatographisch kein weiterer Umsatz zu verzeichnen war (19 h). Zur Aufarbeitung wurde mit 1.5 mL Triethylamin und 1 mL gesättigter Natriumhydrogencarbonatlösung versetzt, die organische Phase abgetrennt und die wässrige Phase mit Dichlormethan erschöpfend extrahiert. Nach einem Waschvorgang mit gesättigter Natriumchloridlösung erfolgte die Trocknung der vereinigten organischen Phasen über Magnesiumsulfat und die vollständige Entfernung der Lösungsmittel im Vakuum. Das Rohprodukt wurde säulenchromatographisch an Kieselgel gereinigt (Eluent 22) und konnte anschließend aus Dichlormethan/Diisopropylether kristallisiert werden.

Ausbeute:	48 mg (24 % %)
Fp.:	122-124 °C (CH_2Cl_2/(*i*-Pr)$_2$O)
R_f-Wert:	0.48 (Eluent 22)
$[\alpha]_D^{20}$:	-9.7 ° (c = 1.07, $CHCl_3$)
NMR-Daten:	<u>^{1}H-NMR (500.1 MHz, $CDCl_3$, δ in ppm)</u>
	1.17 (s, 9H, C(CH_3)$_3$), 3.37 (s, 3H, OCH_3), 3.47 (s, 3H, OCH_3), 3.67 (m, 2H, H-5`, H-5), 3.78 (s, 3H, $C_{arom.}OCH_3$), 4.04 (s(b), 1H, H-3, ^3J : n.a.), 4.50 (s(b), 1H, H-4, ^3J : n.a.), 4.96 (d, 1H, H-2, $^3J_{2,1}$ = 5.5 Hz), 5.71 (d, 1H, H-1, $^3J_{1,2}$ = 5.5 Hz), 6.83 (d, 2H, $H_{arom.}$, J = 8.8 Hz), 7.11 (s, 1H, C=CH), 7.55 (d, 2H, $H_{arom.}$, J = 8.8 Hz), 8.59 (s, 1H, CONH)
	<u>^{13}C-NMR (125.8 MHz, $CDCl_3$, δ in ppm)</u>
	29.2 (3C, C($\underline{C}H_3$)$_3$), 34.4 ($\underline{C}$(CH_3)$_3$), 55.4 ($C_{arom.}O\underline{C}H_3$), 58.6 ($OCH_3$), 59.2 ($OCH_3$), 70.2 (C-5), 79.4 (C-4), 79.8 (C-2), 82.9 (C-3), 92.8 (C-1), 113.9 (2$C_{arom.}$H), 122.0 (2$C_{arom.}$H), 126.3 ($\underline{C}$=CH), 131.3 ($C_{arom.}$N), 151.1 (C=$\underline{C}$H), 155.1 (NCOO), 156.3 ($\underline{C}_{arom.}OCH_3$), 162.3 (NCO)

MS (CI, *i*-Butan):

m/z (%): 869 (10) [M_2H^+]

435 (100) [MH^+]

HR-MS (CI, *i*-Butan): ber. 435.2131 für [$C_{22}H_{31}N_2O_7$]$^+$

gef. 435.2131

$C_{22}H_{30}N_2O_7$

(434.5 g/mol)

Die Darstellung der Verbindungen **186-189** gelang durch reduktive Spaltungen der N-1/C-4-Bindung unter Berücksichtigung der nachfolgenden allgemeinen Arbeitsvorschrift (**AAV 8**):

AAV 8: Synthese ausgewählter (*S*)-Phenylalanin-Derivate durch selektive Ringöffnung enantiomerenreiner 4-Phenyl-azetidin-2-one mittels palladiumkatalysierter Hydrogenolyse

Eine Lösung von 0.5 mmol des betreffenden 4-Phenyl-β-lactams in 15 mL destilliertem Methanol wird in einer unter Wasserstoffatmosphäre (ca. 1 bar, Gasballon) befindlichen Rückflussapparatur an 500 mg Palladium auf Aktivkohle (10 % Pd) unter krätigem Rühren auf 55 °C (Heizbadtemperatur) erhitzt. Der Reaktionsfortschritt wird dünnschicht-chromatographisch verfolgt. Nach vollständigem Umsatz wird die Apparatur mit Stickstoff durchspült, der Katalysator über eine kurze Kieselgelsäule abfilriert und mehrfach mit Essigsäureethylester nachgewaschen. Das Filtrat wird im Vakuum eingeengt. Hierbei kann es mitunter zur Abscheidung kleiner Mengen gallertartiger Verunreinigungen kommen, die durch einfache Filtration (Papierfilter) entfernt werden. Das so erhaltene Produkt fällt üblicherweise in guter Reinheit an.

1-*N*-[(*S*)-*N*`-[(*S*)-1``-Methoxycarbonyl-2``-methyl-propyl]-3`-phenyl-propionamid-2`-yl]-1-*N*,2-*O*-carbonyl-3,5-di-*O*-methyl-α-D-xylofuranosylamin (186)

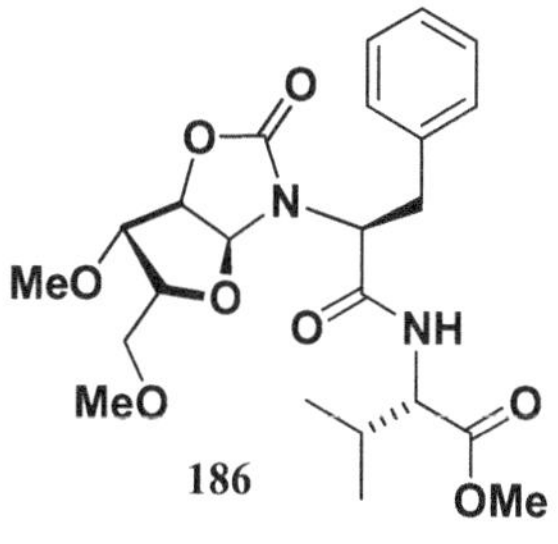

O
O
N
MeO
O
O
NH
MeO
O
186
OMe

230 mg (0.50 mmol) des β-Lactam-Derivats **137** wurden gemäß **AAV 8** unter Erwärmung hydriert. Nach 5.5 h konnte aufgearbeitet werden. Das Produkt wurde als nahezu farbloser Sirup erhalten.

Ausbeute:	227 mg (98 %)
Fp.:	sirupös
R_f-Wert:	0.75 (Eluent 9)
$[\alpha]_D^{20}$:	+1.1 ° (c = 0.50, $CHCl_3$)
NMR-Daten:	<u>^{1}H-NMR (500.1 MHz, $CDCl_3$, δ in ppm)</u>
	0.83 (d, 3H, CH_3, ^3J = 6.7 Hz), 0.88 (d, 3H, CH_3, ^3J = 6.7 Hz), 2.10 (m, 1H, C<u>H</u>(CH_3)$_2$), 3.29 (dd, 1H, C<u>H</u>\`HPh, $^3J$ = 7.9 Hz, $^2J$ = -14.0 Hz), 3.33 (s, 3H, $OCH_3$), 3.36 (dd, 1H, CH\`<u>H</u>Ph, ^3J = 7.9 Hz, ^2J = -14.0 Hz), 3.38 (s, 3H, OCH_3), 3.52 (dd, 1H, H-5\`, $^3J_{5`,4}$ = 6.1 Hz, $^2J_{5`,5}$ = -9.8 Hz), 3.62 (dd, 1H, H-5, $^3J_{5,4}$ = 6.1 Hz, $^2J_{5,5`}$ = -9.8 Hz), 3.67 (s, 3H, $COOCH_3$), 3.83 (d, 1H, H-3, $^3J_{3,4}$ = 2-3 Hz), 4.04 (m, 1H, H-4), 4.35 (dd, 1H, NCHCO, ^3J_A = ^3J_B = 7.9 Hz), 4.45 (dd, 1H, NHC<u>H</u>CO, ^3J = 7.9 Hz, ^3J = 5.5 Hz), 4.63 (d, 1H, H-2, $^3J_{2,1}$ = 5.5 Hz), 5.51 (d, 1H, H-1, $^3J_{1,2}$ = 5.5 Hz), 6.46 (d, 1H, N<u>H</u>CHCO, ^3J = 7.9 Hz), 7.23 (m, 3H, $H_{arom.}$), 7.29 (m, 2H, $H_{arom.}$)
	<u>^{13}C-NMR (125.8 MHz, $CDCl_3$, δ in ppm)</u>
	17.7 (CH_3), 18.8 (CH_3), 31.2 (<u>C</u>H(CH_3)$_2$), 35.3 (CH_2Ph), 52.1 (COO<u>C</u>H$_3$), 57.3 (NH<u>C</u>HCO), 58.2 (OCH_3), 59.2 (OCH_3), 59.7 (N<u>C</u>HCO), 69.0 (C-5), 77.8 (C-4), 79.5 (C-2), 83.1 (C-3), 89.7 (C-1), 127.0 ($C_{arom.}$H), 128.7 (2$C_{arom.}$H), 129.0 (2$C_{arom.}$H), 137.0 (<u>C</u>$_{arom.}$C), 156.0 (NCOO), 169.2 (NCO), 171.7 (<u>C</u>OOCH$_3$)
MS (CI, *i*-Butan):	
m/z (%):	929 (17) [M_2H^+]
	465 (100) [MH^+]
HR-MS (CI, *i*-Butan):	ber. 465.2237 für [$C_{23}H_{33}N_2O_8$]$^+$
	gef. 465.2237

Elementaranalyse:

$C_{23}H_{32}N_2O_8$	ber. C 59.47 %	H 6.94 %	N 6.03 %
(464.5 g/mol)	gef. C 59.82 %	H 7.11 %	N 5.86 %

1-*N*-[(*S*)-*N*`-[(*R*)-1``-Methoxycarbonyl-2``-methyl-propyl]-3`-phenyl-propionamid-2`-yl]-1-*N*,2-*O*-carbonyl-3,5-di-*O*-methyl-α-D-xylofuranosylamin (187)

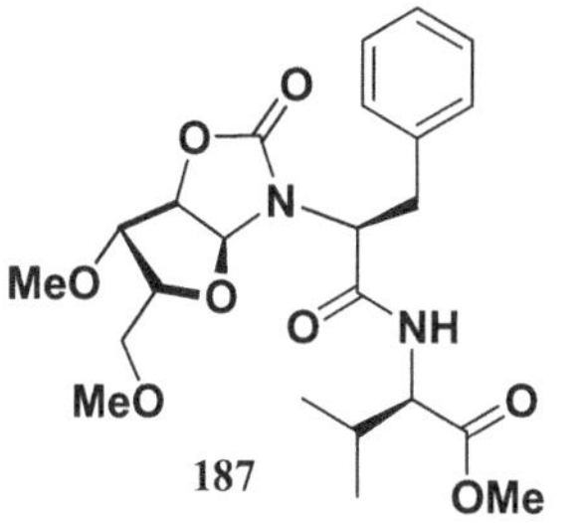

187

Gemäß **AAV 8** wurden 230 mg (0.50 mmol) des β-Lactam-Derivats **138** umgesetzt. Die Reaktion war bereits nach 3 h abgeschlossen. Das farblose Produkt konnte aus Dichlormethan/Diisopropylether kristallisiert werden.

Ausbeute:	220 mg (95 %)
Fp.:	119-121 °C (CH_2Cl_2/(*i*-Pr)$_2$O)
R_f-Wert:	0.75 (Eluent 9)
$[\alpha]_D^{20}$:	-14.6 ° (c = 0.53, $CHCl_3$)
NMR-Daten:	^{1}H-NMR (500.1 MHz, $CDCl_3$, δ in ppm)

0.77 (d, 3H, CH_3, ^3J = 7.1 Hz), 0.79 (d, 3H, CH_3, ^3J = 7.1 Hz), 2.06 (m, 1H, $\underline{C}\underline{H}(CH_3)_2$), 3.32 (d, 2H, CH_2Ph, ^3J = 8.2 Hz), 3.33 (s, 3H, OCH_3), 3.39 (s, 3H, OCH_3), 3.51 (dd, 1H, H-5`, $^3J_{5`,4}$ = 6.0 Hz, $^2J_{5`,5}$ = -10.4 Hz), 3.63 (dd, 1H, H-5, $^3J_{5,4}$ = 5.5 Hz, $^2J_{5,5`}$ = -10.4 Hz), 3.70 (s, 3H, $COOCH_3$), 3.84 (d, 1H, H-3, $^3J_{3,4}$ = 3.3 Hz), 4.09 (m, 1H, H-4), 4.41 (t, 1H, NCHCO, ^3J = 8.2 Hz), 4.43 (dd, 1H, NHC$\underline{H}$CO, ^3J = 8.8 Hz, ^3J = 4.4 Hz), 4.68 (d, 1H, H-2, $^3J_{2,1}$ = 6.0 Hz), 5.56 (d, 1H, H-1, $^3J_{1,2}$ = 6.0 Hz), 6.42 (d, 1H, N$\underline{H}$CHCO, ^3J = 8.8 Hz), 7.24 (m, 3H, $H_{arom.}$), 7.29 (m, 2H, $H_{arom.}$)

^{13}C-NMR (125.8 MHz, $CDCl_3$, δ in ppm)

17.6 (CH_3), 18.8 (CH_3), 30.8 ($\underline{C}H(CH_3)_2$), 35.3 (CH_2Ph), 52.2 (COO$\underline{C}H_3$), 57.4 (NH$\underline{C}$HCO), 58.2 (OCH_3), 59.1 (N$\underline{C}$HCO), 59.2 (OCH_3), 69.3 (C-5), 77.9 (C-4), 79.5 (C-2), 83.1 (C-3), 89.3 (C-1), 126.9 ($C_{arom.}$H), 128.7 (2$C_{arom.}$H), 129.1 (2$C_{arom.}$H), 137.1 ($\underline{C}_{arom.}$C), 156.2 (NCOO), 169.2 (NCO), 171.9 ($\underline{C}OOCH_3$)

MS (CI, *i*-Butan):	
m/z (%):	929 (22) [M_2H^+]
	465 (100) [MH^+]
HR-MS (CI, *i*-Butan):	ber. 465.2237 für [$C_{23}H_{33}N_2O_8$]$^+$
	gef. 465.2237

Elementaranalyse:

$C_{23}H_{32}N_2O_8$	ber. C 59.47 %	H 6.94 %	N 6.03 %
(464.5 g/mol)	gef. C 59.74 %	H 7.13 %	N 6.08 %

1-*N*-[(*S*)-*N*`-[(*S*)-α-Methylbenzyl]-3`-phenyl-propionamid-2`-yl]-1-*N*,2-*O*-carbonyl-3,5-di-*O*-methyl-α-D-xylofuranosylamin (188)

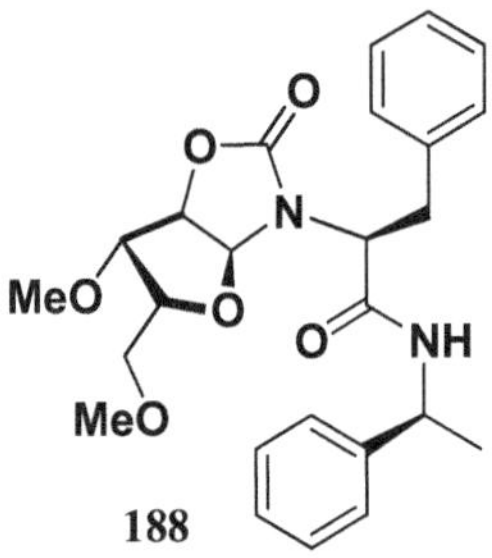

Abweichend wurden 200 mg (0.44 mmol) des β-Lactam-Derivats **140** in nur 8 mL dest. Methanol mit 440 mg Pd/C (10 %) den unter **AAV 8** beschriebenen Bedingungen ausgesetzt. Der Reaktionsfortschritt wurde in Abständen von 15 min dünnschichtchromatographisch überprüft. Sobald die Bildung von Nebenprodukten zu beobachten war (nach ca. 2 h) wurde analog **AAV 8** aufgearbeitet und das Rohprodukt säulenchromatographisch an Kieselgel (Eluent 5) gereinigt. Es resultierte ein farbloser Sirup.

Ausbeute:	136 mg (68 %)
Fp.:	sirupös
R_f-Wert:	0.60 (Eluent 5)
$[\alpha]_D^{20}$:	-14.4 ° (c = 0.52, $CHCl_3$)
NMR-Daten:	<u>^{1}H-NMR (500.1 MHz, $CDCl_3$, δ in ppm)</u>

1.40 (d, 3H, CH_3, ^3J = 6.7 Hz), 3.28 (d, 1H, C<u>H</u>`HPh, $^3J$ = 7.9 Hz, $^2J$ = 0 Hz), 3.30 (d, 1H, CH`<u>H</u>Ph, ^3J = 7.9 Hz), 3.32 (s, 3H, OCH_3),

3.39 (s, 3H, OCH_3), 3.48 (dd, 1H, H-5`, $^3J_{5`,4}$ = 6.7 Hz, $^2J_{5`,5}$ = -10.4 Hz), 3.62 (dd, 1H, H-5, $^3J_{5,4}$ = 5.5 Hz, $^2J_{5,5`}$ = -10.4 Hz), 3.82 (d, 1H, H-3, $^3J_{3,4}$ = 3.1 Hz), 3.99 (m, 1H, H-4), 4.31 (dd, 1H, NCHCO, ^3J_A = ^3J_B = 7.9 Hz), 4.69 (d, 1H, H-2, $^3J_{2,1}$ = 5.5 Hz), 4.99 (m, 1H, C<u>H</u>CH_3), 5.74 (d, 1H, H-1, $^3J_{1,2}$ = 5.5 Hz), 6.17 (d, 1H, CONH, ^3J = 7.3 Hz), 7.03 (d, 2H, $H_{arom.}$, J = 7.3 Hz), 7.16 (d, 2H, $H_{arom.}$, J = 7.3 Hz), 7.20-7.26 (m, 6H, $H_{arom.}$)

<u>^{13}C-NMR (125.8 MHz, $CDCl_3$, δ in ppm)</u>

21.7 (CH_3), 35.8 (CH_2Ph), 48.9 (<u>C</u>HCH_3), 58.2 (OCH_3), 59.2 (OCH_3), 59.4 (N<u>C</u>HCO), 69.3 (C-5), 78.0 (C-4), 79.3 (C-2), 83.1 (C-3), 89.3 (C-1), 125.9 (2$C_{arom.}$H), 126.9 ($C_{arom.}$H), 127.2 ($C_{arom.}$H), 128.5 (2$C_{arom.}$H), 128.7 (2$C_{arom.}$H), 129.0 (2$C_{arom.}$H), 137.0 (<u>C</u>$_{arom.}$C), 142.6 (<u>C</u>$_{arom.}$C), 156.1 (NCOO), 168.3 (NCO)

MS (CI, *i*-Butan):

m/z (%): 909 (29) [M_2H^+]

455 (100) [MH^+]

HR-MS (CI, *i*-Butan): ber. 455.2182 für $[C_{25}H_{31}N_2O_6]^+$

gef. 455.2184

Elementaranalyse:

$C_{25}H_{30}N_2O_6$	ber. C 66.06 %	H 6.65 %	N 6.16 %
(454.5 g/mol)	gef. C 66.20 %	H 6.79 %	N 6.06 %

1-*N*-[(*S*)-*N*`-[(*R*)-α-Methylbenzyl]-3`-phenyl-propionamid-2`-yl]-1-*N*,2-*O*-carbonyl-3,5-di-*O*-methyl-α-D-xylofuranosylamin (189)

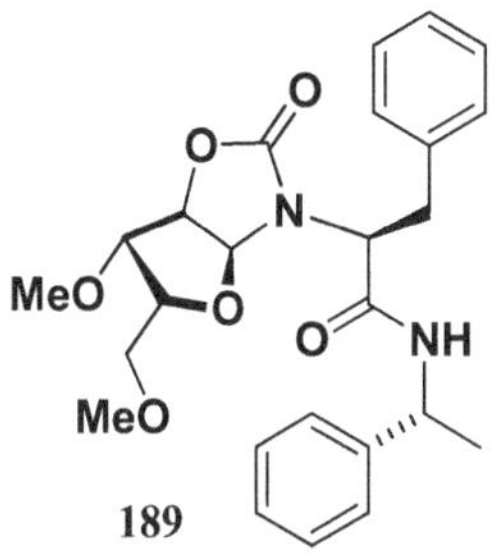

189

100 mg (0.22 mmol) des β-Lactam-Derivats **141** in 4 mL dest. Methanol wurden mit 220 mg Pd/C (10 %) unter den in **AAV 8** genannten Bedingungen hydriert. Analog zur Darstellung von **188** wurde der Reaktionsverlauf in Abständen von 15 min dünnschichtchromatographisch beobachtet. Nach 2.5 h wurde die Reaktion beendet. Das Produkt fiel nach säulenchromatographischer Reinigung (Kieselgel, Eluent 5) als farbloser Sirup an.

Ausbeute: 70 mg (70 %)

Fp.: sirupös

R_f-Wert: 0.61 (Eluent 5)

$[\alpha]_D^{20}$: +40.6 ° (c = 0.30, $CHCl_3$)

NMR-Daten: ^{1}H-NMR (500.1 MHz, $CDCl_3$, δ in ppm)

1.25 (d, 3H, CH_3, ^3J = 6.6 Hz), 3.30 (d, 2H, CH_2Ph, ^3J = 8.2 Hz), 3.34 (s, 3H, OCH_3), 3.37 (s, 3H, OCH_3), 3.50 (dd, 1H, H-5`, $^3J_{5`,4}$ = 6.6 Hz, $^2J_{5`,5}$ = -10.4 Hz), 3.61 (dd, 1H, H-5, $^3J_{5,4}$ = 5.5 Hz, $^2J_{5,5`}$ = -10.4 Hz), 3.79 (d, 1H, H-3, $^3J_{3,4}$ = 3.3 Hz), 3.94 (m, 1H, H-4), 4.36 (t, 1H, NCHCO, ^3J = 8.2 Hz), 4.61 (d, 1H, H-2, $^3J_{2,1}$ = 6.0 Hz), 4.94 (m, 1H, C<u>H</u>CH_3), 5.76 (d, 1H, H-1, $^3J_{1,2}$ = 6.0 Hz), 6.07 (d, 1H, CONH, ^3J = 7.1 Hz), 7.16-7.32 (m, 10 H, $H_{arom.}$)

^{13}C-NMR (125.8 MHz, $CDCl_3$, δ in ppm)

21.6 (CH_3), 36.0 (CH_2Ph), 49.0 (<u>C</u>HCH_3), 58.1 (OCH_3), 59.2 (2C, OCH_3, N<u>C</u>HCO), 69.3 (C-5), 77.9 (C-4), 79.3 (C-2), 83.1 (C-3), 89.0 (C-1), 125.9 (2$C_{arom.}$H), 126.9 ($C_{arom.}$H), 127.3 ($C_{arom.}$H), 128.6 (2$C_{arom.}$H), 128.7 (2$C_{arom.}$H), 129.1 (2$C_{arom.}$H), 137.1 ($\underline{C}_{arom.}$C), 142.7 ($\underline{C}_{arom.}$C), 156.3 (NCOO), 168.4 (NCO)

MS (CI, *i*-Butan):

m/z (%): 909 (62) $[M_2H^+]$

455 (100) $[MH^+]$

HR-MS (CI, *i*-Butan): ber. 455.2182 für $[C_{25}H_{31}N_2O_6]^+$

gef. 455.2182

Elementaranalyse:

$C_{25}H_{30}N_2O_6$	ber. C 66.06 %	H 6.65 %	N 6.16 %
(454.5 g/mol)	gef. C 66.43 %	H 6.79 %	N 6.25 %

1-*N*-[(*S*)-*N*\`-[(*S*)-1\`\`-Ethoxycarbonyl-2\`\`-methyl-propyl)-3\`-phenyl-propionamid-2\`-yl]-1-*N*,2-*O*-carbonyl-α-D-xylofuranosylamin (190)

80 mg (0.13 mmol) des β-Lactam-Derivats **142** wurden in 4 mL Ethanol mit 130 mg Pd/C (10 %) gemäß **AAV 8** hydriert. Nach 6 h Reaktionszeit wurde das Rohproduktgemisch säulenchromatographisch an Kieselgel (Eluent 27) aufgearbeitet. Die Zielverbindung konnte in befriedigender Reinheit als farbloser Sirup isoliert werden.

Ausbeute: 34 mg (59 %)

Fp.: sirupös

R_f-Wert: 0.47 (Eluent 27)

$[\alpha]_D^{20}$: +20.9 ° (c = 1.25, CH_2Cl_2)

NMR-Daten: ^{1}H-NMR (500.1 MHz, $CDCl_3$, δ in ppm)

0.86 (d, 3H, CH_3, ^3J = 6.7 Hz), 0.91 (d, 3H, CH_3, ^3J = 6.7 Hz), 1.25 (t, 3H, $OCH_2C\underline{H}_3$), 2.15 (m, 1H, $C\underline{H}(CH_3)_2$), 2.96 (s(b), 1H, OH), 3.31 (dd, 1H, C$\underline{H}$\`HPh, $^3J$ = 6.1 Hz, $^2J$ = -14.0 Hz), 3.39 (dd, 1H, CH\`$\underline{H}$Ph, ^3J = 10.4 Hz, ^2J = -14.0 Hz), 3.85 (d, 1H, H-3, $^3J_{3,4}$ = 1.8 Hz), 3.99 (m, 1H, H-5\`), 4.05 (m, 1H, H-5), 4.14 (m, 2H, $OC\underline{H}_2CH_3$), 4.33 (dd, 1H, NCHCO, ^3J = 6.1 Hz, ^3J = 10.4 Hz), 4.41 (s, 1H, H-4), 4.44 (dd, 1H, NHC$\underline{H}$CO, ^3J = 7.9 Hz, ^3J = 4.3 Hz), 4.58 (d, 1H, H-2, $^3J_{2,1}$ = 5.5 Hz), 5.47 (d, 1H, H-1, $^3J_{1,2}$ = 5.5 Hz), 6.76 (d, 1H, N$\underline{H}$CHCO, ^3J = 7.9 Hz), 7.21 (m, 3H, $H_{arom.}$), 7.28 (m, 2H, $H_{arom.}$)

^{13}C-NMR (125.8 MHz, $CDCl_3$, δ in ppm)

14.2 ($OCH_2\underline{C}H_3$), 17.6 (CH_3), 18.9 (CH_3), 31.2 ($\underline{C}H(CH_3)_2$), 35.1 (CH_2Ph), 57.3 (NH$\underline{C}$HCO), 60.1 (N$\underline{C}$HCO), 60.7 (C-5), 61.4 ($O\underline{C}H_2CH_3$), 75.8 (C-4), 77.0 (C-3), 83.1 (C-2), 90.1 (C-1), 127.0

($C_{arom.}$H), 128.7 (2$C_{arom.}$H), 128.8 (2$C_{arom.}$H), 137.0 ($\underline{C}_{arom.}$C), 156.1 (NCOO), 169.6 (NCO), 171.6 (COO)

MS (CI, *i*-Butan):
m/z (%): 451 (100) [MH^+]

HR-MS (CI, *i*-Butan): ber. 451.2080 für $[C_{22}H_{31}N_2O_8]^+$
gef. 451.2080

$C_{22}H_{30}N_2O_8$
(450.5 g/mol)

9.5.3 Spaltung der N-1/C-2-Bindung

9.5.3.1 Synthese der *N*-Boc-β-lactame

AAV 9: *N*-Dearylierung von 1-(4-Methoxyphenyl)-β-lactamen durch Umsetzung mit Ammoniumcer(IV)-nitrat („Cer^{IV}ammoniumnitrat", CAN)

0.88 mmol des jeweiligen 1-(*p*-Methoxyphenyl)-azetidin-2-ons werden in 10 mL Acetonitril gelöst und auf ca. -5 °C (Eis/Kochsalz-Bad) abgekühlt. Die gut gerührte Vorlage wird mit einer vorgekühlten Lösung von 1.45 g (2.64 mmol) Ammoniumcer(IV)-nitrat in 8 mL Wasser versetzt und bis zum vollständigen Umsatz der Ausgangsverbindung (dünnschicht-chromatographische Kontrolle, üblicherweise 45-60 min) bei einer Temperatur von ≤ 0 °C gehalten. Nun wird durch Zugabe von 20 mL Wasser verdünnt und erschöpfend mit Essigsäureethylester extrahiert. Die vereinigten organischen Phasen werden zunächst mit gesättigter Natriumhydrogencarbonatlösung und dann bis zur vollständigen Entfärbung mit halbgesättigter Natriumsulfitlösung gewaschen. Nach weiterem Ausschütteln gegen gesättigte Natriumhydrogencarbonatlösung und gesättigte Natriumchloridlösung kann über Magnesiumsulfat getrocknet und im Vakuum eingeengt werden. Abschließend wird das Rohprodukt durch Säulenchromatographie an Kieselgel unter Verwendung eines individuell angegebenen Eluenten gereinigt.

1-*N*-[*cis*-(3\`*S*,4\`*R*)-4\`-Phenyl-azetidin-2\`-on-3\`-yl]-1-*N*,2-*O*-carbonyl-3,5-di-*O*-methyl-α-D-xylofuranosylamin (191)

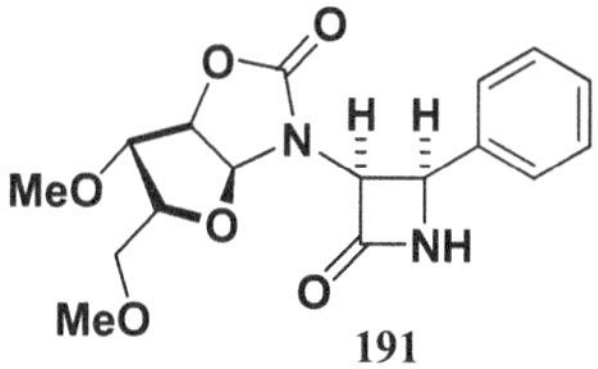

191

Gemäß **AAV 9** wurden 400 mg (0.88 mmol) des β-Lactam-Derivats **102** mit 1.45 g (2.64 mmol) Ammoniumcer(IV)-nitrat umgesetzt. Nach säulenchromatographischer Aufarbeitung (Kieselgel, Eluent 11) resultierte ein schwach gelbliches, wachsartiges Produkt.

Ausbeute:	280 mg (91 %)
Fp.:	sirupös
R_f-Wert:	0.52 (Eluent 11)
$[\alpha]_D^{20}$:	-24.5 ° (c = 0.31, $CHCl_3$)
NMR-Daten:	<u>^{1}H-NMR (500.1 MHz, $CDCl_3$, δ in ppm)</u>
	2.75 (m, 1H, H-4), 3.16 (dd, 1H, H-5\`, $^3J_{5`,4}$ = 4.9 Hz, $^2J_{5`,5}$ = -9.3 Hz), 3.29 (s, 3H, $OCH_3$), 3.31 (s, 3H, $OCH_3$), 3.41 (dd, 1H, H-5, $^3J_{5,4}$ = 7.7 Hz, $^2J_{5,5`}$ = -9.3 Hz), 3.52 (d, 1H, H-3, $^3J_{3,4}$ = 3.3 Hz), 4.63 (d, 1H, H-2, $^3J_{2,1}$ = 6.0 Hz), 5.08 (d, 1H, NCHCO, ^3J = 4.9 Hz), 5.21 (dd, 1H, NHC<u>H</u>, ^3J = 4.9 Hz, ^3J = 2.2 Hz), 5.76 (d, 1H, H-1, $^3J_{1,2}$ = 6.0 Hz), 6.68 (s, 1H, N<u>H</u>CH, ^3J : n.a.), 7.29-7.33 (m, 3H, $H_{arom.}$), 7.37 (m, 2H, $H_{arom.}$)
	<u>^{13}C-NMR (125.8 MHz, $CDCl_3$, δ in ppm)</u>
	57.2 (N<u>C</u>HCO), 58.1 (OCH_3), 59.2 (OCH_3), 64.2 (NHCH), 68.3 (C-5), 76.5 (C-4), 80.3 (C-2), 82.2 (C-3), 86.6 (C-1), 126.9 (2$C_{arom.}$H), 128.0 ($C_{arom.}$H), 128.4 (2$C_{arom.}$H), 134.9 (<u>C</u>$_{arom.}$C), 155.6 (NCOO), 163.4 (NCO)
MS (CI, *i*-Butan):	
m/z (%):	697 (15) $[M_2H^+]$
	349 (100) $[MH^+]$
HR-MS (CI, *i*-Butan):	ber. 349.1400 für $[C_{17}H_{21}N_2O_6]^+$
	gef. 349.1401

Elementaranalyse:

$C_{17}H_{20}N_2O_6$	ber. C 58.61 %	H 5.79 %	N 8.04 %
(348.4 g/mol)	gef. C 59.85 %	H 5.91 %	N 7.93 %

1-*N*-[*cis*-(3`*S*,4`*R*)-4`-Phenyl-azetidin-2`-on-3`-yl]-1-*N*,2-*O*-carbonyl-3,5,6-tri-*O*-methyl-α-D-glucofuranosylamin (192)

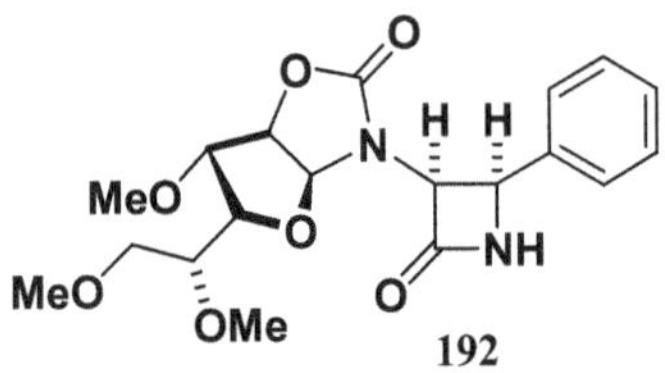

192

Gemäß **AAV 9** wurden 160 mg (0.32 mmol) des β-Lactam-Derivats **105** mit 520 mg (0.95 mmol) Ammoniumcer(IV)-nitrat umgesetzt. Das Produkt wurde nach säulenchromatographischer Reinigung (Kieselgel, Eluent 19) als farbloser Feststoff erhalten.

Ausbeute: 100 mg (80 %)

Fp.: 179-181 °C

R_f-Wert: 0.46 (Eluent 19)

$[\alpha]_D^{20}$: -13.9 ° (c = 0.57, $CHCl_3$)

NMR-Daten: ^{1}H-NMR (500.1 MHz, $CDCl_3$, δ in ppm)

3.28 (dd, 1H, H-4, $^3J_{4,3}$ = 3.3 Hz, $^3J_{4,5}$ = 8.8 Hz), 3.29 (dd, 1H, H-6`, $^3J_{6`,5}$ = 7.1 Hz, $^2J_{6`,6}$ = -11.0 Hz), 3.34 (s, 3H, $OCH_3$), 3.38 (s, 3H, $OCH_3$), 3.39 (s, 3H, $OCH_3$), 3.45 (dd, 1H, H-6, $^3J_{6,5}$ = 2.2 Hz, $^2J_{6,6`}$ = -11.0 Hz), 3.54 (ddd, 1H, H-5), 3.69 (d, 1H, H-3, $^3J_{3,4}$ = 3.3 Hz), 4.55 (d, 1H, H-2, $^3J_{2,1}$ = 6.0 Hz), 5.02 (d, 1H, NCHCO, ^3J = 4.9 Hz), 5.04 (dd, 1H, NHC<u>H</u>, ^3J = 4.9 Hz, ^3J = 1.7 Hz), 5.67 (d, 1H, H-1, $^3J_{1,2}$ = 6.0 Hz), 6.61 (s, 1H, N<u>H</u>CH, ^3J : n.a.), 7.32 (m, 3H, $H_{arom.}$), 7.37 (m, 2H, $H_{arom.}$)

^{13}C-NMR (125.8 MHz, $CDCl_3$, δ in ppm)

57.2 (NHCH), 57.7 (OCH_3), 58.8 (OCH_3), 59.1 (OCH_3), 64.0 (N<u>C</u>HCO), 73.9 (C-6), 76.5 (C-5), 78.1 (C-4), 79.8 (C-2), 82.7 (C-3), 87.6 (C-1), 127.0 ($2C_{arom.}H$), 128.3 ($C_{arom.}H$), 128.6 ($2C_{arom.}H$), 134.7 (<u>C</u>$_{arom.}$C), 155.4 (NCOO), 163.3 (NCO)

MS (CI, *i*-Butan):

m/z (%):	785 (18) [M_2H^+]
	393 (100) [MH^+]

HR-MS (CI, *i*-Butan): ber. 393.1662 für $[C_{19}H_{25}N_2O_7]^+$
gef. 393.1662

Elementaranalyse:

$C_{19}H_{24}N_2O_7$	ber.	C 58.16 %	H 6.16 %	N 7.14 %
(392.4 g/mol)	gef.	C 58.37 %	H 6.51 %	N 6.98 %

1-*N*-[*cis*-(3\`*S*,4\`*R*)-4\`-(4-Nitrophenyl)-azetidin-2\`-on-3\`-yl]-1-*N*,2-*O*-carbonyl-3,5-di-*O*-methyl-α-D-xylofuranosylamin (193)

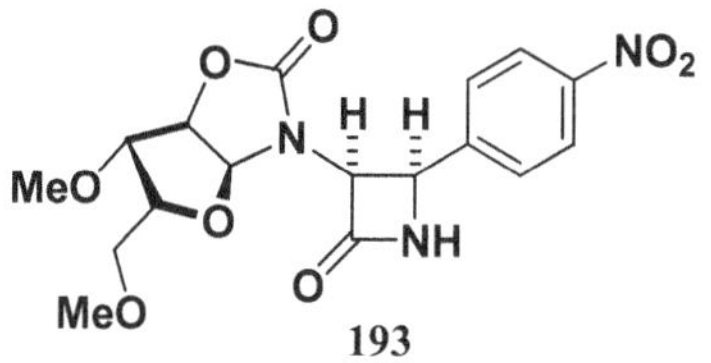

193

400 mg (0.80 mmol) des β-Lactam-Derivats **112** wurden gemäß **AAV 9** mit 1.32 g (2.41 mmol) Ammoniumcer(IV)-nitrat zur Reaktion gebracht. Das Produkt fiel nach säulenchromatographischer Reinigung (Kieselgel, Eluent 19) als nahezu farbloser Sirup an.

Ausbeute:	250 mg (79 %)
Fp.:	sirupös
R_f-Wert:	0.51 (Eluent 19)
$[\alpha]_D^{20}$:	-38.1 ° (c = 0.36, Aceton)
NMR-Daten:	<u>^{1}H-NMR (500.1 MHz, D_6-Aceton, δ in ppm)</u>

2.62 (m, 1H, H-4), 3.10 (dd, 1H, H-5\`, $^3J_{5`,4}$ = 4.9 Hz, $^2J_{5`,5}$ = -9.3 Hz), 3.19 (s, 3H, $OCH_3$), 3.30 (s, 3H, $OCH_3$), 3.40 (dd, 1H, H-5, $^3J_{5,4}$ = 6.6 Hz, $^2J_{5,5`}$ = -9.3 Hz), 3.54 (d, 1H, H-3, $^3J_{3,4}$ = 3.3 Hz), 3.74 (s, 1H, N<u>H</u>CH, ^3J : n.a.), 4.87 (d, 1H, H-2, $^3J_{2,1}$ = 5.5 Hz), 5.26 (d, 1H, NCHCO, ^3J = 4.9 Hz), 5.29 (dd, 1H, NHC<u>H</u>, ^3J = 4.9 Hz, ^3J = 1.7 Hz), 5.79 (d, 1H, H-1, $^3J_{1,2}$ = 5.5 Hz), 7.59 (d, 2H, $H_{arom.}$, J = 8.8 Hz), 8.26 (d, 2H, $H_{arom.}$, J = 8.8 Hz)

^{13}C-NMR (125.8 MHz, D_6-Aceton, δ in ppm)

56.9 (N<u>C</u>HCO), 58.0 (OCH_3), 59.0 (OCH_3), 65.3 (NHCH), 69.4 (C-5), 78.0 (C-4), 80.7 (C-2), 83.1 (C-3), 87.6 (C-1), 124.1 (2$C_{arom.}$H), 129.1 (2$C_{arom.}$H), 145.2 ($C_{arom.}$N), 148.3 (<u>C</u>$_{arom.}$C), 156.4 (NCOO), 163.7 (NCO)

MS (CI, *i*-Butan):

m/z (%): 787 (7) [M_2H^+]
394 (100) [MH^+]

HR-MS (CI, *i*-Butan): ber. 394.1250 für $[C_{17}H_{20}N_3O_8]^+$
gef. 394.1250

Elementaranalyse:

$C_{17}H_{19}N_3O_8$	ber. C 51.91 %	H 4.87 %	N 10.68 %
(393.4 g/mol)	gef. C 52.18 %	H 5.07 %	N 10.52 %

1-*N*-[*cis*-(3\`*S*,4\`*R*)-4\`-*tert*-Butyl-azetidin-2\`-on-3\`-yl]-1-*N*,2-*O*-carbonyl-3,5-di-*O*-methyl-α-D-xylofuranosylamin (194)

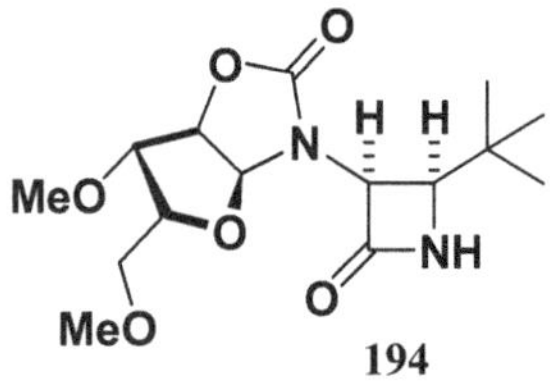

194

Die Darstellung erfolgte gemäß **AAV 9** durch Umsetzung des β-Lactam-Derivats **120** (200 mg, 0.46 mmol) mit 755 mg (1.38 mmol) Ammoniumcer(IV)-nitrat. Das Produkt konnte nach säulenchromatographischer Reinigung (Kieselgel, Eluent 19) aus Dichlormethan/ Diisopropylether unter Ausbildung farbloser Plättchen kristallisiert werden.

Ausbeute: 111 mg (74 %)

Fp.: 150-152 °C (CH_2Cl_2/(*i*-Pr)$_2$O)

R_f-Wert: 0.49 (Eluent 19)

$[\alpha]_D^{20}$: +39.8 ° (c = 0.70, $CHCl_3$)

NMR-Daten: ^{1}H-NMR (500.1 MHz, $CDCl_3$, δ in ppm)

0.99 (s, 9H, $C(CH_3)_3$), 3.37 (s, 3H, OCH_3), 3.44 (s, 3H, OCH_3), 3.58

(dd, 1H, H-5`, $^3J_{5`,4}$ = 6.0 Hz, $^2J_{5`,5}$ = -10.4 Hz), 3.60 (d, 1H, NCHCO, $^3J$ = 4.9 Hz), 3.66 (dd, 1H, H-5, $^3J_{5,4}$ = 5.5 Hz, $^2J_{5,5`}$ = -10.4 Hz), 3.91 (d, 1H, H-3, $^3J_{3,4}$ = 3.3 Hz), 4.18 (m, 1H, H-4), 4.78 (dd, 1H, NHC<u>H</u>, ^3J = 4.9 Hz, ^3J = 1.7 Hz), 4.87 (d, 1H, H-2, $^3J_{2,1}$ = 6.0 Hz), 5.99 (d, 1H, H-1, $^3J_{1,2}$ = 6.0 Hz), 6.19 (s, 1H, N<u>H</u>CH, ^3J : n.a.)

<u>^{13}C-NMR (125.8 MHz, $CDCl_3$, δ in ppm)</u>

26.3 (3C, C(<u>C</u>H_3)$_3$), 32.1 (<u>C</u>(CH_3)$_3$), 58.2 (OCH_3), 59.3 (OCH_3), 60.9 (NHCH), 63.9 (N<u>C</u>HCO), 69.1 (C-5), 77.6 (C-4), 80.0 (C-2), 83.3 (C-3), 88.0 (C-1), 155.7 (NCOO), 163.9 (NCO)

MS (CI, *i*-Butan):

m/z (%): 657 (11) [M_2H^+]
329 (100) [MH^+]

HR-MS (CI, *i*-Butan): ber. 329.1713 für [$C_{15}H_{25}N_2O_6$]$^+$
gef. 329.1712

Elementaranalyse:

$C_{15}H_{24}N_2O_6$	ber. C 54.87 %	H 7.37 %	N 8.53 %
(328.4 g/mol)	gef. C 55.09 %	H 7.62 %	N 8.65 %

1-*N*-[*trans*-(3`*S*,4`*S*)-4`-*tert*-Butyl-azetidin-2`-on-3`-yl]-1-*N*,2-*O*-carbonyl-3,5-di-*O*-methyl-α-D-xylofuranosylamin (195)

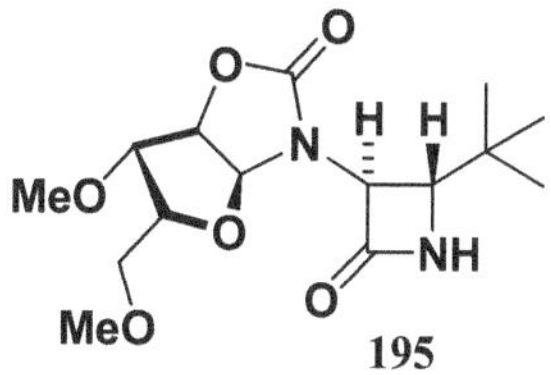

MeO MeO O O N H H NH O

195

Nach **AAV 9** wurden 80 mg (0.18 mmol) des β-Lactam-Derivats **121** mit 300 mg (0.55 mmol) Ammoniumcer(IV)-nitrat zur Reaktion gebracht. Säulenchromatographische Aufarbeitung (Kieselgel, Eluent 8) lieferte einen schwach gelblichen Feststoff.

Ausbeute: 40 mg (68 %)

Fp.: 148-150 °C (Zers.)

R_f-Wert: 0.52 (Eluent 8)

$[\alpha]_D^{20}$: +34.1 ° (c = 0.31, $CHCl_3$)

NMR-Daten: ^{1}H-NMR (500.1 MHz, $CDCl_3$, δ in ppm)

0.95 (s, 9H, $C(CH_3)_3$), 3.37 (s, 3H, OCH_3), 3.42 (s, 3H, OCH_3), 3.61 (dd, 1H, H-5\`, $^3J_{5`,4}$ = 6.6 Hz, $^2J_{5`,5}$ = -10.4 Hz), 3.66 (dd, 1H, H-5, $^3J_{5,4}$ = 4.4 Hz, $^2J_{5,5`}$ = -10.4 Hz), 3.73 (d, 1H, NCHCO, ^3J = 2.8 Hz), 3.85 (d, 1H, H-3, $^3J_{3,4}$ = 3.3 Hz), 4.05 (m, 1H, H-4), 4.81 (d, 1H, NHC<u>H</u>, ^3J = 2.8 Hz), 4.84 (d, 1H, H-2, $^3J_{2,1}$ = 5.5 Hz), 5.82 (d, 1H, H-1, $^3J_{1,2}$ = 5.5 Hz), 6.18 (s, 1H, N<u>H</u>CH)

^{13}C-NMR (125.8 MHz, $CDCl_3$, δ in ppm)

24.9 (3C, C(<u>C</u>$H_3)_3$), 31.4 (<u>C</u>$(CH_3)_3$), 58.1 (OCH_3), 59.2 (OCH_3), 60.0 (NHCH), 65.3 (N<u>C</u>HCO), 69.4 (C-5), 77.9 (C-4), 79.2 (C-2), 83.2 (C-3), 87.7 (C-1), 155.1 (NCOO), 165.1 (NCO)

MS (CI, *i*-Butan):

m/z (%): 657 (16) [M_2H^+]

329 (100) [MH^+]

HR-MS (CI, *i*-Butan): ber. 329.1713 für $[C_{15}H_{25}N_2O_6]^+$

gef. 329.1711

Elementaranalyse:

$C_{15}H_{24}N_2O_6$	ber. C 54.87 %	H 7.37 %	N 8.53 %
(328.4 g/mol)	gef. C 54.38 %	H 7.59 %	N 8.31 %

1-*N*-[*cis*-(3\`*S*,4\`*S*)-4\`-[(5\`\`*R*)-1\`\`,2\`\`:3\`\`,4\`\`-Di-*O*-isopropyliden-5\`\`-β-L-arabinopyranosyl]-azetidin-2\`-on-3\`-yl]-1-*N*,2-*O*-carbonyl-3,5-di-*O*-methyl-α-D-xylofuranosylamin (196)

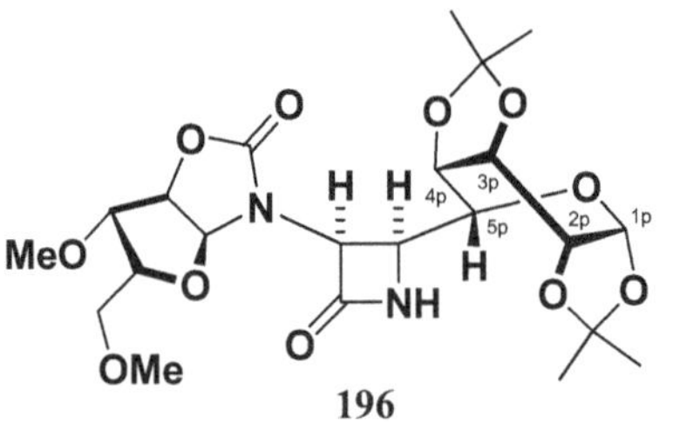

196

185 mg (0.30 mmol) des β-Lactam-Derivats **144** wurden gemäß **AAV 9** mit 500 mg (0.91 mmol) Ammoniumcer(IV)-nitrat zur Reaktion gebracht. Das sirupöse Rohprodukt war

bereits von guter Reinheit. Eine analytische Probe konnte durch langsame Kristallisation aus Dichlormethan/Diisopropylether gewonnen werden.

Ausbeute: 130 mg (85 %)

Fp.: 194-195 °C (Zers.), ($CH_2Cl_2/(i\text{-}Pr)_2O$)

R_f-Wert: 0.57 (Eluent 19)

$[\alpha]_D^{20}$: +20.2 ° (c = 0.43, $CHCl_3$)

NMR-Daten: <u>^{1}H-NMR (500.1 MHz, $CDCl_3$, δ in ppm)</u>

1.24 (s, 3H, CH_3), 1.31 (s, 3H, CH_3), 1.44 (s, 3H, CH_3), 1.51 (s, 3H, CH_3), 3.36 (s, 3H, OCH_3), 3.45 (s, 3H, OCH_3), 3.61 (dd, 1H, H-5`, $^3J_{5`,4}$ = 6.6 Hz, $^2J_{5`,5}$ = -9.9 Hz), 3.65 (dd, 1H, H-5, $^3J_{5,4}$ = 4.9 Hz, $^2J_{5,5`}$ = -9.9 Hz), 3.93 (d, 1H, H-3, $^3J_{3,4}$ = 3.3 Hz), 4.03 (dd, 1H, H-4p, $^3J_{4p,3p}$ = 8.2 Hz, $^3J_{4p,5p}$ = 1.6 Hz), 4.08 (dd, 1H, NHC<u>H</u>, $^3J_{NCH,5p}$ = 8.2 Hz, ^3J = 4.9 Hz), 4.17 (m, 1H, H-4), 4.19 (dd, 1H, H-5p, $^3J_{5p,NCH}$ = 8.2 Hz, $^3J_{5p,4p}$ = 1.6 Hz), 4.31 (dd, 1H, H-2p, $^3J_{2p,1p}$ = 4.9 Hz, $^3J_{2p,3p}$ = 2.2 Hz), 4.56 (dd, 1H, H-3p, $^3J_{3p,4p}$ = 8.2 Hz, $^3J_{3p,2p}$ = 2.2 Hz), 4.89 (d, 1H, H-2, $^3J_{2,1}$ = 5.5 Hz), 5.05 (d, 1H, NCHCO, ^3J = 4.9 Hz), 5.51 (d, 1H, H-1p, $^3J_{1p,2p}$ = 4.9 Hz), 5.81 (d, 1H, H-1, $^3J_{1,2}$ = 5.5 Hz), 6.22 (s, 1H, N<u>H</u>CH)

<u>^{13}C-NMR (125.8 MHz, $CDCl_3$, δ in ppm)</u>

24.3 (CH_3), 25.0 (CH_3), 25.9 (CH_3), 26.0 (CH_3), 54.1 (NHCH), 58.4 (OCH_3), 59.2 (OCH_3), 60.7 (N<u>C</u>HCO), 67.9 (C-5p), 68.7 (C-5), 70.5 (C-2p), 70.7 (C-4p), 70.8 (C-3p), 77.9 (C-4), 80.4 (C-2), 83.0 (C-3), 87.6 (C-1), 95.8 (C-1p), 109.0 (<u>C</u>($CH_3)_2$), 109.7 (<u>C</u>($CH_3)_2$), 156.1 (NCOO), 163.8 (NCO)

MS (CI, *i*-Butan):

m/z (%): 1001 (11) [M_2H^+]

501 (100) [MH^+]

HR-MS (CI, *i*-Butan): ber. 501.2084 für $[C_{22}H_{33}N_2O_{11}]^+$

gef. 501.2082

Elementaranalyse:

$C_{22}H_{32}N_2O_{11}$	ber. C 52.79 %	H 6.44 %	N 5.60 %
(500.5 g/mol)	gef. C 52.43 %	H 6.61 %	N 5.46 %

1-*N*-[*cis*-(3`*S*,4`*S*)-4`-[(4``*R*)-1``,2``*O*-Isopropyliden-3``-*O*-methyl-4``-β-L-threofuranosyl]-azetidin-2`-on-3`-yl]-1-*N*,2-*O*-carbonyl-3,5-di-*O*-methyl-α-D-xylofuranosylamin (146)

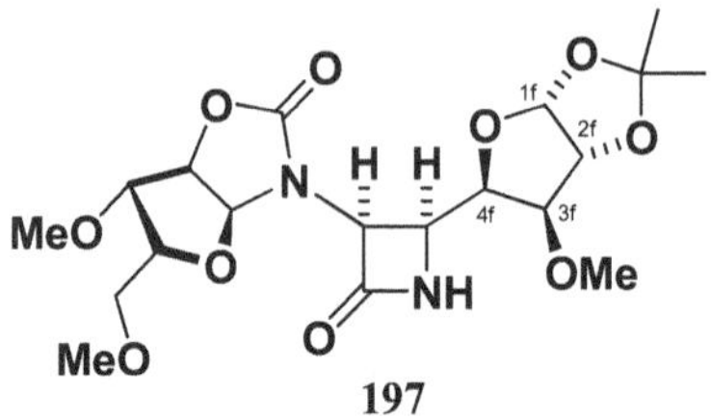

197

Die Darstellung erfolgte gemäß **AAV 9** durch Umsetzung des β-Lactam-Derivats **146** (220 mg, 0.40 mmol) mit 660 mg (1.20 mmol) Ammoniumcer(IV)-nitrat. Das Produkt wurde nach säulenchromatographischer Reinigung (Kieselgel, Eluent 6) als farbloser Sirup erhalten.

Ausbeute: 120 mg (68 %)

Fp.: sirupös

R_f-Wert: 0.52 (Eluent 6)

$[\alpha]_D^{20}$: +33.2 ° (c = 0.40, $CHCl_3$)

NMR-Daten: ^{1}H-NMR (500.1 MHz, $CDCl_3$, δ in ppm)

1.32 (s, 3H, CH_3), 1.49 (s, 3H, CH_3), 3.34 (s, 3H, OCH_3), 3.36 (s, 3H, OCH_3), 3.46 (s, 3H, OCH_3), 3.60 (m, 2H, H-5`, H-5), 3.62 (d, 1H, H-3f, $^3J_{3f,4f}$ = 3.1 Hz), 3.94 (d, 1H, H-3, $^3J_{3,4}$ = 3.7 Hz), 4.10 (dd, 1H, NCH̲, $^3J_{NCH,4f}$ = 8.6 Hz, ^3J = 4.9 Hz), 4.15 (m, 1H, H-4), 4.49 (dd, 1H, H-4f, $^3J_{4f,NCH}$ = 8.6 Hz, $^3J_{4f,3f}$ = 3.1 Hz), 4.57 (d, 1H, H-2f, $^3J_{2f,1f}$ = 3.7 Hz), 4.90 (d, 1H, H-2, $^3J_{2,1}$ = 6.1 Hz), 5.08 (d, 1H, NCHCO, ^3J = 4.9 Hz), 5.88 (d, 1H, H-1f, $^3J_{1f,2f}$ = 3.7 Hz), 5.93 (d, 1H, H-1, $^3J_{1,2}$ = 6.1 Hz), 6.20 (s, 1H, NH̲CH)

^{13}C-NMR (125.8 MHz, $CDCl_3$, δ in ppm)

26.2 (CH_3), 26.9 (CH_3), 53.3 (NHCH), 57.9 (OCH_3), 58.5 (OCH_3), 59.2 (OCH_3), 61.3 (NC̲HCO), 68.4 (C-5), 77.9 (C-4), 80.4 (C-4f), 80.8 (C-2), 82.0 (C-2f), 82.8 (C-3), 83.5 (C-3f), 87.3 (C-1), 104.6 (C-1f), 112.1 (C̲(CH_3)$_2$), 156.3 (NCOO), 163.2 (NCO)

MS (CI, *i*-Butan):

m/z (%): 889 (28) [M_2H^+]

445 (100) [MH^+]

HR-MS (CI, *i*-Butan): ber. 445.1822 für $[C_{19}H_{29}N_2O_{10}]^+$
gef. 445.1823

Elementaranalyse:

$C_{19}H_{28}N_2O_{10}$	ber. C 51.35 %	H 6.35 %	N 6.30 %
(444.4 g/mol)	gef. C 51.79 %	H 6.64 %	N 6.11 %

AAV 10: Darstellung von 1-*tert*-Butoxycarbonyl-β-lactam-Derivaten durch Umsetzung der *N*-unsubstituierten Vorläufer mit Di-*tert*-butyl-dicarbonat in Anwesenheit katalytischer Mengen 4-Dimethylamino-pyridin (DMAP)

Unter Stickstoffatmosphäre werden 0.5 mmol des *N*-unsubstituierten β-Lactams in 5 mL trockenem Acetonitril gelöst und bei 0 °C (Eis/Wasser-Bad) mit 218 mg (1.0 mmol) Di-*tert*-butyl-dicarbonat und ca. 6 mg (0.05 mmol) 4-Dimethylamino-pyridin versetzt. Das Reaktionsgemisch wird anschließend 12 h gerührt und dabei langsam bis auf Raumtemperatur erwärmt. Nach dünnschichtchromatographischer Umsatzkontrolle wird Essigsäureethylester (5 mL) zugesetzt und zunächst zweimal mit 1 M Natriumhydrogensulfitlösung, dann mit gesättigter Natriumhydrogencarbonatlösung und abschließend mit gesättigter Natriumchloridlösung gewaschen. Das nach Trocknung über Magnesiumsulfat und Entfernung des Lösungsmittels im Vakuum erhaltene Rohprodukt wird säulenchromatographisch an Kieselgel unter Verwendung eines individuell angegebenen Eluenten gereinigt.

1-*N*-[*cis*-(3`*S*,4`*R*)-1`-*tert*-Butoxycarbonyl-4`-phenyl-azetidin-2`-on-3`-yl]-1-*N*,2-*O*-carbonyl-3,5-di-*O*-methyl-α-D-xylofuranosylamin (198)

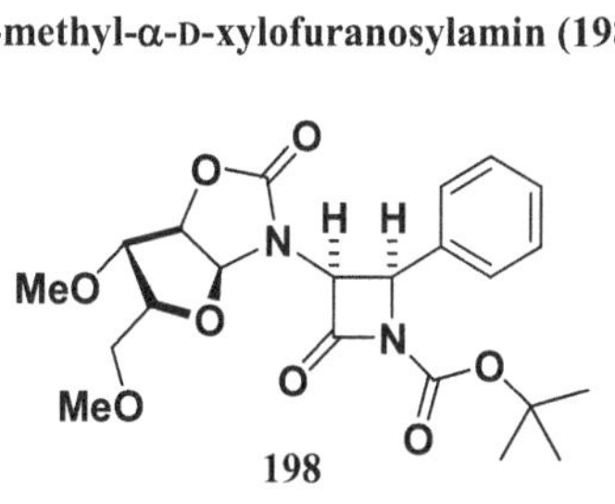

MeO O O N H H O N O O O MeO

198

Gemäß **AAV 10** wurden 258 mg (0.74 mmol) des β-Lactam-Derivats **191** mit Di-*tert*-butyl-dicarbonat (323 mg, 1.48 mmol) und 9 mg (0.07 mmol) DMAP umgesetzt. Säulenchromatographische Aufarbeitung (Kieselgel, Eluent 5) lieferte ein farbloses, wachsartiges Produkt.

Ausbeute: 262 mg (79 %)

Fp.: wachsartig

R_f-Wert: 0.60 (Eluent 5)

$[\alpha]_D^{20}$: -71.4 ° (c = 0.45, $CHCl_3$)

NMR-Daten: ^{1}H-NMR (500.1 MHz, $CDCl_3$, δ in ppm)

1.47 (s, 9H, $OC(CH_3)_3$), 2.82 (m, 1H, H-4), 3.21 (dd, 1H, H-5`, $^3J_{5`,4}$ = 4.9 Hz, $^2J_{5`,5}$ = -9.3 Hz), 3.30 (s, 3H, $OCH_3$), 3.31 (s, 3H, $OCH_3$), 3.42 (dd, 1H, H-5, $^3J_{5,4}$ = 7.7 Hz, $^2J_{5,5`}$ = -9.3 Hz), 3.53 (d, 1H, H-3, $^3J_{3,4}$ = 3.3 Hz), 4.63 (d, 1H, H-2, $^3J_{2,1}$ = 6.0 Hz), 5.20 (d, 1H, NCHCO, ^3J = 6.0 Hz), 5.33 (d, 1H, NCH, ^3J = 6.0 Hz), 5.70 (d, 1H, H-1, $^3J_{1,2}$ = 6.0 Hz), 7.25 (m, 2H, $H_{arom.}$), 7.31 (m, 1H, $H_{arom.}$), 7.36 (m, 2H, $H_{arom.}$)

^{13}C-NMR (125.8 MHz, $CDCl_3$, δ in ppm)

27.9 (3C, OC(<u>C</u>H_3)$_3$), 58.2 (OCH_3), 59.2 (OCH_3), 60.2 (NCH), 62.3 (N<u>C</u>HCO), 68.3 (C-5), 76.8 (C-4), 80.5 (C-2), 82.3 (C-3), 84.3 (O<u>C</u>(CH_3)$_3$), 86.5 (C-1), 126.8 ($2C_{arom.}H$), 128.2 ($C_{arom.}H$), 128.4 ($2C_{arom.}H$), 132.6 (<u>C</u>$_{arom.}$C), 147.6 (NCOO), 155.4 (NCOO), 160.5 (NCO)

MS (ESI(+), MeOH):

m/z (%): 919 (100) [M_2Na^+]

471 (19) [MNa^+]

Elementaranalyse:

$C_{22}H_{28}N_2O_8$	ber. C 58.92 %	H 6.29 %	N 6.25 %
(448.5 g/mol)	gef. C 59.21 %	H 6.57 %	N 6.13 %

1-*N*-[*cis*-(3`*S*,4`*R*)-1`-*tert*-Butoxycarbonyl-4`-phenyl-azetidin-2`-on-3`-yl]-1-*N*,2-*O*-carbonyl-3,5,6-tri-*O*-methyl-α-D-glucofuranosylamin (199)

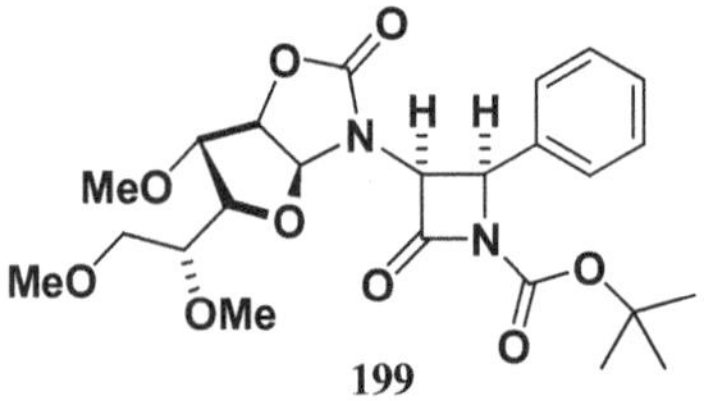

199

Die Darstellung erfolgte gemäß **AAV 10** durch Umsetzung des β-Lactam-Derivats **192** (80 mg, 0.20 mmol) mit 88 mg (0.40 mmol) Di-*tert*-butyl-dicarbonat und 3 mg (0.02 mmol) DMAP. Das Rohprodukt wurde durch Kristallisation aus Dichlormethan/*n*-Hexan gereinigt. Es resultierten farblose, weiche Nadeln.

Ausbeute: 67 mg (68 %)

Fp.: 157-159 °C (CH_2Cl_2/*n*-Hexan)

R_f-Wert: 0.52 (Eluent 6)

$[\alpha]_D^{20}$: -28.5 ° (c = 0.47, $CHCl_3$)

NMR-Daten: <u>^{1}H-NMR (500.1 MHz, $CDCl_3$, δ in ppm)</u>

1.44 (s, 9H, $OC(CH_3)_3$), 3.35 (s, 3H, OCH_3), 3.36 (dd, 1H, H-6`, $^3J_{6`,5}$ = 6.0 Hz, $^2J_{6`,6}$ = -10.4 Hz), 3.39 (s, 3H, OCH_3), 3.41 (s, 3H, OCH_3), 3.48 (dd, 1H, H-4, $^3J_{4,3}$ = 3.3 Hz, $^3J_{4,5}$ = 8.8 Hz), 3.55 (m, 2H, H-6, H-5), 3.72 (d, 1H, H-3, $^3J_{3,4}$ = 3.3 Hz), 4.54 (d, 1H, H-2, $^3J_{2,1}$ = 5.5 Hz), 4.98 (d, 1H, NCHCO, ^3J = 6.0 Hz), 5.26 (d, 1H, NCH, ^3J = 6.0 Hz), 5.57 (d, 1H, H-1, $^3J_{1,2}$ = 5.5 Hz), 7.28 (m, 2H, $H_{arom.}$), 7.32 (m, 1H, $H_{arom.}$), 7.37 (m, 2H, $H_{arom.}$)

<u>^{13}C-NMR (125.8 MHz, $CDCl_3$, δ in ppm)</u>

27.9 (3C, $OC(\underline{C}H_3)_3$), 57.8 (OCH_3), 58.6 (OCH_3), 59.2 (OCH_3), 60.3 (NCH), 62.0 (N<u>C</u>HCO), 73.2 (C-6), 76.5 (C-5), 78.2 (C-4), 80.0 (C-2), 82.7 (C-3), 84.2 ($O\underline{C}(CH_3)_3$), 87.5 (C-1), 126.9 ($2C_{arom.}H$), 128.6 ($3C_{arom.}H$), 132.5 ($\underline{C}_{arom.}C$), 147.6 (NCOO), 155.0 (NCOO), 160.2 (NCO)

MS (CI, *i*-Butan):

m/z (%): 493 (5) [MH^+]

437 (100) [MH^+-*i*-Buten]

393 (21) [MH^+-*i*-Buten -CO_2]

MS (ESI(+), MeOH):

m/z (%): 1007 (68) [M_2Na^+]

515 (100) [MNa^+]

HR-MS (CI, *i*-Butan): ber. 493.2186 für $[C_{24}H_{33}N_2O_9]^+$

gef. 493.2188

Elementaranalyse:

$C_{24}H_{32}N_2O_9$	ber. C 58.53 %	H 6.55 %	N 5.69 %
(492.5 g/mol)	gef. C 58.82 %	H 6..69 %	N 5.72 %

1-*N*-[*cis*-(3`*S*,4`*R*)-1`-*tert*-Butoxycarbonyl-4`-(4-nitrophenyl)-azetidin-2`-on-3`-yl]-1-*N*,2-*O*-carbonyl-3,5-di-*O*-methyl-α-D-xylofuranosylamin (200)

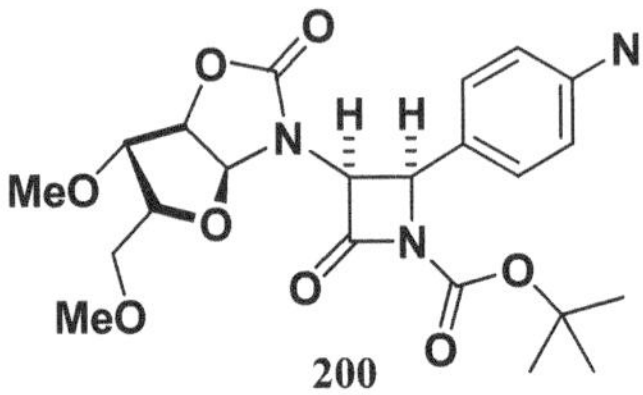

200

220 mg (0.56 mmol) des β-Lactam-Derivats **193** wurden gemäß **AAV 10** mit 245 mg (1.12 mmol) Di-*tert*-butyl-dicarbonat und 7 mg (0.06 mmol) DMAP umgesetzt. Das säulenchromatographisch (Kieselgel, Eluent 5) gereinigte Produkt bestand aus einem *cis*- und einem *trans*-konfigurierten Diastereomer im Verhältnis 75:25 (^{1}H-NMR). Durch eine zweite Chromatographie an Kieselgel (Eluent 22) konnte ein Teil des Hauptdiastereomers **200** in Form eines farblosen Sirups isoliert werden.

Ausbeute: 90 mg (33 %)

Fp.: sirupös

R_f-Wert: 0.33 (Eluent 22)

$[\alpha]_D^{20}$: -82.1 ° (c = 0.30, $CHCl_3$)

NMR-Daten: ^{1}H-NMR (500.1 MHz, $CDCl_3$, δ in ppm)

1.51 (s, 9H, $OC(CH_3)_3$), 2.67 (m, 1H, H-4), 3.15 (dd, 1H, H-5`, $^3J_{5`,4}$ = 4.9 Hz, $^2J_{5`,5}$ = -9.8 Hz), 3.25 (s, 3H, $OCH_3$), 3.31 (s, 3H, $OCH_3$), 3.37 (dd, 1H, H-5, $^3J_{5,4}$ = 6.1 Hz, $^2J_{5,5`}$ = -9.8 Hz), 3.56 (d, 1H, H-3, $^3J_{3,4}$ = 3.1 Hz), 4.71 (d, 1H, H-2, $^3J_{2,1}$ = 6.1 Hz), 5.32 (d, 1H, NCHCO, ^3J = 6.1 Hz), 5.41 (d, 1H, NCH, ^3J = 6.1 Hz), 5.77 (d, 1H, H-1, $^3J_{1,2}$ = 6.1 Hz), 7.45 (d, 2H, $H_{arom.}$, J = 8.6 Hz), 8.24 (d, 2H, $H_{arom.}$, J = 8.6 Hz)

^{13}C-NMR (125.8 MHz, $CDCl_3$, δ in ppm)

27.9 (3C, $OC(\underline{C}H_3)_3$), 58.2 (OCH_3), 59.1 (OCH_3), 59.6 (NCH), 62.6 (N$\underline{C}$HCO), 68.6 (C-5), 77.6 (C-4), 80.6 (C-2), 82.3 (C-3), 85.1

($O\underline{C}(CH_3)_3$), 86.4 (C-1), 123.8 ($2C_{arom.}H$), 127.9 ($2C_{arom.}H$), 140.0 ($C_{arom.}N$), 147.4 ($\underline{C}_{arom.}C$), 147.8 (NCOO), 155.5 (NCOO), 159.7 (NCO)

MS (CI, *i*-Butan):

m/z (%): 494 (13) [MH^+]

438 (100) [MH^+-*i*-Buten]

394 (55) [MH^+-*i*-Buten -CO_2]

MS (ESI(+), MeOH):

m/z (%): 1009 (66) [M_2Na^+]

516 (100) [MNa^+]

Elementaranalyse:

$C_{22}H_{27}N_3O_{10}$	ber. C 53.55 %	H 5.51 %	N 8.52 %
(493.5 g/mol)	gef. C 54.01 %	H 5.76 %	N 8.28 %

1-*N*-[*trans*-(3`*R*,4`*R*)-1`-*tert*-Butoxycarbonyl-4`-(4-nitrophenyl)-azetidin-2`-on-3`-yl]-1-*N*,2-*O*-carbonyl-3,5-di-*O*-methyl-α-D-xylofuranosylamin (Nebendiastereomer)

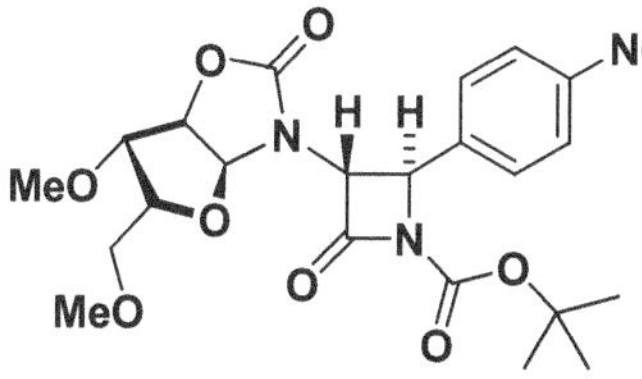

Die NMR-Daten des Epimers konnten durch eine spektroskopische Analyse der Mischfraktion ermittelt werden.

NMR-Daten: <u>^{1}H-NMR (500.1 MHz, $CDCl_3$, δ in ppm)</u>

1.43 (s, 9H, $OC(CH_3)_3$), 3.41 (s, 3H, OCH_3), 3.43 (s, 3H, OCH_3), 3.56 (dd, 1H, H-5`, $^3J_{5`,4}$ = 7.1 Hz, $^2J_{5`,5}$ = -10.4 Hz), 3.66 (dd, 1H, H-5, $^3J_{5,4}$ = 3.8 Hz, $^2J_{5,5`}$ = -10.4 Hz), 3.92 (d, 1H, H-3, $^3J_{3,4}$ = 3.3 Hz), 4.19 (m, 1H, H-4), 4.28 (d, 1H, NCHCO, ^3J = 3.3 Hz), 4.92 (d, 1H, H-2, $^3J_{2,1}$ = 5.5 Hz), 5.24 (d, 1H, NCH, ^3J = 3.3 Hz), 5.61 (d, 1H, H-1, $^3J_{1,2}$ = 5.5 Hz), 7.53 (d, 2H, $H_{arom.}$, J = 8.8 Hz), 8.24 (d, 2H, $H_{arom.}$, J = 8.8 Hz)

^{13}C-NMR (125.8 MHz, $CDCl_3$, δ in ppm)

27.8 (3C, OC($\underline{C}H_3$)$_3$), 58.3 (OCH_3), 59.5 (OCH_3), 59.7 (NCH), 67.0 (N$\underline{C}$HCO), 69.7 (C-5), 78.9 (C-4), 79.8 (C-2), 83.4 (C-3), 84.6 (O$\underline{C}$(CH_3)$_3$), 89.3 (C-1), 124.2 (2$C_{arom.}$H), 126.6 (2$C_{arom.}$H), 143.2 ($C_{arom.}$N), 147.4 ($\underline{C}_{arom.}$C), 148.1 (NCOO), 154.6 (NCOO), 161.1 (NCO)

1-*N*-[*trans*-(3\`*R*,4\`*R*)-1\`-*tert*-Butoxycarbonyl-4\`-*tert*-butyl-azetidin-2\`-on-3\`-yl]-1-*N*,2-*O*-carbonyl-3,5-di-*O*-methyl-α-D-xylofuranosylamin

und

1-*N*-[*cis*-(3\`*S*,4\`*R*)-1\`-*tert*-Butoxycarbonyl-4\`-*tert*-butyl-azetidin-2\`-on-3\`-yl]-1-*N*,2-*O*-carbonyl-3,5-di-*O*-methyl-α-D-xylofuranosylamin

(Diastereomerengemisch **201**)

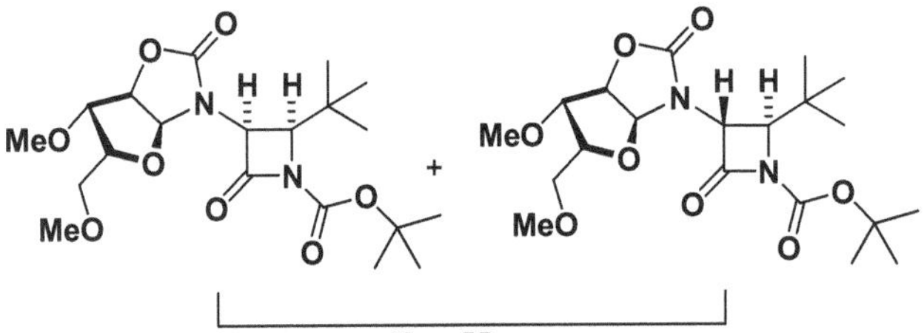

45 : 55

201

Nach **AAV 10** wurden 90 mg (0.27 mmol) des β-Lactam-Derivats **194** mit 120 mg (0.55 mmol) Di-*tert*-butyl-dicarbonat und 4 mg (0.03 mmol) DMAP zur Reaktion gebracht. Das ^{1}H-NMR-Spektrum des Produktes nach säulenchromatographischer Aufarbeitung (Kieselgel, Eluent 3) zeigte zwei Diastereomere im Verhältnis 55:45 (*trans/cis*), die nicht voneinander getrennt werden konnten. Das Gemisch fiel als nahezu farbloser Sirup an.

Ausbeute:	89 mg (77 %)
Fp.:	sirupös
R_f-Wert:	0.55 (Eluent 3)
NMR-Daten:	^{1}H-NMR (500.1 MHz, $CDCl_3$, δ in ppm)

trans-Diastereomer:

1.05 (s, 9H, C(CH_3)$_3$), 1.52 (s, 9H, OC(CH_3)$_3$), 3.35 (s, 3H, OCH_3), 3.43 (s, 3H, OCH_3), 3.52 (dd, 1H, H-5\`, $^3J_{5',4}$ = 6.0 Hz,

$^{2}J_{5`,5}$ = -10.4 Hz), 3.64 (dd, 1H, H-5, $^{3}J_{5,4}$ = 6.6 Hz, $^{2}J_{5,5`}$ = -10.4 Hz), 3.86 (d, 1H, H-3, $^{3}J_{3,4}$ = 3.3 Hz), 4.09 (m, 1H, H-4), 4.21 (d, 1H, NCH, ^{3}J = 3.3 Hz), 4.42 (d, 1H, NCHCO, ^{3}J = 3.3 Hz), 4.86 (d, 1H, H-2, $^{3}J_{2,1}$ = 6.0 Hz), 5.74 (d, 1H, H-1, $^{3}J_{1,2}$ = 6.0 Hz)

cis-Diastereomer:

1.08 (s, 9H, $C(CH_3)_3$), 1.52 (s, 9H, $OC(CH_3)_3$), 3.36 (s, 3H, OCH_3), 3.43 (s, 3H, OCH_3), 3.56 (dd, 1H, H-5`, $^{3}J_{5`,4}$ = 6.0 Hz, $^{2}J_{5`,5}$ = -10.4 Hz), 3.64 (dd, 1H, H-5, $^{3}J_{5,4}$ = 6.6 Hz, $^{2}J_{5,5`}$ = -10.4 Hz), 3.89 (d, 1H, H-3, $^{3}J_{3,4}$ = 3.3 Hz), 4.06 (d, 1H, NCH, ^{3}J = 6.0 Hz), 4.15 (m, 1H, H-4), 4.88 (d, 2H, H-2, NCHCO, $^{3}J_{2,1} \approx {}^{3}J \approx$ 6.0 Hz), 5.92 (s(b), 1H, H-1, $^{3}J_{1,2}$: n.a.)

<u>^{13}C-NMR (125.8 MHz, $CDCl_3$, δ in ppm)</u>

trans-Diastereomer:

26.2 (3C, $C(\underline{C}H_3)_3$), 28.0 (3C, $OC(\underline{C}H_3)_3$), 33.2 ($\underline{C}(CH_3)_3$), 58.2 (OCH_3), 59.3 (OCH_3), 60.0 (N$\underline{C}$HCO), 65.5 (NCH), 68.8 (C-5), 77.7 (C-4), 79.9 (C-2), 83.2 (C-3), 83.7 ($O\underline{C}(CH_3)_3$), 89.0 (C-1), 148.6 (NCOO), 154.6 (NCOO), 163.8 (NCO)

cis-Diastereomer:

27.2 (3C, $C(\underline{C}H_3)_3$), 28.0 (3C, $OC(\underline{C}H_3)_3$), 33.2 ($\underline{C}(CH_3)_3$, 58.2 (OCH_3), 59.3 (OCH_3), 59.8 (N$\underline{C}$HCO), 67.4 (NCH), 69.1 (C-5), 77.8 (C-4), 80.1 (C-2), 83.2 (C-3), 83.8 ($O\underline{C}(CH_3)_3$), 87.9 (C-1), 148.9 (NCOO), 155.96 (NCOO), 161.9 (NCO)

MS (CI, *i*-Butan):

m/z (%): 373 (100) [MH^+-*i*-Buten]

329 (95) [MH^+-*i*-Buten -CO_2]

$C_{20}H_{32}N_2O_8$

(428.5 g/mol)

9.5.3.2 Ringöffnungsversuche

AAV 11: Direkte Öffnung ausgewählter 1-*tert*-Butoxycarbonyl-β-lactame mit L-Prolinethylester zu Dipeptid-Derivaten (unter Verlust der Stereokontrolle)

Zu einer Vorlage von 0.1 mmol des *N*-Boc-β-lactams in 3 mL Dichlormethan wird eine Lösung von 30 mg (0.2 mmol) L-Prolinethylester[245] in 2 mL Dichlormethan gegeben. Das gut gerührte Reaktionsgemisch wird bis zum vollständigen Umsatz unter Rückfluss erhitzt (ca. 20 h) und nach Abkühlung mit 10 %iger Citronensäurelösung und anschließend mit gesättigter Natriumchloridlösung gewaschen. Die abgetrennte organische Phase wird über Magnesiumsulfat getrocknet und im Vakuum vollständig eingeengt. Säulenchromatographische Aufarbeitung des Rückstands liefert das Dipeptid als dünnschichtchromatographisch nahezu einheitliches Diastereomerengemisch.

1-*N*-[3`-*tert*-Butoxycarbonylamino-1`-(2``-ethoxycarbonyl-*N*-pyrrolidino)-1`-oxo-3`-phenyl- 2`-propyl]-1-*N*,2-*O*-carbonyl-3,5-di-*O*-methyl-α-D-xylofuranosylamin
(Diastereomerengemisch **202**)

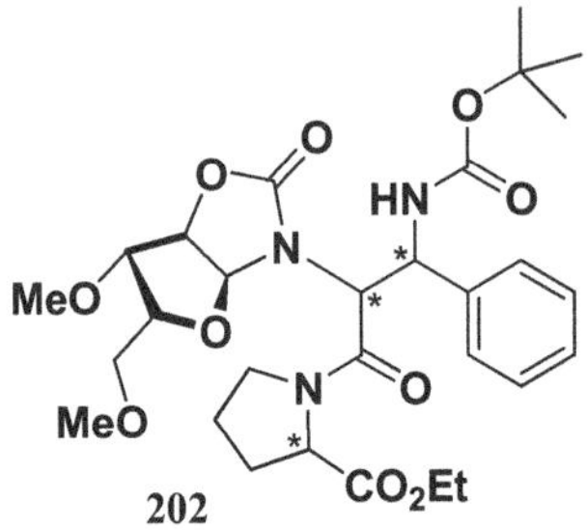

202

Gemäß **AAV 11** wurden 45 mg (0.1 mmol) des *N*-Boc-β-lactams **198** mit 2 Äquivalenten L-Prolinethylester umgesetzt. Nach säulenchromatographischer Reinigung (Kieselgel, Eluent 19) verblieb ein schwach gelblicher Sirup.

Ausbeute:	53 mg (90 %)
R_f-Wert:	0.72 (Eluent 19)
MS (CI, *i*-Butan):	
m/z (%):	592 (100) [MH^+]
	536 (33) [MH^+-*i*-Buten]
	518 (44) [MH^+-HCO_2Et]
	519 (72) [MH^+-*i*-Buten -CO_2]

$C_{29}H_{41}N_3O_{10}$
(591.6 g/mol)

1-*N*-[3`-*tert*-Butoxycarbonylamino-1`-(2``-ethoxycarbonyl-*N*-pyrrolidino)-1`-oxo-3`-phenyl-2`-propyl]-1-*N*,2-*O*-carbonyl-3,5,6-tri-*O*-methyl-α-D-glucofuranosylamin
(Diastereomerengemisch **203**)

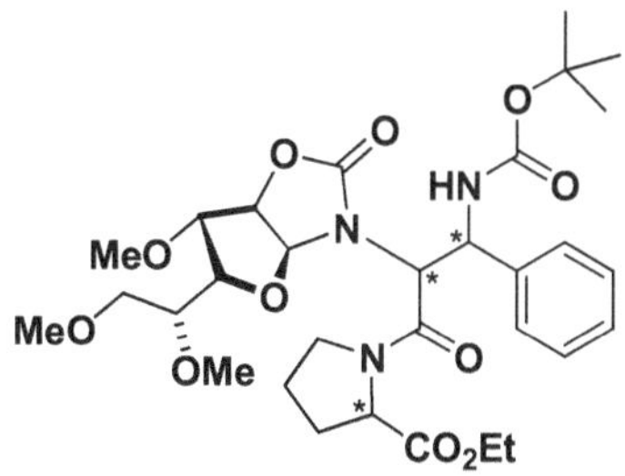

203

Gemäß **AAV 11** wurden 25 mg (0.05 mmol) des *N*-Boc-β-lactams **199** mit 2 Äquivalenten L-Prolinethylester umgesetzt. Säulenchromatographische Aufarbeitung (Kieselgel, Eluent 6) führte zu einem schwach gelblichen, sirupösen Produkt.

Ausbeute: 26 mg (82 %)

R_f-Wert: 0.67 (Eluent 6)

MS (CI, *i*-Butan):

m/z (%): 636 (100) [MH^+]

580 (11) [MH^+-*i*-Buten]

562 (47) [MH^+-HCO_2Et]

536 (7) [MH^+-*i*-Buten -CO_2]

$C_{31}H_{45}N_3O_{11}$

(635.7 g/mol)

1-*N*-[3`-*tert*-Butoxycarbonylamino-1`-(2``-ethoxycarbonyl-*N*-pyrrolidino)-3`-(4-nitrophenyl)- 1`-oxo-2`-propyl]-1-*N*,2-*O*-carbonyl-3,5-di-*O*-methyl-α-D-xylofuranosylamin (Diastereomerengemisch **204**)

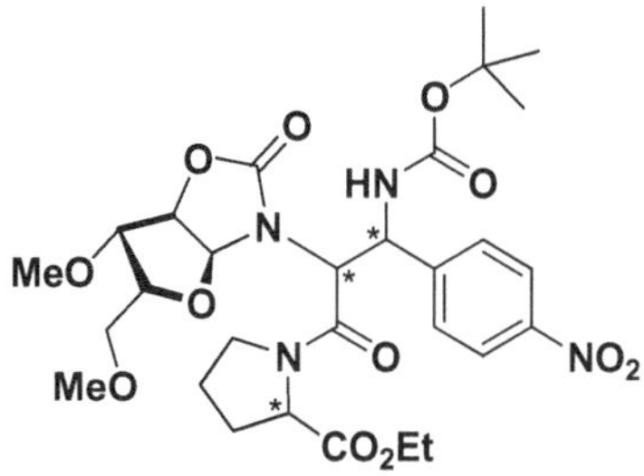

204

30 mg (0.06 mmol) des *N*-Boc-β-lactams **200** wurden gemäß **AAV 11** mit 2 Äquivalenten L-Prolinethylester umgesetzt. Das Diastereomerengemisch fiel nach säulenchromatogra-

phischer Reinigung (Kieselgel, Eluent 6) als schwach gelblicher Sirup an.

Ausbeute: 29 mg (76 %)

R_f-Wert: 0.58 (Eluent 6)

MS (CI, *i*-Butan):

m/z (%): 637 (65) [MH^+]

581 (100) [MH^+-*i*-Buten]

537 (27) [MH^+-*i*-Buten -CO_2]

$C_{29}H_{40}N_4O_{12}$

(636.6 g/mol)

Stereokontrollierte Kupplung eines *N*-Boc-β-lactams mit einem Aminosäureester zum entsprechenden Dipeptid unter Spaltung der N-1/C-2-Bindung durch Einwirkung stöchiometrischer Mengen Natriumazid als Transacylierungsreagenz:

1-*N*-[(2`*S*,3`*R*)-3`-*tert*-Butoxycarbonylamino-*N*`-[(*S*)-1``-methoxycarbonyl-2``-methyl-propyl]-3`-phenyl-propionamid-2`-yl]-1-*N*,2-*O*-carbonyl-3,5,6-tri-*O*-methyl-α-D-gluco-furanosylamin (205)

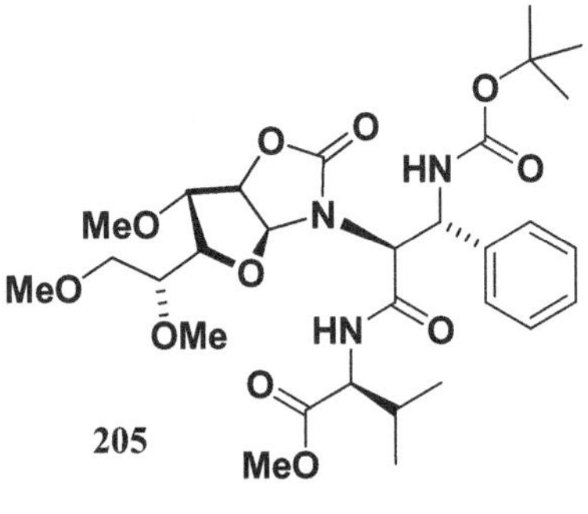

205

13 mg (0.08 mmol) L-Valinmethylester-hydrochlorid wurden in 0.2 mL trockenem DMF suspendiert und bei Raumtemperatur unter Rühren mit 8 µL (0.06 mmol) trockenem Triethylamin versetzt. Nach 5 min wurden zuerst 19 mg (0.04 mmol) des *N*-Boc-β-lactams **199** und dann 2.5 mg (0.04 mmol) Natriumazid hinzugefügt. Das Gemisch wurde anschließend bei Raumtemperatur gerührt und der Reaktionsverlauf dünnschicht-chromatographisch verfolgt. Nach vollständigem Umsatz (ca. 24 h) wurde durch Zugabe von 5 mL Essigsäureethylester verdünnt und die organische Phase nacheinander mit 0.05 M

Salzsäure, gesättigter Natriumhydrogencarbonatlösung und gesättigter Natriumchloridlösung gewaschen. Die über Magnesiumsulfat getrocknete organische Phase wurde im Vakuum vollständig eingeengt und der Rückstand an Kieselgel chromatographiert (Eluent 5). Es resultierte ein farbloser Sirup.

Ausbeute: 19 mg (79 %)

Fp.: sirupös

R_f-Wert: 0.52 (Eluent 5)

$[\alpha]_D^{20}$: -17.7 ° (c = 0.56, CH_2Cl_2)

NMR-Daten: <u>^{1}H-NMR (500.1 MHz, $CDCl_3$, δ in ppm)</u>

0.97 (d, 3H, CH_3, ^3J = 6.6 Hz), 0.99 (d, 3H, CH_3, ^3J = 6.6 Hz), 1.43 (s, 9H, $C(CH_3)_3$), 2.19 (m, 1H, $C\underline{H}(CH_3)_2$), 3.37 (s, 3H, OCH_3), 3.43 (s, 6H, $2OCH_3$), 3.46 (dd, 1H, H-6`, $^3J_{6`,5}$ = 3.8 Hz, $^2J_{6`,6}$ = -11.0 Hz), 3.57 (d, 1H, H-6, $^2J_{6,6`}$ = -11.0 Hz, $^3J_{6,5}$: n.a.), 3.64 (m, 1H, H-5), 3.70 (s, 3H, $COOCH_3$), 3.92 (m, 2H, H-3, H-4), 4.33 (dd, 1H, $C\underline{H}COOCH_3$, $^3J_A \approx {}^3J_B \geq 6$ Hz), 4.77 (d, 1H, H-2, $^3J_{2,1}$ = 5.5 Hz), 4.88 (s(b), 1H, NCHCO, ^3J : n.a), 5.48 (dd, 1H, CHPh, ^3J = 2.6 Hz, ^3J = 10.2 Hz), 5.61 (s, 1H, H-1, ^3J : n.a.), 6.63 (d, 1H, NHBoc, ^3J = 10.2 Hz), 7.27 (m, 1H, $H_{arom.}$), 7.32 (s, 1H, CONH), 7.34 (d, 4H, $H_{arom.}$, J = 3.3 Hz)

<u>^{13}C-NMR (125.8 MHz, $CDCl_3$, δ in ppm)</u>

18.3 (CH_3), 19.2 (CH_3), 28.4 (3C, $OC(\underline{C}H_3)_3$), 30.3 ($\underline{C}H(CH_3)_2$), 52.0 ($COO\underline{C}H_3$), 53.2 (CHPh), 57.8 (OCH_3), 58.2 (OCH_3), 58.7 ($\underline{C}HCOOCH_3$), 59.2 (OCH_3), 62.4 (N$\underline{C}$HCO), 71.5 (C-6), 76.1 (C-5), 78.1 (C-4), 79.0 (C-2), 80.3 ($O\underline{C}(CH_3)_3$), 82.5 (C-3), 88.8 (C-1), 126.4 ($2C_{arom.}H$), 127.8 ($C_{arom.}H$), 128.7 ($2C_{arom.}H$), 138.4 ($\underline{C}_{arom.}C$), 156.2 (NCOO), 157.5 (NCOO), 167.8 (NCO), 171.6 ($\underline{C}OOCH_3$)

MS (CI, *i*-Butan):

m/z (%): 624 (100) [MH^+]

524 (44) [MH^+-*i*-Buten -CO_2]

HR-MS (CI, *i*-Butan): ber. 624.3132 für $[C_{30}H_{46}N_3O_{11}]^+$

gef. 624.3133

$C_{30}H_{45}N_3O_{11}$

(623.7 g/mol)

10. Röntgenkristallographische Daten

Tab. 20 Kristallographische und röntgenographische Daten der Verbindung **123**

Summenformel	$C_{21}H_{28}N_2O_7$
Molmasse [g/mol]	420.45
Schmelzpunkt [°C]	118–120
Kristallgröße [mm]	0.90 x 0.13 x 0.07
Kristallsystem	monoklin
Raumgruppe	*C*2
Zellparameter [pm]	$a = 3042.1(3)$
	$b = 645.17(4)$
	$c = 1116.59(11)$
Zellvolumen V [pm^3]	2181.7(3) x 10^6
Formeleinheiten pro Zelle Z	4
$F(000)$	896
Berechnete Dichte D_x [g/cm^3]	1.280
Absorptionskoeffizient μ [mm^{-1}]	0.096
Wellenlänge λ (Mo-K_α) [pm]	71.073
2 Θ Bereich	2.17–26.13°
Zahl der gemessenen Reflexe	9187
Zahl der symmetrieunabhängigen Reflexe	2274
Zahl der signifikanten Reflexe ($I > 2\sigma$ (I))	1406
Zahl der verfeinerten Parameter	269
R-Werte der Endverfeinerung	
R_{all}	0.0583
R_{gt}	0.0284
ωR_{ref}	0.0454
ωR_{gt}	0.0421
FLACK Parameter X	0(10)
Goodness of fit S	0.727
Größte Elektronendichte [e/pm^3]	0.127 x 10^{-6}
Geringste Elektronendichte [e/pm^3]	-0.137 x 10^{-6}
Messtemperatur [K]	153(2)
Diffraktometer	Stoe IPDS
Monochromator	Graphit

Tab. 21 Fraktale Atomparameter (x 10^4) und äquivalente Temperaturfaktoren (U_{eq} x 10^3) von **123**

Atom	x	y	z	U(eq)
O(1)	6165(1)	8395(4)	6394(2)	37(1)
O(2)	6746(1)	2397(3)	5842(1)	28(1)
O(3)	7308(1)	6523(3)	10014(1)	27(1)
O(4)	7621(1)	5836(3)	8288(1)	29(1)
O(5)	6284(1)	4720(3)	9449(1)	24(1)
O(6)	6414(1)	6052(3)	11989(1)	27(1)
O(7)	6080(1)	483(3)	10275(1)	28(1)
N(1)	6168(1)	4801(4)	6021(2)	29(1)
N(2)	6860(1)	6088(4)	8333(2)	22(1)
C(1)	6317(1)	6657(5)	6460(2)	27(1)
C(2)	6742(1)	5643(5)	7075(2)	23(1)
C(3)	6517(1)	3558(5)	6655(2)	25(1)
C(4)	5760(1)	4225(5)	5292(2)	34(1)
C(5)	5847(1)	3118(6)	4139(2)	41(1)
C(6A)	5427(3)	2353(16)	3447(7)	18(3)
C(7A)	5237(3)	460(17)	3602(8)	30(3)
C(8A)	4859(2)	-124(17)	3056(8)	39(2)
C(9A)	4616(2)	1167(19)	2219(8)	33(2)
C(10A)	4770(3)	3120(20)	1977(6)	30(2)
C(11A)	5182(3)	3782(18)	2595(8)	34(3)
C(12)	7089(1)	1182(5)	6468(2)	35(1)
C(13)	7282(1)	-234(5)	5570(2)	38(1)
C(14)	7291(1)	6111(5)	8810(2)	23(1)
C(15)	6546(1)	6472(5)	9218(2)	22(1)
C(16)	6864(1)	6905(5)	10356(2)	25(1)
C(17)	6737(1)	5240(4)	11254(2)	21(1)
C(18)	6515(1)	3570(5)	10433(2)	22(1)
C(19)	6609(1)	7244(5)	12989(2)	36(1)
C(20)	6189(1)	2235(4)	11017(2)	27(1)
C(21)	5706(1)	-621(5)	10672(2)	34(1)

Tab. 22 | Kristallographische und röntgenographische Daten der Verbindung **124**

Summenformel	$C_{15}H_{22}N_2O_6S$
Molmasse [g/mol]	358.41
Schmelzpunkt [°C]	114–116
Kristallgröße [mm]	0.70 x 0.43 x 0.43
Kristallsystem	orthorhombisch
Raumgruppe	$P2_12_12_1$
Zellparameter [pm]	a = 718.09(3)
	b = 1527.53(8)
	c = 1556.23(10)
Zellvolumen V [pm^3]	1707.03(16) x 10^6
Formeleinheiten pro Zelle Z	4
$F(000)$	760
Berechnete Dichte D_x [g/cm^3]	1.395
Absorptionskoeffizient μ [mm^{-1}]	0.223
Wellenlänge λ (Mo-K_α) [pm]	71.073
2 Θ Bereich	2.62–26.00°
Zahl der gemessenen Reflexe	20257
Zahl der symmetrieunabhängigen Reflexe	3209
Zahl der signifikanten Reflexe ($I > 2\sigma$ (I))	3037
Zahl der verfeinerten Parameter	305
R-Werte der Endverfeinerung	
R_{all}	0.0297
R_{gt}	0.0277
ωR_{ref}	0.0739
ωR_{gt}	0.0730
FLACK Parameter X	0.00(6)
Goodness of fit S	1.041
Größte Elektronendichte [e/pm^3]	0.337 x 10^{-6}
Geringste Elektronendichte [e/pm^3]	-0.190 x 10^{-6}
Messtemperatur [K]	153(2)
Diffraktometer	Stoe IPDS
Monochromator	Graphit

Tab. 23 Fraktale Atomparameter (x 10^4) und äquivalente Temperaturfaktoren (U_{eq} x 10^3) von **124**

Atom	x	y	z	U(eq)
S(1)	4798(1)	3210(1)	4760(1)	30(1)
O(1)	6142(2)	5800(1)	4858(1)	30(1)
O(2)	99(2)	6067(1)	5923(1)	26(1)
O(3)	-210(2)	7159(1)	4966(1)	21(1)
O(4)	827(2)	6214(1)	3138(1)	25(1)
O(5)	-461(2)	7976(1)	2772(1)	24(1)
O(6)	-3983(2)	6400(1)	2485(1)	39(1)
N(1)	4814(2)	4694(1)	3981(1)	17(1)
N(2)	1641(2)	6056(1)	4622(1)	19(1)
C(1)	5980(3)	3914(1)	3947(1)	22(1)
C(2)	5871(3)	3512(1)	3055(1)	33(1)
C(3)	7952(3)	4089(1)	4235(2)	33(1)
C(4)	2528(3)	3596(1)	4418(1)	26(1)
C(5)	2801(2)	4538(1)	4097(1)	19(1)
C(6)	2782(2)	5298(1)	4762(1)	18(1)
C(7)	4878(2)	5364(1)	4584(1)	19(1)
C(8)	478(2)	6382(1)	5235(1)	19(1)
C(9)	1738(3)	6592(1)	3861(1)	20(1)
C(10)	565(2)	7389(1)	4136(1)	18(1)
C(11)	-996(3)	7432(1)	3470(1)	19(1)
C(12)	-1091(3)	6482(1)	3181(1)	24(1)
C(13)	-606(3)	8880(1)	2987(1)	28(1)
C(14)	-2057(3)	6283(1)	2340(1)	32(1)
C(15)	-5072(4)	6087(2)	1794(1)	44(1)

Tab. 24 | Kristallographische und röntgenographische Daten der Verbindung **137**

Summenformel	$C_{23}H_{30}N_2O_8$
Molmasse [g/mol]	462.49
Schmelzpunkt [°C]	105–106
Kristallgröße [mm]	0.70 x 0.45 x 0.32
Kristallsystem	monoklin
Raumgruppe	$P2_1$
Zellparameter [pm]	a = 1111.74(9)
	b = 840.13(3)
	c = 1376.85(10)
Zellvolumen V [pm^3]	1186.75(14) x 10^6
Formeleinheiten pro Zelle Z	2
F(000)	492
Berechnete Dichte D_x [g/cm^3]	1.294
Absorptionskoeffizient μ [mm^{-1}]	0.098
Wellenlänge λ (Mo-K_α) [pm]	71.073
2 Θ Bereich	2.99–26.15°
Zahl der gemessenen Reflexe	12609
Zahl der symmetrieunabhängigen Reflexe	2489
Zahl der signifikanten Reflexe ($I > 2\sigma$ (I))	2232
Zahl der verfeinerten Parameter	298
R-Werte der Endverfeinerung	
R_{all}	0.0402
R_{gt}	0.0354
ωR_{ref}	0.0926
ωR_{gt}	0.0899
FLACK Parameter X	0(10)
Goodness of fit S	1.023
Größte Elektronendichte [e/pm^3]	0.413 x 10^{-6}
Geringste Elektronendichte [e/pm^3]	-0.236 x 10^{-6}
Messtemperatur [K]	153(2)
Diffraktometer	Stoe IPDS
Monochromator	Graphit

Tab. 25 Fraktale Atomparameter (x 10^4) und äquivalente Temperaturfaktoren (U_{eq} x 10^3) von **137**

Atom	x	y	z	U(eq)
O(1)	9941(2)	3548(2)	9143(1)	23(1)
O(2)	10815(2)	7313(2)	8913(1)	31(1)
O(3)	8962(2)	8441(2)	7771(2)	39(1)
O(4)	12826(2)	3954(2)	10216(1)	31(1)
O(5)	12066(2)	1844(2)	7969(2)	35(1)
O(6)	6738(2)	4293(3)	9393(1)	34(1)
O(7)	4552(2)	2496(2)	5420(1)	29(1)
O(8)	5187(2)	992(2)	6883(1)	31(1)
N(1)	8923(2)	6109(2)	8646(1)	23(1)
N(2)	6036(2)	4377(2)	7545(1)	20(1)
C(1)	9833(2)	5122(3)	9464(2)	22(1)
C(2)	11142(2)	5981(3)	9632(2)	26(1)
C(3)	11935(2)	4730(3)	9310(2)	24(1)
C(4)	10876(2)	3566(3)	8639(2)	22(1)
C(5)	11287(2)	1863(3)	8589(2)	25(1)
C(6)	9495(2)	7386(3)	8382(2)	27(1)
C(7)	14071(3)	4678(5)	10579(3)	59(1)
C(8)	12383(3)	253(4)	7800(2)	40(1)
C(9)	6754(2)	5386(3)	7073(2)	21(1)
C(10)	7517(2)	6037(3)	8222(2)	22(1)
C(11)	6770(2)	4751(3)	8570(2)	22(1)
C(12)	7549(2)	4514(3)	6558(2)	22(1)
C(13)	7838(2)	2893(3)	6717(2)	25(1)
C(14)	8546(2)	2136(3)	6205(2)	32(1)
C(15)	8989(2)	3007(4)	5548(2)	35(1)
C(16)	8726(2)	4617(4)	5403(2)	36(1)
C(17)	8008(2)	5381(3)	5905(2)	28(1)
C(18)	4724(2)	3690(3)	7077(2)	20(1)
C(19)	3680(2)	4943(3)	6494(2)	23(1)
C(20)	2329(2)	4161(3)	6060(2)	32(1)
C(21)	3714(3)	6326(3)	7227(2)	35(1)
C(22)	4780(2)	2344(3)	6347(2)	22(1)
C(23)	5416(3)	-319(3)	6282(2)	41(1)

Tab. 26 | Kristallographische und röntgenographische Daten der Verbindung **138**

Summenformel	$C_{23}H_{30}N_2O_8$
Molmasse [g/mol]	462.49
Schmelzpunkt [°C]	115–116
Kristallgröße [mm]	0.25 x 0.20 x 0.14
Kristallsystem	monoklin
Raumgruppe	$P2_1$
Zellparameter [pm]	a = 893.96(2)
	b = 3179.97(13)
	c = 905.24(3)
Zellvolumen V [pm^3]	1186.75(14) x 10^6
Formeleinheiten pro Zelle Z	4
F(000)	984
Berechnete Dichte D_x [g/cm^3]	1.301
Absorptionskoeffizient μ [mm^{-1}]	0.099
Wellenlänge λ (Mo-K_α) [pm]	71.073
2 Θ Bereich	2.45–26.09°
Zahl der gemessenen Reflexe	23014
Zahl der symmetrieunabhängigen Reflexe	4534
Zahl der signifikanten Reflexe ($I > 2\sigma$ (I))	3457
Zahl der verfeinerten Parameter	605
R-Werte der Endverfeinerung	
R_{all}	0.0466
R_{gt}	0.0315
ωR_{ref}	0.0668
ωR_{gt}	0.0634
FLACK Parameter X	0(10)
Goodness of fit S	0.901
Größte Elektronendichte [e/pm^3]	0.202 x 10^{-6}
Geringste Elektronendichte [e/pm^3]	-0.227 x 10^{-6}
Messtemperatur [K]	153(2)
Diffraktometer	Stoe IPDS
Monochromator	Graphit

Tab. 27 Fraktale Atomparameter (x 10^4) und äquivalente Temperaturfaktoren (U_{eq} x 10^3) von **138**

Atom	x	y	z	U(eq)
O(1)	7232(3)	4831(1)	5560(2)	21(1)
O(2)	5071(3)	4033(1)	5898(2)	27(1)
O(3)	2789(3)	4048(1)	3591(2)	32(1)
O(4)	9047(3)	4415(1)	8662(2)	28(1)
O(5)	7099(3)	5617(1)	7197(3)	38(1)
O(6)	7080(3)	4662(1)	1498(2)	30(1)
O(7)	1611(3)	5410(1)	-2070(2)	34(1)
O(8)	3114(3)	4874(1)	-2367(2)	31(1)
N(1)	5181(3)	4366(1)	3781(3)	20(1)
N(2)	4652(3)	5042(1)	957(3)	20(1)
C(1)	6825(4)	4417(1)	4967(3)	20(1)
C(2)	6766(4)	4145(1)	6359(3)	23(1)
C(3)	7331(4)	4444(1)	7813(3)	22(1)
C(4)	6885(4)	4874(1)	6995(3)	22(1)
C(5)	7868(4)	5238(1)	7971(3)	25(1)
C(6)	4207(4)	4143(1)	4319(3)	22(1)
C(7)	9518(5)	4063(1)	9756(4)	39(1)
C(8)	8126(6)	5971(1)	7819(6)	58(1)
C(9)	3357(4)	4844(1)	1369(3)	21(1)
C(10)	4593(4)	4472(1)	2082(3)	20(1)
C(11)	5754(4)	4724(1)	1522(3)	21(1)
C(12)	2739(4)	5100(1)	2415(3)	19(1)
C(13)	3778(4)	5349(1)	3684(3)	22(1)
C(14)	3135(4)	5588(1)	4582(3)	27(1)
C(15)	1470(5)	5581(1)	4225(4)	32(1)
C(16)	448(4)	5332(1)	2979(4)	33(1)
C(17)	1086(4)	5093(1)	2075(3)	27(1)
C(18)	4468(4)	5355(1)	-298(3)	21(1)
C(19)	4503(4)	5810(1)	279(3)	25(1)
C(20)	4187(5)	6120(1)	-1117(4)	33(1)
C(21)	6148(4)	5905(1)	1656(4)	35(1)
C(22)	2891(4)	5233(1)	-1695(3)	23(1)
C(23)	1644(5)	4677(1)	-3545(4)	43(1)

Tab. 28 | Kristallographische und röntgenographische Daten der Verbindung **145**

Summenformel	$C_{29}H_{38}N_2O_{12}$
Molmasse [g/mol]	606.61
Schmelzpunkt [°C]	238–240
Kristallgröße [mm]	0.55 x 0.38 x 0.16
Kristallsystem	orthorhombisch
Raumgruppe	$P2_12_12_1$
Zellparameter [pm]	a = 1000.10(5)
	b = 1521.38(9)
	c = 1909.16(13)
Zellvolumen V [pm^3]	2904.8(3) x 10^6
Formeleinheiten pro Zelle Z	4
$F(000)$	1288
Berechnete Dichte D_x [g/cm^3]	1.387
Absorptionskoeffizient μ [mm^{-1}]	0.108
Wellenlänge λ (Mo-K$_\alpha$) [pm]	71.073
2 Θ Bereich	2.44–26.09°
Zahl der gemessenen Reflexe	29393
Zahl der symmetrieunabhängigen Reflexe	5637
Zahl der signifikanten Reflexe ($I > 2\sigma$ (I))	4386
Zahl der verfeinerten Parameter	463
R-Werte der Endverfeinerung	
R_{all}	0.0349
R_{gt}	0.0233
ωR_{ref}	0.0398
ωR_{gt}	0.0385
FLACK Parameter X	0.0(4)
Goodness of fit S	0.821
Größte Elektronendichte [e/pm^3]	0.132 x 10^{-6}
Geringste Elektronendichte [e/pm^3]	-0.126 x 10^{-6}
Messtemperatur [K]	153(2)
Diffraktometer	Stoe IPDS
Monochromator	Graphit

Tab. 29 | Fraktale Atomparameter (x 10^4) und äquivalente Temperaturfaktoren (U_{eq} x 10^3) von **145**

Atom	x	y	z	U(eq)
N(1)	4020(1)	3955(1)	1091(1)	20(1)
N(2)	6391(1)	3332(1)	2024(1)	20(1)
O(1)	2630(1)	3270(1)	1951(1)	22(1)
O(2)	2361(1)	3909(1)	315(1)	25(1)
O(3)	3876(1)	4995(1)	209(1)	30(1)
O(4)	563(1)	2253(1)	1337(1)	26(1)
O(5)	964(1)	4098(1)	2958(1)	34(1)
O(6)	6801(1)	2997(1)	833(1)	36(1)
O(7)	8840(1)	738(1)	3635(1)	29(1)
O(8)	7485(1)	4915(1)	2258(1)	22(1)
O(9)	6241(1)	4761(1)	3273(1)	23(1)
O(10)	5366(1)	6119(1)	3138(1)	24(1)
O(11)	5734(1)	6291(1)	1275(1)	27(1)
O(12)	7977(1)	6410(1)	1293(1)	34(1)
C(1)	3297(2)	3173(1)	1299(1)	21(1)
C(2)	2212(2)	3114(1)	727(1)	22(1)
C(3)	908(2)	3125(1)	1142(1)	23(1)
C(4)	1322(2)	3628(1)	1796(1)	22(1)
C(5)	422(2)	3553(1)	2421(1)	23(1)
C(6)	3476(2)	4356(1)	517(1)	22(1)
C(7)	-82(2)	1777(1)	786(1)	35(1)
C(8)	209(2)	4042(1)	3588(1)	39(1)
C(9)	5510(1)	4098(1)	2174(1)	19(1)
C(10)	5326(2)	4175(1)	1363(1)	20(1)
C(11)	6315(2)	3410(1)	1313(1)	23(1)
C(12)	7012(1)	2691(1)	2459(1)	20(1)
C(13)	7561(2)	1947(1)	2144(1)	21(1)
C(14)	8157(2)	1309(1)	2554(1)	23(1)
C(15)	8214(2)	1408(1)	3279(1)	22(1)
C(16)	7650(2)	2140(1)	3592(1)	27(1)
C(17)	7056(2)	2782(1)	3178(1)	25(1)

Tab. 29 (Fortsetzung)

Atom	x	y	z	U(eq)
C(18)	9128(2)	882(1)	4359(1)	31(1)
C(19)	6188(2)	4883(1)	2529(1)	19(1)
C(20)	5395(2)	5757(1)	2448(1)	19(1)
C(21)	6048(2)	6453(1)	1993(1)	23(1)
C(22)	7586(2)	6474(1)	2016(1)	25(1)
C(23)	8184(2)	5717(1)	2416(1)	25(1)
C(24)	5422(2)	5404(1)	3621(1)	24(1)
C(25)	4048(2)	5035(1)	3764(1)	32(1)
C(26)	6133(2)	5722(1)	4274(1)	33(1)
C(27)	6837(2)	6626(1)	883(1)	30(1)
C(28)	6713(2)	7617(1)	801(1)	45(1)
C(29)	6906(2)	6144(1)	195(1)	41(1)

Tab. 30 | Kristallographische und röntgenographische Daten der Verbindung **147**

Summenformel	$C_{23}H_{30}N_2O_9$
Molmasse [g/mol]	478.49
Schmelzpunkt [°C]	120–121
Kristallgröße [mm]	0.53 x 0.05 x 0.02
Kristallsystem	orthorhombisch
Raumgruppe	$P2_12_12_1$
Zellparameter [pm]	a = 573.55(5)
	b = 1542.83(19)
	c = 2684.8(4)
Zellvolumen V [pm^3]	2375.7(5) x 10^6
Formeleinheiten pro Zelle Z	4
F(000)	1016
Berechnete Dichte D_x [g/cm^3]	1.338
Absorptionskoeffizient μ [mm^{-1}]	0.104
Wellenlänge λ (Mo-K$_\alpha$) [pm]	71.073
2 Θ Bereich	2.63–26.16°
Zahl der gemessenen Reflexe	19294
Zahl der symmetrieunabhängigen Reflexe	4443
Zahl der signifikanten Reflexe ($I > 2\sigma$ (I))	994
Zahl der verfeinerten Parameter	300
R-Werte der Endverfeinerung	
R_{all}	0.1974
R_{gt}	0.0305
ωR_{ref}	0.0875
ωR_{gt}	0.0447
FLACK Parameter X	-1(2)
Goodness of fit S	0.389
Größte Elektronendichte [e/pm^3]	0.123 x 10^{-6}
Geringste Elektronendichte [e/pm^3]	-0.145 x 10^{-6}
Messtemperatur [K]	153(2)
Diffraktometer	Stoe IPDS
Monochromator	Graphit

Tab. 31 Fraktale Atomparameter (x 10^4) und äquivalente Temperaturfaktoren (U_{eq} x 10^3) von **147**

Atom	x	y	z	U(eq)
O(1)	6242(9)	5253(2)	9801(1)	33(1)
O(2)	2921(9)	1100(2)	9255(2)	35(1)
O(3)	2425(8)	4615(2)	7919(1)	29(1)
O(4)	-706(8)	5019(2)	8380(2)	29(1)
O(5)	3758(8)	8327(2)	9370(1)	21(1)
O(6)	586(8)	7672(2)	9715(1)	25(1)
O(7)	5999(8)	6895(2)	8571(1)	25(1)
O(8)	8696(9)	8536(2)	8523(1)	27(1)
O(9)	4654(9)	7114(2)	7494(1)	36(1)
N(1)	3083(9)	4733(3)	9311(2)	22(1)
N(2)	3463(9)	6888(3)	9294(2)	18(1)
C(1)	4450(12)	5317(4)	9571(2)	25(2)
C(2)	2634(11)	6055(3)	9472(2)	20(2)
C(3)	1300(12)	5377(3)	9134(2)	20(2)
C(4)	3110(7)	3801(2)	9300(1)	24(2)
C(5)	1269(6)	3359(2)	9079(1)	27(2)
C(6)	1252(6)	2458(2)	9074(1)	26(2)
C(7)	3076(7)	2000(2)	9291(1)	28(2)
C(8)	4917(6)	2442(2)	9512(1)	33(2)
C(9)	4934(6)	3343(2)	9517(1)	31(2)
C(10)	4777(12)	614(3)	9479(2)	38(2)
C(11)	1201(12)	5545(3)	8568(2)	24(2)
C(12)	3327(13)	5286(4)	8245(2)	32(2)
C(13)	-16(13)	4762(4)	7885(2)	33(2)
C(14)	-536(14)	5496(4)	7508(2)	42(2)
C(15)	-1267(13)	3930(3)	7752(2)	41(2)
C(16)	2384(12)	7626(4)	9485(2)	24(2)
C(17)	5758(12)	7048(3)	9093(2)	23(2)
C(18)	5975(12)	8055(3)	9163(2)	22(2)
C(19)	6284(13)	8418(3)	8636(2)	23(2)
C(20)	5288(11)	7685(3)	8317(2)	22(2)
C(21)	9610(13)	9321(3)	8750(2)	36(2)
C(22)	6223(12)	7658(3)	7780(2)	29(2)
C(23)	5301(13)	7101(4)	6972(2)	47(2)

Tab. 32 | Kristallographische und röntgenographische Daten der Verbindung **150**

Summenformel	$C_{23}H_{29}N_2ClO_8$
Molmasse [g/mol]	496.93
Schmelzpunkt [°C]	181–182
Kristallgröße [mm]	0.51 x 0.32 x 0.25
Kristallsystem	monoklin
Raumgruppe	$P2_1$
Zellparameter [pm]	$a = 922.17(3)$
	$b = 1904.46(4)$
	$c = 1453.88(4)$
Zellvolumen V [pm^3]	2482.99(12) x 10^6
Formeleinheiten pro Zelle Z	4
$F(000)$	1048
Berechnete Dichte D_x [g/cm^3]	1.329
Absorptionskoeffizient μ [mm^{-1}]	0.203
Wellenlänge λ (Mo-K$_\alpha$) [pm]	71.073
2 Θ Bereich	2.39–25.99°
Zahl der gemessenen Reflexe	27693
Zahl der symmetrieunabhängigen Reflexe	9681
Zahl der signifikanten Reflexe ($I > 2\sigma$ (I))	8583
Zahl der verfeinerten Parameter	613
R-Werte der Endverfeinerung	
R_{all}	0.0347
R_{gt}	0.0287
ωR_{ref}	0.0674
ωR_{gt}	0.0657
FLACK Parameter X	-0.01(3)
Goodness of fit S	0.961
Größte Elektronendichte [e/pm^3]	0.173 x 10^{-6}
Geringste Elektronendichte [e/pm^3]	-0.165 x 10^{-6}
Messtemperatur [K]	193(2)
Diffraktometer	Stoe IPDS
Monochromator	Graphit

Tab. 33 | Fraktale Atomparameter (x 10^4) und äquivalente Temperaturfaktoren (U_{eq} x 10^3) von **150**

Atom	x	y	z	U(eq)
Cl(1)	1110(1)	7511(1)	7305(1)	36(1)
O(1)	521(1)	7388(1)	9495(1)	32(1)
O(2)	7111(1)	4041(1)	9651(1)	30(1)
O(3)	6522(1)	3783(1)	8104(1)	34(1)
O(4)	5803(1)	7476(1)	8710(1)	32(1)
O(5)	4546(2)	6812(1)	7511(1)	38(1)
O(6)	3993(1)	7241(1)	10387(1)	28(1)
O(7)	6678(1)	8122(1)	11129(1)	30(1)
O(8)	6940(2)	6426(1)	12148(1)	60(1)
N(1)	738(1)	6255(1)	8885(1)	28(1)
N(2)	3467(2)	7185(1)	8706(1)	24(1)
C(1)	1575(2)	6176(1)	8136(1)	25(1)
C(2)	1972(2)	6978(1)	8315(1)	23(1)
C(3)	963(2)	6951(1)	9026(1)	24(1)
C(4)	2803(2)	5641(1)	8320(1)	21(1)
C(5)	3052(2)	5230(1)	7584(1)	25(1)
C(6)	4185(2)	4733(1)	7742(1)	24(1)
C(7)	5086(2)	4646(1)	8643(1)	21(1)
C(8)	4843(2)	5055(1)	9387(1)	23(1)
C(9)	3705(2)	5549(1)	9229(1)	23(1)
C(10)	6336(2)	4126(1)	8866(1)	23(1)
C(11)	7726(2)	3271(1)	8266(1)	38(1)
C(12)	-428(2)	5806(1)	9131(2)	44(1)
C(13)	-315(4)	5878(2)	10191(2)	77(1)
C(14)	-1934(2)	6071(1)	8554(2)	70(1)
C(15)	-147(3)	5051(1)	8889(3)	73(1)
C(16)	4584(2)	7121(1)	8229(1)	27(1)
C(17)	3887(2)	7624(1)	9541(1)	23(1)
C(18)	5475(2)	7847(1)	9510(1)	26(1)
C(19)	6459(2)	7581(1)	10444(1)	26(1)
C(20)	5508(2)	7000(1)	10729(1)	27(1)
C(21)	7840(2)	8591(1)	11047(2)	43(1)
C(22)	5692(2)	6855(1)	11779(1)	38(1)
C(23)	8259(3)	6779(2)	12549(2)	69(1)

Tab. 34 | Kristallographische und röntgenographische Daten der Verbindung **185**

Summenformel	$C_{22}H_{30}N_2O_7$
Molmasse [g/mol]	434.48
Schmelzpunkt [°C]	112–114
Kristallgröße [mm]	0.55 x 0.37 x 0.10
Kristallsystem	orthorhombisch
Raumgruppe	$P2_12_12_1$
Zellparameter [pm]	$a = 842.11(4)$
	$b = 1076.66(3)$
	$c = 3063.17(11)$
Zellvolumen V [pm^3]	2777.27(18) x 10^6
Formeleinheiten pro Zelle Z	4
$F(000)$	1096
Berechnete Dichte D_x [g/cm^3]	1.242
Absorptionskoeffizient μ [mm^{-1}]	0.275
Wellenlänge λ (Mo-K_α) [pm]	71.073
2 Θ Bereich	2.31–26.07°
Zahl der gemessenen Reflexe	24440
Zahl der symmetrieunabhängigen Reflexe	5180
Zahl der signifikanten Reflexe ($I > 2\sigma$ (I))	3716
Zahl der verfeinerten Parameter	344
R-Werte der Endverfeinerung	
R_{all}	0.1074
R_{gt}	0.0846
ωR_{ref}	0.2504
ωR_{gt}	0.2295
FLACK Parameter X	0.0(3)
Goodness of fit S	0.986
Größte Elektronendichte [e/pm^3]	1.065 x 10^{-6}
Geringste Elektronendichte [e/pm^3]	-0.460 x 10^{-6}
Messtemperatur [K]	153(2)
Diffraktometer	Stoe IPDS
Monochromator	Graphit

Tab. 35 Fraktale Atomparameter (x 10^4) und äquivalente Temperaturfaktoren (U_{eq} x 10^3) von **185**

Atom	x	y	z	U(eq)
O(1)	8907(3)	4333(3)	8387(1)	29(1)
O(2)	7045(4)	5394(3)	7529(1)	36(1)
O(3)	8677(4)	6894(3)	7286(1)	41(1)
O(4)	5734(4)	3124(3)	8336(1)	34(1)
O(5)	8061(4)	5397(4)	9235(1)	46(1)
O(6)	13476(4)	6689(3)	7896(1)	36(1)
O(7)	14743(5)	7170(4)	9959(1)	51(1)
N(1)	9612(4)	5257(4)	7697(1)	27(1)
N(2)	11706(4)	5935(4)	8392(1)	31(1)
C(1)	8925(5)	4176(4)	7922(1)	28(1)
C(2)	7179(5)	4244(5)	7770(1)	30(1)
C(3)	6198(5)	4323(4)	8186(1)	29(1)
C(4)	7383(5)	4894(5)	8507(2)	31(1)
C(5)	7063(6)	4619(5)	8979(2)	37(1)
C(6)	8484(5)	5943(5)	7487(1)	31(1)
C(7)	4374(6)	2670(5)	8103(2)	42(1)
C(8)	7931(8)	5113(7)	9689(2)	56(2)
C(9)	12242(5)	6105(4)	7981(1)	29(1)
C(10)	11275(5)	5504(4)	7620(1)	26(1)
C(11)	12017(6)	5290(5)	7246(1)	32(1)
C(12)	11503(7)	4693(5)	6819(2)	44(1)
C(13)	9965(7)	3954(6)	6829(2)	53(2)
C(14)	11372(9)	5742(6)	6475(2)	56(2)
C(15)	12896(8)	3786(7)	6697(2)	64(2)
C(16)	12487(5)	6292(5)	8790(1)	29(1)
C(17)	11928(6)	5761(6)	9171(2)	45(1)
C(18)	12633(6)	6043(6)	9573(2)	46(1)
C(19)	13931(6)	6842(5)	9589(2)	40(1)
C(20)	14447(7)	7379(6)	9208(2)	51(2)
C(21)	13745(7)	7123(6)	8807(2)	47(1)
C(22)	14234(9)	6610(7)	10363(2)	62(2)

Tab. 36 | Kristallographische und röntgenographische Daten der Verbindung **187**

Summenformel	$C_{23}H_{32}N_2O_8$
Molmasse [g/mol]	464.51
Schmelzpunkt [°C]	119–121
Kristallgröße [mm]	0.45 x 0.23 x 0.13
Kristallsystem	orthorhombisch
Raumgruppe	$P2_12_12_1$
Zellparameter [pm]	a = 877.21(3)
	b = 906.23(3)
	c = 2980.40(7)
Zellvolumen V [pm^3]	2369.28(13) x 10^6
Formeleinheiten pro Zelle Z	4
F(000)	992
Berechnete Dichte D_x [g/cm^3]	1.302
Absorptionskoeffizient μ [mm^{-1}]	0.099
Wellenlänge λ (Mo-K_α) [pm]	71.073
2 Θ Bereich	2.35–26.09°
Zahl der gemessenen Reflexe	19605
Zahl der symmetrieunabhängigen Reflexe	2698
Zahl der signifikanten Reflexe ($I > 2\sigma$ (I))	2332
Zahl der verfeinerten Parameter	303
R-Werte der Endverfeinerung	
R_{all}	0.0383
R_{gt}	0.0305
ωR_{ref}	0.0720
ωR_{gt}	0.0699
FLACK Parameter X	0(10)
Goodness of fit S	0.981
Größte Elektronendichte [e/pm^3]	0.183 x 10^{-6}
Geringste Elektronendichte [e/pm^3]	-0.186 x 10^{-6}
Messtemperatur [K]	153(2)
Diffraktometer	Stoe IPDS
Monochromator	Graphit

Tab. 37 | Fraktale Atomparameter (x 10^4) und äquivalente Temperaturfaktoren (U_{eq} x 10^3) von **187**

Atom	x	y	z	U(eq)
O(1)	-1825(1)	4469(2)	8544(1)	23(1)
O(2)	321(2)	2717(2)	7839(1)	21(1)
O(3)	2100(2)	4422(2)	7657(1)	27(1)
O(4)	-3138(2)	1570(1)	8443(1)	24(1)
O(5)	-4689(2)	5850(2)	8279(1)	24(1)
O(6)	888(2)	5510(2)	9276(1)	32(1)
O(7)	4077(3)	3421(2)	9523(1)	61(1)
O(8)	3520(2)	4434(2)	10189(1)	35(1)
N(1)	830(2)	4495(2)	8337(1)	16(1)
N(2)	3333(2)	6075(2)	9105(1)	19(1)
C(1)	-412(2)	3695(2)	8549(1)	18(1)
C(2)	-587(2)	2355(2)	8233(1)	18(1)
C(3)	-2290(2)	2350(2)	8113(1)	18(1)
C(4)	-2681(2)	3990(2)	8158(1)	20(1)
C(5)	-4366(2)	4304(2)	8243(1)	22(1)
C(6)	1174(2)	3947(2)	7924(1)	19(1)
C(7)	-2998(3)	2(2)	8413(1)	32(1)
C(8)	-4558(3)	6632(2)	7870(1)	30(1)
C(9)	384(2)	7210(2)	8416(1)	21(1)
C(10)	1479(2)	5892(2)	8494(1)	16(1)
C(11)	1871(2)	5786(2)	8995(1)	19(1)
C(12)	1168(2)	8644(2)	8536(1)	19(1)
C(13)	996(2)	9276(2)	8960(1)	24(1)
C(14)	1805(3)	10543(2)	9077(1)	29(1)
C(15)	2803(2)	11195(2)	8773(1)	30(1)
C(16)	2959(2)	10594(2)	8348(1)	29(1)
C(17)	2152(2)	9325(2)	8231(1)	24(1)
C(18)	3765(2)	6070(2)	9578(1)	21(1)
C(19)	5268(2)	6909(2)	9668(1)	25(1)
C(20)	5051(3)	8552(3)	9569(1)	37(1)
C(21)	6630(3)	6275(3)	9411(1)	43(1)
C(22)	3806(3)	4487(2)	9749(1)	30(1)
C(23)	3330(4)	2970(3)	10380(1)	56(1)

Tab. 38 | Kristallographische und röntgenographische Daten der Verbindung **196**

Summenformel	$C_{22}H_{32}N_2O_{11}$
Molmasse [g/mol]	500.50
Schmelzpunkt [°C]	194–195
Kristallgröße [mm]	0.40 x 0.28 x 0.19
Kristallsystem	orthorhombisch
Raumgruppe	$P2_12_12_1$
Zellparameter [pm]	a = 917.32(5)
	b = 1141.79(8)
	c = 2379.5(2)
Zellvolumen V [pm^3]	2492.3(3) x 10^6
Formeleinheiten pro Zelle Z	4
$F(000)$	1064
Berechnete Dichte D_x [g/cm^3]	1.334
Absorptionskoeffizient μ [mm^{-1}]	0.107
Wellenlänge λ (Mo-K_α) [pm]	71.073
2 Θ Bereich	2.47–26.09°
Zahl der gemessenen Reflexe	22979
Zahl der symmetrieunabhängigen Reflexe	4862
Zahl der signifikanten Reflexe ($I > 2\sigma$ (I))	3487
Zahl der verfeinerten Parameter	358
R-Werte der Endverfeinerung	
R_{all}	0.0427
R_{gt}	0.0265
ωR_{ref}	0.0446
ωR_{gt}	0.0428
FLACK Parameter X	0.1(6)
Goodness of fit S	0.790
Größte Elektronendichte [e/pm^3]	0.187 x 10^{-6}
Geringste Elektronendichte [e/pm^3]	-0.177 x 10^{-6}
Messtemperatur [K]	153(2)
Diffraktometer	Stoe IPDS
Monochromator	Graphit

Tab. 39 Fraktale Atomparameter (x 10^4) und äquivalente Temperaturfaktoren (U_{eq} x 10^3) von **196**

Atom	x	y	z	U(eq)
O(1)	8516(1)	3006(1)	2135(1)	22(1)
O(2)	7379(1)	1010(1)	2996(1)	32(1)
O(3)	8571(1)	-600(1)	2705(1)	38(1)
O(4)	6311(1)	4037(1)	2862(1)	31(1)
O(5)	4944(1)	3347(1)	1527(1)	32(1)
O(6)	12655(1)	2080(1)	2989(1)	33(1)
O(7)	11507(1)	1644(1)	824(1)	24(1)
O(8)	11101(1)	3447(1)	395(1)	29(1)
O(9)	8706(1)	3127(1)	576(1)	23(1)
O(10)	8943(1)	45(1)	251(1)	32(1)
O(11)	9832(1)	-433(1)	1104(1)	36(1)
N(1)	9491(1)	1252(1)	2545(1)	20(1)
N(2)	12625(2)	1832(1)	2006(1)	22(1)
C(1)	8995(2)	2444(1)	2639(1)	22(1)
C(2)	7624(2)	2259(1)	2998(1)	25(1)
C(3)	6401(2)	2853(1)	2678(1)	24(1)
C(4)	6974(2)	2798(1)	2078(1)	21(1)
C(5)	6391(2)	3675(1)	1661(1)	25(1)
C(6)	8515(2)	449(1)	2740(1)	27(1)
C(7A)	4918(4)	4474(3)	2916(2)	33(1)
C(8)	4297(2)	4167(2)	1152(1)	36(1)
C(9)	12198(2)	1715(1)	2544(1)	21(1)
C(10)	10938(2)	890(1)	2377(1)	21(1)
C(11)	11523(2)	1040(1)	1764(1)	20(1)
C(12)	10888(2)	2217(1)	360(1)	25(1)
C(13)	9243(2)	2094(1)	306(1)	21(1)
C(14)	8599(2)	1029(1)	596(1)	22(1)
C(15)	9302(2)	742(1)	1168(1)	23(1)
C(16)	10576(2)	1544(1)	1309(1)	20(1)
C(17)	9731(2)	4037(1)	456(1)	25(1)
C(18)	9805(2)	4855(1)	951(1)	39(1)
C(19)	9361(2)	4647(1)	-91(1)	38(1)
C(20)	9189(2)	-926(1)	615(1)	28(1)
C(21)	7779(2)	-1525(1)	762(1)	38(1)
C(22)	10274(2)	-1726(2)	339(1)	55(1)

11. Anhang

11.1 Experimentelle, spektroskopische und analytische Angaben zu weiteren isolierten Reaktionsprodukten

***rac*-3,3-Dimethyl-3,4-dihydro-2*H*-1,4-benzoxazin-2-ol (60)**

60

Unter Stickstoffatmosphäre wurden 2.2 g (55 mmol) Natriumhydrid (60 %ige Dispersion in Öl) in 20 mL trockenem THF suspendiert und bei 0 °C (Eis/Wasser-Bad) tropfenweise mit einer Lösung von 6 g (55 mmol) 2-Aminothiophenol in 80 mL trockenem THF versetzt. Nach beendeter Zugabe wurde 1 h bei Raumtemperatur gerührt und anschließend eine Lösung von 6.7 g (63 mmol) α-Chlorisobutyraldehyd[255] in 5 ml trockenem THF zugetropft. Nach 1 h erfolgte eine Zugabe von 20 g wasserfreiem Magnesiumsulfat (alternativ: Molsieb 4 Å). Das Reaktionsgemisch wurde weitere 14 h kräftig bei Raumtemperatur gerührt und nach dünnschichtchromatographischer Umsatzkontrolle (DC-Folie mit neutralem Aluminiumoxid) einer Filtration unterworfen. Der Filterrückstand wurde mit wenig trockenem THF nachgewaschen und das Filtrat im Vakuum vollständig eingeengt. Die Aufreinigung des so erhaltenen, braunen Rohprodukts erfolgte säulenchromatographisch an neutralem Aluminiumoxid 90 (Eluent 21) unter Verwendung einer kurzen Trennsäule. Eine zusätzliche Reinigung konnte durch Umkristallisation aus Dichlormethan/*n*-Hexan erzielt werden. Das Lactol **60** fällt auf diese Weise als nahezu farbloser Nadelvlies an.

Ausbeute:	5.4 g (55 %)
Fp.:	92-94 °C (Zers.) (CH_2Cl_2/*n*-Hexan)
R_f-Wert:	0.68 (Eluent 21)
NMR-Daten:	<u>^{1}H-NMR (300.1 MHz, $CDCl_3$, δ in ppm)</u>
	1.18 (s, 3H, CH_3), 1.25 (s, 3H, CH_3), 3.45 (s(b), 2H, NH, OH), 5.02 (s, 1H, C<u>H</u>OH), 6.63 (m, 1H, $H_{arom.}$), 6.72-6.90 (m, 3H, $H_{arom.}$)

^{13}C-NMR (75.8 MHz, $CDCl_3$, δ in ppm)

23.9 (CH_3), 24.4 (CH_3), 51.2 ($\underline{C}(CH_3)_2$), 95.0 (CHOH), 115.9 ($C_{arom.}$H), 117.3 ($C_{arom.}$H), 120.2 ($C_{arom.}$H), 121.8 ($C_{arom.}$H), 130.8 ($C_{arom.}$N), 140.4 ($C_{arom.}$O)

MS (CI, *i*-Butan):

m/z (%): 180 (100) [MH^+]

162 (37) [MH^+-H_2O]

HR-MS (CI, *i*-Butan): ber. 180.1025 für $[C_{10}H_{14}NO_2]^+$

gef. 180.1026

$C_{10}H_{13}NO_2$

(179.2 g/mol)

1-*N*-(*N*\`-*tert*-Butyl-*N*\`-vinyl-acetamid-2\`-yl)-1-*N*,2-*O*-carbonyl-3,5-di-*O*-methyl-α-D-xylofuranosylamin (EA1)

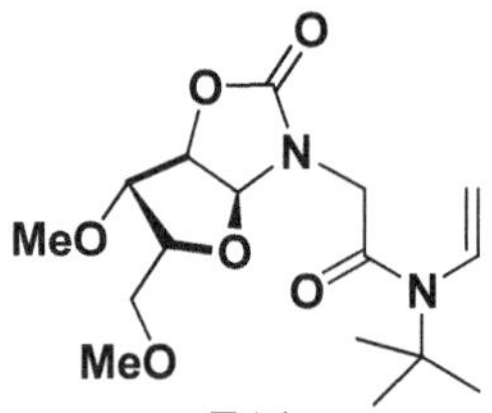

EA1

Gemäß **AAV 4** (vgl. Kap. 9.3) wurde der Keten-Precursor **15a** (1.0 g, 3.84 mmol) mit 1.08 g (4.22 mmol) 2-Chlor-1-methyl-pyridiniumiodid (**92**) und 460 mg (4.64 mmol) *N-tert*-Butyl-ethylidenamin (**39**) umgesetzt. Das ^{1}H-NMR-Spektrum des Rohprodukts zeigte zwei neue Verbindungen im Verhältnis 1:1. Nach einer chromatographischen Grobreinigung (Kieselgel, Eluent 19) konnten die Reaktionsprodukte **EA1** und **A1** durch eine zweite Säulenchromatographie (Kieselgel, Eluent 25) voneinander getrennt werden. Das Enamid **EA1** fiel als gelblicher Sirup an.

Ausbeute: 400 mg (30 %)

Fp.: sirupös

R_f-Wert: 0.51 (Eluent 25)

$[\alpha]_D^{20}$: +47.8 ° (c = 0.98, $CHCl_3$)

NMR-Daten: ^{1}H-NMR (500.1 MHz, $CDCl_3$, δ in ppm)

1.35 (s, 9H, $C(CH_3)_3$), 3.37 (s, 3H, OCH_3), 3.40 (s, 3H, OCH_3), 3.61 (m, 2H, H-5`, H-5), 3.78 (d, 1H, NC<u>H</u>`HCO, ^{2}J = -17.0 Hz), 3.84 (d, 1H, H-3, $^{3}J_{3,4}$ = 3.3 Hz), 4.11 (m, 1H, H-4), 4.22 (d, 1H, NCH`<u>H</u>CO, $^{2}J$ = -17.0 Hz), 4.88 (d, 1H, H-2, $^{3}J_{2,1}$ = 6.0 Hz), 5.18 (d, 1H, CH=C<u>H</u>`H, ^{3}J = 15.4 Hz, ^{2}J = 0 Hz), 5.31 (d, 1H, CH=CH`<u>H</u>, $^{3}J$ = 7.7 Hz, $^{2}J$ = 0 Hz), 5.82 (d, 1H, H-1, $^{3}J_{1,2}$ = 6.0 Hz), 6.22 (dd, 1H, C<u>H</u>=CH`H, ^{3}J = 15.4 Hz, ^{3}J = 7.7 Hz)

^{13}C-NMR (125.8 MHz, $CDCl_3$, δ in ppm)

28.3 (3C, C(<u>C</u>H_3)$_3$), 45.4 (N<u>C</u>H_2CO), 57.9 (OCH_3), 58.5 (<u>C</u>$(CH_3)_3$), 59.3 (OCH_3), 69.9 (C-5), 77.9 (C-4), 78.8 (C-2), 83.7 (C-3), 89.3 (C-1), 119.5 (CH=<u>C</u>H_2), 133.6 (<u>C</u>H=CH_2), 156.8 (NCOO), 166.2 (NCO)

MS (CI, *i*-Butan):

m/z (%): 343 (100) [MH^+]

317 (58) [MH^+-C_2H_2]

HR-MS (CI, *i*-Butan): ber. 343.1869 für $[C_{16}H_{27}N_2O_6]^+$

gef. 343.1869

$C_{16}H_{26}N_2O_6$

(342.4 g/mol)

1-*N*-(*N*`-*tert*-Butyl-acetamid-2`-yl)-1-*N*,2-*O*-carbonyl-3,5-di-*O*-methyl-α-D-xylofuranosyl-amin (A1)

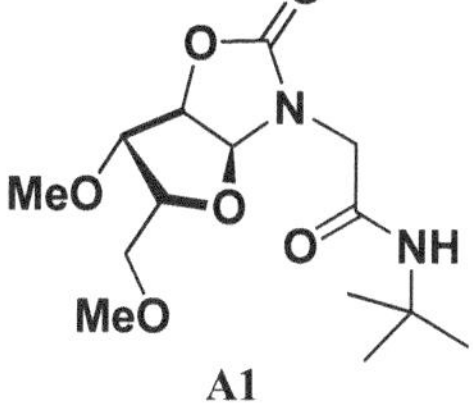

A1

Das Amid **A1** fiel nach der Säulenchromatographie als schwach gelblicher Feststoff an.

Ausbeute: 460 mg (38 %)

Fp.: 112-114 °C

R_f-Wert: 0.23 (Eluent 25)

$[\alpha]_D^{20}$:	+34.2 ° (c = 0.90, $CHCl_3$)
NMR-Daten:	<u>^{1}H-NMR (500.1 MHz, $CDCl_3$, δ in ppm)</u>
	1.32 (s, 9H, $C(CH_3)_3$), 3.37 (s, 3H, OCH_3), 3.42 (s, 3H, OCH_3), 3.59 (dd, 1H, H-5\`, $^3J_{5`,4}$ = 6.6 Hz, $^2J_{5`,5}$ = -10.4 Hz), 3.64 (dd, 1H, H-5, $^3J_{5,4}$ = 4.4 Hz, $^2J_{5,5`}$ = -10.4 Hz), 3.79 (d, 1H, NC<u>H</u>\`HCO, $^2J$ = -16.5 Hz), 3.87 (d, 1H, H-3, $^3J_{3,4}$ = 3.3 Hz), 3.92 (d, 1H, NCH\`<u>H</u>CO, ^2J = -16.5 Hz), 4.11 (m, 1H, H-4), 4.87 (d, 1H, H-2, $^3J_{2,1}$ = 6.0 Hz), 5.71 (s, 1H, NH), 5.79 (d, 1H, H-1, $^3J_{1,2}$ = 6.0 Hz)
	<u>^{13}C-NMR (125.8 MHz, $CDCl_3$, δ in ppm)</u>
	28.7 (3C, C(<u>C</u>$H_3)_3$), 45.8 (N<u>C</u>H_2CO), 51.7 (<u>C</u>$(CH_3)_3$), 58.1 (OCH_3), 59.3 (OCH_3), 69.7 (C-5), 78.2 (C-4), 79.1 (C-2), 83.4 (C-3), 89.5 (C-1), 156.6 (NCOO), 166.2 (NCO)
MS (CI, *i*-Butan):	
m/z (%):	633 (20) $[M_2H^+]$
	317 (100) $[MH^+]$
HR-MS (CI, *i*-Butan):	ber. 317.1713 für $[C_{14}H_{25}N_2O_6]^+$
	gef. 317.1711
Elementaranalyse:	
$C_{14}H_{24}N_2O_6$	ber. C 53.15 % H 7.65 % N 8.86 %
(316.4 g/mol)	gef. C 53.19 % H 7.47 % N 8.81 %

1-*N*-[1\`-(2\`\`,2\`\`-Dimethyl-2\`\`,3\`\`-dihydrothiazol-3\`\`-yl)-1\`-oxo-2\`-ethyl]-1-*N*,2-*O*-carbonyl-3,5-di-*O*-methyl-α-D-xylofuranosylamin (EA2)

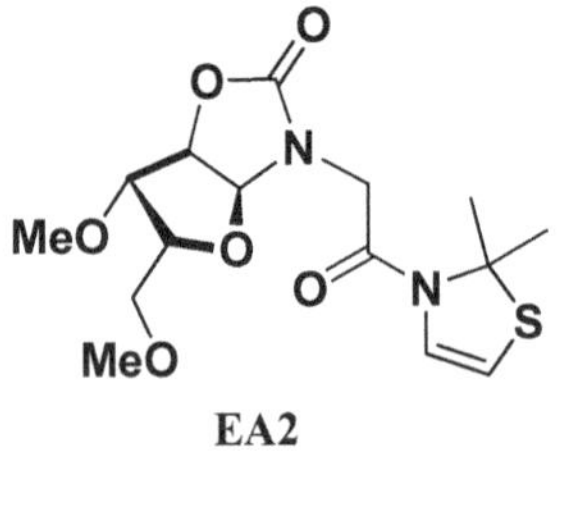

EA2

Das Enamid **EA2** fiel bei der Synthese des β-Lactam-Derivats **124** (vgl. S. 213) als Nebenprodukt an. Die Verbindung wurde nach säulenchromatographischer Abtrennung vom Hauptprodukt (Kieselgel, Eluent 26) als schwach gelblicher Sirup erhalten.

Ausbeute: 40 mg (10 %)

Fp.: sirupös

R_f-Wert: 0.47 (Eluent 26)

$[\alpha]_D^{20}$: +78.2 ° (c = 1.04, $CHCl_3$)

NMR-Daten: ^{1}H-NMR (500.1 MHz, $CDCl_3$, δ in ppm)

1.91 (s, 3H, CH_3), 1.92 (s, 3H, CH_3), 3.37 (s, 3H, OCH_3), 3.41 (s, 3H, OCH_3), 3.59 (dd, 1H, H-5\`, $^{3}J_{5`,4}$ = 7.1 Hz, $^{2}J_{5`,5}$ = -10.4 Hz), 3.63 (dd, 1H, H-5, $^{3}J_{5,4}$ = 4.4 Hz, $^{2}J_{5,5`}$ = -10.4 Hz), 3.86 (d, 1H, H-3, $^{3}J_{3,4}$ = 3.3 Hz), 3.93 (d, 1H, NC$\underline{\text{H}}$\`H, $^{2}J$ = -16.5 Hz), 4.14 (m, 1H, H-4), 4.27 (d, 1H, NCH\`$\underline{\text{H}}$, ^{2}J = -16.5 Hz), 4.90 (d, 1H, H-2, $^{3}J_{2,1}$ = 6.0 Hz), 5.67 (d, 1H, NHC=C$\underline{\text{H}}$S, ^{3}J = 4.9 Hz), 5.82 (d, 1H, H-1, $^{3}J_{1,2}$ = 6.0 Hz), 6.09 (d, 1H, N$\underline{\text{H}}$C=CHS, ^{3}J = 4.9 Hz)

^{13}C-NMR (125.8 MHz, $CDCl_3$, δ in ppm)

28.9 (CH_3), 29.0 (CH_3), 44.3 (NCH_2), 58.0 (OCH_3), 59.3 (OCH_3), 69.8 (C-5), 77.0 ($\underline{\text{C}}(CH_3)_2$), 78.1 (C-4), 79.1 (C-2), 83.6 (C-3), 88.9 (C-1), 106.1 (NH$\underline{\text{C}}$=CHS), 118.5 (NHC=$\underline{\text{C}}$HS), 156.5 (NCOO), 163.7 (NCO)

MS (CI, *i*-Butan):

m/z (%): 359 (100) [MH^+]

HR-MS (CI, *i*-Butan): ber. 359.1277 für $[C_{15}H_{23}N_2O_6S]^+$

gef. 359.1277

$C_{15}H_{22}N_2O_6S$

(358.4 g/mol)

1-*N*-[1\`-Oxo-1\`-(2\`\`,2\`\`-pentamethylen-2\`\`,3\`\`-dihydrothiazol-3\`\`-yl)-2\`-ethyl]-1-*N*,2-*O*-carbonyl-3,5-di-*O*-methyl-α-D-xylofuranosylamin (EA3)

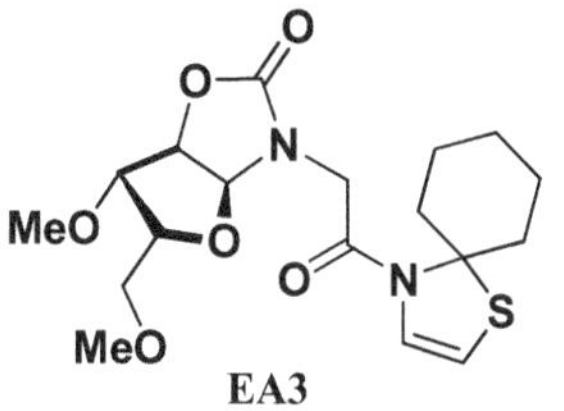

EA3

Das Enamid **EA3** fiel bei der Synthese des β-Lactam-Derivats **125** (vgl. S. 215) als Hauptprodukt an. Die Verbindung wurde nach säulenchromatographischer Abtrennung vom

Lactam (Kieselgel, Eluent 24) als gelblicher Sirup erhalten.

Ausbeute:	895 mg (39 %)
Fp.:	sirupös
R_f-Wert:	0.35 (Eluent 24)
$[\alpha]_D^{20}$:	+57.5 ° (c = 0.53, $CHCl_3$)
NMR-Daten:	^{1}H-NMR (500.1 MHz, $CDCl_3$, δ in ppm)

1.20-1.90 (m, 7H, *c*-Hexyl), 2.05 (m, 1H, *c*-Hexyl), 2.88 (m, 2H, *c*-Hexyl), 3.38 (s, 3H, OCH_3), 3.43 (s, 3H, OCH_3), 3.62 (dd, 1H, H-5\`, $^3J_{5`,4}$ = 6.6 Hz, $^2J_{5`,5}$ = -10.4 Hz), 3.66 (dd, 1H, H-5, $^3J_{5,4}$ = 4.4 Hz, $^2J_{5,5`}$ = -10.4 Hz), 3.89 (d, 1H, H-3, $^3J_{3,4}$ = 3.3 Hz), 3.93 (d, 1H, NC<u>H</u>\`H, $^2J$ = -17.0 Hz), 4.16 (m, 1H, H-4), 4.29 (d, 1H, NCH\`<u>H</u>, ^2J = -17.0 Hz), 4.92 (d, 1H, H-2, $^3J_{2,1}$ = 6.0 Hz), 5.65 (d, 1H, NHC=C<u>H</u>S, ^3J = 4.9 Hz), 5.83 (d, 1H, H-1, $^3J_{1,2}$ = 6.0 Hz), 6.21 (d, 1H, N<u>H</u>C=CHS, ^3J = 4.9 Hz)

^{13}C-NMR (125.8 MHz, $CDCl_3$, δ in ppm)

24.0, 24.2, 24.4 (CH_2, *c*-Hexyl), 35.4 ($2CH_2$, *c*-Hexyl), 44.7 (NCH_2), 58.0 (OCH_3), 59.3 (OCH_3), 69.9 (C-5), 78.2 (C-4), 79.1 (C-2), 83.6 (C-3), 85.0 (C_{spiro}), 89.0 (C-1), 106.2 (NH<u>C</u>=CHS), 119.7 (NHC=<u>C</u>HS), 156.6 (NCOO), 163.6 (NCO)

MS (CI, *i*-Butan):	
m/z (%):	399 (100) [MH^+]
HR-MS (CI, *i*-Butan):	ber. 399.1590 für $[C_{18}H_{27}N_2O_6S]^+$
	gef. 399.1592
$C_{18}H_{26}N_2O_6S$	
(398.5 g/mol)	

1-*N*-[1\`-(7\`\`-Methoxy-2\`\`,3\`\`,4\`\`,5\`\`-tetrahydro-1*H*-azepin-1\`\`-yl)-1\`-oxo-2\`-ethyl]-1-*N*,2-*O*-carbonyl-3,5-di-*O*-methyl-α-D-xylofuranosylamin (EA4)

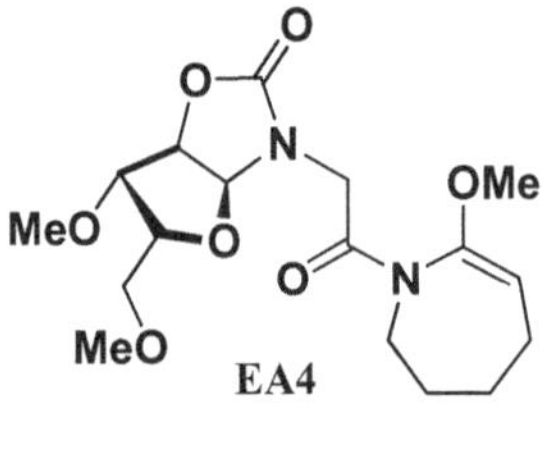

O
O
N
OMe
MeO
O
O
N
MeO
EA4

100 mg (0.38 mmol) des Keten-Precursors **15a** wurden gemäß **AAV 4** (vgl. Kap. 9.3) mit 107 mg (0.42 mmol) 2-Chlor-1-methyl-pyridiniumiodid (**92**) und 60 mg (0.47 mmol) 1-Aza-2-methoxy-1-cyclohepten (**69**) umgesetzt. Säulenchromatographische Aufarbeitung an Kiesegel (Eluent 9) und anschließende Kristallisation aus Dichlormethan/Diisopropylether führte zum farblosen, kristallinen Produkt.

Ausbeute: 80 mg (57 %)

Fp.: 112-113 °C ($CH_2Cl_2/(i\text{-}Pr)_2O$)

R_f-Wert: 0.56 (Eluent 9)

$[\alpha]_D^{20}$: +36.5 ° (c = 0.52, THF)

NMR-Daten: <u>^{1}H-NMR (500.1 MHz, C_6D_6, δ in ppm)</u>

1.08 (m, 1H, *c*-Alkyl), 1.19 (m, 1H, *c*-Alkyl), 1.45 (m, 1H, *c*-Alkyl), 1.55 (m, 1H, *c*-Alkyl), 1.72 (m, 1H, *c*-Alkyl), 1.85 (m, 1H, *c*-Alkyl), 2.79 (s, 3H, OCH_3), 2.88 (s, 3H, OCH_3), 3.06 (s, 3H, OCH_3), 3.20 (s(b), 1H, *c*-Alkyl), 3.46 (d, 1H, H-3, $^3J_{3,4}$ = 3.3 Hz), 3.56 (m, 2H, H-5`, H-5), 3.65 (s(b), 1H, *c*-Alkyl), 3.99 (d, 1H, NC<u>H</u>`HCO, ^2J = -17.6 Hz), 4.19 (m, 2H, NOC=CH, H-4), 4.34 (d, 1H, H-2, $^3J_{2,1}$ = 5.5 Hz), 4.44 (d, 1H, NCH`<u>H</u>CO, ^2J = -17.6 Hz), 5.85 (d, 1H, H-1, $^3J_{1,2}$ = 5.5 Hz)

<u>^{13}C-NMR (125.8 MHz, C_6D_6, δ in ppm)</u>

24.5, 25.6, 29.4 (CH_2, *c*-Alkyl), 43.2 (NCH_2CO), 45.9 (CH_2, *c*-Alkyl), 54.7 (OCH_3), 57.2 (OCH_3), 58.8 (OCH_3), 69.9 (C-5), 78.3 (C-4), 78.9 (C-2), 83.9 (C-3), 89.7 (C-1), 95.0 (NOC=<u>C</u>H), 154.5 (NO<u>C</u>=CH), 156.8 (NCOO), 167.0 (NCO)

MS (CI, *i*-Butan):

m/z (%): 741 (52) $[M_2H^+]$

371 (100) $[MH^+]$

HR-MS (CI, *i*-Butan): ber. 371.1818 für $[C_{17}H_{27}N_2O_7]^+$

gef. 371.1818

Elementaranalyse:

$C_{17}H_{26}N_2O_7$	ber. C 55.13 %	H 7.08 %	N 7.56 %
(370.4 g/mol)	gef. C 55.27 %	H 7.23 %	N 7.49 %

1-*N*-[1\`-(3\`\`,3\`\`-Dimethyl-2\`\`-methylen-indolin-1\`\`-yl)-1\`-oxo-2\`-ethyl]-1-*N*,2-*O*-carbonyl-3,5-di-*O*-methyl-α-D-xylofuranosylamin (EA5)

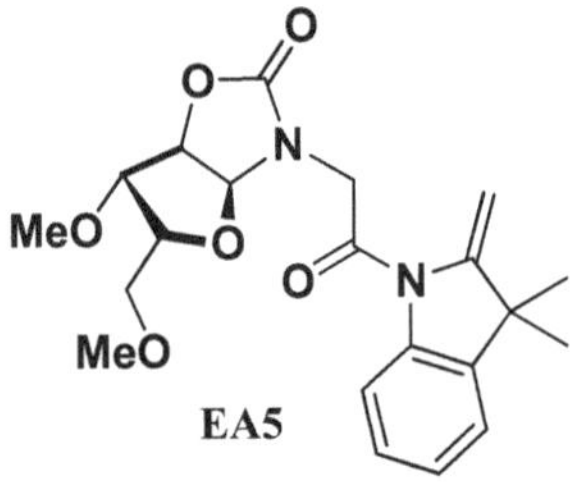

EA5

Gemäß **AAV 4** (vgl. Kap. 9.3) wurden 300 mg (1.15 mmol) des Keten-Precursors **15a** mit 323 mg (1.26 mmol) 2-Chlor-1-methyl-pyridiniumiodid (**92**) und 230 mg (1.44 mmol) 2,3,3-Trimethylindolenin (**73**) umgesetzt. Das Enamid **EA5** konnte durch Säulenchromatographie an Kieselgel (Eluent 8) in Form eines gelben Sirups isoliert werden.

Ausbeute:	411 mg (89 %)
Fp.:	sirupös
R_f-Wert:	0.66 (Eluent 8)
$[\alpha]_D^{20}$:	+24.2 ° (c = 0.40, $CHCl_3$)
NMR-Daten:	^{1}H-NMR (500.1 MHz, C_6D_6, δ in ppm)

1.03 (s, 3H, CH_3), 1.04 (s, 3H, CH_3), 2.82 (s, 3H, OCH_3), 3.06 (s, 3H, OCH_3), 3.48 (d, 1H, H-3, $^3J_{3,4}$ = 3.3 Hz), 3.56 (d, 2H, H-5\`, H-5, $^3J$ = 5.5 Hz), 4.05 (d, 1H, NC<u>H</u>\`H, ^2J = -16.5 Hz), 4.21 (m, 1H, H-4), 4.38 (d, 1H, H-2, $^3J_{2,1}$ = 5.5 Hz), 4.42 (d, 1H, <u>H</u>\`HC=C, $^2J$ = -2.7 Hz), 4.64 (d, 1H, NCH\`<u>H</u>, ^2J = -16.5 Hz), 4.67 (d, 1H, H\`<u>H</u>C=C, ^2J = -2.7 Hz), 5.74 (d, 1H, H-1, $^3J_{1,2}$ = 5.5 Hz), 6.80 (d, 1H, $H_{arom.}$, J = 7.1 Hz), 6.89 (m, 1H, $H_{arom.}$), 7.02 (m, 1H, $H_{arom.}$), 8.13 (d, 1H, $H_{arom.}$, J = 7.7 Hz)

^{13}C-NMR (125.8 MHz, C_6D_6, δ in ppm)

28.6 (CH_3), 28.8 (CH_3), 44.4 (<u>C</u>(CH_3)$_2$), 46.0 (NCH_2), 57.2 (OCH_3), 58.8 (OCH_3), 69.9 (C-5), 78.5 (C-4), 79.1 (C-2), 83.8 (C-3), 89.4 (C-1), 95.1 (H_2<u>C</u>=C), 117.4 ($C_{arom.}$H), 121.9 ($C_{arom.}$H), 124.9 ($C_{arom.}$H), 127.9 ($C_{arom.}$H), 139.0 ($C_{arom.}$), 141.2 ($C_{arom.}$), 156.1 (H_2C=<u>C</u>), 156.7 (NCOO), 166.9 (NCO)

MS (CI, *i*-Butan):

m/z (%): 403 (100) [MH$^+$]

HR-MS (CI, *i*-Butan): ber. 403.1869 für $[C_{21}H_{27}N_2O_6]^+$

gef. 403.1868

$C_{21}H_{26}N_2O_6$

(402.4 g/mol)

1-*N*-[*N*`-(4-Oxo-pentyl)-acetamid-2`-yl]-1-*N*,2-*O*-carbonyl-3,5-di-*O*-methyl-α-D-xylo-furanosylamin (A2)

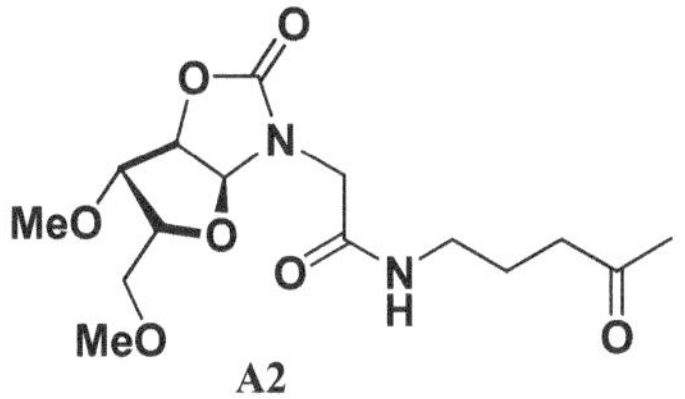

A2

300 mg (1.15 mmol) des Keten-Precursors **15a** wurden gemäß **AAV 4** (vgl. Kap. 9.3) mit 323 mg (1.26 mmol) 2-Chlor-1-methyl-pyridiniumiodid (**92**) und 120 mg (1.44 mmol) 2-Methyl-1-pyrrolin (**74**) umgesetzt. Nach säulenchromatographischer Aufarbeitung an Kieselgel (Eluent 19) resultierte das Amid **A2** als schwach gelbliches, sirupöses Produkt.

Ausbeute: 103 mg (26 %)

Fp.: sirupös

R_f-Wert: 0.48 (Eluent 19)

$[\alpha]_D^{20}$: +30.2 ° (c = 0.72, $CHCl_3$)

NMR-Daten: <u>^{1}H-NMR (500.1 MHz, C_6D_6, δ in ppm)</u>

1.54 (m, 2H, CH_2), 1.69 (s, 3H, CH_3), 1.94 (t, 2H, CH_2, ^3J = 6.6 Hz), 2.85 (s, 3H, OCH_3), 3.09 (s, 3H, OCH_3), 3.10 (m, 2H, CH_2), 3.49 (d, 1H, H-3, $^3J_{3,4}$ = 3.3 Hz), 3.50 (dd, 1H, H-5`, $^3J_{5`,4}$ = 4.9 Hz, $^2J_{5`,5}$ = -10.4 Hz), 3.55 (dd, 1H, H-5, $^3J_{5,4}$ = 6.0 Hz, $^2J_{5,5`}$ = -10.4 Hz), 3.79 (d, 1H, NC<u>H</u>`H, $^2J$ = -16.5 Hz), 3.85 (d, 1H, NCH`<u>H</u>, ^2J = -16.5 Hz), 4.13 (m, 1H, H-4), 4.37 (d, 1H, H-2, $^3J_{2,1}$ = 6.0 Hz), 5.52 (d, 1H, H-1, $^3J_{1,2}$ = 6.0 Hz), 6.09 (t, 1H, NH, ^3J = 5.5 Hz)

<u>^{13}C-NMR (125.8 MHz, C_6D_6, δ in ppm)</u>

23.4 (CH_2), 29.4 (CH_3), 39.2 (CH_2), 40.5 (CH_2), 45.7 (NCH_2), 57.3

(OCH$_3$), 58.8 (OCH$_3$), 69.9 (C-5), 78.5 (C-4), 79.2 (C-2), 83.7 (C-3), 89.8 (C-1), 156.7 (NCOO), 167.5 (NCO)

MS (CI, *i*-Butan):

m/z (%): 345 (100) [MH$^+$]

HR-MS (CI, *i*-Butan): ber. 345.1662 für $[C_{15}H_{25}N_2O_7]^+$

gef. 345.1661

$C_{15}H_{24}N_2O_7$

(344.4 g/mol)

1-*N*-[*cis*-(3`*S*,4`*R*)-1`-(4-Methoxyphenyl)-4`-phenyl-azetidin-2`-on-3`-yl]-1-*N*,2-*O*-carbonyl-3-*O*-methyl-α-D-xylofuranosylamin (149)

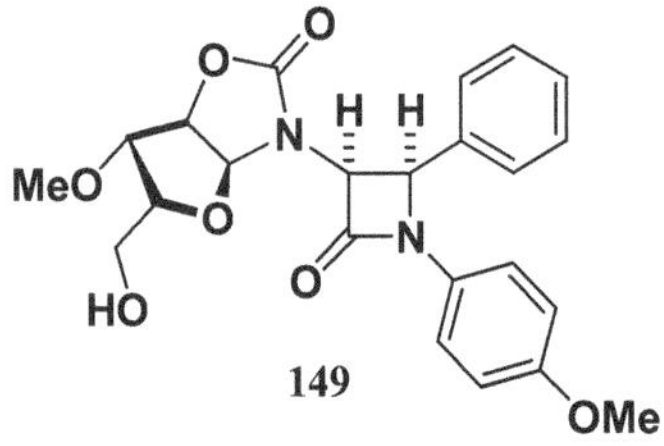

MeO HO O O O N H H N O OMe

149

300 mg (0.66 mmol) des β-Lactam-Derivats **102** wurden unter Stickstoffatmosphäre in 5 mL trockenem Chloroform gelöst und nach Zusatz von 0.2 mL (1.4 mmol) Iodtrimethylsilan 8 h unter Rückfluss erhitzt. Das abgekühlte Reaktionsgemisch wurde anschließend mit 5 mL Wasser versetzt und die organische Phase abgetrennt. Es folgte eine erschöpfende Extraktion der wässrigen Phase mit Chloroform. Die vereinigten organischen Phasen wurden mit gesättigter Natriumhydrogencarbonatlösung und gesättigter Natriumchloridlösung gewaschen, über Magnesiumsulfat getrocknet und anschließend im Vakuum vollständig vom Lösungsmittel befreit. Das Reaktionsprodukt **149** konnte mittels Säulenchromatographie an Kieselgel unter Verwendung von Eluent 6 als schwach gelblicher Feststoff isoliert werden.

Ausbeute: 52 mg (18 %)

Fp.: 133-135 °C

R_f-Wert: 0.42 (Eluent 6)

$[\alpha]_D^{20}$: -30.8 ° (c = 0.90, CHCl$_3$)

NMR-Daten: <u>^{1}H-NMR (500.1 MHz, CDCl$_3$, δ in ppm)</u>

1.90 (s(b), 1H, OH), 2.57 (m, 1H, H-4), 3.35 (s, 3H, OCH$_3$),

3.58 (m, 2H, H-5`, H-5), 3.64 (d, 1H, H-3, $^3J_{3,4}$ = 3.3 Hz), 3.77 (s, 3H, $C_{arom.}OCH_3$), 4.72 (d, 1H, H-2, $^3J_{2,1}$ = 6.0 Hz), 5.31 (d, 1H,NCH, ^3J = 4.9 Hz), 5.39 (d, 1H, NCHCO, ^3J = 4.9 Hz), 5.99 (d, 1H, H-1, $^3J_{1,2}$ = 6.0 Hz), 6.83 (d, 2H, $H_{arom.}$, J = 8.8 Hz), 7.28-7.36 (m, 7H, $H_{arom.}$)

<u>^{13}C-NMR (125.8 MHz, $CDCl_3$, δ in ppm)</u>

55.5 ($C_{arom.}O\underline{C}H_3$), 57.9 ($OCH_3$), 59.8 (C-5), 60.4 (N<u>C</u>HCO), 62.6 (NCH), 77.4 (C-4), 80.0 (C-2), 84.4 (C-3), 86.8 (C-1), 114.4 (2C, $C_{arom.}H$), 118.7 (2C, $C_{arom.}H$), 127.6 (2C, $C_{arom.}H$), 128.0 ($C_{arom.}H$), 128.5 (2C, $C_{arom.}H$), 130.7 ($C_{arom.}N$), 133.0 ($\underline{C}_{arom.}C$), 155.7 (NCOO), 156.7 ($\underline{C}_{arom.}OCH_3$), 159.4 (NCO)

MS (CI, *i*-Butan):

m/z (%): 441 (100) [MH^+]

HR-MS (CI, *i*-Butan): ber. 441.1662 für $[C_{23}H_{25}N_2O_7]^+$

gef. 441.1662

$C_{23}H_{24}N_2O_7$

(440.4 g/mol)

1-*N*-[*trans*-(3`*R*,4`*R*)-1`-(4-Methoxyphenyl)-4`-phenyl-azetidin-2`-on-3`-yl]-1-*N*,2-*O*-carbonyl-3,5-di-*O*-methyl-α-D-xylofuranosylamin (169)

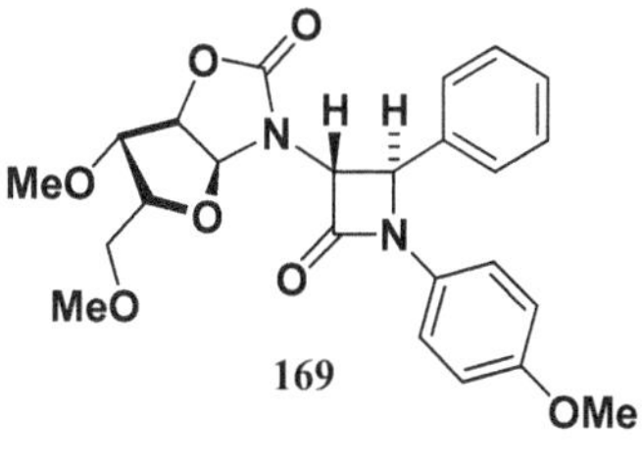

MeO MeO O O N H H N O OMe

169

Unter Stickstoffatmosphäre wurden 2 mL trockenes Tetrahydrofuran (THF) und 0.6 mL einer 1 M Lithiumhexamethyldisilazid-Lösung in THF (0.6 mmol LiHMDS) vorgelegt und nach Abkühlung auf ca. -70 °C (Aceton/$Stickstoff_{(fl.)}$) unter Rühren tropfenweise mit einer Lösung von 200 mg (0.44 mmol) des β-Lactam-Derivats **102** in 5 mL trockenem THF versetzt. Es wurde 1 h bei -70 °C gerührt und anschließend durch Zugabe einer gesättigten wässrigen Ammoniumchloridlösung (5 mL) gequencht. Nach Erwärmung auf Raumtemperatur wurde die organische Phase abgetrennt und die wässrige Phase erschöpfend mit Dichlormethan extrahiert. Die vereinigten organischen Phasen wurden mit gesättigter Natriumchloridlösung gewaschen, über Magnesiumsulfat getrocknet und im Vakuum vollständig eingeengt. Das *cis/trans*-Diastereomerenverhältnis im Rohprodukt betrug 55:45 (^{1}H-NMR). Mittels Säulenchromatographie (Kieselgel, Eluent 28) konnte ein Teil des *trans*-konfigurierten C-3-Epimers **169** vom Edukt abgetrennt und in Form eines farblosen Feststoffs isoliert werden.

Ausbeute: 40 mg (20 %)

Fp.: 168-169 °C

R_f-Wert: 0.37 (Eluent 28)

$[\alpha]_D^{20}$: -25.9 ° (c = 0.60, $CHCl_3$)

NMR-Daten: <u>^{1}H-NMR (500.1 MHz, $CDCl_3$, δ in ppm)</u>

3.38 (s, 3H, OCH_3), 3.42 (s, 3H, OCH_3), 3.55 (dd, 1H, H-5`, $^3J_{5`,4}$ = 6.6 Hz, $^2J_{5`,5}$ = -10.4 Hz), 3.67 (dd, 1H, H-5, $^3J_{5,4}$ = 4.4 Hz, $^2J_{5,5`}$ = -10.4 Hz), 3.73 (s, 3H, $C_{arom.}OCH_3$), 3.91 (d, 1H, H-3, $^3J_{3,4}$ = 2.7 Hz), 4.21 (m, 1H, H-4), 4.40 (d, 1H, NCHCO, ^3J = 1.7 Hz), 4.89 (d, 1H, H-2, $^3J_{2,1}$ = 4.9 Hz), 5.22 (d, 1H, NCH, ^3J = 1.7 Hz), 5.68 (d, 1H, H-1, $^3J_{1,2}$ = 4.9 Hz), 6.77 (d, 2H, $H_{arom.}$, J = 8.2 Hz), 7.23 (d, 2H, $H_{arom.}$, J = 8.2 Hz), 7.34 (m, 5H, $H_{arom.}$)

<u>^{13}C-NMR (125.8 MHz, $CDCl_3$, δ in ppm)</u>

55.4 ($C_{arom.}O\underline{C}H_3$), 58.2 ($OCH_3$), 59.3 ($OCH_3$), 61.1 (NCH), 67.8 (N<u>C</u>HCO), 69.3 (C-5), 78.4 (C-4), 79.6 (C-2), 83.4 (C-3), 89.4 (C-1), 114.3 (2C, $C_{arom.}H$), 119.1 (2C, $C_{arom.}H$), 126.0 (2C, $C_{arom.}H$), 128.8 ($C_{arom.}H$), 129.2 (2C, $C_{arom.}H$), 130.5 ($C_{arom.}N$), 135.7 ($\underline{C}_{arom.}C$), 154.7 (NCOO), 156.4 ($\underline{C}_{arom.}OCH_3$), 161.2 (NCO)

MS (CI, *i*-Butan):

m/z (%): 455 (100) $[MH^+]$

HR-MS (CI, *i*-Butan): ber. 455.1818 für $[C_{24}H_{27}N_2O_7]^+$

gef. 455.1818

Elementaranalyse:

$C_{24}H_{26}N_2O_7$	ber. C 63.43 %	H 5.77 %	N 6.16 %
(454.5 g/mol)	gef. C 63.15 %	H 6.04 %	N 6.06 %

12. Literatur und Anmerkungen

[1] H. Staudinger, *Liebigs Ann. Chem.* **1907**, *356*, 51-123.

[2] F. von Nussbaum, M. Brands, B. Hinzen, S. Weigand, D. Häbich, *Angew. Chem.* **2006**, *118*, 5194-5254; *Angew. Chem. Int. Ed.* **2006**, *45*, 5072-5129.
Angabe basierend auf: http://www.woodmac.com/pharmabiotech.

[3] A. Fleming, *Br. J. Exp. Pathol.* **1929**, *10*, 226-236; *Chem. Abstr.* **1929**, *23*, 4961.

[4] C.-J. Estler, *Pharmakologie und Toxikologie*, 5. Aufl., Schattauer Verlag, **2000**, S. 596.

[5] Historisch gesehen umfasste der Begriff „Antibiotikum" nur Naturstoffe während man synthetische Verbindungen als „antibakterielle Wirkstoffe" bezeichnete. Diese Differenzierung wurde mit der Produktion halbsynthetischer Derivate im Laufe der Zeit aufgehoben. Vgl. Römpp, *Chemielexikon*, 9. Aufl., Thieme Verlag, **1989**.

[6] F. Sörgel, J. Bulitta, C. Landersdorfer, *Pharm. Unserer Zeit* **2006**, *35*, 438-451.

[7] a) W.-D. Müller-Jahnke, Ch. Friedrich, U. Meyer, *Arzneimittelgeschichte*, WVG Stuttgart, **2004**;
b) G. A. Glister, A. Grainger, *Analyst* **1950**, *75*, 310.

[8] J. C. Sheehan, K. R. Henery-Logan, *J. Am. Chem. Soc.* **1957**, *79*, 1262-1263.

[9] W. Kaufmann, K. Bauer, *Naturwissenschaften* **1960**, *47*, 474.

[10] F. R. Batchelor, F. P. Doyle, J. W. C. Nayler, G. N. Robinson, *Nature* **1959**, *183*, 256-258.

[11] R. B. Morin, B. G. Jackson, E. G. Flynn, R. W. Roeske, *J. Am. Chem. Soc.* **1962**, *84*, 3400-3401.

[12] a) R. B. Morin, M. Gorman, *Chemistry and Biology of β-Lactam Antibiotics*, Academic Press, New York, **1982**;
b) D. Lednicer, L. A. Mitscher, *The Organic Chemistry of Drug Synthesis*, Band 2, Wiley, New York, **1980**, Kap. 15 *β-Lactam Antibiotics*, S. 435-444;
c) D. Lednicer, L. A. Mitscher, *The Organic Chemistry of Drug Synthesis*, Band 3, Wiley, New York, **1984**, Kap. 12 *Beta-Lactams*, S. 203-223;
d) D. Lednicer, L. A. Mitscher, G. I. Georg, *The Organic Chemistry of Drug Synthesis*, Band 4, Wiley, New York, **1990**, Kap. 10 *β-Lactam Antibiotics*, S. 177-198.

[13] G. S. Singh, *Mini-Rev. Med. Chem.* **2004**, *4*, 93-109.

[14] A. Bryskier, *J. Antibiot.* **2000**, *53*, 1028-1037.

[15] G. S. Singh, *Mini-Rev. Med. Chem.* **2004**, *4*, 69-92.

[16] H. G. Schlegel, *Allgemeine Mikrobiologie*, 7. Aufl., Thieme Verlag, **1992**, S. 50-61.

[17] J. Lehmann, *Kohlenhydrate*, 2. Aufl., Thieme Verlag, **1996**, S. 162-164, 298-301.

[18] B. K. Hubbard, C. T. Walsh, *Angew. Chem.* **2003**, *115*, 752-789; *Angew. Chem. Int. Ed.* **2003**, *42*, 730-765.

[19] a) P. Welzel, *Chem. Rev.* **2005**, *105*, 4610-4660;
b) M. J. Spencelayh, Y. Cheng, R. J. Bushby, T. D. H. Bugg, J. Li, P. J. F. Henderson, J. O`Reilly, S. D. Evans, *Angew. Chem.* **2006**, *118*, 2165-2170; *Angew. Chem. Int. Ed.* **2006**, *45*, 2111-2116.

[20] a) A. F. W. Coulson, *Nature* **1984**, *309*, 668;
b) H. Labischinski, *Med. Microbiol. Immunol.* **1992**, *181*, 241-265;
c) J. M. Ghuysen, *Trends Microbiol.* **1994**, *2*, 372-380.

[21] a) B. G. Spratt, K. D. Cromie, *Rev. Infect. Dis.* **1988**, *10*, 699-711 ;
b) B. G. Spratt, *Science* **1994**, *264*, 388-393.

[22] a) J. R. Knox, P. C. Moews, J. M. Frere, *Chem. Biol.* **1996**, *3*, 937-947;
b) J. V. Höltje, *Microbiol. Mol. Biol. Rev.* **2000**, *64*, 503-524.

[23] H. G. Schlegel, *Allgemeine Mikrobiologie*, 7. Aufl., Thieme Verlag, **1992**, S. 502ff.

[24] Methicillin (2,6-Dimethoxyphenylpenicillin) ist ein therapeutisch nicht mehr eingesetztes Antibiotikum, das traditionell zur Resistenzprüfung von Bakterienstämmen eingesetzt wird und eine hohe *in vitro*-Stabilität gegenüber Staphylokokken-β-Lactamase besitzt. Bei Staphylokokken besteht eine Kreuzresistenz zwischen den penicillinasefesten Penicillinen, Cephalosporinen und üblichen Carbapenemen, so dass ein negativer Methicillin-Test stellvertretend eine Resistenz gegen die gesamte Gruppe anzeigt.

[25] a) J. F. Barrett, *Expert Opin. Ther. Targets* **2004**, *8*, 515-519;
b) C. D. Salgado, B. M. Farr, D. P. Calfee, *Clin. Infect. Dis.* **2003**, *36*, 131-139.

[26] H.-J. Linde, N. Lehn, *Pharm. Unserer Zeit* **2006**, *35*, 422-427. Angabe basierend auf einer Studie der Paul-Ehrlich-Gesellschaft: http://www.p-e-g.de.

[27] a) L. M. Weigel, D. B. Clewell, S. R. Gill, N. C. Clark, L. K. McDougal, S. E. Flannagan, J. F. Kolonay, J. Shetty, G. E. Killgore, F. C. Tenover, *Science* **2003**, *302*, 1569-1571;
b) A. M. Bal, I. M. Gould, *Expert Opin. Pharmacother.* **2005**, *6*, 2257-2269.

[28] a) P. Kloss, L. Xiong, D. L. Shinabarger, A. S. Mankin, *J. Mol. Biol.* **1999**, *294*, 93-101;

b) H. B. Fung, H. L. Kirschenbaum, B. O. Ojofeitimi, *Clin. Ther.* **2001**, *23*, 356-391;

c) M. Baysallar, A. Kilic, H. Aydogan, F. Cilly, L. Doganci, *Int. J. Antimicrob. Agents* **2004**, *23*, 510-512.

[29] a) C. Walsh, *Nature* **2000**, *406*, 775-781;

b) G. D. Wright, *Curr. Opin. Chem. Biol.* **2003**, *7*, 563-569.

[30] a) J. Trias, J. Dufresne, R. C. Levesque, H. Nikaido, *Antimicrob. Agents Chemother.* **1989**, *33*, 1201-1206;

b) J. Trias, H. Nikaido, *Antimicrob. Agents Chemother.* **1990**, *34*, 52-57.

[31] a) R. Srikumar, C. J. Paul, K. Poole, *J. Bacteriol.* **2000**, *182*, 1410-1414;

b) X. S. Li, L. Zhang, K. Poole, *J. Antimicrob. Chemother.* **2000**, *45*, 433-436.

[32] D. Lim, N. C. J. Strynadka, *Nat. Struct. Biol.* **2002**, *9*, 870-876.

[33] J. F. Fisher, S. O. Meroueh, S. Mobashery, *Chem. Rev.* **2005**, *105*, 395-424.

[34] G. A. Jacoby, L.S. Munoz-Price, *N. Engl. J. Med.* **2005**, *352*, 380-391.

[35] J. Spencer, T. R. Walsh, *Angew. Chem.* **2006**, *118*, 1038-1042; *Angew. Chem. Int. Ed.* **2006**, *45*, 1022-1026.

[36] V. P. Sandanayaka, A. S. Prashad, *Curr. Med. Chem.* **2002**, *9*, 1145-1165.

[37] a) A. G. Brown, D. F. Corbett, J. Goodacre, J. B. Harbridge, T. T. Howarth, R. J. Ponsford, I. Stirling, T. J. King, *J. Chem. Soc., Perkin Trans. I* **1984**, 635-650;

b) T. Muratani, E. Yokota, T. Nakane, E. Inoue, S. Mitsuhashi, *J. Antimicrob. Chemother.* **1993**, *32*, 421-429;

c) P. Berg, E. Hahn, *Eur. J. Med. Res.* **2001**, *6*, 535-542;

d) W. Stille, H.-R. Brodt, A. H. Groll, G. Just-Nübling, *Antibiotika-Therapie*, 11. Aufl., Schattauer Verlag, 1. Nachdruck **2006**, S. 59-68.

[38] W. Dürckheimer, J. Blumbach, R. Lattrell, K. H. Scheunemann, *Angew. Chem.* **1985**, *97*, 183-205; *Angew. Chem. Int. Ed.* **1985**, *24*, 180-202.

[39] C.-J. Estler, *Pharmakologie und Toxikologie*, 5. Aufl., Schattauer Verlag, **2000**, S. 598-605.

[40] W. Stille, H.-R. Brodt, A. H. Groll, G. Just-Nübling, *Antibiotika-Therapie*, 11. Aufl., Schattauer Verlag, 1. Nachdruck **2006**, S. 32-68.

[41] a) A. R. White, C. Kaye, J. Poupard, R. Pypstra, G. Woodnutt, B. Wynne, *J. Antimicrob. Chemother.* **2004**, *53* (Suppl. 1), I3-I20;

b) C.-J. Estler, *Pharmakologie und Toxikologie*, 5. Aufl., Schattauer Verlag, **2000**, S. 610-611.

[42] M. G. P. Page, *Expert Opin. Invest. Drugs* **2004**, *13*, 973-985.

[43] a) W. Stille, H.-R. Brodt, A. H. Groll, G. Just-Nübling, *Antibiotika-Therapie*, 11. Aufl., Schattauer Verlag, 1. Nachdruck **2006**, S. 69-88;

b) C.-J. Estler, *Pharmakologie und Toxikologie*, 5. Aufl., Schattauer Verlag, **2000**, S. 601-608.

[44] a) W. Stille, H.-R. Brodt, A. H. Groll, G. Just-Nübling, *Antibiotika-Therapie*, 11. Aufl., Schattauer Verlag, 1. Nachdruck **2006**, S. 94-102;

b) M. Miauchi, T. Hirota, K. Fujimoto, J. Ide, *Chem. Pharm. Bull.* **1989**, *37*, 3272-3276;

c) K. H. Donn, N. C. James, J. R. Powell, *J. Pharm. Sci.* **1994**, *83*, 842-844.

[45] a) L. A. Sorbera, J. Castaner, R. M. Castaner, *Drug Fut.* **2005**, *30*, 11-22;

b) D. M. Springer, *Curr. Med. Chem. Anti-Infect. Agents* **2002**, *1*, 269-279.

[46] a) K. Murakami, M. Takasuka, K. Motokawa, T. Yoshida, *J. Med. Chem.* **1981**, *24*, 88-93;

b) M. Narisada, T. Yoshida, H. Onoue, M. Ohtani, T. Okada, W. Nagata, *J. Antibiot.* **1982**, *35*, 463-482.

[47] a) M. Narisada, T. Yoshida, H. Onoue, M. Ohtani, T. Okada, T. Tsuji, I. Kikkawa, N. Haga, H. Satoh, H. Itani, W. Nagata, *J. Med. Chem.* **1979**, *22*, 757-759;

b) G. Ruckdeschel, W. Eder, *Eur. J. Clin. Microbiol. Infect. Dis.* **1988**, *7*, 687-691;

c) W. Stille, H.-R. Brodt, A. H. Groll, G. Just-Nübling, *Antibiotika-Therapie*, 11. Aufl., Schattauer Verlag, 1. Nachdruck **2006**, S. 76.

[48] a) J. W. Misner, J. W. Fisher, J. P. Gardner, S. W. Pedersen, K. L. Trinkle, B. G. Jackson, T. Y. Zhang, *Tetrahedron Lett.* **2003**, *44*, 5991-5993;

b) R. N. Brogden, *Drugs* **1993**, *45*, 716-736.

[49] J. S. Kahan, F. M. Kahan, R. Goegelman, S. A. Currie, M. Jackson, E. O. Stapley, T. W. Miller, A. K. Miller, D. Hendlin, S. Mochales, S. Hernandez, H. B. Woodruff, J. Birnbaum, *J. Antibiot.* **1979**, *32*, 1-12.

[50] U. Holzgrabe, *Pharm. Unserer Zeit* **2006**, *35*, 410-414.

[51] a) W. J. Laenza, K. J. Wildonger, T. W. Miller, B. G. Christensen, *J. Med. Chem.* **1979**, *22*, 1435-1436;

b) H. Kropp, J. G. Sundelof, J. S. Kahan, F. M. Kahan, J. Birnbaum, *Antimicrob. Agents Chemother.* **1980**, *17*, 993-1000;

c) R. Wise, J. M. Andrews, N. Patel, *J. Antimicrob. Chemother.* **1981**, *7*, 521-529;

d) G. Bonfiglio, G. Russo, G. Nicoletti, *Expert Opin. Invest. Drugs* **2002**, *11*, 529-544.

[52] a) H. Kropp, J. G. Sundelof, R. Hajdu, F. M. Kahan, *Antimicrob. Agents Chemother.* **1982**, *22*, 62-70;

b) M. M. Buckley, R. N. Brogden, L. B. Barradell, K. L. Goa, *Drugs* **1992**, *44*, 408-444.

[53] a) M. Fukusawa, Y. Sumita, E. T. Harabe, T. Tanio, H. Nouda, T. Kohzuki, T. Okuda, H. Matsumura. M. Sunagawa, *Antimicrob. Agents Chemother.* **1992**, *36*, 1577-1579;

b) W. Stille, H.-R. Brodt, A. H. Groll, G. Just-Nübling, *Antibiotika-Therapie*, 11. Aufl., Schattauer Verlag, 1. Nachdruck **2006**, S. 102-115.

[54] a) R. Wise, J. M. Andrews, N. Brenwald, *Antimicrob. Agents Chemother.* **1996**, *40*, 1248-1253;

b) F. Sifaoui, E. Varon, M.-D. Kitzis, L. Gutmann, *Antimicrob. Agents Chemother.* **1998**, *42*, 173-175;

c) A. Marini, V. Berbenni, G. Bruni, C. Sinistri, A. Maggioni, A. Orland, M. Villa, *J. Pharm. Sci.* **2000**, *89*, 232-240.

[55] a) D. M. Livermore, N. Woodford, *Curr. Opin. Microbiol.* **2000**, *3*, 489-495;

b) B. M. Beadle, B. K. Shoichert, *Antimicrob. Agents Chemother.* **2002**, *46*, 3978-3980;

c) U. Theuretzbacher, *Pharm. Unserer Zeit* **2006**, *35*, 416-421.

[56] a) I. A. Critchley, J. A. Karlowsky, D. C. Draghi, M. E. Jones, C. Thornsberry, K. Murfitt, D. F. Sahm, *Antimicrob. Agents Chemother.* **2002**, *46*, 550-555;

b) J. M. T. Hamilton-Miller, *Pharmacotherapy* **2003**, *23*, 1497-1507;

c) A. Dalhoff, N. Janjic, R. Echols, *Biochem. Pharmacol.* **2006**, *71*, 1085-1095.

[57] a) A. Imada, K. Kitano, K. Kintaka, M. Muroi, M. Asai, *Nature* **1981**, *289*, 590-591;

b) R. B. Sykes, C. M. Cimarusti, D. P. Bonner, K. Bush, D. M. Floyd, N. H. Georgopapadakou, W. H. Koster, W. C. Liu, W. L. Parker, P. A. Principe, M. L. Rathnum, W. A. Slusarchyk, *Nature* **1981**, *291*, 489-491.

[58] a) P. G. Mattingly, J. F. Kerwin, Jr., M. J. Miller, *J. Am. Chem. Soc.* **1979**, *101*, 3983-3985;

b) R. B. Sykes, D. P. Bonner, K. Bush, N. H. Georgopapadakou, *Antimicrob. Agents Chemother.* **1982**, *29*, 85-92;

c) S. J. Childs, G. P. Bodey, *Pharmacotherapy* **1986**, *6*, 138-152;

d) W. Stille, H.-R. Brodt, A. H. Groll, G. Just-Nübling, *Antibiotika-Therapie*, 11. Aufl., Schattauer Verlag, 1. Nachdruck **2006**, S. 115-117.

[59] a) D. A. Burnett, M. Caplen, H. R. Davis, Jr., R. E. Burrier, J. W. Clader, *J. Med. Chem.* **1994**, *37*, 1733-1736;

b) D. A. Burnett, *Tetrahedron Lett.* **1994**, *35*, 7339-7342;

c) S. Dugar, N. Yumibe, J. W. Clader, M. Vizziano, K. Huie, M. Van Heek, D. S. Compton, H. R. Davis, Jr., *Bioorg. Med. Chem. Lett.* **1996**, *6*, 1271-1274;

d) S. B. Rosenblum, T. Huynh, A. Afonso, H. R. Davis, Jr., N. Yumibe, J. W. Clader, D. A. Burnett, *J. Med. Chem.* **1998**, *41*, 973-980;

e) L. Kværnø, T. Ritter, M. Werder, H. Hauser, E. M. Carreira, *Angew. Chem.* **2004**, *116*, 4753-4756; *Angew. Chem. Int. Ed.* **2004**, *43*, 4653-4656.

[60] a) T. Sudhop, K. von Bergmann, *Drugs* **2002**, *62*, 2333-2347;

b) E. Bruckert, *Cardiology* **2002**, *97*, 59-66.

[61] D. A. Burnett, *Curr. Med. Chem.* **2004**, *11*, 1873-1887.

[62] G. Veinberg, M. Vorona, I. Shestakova, I. Kanepe, E. Lukevics, *Curr. Med. Chem.* **2003**, *10*, 1741-1757.

[63] W. T. Han, A. K. Trehan, J. J. Kim Wright, M. E. Federici, S. M. Seiler, N. A. Meanwell, *Bioorg. Med. Chem.* **1995**, *3*, 1123-1143.

[64] a) R. M. Adlington, J. E. Baldwin, B. Chen, S. L. Cooper, W. McCoull, G. J. Pritchard, *Bioorg. Med. Chem. Lett.* **1997**, *7*, 1689-1694;

b) R. Annunziata, M. Benaglia, M. Cinquini, F. Cozzi, A. Puglisi, *Bioorg. Med. Chem. Lett.* **2002**, *10*, 1813-1818.

[65] S. K. Shah, C. P. Dorn, Jr., P. E. Finke, J. J. Hale, W. K. Hagmann, K. A. Brause, G. O. Chandler, A. M. Kissinger, B. M. Ashe, H. Weston, W. B. Knight, A. L. Maycock, P. S. Dellea, D. S. Fletcher, K. M. Hand, R. A. Mumford, D. J. Underwood, J. B. Doherty, *J. Med. Chem.* **1992**, *35*, 3745-3754.

[66] a) A. D. Borthwick, G. Weingarten, T. M. Haley, M. Tomaszewski, W. Wang, Z. Hu, J. Bedard, H. Jin, L. Yuen, T. S. Mansour, *Bioorg. Med. Chem. Lett.* **1998**, *8*, 365-370;

b) R. Deziel, B. Malenfant, *Bioorg. Med. Chem. Lett.* **1998**, *8*, 1437-1442;

c) C. Yoakim, W. W. Ogilvie, D. R. Cameron, C. Chabot, I. Guse, B. Hache, J. Naud, J. A. O'Meara, R. Plante, R. Deziel, *J. Med. Chem.* **1998**, *41*, 2882-2291;

d) W. W. Ogilvie, C. Yoakim, F. Do, B. Hache, L. Lagace, J. Naud, J. A. O'Meara, R. Deziel, *Bioorg. Med. Chem.* **1999**, *7*, 1521-1531;

e) P. R. Bonneau, F. Hasani, C. Plouffe, E. Malenfant, S. R. LaPlane, I. Guse, W. W. Ogilvie, R. Plante, W. C. Davidson, J. L. Hopkins, M. M. Morelock, M. G. Cordingley, R. Deziel, *J. Am. Chem. Soc.* **1999**, *121*, 2965-2973.

[67] J. D. Rothstein, S. Patel, M. R. Regan, C. Haenggeli, Y. H. Huang, D. E. Bergles, L. Jin, M. D. Hoberg, S. Vidensky, D. S. Chung, S. V. Toan, L. I. Bruijn, Z.-z. Su, P. Gupta, P. B. Fisher, *Nature* **2005**, *433*, 73-77.

[68] a) B. Alcaide, P. Almendros, *Synlett* **2002**, *3*, 381-393;

b) B. Alcaide, P. Almendros, *Curr. Med. Chem.* **2004**, *11*, 1921-1949;

c) A. R. A. S. Deshmukh, B. M. Bhawal, D. Krishnaswamy, Vidyesh V. Govande, Bidhan A. Shinkre, A. Jayanthi, *Curr. Med. Chem.* **2004**, *11*, 1889-1920.

[69] C. Palomo, J. M. Aizpurua, I. Ganboa, M. Oiarbide, *Synlett* **2001**, *12*, 1813-1826.

[70] a) I. Ojima, *β-Lactam Synthon Method: Enatiomerically Pure β-Lactams as Synthetic Intermediates* in *The Organic Chemistry of β-Lactams*, Hrsg. G. I. Georg, Kapitel 4, VCH Weinheim, **1993**;

b) I. Ojima, *Acc. Chem. Res.* **1995**, *28*, 383-389;

c) I. Ojima, F. Delaloge, *Chem. Soc. Rev.* **1997**, *26*, 377-386.

[71] D. G. I. Kingston, *J. Chem. Soc, Chem. Commun.* **2001**, 867-880.

[72] a) J. C. Sheehan, E. J. Corey, *The Synthesis of β-Lactams* in *Organic Reactions*, Band IX, Kapitel 6, Wiley New York, **1957**;

b) A. K. Mukerjee, R. C. Srivastava, *Synthesis* **1973**, 327-346;

c) N. S. Isaacs, *Chem. Soc. Rev.* **1976**, *5*, 181-202;

d) P. G. Sammes, *Chem. Rev.* **1976**, *76*, 113-155 ;

e) A. K. Mukerjee, A. K. Singh, *Tetrahedron* **1978**, *34*, 1731-1767;

f) M. A. Ogliaruso, J. F. Wolfe, *Synthesis of Lactones and Lactams* in *Chemistry of Functional Groups*, Hrsg. S. Patai, Z. Rappoport, Wiley New York, **1993**;

g) R. J. Ternansky, J. M. Morin, Jr., *Novel Methods for the Construction of the β-Lactam Ring* in *The Organic Chemistry of β-Lactams*, Hrsg. G. I. Georg, Kapitel 5, VCH Weinheim, **1993**;

h) G. S. Singh, *Tetrahedron* **2003**, *59*, 7631-7649.

[73] a) H. Gilman, M. Speeter, *J. Am. Chem. Soc.* **1943**, *65*, 2255-2256;

b) D. J. Hart, D.-C. Ha, *Chem. Rev.* **1989**, *89*, 1447-1465;

c) M. J. Brown, *Heterocycles* **1989**, *29*, 2225-2244.

[74] a) F. H. Van der Steen, G. Van Koten, *Tetrahedron* **1991**, *47*, 7503-7524;

b) C. Palomo, J. M. Aizpurua, *Chem. Heterocyclic Comp.* **1998**, *34*, 1222-1236.

[75] a) J. C. Sheehan, E. L. Buhle, E. J. Corey, G. D. Lanbach, J. J. Ryan, *J. Am. Chem. Soc.* **1950**, *72*, 3828-3829;

b) A. K. Bose, B. Anjaneyulu, S. K. Bhattacharya, M. S. Manhas, *Tetrahedron* **1967**, *23*, 4769-4776;

c) F. Duran, L. Ghosez, *Tetrahedron Lett.* **1970**, *11*, 245-248.

[76] a) M. R. Linder, J. Podlech, *Org. Lett.* **1999**, *1*, 869-871;

b) M. D. Lawlor, T. W. Lee, R. L. Danheiser, *J. Org. Chem.* **2000**, *65*, 4375-4384;

c) Y. Liang, L. Jiao, S. W. Zhang, J. X. Xu, *J. Org. Chem.* **2005**, *70*, 334-337.

[77] a) M. A. McGuire, L. S. Hegedus, *J. Am. Chem. Soc.* **1982**, *104*, 5538-5540;

b) L. S. Hegedus, M. A. McGuire, L. M. Schultze, C. Yijun, O. P. Anderson, *J. Am. Chem. Soc.* **1984**, *106*, 2680-2687;

c) L. S. Hegedus, *Tetrahedron* **1997**, *53*, 4105-4128.

[78] L. M. Baigrie, H. R. Seiklay, T. T. Tidwell, *J. Am. Chem. Soc.* **1985**, *107*, 5391-5396.

[79] a) J. M. Decazes, J. L. Luche, H. B. Kagan, R. Parthasarathy, J. T. Ohrt, *Tetrahedron Lett.* **1972**, *13*, 3633-3636;

b) D. Bellus, *Helv. Chim. Acta* **1975**, *58*, 2509-2511;

c) H. W. Moore, L. Hernandez, R. Chambers, *J. Am. Chem. Soc.* **1978**, *100*, 2245-2247;

d) J. Pacansky, J. S. Chang, D. W. Brown, W. Schwarz, *J. Org. Chem.* **1982**, *47*, 2233-2234.

[80] a) M. Hatanaka, T. Ishimaru, *Tetrahedron Lett.* **1983**, *24*, 4837-4838;

b) M. S. Manhas, V. R. Hedge, D. R. Wagle, A. K. Bose, *J. Chem. Soc., Perkin Trans. I* **1985**, 2045-2050;

c) D. Dugat, G. Just, S. Sahoo, *Can. J. Chem.* **1987**, *65*, 88-93;

d) K. Bodurow, M. A. Carr, *Tetrahedron Lett.* **1989**, *30*, 4081-4084;

e) M. Muller, D. Bur, T. Tschamber, J. Streith, *Helv. Chim. Acta* **1991**, *74*, 767-773;

f) B. Alcaide, A. Rodríguez-Vicente, *Tetrahedron Lett.* **1999**, *40*, 2005-2006;

g) G. H. Hakimelahi, P.-C. Li, A. A. Moosavi-Movahedi, J. Chamani, G. A. Khodarahmi, T. W. Ly, F. Valiyev, M. K. Leong, S. Hakimelahi, K.-S. Shia, I. Chao, *Org. Biomol. Chem.* **2003**, *1*, 2461-2467.

[81] a) W. T. Brady, Y. Q. Gu, *J. Org. Chem.* **1989**, *54*, 2838-2842;

b) J. E. Lynch, S. M. Riseman, W. L. Laswell, D. M. Tschaen, R. P. Volante, G. B. Smith, I. Shinkai, *J. Org. Chem.* **1989**, *54*, 3792-3796;

c) L. S. Hegedus, J. Montgomery, Y. Narukawa, D. C. Snustad, *J. Am. Chem. Soc.* **1991**, *113*, 5784-5791;

d) F. P. Cossío, J. M. Ugalde, X. Lopez, B. Lecea, C. Palomo, *J. Am. Chem. Soc.* **1993**, *115*, 995-1004;

e) S. Dumas, L. S. Hegedus, *J. Org. Chem.* **1994**, *59*, 4967-4971;

f) E. Martín-Zamora, A. Ferrete, J. M. Llera, J. M. Muñoz, R. R. Pappalardo, R. Fernández, J. M. Lassaletta, *Chem. Eur. J.* **2004**, *10*, 6111-6129 ;

g) L. Jiao, Y. Liang, J. Xu, *J. Am. Chem. Soc.* **2006**, *128*, 6060-6069.

[82] a) R. A. Firestone, N. S. Maciejewicz, B. G. Christensen, *J. Org. Chem.* **1974**, *39*, 3384-3387;

b) A. K. Bose, S. G. Amin, J. C. Kapur, M. S. Manhas, *J. Chem. Soc., Perkin Trans. I* **1976**, 2193-2197;

c) D. F. Sullivan, D. I. C. Scopes, A. F. Kluge, J. A. Edwards, *J. Org. Chem.* **1976**, *41*, 1112-1117;

d) A. Atmani, M. Kajima, *Tetrahedron Lett.* **1986**, *27*, 2611-2612;

e) R. Allmann, T. Debärdemäker, G. Kiehl, J. P. Luttringer, T. Tschamber, G. Wolff, J. Streith, *Liebigs Ann. Chem.* **1983**, 1361-1373.

[83] a) Y. Wang, Y. Liang, L. Jiao, D.-M. Du, J. Xu, *J. Org. Chem.* **2006**, *71*, 6983-6990;

b) B. Li, Y. Wang, D.-M. Du, J. Xu, *J. Org. Chem.* **2007**, *72*, 990-997.

[84] a) C. C. Wei, S. De Bernado, J. P. Tengi, J. Borgese, M. Weigele, *J. Org. Chem.* **1985**, *50*, 3462-3467;

b) D. M. Tschaen, L. M. Fuentes, J. E. Lynch, W. L. Laswell, R. P. Volante, I. Shinkai, *Tetreahedron Lett.* **1988**, *23*, 2779-2782;

c) G. I. Georg, E. Akgun, *Tetrahedron Lett.* **1990**, *31*, 3267-3270;

d) G. Barbaro, A. Battaglia, A. Guerrini, C. Bertucci, *Tetrahedron: Asymmetry* **1997**, *8*, 2527-2531;

e) M. T. García-López, R. González-Muñiz, *J. Org. Chem.* **2002**, *67*, 3953-3956.

[85] a) N. Ikota, A. Hanaki, *Heterocycles* **1984**, *22*, 2227-22230;

b) D. J. Hart, C.-S. Lee, *J. Am. Chem. Soc.* **1986**, *108*, 6054-6056;

c) Y. Hashimoto, A. Kai, K. Saigo, *Tetrahedron Lett.* **1995**, *36*, 8821-8824;

d) V. Srirajan, V. G. Puranik, A. R. A. S. Deshmukh, B. M. Bhawal, *Tetrahedron* **1996**, *52*, 5579-5584;

e) J. Anaya, S. D. Gero, M. Grande, J. I. M. Hernando, N. M. Laso, *Bioorg. Med. Chem.* **1999**, *7*, 837-850;

f) B. A. Shinkre, V. G. Puranik, B. M. Bhawal, A. R. A. S. Deshmukh, *Tetrahedron : Asymmetry* **2003**, *14*, 453-459.

[86] a) H. Fujieda, M. Kanai, T. Kambara, A. Iida, K. Tomioka, *J. Am. Chem. Soc.* **1997**, *119*, 2060-2061;

b) T. Kambara, M. A. Hussein, H. Fujieda, A. Iida, K. Tomioka, *Tetrahedron Lett.* **1998**, *39*, 9055-9058;

c) M. Anada, S.-i. Hashimoto, *Tetrahedron Lett.* **1998**, *39*, 9063-9066;

d) M. A. Hussein, A. Iida, K. Tomioka, *Tetrahedron* **1999**, *55*, 11219-11228;

e) P. A. Magriotis, *Angew. Chem.* **2001**, *113*, 4507-4509; *Angew. Chem. Int. Ed.* **2001**, *40*, 4377-4379;

f) J. A. Townes, M. A. Evans, J. Queffelec, S. J. Taylor, J. P. Morken, *Org. Lett.* **2002**, *4*, 2537-2540.

[87] a) A. E. Taggi, A. M. Hafez, H. Wack, B. Young, W. J. Drury, III, T. Lectka, *J. Am. Chem. Soc.* **2000**, *122*, 7831-7832;

b) A. E. Taggi, A. M. Hafez, H. Wack, B. Young, D. Ferraris, T. Lectka, *J. Am. Chem. Soc.* **2002**, *124*, 6626-6635;

c) S. France, H. Wack, A. M. Hafez, A. E. Taggi, D. R. Witsil, T. Lectka, *Org. Lett.* **2002**, *4*, 1603-1605;

d) S. France, A. Weatherwax, A. E. Taggi, T. Lectka, *Acc. Chem. Res.* **2004**, *37*, 592-600;

e) S. France, M. H. Shah, A. Weatherwax, H. Wack, J. P. Roth, T. Lectka, *J. Am. Chem. Soc.* **2005**, *127*, 1206-1215.

[88] a) B. L. Hodous, G. C. Fu, *J. Am. Chem. Soc.* **2002**, *124*, 1578-1579;

b) E. C. Lee, B. L. Hodous, E. Bergin, C. Shih, G. C. Fu, *J. Am. Chem. Soc.* **2005**, *127*, 11586-11587.

[89] a) D. A. Evans, E. B. Sjogren, *Tetrahedron Lett.* **1985**, *26*, 3783-3786;

b) D. A. Evans, E. B. Sjogren, *Tetrahedron Lett.* **1985**, *26*, 3787-3790.

[90] *dr* (*diastereomeric ratio*) bezeichnet das analytisch ermittelte Mengenverhältnis zweier Diastereomere innerhalb eines Produktgemisches.

[91] a) D. A. Evans, J. M. Takacs, L. R. Mc Gee, M. D. Ennis, D. J. Mathre, J. Bartroli, *Pure & Appl. Chem.* **1981**, *53*, 1109-1127;

b) D. A. Evans, *Aldrichim. Acta* **1982**, *15*, 23-32.

[92] a) C. C. Bodurow, B. D. Boyer, J. Brennan, C. A. Bunnell, J. E. Burks, M. A. Carr, C. W. Doecke, T. M. Eckrich, J. W. Fisher, J. P. Gardner, B. J. Graves, P. Hines, R. C. Hoying, B. G. Jackson, M. D. Kinnick, C. D. Kochert, J. S. Lewis, W. D.

Luke, L. L. Moore, J. M. Morin, Jr., R. L. Nist, D. E. Prather, D. L. Sparks, W. C. Vladuchick, *Tetrahedron Lett.* **1989**, *30*, 2321-2324;

b) D. L. Boger, J. B. Myers, Jr., *J. Org. Chem.* **1991**, *56*, 5385-5390;

c) W. Duczek, K. Jähnisch, A. Kunath, G. Reck, G. Winter, B. Schulz, *Liebigs Ann. Chem.* **1992**, 781-787;

d) M. Burwood, D. Davies, I. Diaz, R. Grigg, P. Molina, V. Sridharan, M. Hughes, *Tetrahedron Lett.* **1995**, *36*, 9053-9056;

e) B. Ruhland, A. Bhandari, E. M. Gordon, M. A. Gallop, *J. Am. Chem. Soc.* **1996**, *118*, 253-254;

[93] a) J. Kovács, I. Pintér, U. Lendering, P. Köll, *Carbohydr. Res.* **1991**, *210*, 155-166;

b) J. Kovács, I. Pintér, D. Abeln, J. Kopf, P. Köll, *Carbohydr. Res.* **1994**, *257*, 97-106;

c) J. Kovács, I. Pintér, P. Köll, *Carbohydr. Res.* **1995**, *272*, 255-262;

d) T. Kern, *Dissertation*, Universität Oldenburg, **1995**.

[94] a) P. Köll, A. Lützen, *Tetrahedron: Asymmetry* **1995**, *6*, 43-46;

b) P. Köll, A. Lützen, *Tetrahedron: Asymmetry* **1996**, *7*, 637-640;

c) A. Lützen, P. Köll, *Tetrahedron: Asymmetry* **1997**, *8*, 29-32;

d) A. Lützen, P. Köll, *Tetrahedron: Asymmetry* **1997**, *8*, 1193-1206;

e) M. Stöver, A. Lützen, P. Köll, *Tetrahedron: Asymmetry* **2000**, *11*, 371-374;

f) M. Stöver, *Dissertation*, Universität Oldenburg, **2001**.

[95] a) R. Saul, *Dissertation*, Universität Oldenburg, **1999**;

b) R. Saul, J. Kopf, P. Köll, *Tetrahedron: Asymmetry* **2000**, *11*, 423-433.

[96] In der Literatur zur β-Lactam-Chemie setzt sich in zunehmendem Maße eine einheitliche Darstellungsweise durch, die eine Ausrichtung des in die Papierebene gelegten Rings mit der Carbonylgruppe nach unten links und dem *N*-Heteroatom nach unten rechts vorsieht. Diese inoffizielle Konvention dient einer leichteren Strukturerfassung dieser Verbindungsklasse und ist insbesondere bei stereochemischen Fragestellungen hilfreich. Sie wird in dieser Arbeit konsequent berücksichtigt.

[97] E. Harlos, *Diplomarbeit*, Universität Oldenburg, **2002**.

[98] B. R. Baker, R. E. Schaub, *J. Am. Chem. Soc.* **1955**, *7*, 5900-5905.

[99] a) Eine in der Literatur [98] vorgeschriebene Vakuumdestillation von **9** bewegt sich nah an der Zersetzungsgrenze und führt zu erheblichem Substanzverlust.

b) B. Helferich, M. Burgdorf, *Tetrahedron* **1958**, *3*, 274-278.

[100] J. Moravcová, J. Čapková, J. Staněk, *Carbohydr. Res.* **1994**, *263*, 61-66.

[101]a) J. D. Stevens, *Methods Carbohydr. Chem.* **1972**, *6*, 123-128;
b) J. Asakura, Y. Matsubara, M. Yoshihara, *J. Carbohydr. Chem.* **1996**, *15*, 231-239.

[102]a) W. L. Glen, G. S. Myers, G. A. Grant, *J. Chem. Soc.* **1951**, 2568-2573;
b) O. T. Schmidt, *Methods Carbohydr. Chem.* **1963**, *2*, 318-325;
c) H. Tozuka, M. Ota, H. Kofujita, K. Takahashi, *J. Wood. Sci.* **2005**, *51*, 48-59.

[103]a) M. A. Andrews, G. L. Gould, *Carbohydr. Res.* **1992**, *229*, 141-147;
b) J. M. García Fernández, C. O. Mellet, A. M. Marín, J. Fuentes, *Carbohydr. Res.* **1995**, *274*, 263-268 ;
c) J. Asakura, M. J. Robins, Y. Asaka, T. H. Kim, *J. Org. Chem.* **1996**, *61*, 9026-9027.

[104] R. E. Gramera, A. Park, R. L. Whistler, *J. Org. Chem.* **1963**, *28*, 3230-3231.

[105]a) A. Vass, J. Dudas, S. Rajender, *Tetrahedron Lett.* **1999**, *40*, 4951-4954;
b) R. K. Bowman, J. S. Johnson, *J. Org. Chem.* **2004**, *69*, 8537-8540.

[106]a) A. M. Kanazawa, J.-N. Denis, A. E. Greene, *J. Org. Chem.* **1994**, *59*, 1238-1240;
b) T. Mecozzi, M. Petrini, *J. Org. Chem.* **1999**, *64*, 8970-8972.

[107] Das Imin wurde freundlicherweise von der Arbeitsgruppe um Prof. Dr. J. Martens (Universität Oldenburg) zur Verfügung gestellt.

[108]a) M. Takamatsu, M. Sekiya, *Chem. Pharm. Bull.* **1980**, *28*, 3098-3105;
b) Gattermann-Wieland *Die Praxis des organischen Chemikers*, 43. Aufl., de Gruyter Verlag, **1982**, S. 344.

[109]a) M. S. Manhas, M. Ghosh, A. K. Bose, *J. Org. Chem.* **1990**, *55*, 575-580;
b) Y. Niwa, M. Shimizu, *J. Am. Chem. Soc.* **2003**, *125*, 3720-3721.

[110]a) Th. Eicher, L. F. Tietze *Organisch-chemisches Grundpraktikum*, 2. Aufl., Thieme Verlag, **1995**, S. 200-203;
b) J. K. Funk, H. Yennawar, A. Sen, *Helv. Chim. Acta* **2006**, *89*, 1687-1695.

[111]a) X. F. Ren, E. Turos, *J. Org. Chem.* **1994**, *59*, 5858-5861;
b) C. Palomo, J. M. Aizpurua, M. Legido, A. Mielgo, R. Galarza, *Chem. Eur. J.* **1997**, *3*, 1432-1441;
c) S. Matsui, Y. Hashimoto, K. Saigo, *Synthesis* **1998**, 1161-1166.

[112] T. Maekawa, Y. Tomotaki, K. Ishikawa, A. Nabeshima, T. Furuichi, *Eur. Pat. Appl.* EP 98-113889 19980724, **1999**.
Die angegebenen Ausbeuten konnten nicht annähernd reproduziert werden.

[113] D. Sanz, M. Perez-Torralba, S. H. Alarcon, R. M. Claramunt, C. Foces-Foces, J. Elguero, *J. Org. Chem.* **2002**, *67*, 1462-1471.

[114] R. Torregrosa, I. M. Pastor, M. Yus, *Tetrahedron* **2005**, *61*, 11148-11155.

[115]a) M. A. Vazquez, M. Landa, L. Reyes, R. Miranda, J. Tamariz, F. Delgado, *Synth. Commun.* **2004**, *34*, 2705-2718;

b) H. Neuvonen, K. Neuvonen, F. Fülöp, *J. Org. Chem.* **2006**, *71*, 3141-3148.

[116] R. Gawinecki, *Pol. J. Chem.* **1987**, *61*, 589-598.

[117] P. K. Kadaba, *J. Heterocyclic Chem.* **1975**, *12*, 143-146.

[118] J. Albert, J. M. Cadena, J. Granell, X. Solans, M. Font-Bardia, *J. Organomet. Chem.* **2004**, *689*, 4889-4896.

[119]a) R. Leardini, D. Nanni, A. Tundo, G. Zarnadi, *Gazz. Chim. Ital.* **1989**, *119*, 637-641;

b) R. Cuatepotzo-Diaz, M. Albores-Velasco, E. Saldivar-Guerra, F. Becerril Jimenez, Polymer **2004**, *45*, 815-824.

[120] T. Ohta, M. Kamiya, M. Nobutomo, K. Kusui, I. Furukawa, *Bull. Chem. Soc. Jpn.* **2005**, *78*, 1856-1861.

[121]a) N. De Kimpe, D. De Smaele, Z. Sakonyi, *J. Org. Chem* **1997**, *62*, 2448-2452;

b) J. H. Atherton, J. Blacker, M. R. Crampton, Ch. Grosjean, *Org. Biomol. Chem.* **2004**, *2*, 2567-2571.

[122] M. Sekiya, T. Morimoto, *Chem. Pharm. Bull.* **1975**, *23*, 2353-2357.

[123] R. Annunziata, M. Cinquini, A. Restelli, F. Cozzi, *J. Chem. Soc., Perkin Trans. 1*, **1982**, *5*, 1183-1186.

[124]a) Y. Naruse, H. Yamamoto, *Tetrahedron* **1988**, *44*, 6021-6029;

b) N. De Kimpe, D. De Smaele, A. Hofkens, Y.Dejaegher, B. Kesteleyn, *Tetrahedron* **1997**, *53*, 10803-10816.

[125] J. C. Anderson, G. P. Howell, R. M. Lawrence, C. S. Wilson, *J. Org. Chem.* **2005**, *70*, 5665-5670.

[126]a) R. Leardini, D. Nanni, A. Tundo, G. Zanardi, *J. Chem. Soc., Chem. Commun.* **1989**, 757-758;

b) I. Inoue, M. Shindo, K. Koga, K. Tomioka, *Tetrahedron* **1994**, *50*, 4429-4438.

[127] R. Brehme, H. E. Nikolajewski, *Tetrahedron* **1976**, *32*, 731-736.

[128] M. Edwards, T. L. Gilchrist, C. J. Harris, C. W. Rees, *J. Chem. Res.* **1979**, *4*, 114-115.

[129] J. Bergman, P. Sand, *Org. Synth.* **1987**, *65*, 146-149.

[130]a) S. Miah, A. M. Z.Slawin, C. J. Moody, S. M. Sheehan, J. P. Marino, Jr., M. A. Semones, A. Padwa, I. C. Richards, *Tetrahedron* **1996**, *52*, 2489-2514;

b) A. M. C. H. van den Nieuwendijk, D. Pietra, L. Heitman, A. Göblyös, A. P. Ijzerman, *J. Med. Chem.* **2004**, *47*, 663-672.

[131] K. Tamura, H. Mizukami, K. Maeda, H. Watanabe, K. Uneyama, *J. Org. Chem.* **1993**, *58*, 32-35.

[132]a) M. Thiel, F. Asinger, K. Schmiedel, *Liebigs Ann. Chem.* **1958**, *611*, 121-131;

b) F. Asinger, H. Offermanns, *Angew. Chem.* **1967**, *79*, 953-965; *Angew. Chem. Int. Ed.* **1967**, *6*, 907-919.

[133] Die Verbindungen **55**, **56** und **57** wurden freundlicherweise von der Arbeitsgruppe um Prof. Dr. J. Martens (Universität Oldenburg) zur Verfügung gestellt.

[134] W. O. Siegl, *J. Org. Chem.* **1977**, *42*, 1872-1878.

[135] L. F. Tietze, Th. Eicher, *Reaktionen und Synthesen im organisch-chemischen Praktikum*, 1. Aufl., Thieme Verlag, **1981**, S. 338.

[136] M. Weber, J. Jakob, J. Martens, *Liebigs Ann. Chem.* **1992**, *1*, 1-6.

[137] M. Hatam, D. Tehranfar, J. Martens, *Synthesis* **1994**, *6*, 619-623.

[138] J. Martens, H. Offermanns, P. Scherberich, *Angew. Chem.* **1981**, *93*, 680-683; *Angew. Chem. Int. Ed.* **1981**, *20*, 668.

[139] M. Hatam, D. Tehranfar, J. Martens, *Synthesis* **1994**, *6*, 619-623.

[140] M. Hatam, D. Tehranfar, J. Martens, *Synth. Commun.* **1995**, *25*, 1677-1688.

[141] H. Gröger, *Dissertation*, Universität Oldenburg, **1997**.

[142] T. Germer, *Dissertation*, Universität Oldenburg, **2007**.

[143] P. Duhamel, L. Duhamel, J. Valnot, *Bull. Soc. Chim. Fr.* **1973**, *4*, 1465.

[144] C. Saitz. H. Rodríguez, A. Márquez, A. Cañete, C. Jullian, A. Zanocco, *Synth. Commun.* **2001**, *31*, 135-140.

[145] J. J. Damico, R. W. Fuhrhop, F. G. Bollinger, W. E. Dahl, *J. Heterocyclic Chem.* **1986**, *23*, 641-645.

[146] V. Alagarsamy, V. R. Salomon, G. Vanikavitha, V. Paluchamy, M. R. Chandran, A. A. Sujin, A. Thangathiruppathy, S. Amuthalakshimi, R. Revathi, *Biol. Pharm. Bull.* **2002**, *25*, 1432-1435.

[147]a) H. Böhme, A. Ingendoh, *Liebigs Ann. Chem.* **1978**, 1928-1936;

b) H. Gröger, M. Hatam, J. Martens, *Tetrahedron* **1995**, *51*, 7173-7180.

[148] W. D. Stephens, L. Field, *J. Org. Chem.* **1959**, *24*, 1576.

[149] E. Biekert, J. Sonnenbichler, *Chem. Ber.* **1961**, *94*, 2785-2791.

[150] J. C. Pelletier, M. P. Cava, *J. Org. Chem.* **1987**, *52*, 616-622.

[151]a) R. E. Benson, T. L. Cairns, *Org. Synth. Coll. Vol. 4* **1963**, 588-590;

b) J. Sheu, M. B. Smith, T. R. Oeschger, J. Satchell, *Org. Prep. Proced. Int.* **1992**, *24*, 147-157.

[152]a) D. C. H. Bigg, S. R. Purvis, *J. Heterocyclic Chem.* **1976**, *13*, 1119-1120;

b) E. Vilsmaier, G. Kristen, C. Tetzlaff, *J. Org. Chem.* **1988**, *53*, 1806-1808.

[153] J. DeRuiter, D. A. Carter, W. S. Arledge, P. J. Sullivan, *J. Heterocyclic Chem.* **1987**, *24*, 149-153.

[154] Die Aminosäureester-hydrochloride wurden entweder käuflich erworben oder nach bekannten Verfahren aus den freien Aminosäuren dargestellt:

a) S. D. Bull, S. G. Davies, S. Jones, H. J. Sanganee, *J. Chem. Soc., Perkin Trans. 1* **1999**, 387-398;

b) K. Alexander, S. Cook, C. L. Gibson, A. R. Kennedy, *J. Chem. Soc., Perkin Trans. 1* **2001**, 1538-1549.

[155] T. Basile, A. Bocoum, D. Savoia, A. Umani-Ronchi, *J. Org. Chem.* **1994**, *59*, 7766-7773.

[156] Das (*S*)-Enantiomere des α-Methylbenzylamins wurde kostengünstig käuflich erworben (*Fluka*). Das (*R*)-Enantiomer konnte aus dem Racemat durch Salzbildung mit L-Äpfelsäure und fraktionierter Kristallisation nach einem bekannten Verfahren gewonnen werden: A. W. Ingersoll, *Org. Synth. Coll. Vol. 2* **1943**, 506-509.

[157] Eine nahezu identische Synthesevorschrift mit vergleichbarer Ausbeute ist bekannt: J.-N. Denis, A. Fkyerat, Y. Gimbert, C. Coutterez, P. Mantellier, S. Jost, A. E. Greene, *J. Chem. Soc., Perkin Trans. 1* **1995**, 1811-1815.

[158]a) D. J. Silva, H. Wang, N. M. Allanson, R. K. Jain, M. J. Sofia, *J. Org. Chem.* **1999**, *64*, 5926-5929;

b) G. Chauvière, B. Bouteille, B. Enanga, C. de Albuquerque, S. L. Croft, M. Dumas, J. Périé, *J. Med. Chem.* **2003**, *46*, 427-440.

[159]a) S. Nakabayashi, C. D. Warren, R. W. Jeanloz, *Carbohydr. Res.* **1986**, *150*, C7-C10;

b) J. E. Heidlas, W. J. Lees, P. Pale, G. M. Whitesides, *J. Org. Chem.* **1992**, *57*, 146-151.

[160] Die Hexopyranose-Derivate werden vorerst einheitlich in der Haworth-Projektion dargestellt. Konformationsbetrachtungen erfolgen im Rahmen der Strukturaufklärung betreffender β-Lactam-Verbindungen an späterer Stelle.

[161]a) D. Horton, M. Nakadate, J. M. J. Tronchet, *Carbohydr. Res.* **1968**, *7*, 56-65;

b) H. H. Lee, P. G. Hodgson, R. J. Bernacki, W. Korytnyk, M. Sharma, *Carbohydr. Res.* **1988**, *176*, 59-72;

c) M. A. Martins Alho, N. B. D'Accorso, I. M. E. Thiel, *J. Heterocyclic Chem.* **1996**, *33*, 1339-1343;

d) A. W. Mazur, G. D. Hiler, *J. Org. Chem.* **1997**, *62*, 4471 – 4475.

[162]a) R. F. Brady Jr., *Carbohydr. Res.* **1970**, *15*, 35-40;

b) F. Andersson, B. Samuelsson, *Carbohydr. Res.* **1984**, *129*, C1-C3 ;

c) I. Izquierdo Cubero, M. T. Plaza López-Espinosa, *Carbohydr. Res.* **1990**, *205*, 293-304.

[163]a) E. B. Krueger, T. P. Hopkins, M. T. Keany, M. A. Walters, A. M. Boldi, *J. Comb. Chem.* **2002**, *4*, 229-238;

b) S. Yan, D. Klemm, *Tetrahedron* **2002**, *58*, 10065-10071.

In diesem Zusammenhang sei auch an [101]-[104] verwiesen.

[164]a) J.-L. Debost, J. Gelas, D. Horton, *J. Org. Chem.* **1983**, *48*, 1381-1382;

b) J. Kuszmann, E. Tomori, I. Meerwald, *Carbohydr. Res.* **1984**, *128*, 87-99;

c) D. Y. Jackson, *Synth. Commun.* **1988**, *18*, 337-341;

d) C. R. Schmid, J. D. Bryant, *Org. Synth.* **1993**, *72*, 6-13;

e) C. H. Sugisaki, Y. Ruland, M. Baltas, *Eur. J. Org. Chem.* **2003**, 672-688.

[165] Eine Vakuumdestillation, wie sie für Verbindung **84** mitunter vorgeschlagen wird, führt zu hohen Substanzeinbußen bei geringem Reinigungseffekt.

[166] Der Aldehyd **86** kann unter Verlusten säulenchromatographisch grob gereinigt werden.

[167] Eine Rückgewinnung von **87** aus polymerisierten Material durch Cracken und Redestillation ist beschrieben: L. W. Hertel, C. S. Grossman, J. S. Kroin, *Synth. Commun.* **1991**, *21*, 151-154.

[168] Die Verbindung ist instabil und zeigte bereits im Verlauf der Chromatographie an Kieselgel deutliche Zersetzungserscheinungen. Eine Umsetzung als Rohproduktlösung ist der Isolierung vorzuziehen.

[169]a) E. Alonso, C. del Pozo, J. González, *J. Chem. Soc., Perkin Trans. 1* **2002**, 571-576;

b) A. Shaikh, V. G. Puranik, A. R. A. S. Deshmukh, *Tetrahedron Lett.* **2006**, *47*, 5993-5996;

c) M. Krasodomska, P. Serda, *Monatsh. Chem.* **2007**, *138*, 199-204.

[170] A. K. Bose, J. C. Kapur, S. D. Sharma, M. S. Manhas, *Tetrahedron Lett.* **1973**, *14*, 2319-2320.

[171] A. K. Bose, M. S. Manhas, S. G. Amin, J. C. Kapur, J. Kreder, L. Mukkavilli, B. Ram, J. E. Vincent, *Tetrahedron Lett.* **1979**, *20*, 2771-2774.

[172] D. Krishnaswamy, V. V. Govande, V. K. Gumaste, B. M. Bhawal, A. R. A. S. Deshmukh, *Tetrahedron* **2002**, *58*, 2215-2225.

[173] M. Nahmany, A. Melman, *J. Org. Chem.* **2006**, *71*, 5804-5806.

[174] A. Jarrahpour, M. Zarei, *Tetrahedron Lett.* **2007**, *48*, 8712-8714.

[175]a) T. Mukaiyama, *Angew. Chem.* **1979**, *91*, 798-812.; *Angew. Chem. Int. Ed.* **1979**, *18*, 707-721;

c) H. Huang, N. Iwasawa, T. Mukaiyama, *Chem. Lett.* **1984**, 1465-1466.

[176]a) S. G. Amin, R. D. Glazer, M. S. Manhas, *Synthesis* **1979**, 210-213;

b) G. I. Georg, P. M. Mashava, X. Guan, *Tetrahedron Lett.* **1991**, *32*, 581-584;

c) R. Fernández, A. Ferrete, J. M. Lassaletta, J. M. Llera, A. Monge, *Angew. Chem.* **2000**, *112*, 3015-3019; *Angew. Chem. Int. Ed.* **2000**, *39*, 2893-2897;

d) G. Cremonesi, P. D. Croce, F. Fontana, A. Forni, C. La Rosa, *Tetrahedron: Asymmetry* **2005**, *16*, 3371-3379;

e) G. Cremonesi, P. D. Croce, F. Fontana, A. Forni, C. La Rosa, *Helv. Chim. Acta* **2005**, *88*, 1580-1588;

f) L. Méndez, S. A. Testero, E. G. Mata, *J. Comb. Chem.* **2007**, *9*, 189-192.

[177]a) J. J. Folmer, C. Acero, D. L. Thai, H. Rappaport, *J. Org. Chem.* **1998**, *63*, 8170-8182;

b) Y. Wang, C. Zhao, D. Romo, *Org. Lett.* **1999**, *1*, 1197-1199.

[178]a) H. L. Bradlow, C. A. Vanderwerf, *J. Org. Chem.* **1951**, *16*, 1143-1152;

b) S. Ho Oh, G. S. Cortez, D. Romo, *J. Org. Chem.* **2005**, *70*, 2835-2838.

[179] P. Li, J.-C. Xu, *Tetrahedron* **2000**, *56*, 8119-8131.

[180] S. Ay, *Diplomarbeit*, Universität Oldenburg, **2005**.

[181]a) R. Fernández, A. Ferrete, J. M. Lassaletta, J. M. Llera, E. Martín-Zamora, *Angew. Chem.* **2002**, *114*, 859-861; *Angew. Chem. Int. Ed.* **2002**, *41*, 831-833;

b) E. Diez, R. Fernández, E. Marqués-López, E. Martín-Zamora, J. M. Lassaletta, *Org. Lett.* **2004**, *6*, 2749-2552.

[182] Der *O*-benzylierte Keten-Precursor **15b** sollte besser in Toluol löslich sein und bietet sich für weiterführende Untersuchungen auf diesem Gebiet an.

[183] A. Trabocchi, C. Lalli, F. Guarna, A. Guarna, *Eur. J. Org. Chem.* **2007**, 4594-4599.

[184] S. Coantic, D. Mouysset, S. Mignani, M. Tabart, L. Stella, *Tetrahedron* **2007**, *63*, 3205-3216.

[185] Weitere Beispiele für eine auffallend geringe Diastereoselektivität von STAUDINGER-Reaktionen mit Iminen auf der Basis von Glyoxylsäureestern:

a) C. Palomo, J. M. Aizpurua, J. M. García, R. Galarza, M. Legido, R. Urchegui, P. Román, A. Luque, J. Server-Carrió, A. Linden, *J. Org. Chem.* **1997**, *62*, 2070-2079;

b) M. Barreau, A. Commerçon, S. Mignani, D. Mouysset, P. Perfetti, L. Stella, *Tetrahedron* **1998**, *54*, 11501-11516.

[186] G. S. Cortez, R. L. Tennyson, D. Romo, *J. Am. Chem. Soc.* **2001**, *123*, 7945-7946.

[187]a) M. D. Bachi, M. J. Rothfield, *J. Chem. Soc., Perkin Trans. I* **1972**, 2326-2336;

b) M. D. Bachi, O. Goldberg, A. Gross, J. Vaya, *J. Org. Chem.* **1980**, *45*, 1477-1481;

c) M. Miyake, N. Takutake, M. Kirisawa, *Synthesis* **1983**, 833-835;

d) R. Tuloup, R. Banion-Bougot, D. Danion, J.-P. Pradere, L. Toupet, *Can. J. Chem.* **1989**, *67*, 1125-1131.

[188]a) L. Paul, A. Draeger, G. Hilgetag, *Chem. Ber.* **1966**, *99*, 1957-1961;

b) M. Cardellini, F. Claudi, F. M. Moracci, *Synthesis* **1984**, 1070-1071;

c) I. Antonini, M. Cardellini, F. Claudi, F. M. Moracci, *Synthesis* **1986**, 379-383.

[189] R. Łysek, K. Borsuk, B. Furman, Z. Kałuza, A. Kazimierski, M. Chmielewski, *Curr. Med. Chem.* **2004**, *11*, 1813-1835.

[190]a) B. K. Banik, F. F. Becker, *Tetrahedron Lett.* **2000**, *41*, 6551-6554;

b) I. Banik, L. Hackfeld, B. K. Banik, *Heterocycles* **2003**, *59*, 505-508;

c) I. Banik, F. F. Becker, B. K. Banik, *J. Med. Chem.* **2003**, *46*, 12-15.

[191] B. K. Banik, B. Lecea, A. Arrieta, A. de Cózar, F. P. Cossío, *Angew. Chem.* **2007**, *119*, 3088-3092; *Angew. Chem. Int. Ed.* **2007**, *46*, 3028-3032.

[192] In den meisten Fällen wird für acyclische Imidate unter Berücksichtigung thermodynamischer Kriterien eine (*E*)-Geometrie postuliert, die nicht nachgewiesen ist. Moderne spektroskopische Verfahren (^{15}N-NMR unter Ermittlung einer charakteristischen Kopplungskonstante $^{2}J_{N,H}$) könnten unter Umständen eine Unterscheidung von (*E*)/(*Z*)-Isomeren ermöglichen. Siehe dazu [184] und: W. von Philipsborn, R. Müller, *Angew. Chem.* **1986**, *98*, 381-412; *Angew. Chem. Int. Ed.* **1986**, *25*, 383-413.

[193] L. S. Hegedus, R. Imwinkelried, M. Alarid-Sargent, D. Dvorak, Y. Satoh, *J. Am. Chem. Soc.* **1990**, *112*, 1109-1117.

[194]a) A. G. Barrett, S. P. D. Baugh, D. C. Braddock, K. Flack, V. C. Gibson, M. R. Giles, E. L. Marshall, P. A. Procopiou, A. J. P. White, D. J. Williams, *J. Org. Chem.* **1998**, *63*, 7893-7907;

b) W. N. Speckamp, M. J. Moolenaar, *Tetrahedron* **2000**, *56*, 3817-3856.

[195] Die spektroskopischen und analytischen Daten der Verbindung(en) befinden sich im Anhang (Kap. 11).

[196] a) M. Hesse, H. Meier, B. Zeeh, *Spektroskopische Methoden in der organischen Chemie*, 5. Aufl., Thieme Verlag, **1995**;

b) H. Friebolin, *Ein- und zweidimensionale NMR-Spektroskopie*, 3. Aufl., Wiley-VCH, **1999**.

[197] Der Atom-Flächen-Abstand wurden mit Hilfe der Software *DIAMOND Crystal and molecular structure visualization* (Version 3.1) ermittelt.

[198] M. E. Piotti, H. Alper, *J. Am. Chem. Soc.* **1996**, *118*, 111-116.

[199] Die Darstellung von Oxapenamen aus den Oxazolinen durch Umsetzung mit Chrom-Carben-Komplexen ist beschrieben:

a) C. Borel, L. S. Hegedus, J. Krebs, Y. Satoh, *J. Am. Chem. Soc.* **1987**, *109*, 1101-1105;

b) L. S. Hegedus, G. de Weck, S. D'Andrea, *J. Am. Chem. Soc.* **1988**, *110*, 2122-2126.

[200] Es gibt nur wenige Beispiele für eine direkte Synthese des Carbapenam-Grundkörpers unter Nutzung der STAUDINGER-Reaktion:

a) T. Burgemeister, G. Dannhardt, M. Mach-Bindl, H. Nöth, *Arch. Pharm.* **1988**, *321*, 349-351;

b) T. Burgemeister, G. Dannhardt, M. Mach-Bindl, *Arch. Pharm.* **1988**, *321*, 521-525.

[201] a) M. S. Manhas, S. Jeng, A. K. Bose, *Tetrahedron* **1968**, *3*, 1237-1245;

b) A. K. Bose, G. Spiegelman, M. S. Manhas, *J. Chem. Soc., Chem. Commun.* **1968**, 321-322;

c) A. K. Bose, G. Spiegelman, M. S. Manhas, *J. Am. Chem. Soc.* **1968**, *90*, 4506-4508;

d) A. K. Bose, M. S. Manhas, J. S. Chip, H. P. S. Chawla, B. Dayal, *J. Org. Chem.* **1974**, *39*, 2877-2884.

[202] a) A. Szöllösy, G. Kotovych, G. Tóth, A. Lévai, *Can. J. Chem.* **1988**, *66*, 279-282;

b) J. Xu, G. Zuo, Q. Zhang, W. L. Chan, *Heteroat. Chem.* **2002**, *13*, 276-279;

c) X. Huang, J. Xu, *Heteroat. Chem.* **2003**, *14*, 564-569;

d) L. Jiao, Q. Zhang, Y. Liang, S. Zhang, J. Xu, *J. Org. Chem.* **2006**, *71*, 815-818.

[203] Die Konfiguration am β-Lactam-Ring ist mit den Produkten **134** und **135** identisch. Der Wechsel zur *cis*-Konfiguration ist in diesem speziellen Fall rein formalistisch bedingt, da sich die Prioritäten der Substituenten am quaternären Stereozentrum umkehren.

[204] a) H. L. van Maanen, H. Kleijn, J. T. B. H. Jastrzebski, J. Verweij, A. P. G. Kieboom, G. van Koten, *J. Org. Chem.* **1995**, *60*, 4331-4338.

Eine Racemisierung, die bereits auf der Stufe des Imins stattfindet, kann bei Phenylglycin-Derivaten ebenfalls nicht ausgeschlossen werden:

b) R. Grigg, H. Q. N. Gunaratne, *Tetrahedron Lett.* **1983**, *24*, 4457-4460;

c) H. Waldmann, M. Braun, *J. Org. Chem.* **1992**, *57*, 4444-4451.

[205]a) I. Ojima, K. Nakahashi, S. M. Brandtstadter, N. Hatanaka, *J. Am. Chem. Soc.* **1987**, *109*, 1798-1805;

b) G. I. Georg, Z. Wu, *Tetrahedron Lett.* **1994**, *35*, 381-384;

c) B. Alcaide, C. Polanco, M. A. Sierra, *Eur. J. Org. Chem.* **1998**, 2913-2921.

[206]a) I. Ojima, H.-J. C. Chen, *J. Chem. Soc., Chem. Commun.* **1987**, 625-626;

b) I. Ojima, N. Shimizu, X. Qiu, H.-J. C. Chen, K. Nakahashi, *Bull. Soc. Chim. Fr.* **1987**, 649-658;

c) I. Ojima, H.-J. C. Chen, X. Qiu, *Tetrahedron* **1988**, *44*, 5307-5318.

[207] In der Elementarzelle des untersuchten Kristalls lagen zwei unabhängige Moleküle vor. Zur erleichterten Übersicht ist nur eines der beiden Konformere dargestellt.

[208]a) D. A. Evans, J. M. Williams, *Tetrahedron Lett.* **1988**, *29*, 5065-5068;

b) C. Palomo, F. Cabré, J. M. Ontoria, *Tetrahedron Lett.* **1992**, *33*, 4819-4822;

c) S. Saito, T. Ishikawa, T. Morikawe, *Synlett* **1993**, 139-140.

Übersichtsartikel zu asymmetrischen Keten-Imin-Cycloadditionen:

d) C. Palomo, J. M. Aizpurua, I. Ganboa, M. Oiarbide, *Eur. J. Org. Chem.* **1999**, 3223-3235;

e) C. Palomo, J. M. Aizpurua, I. Ganboa, M. Oiarbide, *Curr. Med. Chem.* **2004**, *11*, 1837-1872.

[209]a) C. Hubschwerlen, G. Schmid, *Helv. Chim. Acta* **1983**, *66*, 2206-2209;

b) D. R. Wagle, C. Garai, M. G. Monteleone, A. K. Bose, *Tetrahedron Lett.* **1988**, *29*, 1649-1652;

c) C. Palomo, F. P. Cossío, J. M. Ontoria, J. M. Odriozola, *Tetrahedron Lett.* **1991**, *32*, 3105-3108;

d) A. D. Brown, E. W. Colvin, *Tetrahedron Lett.* **1991**, *32*, 5187-5190;

e) Z. Kaluza, M. S. Manhas, K. J. Barakat, A. K. Bose, *Bioorg. Med. Chem. Lett.* **1993**, *3*, 2357-2362.

[210] Weitere stereoselektive STAUDINGER-Reaktionen unter Einsatz von Iminen des 2,3-*O*-Isopropyliden-D-glycerinaldehyds sind beschrieben:

a) A. K. Bose, V. R. Hegde, D. R. Wagle, S. S. Bari, M. S. Manhas, *J. Chem. Soc., Chem. Commun.* **1986**, 161-163;

b) D. R. Wagle, C. Garai, J. Chiang, M. G. Monteleone, B. E. Kurys, T. W. Strohmeyer, V. R. Hegde, M. S. Manhas, A. K. Bose, *J. Org. Chem.* **1988**, *53*, 4227-4236.

[211] Für STAUDINGER-Reaktionen von chiralen Iminen auf Basis der D-Glucose mit achiralen Ketenen ist eine identische Konfiguration der Produkte beschrieben: M. Arun, S. N. Joshi, V. G. Puranik, B. M. Bhawal, A. R. A. S. Deshmukh, *Tetrahedron* **2003**, *59*, 2309-2316.

[212] P. Köll, W. Saak, S. Pohl, B. Steiner, M. Koóš, *Carbohydr. Res.* **1994**, *265*, 237-248.

[213] J. de Boer, *Dissertation*, Universität Oldenburg, **1999**.

[214] C. Palomo, J. M. Aizpurua, A. Mielgo, A. Linden, *J. Org. Chem.* **1996**, *61*, 9186-9195.

[215] C. Palomo, I. Ganboa, A. Kot, L. Dembkowski, *J. Org. Chem.* **1998**, *63*, 6398-6400.

[216] D. Spille, *Diplomarbeit*, Universität Oldenburg, **2000**.

[217] a) J. W. Fisher, J. M. Dunigan, L. D. Hatfield, R. C. Hoying, J. E. Ray, K. L. Thomas, *Tetrahedron Lett.* **1993**, *34*, 4755-4758;

b) J. W. Fisher, L. D. Hatfield, R. C. Hoying, J. E. Ray, *Eur. Pat. Appl.* EP 0 558 215 A1, **1993**.

[218] Diese Reaktionsbedingungen wurden erfolgreich zur Freisetzung von Aminen aus den entsprechenden Alkylcarbamaten genutzt: M. E. Jung, M. A. Lyster, *J. Chem. Soc., Chem. Commun.* **1978**, 315-316.

[219] C. Palomo, J. M. Aizpurua, J. I. Miranda, A. Mielgo, J. M. Odriozola, *Tetrahedron Lett.* **1993**, *34*, 6325-6328.

[220] a) H. Mimoun, I. Seree de Roch, L. Sajus, *Bull. Soc. Chim. Fr.* **1969**, 1481-1492.

Verwendung von MoOPH zur α-Hydroxylierung von Carbonylverbindungen:

b) E. Vedejs, *J. Am. Chem. Soc.* **1974**, *96*, 5944-5946;

c) E. Vedejs, D. A. Engler, J. E. Telschow, *J. Org. Chem.* **1978**, *43*, 188-196;

d) S. Hanessian, S. P. Sahoo, M. Botta, *Tetrahedron Lett.* **1987**, *28*, 1147-1150;

e) E. Fernández-Megía, M. M. Paz, F. J. Sardina, *J. Org. Chem.* **1994**, *59*, 7643-7652;

f) S. Hanessian, J.-Y. Sancéau, *Can. J. Chem.* **1996**, *74*, 621-624.

Spezielle Beispiele für α-Hydroxylierungen von β-Lactamen:

g) W. W. Ogilvie, T. Durst, *Can. J. Chem.* **1988**, *66*, 304-309;

h) R. E. Dolle, M. J. Hughes, C.-S. Li, L. I. Kruse, *J. Chem. Soc., Chem. Commun.* **1989**, 1448-1449.

[221] R. A. Holton, J. H. Liu, *Bioorg. Med. Chem. Lett.* **1993**, *3*, 2475-2478.

[222] Zur Darstellung und Verwendung von MoO_5·Py·DMPU (MoOPD):

a) J. C. Anderson, S. C. Smith, *Synlett* **1990**, 107-108;

b) O. Hara, J. Takizawa, T. Yamatake, K. Makino, Y. Hamada, *Tetrahedron Lett.* **1999**, *40*, 7787-7790.

[223] Das bei der Synthese von MoO_5·Py·DMPU (MoOPD) anfallende Intermediat MoO_5·DMPU ist als explosiv einzustufen. Ein Unfall mit Personenschaden beim Verarbeiten dieser Substanz ist dokumentiert:
L. A. Paquette, D. Koh, *Chem. Eng. News* **1992**, *70*, 2.

[224] a) F. A. Davis, L. C. Vishwakarma, J. M. Billmers, *J. Org. Chem.* **1984**, *49*, 3241-3243.
Beispiele für α-Hydroxylierungen von β-Lactamen:

b) R. Annunziata, M. Benaglia, M. Cinquini, F. Cozzi, A. Scolaro, *Gazz. Chim. Ital.* **1995**, *125*, 65-68;

c) M. N. Qabar, J. P. Meara, M. D. Ferguson, C. Lum, H.-O. Kim, M. Kahn, *Tetrahedron Lett.* **1998**, *39*, 5895-5898.

[225] a) K. R. Guertin, T.-H. Chan, *Tetrahedron Lett.* **1991**, *32*, 715-718;

b) W. Adam, F. Prechtl, *Chem. Ber.* **1991**, *124*, 2369-2372.

[226] I. Ojima, H.-J. C. Chen, K. Nakahashi, *J. Am. Chem. Soc.* **1988**, *110*, 278-281.

[227] Der spezifische Drehwert von (*S*)-1-(4-Methoxyphenyl)-4-phenyl-azetidin-2,3-dion, dem Enantiomer von **170**, ist in den Publikationen [219] und [221] nicht aufgeführt und wurde freundlicherweise von C. Palomo persönlich mitgeteilt.

[228] Ein informativer Review zur Synthese und Reaktivität der Azetidin-2,3-dione:
B. Alcaide, P. Almendros, *Org. Prep. Proced. Int.* **2001**, *33*, 315-334.

[229] a) C. Palomo, M. Oiarbide, A. Esnal, A. Landa, J. I. Miranda, A. Linden, *J. Org. Chem.* **1998**, *63*, 5838-5846;

b) C. Palomo, J. M. Aizpurua, I. Ganboa, M. Oiarbide, *Pure Appl. Chem.* **2000**, *72*, 1763-1768.

[230] C. Palomo, J. M. Aizpurua, I. Ganboa, F. Carreaux, C. Cuevas, E. Maneiro, J. M. Ontoria, *J. Org. Chem.* **1994**, *59*, 3123-3130.

[231] B. Alcaide, P. Almendros, C. Aragoncillo, *Chem. Eur. J.* **2002**, *8*, 3646-3652.

[232] Eine grobe Reinigung der α-Aminosäure-*N*-carboxy-anhydride scheint in einigen Fällen möglich zu sein. Aufgrund der limitierten Substanzmengen wurde jedoch von riskanten Isolierungsversuchen Abstand genommen und die weitere Umsetzung *in situ* durchgeführt.

[233] D-Phenylglycinmethylester wurde aus dem Hydrochlorid durch Umsetzung mit einem Äquivalent Triethylamin freigesetzt. Siehe dazu [154].

[234] a) B. Alcaide, N. R. Salgado, M. A. Sierra, *Tetrahedron Lett.* **1998**, *39*, 467-470;
b) B. Alcaide, P. Almendros, C. Aragoncillo, N. R. Salgado, *J. Org. Chem.* **1999**, *64*, 9596-9604.

[235] B. Alcaide, D. Domínguez, A. Martín-Domenech, J. Plumet, A. Monge, V. Pérez-García, *Heterocycles* **1987**, *26*, 1461-1466.

[236] Der Atomabstand wurde mit Hilfe der Software *DIAMOND Crystal and molecular structure visualization* (Version 3.1) ermittelt. Für den Abstand O1-N2 ergab sich ein Wert von 2.92 Å. Die Größenordnung ist mit publizierten Kristallstrukturdaten für intramolekulare N–H···O-Wasserstoffbrückenbindungen vergleichbar: C. Palomo, J. M. Aizpurua, A. Benito, R. Galarza, U. K. Khamrai, J. Vazquez, B. de Pascual-Teresa, P. M. Nieto, A. Linden, *Angew. Chem.* **1999**, *111*, 3241-3244; *Angew. Chem. Int. Ed.* **1999**, *38*, 3056-3058.

[237] a) I. Ojima, S. Suga, R. Abe, *Chem. Lett.* **1980**, *9*, 853-856;
b) I. Ojima, S. Suga, R. Abe, *Tetrahedron Lett.* **1980**, *21*, 3907-3910.

[238] Die Spaltung von Benzyl-Stickstoff-Bindungen erfordert ohne Integration in ein gespanntes Ringsystem deutlich drastischere Reaktionsbedingungen. Siehe [206b].

[239] a) I. Ojima, N. Shimizu, *J. Am. Chem. Soc.* **1986**, *108*, 3100-3102;
b) I. Ojima, X. Qiu, *J. Am. Chem. Soc.* **1987**, *109*, 6537-6538.

[240] I. Ojima, M. Zhao, T. Yamato, K. Nakahashi, *J. Org. Chem.* **1991**, *56*, 5263-5277.

[241] Die entstandenen Nebenprodukte wurden nicht näher charakterisiert. In den ^{1}H-NMR-Spektren der Rohprodukte konnten keine Anhaltspunkte für eine Spaltung der zweiten benzylischen C,N-Bindung gefunden werden. Nach den Beobachtungen von EVANS [89a] und OJIMA [206b] ist eine Spaltung von *N*-Benzylamiden ohne Einbindung in ein gespanntes Ringsystem nur unter extremen Hydrierungsbedingungen möglich und wird in den meisten Fällen von einer Reduktion des Aromaten überlagert. Siehe in diesem Zusammenhang auch:
a) T. W. Greene, P. G. M. Wuts, *Protective Groups in Organic Synthesis*, Third Edition, Wiley, New York, **1999**, S. 579 und S. 638;
b) M. Laurent, M. Belmans, L. Kemps, M. Cérésiat, J. Marchand-Brynaert, *Synthesis* **2003**, 570-576.

[242] a) D. R. Kronenthal, C. Y. Han, M. K. Taylor, *J. Org. Chem.* **1982**, *47*, 2765-2768;
b) G. I. Georg, J. Kant, H. S. Gill, *J. Am. Chem. Soc.* **1987**, *109*, 1129-1135;
c) C. Palomo, J. M. Aizpurua, M. C. López, N. Aurrekoetxea, M. Oiarbide, *Tetrahedron Lett.* **1990**, *31*, 6425-6428;

d) C. Palomo, A. Arrieta, F. P. Cossío, J. M. Aizpurua, A. Mielgo, N. Aurrekoetxea, *Tetrahedron Lett.* **1990**, *31*, 6429-6432;

e) C. Palomo, J. M. Aizpurua, R. Urchegui, J. M. García, *J. Org. Chem.* **1993**, *58*, 1646-1648;

f) H. K. Lee, J. S. Chun, C. S. Pak, *Tetrahedron* **2003**, *59*, 6445-6454;

g) J. T. Spletstoser, P. T. Flaherty, R. H. Himes, G. I. Georg, *J. Med. Chem.* **2004**, *47*, 6459-6465.

[243] a) C. Palomo, J. M. Aizpurua, J. M. García, M. Iturburu, J. M. Odriozola, *J. Org. Chem.* **1994**, *59*, 5184-5188;

b) A. Battaglia, R. J. Bernacki, C. Bertucci, E. Bombardelli, S. Cimitan, C. Ferlini, G. Fontana, A. Guerrini, A. Riva, *J. Med. Chem.* **2003**, *46*, 4822-4825;

c) F. Fülöp, E. Forró, G. K. Tóth, *Org. Lett.* **2004**, *6*, 4239-4241;

d) A. Zanobini, M. Gensini, J. Magull, D. Vidović, S. I. Kozhushkov, A. Brandi, A. de Meijere, *Eur. J. Org. Chem.* **2004**, 4158-4166;

e) A. Battaglia, A. Guerrini, C. Bertucci, *J. Org. Chem.* **2004**, *69*, 9055-9062.

[244] I. Ojima, C. M. Sun, Y. H. Park, *J. Org. Chem.* **1994**, *59*, 1249-1250.

[245] Die Darstellung von L-Prolinethylester ausgehend von der freien Aminosäure erfolgte literaturgemäß nach: H.-J. Federsel, E. Könberg, L. Lilljequist, B.-M. Swahn, *J. Org. Chem.* **1990**, *55*, 2254-2256.

[246] a) C. Palomo, M. Oiarbide, S. Bindi, *J. Org. Chem.* **1998**, *63*, 2469-2474;

b) C. Palomo, J. M. Aizpurua, R. Galarza, A. Benito, U. K. Khamrai, U. Eikeseth, A. Linden, *Tetrahedron* **2000**, *56*, 5563-5570.

[247] a) C. Palomo, J. M. Aizpurua, C. Cuevas, *J. Chem. Soc., Chem. Commun.* **1994**, 1957-1958;

b) C. Palomo, J. M. Aizpurua, R. Galarza, A. Mielgo, *J. Chem. Soc., Chem. Commun.* **1996**, 633-634;

c) T. B. Durham, M. J. Miller, *J. Org. Chem.* **2003**, *68*, 35-42.

[248] Quelle der angegebenen p*K*s-Werte: C. E. Mortimer, *Chemie*, 5. Aufl., Thieme Verlag, **1987**, S. 607.

[249] Die kleine vicinale Kopplungskonstante zwischen den ehemaligen Lactam-Protonen im ^{1}H-NMR-Spektrum von **205** (^{3}J = 2.6 Hz) weist auf eine relative *syn*-Konfiguration hin und steht damit im Einklang mit der 3,4-*cis*-Konfiguration des eingesetzten β-Lactams. Für *anti*-konfigurierte β-Aminosäure-Derivate als Spaltungsprodukte von *trans*-β-Lactamen sind wesentlich größere Kopplungs-

konstanten beschrieben (^3J = 8-10 Hz). Siehe dazu [247c] und: C. Palomo, J. M. Aizpurua, R. Urchegui, M. Iturburu, *J. Org. Chem.* **1992**, *57*, 1571-1579.

[250] Für das 4-Ethoxycarbonyl-β-lactam **109** (R^2 = CO_2Et) entspricht diese Stereochemie einer absoluten *cis*-(3*S*,4*S*)-Konfiguration.

[251]a) G. M. Sheldrick, *SHELXS-97, Program for the Solution of Crystal Structures*, Göttingen, **1997**;

b) G. M. Sheldrick, *SHELXL-97, Program for the Refinement of Crystal Structures*, Göttingen, **1997**.

[252]a) D. D. Perrin, W. L. F. Armarego, D. R. Perrin, *Purification of Laboratory Chemicals*, 2. Aufl., Pergamon Press, Oxford, **1980**;

b) Autorenkollektiv *Organikum*, organisch-chemisches Grundpraktikum, 19. Aufl., Deutscher Verlag der Wissenschaften, Berlin, **1993**;

c) J. Leonhard, B. Lygo, G. Procter, *Praxis der Organischen Chemie*, VCH, Weinheim, **1996**.

[253]a) L. S. Jeong, H. R. Moon, Y. J. Choi, M. W. Chun, H. O. Kim, *J. Org. Chem.* **1998**, *63*, 4821-4825;

b) D. Craig, V. R. N. Munasinghe, J. P. Tierney, A. J. P. White, D. J. Williams, C. Williamson, *Tetrahedron* **1999**, *55*, 15025-15044.

[254] T. Okuyama, T. C. Pletcher, D. J. Sahn, G. L. Schmir, *J. Am. Chem. Soc.* **1973**, *95*, 1253-1265.

[255] C. L. Stevens, B. T. Gillis, *J. Am. Chem. Soc.* **1957**, *79*, 3448-3451.

SPRINGER NATURE

GPSR Compliance

The European Union's (EU) General Product Safety Regulation (GPSR) is a set of rules that requires consumer products to be safe and our obligations to ensure this.

If you have any concerns about our products, you can contact us on ProductSafety@springernature.com

In case Publisher is established outside the EU, the EU authorized representative is:

Springer Nature Customer Service Center GmbH
Europaplatz 3
69115 Heidelberg, Germany

Zeitfracht Medien GmbH
Ferdinand-Jühlke-Straße 7
99095 Erfurt, Deutschland
produktsicherheit@kolibri360.de